数据挖掘与机器学习
WEKA应用技术与实践（第二版）

袁梅宇　编著

清华大学出版社
北　京

内 容 简 介

本书借助代表当今数据挖掘和机器学习最高水平的著名开源软件 Weka，通过大量的实践操作，使读者了解并掌握数据挖掘和机器学习的相关技能，拉近理论与实践的距离。全书共分 9 章，主要内容包括 Weka 介绍、探索者界面、知识流界面、实验者界面、命令行界面、Weka 高级应用、Weka API、学习方案源代码分析和机器学习实战。

本书系统讲解 Weka 3.7.13 的操作、理论和应用，内容全面、实例丰富、可操作性强，做到理论与实践的统一。本书适合数据挖掘和机器学习相关人员作为技术参考书使用，也适合用作计算机专业高年级本科生和研究生的教材或教学参考用书。

图书在版编目(CIP)数据

数据挖掘与机器学习——WEKA 应用技术与实践/袁梅宇编著. —2 版. —北京：清华大学出版社，2016(2022.8重印)

ISBN 978-7-302-44470-1

Ⅰ. ①数… Ⅱ. ①袁… Ⅲ. ①数据采集—软件工具 Ⅳ. ①TP274

中国版本图书馆 CIP 数据核字(2016)第 171536 号

责任编辑：魏 莹 郑期彤
封面设计：杨玉兰
责任校对：李玉萍
责任印制：宋 林

出版发行：清华大学出版社
网 址：http://www.tup.com.cn, http://www.wqbook.com
地 址：北京清华大学学研大厦 A 座 **邮 编**：100084
社 总 机：010-83470000 **邮 购**：010-62786544
投稿与读者服务：010-62776969, c-service@tup.tsinghua.edu.cn
质量反馈：010-62772015, zhiliang@tup.tsinghua.edu.cn
印 装 者：涿州市京南印刷厂
经 销：全国新华书店
开 本：185mm×260mm **印 张**：34.25 **字 数**：832 千字
版 次：2014 年 8 月第 1 版 2016 年 8 月第 2 版 **印 次**：2022 年 8 月第 7 次印刷
定 价：79.00 元

产品编号：065181-01

再版前言

自本书第一版出版到现在已经过去近两年。这段时间内，数据挖掘和机器学习领域快速发展，投入到相关领域研究的人员也越来越多，Weka 爱好者队伍也随之逐年发展壮大，Weka 学习讨论群所讨论内容的技术含量也日渐丰富。

第二版的修订工作以 Weka 3.7.13 版本为准，为此，全书重新截图，按照 Weka 新版本重新修订正文内容。此次再版修改了第一版中一些表述不清楚的陈述、前后不一致的术语，还新增了以下内容：第 1 章 1.3 节新增无法连接包管理器的解决办法，第 2 章 2.7 节新增边界可视化工具和代价/收益分析可视化及相关实验内容，第 4 章 4.2 节新增拆分评估器可视化参数内容，新增完整的第 9 章机器学习实战，丰富了 Weka 实践内容。

修订后的第二版共分 9 章。第 1 章介绍 Weka 的历史和功能、数据挖掘和机器学习的基本概念、Weka 系统安装，以及示例数据集；第 2 章介绍探索者(Explorer)界面的使用，主要内容包括图形用户界面、预处理、分类、聚类、关联、选择属性，以及可视化；第 3 章介绍知识流(KnowledgeFlow)界面，主要内容有知识流介绍、知识流组件、使用知识流组件，以及实践教程；第 4 章介绍实验者(Experimenter)界面，主要内容有实验者界面介绍、标准实验、远程实验，以及实验结果分析；第 5 章介绍命令行界面，主要内容有命令行界面介绍、Weka 结构、命令行选项、过滤器和分类器选项，以及 Weka 包管理器；第 6 章介绍一些 Weka 的高级应用，主要介绍 Weka 的贝叶斯网络、神经网络、文本分类和时间序列分析及预测；第 7 章介绍 Weka API，说明使用 Java 源代码来实现常见数据挖掘任务的基础知识，并给出一个展示如何进行数据挖掘的综合示例；第 8 章通过对 NaiveBayes 学习方案的源代码进行分析，深入研究 Weka 学习方案的工作原理，为开发人员提供实现学习算法的编码基础；第 9 章介绍如何使用 Weka 工具挖掘实际的大型数据集，以精选的两个 KDD 竞赛数据集为例，使读者能够快速进入实际的案例场景，应用所学数据挖掘知识来面对大数据的挖掘问题，考验自己完成难度较大的挖掘项目的动手能力。

第二版改动的内容较多，总体工作量很大，花费了很多时间。从酝酿第二版内容开始，至其杀青，历时超过一年。作者的感觉是：比编写第一版还要辛苦些。且不说 Weka 版本变动导致的修改，重新截图、重新梳理文字、重新改写 API 文档等，费时费力。因时间变化引起的一个小小的技术变动，就让人费力应对。例如，怀卡托大学后来不再提供包管理器元数据，导致第一版所述的解决办法不再有效，只能重新寻找解决包管理器无法连接的替代方法。又如，新版本 Weka 的 NaiveBayes 源代码有一些变动，作者不得不修订第 8 章的内容以适应新的版本变化。再如，第一版提供的网络链接有的已经不再有效，出版社编辑老师测试了所有的链接，保证了第二版提供的网络链接的正确性。当然，由于世界变化太快，无法保证在一两年后这些链接不会失效，这是无可奈何的事，作者只能保证书中叙述的方案在交稿时可行。

最耗费心力的应该是第 9 章的编写。早在第一版的写作中，曾经就有编写一个章节专门讲述 Weka 综合应用案例的设想，但苦于手上没有合适的实验对象。理想的应用案例必须满足如下要求：第一，难度适中。不能太简单，过于简单的小儿科案例会违背编写综合应用的初衷；也不能太难，如果应用的技术方案太偏或难以理解，就达不到锻炼读者实际动手能力的意义。第二，领域不能太窄，应该让绝大多数人都能理解。第三，运算量不能太大，应该满足普通计算机能够处理的要求。这就限制了目标数据集文件大小为数十兆字节至数吉字节范围以内，实例总数在数十万条至数千万条之间，一台计算机能够在两周左右运行完毕。作者花费了很长时间寻找满足以上要求的案例，最后选中 KDD Cup 1999 和 KDD Cup 2010 竞赛数据集，前者共有 42 个属性，10%数据子集文件的大小为 45MB，样本数为 494021，完整的数据集文件大小为 743MB，样本数为 4898431；后者有两个数据集，本书选中的是较大的数据集，共有 21 个属性，训练数据集文件大小为 5.29GB，样本数为 20012498。认真的读者会发现，完成这两个案例的实验将会很辛苦，花费的精力和时间会远超预期。作者想象出这么一个画面：读者按照书中的实验方法工作至深夜，硬盘灯不停闪烁，CPU 利用率一直高居 95%，读者担心心爱的计算机会突然崩溃但仍然坚持，直至最终胜利。作者预先恭喜那些能够独立完成实验的读者，因为你们有足够的能力和毅力应付技术挑战，胜任要求极高的挖掘工作。

尽管在写作中付出了很多艰辛的劳动，但限于作者有限的能力和精力，书中肯定还存在一些缺陷，甚至错误，敬请各位读者批评指正。作者感谢修订工作的贡献者，昆明理工大学计算机系吴霖老师审阅了本书第 9 章内容，提出了很多建设性建议，感谢吴霖老师的贡献。昆明理工大学 2014 级研究生卫明同学参与了第 1 章和第 2 章的修订工作；光荣与梦想、弦月、Brady、海、__末瞳.夫、不说再见！等网友对第一版提出了宝贵的建议，作者在第二版中采纳了这些建议，感谢这些朋友的贡献。第 9 章参考了昆明理工大学 2014 届计算机系吴泽恒同学本科毕业设计论文的部分内容，他是我指导过的最优秀的学生，感谢吴泽恒同学。感谢选择本书为高校教学参考书的教师在使用过程中提出的反馈意见和建议，作者学习到一些很有价值的思考方式。再次感谢清华大学出版社的编辑老师在出版方面提出的建设性意见和给予的无私帮助，编辑老师一丝不苟的工作态度给我留下很深的印象。感谢购买本书的朋友，欢迎批评指正，你们的批评建议都会受到重视，并在再版中改进。希望第二版的发行能够吸引更多的读者和反馈建议。

编　者

第一版前言

当代中国掀起了一股学习数据挖掘和机器学习的热潮，从斯坦福大学公开课“机器学习课程”，到龙星计划的“机器学习 Machine Learning”课程，再到加州理工学院公开课“机器学习与数据挖掘”课程，参加这些网络课程学习的人群日益壮大，数据挖掘和机器学习炙手可热。

数据挖掘是数据库知识发现中的一个步骤，它从大量数据中自动提取出隐含的、过去未知的、有价值的潜在信息。机器学习主要设计和分析一些让计算机可以自动“学习”的算法，这类算法可以从数据中自动分析获得规律，并利用规律对未知数据进行预测。数据挖掘和机器学习这两个领域联系密切，数据挖掘利用机器学习提供的技术来分析海量数据，以发掘数据中隐含的有用信息。

数据挖掘和机器学习这两个密切相关的领域存在一个特点：理论很强而实践很弱。众所周知，理论和实践是研究者的左腿和右腿，缺了一条腿的研究者肯定难以前行。有的技术人员花了若干年时间进行研究，虽然了解甚至熟悉了很多公式和算法，但仍然难以真正去面对一个实际挖掘问题并很好地解决手上的技术难题，其根本原因就是缺乏实践。

本书就是为了试图解决数据挖掘和机器学习的实践问题而编写的。本书依托新西兰怀卡托大学采用 Java 语言开发的著名开源软件 Weka，该系统自 1993 年开始由新西兰政府资助，至今已经历了 20 多年的发展，功能已经十分强大和成熟。Weka 集合了大量的机器学习和相关技术，受领域发展和用户需求所推动，代表了当今数据挖掘和机器学习领域的最高水平。因此，研究 Weka 能帮助研究者从实践去验证所学的理论，显然有很好的理论意义及实践意义。

本书共分 8 章。第 1 章介绍 Weka 的历史和功能、数据挖掘和机器学习的基本概念、Weka 系统安装，以及示例数据集；第 2 章介绍 Explorer 界面的使用，主要内容包括图形用户界面、预处理、分类、聚类、关联、选择属性，以及可视化；第 3 章介绍 KnowledgeFlow 界面，主要内容有知识流介绍、知识流组件、使用知识流组件，以及实践教程；第 4 章介绍 Experimenter 界面，主要内容有 Experimenter 界面介绍、标准实验、远程实验，以及实验结果分析；第 5 章介绍命令行界面，主要内容有命令行界面介绍、Weka 结构、命令行选项、过滤器和分类器选项，以及 Weka 包管理器；第 6 章介绍一些 Weka 的高级应用，主要介绍 Weka 的贝叶斯网络、神经网络、文本分类和时间序列分析及预测；第 7 章介绍 Weka API，说明使用 Java 源代码来实现常见数据挖掘任务的基础知识，并给出一个展示如何进行数据挖掘的综合示例；第 8 章通过对一个学习方案的源代码进行分析，深入研究 Weka 学习方案的工作原理，为开发人员提供编写学习算法的技术基础。

在阅读大量相关文献的过程中，作者深深为国外前辈们的理论功底和实践技能所折服，那些巨人们站在高处，使人难以望其项背。虽然得益于诸如网易公开课和龙星计划等项目，我们有机会和全世界站在同一个数量级的知识起跑线上，但是，这并不意味着能在将来的竞争中占据优势，正如孙中山先生所说“革命尚未成功，同志仍须努力”，让我们一起共勉。

在本书的编写过程中，作者力求精益求精，但限于作者的知识和能力，且很多材料都难以获取，考证和去伪存真是一件时间开销非常大和异常困难的工作，因此书中肯定会有遗漏及不妥之处，敬请广大读者批评指正。

作者专门为本书设置读者 QQ 群，群号 245295017，欢迎读者加群，下载和探讨书中源代码，抒写读书心得，进行技术交流等。

本书承蒙很多朋友、同事的帮助才得以成文。特别感谢 Weka 开发组的全体人员，他们将自己 20 年心血汇聚的成果开源，对本领域贡献巨大；衷心感谢清华大学出版社的编辑老师在内容组织、排版，以及出版方面提出的建设性意见和给予的无私帮助；感谢昆明理工大学提供的宽松的研究环境；感谢昆明理工大学计算机系教师缪祥华博士，他为本书的成文提出了很多建设性的建议，对本书的改进帮助甚大；感谢昆明理工大学计算机系海归博士吴霖老师，他经常和作者一起讨论机器学习的技术问题，为本书的编写贡献了很多智慧；感谢昆明理工大学现代教育中心的何佳老师，他完成了本书部分代码的编写和测试工作；感谢国内外的同行们，他们在网络论坛和博客上发表了众多卓有见识的文章，作者从中学习到很多知识，由于来源比较琐碎，无法一一列举，感谢他们对本书的贡献；感谢理解和支持我的家人，他们是我写作的坚强后盾。感谢购买本书的朋友，欢迎批评指正，你们的批评建议都会受到重视，并在再版中改进。

编　者

目　　录

第 1 章 Weka 介绍

Weka 是新西兰怀卡托大学用 Java 开发的数据挖掘著名开源软件，该系统自 1993 年开始由新西兰政府资助，至今已经历了 20 多年的发展，其功能已经十分强大和成熟。Weka 集合了大量的机器学习和相关技术，受领域发展和用户需求所推动，代表了当今数据挖掘和机器学习领域的最高水平。

1.1 Weka 简介

Weka 是怀卡托智能分析环境(Waikato Environment for Knowledge Analysis)的英文字首缩写，官方网址为 http://www.cs.waikato.ac.nz/ml/weka，在该网站可以免费下载可运行软件和源代码，还可以获得说明文档、常见问题解答、数据集和其他文献等资源。Weka 的发音类似新西兰本土一种不会飞的鸟，如图 1.1 所示，因此 Weka 系统使用该鸟作为其徽标。

图 1.1　Weka(或 woodhen)鸟①

Weka 是一种使用 Java 语言编写的数据挖掘机器学习软件，是 GNU 协议下分发的开源软件。Weka 主要用于科研、教育和应用领域，还作为 Ian H. Witten、Eibe Frank 和 Mark A. Hall 三人合著的著名书籍 *Data Mining: Practical Machine Learning Tools and Techniques, Third Edition*②的实践方面的重要补充，该书于 2011 年由 Elsevier 出版。

Weka 是一套完整的数据处理工具、学习算法和评价方法，包含数据可视化的图形用户界面，同时该环境还可以比较和评估不同的学习算法的性能。

国内外很多著名大学都采用 Weka 作为数据挖掘和机器学习课程的实践工具。Weka 还有另外一个名字叫作 Pentaho Data Mining Community Edition(Pentaho 数据挖掘社区版)，此外，Pentaho 的网站(http://weka.pentaho.com/)还维护一个被称为 Pentaho Data Mining Enterprise Edition(Pentaho 数据挖掘企业版)的版本，它主要提供技术支持和管理升级。另一个用 Java 编写的著名数据挖掘工具 RapidMiner 通过 Weka Extension(Weka 扩展)支持 Weka，以充分利用 Weka 的“约 100 个额外的建模方案，其中包括额外的决策树、规则学习器和回归估计器”，参见网址 https://marketplace.rapidminer.com/UpdateServer/faces/product_details.xhtml?productId=rmx_weka。

有很多软件项目直接或间接使用 Weka，包括能够处理 ARFF 格式的数据，或者从其他编程环境中访问 Weka 的功能，具体可参见网址 http://www.cs.waikato.ac.nz/ml/weka/related.html

① 来源：Weka_a_tool_for_exploratory_data_mining.ppt，http://ncu.dl.sourceforge.net/project/weka/documentation/Initial%20upload%20and%20presentations/Weka_a_tool_for_exploratory_data_mining.ppt。

② 中译版书名为“数据挖掘：实用机器学习工具与技术(原书第 3 版)”，于 2014 年 5 月由机械工业出版社出版。

和 WekaWiki(http://weka.wikispaces.com/Related+Projects)。另外，Weka 还提供统计编程语言 R 以及 Python 的接口，以及对分布式计算框架 Hadoop、Spark 的支持，这使得 Weka 更具实用价值。

1.1.1 Weka 历史

怀卡托机器学习团队宣称：我们团队的总体目标是要建立最先进的软件开发机器学习技术，并将其应用于解决现实世界的数据挖掘问题。团队具体目标是：使机器学习技术容易获得，并将其应用到解决新西兰工业的重大实际问题中，开发新的机器学习算法并推向世界，为该领域的理论框架做出贡献。

1992 年年末，新西兰怀卡托大学计算机科学系的 Ian H. Witten 博士申请基金，1993 年获新西兰政府资助，并于同年开发出接口和基础架构。次年发布了第一个 Weka 的内部版本。两年后，在 1996 年 10 月，第一个公开版本(Weka 2.1)发布。Weka 早期版本主要采用 C 语言编写，1997 年年初，团队决定使用 Java 重新改写，并在 1999 年中期发布纯 Java 的 Weka 3 版本。选定 Java 来实现 Ian H. Witten 著作 *Data Mining* 的配套机器学习技术是有充分理由的，作为一个著名的面向对象的编程语言，Java 允许用一个统一的接口来进行学习方案和方法的预处理和后处理。决定使用 Java 来替代 C++或其他面向对象的语言，是因为 Java 编写的程序可以运行在绝大部分计算机上，而无须重新编译，更不需要修改源代码。已经测试过的平台包括 Linux、Windows 和 Macintosh 操作系统，甚至包括 PDA。最后的可执行程序复制过来即可运行，完全绿色，不要求复杂安装。当然，Java 也有其缺点，最大的问题是它在速度上有缺陷，执行一个 Java 程序比对应的 C 语言程序要慢上好几倍。综合来看，对于 Weka 来说，Java“一次编译，到处运行”的吸引力远远超出对性能的渴望。

截止到 2016 年 2 月，Weka 最新的版本是 3.7.13，这是 2015 年 9 月 11 日发布的稳定版，本书第二版基于该版本。

1.1.2 Weka 功能简介

Weka 系统汇集了最前沿的机器学习算法和数据预处理工具，以便用户能够快速灵活地将已有的成熟处理方法应用于新的数据集。它为数据挖掘的整个过程提供全面的支持，包括准备输入数据、统计评估学习方案、输入数据和学习效果的可视化。Weka 除了提供大量学习算法(学习方案)之外，还提供了适应范围很广的预处理工具，用户通过一个统一界面操作各种组件，比较不同的学习算法，找出能够解决问题的最有效的方法。

Weka 系统包括处理标准数据挖掘问题的所有方法：回归、分类、聚类、关联规则以及属性选择。分析要进行处理的数据是重要的一个环节，Weka 提供了很多用于数据可视化和预处理的工具。输入数据可以有两种形式，第一种是通过以 ARFF 格式为代表的文件进行输入，另一种是直接读取数据库表。

使用 Weka 的方式主要有三种：第一种是将学习方案应用于某个数据集，然后分析其输出，从而更多地了解这些数据；第二种是使用已经学习到的模型对新实例进行预测；第三种是使用多种学习方案，然后根据其性能表现选择其中的一种来进行预测。用户使用交互式界面菜单选择一种学习方案，大部分学习方案都带有可调节的参数，用户可通过属性列表或对象编辑器修改参数，然后通过同一个评估模块对学习方案的性能进行评估。

Weka 主界面被称为 Weka GUI 选择器(Weka GUI Chooser)，它通过右边的四个按钮提供四种主要的应用程序供用户选择，如图 1.2 所示，单击按钮即可进入相应的图形用户界面。

图 1.2 Weka 主界面

其中，Weka 系统提供的最容易使用的图形用户界面称为探索者(Explorer)。通过选择菜单和填写表单，可以调用 Weka 的所有功能。例如，用户仅仅单击几个按钮，就可以完成从 ARFF 文件中读取数据集，然后建立决策树模型的工作。Weka 界面十分友好，能适时地将不宜用的功能选项设置为不可用状态；将用户选项设计为表格方式以方便填写；当鼠标移动到界面工具上短暂停留时，会给出用法提示；对算法都给出较为合理的默认值，使得用户在进行配置时无须花费太多精力就可取得较好的效果等。

虽然探索者界面使用很方便，但它存在一个缺陷，即要求将所需数据全部一次读进内存，一旦用户打开某个数据集，就会批量读取全部数据。因此，这种批量方式仅适合处理中小规模的问题。而知识流界面刚好能够弥补这一缺陷。

知识流(KnowledgeFlow)界面可以使用增量(分批)方式的算法来处理大型数据集，用户可以定制处理数据流的方式和顺序。知识流界面允许用户在屏幕上任意拖曳代表学习算法和数据源的图形组件，并以一定的方式和顺序组合在一起。也就是说，按照一定顺序将代表数据源、预处理工具、学习算法、评估手段和可视化模块的各组件组合在一起，形成数据流。如果用户选取的过滤器和学习算法具有增量学习功能，那就可以实现大型数据集的增量分批读取和处理。

实验者(Experimenter)界面用于帮助用户解答实际应用分类和回归技术中遇到的一个基本问题：对于一个已知问题，哪种方法及参数值能够取得最佳效果？通过 Weka 提供的实验者工作环境，用户可以比较不同的学习方案。尽管探索者界面也能通过交互完成这样的功能，但通过实验者界面，用户可以让处理过程实现自动化。实验者界面更加容易使用不同参数去设置分类器和过滤器，使之运行在一组数据集中，收集性能统计数据，实现重要的测试实验。

简单命令行(Simple CLI)界面是为不提供自己的命令行界面的操作系统提供的，该界面用于和用户进行交互，可以直接执行 Weka 命令。

1.2 基本概念

上节简要介绍了 Weka，读者也许迫不及待地想进一步深入了解并使用 Weka 来完成数据挖掘工作。但是，在此之前，有必要先了解数据挖掘和机器学习的一些基本概念，为进一步的学习打下基础。

1.2.1 数据挖掘和机器学习

数据挖掘和机器学习这两项技术的关系非常密切。机器学习方法构成数据挖掘的核心，绝大多数数据挖掘技术都来自机器学习领域，数据挖掘又向机器学习提出新的要求和任务。

数据挖掘就是在数据中寻找模式的过程。这个寻找过程必须是自动的或半自动的，并且数据总量应该具有相当大的规模，从中发现的模式必须有意义并能产生一定的效益。通常，数据挖掘需要分析数据库中的数据来解决问题，如客户忠诚度分析、市场购物篮分析等。

当今已进入海量数据时代。例如，全世界已经有约一万亿个网页；沃尔玛仅一个小时就有一百万的交易量，其数据库里的数据已有 2.5 拍(即 2.5×10^{15} 字节)的信息，等等。

这些海量数据不可能采用手工方式进行处理，因此，迫切要求能进行数据分析的自动化方法，这些都由机器学习提供。

机器学习定义为能够自动寻找数据中的模式的一套方法，然后，使用所发现的模式来预测将来的数据，或者在各种不确定的条件下进行决策。

机器学习分为两种主要类型。第一种机器学习类型称为有监督学习，或称为预测学习，其目标是在给定一系列输入/输出实例所构成的数据集的条件下，学习输入 x 到输出 y 的映射关系。这里的数据集称为训练集，实例的个数称为训练样本数。第二种机器学习类型称为无监督学习，或称为描述学习，其目标是在给定一系列仅由输入实例构成的数据集的条件下，发现数据中的有趣模式。无监督学习有时候也称为知识发现，这类问题并没有明确定义，因为我们不知道需要寻找什么样的模式，也没有明显的误差度量可供使用。而对于给定的 x，有监督学习可以对所观察到的值与预测的值进行比较，得到明确的误差值。

1.2.2 数据和数据集

根据应用的不同，数据挖掘的对象可以是各种各样的数据，这些数据可以以各种形式进行存储，如数据库、数据仓库、数据文件、流数据、多媒体、网页等。既可以集中存储在数据存储库中，也可以分布在世界各地的网络服务器上。

通常将数据集视为待处理的数据对象的集合。由于历史原因，数据对象有多个别名，如记录、点、行、向量、案例、样本、观测等。数据对象也是对象，因此，可以用刻画对象基本特征的属性来进行描述。属性也有多个别名，如变量、特征、字段、维、列等。

数据集可以类似于一个二维的电子表格或数据库表。在最简单的情形下，每个训练输入 x_i 是一个 N 维的数值向量，表示特定事物的一些特征，如人的身高、体重。这些特征也可以称为属性。有时 x_i 也可以是复杂结构的对象，如图像、电子邮件、时间序列、语句等。

属性可以分为四种类型：标称(nominal)、序数(ordinal)、区间(interval)和比率(ratio)，其中，标称属性的值仅仅是不同的名称，即标称值仅提供区分对象的足够信息，如性别(男、女)、衣服颜色(红、黄、蓝)、天气(阴、晴、雨、多云)等；序数属性的值可以提供确定对象的顺序的足够信息，如成绩等级(优、良、中、及格、不及格)、职称(初级、中级、高级)、学生(本科生、硕士生、博士生)等；区间属性的值之间的差是有意义的，即存在测量单位，如温度、日历日期等；比率属性的值之间的差和比值都是有意义的，如绝对温度、年龄、长度、成绩分数等。

标称属性和序数属性统称为分类的(categorical)或定性的(qualitative)属性，它们的取值为集合，即使使用数值来表示，也不具备数的大部分性质，因此，应该像对待符号一样对待；区间属性和比率属性统称为定量的(quantitative)或数值的(numeric)属性，定量属性采用数值来表示，具备数的大部分性质，可以使用整数值或连续实数值来表示。

大部分数据集都以数据库表和数据文件的形式存在，Weka 支持读取数据库表和多种格式的数据文件，其中，使用最多的是一种称为 ARFF 格式的文件。

1.2.3 ARFF 格式

ARFF 是一种 Weka 专用的文件格式，由 Andrew Donkin 创立，有传言说 ARFF 代表 Andrew's Ridiculous File Format(安德鲁的荒唐文件格式)，但在 Weka 的正式文档中明确说明 ARFF 代表 Attribute-Relation File Format(属性—关系文件格式)。该文件是 ASCII 文本文件，描述共享一组属性结构的实例列表，由独立且无序的实例组成，是 Weka 表示数据集的标准方法，ARFF 不涉及实例之间的关系。

在 Weka 安装目录下的 data 子目录中，可以找到名称为 weather.numeric.arff 的天气数据文件，其内容如程序清单 1.1 所示。数据集是实例的集合，每个实例包含一定的属性，属性的数据类型包括如下几类：标称型(nominal)，只能取预定义值列表中的一个；数值型(numeric)，只能是实数或整数；字符串型(string)，这是一个由双引号引用的任意长度的字符列表；另外还有日期型(date)和关系型(relational)。ARFF 文件就是实例类型的外部表示，其中包括一个标题头(header)，以描述属性的类型，还包含一个用逗号分隔的列表所表示的数据部分(data)。

程序清单 1.1　天气数据的 ARFF 文件

```
% This is a toy example, the UCI weather dataset.
% Any relation to real weather is purely coincidental.

@relation weather

@attribute outlook {sunny, overcast, rainy}
@attribute temperature real
@attribute humidity real
@attribute windy {TRUE, FALSE}
@attribute play {yes, no}
```

```
@data
sunny,85,85,FALSE,no
sunny,80,90,TRUE,no
overcast,83,86,FALSE,yes
rainy,70,96,FALSE,yes
rainy,68,80,FALSE,yes
rainy,65,70,TRUE,no
overcast,64,65,TRUE,yes
sunny,72,95,FALSE,no
sunny,69,70,FALSE,yes
rainy,75,80,FALSE,yes
sunny,75,70,TRUE,yes
overcast,72,90,TRUE,yes
overcast,81,75,FALSE,yes
rainy,71,91,TRUE,no
```

上述代码中，以百分号“%”开始的行称为注释行。与计算机编程语言类似，最前面的注释行应该写明数据集的来源、用途和含义。

@relation 行定义内部数据集的名称 weather，名称应简洁明了，尽可能容易理解。relation 也称为关系。

@attribute outlook {sunny, overcast, rainy}行定义名称为 outlook 的标称型属性，有三个取值：sunny、overcast 和 rainy。按照同样的方式，@attribute windy {TRUE, FALSE}行和@attribute play {yes, no}行分别定义 windy 和 play 两个标称型属性。要注意的是，最后一个属性默认为用于预测的类别变量，或称为目标属性。本例中，类别变量为标称型属性 play，它只能取两个值之一，使得天气问题成为二元(binary)的分类问题。

@attribute temperature real 行定义名称为 temperature 的数值型属性，@attribute humidity real 行定义名称为 humidity 的数值型属性。这两个属性都是实数型。

@data 标志后的各行构成数据集。每行为一个实例样本，由采用逗号分隔的值组成，顺序与由@attribute 所定义属性的顺序一致。

本例没有使用字符串类型和日期类型，在将来的学习中会遇到这两种类型。

1.2.4 预处理

数据挖掘是在大量的、潜在有用的数据中挖掘出有用模式的过程。因此，源数据的质量直接影响到挖掘的效果，高质量的数据是进行有效挖掘的前提。但是，由于数据挖掘所使用的数据往往不是专门为挖掘准备的，期望数据质量完美并不现实，人的错误、测量设备的限制以及数据收集过程的漏洞都可能导致一些问题，如缺失值(由机械原因或人为原因造成的数据缺失)和离群值(数值与其他数值相比差异较大)。

由于无法在数据的源头控制质量，数据挖掘只能通过以下两个方面设法避免数据质量问题：①数据质量问题的检测与纠正；②使用能容忍低质量数据的算法。第一种方式在数据挖掘前检测并纠正一些质量问题，这个过程称为数据预处理；第二种方式需要提高算法的健壮性。

数据预处理是数据挖掘的重要步骤，数据挖掘者的大部分时间和精力都要花在预处理阶段。Weka 专门提供若干过滤器进行预处理，还在探索者界面中提供 Select attributes(选择属性)标签页专门处理属性的自动选择问题。数据预处理涉及的策略和技术非常广泛，主要包括如下技术。

1. 聚集

聚集(aggregation)就是将两个或多个对象合并为单个对象。一般来说，定量数据通常通过求和或求平均值的方式进行聚集，定性数据通常通过汇总进行聚集。聚集通过数据归约来减少数据量，所导致的较小数据集只需要较少内存和处理时间的开销，因此，可以使用开销更大的数据挖掘算法。另外，聚集使用高层数据视图，起到了范围或度量转换的作用。虽然站在很高的角度去检视问题容易避免“只见树木，不见森林”的弊端，但也可能导致有趣细节的丢失。

2. 抽样

如果处理全部数据的开销太大，数据预处理可以使用抽样，只选择数据对象的子集进行分析。使用抽样可以压缩数据量，因此，能够使用效果更好但开销较大的数据挖掘算法。由于抽样是一个统计过程，好的抽样方案就是确保以很高的概率得到有代表性的样本，即样本近似地具有与原数据相同的性质。

抽样方式有多种，最简单的抽样是选取每一个数据行作为样本的概率都相同，这称为简单随机抽样，又分为有放回抽样和无放回抽样两种形式，前者是从 N 个数据行中以概率 $1/N$ 分别随机抽取出 n 个数据行，构成样本子集；后者与有放回抽样的过程相似，但每次都要删除原数据集中已经抽取出来的数据行。显然，有放回抽样得到的样本子集有可能重复抽取到相同的数据行。

当整个数据集由差异较大的数据行构成时，简单随机抽样可能无法抽取到不太频繁出现的数据行，这会导致得到的样本不具代表性。分层抽样(stratified sampling)尽量利用事先掌握的信息，充分考虑保持样本结构和总体结构的一致性以提高样本的代表性。其步骤是，先将数据集按某种特征分为若干不相交的“层”，然后再从每一层中进行简单随机抽样，从而得到具有代表性的抽样数据子集。

3. 维度归约

维度是指数据集中属性的数目。维度归约(dimension reduction)是指创建新属性，通过数据编码或数据变换，将一些旧属性合并在一起以降低数据集的维度。

维度归约可以删除不相关的属性并降低噪声，维度降低会使许多数据挖掘的算法变得更好，还能消除由维灾难带来的负面影响。维灾难是指，随着维度的增加，数据在它所占的空间越来越稀疏，对于分类问题，这意味着可能没有足够的数据对象来创建模型；对于聚类问题，点之间的密度和距离的定义失去意义。因此，对于高维数据，许多分类和聚类等学习算法的效果都不理想。维度归约使模型的属性更少，因而可以产生更容易理解的模型。

4. 属性选择

除维度归约外，降低维度的另一种方法是只使用属性的一个子集。表面看来这种方法似乎可能丢失信息，但在很多情况下，数据集中存在冗余或不相关的属性。其中，冗余属性是指某个属性包含了其他属性中的部分或全部信息，不相关属性是指对于手头的数据挖掘任务几乎完全没有用处的信息。属性选择是指从数据集中选择最具代表性的属性子集，删除冗余或不相关的属性，从而提高数据处理的效率，使模型更容易理解。

最简单的属性选择方法是使用常识或领域知识，以消除一些不相关或冗余属性。但是，选择最佳的属性子集通常需要系统的方法。理想的属性选择方法是：将全部可能的属性子集作为数据挖掘学习算法的输入，然后选取能产生最好结果的子集。这种方法反映了对最终使用的数据挖掘算法的目的和偏爱。但是，由于 n 个属性的子集的数量多达 2^n 个，大部分情况下行不通。因此，需要考虑三种标准的属性选择方法：嵌入、过滤和包装。

嵌入方法(embedded approach)将属性选择作为数据挖掘算法的一部分。在挖掘算法运行期间，算法本身决定使用哪些属性以及忽略哪些属性。决策树算法通常使用这种方法。

过滤方法(filter approach)在运行数据挖掘算法之前，使用独立于数据挖掘任务的方法进行属性选择，即先过滤数据集产生一个属性子集。

包装方法(wrapper approach)将学习算法的结果作为评价准则的一部分，使用类似于前文介绍的理想算法，但通常无法枚举出全部可能的子集以找出最佳属性子集。

根据属性选择过程是否需要使用类别信息，属性选择可分为有监督属性选择和无监督属性选择。前者通过度量类别信息与属性之间的相互关系来确定属性子集；后者不使用类别信息，使用聚类方法评估属性的贡献度，根据贡献度来确定属性子集。

5. 属性创建

属性创建就是通过对数据集中旧的属性进行处理，创建新的数据集，这样能更有效地获取重要的信息。由于通常新数据集的维度比原数据集少，因此，可以获得维度归约带来的好处。属性创建有三种方法：属性提取、映射数据到新空间和属性构造。

属性提取是指由原始数据创建新的属性集。例如，对照片数据进行处理，提取一些较高层次的特征，诸如与人脸高度相关的边和区域等，就可以使用更多的分类技术。

映射数据到新空间是指使用一种完全不同的视角挖掘数据，这可能会揭示出重要而有趣的特征。例如，对时间序列实施傅里叶变换，将其转换为频率信息，可能会检测到其中的周期模式。

当原始数据集的属性含有必要信息，但其形式不适合数据挖掘算法的时候，可以使用属性构造，通过一个或多个原来的属性构造出新的属性。

6. 离散化和二元化

有的数据挖掘算法，尤其是某些分类算法，要求数据是分类属性的形式；发现关联模式的算法要求数据是二元属性的形式。因此，需要进行属性变换。将连续属性转换为分类属性称为离散化(discretization)，将连续和离散属性转换为一个或多个二元属性称为二元化(binarization)。

连续属性离散化为分类属性可分为两个子任务：决定需要多少个分类值，以及决定如何将连续属性值映射到这些分类值中。因此，离散化问题就是要决定选择多少个分割点，以及确定分割点的位置，利用少数分类值标签替换连续属性的值，从而减少和简化原来的数据。

根据是否使用类别信息，可以将离散化技术分为两类：使用类别信息的称为有监督的离散化，反之则称为无监督的离散化。

等宽和等频离散化是两种常用的无监督的离散化方法。等宽(equal width)离散化将属性的值域划分为相同宽度的区间，区间的数目由用户指定。这种方式常常会造成实例分布不均匀。等频(equal frequency)离散化也称为等深(equal depth)离散化，它试图将相同数量的对象放进每个区间，区间的数目由用户指定。

7. 变量变换

变量变换(variable transformation)也称为属性变换，是指用于变量的所有值的变换。下面讨论两种重要的变量变换：简单函数变换和标准化。

简单函数变换是使用一个简单数学函数分别作用于每一个值。在统计学中，平方根、对数变换和倒数变换等变量变换常用于将不具有高斯分布的数据变换为具有高斯分布的数据。

变量标准化(standardization)的目的是使整个值的集合具有特定的性质。例如，假设$\overline{x}$是某个属性的均值，s_x是其标准差，则变换公式$x' = (x - \overline{x}) / s_x$创建一个具有均值 0 和标准差 1 的新的变量。由于均值和标准差受离群点的影响较大，因此，常常修正上述变换。例如，用中位数(median)替代均值，用绝对标准差替代标准差等。

1.2.5 分类与回归

分类(classification)与回归(regression)是数据挖掘应用领域的重要技术。分类就是在已有数据的基础上学习出一个分类函数或构造出一个分类模型，这就是通常所说的分类器(classifier)。该函数或模型能够把数据集中的数据映射到某个给定的类别，从而用于数据预测。分类和回归是预测的两种形式，分类预测的输出目标是离散值，而回归预测的输出目标是连续值。因此，在 Weka 中，分类和回归都归为同一类的问题，都是要构建能对目标进行预测的分类器。

在分类之前，先要将数据集划分为训练集和测试集两个部分。分类分两步：第一步，分析训练集的特点并构建分类模型，常用的分类模型有决策树、贝叶斯分类器、*k*-最近邻分类等；第二步，使用构建好的分类模型对测试集进行分类，评估分类模型的分类准确度等指标，选择满意的分类模型。

分类模型学习方法主要分为以下几类。

1. 决策树分类

决策树分类方法对训练集进行训练，生成一棵二叉或多叉的决策树。决策树包含三种节点，根节点没有入边，但有零条或多条出边；内部节点只有一条入边和两条或多条出边；叶节点只有一条入边，但没有出边。树的叶节点代表某一个类别值，非叶节点代表某个一般属性(非类别属性)的一个测试，测试的输出构成该非叶节点的多个分支。从根节点到叶节点的一条路径形成一条分类规则，一棵决策树能够方便地转化为若干分类规则，挖掘者可以根据分类规则直观地对未知类别的样本进行预测。具体方法是，从树的根节点开始，将测试条件用于检验样本，根据测试结果选择适当的分支，沿着该分支要么到达另一个内部节点，再次使用新的测试规则；要么到达叶节点，结果是将叶节点的类别标号赋值给检验样本。

决策树归纳的学习算法必须解决以下两个问题。

第一，如何分裂训练样本集？树在增长过程中的每个递归步必须选择一个属性作为测试条件，将样本集划分为更小的子集。为了实现该步，算法必须提供为不同类型的属性指定测试条件的方法，并且提供评估每种测试条件的客观度量。

第二，如何停止分裂过程？需要有终止决策树生长过程的结束条件。可能的策略是一直分裂，直到所有的样本都属于同一个类别，或者所有样本的属性值都相同。也可以使用其他策略提前终止树的生长过程。

不同决策树采用的技术不同，目前已经有很多成熟而有效的决策树学习算法，如ID3、C4.5、CART、Random Forest 等。具体算法详见后文。

2. 贝叶斯分类

贝叶斯分类方法有一个明确的基本概率模型，用以给出某个样本属于某个类别标签的概率。贝叶斯分类方法有两种主要实现：朴素贝叶斯分类器和贝叶斯网络。朴素贝叶斯分类器是基于贝叶斯定理的统计分类方法，它假定属性之间相互独立，但实际数据集中很难保证这一条件。朴素贝叶斯分类器分类速度快且分类准确度高，支持增量学习。贝叶斯网络使用一种称为贝叶斯网络的概率网络来描述属性之间的依赖关系，Weka 对贝叶斯网络有很好的支持，详见后文。

3. *k*-最近邻分类

前面所介绍的决策树分类器是一种积极学习器(eager learner)，因为只要训练数据可用，它就开始学习从输入属性到类别标签的映射模型。另一种策略则是推迟对训练模型的建模，直到需要分类测试样本时再进行，对应的分类器称为消极学习器(lazy learner)。*k*-最近邻分类算法使用的就是后一种策略，它是一种基于实例的学习算法，不需要事先使用训练样本构建分类器，而是直接使用训练集对测试样本进行分类，以确定类别标签。

k-最近邻分类使用具体的训练实例进行预测，不必维护从数据集中抽象出来的模型。这种基于实例的学习算法需要邻近性度量来确定实例间的相似度或距离，还需要分类函数根据测试实例与其他实例的邻近性返回测试实例的预测类别标签。虽然消极学习方法不需要建立模型，但对测试实例进行分类的开销很大，因为需要逐个计算测试样本和训练样本之间的相似度。相反，积极学习方法通常花费大量的计算资源来建立模型，但一旦建立模型之后，对测试实例进行分类就会非常快。*k*-最近邻分类器基于局部信息进行预测，而决策树分类器则试图找到一个适合整个输入空间的全局模型。由于基于局部分类策略，*k*-最近邻分类器在 *k* 很小的时候对噪声非常敏感。

Weka 实现的 *k*-最近邻分类算法称为 IBk，可以通过交叉验证选择适当的 *k* 值，还可以实现距离加权。

4. 神经网络分类

神经网络(neural network)是大量的简单神经元按一定规则连接构成的网络系统，能够模拟人类大脑的结构和功能。它采用某种学习算法从训练样本中学习，将获取的知识存储在网络模型的权值中，通过模拟人类大脑在同一个脉冲的反复刺激下改变神经元之间的神经键连接强度来进行学习。

按照各神经元的不同连接方式，神经网络分为前向网络和反馈网络。目前的神经网络模型非常丰富，典型的模型有感知器模型、多层前向传播模型、BP(反向传播)模型、Hopfield 模型、SOM(Self-Organizing Map，自组织映射)模型等。

Weka 神经网络使用多层感知器实现了 BP 神经网络，详见第 6 章。

1.2.6 聚类分析

聚类(clustering)就是将数据集划分为由若干相似实例组成的簇(cluster)的过程，使得同一个簇中实例间的相似度最大化，不同簇中实例间的相似度最小化。也就是说，一个簇就是由彼此相似的一组对象所构成的集合，不同簇中的实例通常不相似或相似度很低。

聚类分析是数据挖掘和机器学习中十分重要的技术，应用领域极为广泛，如统计学、模式识别、生物学、空间数据库技术、电子商务等。

作为一种重要的数据挖掘技术，聚类是一种无监督的机器学习方法，主要依据样本间相似性的度量标准将数据集自动划分为几个簇，聚类中的簇不是预先定义的，而是根据实际数据的特征按照数据之间的相似性来定义的。聚类分析算法的输入是一组样本以及一个度量样本间相似度的标准，输出是簇的集合。聚类分析的另一个副产品是对每个簇的综合描述，这个结果对于进一步深入分析数据集的特性尤为重要。聚类方法适合用于讨论样本间的相互关联，从而能初步评价其样本结构。

数据挖掘关心聚类算法的如下特性：处理不同类型属性的能力、对大型数据集的可扩展性、处理高维数据的能力、发现任意形状簇的能力、处理孤立点或“噪声”数据的能力、对数据顺序的不敏感性、对先验知识和用户自定义参数的依赖性、聚类结果的可解释性和实用性、基于约束的聚类等。

聚类分析方法主要有划分的方法、层次的方法、基于密度的方法、基于网格的方法、基于模型的方法等。Weka 实现的聚类算法主要有 k 均值算法、EM(期望最大化)算法和 DBSCAN 算法。

1.2.7 关联分析

商业企业在日复一日的运营中积累了大量的数据。例如，超市的收银台每天都要记录大量的顾客购物数据，这种数据通常称为购物篮事务。商家对分析这些数据很感兴趣，因为分析它可以了解顾客的购买行为。关联分析(association analysis)方法就用于发现隐藏在大型数据集中有意义的联系，这种联系可以用关联规则(association rule)进行表示。例如，商家通过关联分析挖掘商场销售数据，发现顾客的购买习惯，如购买产品 X 的同时也购买产品 Y，于是，超市就可以调整货架的布局，将 X 产品和 Y 产品放在一起，以提升销量。因此，关联分析为商场进行商品促销以及货架摆放提供了辅助决策信息。

例如，沃尔玛从销售数据中发现这样一个令人匪夷所思的规则：{尿布}→{啤酒}。该规则表明尿布和啤酒的销售之间存在着很强的联系。原来，美国妇女通常在家照顾孩子，所以她们会经常嘱咐丈夫在下班回家的路上为孩子买尿布，而丈夫在买尿布的同时又会顺手购买自己爱喝的啤酒。得益于所发现的新的交叉销售商机，沃尔玛将啤酒和尿布这两个看上去毫无关联的商品摆放在一起销售，获得了很好的销售收益。

除购物篮数据外，关联分析还可以应用于其他领域，如生物信息学、医疗诊断、网页挖掘和科学数据分析等。例如，通过关联分析挖掘医疗诊断数据，可以发现症状与疾病之间的关联，为医生诊断疾病和治疗提供线索。

关联分析最著名的算法是 Apriori 算法，其核心是基于两阶段频繁项集思想的递推算法。寻找最大项集(频繁项集)的基本思想是：算法需要对数据集进行多步处理。第一步，简单统计所有含一个元素项集出现的频数，并找出那些不小于最小支持度的项集，即一维最大项集。从第二步开始进行循环处理，直到再没有最大项集生成。循环过程是：在第 k 步中，根据第 $k-1$ 步生成的($k-1$)维最大项集产生 k 维候选项集，然后对数据库进行搜索，得到候选项集的支持度，与最小支持度进行比较，从而找到 k 维最大项集。

Weka 实现了 Apriori 算法和另一个关联分析的 FP-Growth(频繁模式增长)算法。

1.3 Weka 系统安装

本节介绍 Weka 系统的安装。由于 Weka 采用 Java 编写，因此，具有 Java“一次编译，到处运行”的特性，Weka 支持的操作系统有 Windows x86、Windows x64、Mac OS X、Linux 等。

1.3.1 系统要求

表 1.1 列举了运行 Weka 的特定版本对 Java 版本的要求。

表 1.1 Weka 各版本对 Java 版本的要求[1]

		Java			
		1.4	1.5	1.6	1.7
Weka	<3.4.0	X	X	X	X
	3.4.x	X	X	X	X
	3.5.x	3.5.0～3.5.2	>3.5.2 r2892, 20/02/2006	X	X
	3.6.x		X	X	X
	3.7.x		3.7.0	>3.7.0 r5678, 25/06/2009	X

表 1.1 中的 X 表示所在列的 Java 版本支持所在行的 Weka 版本。表中有两处还注明了因版本变更对 Java 版本要求的变化，采用前缀 r 加数字表示 Subversion 修订版本，并列出

① 来源：http://www.cs.waikato.ac.nz/~ml/weka/requirements.html。

变更时间。

在 Linux/GNOME 系统中，使用 Java 1.5 及以上版本会遇到界面的缺省外观显示问题。Mac OS X 用户使用 Weka 3.6.5/3.7.4 版本时，需要安装 Java for Mac OS X 10.6 Update 3 及以上版本。

1.3.2 安装过程

下面介绍 Weka 3.7.13 在 Windows 8.1 中文版上的下载及安装过程。

1. 下载

SourceForge.net 网站提供 Weka 各类版本的下载，本书推荐从 Weka 官网链接到下载地址，另外，Weka 官网还提供很多相关资源。在浏览器地址栏中输入网址“http://www.cs.waikato.ac.nz/~ml/weka/”，并按 Enter 键，在主页的导航栏中单击 Download 超链接，根据自己的计算机所安装的操作系统选择下载文件。

要注意的是，Weka 主要版本有三种，第一种称为 Snapshots(快照版本)，是开发过程中构建的版本，并不是正式版，这是为想要最新的错误修正版的用户设置的；第二种称为 Stable book 3rd ed. version(第 3 版书的稳定版本)，是 Ian H. Witten 的第 3 版著作对应的 Weka 实现的稳定版本，版本为 3.6.x；第三种称为 Developer version(开发者版本)，目前版本为 3.7.x，这是 Weka 的主干版本，是稳定 3.6 版本代码的延续，进行了错误修复并新增了一些功能，因此，它是学习和研究 Weka 的理想版本，本书的写作就基于这个版本。

由于作者使用的操作系统为 Windows 8.1 中文版，并且已经安装过 JDK 8(要求 JRE 7 以上版本)，因此，选择下载 weka-3-7-13-x64.exe，如图 1.3 所示。如果没有安装过 Java，最好选择下载自带 Java VM 的 Weka 版本。

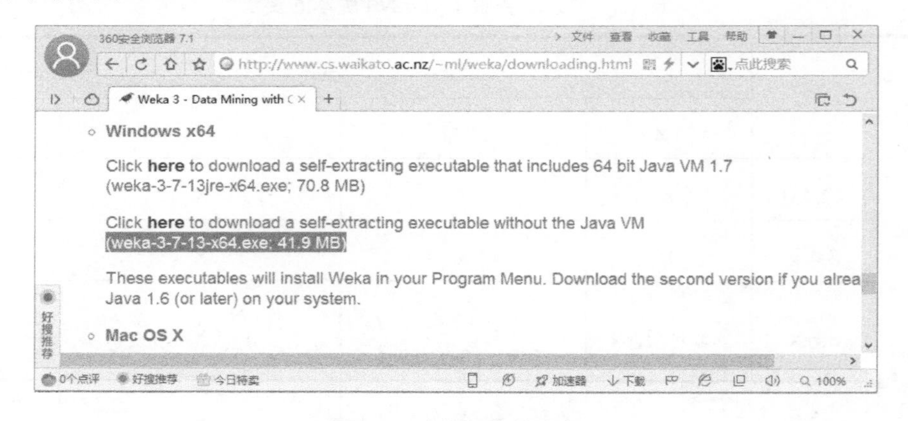

图 1.3　选择下载的文件

2. 安装

下载完成后双击.exe 文件进行安装。

首先出现的是欢迎窗口，如图 1.4 所示，单击 Next 按钮进入下一步。

随后出现的是 GNU GPL 协议，必须同意才能进行安装。单击 I Agree 按钮，如图 1.5 所示。

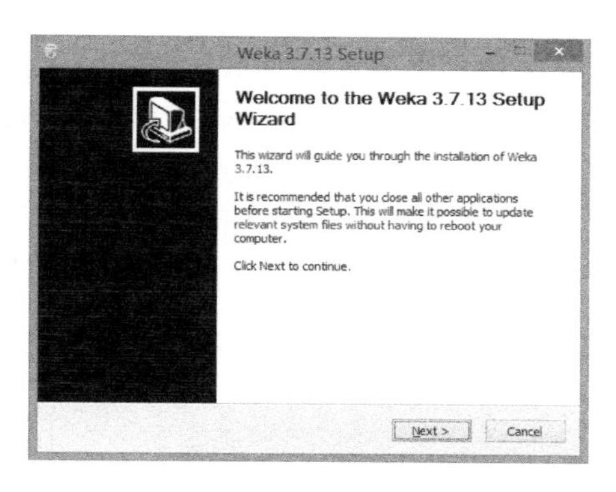

图 1.4　欢迎窗口

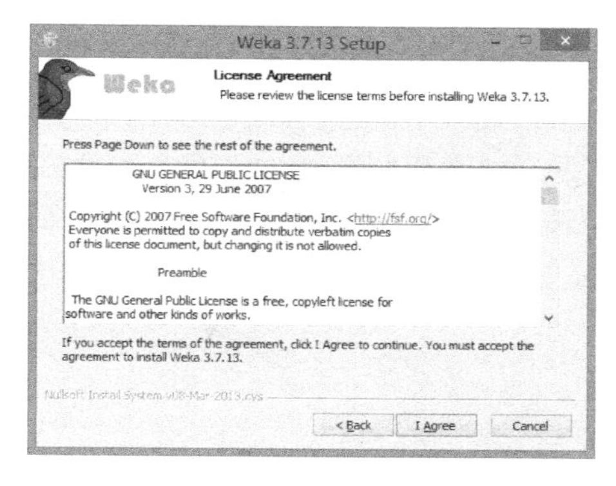

图 1.5　同意 GNU GPL 协议

下一步是选择安装组件。选项有 Full、Minimal、Custom 三项，默认为 Full。由于完全安装也不占多大空间，建议选择默认的 Full 选项。因此保持默认选项，单击 Next 按钮进入下一步，如图 1.6 所示。

下一步是选择安装路径。根据自己计算机的硬盘空间进行选择，建议安装在 C 盘的 Weka-3-7 目录下，选择完成后，单击 Next 按钮进入下一步，如图 1.7 所示。

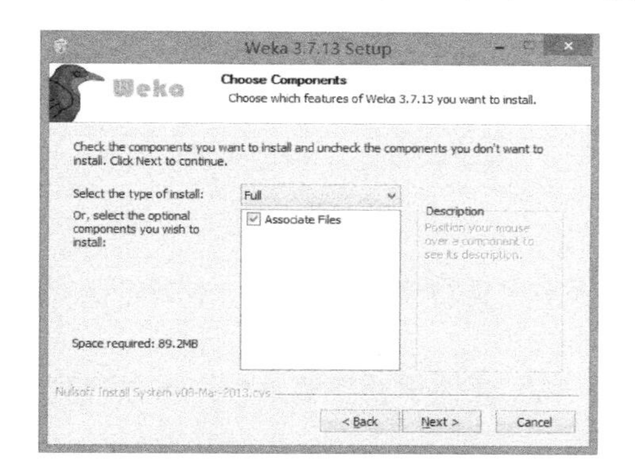

图 1.6　选择安装组件

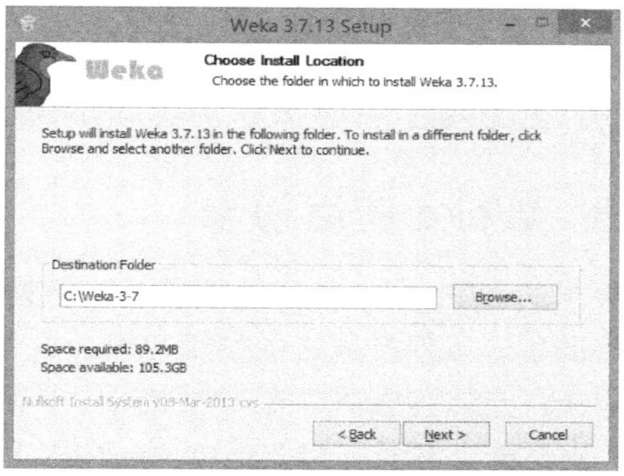

图 1.7　选择安装路径

接下来是选择开始菜单文件夹名称，这里是 Weka 3.7.13，没有特殊要求则不必更改，单击 Install 按钮开始安装，如图 1.8 所示。

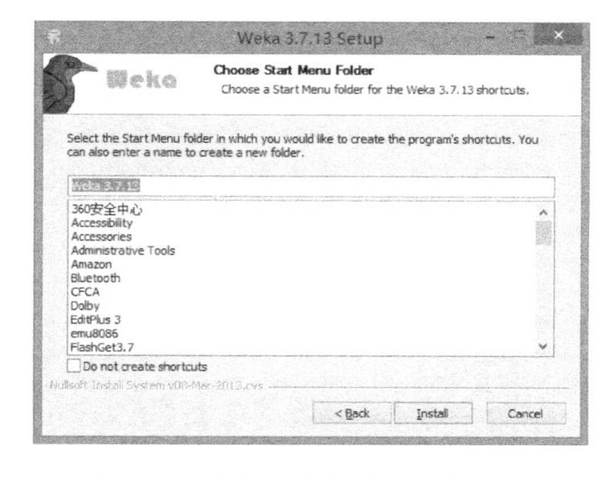

图 1.8　选择开始菜单文件夹名称

安装完成后，最好花上一点时间看看已安装的文件。如图 1.9 所示，Weka-3-7 目录下有三个子目录，changelogs 子目录用于存放 Weka 版本的变更情况，除非想参与到 Weka 项目的开发，或者想知道 Weka 的某版本在上一个版本的基础上究竟变更了哪些内容，才需要进行研究；data 子目录存放自带的 23 个 ARFF 文件作为测试用途的示例数据集，详见后文；doc 子目录存放 Weka 文档，进行二次开发的技术人员需要仔细阅读。

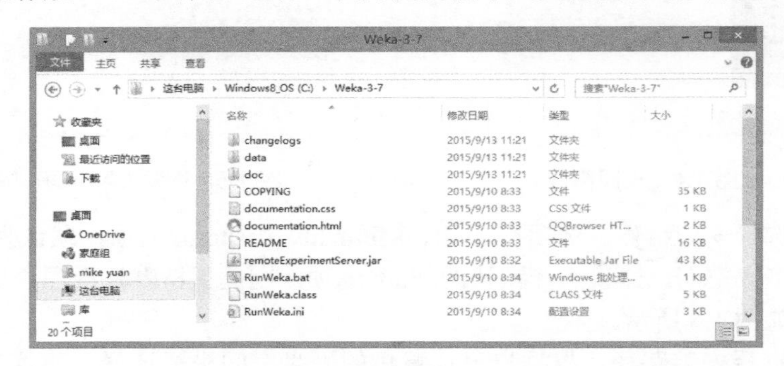

图 1.9　安装在硬盘上的文件

安装目录下还有几个文件值得关注。WekaManual.pdf 是 Weka 用户手册，不论新手还是老资格用户，该手册都很有用；weka-src.jar 是打包源程序，可以解压出来供深层次的用户使用；RunWeka.ini 是运行 Weka 的配置文件。

1.3.3　Weka 使用初步

由于从 Windows 8 开始取消了开始菜单，很多人觉得使用不方便。本书建议安装 360 软件小助手，以保持原来的使用习惯。

Weka 安装完成后，在 Windows 左下角的 360 软件小助手菜单中，可以找到 Weka 3.7.13 子菜单，下面有四个菜单项，如图 1.10 所示。

单击第一个菜单项 Documentation(参考资料)，可以浏览 Weka 提供的非常有用的参考资料，包括 Weka 手册、Java 包 API 文档，还有一些在线资源，如 Weka 主页、WekaWiki、Pentaho 的 Weka 社区文档，以及 SourceForge.net 网站下的 Weka，如图 1.11 所示。

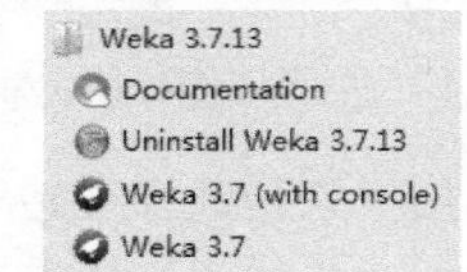

图 1.10　Weka 菜单

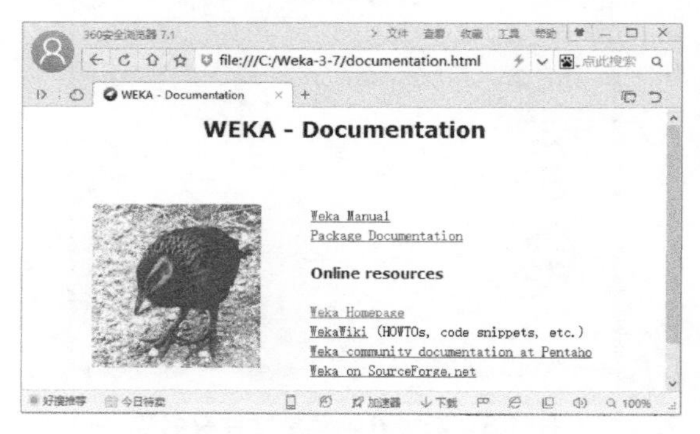

图 1.11　Weka 参考资料

第二个菜单项用于卸载 Weka。

第三和第四个菜单项均可以启动 Weka 界面，不同的是前者带有一个控制台输出，而后者没有。不管使用哪种方式启动 Weka，主界面均显示为 Weka GUI 选择器窗口，如前文的图 1.2 所示。这里主要介绍 Weka 的菜单。

Weka 使用的 MDI(多文档界面)外观让所有打开的窗口更加简洁明了。Weka 菜单分为以下四个部分。

1. Program(编排)菜单

- LogWindow(日志窗口)菜单项：打开一个记录输出到 stdout 或 stderr 内容的日志窗口。在 Windows 环境下，如果以不带控制台输出的方式启动 Weka，日志窗口比较有用。
- Memory usage(内存使用情况)菜单项：打开一个显示内存使用情况的窗口，如果用户发现内存占用过大，可单击窗口右边的 GC 按钮，启动垃圾回收器，如图 1.12 所示。

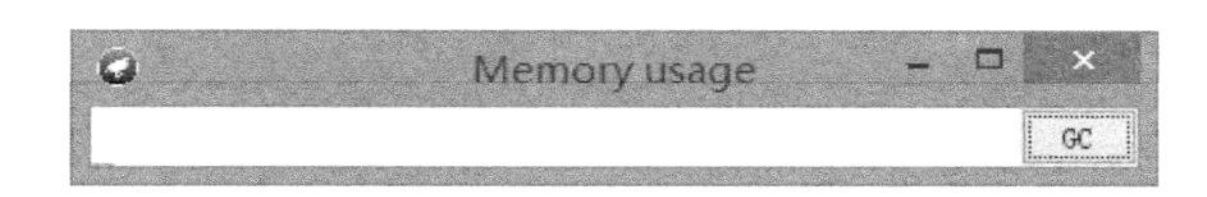

图 1.12　内存使用情况

- Exit(退出)菜单项：关闭 Weka。

2. Visualization(可视化)菜单

- Plot(散点图)菜单项：画出数据集的二维散点图。
- ROC(接收者操作特征)菜单项：打开预先保存的文件以显示 ROC 曲线。
- TreeVisualizer(树可视化工具)菜单项：打开预先保存的文件以显示一个有向图，例如，决策树。
- GraphVisualizer(图可视化工具)菜单项：显示 XML、BIF 或 DOT 格式的图片，例如，贝叶斯网络。
- BoundaryVisualizer(边界可视化工具)菜单项：允许在二维空间中对分类器的决策边界进行可视化。

3. Tools(工具)菜单

- Package manager(包管理器)菜单项：允许用户选择安装感兴趣或需要的算法软件包。
- ArffViewer(ARFF 查看器)菜单项：一个 MDI 应用程序，使用电子表格的形式来查看 ARFF 文件。
- SqlViewer(SQL 查看器)菜单项：通过 JDBC(Java 数据库连接)查询数据库的简单窗口，支持连接数据库，执行 SQL 语句，并显示结果。
- Bayes net editor(贝叶斯网络编辑器)菜单项：一个编辑、可视化和学习贝叶斯网络的应用程序。

4. Help(帮助)菜单

- Weka homepage(Weka 主页)菜单项：打开一个浏览器窗口，显示 Weka 主页。
- HOWTOs, code snippets, etc(基本知识、代码段等)菜单项：打开常用的 WekaWiki，其中含有大量的示例，以及开发和使用 Weka 的基本知识(HOWTO)。
- Weka on Sourceforge(Sourceforge 网站的 Weka)菜单项：打开 Weka 项目在 Sourceforge.net 网站上的主页。
- SystemInfo(系统信息)菜单项：列出一些关于 Java 和 Weka 的环境信息，如 WEKA_HOME、file.encoding 等。

1.3.4 系统运行注意事项

1. 使用 Weka 包管理器

通常术语“包”(package)指的是 Java 通过包来组织 Java 类。自 Weka 3.7.2 开始，Weka 引入包的概念，它将额外功能从 weka.jar 文件中分离，以软件包的形式单独提供。Weka 包由各种 jar 文件、文档、元数据，以及可能的源代码组成。从版本 3.7.2 开始，早期版本 Weka 中的许多学习算法和工具就分离出来成为单独的包。这样做的最大好处就是简化了 Weka 的核心系统，允许用户选择安装自己需要或者感兴趣的软件包。它还提供了一种简单机制，用户能够及时使用到 Weka 爱好者提供的新功能。Weka 可以使用很多包，这些包以某种方式添加学习方案，或扩展核心系统的功能，很多包都由 Weka 团队和第三方提供。

Weka 自带有软件包的管理机制，能在运行时动态加载包。软件包管理器分为命令行和图形用户界面(GUI)两种，下面分别予以说明。

假定 weka.jar 文件在 classpath 路径中，使用如下命令即可访问包管理器：

```
java weka.core.WekaPackageManager
```

运行结果如图 1.13 所示。详细的命令行包管理器的使用将在第 5 章讲述。

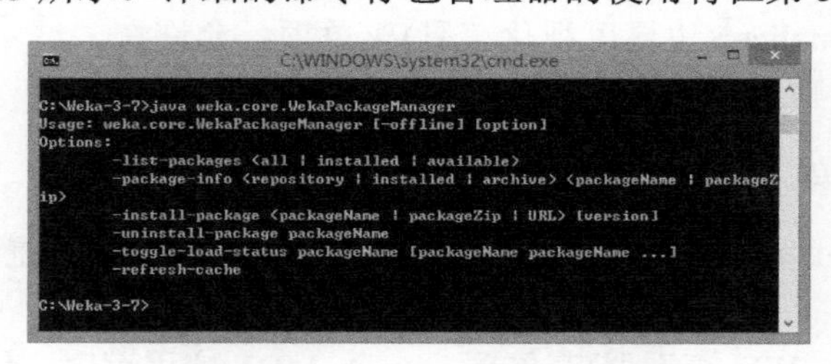

图 1.13 命令行包管理器

可以看到，除非是专业程序员，使用命令行包管理器非常麻烦，要求输入若干命令行选项。因此，普通人员还是使用 GUI 进行包管理较为直观方便。

首先启动 Weka GUI 选择器窗口，在 Tools 菜单下，选择 Package manager 菜单项，或者按 Ctrl+U 快捷键，会弹出如图 1.14 所示的 Package Manager(包管理器)窗口。命令行包管理器中包含的全部功能都可以在 GUI 版本中使用，GUI 版本还能够一键安装和卸载多个包。

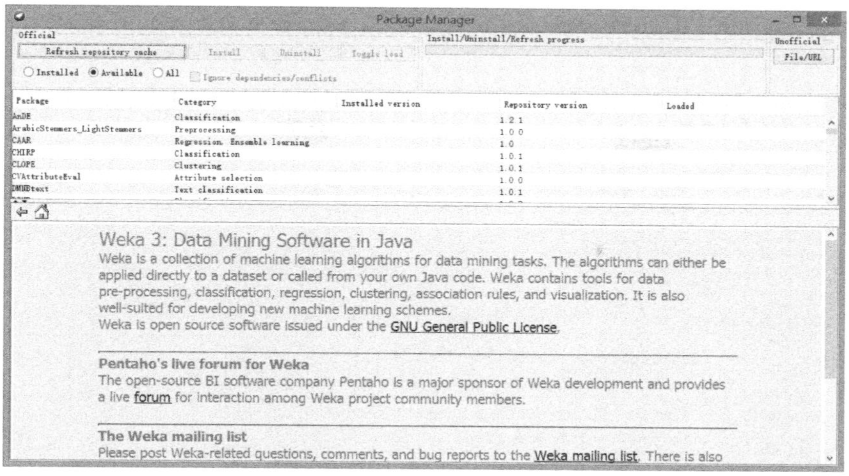

图 1.14　Package Manager 窗口

Package Manager 窗口可分为上、下两部分：顶部是一个软件包的列表；底部是一个小型的浏览器，用于显示当前选择的包信息。

包列表中显示了包的名称(Package)、类别(Category)、如已安装则显示目前安装的版本(Installed version)、存储库中可用的最新版本(Repository version)，以及包是否已经加载(Loaded)。可以通过单击此列表相应的列标题，按照包名称或类别进行排序。第二次单击相同列标题会反转排列顺序。在窗口左上角，有三个单选按钮可以用来过滤列表中显示的内容，默认选中 All(所有软件包)单选按钮，Available 单选按钮用于显示所有可用的尚未安装软件包，Installed 单选按钮用于显示已安装的软件包。

如果某一种软件包有多个版本可用，可以选择对应的 Repository version 列来选取版本。具体方法是：单击该列，在出现的下拉列表框中选择希望安装的版本。

窗口顶部有四个按钮，分别为 Refresh repository cache(刷新库缓存)、Install(安装)、Uninstall(卸载)和 Toggle load(切换加载)。第一个按钮用于刷新包信息库中的元数据的缓存副本。第一次使用程序包管理器时，不论是 GUI 版本还是命令行版本，都会出现短暂的延迟，这是因为第一次要建立初始缓存。Install 和 Uninstall 按钮分别用于安装和卸载包，可以一次安装或卸载多个包，可以在按住 Shift 键的同时选择一定范围内连续的包，也可以在按住 Ctrl 键的同时将不连续的包依次添加到选择集合中。Toggle load 按钮用于切换已安装包的加载状态，在 Loaded 列的 Yes 与 No 之间进行切换，切换时会弹出一个信息对话框，指示修改的加载状态必须在重启 Weka 之后才会生效。在 Install 和 Uninstall 按钮的下面，有一个 Ignore dependencies/conflicts(忽略依赖关系和冲突)复选框，选中该复选框可以忽略所选择软件包的依赖关系和可能发生的任何冲突。如果在安装软件包时选中该复选框，将无法安装存在依赖关系的软件包。

下面以 LibSVM(SVM 模式与回归软件包)的安装和卸载为实例进行说明。

首先安装。选中 All 单选按钮，显示全部包，选中 LibSVM 包，如图 1.15 所示。

然后，单击 Install 按钮进行安装。这时，Weka 会弹出一个窗口请用户确认，单击“是(Y)”按钮确认自己的操作。包管理器窗口右上角显示安装进度，经过一小段时间后，所选中的 LibSVM 包对应的 Loaded 列也会显示 Yes 字样，说明安装完成。

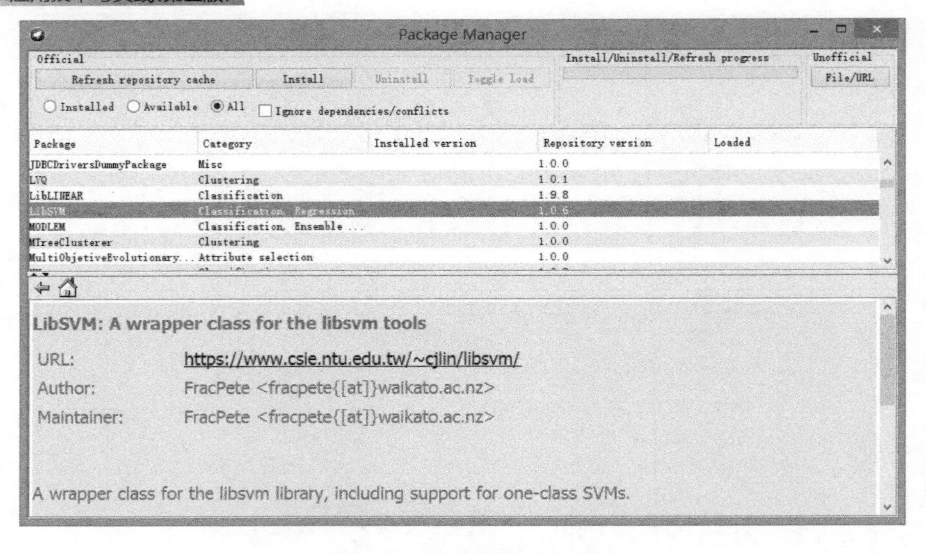

图 1.15　选中要安装的包

现在卸载 LibSVM 包。选中 Installed 单选按钮，显示已安装的包，选中 LibSVM 包，这时，Uninstall 按钮从不可用变为可用，如图 1.16 所示。

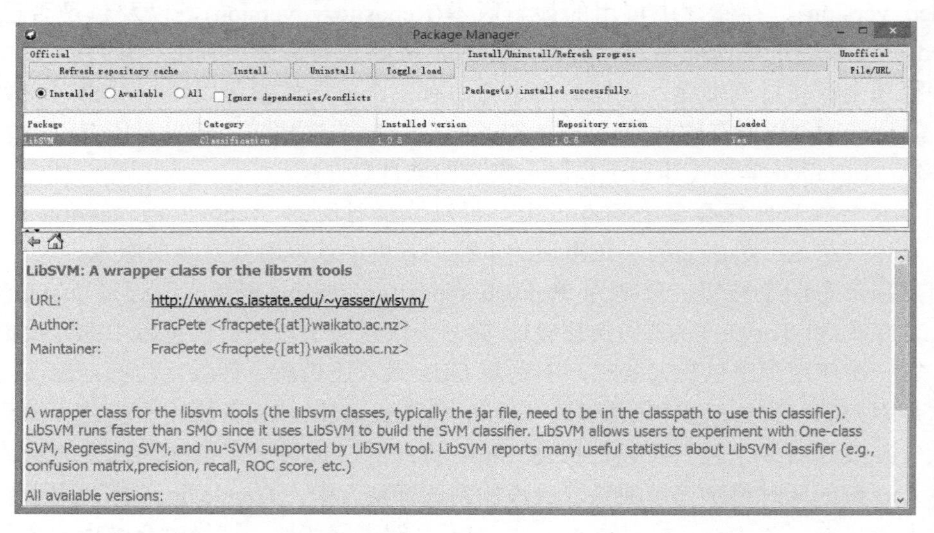

图 1.16　选中要卸载的包

单击 Uninstall 按钮，会出现一个警告窗口，单击“是(Y)”按钮确认自己的操作。经过一小段时间后，Weka 提示需要重新启动以便使更改生效，单击“确定”按钮重启 Weka。

有时，读者会遇到因网络问题无法连接包管理器网站下载 Weka 的附加算法包的问题，下面提供一个简单的解决方案。

通过浏览器连接网址 http://sourceforge.net/projects/weka/files/weka-packages/，如图 1.17 所示。如果无法连接，可设置代理服务器。

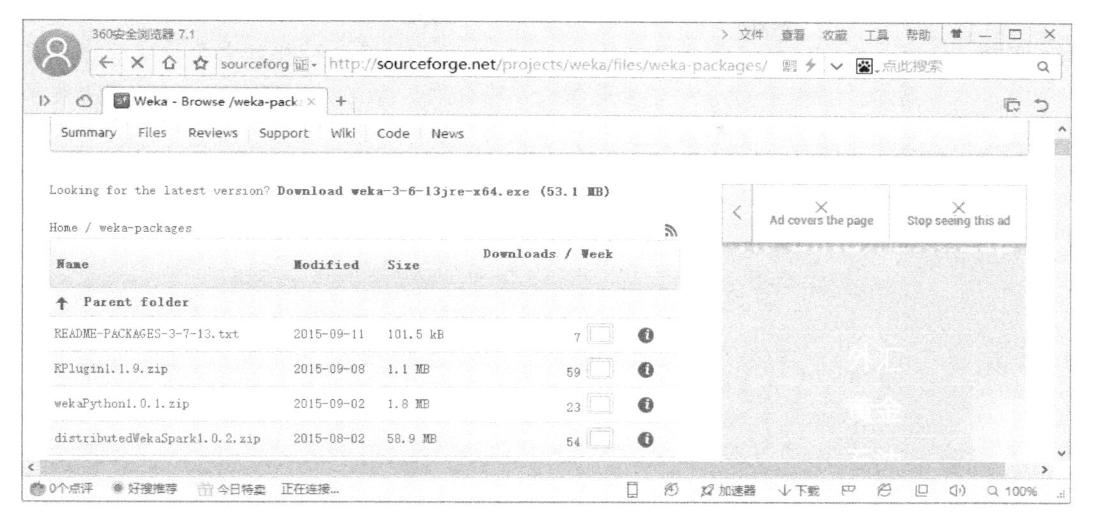

图 1.17　Weka 算法包下载页

选择并下载需要的算法后，解压，然后在类路径中加入解压后的 jar 文件全路径名。

下面以安装 LibSVM1.0.6.zip 的实例进行说明。

首先停止运行 Weka，下载 LibSVM1.0.6.zip 文件，并解压到某个目录中，如 D:\LibSVM 目录，如图 1.18 所示。

图 1.18　LibSVM 解压的目录

然后设置环境变量，如图 1.19 所示。变量名为 CLASSPATH，变量值为 “D:\LibSVM\LibSVM.jar;D:\LibSVM\lib\libsvm.jar;”。

图 1.19　LibSVM 环境变量设置

注意： 第一，LibSVM需要设定两个jar文件，其他算法可能只需要设定一个即可；第二，冒号和分号一定要是英文半角字符；第三，如果CLASSPATH原来就有值，请不要删除原值，添加新值即可。

最后，重新启动Weka，打开数据集，切换至Classify(分类)标签页。可以看到，已经可以使用LibSVM算法包，如图1.20所示。

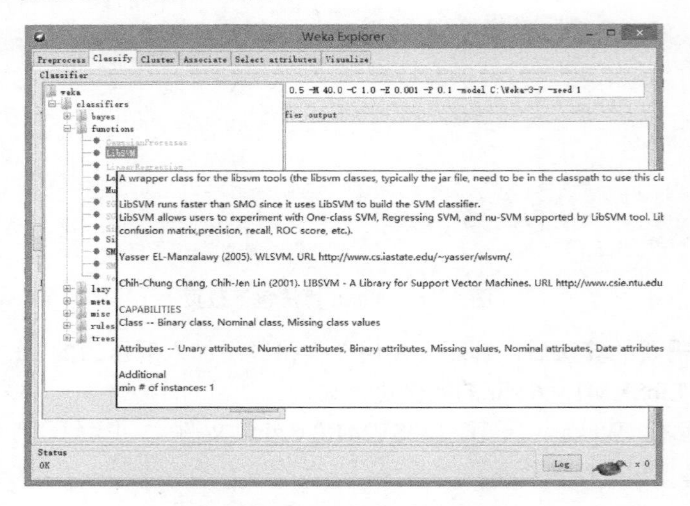

图 1.20　成功加载 LibSVM 算法包

如果所在单位使用HTTP代理服务器访问Internet，可以尝试使用代理。具体方法是，从命令行启动Weka时提供代理服务器主机名及端口号，如：

```
java -Dhttp.proxyHost=proxyHostOrIP -Dhttp.proxyPort=port weka.gui.GUIChooser
```

请自行将proxyHostOrIP替换为自己的代理服务器名或IP，port替换为端口号。

如果代理服务器需要认证，请使用-Dhttp.proxyUser和-Dhttp.proxyPassword属性分别提供用户名和密码。

另外，还可以将上述代理服务器的各种属性加到RunWeka.ini配置文件中。使用任意文本编辑器打开RunWeka.ini文件，在约第17行，找到以下配置：

```
cmd_default=javaw -Dfile.encoding=#fileEncoding# ...
```

将其改为

```
cmd_default=javaw -Dfile.encoding=#fileEncoding# -
Dhttp.proxyHost=proxyHostOrIP -Dhttp.proxyPort=port -
Dfile.encoding=#fileEncoding# ...
```

重新启动Weka，包管理器应该能访问Weka附加算法包。

2. 设置CLASSPATH

CLASSPATH环境变量告知Java应该在什么地方去查找Java类。因为Java总是按照一定顺序去查找CLASSPATH环境变量里的类路径，因此，用户应该认真考虑将何种路径放到CLASSPATH的什么位置。

下面以在 Windows 操作系统中添加 MySQL 驱动程序 mysql-connector-java-5.1.6.jar 为例进行说明。只有将该 jar 文件添加到 CLASSPATH 环境变量中，Weka 才能通过 JDBC 访问 MySQL 数据库。

在 Windows 桌面上，右击“这台电脑”图标，在弹出的快捷菜单中选择“属性”菜单项，在新窗口左部选择“高级系统设置”选项，打开“系统属性”对话框，在“高级”标签页下单击“环境变量”按钮，打开“环境变量”对话框。根据计算机是仅供一人使用还是多人使用，可以选择将环境变量设置为用户变量还是系统变量。如果不知道该设置为哪一种变量，建议设置为用户变量。如果已经存在 CLASSPATH 环境变量，则进行编辑，否则，单击“新建”按钮进行新建，按照图 1.21 所示输入变量名和变量值。

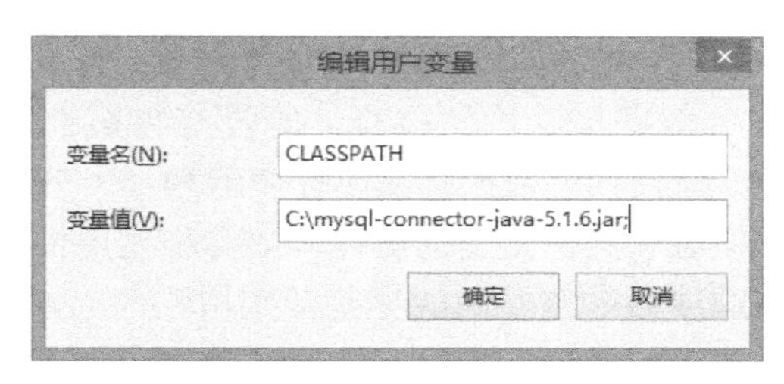

图 1.21 设置环境变量

如果用户的 jar 文件名称或路径与本书不同，请做相应修改。如果用户还想加入更多的 jar 文件，请使用分号进行分割。

3. 使用 UTF-8 数据集或文件

Java 本来就支持 UTF-8 字符集，因此 Weka 应该能够处理 UTF-8 字符集的数据集或文件，只要选择合适的字符集即可。在 Windows 平台下，Weka 默认使用另一种字符集 Cp1252，可以通过以下方式将文件编码(file encoding)改为“utf-8”，重新启动就能支持汉字。

如果直接在命令行下运行 Weka，只要在命令行中添加如下参数：

```
-Dfile.encoding=utf-8
```

如果在“开始”菜单下启动 Weka，那么就需要修改 RunWeka.ini 文件，步骤如下。

步骤 1 在 Weka 安装目录下，找到 RunWeka.ini 文件，用任意文本编辑器打开该文件。

步骤 2 在第 32 行附近，找到“fileEncoding=Cp1252”行，将“Cp1252”改为“utf-8”，注意不要有引号；如果没有找到这一行，那么，找到所有的 java/javaw 命令，在这些命令行中添加“-Dfile.encoding=utf-8”参数。

4. 常见运行错误

1) OutOfMemoryException(内存不足例外)

大多数 Java 虚拟机只分配一定数额的最大内存来运行 Java 程序，通常远低于计算机中的内存大小。但是，可以通过设置适当的选项来扩展虚拟内存。例如，可以用命令

```
java -Xmx512m ...
```

设置最大 Java 堆的大小为 512MB。还可以使用 Xmx2g 将其设置为 2GB，这样就足够使用。当然，这还要看计算机的具体配置，设置过大的内存会影响运行性能。

2) StackOverflowError(栈溢出错误)

这是由于设置的堆栈过小造成的错误。尝试增加虚拟机的堆栈，可以使用下面的命令来增加堆栈空间：

```
java -Xss512k ...
```

该命令设置 Java 的最大堆栈大小为 512KB。如果还是不够，请慢慢增加。

3) training and test set are not compatible(训练集和测试集不兼容)

Weka 假定训练集和测试集的结构应该完全一致，这意味着训练集和测试集的属性不但在数量上相同，而且在类型上也应该完全一样。对于标称型属性，必须确保标签的数量和顺序完全一致。

使用已经训练好的分类器进行预测，不需要包括任何分类属性的信息。出于速度的原因，Weka 不执行任何有关数据集结构的检查，既没有将属性名称从训练空间映射到测试空间，也没有映射标签。在内部，数据集的单行表示为一个 double 型数组。对于数值型属性，这并不构成问题；但对于其他类型的属性，如标称型属性，double 值表示可用标签列表的索引，标签的不同顺序会导致不同的标签却采用相同的索引表示，这样，预测就不可靠。

解决办法是使用批量过滤(batch filtering)。如果需要将第二个数据集(通常为测试集)处理为与第一个数据集(通常为训练集)具有相同的统计数据，那么就使用批量过滤。

例如，使用 Standardize 过滤器分别对两个数据集执行标准化操作，肯定会创建两个不同的标准化输出文件，因为如果数据集不同，输入数据就不同，导致均值和标准偏差也就不同。StringToWordVector 也同样会产生这个问题，因为在训练集和测试集中单词出现的次数不同，导致单词词典也相应改变，从而输出两个互不兼容的文件。

为了创建兼容的训练集和测试集，有必要使用批量过滤。启用批量过滤，必须提供额外的命令行参数-b。此外，第一个输入/输出对(-i/-o)初始化过滤器的统计数据，第二个输入/输出对(-r/-s)根据这些统计数据进行处理。

例如，如下的 Java 调用启用批量过滤：

```
java weka.filters.unsupervised.attribute.Standardize \
  -b \
  -i train.arff \
  -o train_std.arff \
  -r test.arff \
  -s test_std.arff
```

注意： 上述命令是适用于 Linux/UNIX 的 bash，反斜杠表示续行。如果采用 Windows 或 Simple CLI，需要去掉反斜杠符号，并在一行内写全命令。更详细的命令解释请参见本书第 5 章。

1.4 访问数据库

虽然 Weka 数据集默认可以保存在 ARFF 格式的文件中，但很多数据挖掘应用都可能要求直接访问数据库，对数据库表的记录进行挖掘，尤其是在数据集非常大的情况下。

Weka 使用 JDBC 访问数据库。

1.4.1 配置文件

首先做三项准备工作：第一，如果 Weka 正在运行，记得先关闭 Weka。第二，下载数据库驱动。Weka 支持大部分常用数据库，本书采用的数据库是 MySQL 5.6.12，使用的 JDBC 驱动是 com.mysql.jdbc.Driver，因此本书下载 mysql-connector-java-5.1.6.jar 驱动文件，并设置 CLASSPATH 环境变量指向该驱动，如图 1.21 所示，这使得 Weka 能找到 JDBC 驱动。第三，启动数据库运行，确保已经建立名称为 weka 的数据库，为该库建立名称为 weka 的用户，密码自定，并为该用户赋予足够的权限。

要正常访问数据库，根据计算机的实际情况正确修改配置文件是关键。Weka 的配置文件名称为 DatabaseUtils.props，位于 weka.experiment 包中。可以从 weka.jar 或 weka-src.jar 归档文件中获取该配置文件。具体做法是，使用解压缩工具将归档文件解开，在 weka\experiment 子目录下可以找到 DatabaseUtils.props 配置文件。本书直接在该配置文件的基础上进行修改。

为了方便用户，Weka 对常用数据库都提供对应配置文件，在对应配置文件上进行修改要方便得多，具体如下。

(1) DatabaseUtils.props.hsql：适用于 HSQLDB 数据库。

(2) DatabaseUtils.props.msaccess：适用于 MS Access 数据库。

(3) DatabaseUtils.props.mssqlserver：适用于 MS SQL Server 2000 数据库。

(4) DatabaseUtils.props.mssqlserver2005：适用于 MS SQL Server 2005 数据库。

(5) DatabaseUtils.props.mysql：适用于 MySQL 数据库。

(6) DatabaseUtils.props.odbc：适用于 ODBC/JDBC 桥连接的数据库。

(7) DatabaseUtils.props.oracle：适用于 Oracle 10g 数据库。

(8) DatabaseUtils.props.postgresql：适用于 PostgreSQL 7.4 数据库。

(9) DatabaseUtils.props.sqlite3：适用于 SQLite 3.x 数据库。

注意： Weka 只会去寻找名称为 DatabaseUtils.props 的配置文件，如果用户想以其余配置文件中的一个(如 DatabaseUtils.props.mysql)作为模板，在此基础上进行修改，一定要记住先改名。

打开配置文件，在文件中找到如程序清单 1.2 所示的内容。注意到粗体字的两行，分别指定了连接数据库必需的两个参数：jdbcDriver 和 jdbcURL。

程序清单 1.2 原 DatabaseUtils.props 文件内容

```
# The comma-separated list of jdbc drivers to use
#jdbcDriver=RmiJdbc.RJDriver,jdbc.idbDriver
#jdbcDriver=jdbc.idbDriver
#jdbcDriver=RmiJdbc.RJDriver,jdbc.idbDriver,org.gjt.mm.mysql.Driver,com.mckoi.
JDBCDriver,org.hsqldb.jdbcDriver
#jdbcDriver=org.gjt.mm.mysql.Driver
```

```
# The url to the experiment database
#jdbcURL=jdbc:rmi://expserver/jdbc:idb=experiments.prp
jdbcURL=jdbc:idb=experiments.prp
#jdbcURL=jdbc:mysql://mysqlserver/username
```

本书使用 MySQL，因此将程序清单 1.2 所示的粗体字两行分别修改为如下两行：

```
jdbcDriver=com.mysql.jdbc.Driver
jdbcURL=jdbc:mysql://localhost:3306/weka
```

如果读者使用不同的数据库，或者使用不同的端口号，请根据具体的数据库配置设置这两个参数。

完成 DatabaseUtils.props 文件的设置后，必须将其放在如下三个固定位置之一，Weka 才能找到。

(1) 当前目录中。直接放在 Weka 3.7 的安装目录中。

(2) 用户目录中。如果使用 Windows 的用户不知道自己的用户目录，可以在命令行中输入如下命令：

```
echo %USERPROFILE%
```

这样就可以得到用户目录的路径。Weka 3.7.2 以下的版本直接将配置文件放在用户目录中，而 Weka 3.7.2 以上的版本则需要将配置文件放在用户目录下的 wekafiles\props 子目录中。

(3) 类路径中。通常是 weka.jar 文件。

注意： Weka 也是按上述顺序去查找配置文件的，找到后就不再进行查找，因此前面位置优先于后面位置。

1.4.2 数据库设置

重新启动 Weka，在 Weka GUI 选择器窗口中，单击 Explorer 按钮，启动探索者界面，单击 Open DB 按钮，弹出如图 1.22 所示的 SQL 查看器。可以看到，URL 文本框中的内容已经变成了前文修改的配置文件中 jdbcURL 的值。

图 1.22 SQL 查看器

单击按钮，设置数据库连接参数，如图 1.23 所示。根据自己计算机的实际配置，输入数据库用户名和密码，单击 OK 按钮完成设置。

单击按钮，连接数据库，如果前面的设置无误，会在 SQL 查看器下部出现数据库已连接的提示，如图 1.24 所示。

现在，需要从数据库中查询数据。由于本书已经将 iris 数据集导入到名称为 iris 的数据库表中，因此只需要输入 SQL 语句“SELECT * FROM iris”，如图 1.25 所示，单击 Execute 按钮执行查询，即可得到如图 1.26 所示的查询结果。

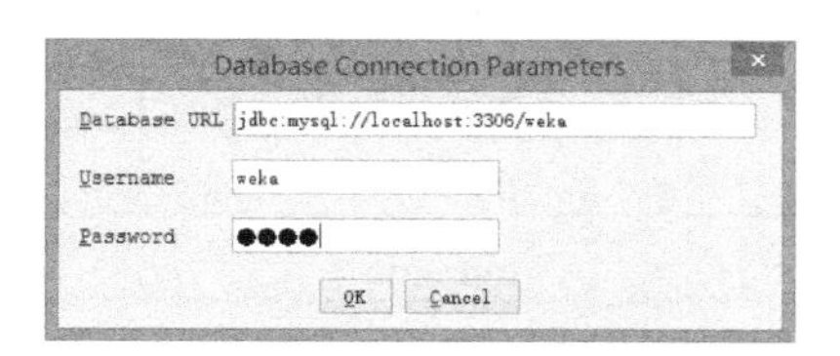

图 1.23　设置数据库连接参数

图 1.24　提示数据库已连接

图 1.25　输入 SQL 语句

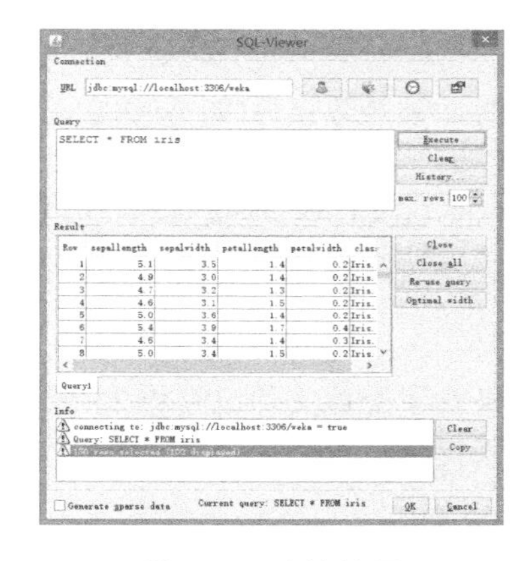

图 1.26　查询结果

恭喜！您已经完成了较难的工作，从数据库中成功查询到了数据。

1.4.3　常见问题及解决办法

如果读者没有连接上数据库，不要着急。可以按如下顺序依次检查可能产生问题的设置：数据库驱动程序是否正确？CLASSPATH 的设置是否正确？配置文件中 jdbcDriver 和 jdbcURL 两项配置的拼写是否正确？配置文件是否放到正确位置？数据库用户名和密码是否正确？该数据库用户是否拥有足够权限？数据库是否已经启动？等等。

由于 Weka 仅支持五种数据类型的属性，即标称型(nominal)、数值型(numeric)、字符串型(string)、日期型(date)和关系型(relational)，而数据库种类繁多，支持的字段类型也不统一，因此，表 1.2 中仅列出 Weka 支持的通过 JDBC 将数据库字段类型映射到的 Java 数据类型，而不一一列举所支持的数据库字段类型。

表 1.2　Weka 支持的 Java 类型

Java 类型	Java 方法	标 识 符	Weka 属性类型	版　本
string	getString()	0	nominal	
boolean	getBoolean()	1	nominal	

续表

Java 类型	Java 方法	标 识 符	Weka 属性类型	版　本
double	getDouble()	2	numeric	
byte	getByte()	3	numeric	
short	getByte()	4	numeric	
int	getInteger()	5	numeric	
long	getLong()	6	numeric	
float	getFloat()	7	numeric	
date	getDate()	8	date	
text	getString()	9	string	>3.5.5
time	getTime()	10	string	>3.5.8

有时，某些数据库(如 MySQL)可能会出现一些字段类型不能解释为 Weka 属性类型的情况，这时，就需要将字段类型映射为 Weka 支持的 Java 类型。例如，JDBC 驱动会将 MySQL 的 TEXT 类型映射为 BLOB 类型，需要在配置文件中手工修改映射关系。在表 1.2 中已经将映射关系修改为映射到 string 类型(0)，可以在配置文件中找到如下代码行：

```
TEXT=0
```

它证实了配置文件已经将 TEXT 类型映射为 string 类型。

特别提示，本书使用 MySQL，记得一定要在配置文件中加上如下一条代码行：

```
INT=5
```

它用于将 MySQL 的 INT 类型映射为 numeric 类型。否则在运行第 4 章的实验时，Weka 会报出“Unknown data type INT. Add entry in weka/experiment/DatabaseUtils.props”的错误。

1.5　示例数据集

Weka 自带 25 个 ARFF 文件作为测试用示例数据集，文件位于安装目录的 data 子目录下，如图 1.27 所示。

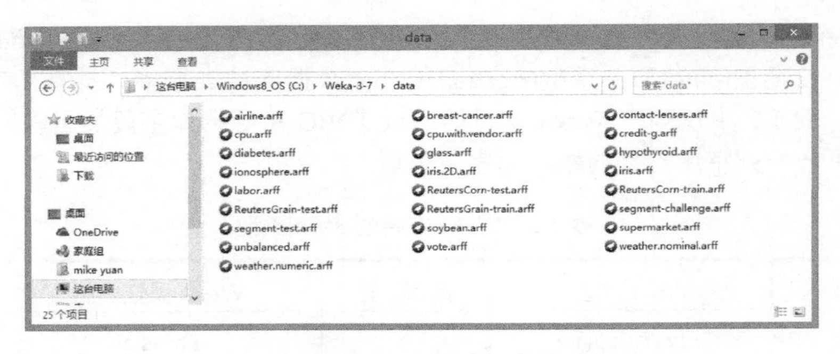

图 1.27　Weka 自带数据集

限于篇幅，这里仅对其中的部分数据集进行说明。

1.5.1 天气问题

天气问题的数据集很小，里面的数据纯属虚构，只是为了用来说明机器学习的方法。该数据集存放在 Weka 安装目录的 data 子目录下，有两个文件 weather.numeric.arff 和 weather.nominal.arff，前者有两个属性使用具体的连续型数值，后者全部都使用标称型属性。天气数据集列举了在何种天气条件下可以进行体育运动，数据集中的样本由五个属性值来表示，通过测量不同天气的四个指标得到样本。天气问题的四个指标是：天气趋势(outlook)、温度(temperature)、湿度(humidity)和刮风(windy)。最后一个属性表示样本的类别，即在四个天气指标的前提下得到是否可运动(play)的结论。

天气问题仅有 14 个样本，表 1.3 是天气问题的简单形式，四个属性和一个目标属性都采用标称符号来表示，而不采用具体数值。其中，天气趋势的属性值分别为 sunny(晴)、overcast(多云)和 rainy(雨)；温度的属性值分别为 hot(热)、mild(温暖)和 cool(凉爽)；湿度的属性值分别为 high(高)和 normal(正常)；刮风的属性值分别为 true(真)和 false(假)；是否可运动的属性值分别为 yes(是)和 no(否)。

表 1.3 weather.nominal.arff 的天气数据

天气趋势 (outlook)	温　度 (temperature)	湿　度 (humidity)	刮　风 (windy)	是否可运动 (play)
sunny	hot	high	false	no
sunny	hot	high	true	no
overcast	hot	high	false	yes
rainy	mild	high	false	yes
rainy	cool	normal	false	yes
rainy	cool	normal	true	no
overcast	cool	normal	true	yes
sunny	mild	high	false	no
sunny	cool	normal	false	yes
rainy	mild	normal	false	yes
sunny	mild	normal	true	yes
overcast	mild	high	true	yes
overcast	hot	normal	false	yes
rainy	mild	high	true	no

机器学习的一个目标就是要找出数据的内在关系，本例中，就是要得到在什么天气情况下可运动的规则。然后，根据这个规则，对给定的新的天气情况，例如：

```
outlook = sunny and humidity = high then play = ?
```

给出是否可运动的判断。

表 1.4 是天气问题的稍微复杂一点的形式。其中，温度和湿度两个属性的数据类型是

连续的数值型。因为并不是全部属性都是数值型，因此称为混合属性问题。如果全部属性都是数值型，则称为数值属性问题。

表 1.4　weather.numeric.arff 的天气数据

天气趋势 (outlook)	温　度 (temperature)	湿　度 (humidity)	刮　风 (windy)	是否可运动 (play)
sunny	85	85	false	no
sunny	80	90	true	no
overcast	83	86	false	yes
rainy	70	96	false	yes
rainy	68	80	false	yes
rainy	65	70	true	no
overcast	64	65	true	yes
sunny	72	95	false	no
sunny	69	70	false	yes
rainy	75	80	false	yes
sunny	75	70	true	yes
overcast	72	90	true	yes
overcast	81	75	false	yes
rainy	71	91	true	no

显然，如果包含了数值型属性，学习方案可能需要对此类属性建立不等式，因此，得到包含数值测试的规则比较复杂。

1.5.2　鸢尾花

鸢尾花是鸢尾属植物，是一种草本开花植物的统称。鸢尾花只有三枚花瓣，其余外围的那三瓣乃是保护花蕾的花萼，只是由于这三枚瓣状花萼长得酷似花瓣，以致常常以假乱真，令人难于辨认。其英文名 iris 为“彩虹”之意，暗指鸢尾花色彩绚丽如同彩虹。iris 是非常著名的用于模式识别的数据集，该数据集于 1936 年由 R. A. Fisher 创建，Fisher 的论文也成为经典，直到今天还经常被引用。鸢尾花原始数据集位于网站 http://archive.ics.uci.edu/ml/datasets/Iris。网站由美国加州大学欧文分校(University of California at Irvine，UCI)维护，UCI 数据集经常用作比较数据挖掘算法的基准。

鸢尾花数据集包括三个类别，即 Iris setosa(山鸢尾)、Iris versicolor(变色鸢尾)和 Iris virginica(维吉尼亚鸢尾)，每个类别各有 50 个实例。数据集定义了五个属性：sepal length(花萼长)、sepal width(花萼宽)、petal length(花瓣长)、petal width(花瓣宽)、class(类别)。最后一个属性一般作为类别属性，其余属性都是数值，单位为 cm(厘米)。

表 1.5 摘录自鸢尾花数据集。该数据集就是要根据鸢尾花的花萼和花瓣数据，找出不同类别花的特点分布情况，揭示出其中隐藏的规律性。

表 1.5 鸢尾花数据集

序 号	花萼长/cm	花萼宽/cm	花瓣长/cm	花瓣宽/cm	类 别
1	5.1	3.5	1.4	0.2	Iris setosa
2	4.9	3.0	1.4	0.2	Iris setosa
3	4.7	3.2	1.3	0.2	Iris setosa
4	4.6	3.1	1.5	0.2	Iris setosa
5	5.0	3.6	1.4	0.2	Iris setosa
⋮					
51	7.0	3.2	4.7	1.4	Iris versicolor
52	6.4	3.2	4.5	1.5	Iris versicolor
53	6.9	3.1	4.9	1.5	Iris versicolor
54	5.5	2.3	4.0	1.3	Iris versicolor
55	6.5	2.8	4.6	1.5	Iris versicolor
⋮					
101	6.3	3.3	6.0	2.5	Iris virginica
102	5.8	2.7	5.1	1.9	Iris virginica
103	7.2	3.0	5.9	2.1	Iris virginica
104	6.3	2.9	5.6	1.8	Iris virginica
105	6.5	3.0	5.8	2.2	Iris virginica
⋮					

1.5.3 CPU

CPU 数据集的属性和类别属性都是数值型，训练目标是学习 CPU 的几个相关属性与其处理能力的关联，总共有 209 条不同的 CPU 配置。Weka 提供两个数据文件，即 cpu.arff 和 cpu.with.vendor.arff，区别在于前者不带 CPU 厂商(vendor)信息，后者的第一个属性就是厂商。

CPU 数据集如表 1.6 所示。其中，MYCT 属性代表周期时间(单位为 ns)，MMIN 和 MMAX 属性分别是主存的最小值和最大值(单位为 KB)，CACH 属性是高速缓存 Cache(单位为 KB)，CHMIN 和 CHMAX 属性分别是通道数(Channels)的最小值和最大值，class 属性是体现 CPU 性能的类别属性。

处理上述连续数值型预测值的传统方式是线性回归，将预测结果写为每个属性值的线性之和，为每个属性加上适当的权重。例如：

```
class = -56.075 + 0.0491 * MYCT + 0.0152 * MMIN + 0.0056 * MMAX +
    0.6298 * CACH + 1.4599 * CHMAX
```

表 1.6　CPU 性能数据

序　号	MYCT/ns	MMIN/KB	MMAX/KB	CACH/KB	CHMIN	CHMAX	class
1	125	256	6000	256	16	128	198
2	29	8000	32000	32	8	32	269
3	29	8000	32000	32	8	32	220
4	29	8000	32000	32	8	32	172
5	29	8000	16000	32	8	16	132
				⋮			
208	480	512	8000	32	0	0	67
209	480	1000	4000	0	0	0	45

1.5.4　玻璃数据集

玻璃数据集的全称为玻璃识别数据库(Glass Identification Database)，创建者为美国法医科学服务(U.S. Forensic Science Service)的 B. German，其中包含七种类型的玻璃数据。玻璃通过其折射率和所包含的化学元素进行描述，目的是基于这些特征对不同类型的玻璃进行分类。该数据集已被 UCI 收集，成为在网络上免费提供的 UCI 数据集。Weka 以 glass.arff 文件提供该数据集。

数据集中的实例有 214 个，全部属性都是连续数值，属性加上类别属性一共 10 个，没有缺失值。

下面列出各属性信息。

(1) RI：折射率(refractive index)。

(2) Na：钠(sodium)(测量单位：氧化物的相对重量%，与属性(3)～(9)相同)。

(3) Mg：镁(magnesium)。

(4) Al：铝(aluminum)。

(5) Si：硅(silicon)。

(6) K：钾(potassium)。

(7) Ca：钙(calcium)。

(8) Ba：钡(barium)。

(9) Fe：铁(iron)。

(10) 玻璃类型：(类别属性)。

- 1：building_windows_float_processed(浮动处理过的建筑玻璃)。
- 2：building_windows_non_float_processed(未浮动处理的建筑玻璃)。
- 3：vehicle_windows_float_processed(浮动处理过的车用玻璃)。
- 4：vehicle_windows_non_float_processed(未浮动处理的车用玻璃)，本数据库未包含。
- 5：containers(容器)。
- 6：tableware(餐具)。
- 7：headlamps(前大灯)。

1.5.5 美国国会投票记录

现在考虑一个现实世界的数据集 vote.arff，该数据集收集了 1984 年美国国会议员投票信息，原始数据可以在 UCI 机器学习库找到，Weka 自带该数据集以供研究。数据集中包括 435 个实例，每个实例是一个国会议员的信息，其中有 267 名民主党及 168 名共和党。全部属性都是二元属性，总共有 16 个属性，外加他们的党派作为类别属性。

属性信息如下。

(1) Class Name(类别名称)：2(democrat 民主党, republican 共和党)。

(2) handicapped-infants(残疾婴幼儿)：2(y,n)。

(3) water-project-cost-sharing(水项目的费用分摊)：2(y,n)。

(4) adoption-of-the-budget-resolution(采纳预算决议)：2(y,n)。

(5) physician-fee-freeze(冻结医疗费)：2(y,n)。

(6) el-salvador-aid(EL-萨尔瓦多援助)：2(y,n)。

(7) religious-groups-in-schools(学校的宗教群体)：2(y,n)。

(8) anti-satellite-test-ban(反卫星试验禁令)：2(y,n)。

(9) aid-to-nicaraguan-contras(援助尼加拉瓜反政府)：2(y,n)。

(10) mx-missile(洲际弹道导弹)：2(y,n)。

(11) immigration(移民)：2(y,n)。

(12) synfuels-corporation-cutback(削减合成燃料公司)：2(y,n)。

(13) education-spending(教育支出)：2(y,n)。

(14) superfund-right-to-sue(超级基金的诉讼权利)：2(y,n)。

(15) crime(犯罪)：2(y,n)。

(16) duty-free-exports(出口免税)：2(y,n)。

(17) export-administration-act-south-africa(南非出口管理法案)：2(y,n)。

注意： 该数据集中带有一些缺失值，使用“?”来表示。

1.5.6 乳腺癌数据集

本乳腺癌数据集不是从 UCI 获得，而是从南斯拉夫卢布尔雅那大学医疗中心乳腺癌肿瘤研究所获得，提供者为 M. Zwitter 和 M. Soklic。

数据集中一共有 286 个实例，9 个属性外加 1 个类别属性。属性信息如下。

(1) Class(是否复发，类别属性)：no-recurrence-events(无复发)，recurrence-events(复发)。

(2) age(年龄)：10-19，20-29，30-39，40-49，50-59，60-69，70-79，80-89，90-99。

(3) menopause(绝经)：lt40(小于 40 岁)，ge40(大于等于 40 岁)，premeno(未绝经)。

(4) tumor-size(肿瘤大小)：0-4，5-9，10-14，15-19，20-24，25-29，30-34，35-39，40-44，45-49，50-54，55-59。

(5) inv-nodes(受侵淋巴结数)：0-2，3-5，6-8，9-11，12-14，15-17，18-20，21-23，24-26，27-29，30-32，33-35，36-39。

(6) node-caps(有无结节帽)：yes(有)，no(无)。

(7) deg-malig(肿瘤恶性程度)：1，2，3。

(8) breast(肿块位置)：left(左)，right(右)。

(9) breast-quad(肿块所在象限)：left-up(左上)，left-low(左下)，right-up(右上)，right-low(右下)，central(中部)。

(10) irradiat(是否放疗)：yes(是)，no(否)。

数据集中，node-caps 和 breast-quad 属性有缺失值，node-caps 属性有 8 个缺失值，breast-quad 属性有 1 个缺失值，缺失值都用“?”表示。

类别属性的分布为：201 个实例无复发，85 个实例复发。

课后强化练习

1.1　Weka 的主要界面有哪几个？各有什么用途？

1.2　什么是数据挖掘？什么是机器学习？它们之间有什么联系？

1.3　属性可以分为哪几种类型？

1.4　分类的功能是什么？为什么 Weka 要将分类和回归放在一起？

1.5　有监督学习和无监督学习的区别在哪里？

1.6　聚类的功能是什么？

1.7　关联分析有什么用途？

1.8　Weka 的包管理器有什么作用？

1.9　配置 Weka，使其能够访问自己本地计算机上的数据库。

1.10　使用任意文本编辑器查看 Weka 自带的其他示例数据集。

第2章 探索者界面

探索者(Explorer)界面是 Weka 的主要图形用户界面，其全部功能都可通过菜单选择或表单填写进行访问。本章介绍探索者的图形用户界面、预处理、分类、聚类、关联、选择属性和可视化等内容，内容非常丰富，学习这些知识可以全面了解 Weka 的功能，快速上手实际的挖掘任务。

2.1 图形用户界面

启动 Weka GUI 选择器窗口之后，单击 Explorer 按钮，即可启动探索者界面。这时，由于没有加载数据集，除 Preprocess 标签页外，其他标签页都变灰而不可用。可以使用 Open file、Open URL、Open DB 或者 Generate 按钮加载或产生数据集，加载数据集之后，其他标签页才可以使用。

这里以打开文件为例进行说明。单击 Open file 按钮，通过弹出的“打开”对话框，选择打开 data 子目录下的 iris.arff 文件，加载数据集后的探索者界面如图 2.1 所示。

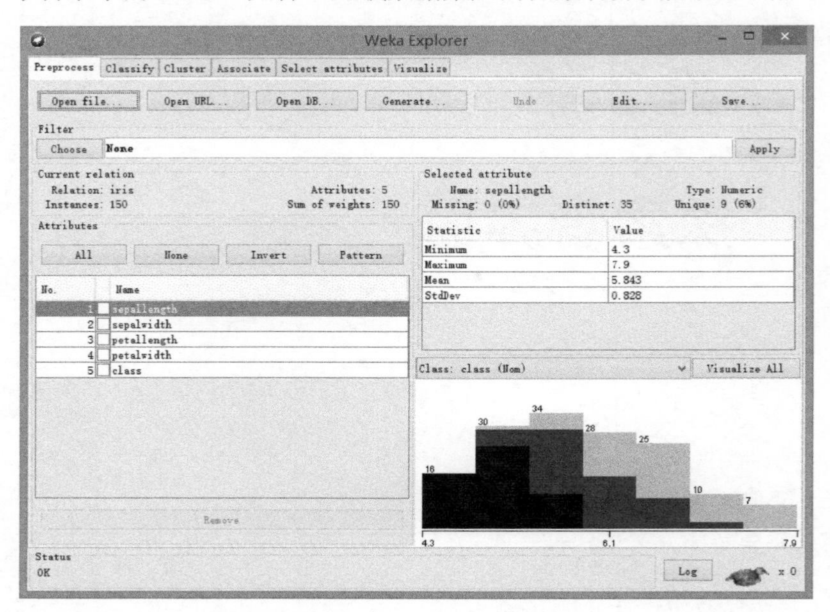

图 2.1 探索者界面

下面按照先整体后局部的顺序介绍图形用户界面。

2.1.1 标签页简介

图 2.1 所示界面的顶部有六个不同的标签页，分别对应 Weka 所支持的多种数据挖掘方式。

这六个标签页的介绍如下。

(1) Preprocess(预处理)：选择数据集，并以不同方式对其进行修改。

(2) Classify(分类)：训练用于分类或回归的学习方案，并对其进行评估。

(3) Cluster(聚类)：学习数据集聚类方案。

(4) Associate(关联)：学习数据关联规则，并对其进行评估。

(5) Select attributes(选择属性)：选择数据集中预测效果最好的部分属性。

(6) Visualize(可视化)：查看不同的二维数据散点图，并与其进行互动。

每个标签页都可完成不同工作，单击相应的标签即可实现标签页的切换。

界面底部包括 Status(状态)栏、Log(日志)按钮和一只 Weka 鸟，这些都一直保持可见，不论用户切换到哪一个标签页。

2.1.2 状态栏

状态栏位于界面最下部，可以让用户了解到现在进行到哪一步。例如，如果 Weka 探索者正在忙于加载数据文件，状态栏中会显示相应的状态信息。

除了显示状态之外，还可以右击鼠标来显示内存信息，以及运行垃圾回收器以清理内存。在状态栏的任意位置右击，弹出的快捷菜单中只包括两个菜单项：Memory information(内存信息)和 Run garbage collector(运行垃圾回收器)。第一个菜单项用于显示 Weka 当前可用的内存空间；第二个菜单项用于启动 Java 垃圾回收器，搜寻不再使用的内存并释放，以回收部分内存空间，提供给新的任务使用。需要指出的是，垃圾回收器是一个不间断运行的后台任务，如果不强制进行垃圾回收，Java 虚拟机也会在适当时候自动启动垃圾回收器。

Log 按钮位于状态栏的右面，单击该按钮会打开可以滚动的日志窗口，显示在此次运行期间内 Weka 进行的全部活动以及每项活动的时间戳。不管是使用 GUI、命令行还是 Simple CLI，日志都会包含分类、聚类、属性选择等操作的完整的设置字符串，用户可以进行复制和粘贴操作。顺便提醒读者，通过学习日志里记录的命令，可以深层次地了解 Weka 的内部运行机制。

在 Log 按钮的右边，可以看到被称为 Weka 状态图标的鸟。如果没有处理过程在运行，小鸟会坐下来打个盹。“×”符号旁边的数字显示目前有多少个正在进行处理的进程，当系统空闲时，该数字为零，数字会随着正在进行处理进程数的增加而增加。当启动处理进程时，小鸟会站起来不停走动。如果小鸟长时间站着不动，说明 Weka 出现运行错误，此时用户需要关闭并重新启动探索者界面。

2.1.3 图像输出

Weka 中显示的大部分图形，包括本章的探索者界面和后面章节的知识流界面、实验者界面显示的图形，以及通过 Weka GUI 选择器菜单带出的 GraphVisualizer(图可视化工具)或 TreeVisualizer(树可视化工具)显示的图形，都可以保存为图像文件以备将来使用。保存方法是，在按住 Alt 键和 Shift 键的同时，在要保存的图形上单击，启动保存文件对话框。Weka 支持的图像文件格式有 BMP、JPEG、PNG 和 Postscript 的 EPS，用户可以选择图像文件格式，还可以修改输出图像文件的尺寸。

2.1.4 手把手教你用

1. 启动 Weka

双击桌面上的 Weka 3.7 快捷方式，启动 Weka GUI 选择器窗口，如图 2.2 所示。

单击 Explorer 按钮启动探索者界面，如图 2.3 所示。现在，除 Preprocess 标签页可用外，其余标签页都不可用。

图 2.2　Weka GUI 选择器窗口

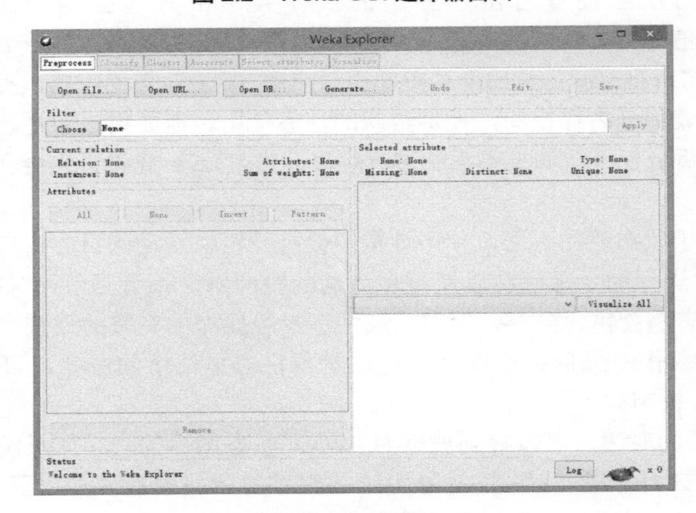

图 2.3　探索者界面

2. 了解标签页

单击图 2.3 所示界面中的 Open file 按钮，弹出“打开”对话框，导航至 Weka 安装目录下的 data 子目录，选择 iris.arff 文件，如图 2.4 所示。单击“打开”按钮，打开该文件。

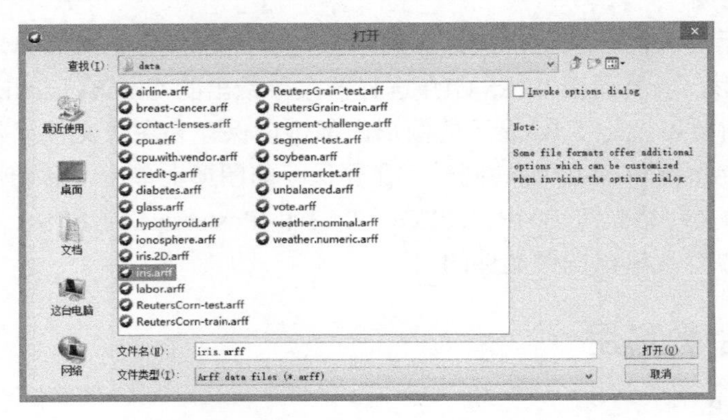

图 2.4　“打开”对话框

打开文件(或称为加载数据)后的探索者界面如图 2.5 所示。可以看到，加载数据后，六个标签页都变为可用状态。

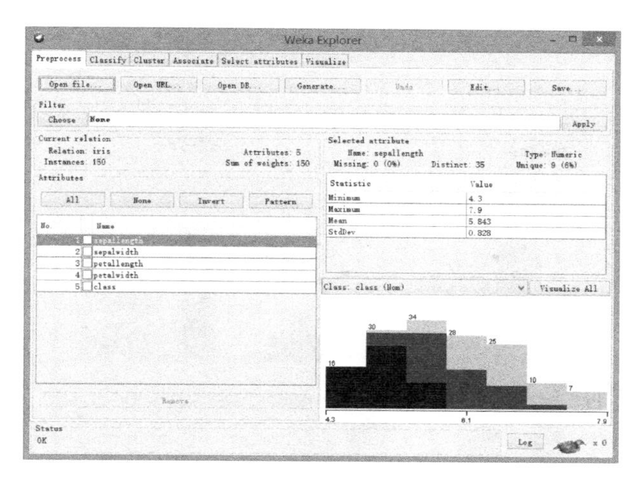

图 2.5 打开文件后的探索者界面

读者可以自行切换标签页，初步了解各标签页的功能，为后续学习打下基础。

3. 了解状态栏

不论切换到哪个标签页，都可在探索者界面下部的状态栏中查看状态信息。在状态栏任意位置右击，在弹出的快捷菜单中选择 Memory information 菜单项，状态栏显示用斜杠分割的内存信息，格式为：空闲内存/全部内存/最大内存，单位是字节，如图 2.6 所示。

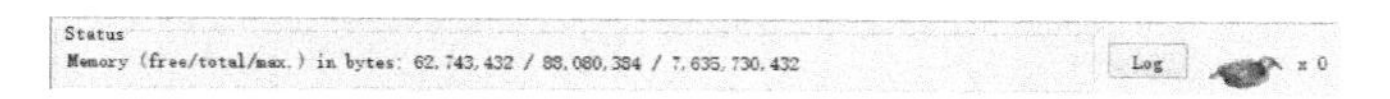

图 2.6 内存信息

如果在快捷菜单中选择 Run garbage collector 菜单项，状态栏中会显示 OK 信息，表示已经启动了垃圾回收器，如图 2.7 所示。

图 2.7 运行垃圾回收器

单击状态栏右边的 Log 按钮，可以查看当前日志，如图 2.8 所示。

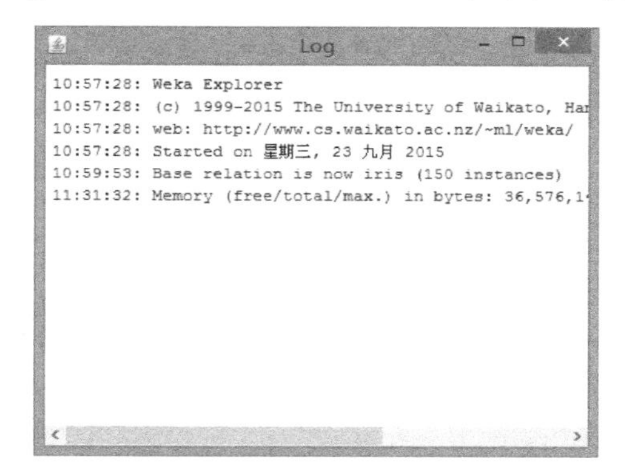

图 2.8 日志窗口

4. 保存图像文件

单击图 2.5 所示界面右边的 Visualize All(全部可视化)按钮，打开如图 2.9 所示的全部可视化窗口。

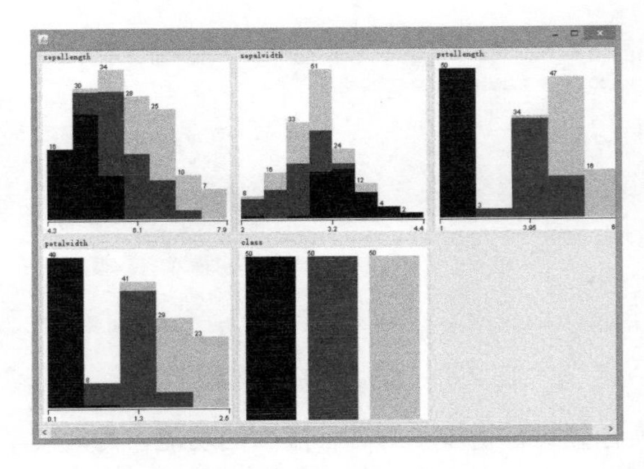

图 2.9　全部可视化窗口

同时按住 Alt 键和 Shift 键，并在图 2.9 所示的五幅图标中任选一图标，在图标的任意位置单击，启动 Save as 对话框。设置“文件名”为 test，选择“文件类型”为 jpg(或其他格式)，单击“保存”按钮，就可将其保存为图像文件，如图 2.10 所示。

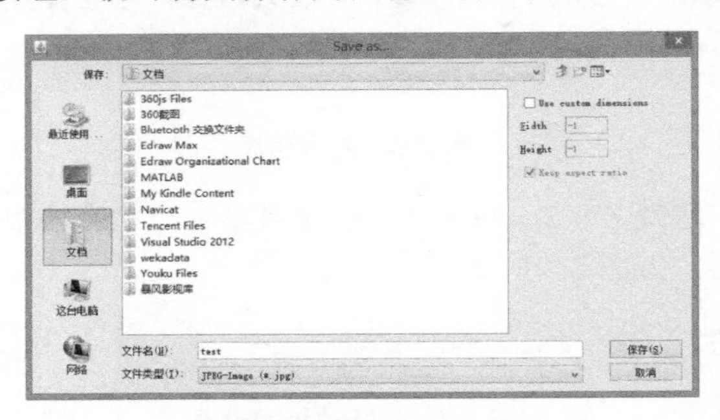

图 2.10　Save as 对话框

在图 2.10 的右边，还可以定制图像文件的长、宽尺寸，单位为像素。选中 Use custom dimensions(使用自定义尺寸)复选框，就可以设置图像尺寸。如果选中 Keep aspect ratio(保持宽高比)复选框，则在修改图像长(或宽)的同时，会按比例自动缩放宽(或长)。

2.2　预　处　理

Preprocess 标签页可用于从文件、URL 或数据库中加载数据集，并且根据应用要求或领域知识过滤掉不需要进行处理或不符合要求的数据。

2.2.1　加载数据

Preprocess 标签页中顶部的前四个按钮可以让用户将数据加载到 Weka 系统。Open file

按钮用于启动“打开”对话框，用户可以浏览本地文件系统，打开本地数据文件。Open URL 按钮要求用户提供一个 URL 地址，Weka 使用 HTTP 协议从网络位置下载数据文件。Open DB 按钮用于从数据库中读取数据，支持所有能够用 JDBC 驱动程序读取的数据库，使用 SQL 语句或存储过程读取数据表。注意，必须根据自己的计算机环境配置，相应修改 weka\experiment\DatabaseUtils.props 配置文件后才能访问数据库，具体参见 1.4 节内容。Generate 按钮用于让用户使用不同的 DataGenerators(数据生成器)生成人工数据，适用于分类功能的人工数据可以由决策列表 RDG1、径向基函数网络 RandomRBF、贝叶斯网络 BayesNet、LED24 等算法产生，人工回归数据也可以根据数学表达式生成，用于聚类的人工数据可以使用现成的生成算法产生。

使用 Open file 按钮，可以读取多种数据格式的文件，包括 Weka ARFF 格式、C4.5 数据格式、CSV 格式、JSON 实例文件格式、LibSVM 数据文件格式、Matlab ASCII 文件格式、svm 轻量级数据文件格式、XRFF 格式，以及序列化实例的格式。其中，ARFF 格式的后缀为.arff，C4.5 数据格式的后缀为.data 或.names，CSV 格式的后缀为.csv，JSON 实例文件格式的后缀为.json，LibSVM 数据文件格式的后缀为.libsvm，Matlab ASCII 文件格式的后缀为.m，svm 轻量级数据文件格式的后缀为.dat，XRFF 格式的后缀为.xrff，序列化实例对象文件的后缀为.bsi。有的格式后缀还会加上.gz，这代表对应文件的压缩形式。

另外，使用 Save(保存)按钮，可以将已加载的数据保存为 Weka 支持的文件格式。该功能特别适合在不同文件格式之间进行转换，以及学习 Weka 文件格式的细节。

由于存在多种数据格式，为了从不同种类的数据源中导入数据，Weka 提供实用工具类进行转换，这种工具称为转换器(converters)，位于 weka.core.converters 包中。按照功能的不同，转换器分为加载器和保存器，前者的 Java 类名以 Loader 结束，后者以 Saver 结束。

加载数据后，Preprocess 标签页会在 Current relation(当前关系)选项组中显示当前数据集的一些总结信息。Relation(关系)栏显示关系名称，该名称由加载的文件给定；Attributes(属性)栏显示数据集中的属性(或特征)个数；Instances(实例)栏显示数据集中的实例(或数据点/记录)个数；Sum of weights(权重和)栏显示全部实例的权重之和。例如，当加载 iris 数据集后，Current relation 选项组中显示关系名称为 iris，属性个数为 5，实例个数为 150，权重和为 150，如图 2.11 所示。

Current relation
Relation: iris　　Attributes: 5
Instances: 150　　Sum of weights: 150

图 2.11　Current relation 选项组

Weka 根据文件后缀调用不同的转换器来加载数据集。如果 Weka 无法加载数据，就会尝试以 ARFF 格式解释数据，如果再次失败，就会弹出如图 2.12 所示的提示对话框，提示 Weka 无法自行决定使用哪一个文件加载器，需要用户自己来选择。

单击图 2.12 中的“确定”按钮后，会弹出如图 2.13 所示的通用对象编辑器对话框，让用户选择能打开数据文件的对应转换器。默认转换器为 CSVLoader，该转换器专门用于加载后缀为.csv 的文件。如果用户已经确定数据文件格式是 CSV 格式，那么可以输入日期格式、字段分割符等信息。如果对对话框里的各选项不了解，可以单击 More 按钮查看使用说明。

图 2.12　加载数据失败

如果用户已经知道数据文件格式不是 CSV 格式，可以单击通用对象编辑器对话框上部的 Choose 按钮选择其他的转换器，如图 2.14 所示。

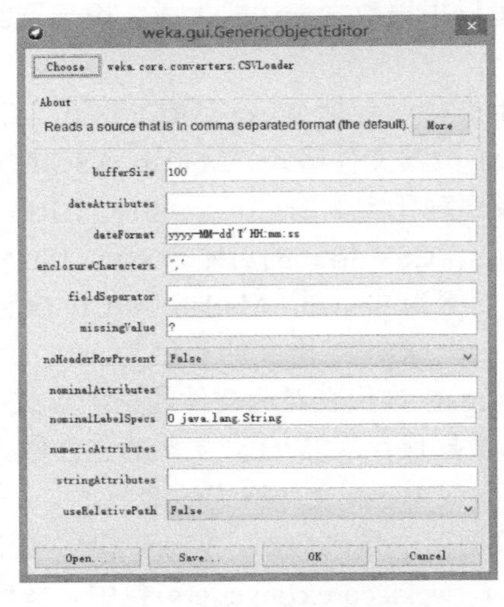

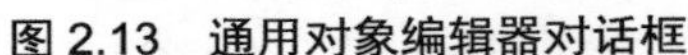

图 2.13　通用对象编辑器对话框

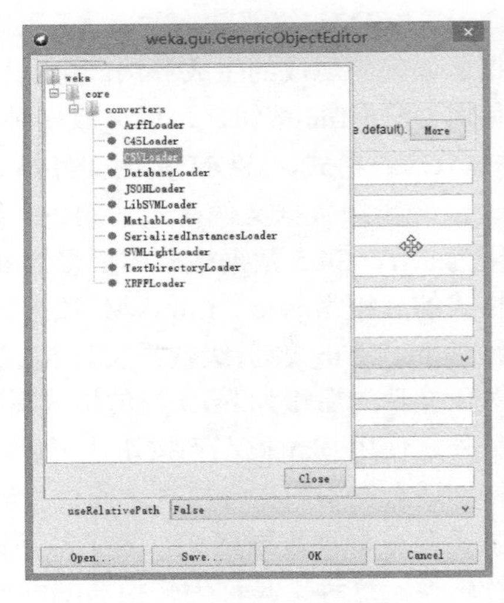

图 2.14　选择转换器

图 2.14 所示对话框中，第一个选项是 ArffLoader，选择该选项并成功的可能性很小，因为默认就是使用它来加载数据集，没有成功才会弹出加载数据失败的提示对话框。第二个选项是 C45Loader，C4.5 格式的数据集由两个文件共同构成，一个文件(.names)提供字段名，另一个文件(.data)提供实际数据。第三个选项是默认的 CSVLoader，这是一种以逗号分隔各属性的文件格式，前文已经介绍了这种数据转换器。第四个选项 DatabaseLoader 是从数据库，而不是文件中读取数据集。然而，使用第 1 章介绍的 SQLViewer 工具来访问数据库，是更为人性化且方便的方案。SerializedInstancesLoader 选项用于重新加载以前作为 Java 序列化对象保存的数据集。任何 Java 对象都可以采用这种格式予以保存并重新加载。由于序列化对象本身就是 Java 格式，使用它可能比加载 ARFF 文件的速度更快，这是因为加载 ARFF 文件时必须对其进行分析和检查，从而花费更多的时间。如果需要多次加载大数据集，则很值得以这种数据格式进行保存。

值得一提的是 TextDirectoryLoader 加载器，它的功能是导入一个目录，目录中包含若干以文本挖掘为目的的纯文本文件。导入目录应该有特定的结构——一组子目录，每个子目录包含一个或多个扩展名为.txt 的文本文件，每个文本文件都会成为数据集中的一个实例，其中，一个字符串型属性保存该文件的内容，一个标称型的类别属性保存文件所在的子目录名称。该数据集可以通过使用 StringToWordVector 过滤器进一步加工为词典，为后面的文本挖掘做准备。

2.2.2 属性处理

在 Current relation 选项组下方，可以看到 Attributes(属性)选项组，该选项组上部有四个按钮，中部是一个三列多行的表格，下部有一个 Remove 按钮，如图 2.15 所示。

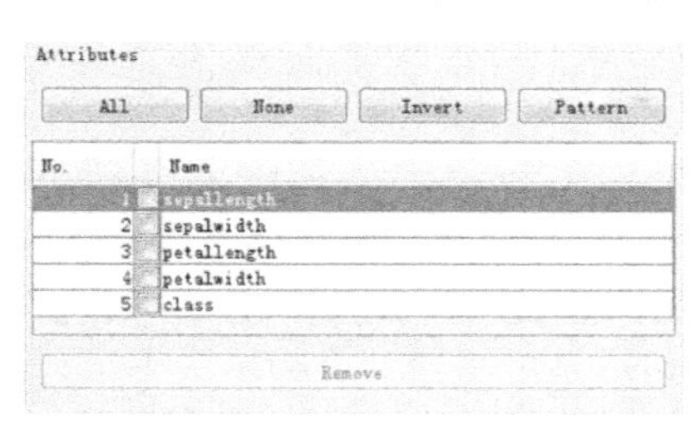

图 2.15 Attributes 选项组

表格有三列表头，包括 No.(序号)列、复选框列和 Name(名字)列。其中，序号列用于标识指定数据集中的属性序号；复选框列用于选择属性，以便对其进行操作；名字列显示属性名称，这些名称与数据文件的属性声明一致。

表格里每行表示一个属性，单击某一行的复选框选中该行，再单击一次则取消选中。表格上方的四个按钮也可以用于改变选中状态：All 按钮使全部复选框都选中，即选中全部属性；None 按钮使全部复选框都取消选中，即不选中任何属性；Invert 按钮反选，即取消选中已经选中的复选框，选中没有选中的复选框；Pattern 按钮使用 Perl 5 正则表达式指定要选中的属性，例如，“.*_id”选择满足属性名称以_id 结束的全部属性。

一旦已经选中所需的属性，就可以单击属性列表下方的 Remove 按钮将它们去除，本功能用于去除无关属性。注意，本功能仅去除内存中的数据集，不会更改数据文件的内容。另外，属性去除之后还可以单击 Undo 按钮进行撤销，Undo 按钮位于 Preprocess 标签页的上部。

如果选中某一个属性，例如，选中图 2.15 中名称为 sepallength 的属性，该行的颜色就会变为蓝色，并且右边的 Selected attribute(已选择属性)选项组中将显示选中属性的一些信息。图 2.16 和图 2.17 所示分别为选中数值型属性和标称型属性的显示结果。

Selected attribute
Name: sepallength   Type: Numeric
Missing: 0 (0%)   Distinct: 35   Unique: 9 (6%)

Statistic	Value
Minimum	4.3
Maximum	7.9
Mean	5.843
StdDev	0.828

图 2.16 选中数值型属性的显示结果

Selected attribute
Name: outlook   Type: Nominal
Missing: 0 (0%)   Distinct: 3   Unique: 0 (0%)

No.	Label	Count	Weight
1	sunny	5	5.0
2	overcast	4	4.0
3	rainy	5	5.0

图 2.17 选中标称型属性的显示结果

其中，Name 栏显示属性的名称，与属性表格中选中属性的名称相同；Type 栏显示属性的类型，最常见的是标称型和数值型；Missing(缺失)栏显示数据集中该属性不存在或未指定的实例的数量及百分比；Distinct(不同)栏显示该属性取不同值的数量；Unique(唯一)栏显示没有任何其他实例拥有该属性值的数量及百分比。

Selected attribute 选项组的下部有一个统计表格，显示该属性值的更多信息，根据属性类型的不同，表格会有所差别，从图 2.16 和图 2.17 中可以看到这一点。如果属性是数值型，表格显示数据分布的四种统计描述，即 Minimum(最小值)、Maximum(最大值)、Mean(平均值)和 StdDev(Standard Deviation，标准偏差或标准差)。如果属性是标称型，表格中显示：No.(编号)，表示属性的全部可能取值；Label(标签)，表示属性值名称；Count(数量)，表示拥有该属性值的实例数量；Weight(权重)，表示拥有该属性值的实例权重。

在统计表格下方会显示一个彩色直方图，如图 2.18 所示。直方图上部有一个下拉列表框，用于选择类别属性。图 2.18 中选择的类别属性是 class，三种颜色代表三种不同类别的鸢尾花，横坐标表示当前属性(sepallength)的取值。注意，只有标称型的类别属性才会有彩色编码。单击右边的 Visualize All 按钮，会弹出一个单独的窗口，显示所有属性的直方图，如前面的图 2.9 所示。

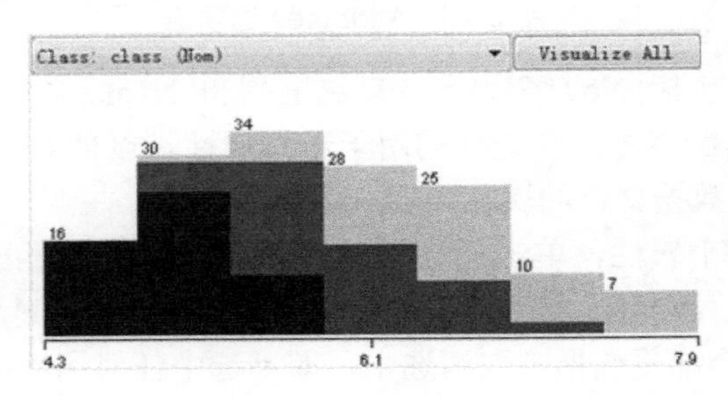

图 2.18　彩色直方图

2.2.3　过滤器

Preprocess 标签页允许定义并执行以各种方式转换数据的过滤器，过滤器也称为筛选器。在 Filter 选项组中有一个 Choose(选择)按钮，单击该按钮可以选择一个过滤器，如图 2.19 所示。按钮的右侧是过滤器文本框，用于设置所选择的过滤器参数。

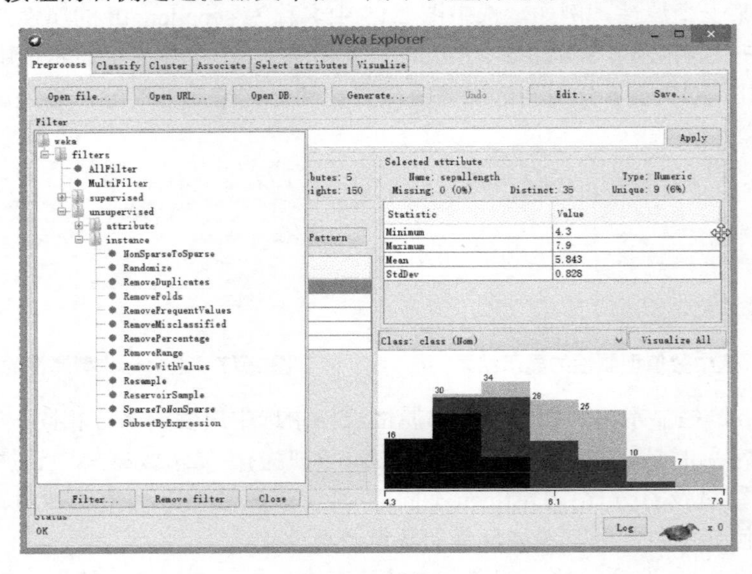

图 2.19　过滤器

一旦选定了过滤器，其名称和参数都会显示在过滤器文本框内。在文本框内单击，会弹出通用对象编辑器对话框，如图 2.20 所示。

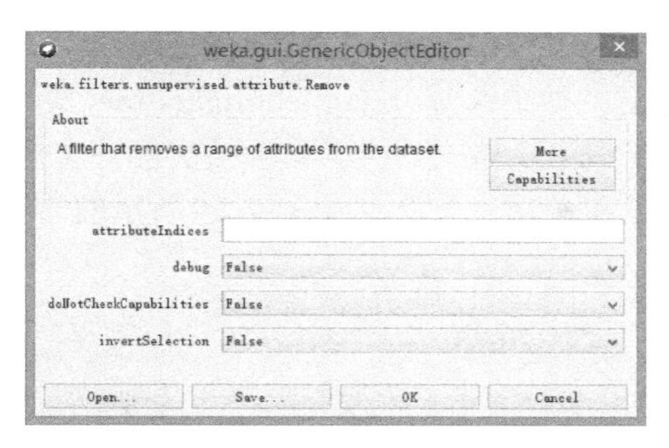

图 2.20　通用对象编辑器对话框

该通用对象编辑器对话框用于设置过滤器选项。此外，既然名称里有“通用”二字，显然该对话框还可以用于设置其他对象，如分类器和聚类器等，详见后文。图 2.20 所示对话框中的 About 选项组简要说明所选择过滤器的功能；单击右侧的 More 按钮，会弹出 Information 对话框，显示过滤器的简介和不同选项的功能，如图 2.21 所示；单击 Capabilities 按钮，会弹出 Information about Capabilities 对话框，列出所选择对象能够处理的类别类型和属性类型，如图 2.22 所示。

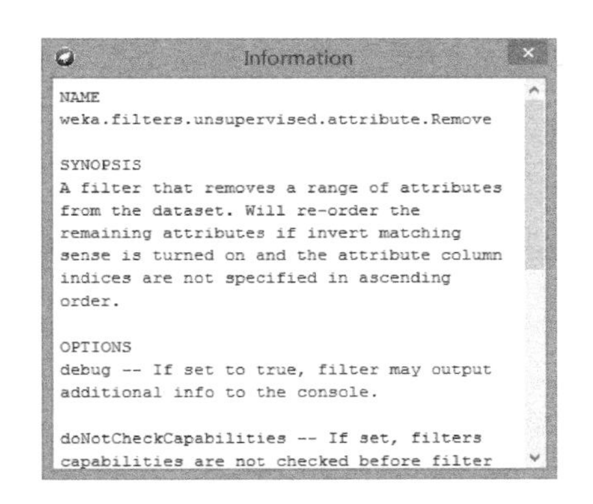

图 2.21　Information 对话框

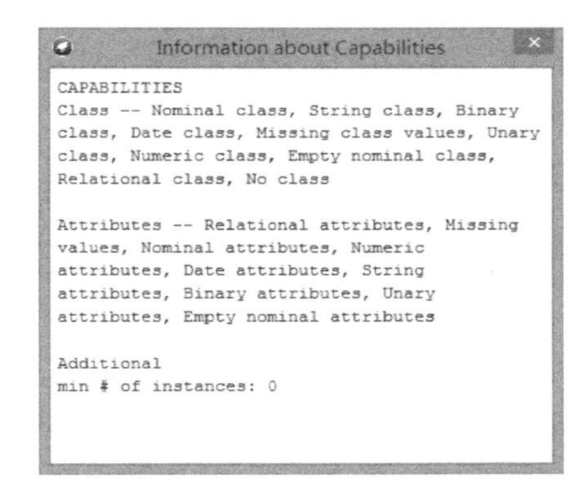

图 2.22　Information about Capabilities 对话框

在图 2.20 所示对话框的中部，attributeIndices 文本框用于让用户输入要删除(因为此处为 Remove 过滤器)属性的索引(或下标)；如果将 debug 下拉列表框设置为 True，过滤器会在控制台输出额外信息；如果将 doNotCheckCapabilities 下拉列表框设置为 True，在构建过滤器之前将不检查过滤器的能力，谨慎使用以减少运行时间；invertSelection 下拉列表框中只有 True 和 False 两个选项，指示是否反选。对话框下端有四个按钮：Open 按钮用于打开所保存的对象选项设置；Save 按钮用于保存对象选项设置，以备将来使用；OK 按钮用于正确完成设置后，返回探索者界面；Cancel 按钮用于取消所做的修改，回退到原来的状态。

右击(或在按住 Alt 键和 Shift 键的同时单击)过滤器文本框，弹出的快捷菜单中有四个菜单项：Show properties(显示属性)、Copy configuration to clipboard(复制设置到剪贴板)、Enter configuration(输入设置)和 Edit configuration(编辑设置)。如果选择 Show properties 菜

单项，就会弹出通用对象编辑器对话框，允许用户修改设置，其功能与单击过滤器文本框一样；如果选择 Copy configuration to clipboard 菜单项，则将当前的设置字符串复制到剪贴板，以便用于 Weka 以外的系统中，当用户设置了很长而复杂的选项设置字符串并且想将来复用时，该功能尤其方便；如果选择 Enter configuration 菜单项，则弹出“输入”对话框，让用户直接输入设置字符串，格式为类名称后接类能够支持的选项，如图 2.23 所示；如果选择 Edit configuration 菜单项，则弹出如图 2.24 所示的“输入”对话框，让用户直接编辑设置字符串。

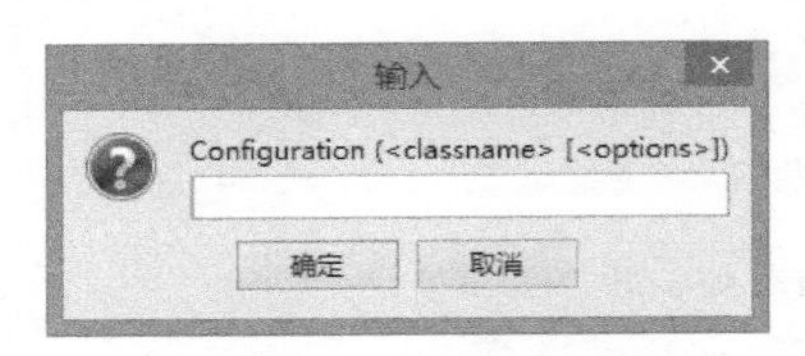

图 2.23 “输入”对话框(1)

图 2.24 “输入”对话框(2)

一旦选择并配置好一个过滤器之后，就可以将其应用到数据集。单击位于 Preprocess 标签页中 Filter 选项组右端的 Apply 按钮应用过滤，Preprocess 标签页会显示转换后的数据信息。如果对结果不满意，可以单击 Undo 按钮撤销转换，还可以单击 Edit 按钮在数据集编辑器里手动修改数据。如果满意修改后的结果，可以单击 Preprocess 标签页右上角的 Save 按钮，将当前关系以文件格式进行保存，以供将来使用。

使用直方图上部的下拉列表框，可以设置类别属性。根据是否设置类别属性，有些过滤器的行为会有所不同。特别地，有监督过滤器要求设置类别属性；一些无监督属性过滤器会忽略类别属性，即使已经设置了类别属性。

注意： 如果不想设置类别属性，可以将类别属性设置为 No class。

2.2.4 过滤器算法介绍

本节介绍在 Weka 中实现的过滤算法，这些过滤算法都可以用于探索者、知识流和实验者界面。

所有的过滤器都是对输入数据集进行某种程度的转换，将其转换为适合数据挖掘的形式。选择某个过滤器之后，过滤器的名字及默认参数会出现在 Choose 按钮旁的过滤器文本框内，通过单击该文本框，可以在通用对象编辑器对话框中设置其属性。过滤器以及参数都会以命令行的方式显现在文本框中，仔细观察和研究这些过滤器和参数设置，是学习如何直接使用 Weka 命令的好方法。

Weka 过滤器分为无监督过滤器和有监督过滤器两种。过滤器经常应用于训练集，然后再应用于测试集。如果过滤器是有监督的，例如，使用类别值的离散化过滤器是有监督的，它会使用类别值以得到良好的离散化间隔，但如果将有监督的离散化过滤器在测试集中训练并应用，由于已经提前“看到”并“使用”了测试集中的类别信息，可能会使结果出现偏倚。因此，使用有监督的过滤器时，必须非常小心，以确保评估结果的公平性。例如，有监督的离散化过滤器必须仅从训练集中通过训练得到离散化间隔，并将这些间隔应用到测试集中。然而，由于无须经过训练，无监督过滤器就不会出现这个问题。

Weka 将无监督和有监督两种过滤方法分开处理，每种类型又细分为属性过滤器和实例过滤器，前者作用于数据集中的属性，后者作用于数据集中的实例。要了解某个过滤器的更多使用信息，可在 Weka 探索者界面中选择该过滤器，并查看对应的对象编辑器，以了解该过滤器的功能和选项。

Weka 实现的过滤器的更详细介绍请参见附录 B，附录 B 中按照字母顺序列出各过滤器的功能及选项。本节按照过滤器的类型和功能进行介绍。

1. 无监督属性过滤器

1) 添加和删除属性

Add 过滤器在一个给定的位置插入一个属性，对于所有实例该属性值声明为缺失。使用通用对象编辑器对话框来指定属性名称，指定的属性名称会出现在属性列表中，标称型属性还可以指定可能值，日期型属性还可以指定日期格式。Copy 过滤器复制现有属性，这样就可以在实验时保护这些属性，以免属性值为过滤器所覆盖。使用表达式可以一起复制多个属性，例如，“1-3”复制前三个属性，“first-3,5,9-last”复制属性“1、2、3、5、9、10、11、12、…”。选择可以进行反转，即反选，反选选中除了选定属性以外的所有属性。很多过滤器都拥有表达式和反选功能。

AddID 过滤器在用户指定索引的属性列表中插入一个数字标识符属性。标识符属性常用于跟踪某个实例，尤其是在已经通过某种方式处理过数据集之后，例如，通过其他过滤器进行过转换，或者随机化重排实例的顺序之后，此时标识符便于跟踪。

Remove 过滤器删除数据集中指定范围的属性，与之类似的有 RemoveType 过滤器和 RemoveUseless 过滤器，RemoveType 过滤器删除指定类型(标称型、数值型、字符串型、日期型或关系型)的所有属性，RemoveUseless 过滤器删除常量属性以及几乎与所有实例的值都不相同的标称型属性。用户可以通过规定不相同值的数量占全部值总数的百分比来设定可以容忍的变化度，决定是否删除一个属性。需要注意的是，如果在 Preprocess 标签页中已经设置了类别属性(默认情况下，最后一个属性就是类别属性)，则不同无监督属性过滤器的行为不同。例如，RemoveType 和 RemoveUseless 过滤器都会跳过类别属性。

InterquartileRange 过滤器添加新属性，以指示实例的值是否可以视为离群值或极端值。离群值和极端值定义为基于属性值的第 25 个和第 75 个百分位数之间的差。如果用户指定的极端值系数和百分位距的乘积值高于第 75 个百分位数，或低于第 25 个百分位数，该值就标记为极端值(也有超出上述范围标记为离群值但不是极端值的情况)。可以设置该过滤器，如果某个实例的任意属性值认为是离群值或极端值，或产生离群极端的指标，可以标记该实例为离群值或极端值。也可以将所有极端值标记为离群值，并输出与中位数偏离多少个百分位数的属性。该过滤器忽略类别属性。

AddCluster 过滤器先将一种聚类算法应用于数据，然后再进行过滤。用户通过对象编辑器选择聚类算法，其设置方式与过滤器一样。AddCluster 对象编辑器通过自己界面中的 Choose 按钮来选择聚类器，单击 Choose 按钮右边的文本框，会打开另外一个对象编辑器对话框，在新对话框中设置聚类器的参数，必须填写完整后才能返回 AddCluster 对象编辑器。一旦用户选定一个聚类器，AddCluster 会为每个实例指定一个簇号，作为实例的新属性。对象编辑器还允许用户在聚类时忽略某些属性，如前文所述的 Copy 过滤器那样指定。ClusterMembership 过滤器在过滤器对象编辑器中指定所使用的聚类器，生成簇隶属度值，以形成新的属性。如果设置了类别属性，在聚类过程中会忽略。

AddExpression 过滤器通过将一个数学函数应用于数值型属性而生成一个新属性。表达式可包括属性引用和常量，四则运算符+、-、*、/和^，函数 log、abs、cos、exp、sqrt、floor、ceil、rint、tan、sin 以及左右括号。属性可通过索引加前缀 a 确定，例如 a7 指第七个属性。表达式范例如下：

```
a1^2*a5/log(a7*4.0)
```

MathExpression 过滤器与 AddExpression 过滤器类似，它根据给定的表达式修改数值型属性，能够用于多个属性。该过滤器只是在原地修改现有属性，并不创建新属性。正因为如此，表达式中不能引用其他属性的值。所有适用于 AddExpression 过滤器的操作符都可用，还可以求正在处理属性的最小值、最大值、平均值、和、平方和以及标准偏差。此外，可以使用包含运算符和函数的简单 if-then-else 表达式。

NumericTransform 过滤器通过对选中的数值型属性调用 Java 函数，可以执行任意的转换。该函数可以接受任意 double 数值作为参数，返回值也为 double 类型。例如，java.lang.Math 类的 sqrt()函数就符合这一标准。NumericTransform 过滤器的一个参数(className)是实现该函数 Java 类的全限定名称，还有一个参数是转换方法的名称。

Normalize 过滤器将数据集中的全部数值型属性规范化在[0,1]区间内。规范化值可以采用用户提供的常数进一步进行缩放和转换。Center 和 Standardize 过滤器能将数值型属性转换为具有零均值的数值型属性，后者还能转换为具有单位方差的数值型属性。如果设置了类别属性，上述三个过滤器都会跳过，不对类别属性进行处理。RandomSubset 过滤器随机选择属性的一个子集，并包括在输出中。可以用绝对数值或百分比指定抽取的范围，输出的新数据集总是把类别属性作为最后一个属性。

PartitionedMultiFilter 是一种特殊的过滤器，在输入数据集中一组对应的属性范围内应用一组过滤器。只允许使用能操作属性的过滤器，用户提供和配置每个过滤器，定义过滤器工作的属性范围。removeUnused 选项可以删除不在任何范围内的属性，将各个过滤器的输出组装成一个新的数据集。Reorder 过滤器改变数据中属性的顺序，通过提供属性索引列表，指定新顺序。另外，通过省略或复制属性索引，可以删除属性或添加多个副本。

2) 改变值

SwapValues 过滤器交换同一个标称型属性的两个值的位置。值的顺序不影响学习，但如果选择了类别属性，顺序的改变会影响混淆矩阵的布局。MergeTwoValues 过滤器将一个标称型属性的两个值合并为一个单独的类别，新值的名称是原有两个值的字符串连接，每一个原有值的每次出现都更换为新值，新值的索引比原有值的索引小。例如，天气数据集中原有五个 sunny、四个 overcast、五个 rainy 实例，如果合并 outlook 属性的前两个值(sunny 和 overcast)，则新的 outlook 属性就包含 sunny_overcast 和 rainy 值，数据集中将有九个 sunny_overcast 实例和原有的五个 rainy 实例。MergeManyValues 过滤器将指定标称型属性的多个值合并为一个值。MergeInfrequentNominalValues 过滤器将指定标称型属性中出现次数足够低的值进行合并。

处理缺失值的一个方法是在实施学习方案前，全局替换缺失值。ReplaceMissingValues 过滤器用均值取代每个数值型属性的缺失值，用出现最多的众数取代标称型属性的缺失值。如果设置了类别属性，默认不替换该属性的缺失值，但可以使用 ignoreClass 选项进行修改。ReplaceWithMissingValue 过滤器用于在数据集中引入缺失值，指定概率用于决定是否将实例的特定属性值替换为缺失值。

NumericCleaner 过滤器用默认值取代数值型属性中值太小，或太大，或过于接近某个特定值的取值。也可以为每一种情况指定不同的默认值，供选择情况包括认定为太大或太小的阈值，以及过于接近定义的容差值(tolerance value)。

AddValues 过滤器对照用户提供的列表，在标称型属性中添加其中不存在的值，可以选择对标签进行升序排序。如果不提供标签列表，可以只对原有标签排序。ClassAssigner 过滤器用于设置或取消数据集的类别属性。用户提供新的类别属性的索引，索引为 0 则取消当前类别属性。

3) 转换

许多过滤器可用于将属性从一种形式转换为另一种形式。Discretize 过滤器使用等宽或等频分箱将指定范围内的数值型属性离散化。对于等宽分箱方法，可以指定箱数，或使用留一法交叉验证，自动选择使似然值最大化。也可以创建多个二元属性，替换一个多元属性。对于等频离散化，可以改变每个分隔期望的实例数量。PKIDiscretize 过滤器使用等频分箱离散化数值型属性，箱的数目设置为非缺失值数量的平方根。默认情况下，上述两个过滤器都跳过类别属性。

MakeIndicator 过滤器将标称型属性转换为二元指示符属性，可以用于将多个类别的数据集转换成多个两个类别的数据集。它用二元属性替换所选择的标称型属性，其中，如果某个特定的原始值存在，该实例的值为 1，否则为 0。新属性默认声明为数值型，但如果需要，也可以声明为标称型。

对于一些学习方案，如支持向量机，多元标称型属性必须被转换成二元属性。NominalToBinary 过滤器能将数据集中所有指定的多元标称型属性转换为二元属性，使用一种简单的“每值一个”(one-per-value)编码，将每个属性替换为 k 个二元属性的 k 个值。默认情况下，新属性将是数值型，已经是二元属性的将保持不变。NumericToBinary 过滤器将除了类别属性外的所有数值型属性转换成标称二元属性。如果数值型属性的值恰好为 0，新属性值也为 0；如果属性值缺失，新属性值也缺失；否则，新属性值将为 1。上述过滤器都跳过类别属性。NumericToNominal 过滤器通过简单地增加每一个不同数值到标称值列表，将数值型属性转换为标称型属性。该过滤器在导入.csv 文件之后非常有用，Weka 的 csv 导入机制将所有可解析为数字的数据列都相应创建为数值型属性，但有时将整型属性的值解释为离散的标称型有可能更为恰当。

FirstOrder 过滤器对一定范围内的数值型属性应用一阶差分算子。算法为：将 N 个数值型属性替换为 N-1 个数值型属性，其值是原来实例中连续属性值之差，即新属性值等于后一个属性值减去前一个属性值。例如，如果原来的属性值分别为 3、2、1，则新的属性值将是-1、-1。

KernelFilter 过滤器将数据转换为核矩阵，类别值保持不变。它输出一个新数据集，包含的实例数量和原来的一样，新数据集的每个值都是用核函数评估一对原始实例的结果。默认情况下，预处理使用 Center 过滤器，将所有的值都转换为将中心平移至 0，尽管没有重新缩放为单位方差。然而，用户也可以指定用不同的过滤器。

PrincipalComponents 过滤器在数据集上进行主成分转换，将多元标称型属性转换为二元属性，用均值替换缺失值，默认将数据标准化。主成分数量通常根据用户指定的覆盖比例的方差确定，但也可以明确指定主成分数量。

Transpose 过滤器将数据进行转置运算：实例变为属性，属性变为实例。

4) 字符串转换

字符串型属性值的数目不定。StringToNominal 过滤器用一组值将字符串型属性转换为标称型属性。用户要确保所有要出现的字符串值都会在第一批数据中出现。NominalToString 过滤器转换的方向相反。

StringToWordVector 过滤器将字符串型属性转换为表示单词出现频率的数值型属性。单词集合就是新的属性集，由字符串型属性值的完整集合确定。新属性可以采用用户指定的前缀来命名，这样通过名称容易区分来源不同的字符串型属性。

ChangeDateFormat 过滤器更改用于解析日期型属性的格式化字符串，可以指定 Java 的 SimpleDateFormat 类所支持的任意格式。

5) 时间序列

Weka 提供两种处理时间序列的过滤器。TimeSeriesTranslate 过滤器将当前实例的属性值替换为以前(或未来)的实例的等效属性值。TimeSeriesDelta 过滤器将当前实例的属性值替换为以前(或未来)的实例的等效属性值与当前属性值之间的差值。对于时移差值未知的实例，要么删除实例，要么使用缺失值。

6) 随机化

一些属性过滤器有意降低数据的质量。AddNoise 过滤器按照指定的一定比例更改标称型属性的值。可以保留缺失值不变，也可以让缺失值和其他值一起变化。Obfuscate 过滤器对关系型属性、全部属性名称，以及所有标称型属性值进行重命名，对数据集进行模糊处理，目的主要是为了交换敏感数据集。RandomProjection 过滤器通过使用列为单位长度的随机矩阵，将数据投影到一个低维子空间，以此来降低数据维数。投影不包括类别属性。

2. 无监督实例过滤器

1) 随机化和子抽样

Randomize 过滤器用于将数据集中实例的顺序进行随机重排。产生的数据子集的方式有很多种。Resample 过滤器产生一个有放回或无放回数据集的随机子样本。RemoveFolds 过滤器将数据集分割为给定的交叉验证折数，并指定输出第几折。如果提供一个随机数种子，在提取子集前，先对数据集重新排序。ReservoirSample 过滤器使用水库抽样算法从数据集中抽取一个随机样本(无放回)。当在知识流界面或命令行界面中使用时，可以增量读取数据集，因此可以抽样超出主内存容量的数据集。

RemovePercentage 过滤器删除数据集中给定百分比的实例。RemoveRange 过滤器删除数据集中给定范围的实例。RemoveWithValues 过滤器删除符合条件的实例，如标称型属性具有一定值的，或者数值型属性大于或小于特定阈值的。默认情况下，会删除所有满足条件的实例。也可以反向匹配，保留所有满足条件的实例，删除其余实例。

RemoveFrequentValues 过滤器删除那些满足某个标称型属性值最经常或最不经常使用的对应的实例。用户可以指定频度多大或多小的具体值。

RemoveDuplicates 过滤器删除接收到的第一批数据中所有重复的实例。

SubsetByExpression 过滤器选择那些满足用户提供的逻辑表达式的所有实例。表达式可以是数学运算符和函数，如那些可用于 AddExpression 和 MathExpression 过滤器的运算符和函数，以及应用于属性值的逻辑运算符(与、或、非)。例如，表达式

```
(CLASS is 'mammal') and (ATT14 > 2)
```

选择那些 CLASS 属性值为 mammal 并且第 14 个属性的值大于 2 的实例。

通过将分类方法应用到数据集，然后使用 RemoveMisclassified 过滤器删除错误分类的实例，可以删除离群值。通常上述过程需要重复多遍，直到充分清洗数据，也可以指定最大的迭代次数。除了评估训练数据，还可以使用交叉验证，对数值类别也可以指定错误阈值。

2) 稀疏实例

NonSparseToSparse 过滤器将全部输入实例转换为稀疏格式。SparseToNonSparse 过滤器将输入的所有稀疏实例转换为非稀疏格式。

3. 有监督属性过滤器

Discretize 过滤器将数据集中一定范围内的数值型属性离散化为标称型属性，用户可指定属性的范围以及强制属性进行二元离散化。要求类别属性为标称型属性，默认的离散化方法是 Fayyad & Irani 的 MDL(最小描述长度)判据，也可以使用 Kononenko 方法。

NominalToBinary 过滤器也有一个有监督版本，用于将全部标称型属性转换成二元的数值型属性。在有监督版本中，类别属性是标称型还是数值型决定了如何进行转换。如果是标称型，使用每个值一个属性的方法，将 k 个值的属性转换成 k 个二元属性。如果是数值型，考虑类别平均值与每个属性值的关联，创建 k–1 个新的二元属性。两种情况都不改变类别本身。

MergeNominalValues 过滤器使用 CHAID 方法，合并指定范围的标称型属性(但不含类别属性)中的所有属性值，它不使用 re-split 子集合并。

ClassOrder 过滤器更改类别顺序。用户指定新顺序是否按随机顺序，或按类别频率进行升序或降序排列。该过滤器不能与 FilteredClassifier 元学习方案联合使用。AttributeSelection 过滤器用于自动属性选择，并提供与探索者界面中 Select attributes 标签页相同的功能。

ClassConditionalProbabilities 过滤器将标称型属性值或数值型属性值转换为类别条件概率。如果有 k 个类别，则将创建 k 个新属性，其值由 pr(att val | class k)给出。

AddClassification 过滤器使用指定分类器为数据集添加类别、类别分布和错误标志。分类器可以通过对数据本身进行训练而得到，也可以通过序列化模型得到。

PartitionMembership 过滤器使用 PartitionGenerator 生成分隔隶属度值，过滤实例由这些值加上类别属性(如果在输入数据中设置)组成，并呈现为稀疏的实例集。

4. 有监督实例过滤器

Weka 提供四个有监督的实例过滤器。

ClassBalancer 过滤器调整数据集中的实例，使得每个类别都有相同的总权重。所有实

例的权重总和将维持不变。

Resample 过滤器与同名的无监督实例过滤器类似，但它保持在子样本的类别分布。另外，它可以配置是否使用均匀的分类偏倚，抽样可以设置为有放回(默认)或无放回模式。

SpreadSubsample 过滤器也产生一个随机子样本，但可以控制最稀少和最常见的类别之间的频率差异。例如，可以指定至多 2∶1 类别频率差异。也可以通过明确指定某个类别的最大计数值，来限制实例的数量。

与无监督的实例过滤器 RemoveFolds 相似，StratifiedRemoveFolds 过滤器为数据集输出指定交叉验证的折，不同之处在于此时的折是分层的。

2.2.5 手把手教你用

1. 使用数据集编辑器

Weka 可以查看和编辑整个数据集。

首先加载 weather.nominal.arff 文件，单击 Preprocess 标签页中的 Edit 按钮，弹出 Viewer(阅读器)对话框，列出全部天气数据。该对话框以二维表的形式展现数据，用于查看和编辑整个数据集，也称为数据集编辑器，如图 2.25 所示。

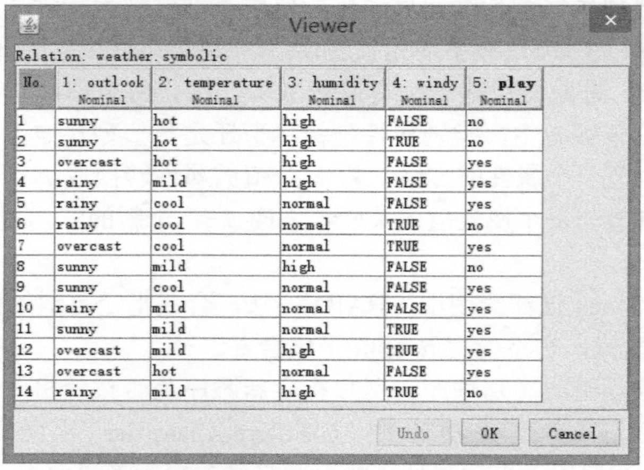

Viewer

Relation: weather.symbolic

No.	1: outlook Nominal	2: temperature Nominal	3: humidity Nominal	4: windy Nominal	5: **play** Nominal
1	sunny	hot	high	FALSE	no
2	sunny	hot	high	TRUE	no
3	overcast	hot	high	FALSE	yes
4	rainy	mild	high	FALSE	yes
5	rainy	cool	normal	FALSE	yes
6	rainy	cool	normal	TRUE	no
7	overcast	cool	normal	TRUE	yes
8	sunny	mild	high	FALSE	no
9	sunny	cool	normal	FALSE	yes
10	rainy	mild	normal	FALSE	yes
11	sunny	mild	normal	TRUE	yes
12	overcast	mild	high	TRUE	yes
13	overcast	hot	normal	FALSE	yes
14	rainy	mild	high	TRUE	no

Undo OK Cancel

图 2.25 数据集编辑器

数据表顶部显示当前数据集的关系名称。表头列出数据集各属性的序号、名称和数据类型。数据集编辑器的第一列是序号，标识实例的编号。

数据集编辑器右下部有三个按钮：Undo 按钮用于撤销所做的修改，不关闭窗口；OK 按钮用于提交所做的修改，关闭窗口；Cancel 按钮用于放弃所做的修改，关闭窗口。

除了用探索者界面编辑数据集之外，还可以直接使用 ARFF-Viewer 工具。具体方法是，在 Weka GUI 选择器窗口中，选择 Tools | ArffViewer 菜单项，或按 Ctrl+A 快捷键，就可以打开 ARFF-Viewer 窗口，再选择窗口中的 File | Open 菜单项，就可以打开 Weka 支持的各种数据文件，如图 2.26 所示。可以看到，ARFF-Viewer 窗口可提供更多的编辑和视图功能。

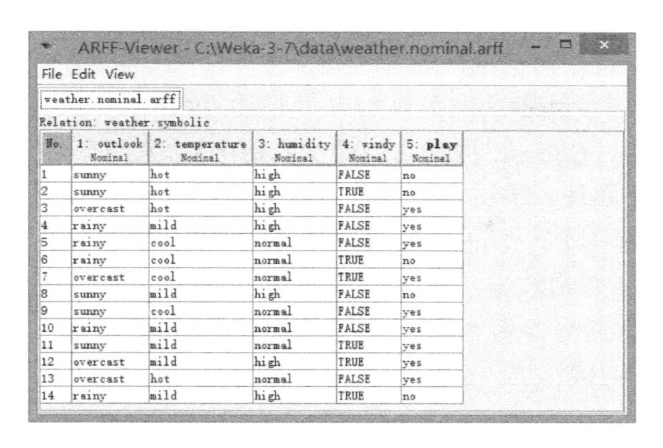
ARFF-Viewer - C:\Weka-3-7\data\weather.nominal.arff

File Edit View

weather.nominal.arff

Relation: weather.symbolic

No.	1: outlook Nominal	2: temperature Nominal	3: humidity Nominal	4: windy Nominal	5: play Nominal
1	sunny	hot	high	FALSE	no
2	sunny	hot	high	TRUE	no
3	overcast	hot	high	FALSE	yes
4	rainy	mild	high	FALSE	yes
5	rainy	cool	normal	FALSE	yes
6	rainy	cool	normal	TRUE	no
7	overcast	cool	normal	TRUE	yes
8	sunny	mild	high	FALSE	no
9	sunny	cool	normal	FALSE	yes
10	rainy	mild	normal	FALSE	yes
11	sunny	mild	normal	TRUE	yes
12	overcast	mild	high	TRUE	yes
13	overcast	hot	normal	FALSE	yes
14	rainy	mild	high	TRUE	no

图 2.26　ARFF-Viewer 窗口

2. 删除属性

Weka 使用过滤器来系统性地更改数据集，因此过滤器属于预处理工具。

假设要求去除 weather.nominal.arff 数据集的第二个属性，即 temperature 属性，具体操作步骤如下。

首先，使用探索者界面加载 weather.nominal.arff 文件。在 Perprocess 标签页中单击 Choose 按钮，打开过滤器分层列表，如图 2.27 所示。

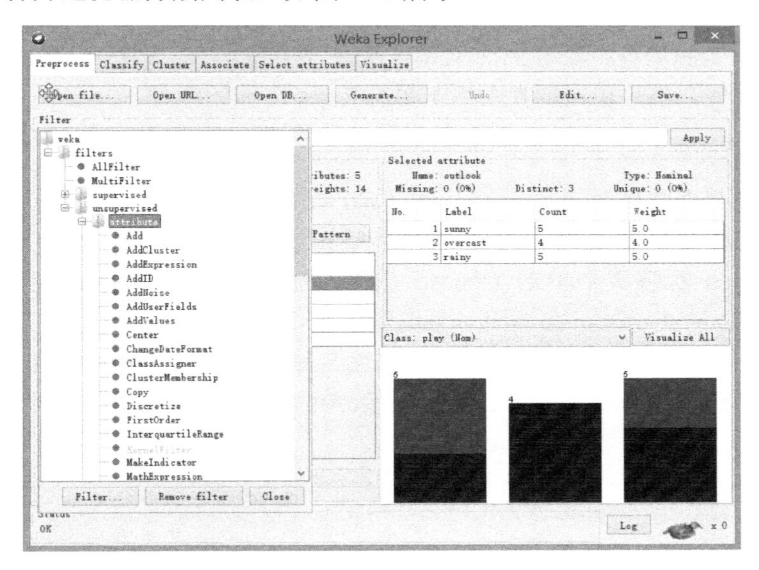

图 2.27　过滤器分层列表

适合本例要求的过滤器为 Remove，全称是 weka.filters.unsupervised.attribute.Remove。从名称上可以看出，过滤器组织成层次结构，根为 weka，往下继续分为 unsupervised(无监督)和 supervised(有监督)两种类型，前者不使用类别属性，后者使用。继续往下分为 attribute(属性)和 instance(实例)两种类型，前者主要处理有关属性的过滤，后者处理有关实例的过滤。

在分层列表中按照 weka\filters\unsupervised\attribute 路径，找到 Remove 条目，单击选择该过滤器。这时，Choose 按钮右边的滤波器文本框中显示 Remove 字符串。单击该文本框，打开通用对象编辑器对话框以设置参数。

在 attributeIndices 文本框内输入“2”，如图 2.28 所示。单击 OK 按钮，关闭通用对象编辑器对话框。这时，Choose 按钮右边的文本框中应该显示“Remove -R 2”，含义是从数据集中去除第二个属性。单击该文本框右边的 Apply 按钮使过滤器生效，应该看到原来的 5 个属性现在变为 4 个，temperature 属性已经被去除。要特别说明的是，本操作只影响内存中的数据，不会影响数据集文件中的内容。当然，变更后的数据集也可以通过单击 Save 按钮并输入文件名另存为 ARFF 格式或其他格式的新文件。如果要撤销过滤操作，可单击 Undo 按钮，撤销操作也只会影响内存中的数据。

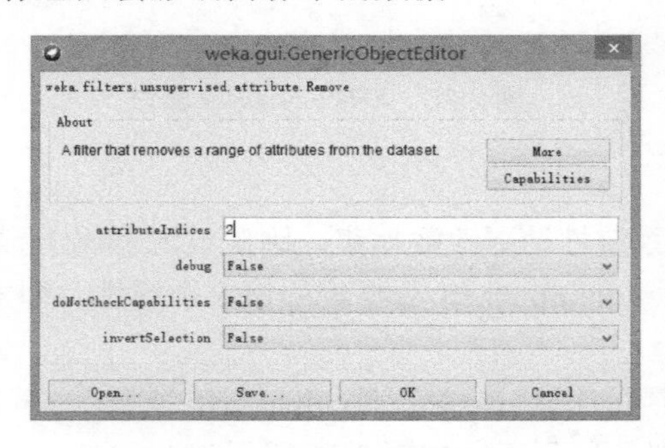

图 2.28　修改过滤器选项

如果仅需要去除属性，还有更简单并且效果一样的方法。只要在 Attributes 选项组中选择要去除的属性，然后单击属性表格下面的 Remove 按钮即可。

3. 添加属性

启动探索者界面并加载 weather.nominal.arff 数据集。假设要求在数据集倒数第二个属性位置添加一个用户定义的字段，具体操作步骤如下。

在 Preprocess 标签页中单击 Choose 按钮，选择 AddUserFields 过滤器。然后单击 Choose 按钮右边的文本框，在通用对象编辑器对话框中设置 AddUserFields 过滤器的选项。单击 New 按钮，设置 Attribute name(属性名称)为 mode，设置 Attribute type(属性类型)为 nominal，不设置 Date format(日期格式)和 Attribute value(属性值)两个选项，如图 2.29 所示。

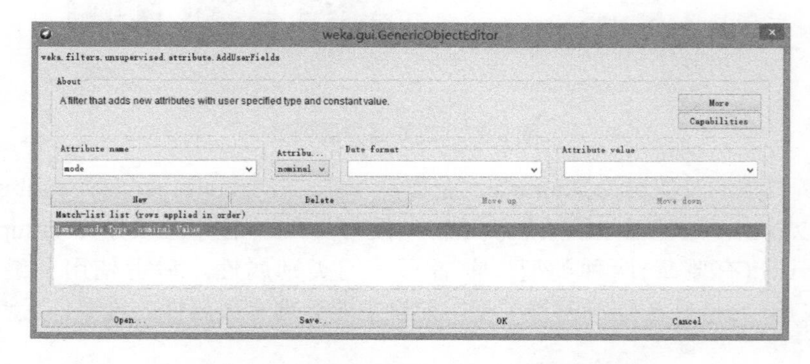

图 2.29　设置 AddUserFields 过滤器选项

单击 OK 按钮结束选项设置，并在 Preprocess 标签页中单击 Apply 按钮应用过滤器。

这时，应该看到 Attributes 选项组的属性表格中多出了一个 mode 属性。单击 Edit 按钮，打开 Viewer 对话框，可以看到新增的属性并没有值，因此，下一步是添加标称型属性值。

再次单击 Choose 按钮，选择 AddValues 过滤器。按照图 2.30 所示设置标称型属性的标签。

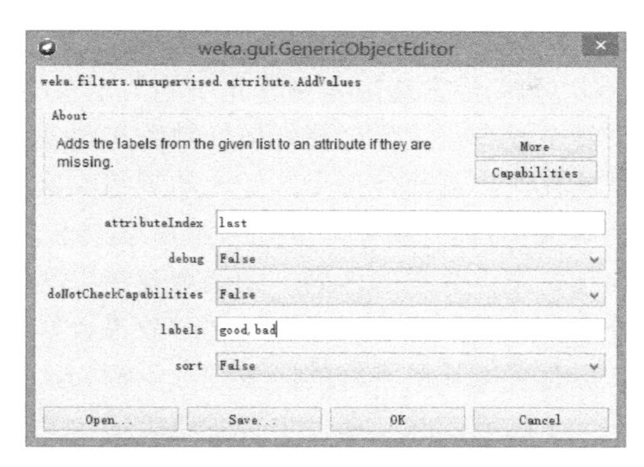

图 2.30　设置标签

再次单击 Edit 按钮，打开 Viewer 对话框，如图 2.31 所示。可以看到，mode 属性已经有了属性标签，可以随意设置一些值，然后单击 OK 按钮关闭对话框。

Viewer

Relation: weather.symbolic-weka.filters.unsupervised.attribute.AddUserFi...

No.	1: outlook Nominal	2: temperature Nominal	3: humidity Nominal	4: windy Nominal	5: play Nominal	6: mode Nominal
1	sunny	hot	high	FALSE	no	
2	sunny	hot	high	TRUE	no	
3	overcast	hot	high	FALSE	yes	
4	rainy	mild	high	FALSE	yes	good
5	rainy	cool	normal	FALSE	yes	bad
6	rainy	cool	normal	TRUE	no	
7	overcast	cool	normal	TRUE	yes	
8	sunny	mild	high	FALSE	no	good
9	sunny	cool	normal	FALSE	yes	good
10	rainy	mild	normal	FALSE	yes	
11	sunny	mild	normal	TRUE	yes	
12	overcast	mild	high	TRUE	yes	
13	overcast	hot	normal	FALSE	yes	
14	rainy	mild	high	TRUE	no	

Undo　OK　Cancel

图 2.31　编辑属性

注意： 新增属性的位置不太符合 Weka 的习惯，习惯上最后一个属性一般是类别属性，因此需要把第五个属性与第六个属性对换一下。读者是否知道该使用哪个过滤器呢？

提示：使用 Reorder 过滤器，参数为“-R 1,2,3,4,6,5”，请读者自行完成。

4. 离散化

如果数据集包含数值型属性，但所用的学习方案只能处理标称型属性的分类问题，那么先将数值型属性进行离散化是必要的，这样就能使学习方案增加处理数值型属性的能力，通常能获得较好的效果。

有两种类型的离散化技术——无监督离散化和有监督离散化，前者不需要也不关注类别属性值，后者在创建间隔时考虑实例的类别属性值。离散化数值型属性的直观方法是将值域分隔为多个预先设定的间隔区间。显然，如果分隔级别过大，将会混淆学习阶段可能有用的差别；反之，如果分隔级别过小或分隔边界选取不当，则会将很多不同类别的实例混合在一起影响学习。Weka 无监督离散化数值型属性的 Java 类是 weka.filters.unsupervised.attribute.Discretize，它实现了等宽和等频两种离散化方法，其中，等宽离散化是默认方法。

等宽离散化(或称为等宽分箱)经常造成实例分布不均匀，有的间隔区域内(箱内)包含很多个实例，但有的却很少甚至没有。这样会降低属性辅助构建较好决策结果的能力。通常也允许不同大小的间隔区域存在，从而使每个区间内的训练实例数量相等，这样的效果可能会好一些，该方法称为等频离散化(或称为等频分箱)，其方法是：根据数轴上实例样本的分布将属性区间分隔为预先设定数量的区间。如果观察结果区间的直方图，会发现其形状平直。等频离散化与朴素贝叶斯学习方案一起应用时效果较好。但是，等频离散化也没有注意实例的类别属性，仍有可能导致不好的区域划分。例如，如果一个区域内的全部实例都属于一个类别，而下一个区域内除了第一个实例属于前一个类别外，其余的实例都属于另一个类别，那么，显然将第一个实例包含到前一个区域更为合理。

下面以实例说明这两种方法的差异。首先，在 data 目录中查找到玻璃数据集 glass.arff 文件，并将它加载至探索者界面，在 Preprocess 标签页中查看 RI 属性直方图，如图 2.32 所示。实施无监督离散化过滤器，分别使用等宽和等频两种离散化方法，即首先使 Discretize 的全部选项保持默认值不变，然后将 useEqualFrequency 选项的值更改为 True。得到离散化后对应的 RI 属性直方图分别如图 2.33 和图 2.34 所示。

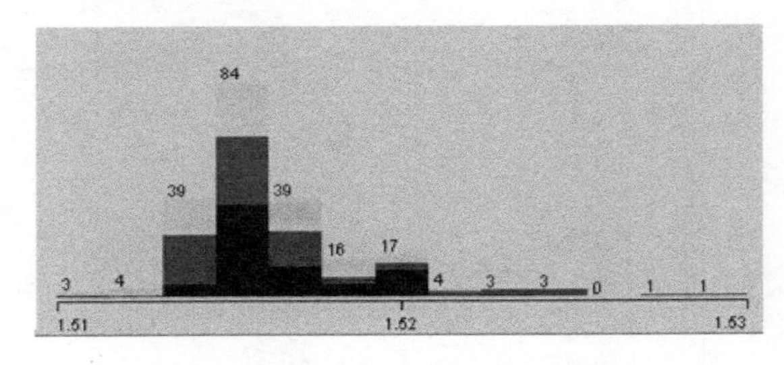

图 2.32　原始的 RI 属性直方图

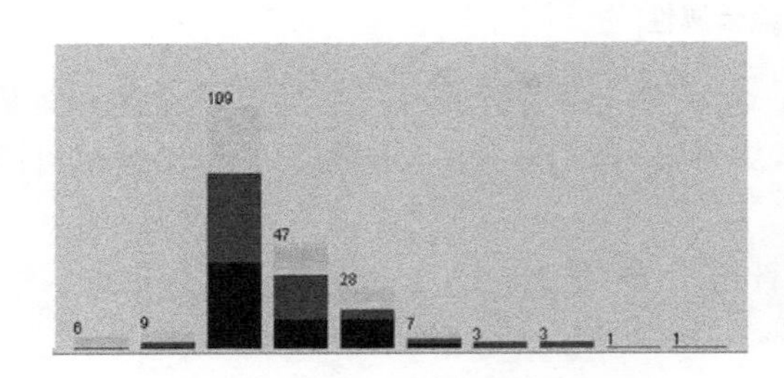

图 2.33　等宽离散化后的 RI 属性

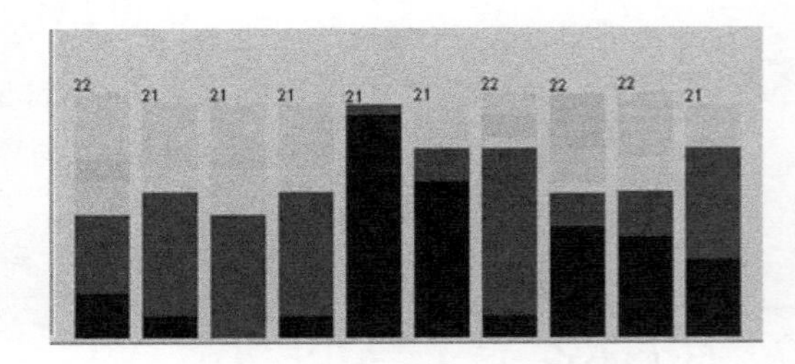

图 2.34　等频离散化后的 RI 属性

从图 2.33 和图 2.34 中容易看出，等宽离散化将数值型属性从最小值到最大值平均分为十份，因此每一份所包含的实例数量就各不相等；而等频离散化按数值型属性的大小顺序将全部实例平均分为十份，每份所包含的实例数量为 21～22，因此，图 2.34 中的直方图大致等高。

读者可能会形成一个错觉，等频离散化后形成的直方图似乎都会等高。但是，如果等频离散化 Ba 属性，再检查结果，会发现这些直方图严重地偏向一端，也就是根本不等频，如图 2.35 所示。

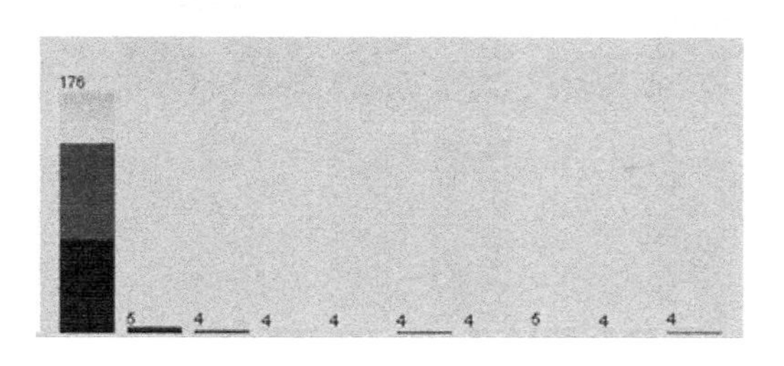

图 2.35　等频离散化后的 Ba 属性

这又是为什么呢？

仔细观察第一个直方图的标签，其值为'(-inf-0.03]'，即区间大于负无穷且小于等于 0.03。使用数据集编辑器打开离散化前的原始数据集，单击第八列表头，使数据集按照 Ba 属性进行排序，如图 2.36 所示。可以看到，有 176 个实例的 Ba 属性值都等于 0.0，由于这些值都完全相同，没有办法将它们分开，因此图 2.35 中的直方图严重地偏向一端。

Viewer

Relation: Glass

No.	1: RI Numeric	2: Na Numeric	3: Mg Numeric	4: Al Numeric	5: Si Numeric	6: K Numeric	7: Ca Numeric	8: Ba Numeric	9: Fe Numeric	10: Type Nominal
192	1.51778	13.21	2.81	1.29	72.98	0.51	9.02	0.0	0.09	build w...
193	1.51905	14.0	2.39	1.56	72.37	0.0	9.57	0.0	0.0	tableware
195	1.51916	14.15	0.0	2.09	72.74	0.0	10.88	0.0	0.0	tableware
196	1.51841	13.02	3.62	1.06	72.34	0.64	9.13	0.0	0.15	build w...
197	1.5159	13.02	3.58	1.51	73.12	0.69	7.96	0.0	0.0	build w...
198	1.51593	13.25	3.45	1.43	73.17	0.61	7.86	0.0	0.0	build w...
199	1.5164	12.55	3.48	1.87	73.23	0.63	8.08	0.0	0.09	build w...
200	1.51663	12.93	3.54	1.62	72.96	0.64	8.03	0.0	0.21	build w...
201	1.5169	13.33	3.54	1.61	72.54	0.68	8.11	0.0	0.0	build w...
202	1.51869	13.19	3.37	1.18	72.72	0.57	8.83	0.0	0.16	build w...
203	1.51776	13.53	3.41	1.52	72.04	0.58	8.79	0.0	0.0	vehic w...
205	1.5186	13.36	3.43	1.43	72.26	0.51	8.6	0.0	0.0	build w...
206	1.5172	13.38	3.5	1.15	72.85	0.5	8.43	0.0	0.0	build w...
208	1.51618	13.53	3.55	1.54	72.99	0.39	7.78	0.0	0.0	build w...
209	1.51761	12.81	3.54	1.23	73.24	0.58	8.39	0.0	0.0	build w...
210	1.5161	13.42	3.4	1.22	72.69	0.59	8.32	0.0	0.0	vehic w...
211	1.51592	12.86	3.52	2.12	72.66	0.69	7.97	0.0	0.0	build w...
212	1.51613	13.92	3.52	1.25	72.88	0.37	7.94	0.0	0.14	build w...
213	1.51689	12.67	2.88	1.71	73.21	0.73	8.54	0.0	0.0	build w...
214	1.51852	14.09	2.19	1.66	72.67	0.0	9.32	0.0	0.0	tableware
39	1.51662	12.85	3.51	1.44	73.01	0.68	8.23	0.06	0.25	build w...
52	1.51851	13.2	3.63	1.07	72.83	0.57	8.41	0.09	0.17	build w...
204	1.51775	12.85	3.48	1.23	72.97	0.61	8.56	0.09	0.22	build w...
6	1.51655	12.75	2.85	1.44	73.27	0.57	8.79	0.11	0.22	build w...

Undo　OK　Cancel

图 2.36　原始数据集

读者可自行检查 Fe 属性，验证是否为同样的原因。

总结：一般情况下，等频离散化后直方图大致等高。但如果有很多实例的值都完全相等，等频离散化也没法做到“等频”。

下面尝试有监督的离散化技术。有监督的离散化竭力构建一种间隔，虽然各个间隔之间的分类分布各不相同，但间隔内的分布保持一致。Weka 有监督离散化数值型属性的 Java 类的全路径名称为 weka.filters.supervised.attribute.Discretize。首先，定位到 data 目录下的鸢尾花数据集，加载 iris.arff 文件，施加有监督的离散化方案，观察得到的直方图如图 2.37 所示。

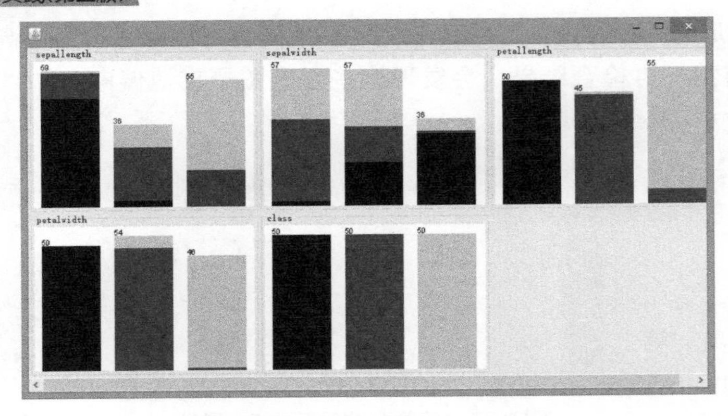

图 2.37　有监督离散化后的直方图

请读者思考一下，图 2.37 中哪一个经过离散化后的属性最具有预测能力？

显然，只有 petallength(花瓣长)和 petalwidth(花瓣宽)最具竞争力，因为它们的每种分类都已经接近于同一种颜色。再经过仔细对比可以发现，在前者中，有 1 个 virginica 实例错分到 versicolor 中，有 6 个 versicolor 实例错分到 virginica 中，因此共有 7 个错分的实例；而在后者中，只有 5 个 virginica 实例错分到 versicolor 中，有 1 个 versicolor 实例错分到 virginica 中，因此共有 6 个错分的实例。从而得出结论：离散化后的 petalwidth 属性最具有预测能力。

通常将离散化后的属性编码为标称型属性，每一个范围给定一个值。然而，因为范围是有序的，离散化后的属性实际上是一个有序标量。

除了创建多元属性外，有监督和无监督两种离散化过滤器都能创建二元属性，只要将选项 makeBinary 设置为 True 即可。图 2.38 所示即为有监督的离散化方案创建二元属性后得到的结果。

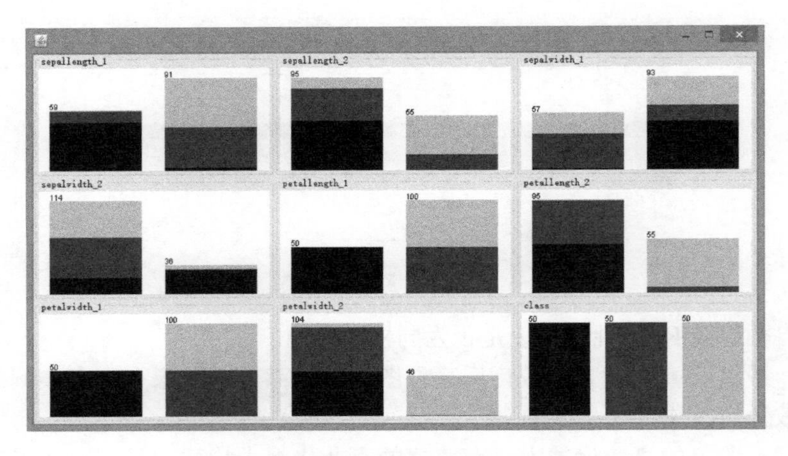

图 2.38　有监督二元离散化后的直方图

将图 2.38 和图 2.37 做一个比较，便知道二元属性就是指每个属性离散化后只有两种编码。初看起来，这样做似乎没有什么用处。由于还有一些知识没有介绍，后文“深入研究离散化”部分再讨论这个问题。

2.3 分　类

分类是指得到一个分类函数或分类模型(即分类器)，通过分类器将未知类别的数据对象映射到某个给定的类别。

数据分类可以分为两步。第一步建立模型，通过分析由属性描述的数据集，来建立反映其特性的模型。该步骤也称作有监督的学习，基于训练集而导出模型，训练集是已知类别标签的数据对象。第二步使用模型对数据对象进行分类。首先评估模型的分类准确度或其他指标，如果可以接受，才使用它来对未知类别标签的对象进行分类。

预测的目的是从历史数据记录中自动推导出对给定数据的推广描述，从而能够对事先未知类别的数据进行预测。分类和回归是两类主要的预测问题，分类是预测离散的值，回归是预测连续的值。

Weka 提供 Classify 标签页来构建分类器，如图 2.39 所示。

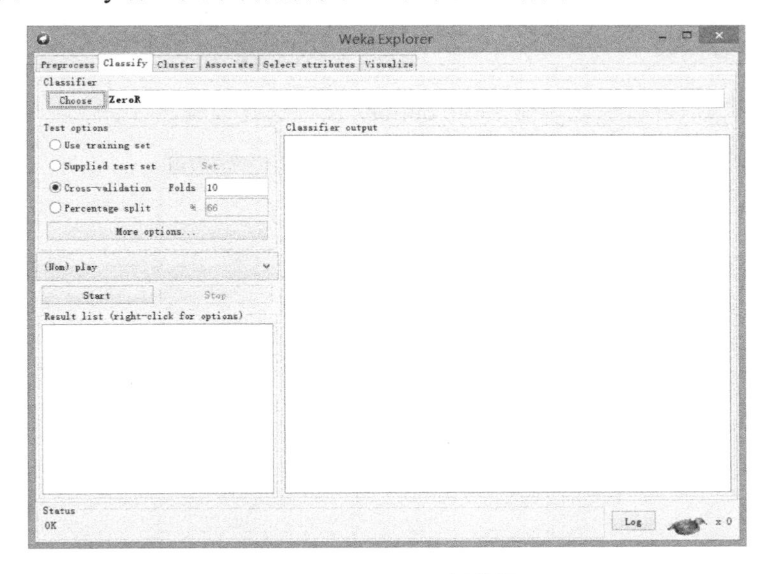

图 2.39　Classify 标签页

下面详细介绍 Classify 标签页的功能。

2.3.1　分类器选择

在 Classify 标签页的最上部是 Classifier(分类器)选项组，选项组内有一个 Choose 按钮和一个分类器文本框。按钮用于选择 Weka 提供的分类器，文本框用于显示当前选择的分类器的名称和选项。单击文本框，会弹出一个通用对象编辑器对话框，与过滤器的对象编辑器对话框的功能一样，可以用来设置当前分类器的选项。右击(或在按住 Alt 键和 Shift 键的同时单击)分类器文本框，会弹出一个快捷菜单，选择 Show properties 菜单项可以打开通用对象编辑器对话框，选择 Copy configuration to clipboard 菜单项可以将当前设置的字符串复制到剪贴板，选择 Edit configuration 菜单项可以修改设置，选择 Enter configuration 菜单项可以直接输入设置字符串，使用方法与过滤器的相似。

在 Classify 标签页的左部有 Test options(测试选项)选项组。该选项组用于设置测试模式，并将设置的选项应用到当前选择的分类器中。测试模式分为以下四种。

(1) Use training set(使用训练集)：直接将训练集实例用于测试，评估分类器预测类别的性能。这种方式得到的结果往往好于对未知实例的测试结果，不能反映分类器的泛化能力。

(2) Supplied test set(提供测试集)：从一个文件中加载一组测试实例，评估分类器预测类别的性能。单击 Set 按钮会弹出一个对话框，允许用户选择测试集文件。

(3) Cross-validation(交叉验证)：通过交叉验证评价分类器。在 Folds 文本框中输入交叉验证的折数，默认为十折交叉验证。

(4) Percentage split(按比例分割)：在数据集中，取出特定百分比的数据用于训练，其余的数据用于测试，评价分类器预测分类的性能。取出的数据量取决于用户在“%”文本框中输入的值，默认取出 66%的数据作为训练集。

注意： 无论使用哪种测试模式作为评估方法，输出模型始终都是从全部训练数据中构建而得。

更多的测试选项可以通过单击 More options 按钮进行设置，如图 2.40 所示。

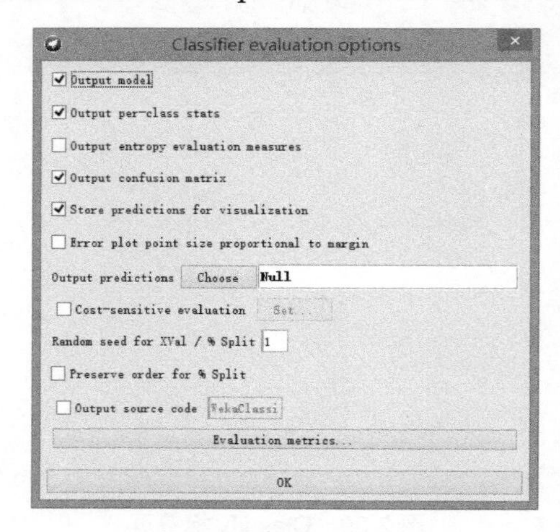

图 2.40　更多测试选项

对这些测试选项的解释如下。

(1) Output model(输出模型)：输出通过完整训练集得到的分类模型，以便能够浏览、可视化等。默认选中此选项。

(2) Output per-class stats(输出每个类别的统计信息)：输出每个分类的查准率/查全率以及 True/False 的统计信息。默认选中此选项。

(3) Output entropy evaluation measures(输出熵评估度量)：输出中包括熵评估度量。默认取消选中此选项。

(4) Output confusion matrix(输出混淆矩阵)：输出中包含分类器预测得到的混淆矩阵。默认选中此选项。

(5) Store predictions for visualization(存储预测以便可视化)：保存分类器的预测结果，

以便用于可视化。默认选中此选项。

(6) Error plot point size proportional to margin(错误散点大小正比于预测边际)：设置所绘制的错误散点大小是否正比于预测边际，仅用于分类。

(7) Output predictions(输出预测)：输出预测的评估数据，默认输出为 Null(不输出)，可选项有 CSV、HTML、PlainText 和 XML。

注意： 在交叉验证的情况下，实例序号不对应于其在数据集中的位置。

(8) Cost-sensitive evaluation(代价敏感评估)：将代价矩阵用于评估错误率。Set 按钮允许用户指定所使用的代价矩阵。

(9) Random seed for XVal / % Split(XVal / %分割的随机种子)：为了评估目的而划分数据之前，指定将数据进行随机化处理的随机种子。

(10) Preserve order for % Split(保持顺序按百分比分割)：在将数据划分为训练集和测试集之前禁止随机化，即保持原来的顺序。

(11) Output source code(输出源代码)：如果分类器能够输出所构建模型的 Java 源代码，可以在这里指定类名。可以在 Classifier output(分类器输出)区域打印代码。

(12) Evaluation metrics(评价指标)：设置评价指标，可选指标有 Correct(正确率)、Incorrect(错误率)、Kappa(Kappa 统计)、Total cost(总代价)、Average cost(平均代价)、KB relative(Kononenko & Bratko 相关系数)、KB information(Kononenko & Bratko 信息)、Correlation(相关性)、Complexity 0(复杂度 0)、Complexity scheme(复杂度方案)、Complexity improvement(复杂度改进)、MAE(平均绝对误差)、RMSE(均方根误差)、RAE(相对绝对误差)、RRSE(相对均方根误差)、Coverage(覆盖度)、Region size(区域大小)、TP rate(真阳性率)、FP rate(假阳性率)、Precision(查准率)、Recall(查全率)、F-measure(F 度量)、MCC(Matthews 相关系数)、ROC area(接受者操作特征曲线下面积)和 PRC area(查准率-查全率曲线下面积)。在 Weka 中，进行训练后的分类器模型将用于预测某个单一的类别属性，这就是预测的目标。一些分类器只能学习标称型类别的分类(分类问题)，一些分类器只能学习数值型类别的分类(回归问题)，还有一些分类器能学习两者。

默认情况下，数据集的最后一个属性是类别属性。如果想训练分类器来预测其他属性，可以单击 Test options 选项组下面的下拉列表框，选择其他属性作为类别属性。

2.3.2 分类器训练

设置好分类器、测试选项和类别属性后，单击 Start 按钮就启动学习过程。在 Weka 忙于训练分类器的同时，小鸟会站起来左右走动。用户随时可以单击 Stop 按钮终止训练过程。

训练结束后，右侧的 Classifier output 区域会显示训练和测试结果的文字描述，如图 2.41 所示。同时，在 Result list(结果列表)区域中会出现一个新条目。后文再叙述结果列表，下面先仔细分析分类器输出的文字描述。

```
=== Run information ===

Scheme:       weka.classifiers.trees.J48 -C 0.25 -M 2
Relation:     iris
Instances:    150
Attributes:   5
              sepallength
              sepalwidth
              petallength
              petalwidth
              class
Test mode:    10-fold cross-validation

=== Classifier model (full training set) ===

J48 pruned tree
------------------

petalwidth <= 0.6: Iris-setosa (50.0)
petalwidth > 0.6
|   petalwidth <= 1.7
|   |   petallength <= 4.9: Iris-versicolor (48.0/1.0)
|   |   petallength > 4.9
|   |   |   petalwidth <= 1.5: Iris-virginica (3.0)
|   |   |   petalwidth > 1.5: Iris-versicolor (3.0/1.0)
|   petalwidth > 1.7: Iris-virginica (46.0/1.0)

Number of Leaves  :    5

Size of the tree :     9


Time taken to build model: 0.03 seconds

=== Stratified cross-validation ===
=== Summary ===

Correctly Classified Instances         144               96      %
Incorrectly Classified Instances         6                4      %
Kappa statistic                          0.94
Mean absolute error                      0.035
Root mean squared error                  0.1586
Relative absolute error                  7.8705 %
Root relative squared error             33.6353 %
Coverage of cases (0.95 level)          96.6667 %
Mean rel. region size (0.95 level)      33.7778 %
Total Number of Instances              150

=== Detailed Accuracy By Class ===

                 TP Rate  FP Rate  Precision  Recall   F-Measure  MCC      ROC Area  PRC Area  Class
                 0.98     0        1          0.98     0.99       0.985    0.99      0.987     Iris-setosa
                 0.94     0.03     0.94       0.94     0.94       0.91     0.952     0.88      Iris-versicolor
                 0.96     0.03     0.941      0.96     0.95       0.925    0.961     0.905     Iris-virginica
Weighted Avg.    0.96     0.02     0.96       0.96     0.96       0.94     0.968     0.924

=== Confusion Matrix ===

  a  b  c   <-- classified as
 49  1  0 |  a = Iris-setosa
  0 47  3 |  b = Iris-versicolor
  0  2 48 |  c = Iris-virginica
```

图 2.41 分类器输出示例

2.3.3 分类器输出

拖动 Classifier output 区域右侧的滚动条，可以浏览全部结果文本。在文本区域中按住

Alt 键和 Shift 键的同时单击，会弹出一个对话框，可以以各种不同的格式(目前支持 BMP、JPEG、PNG 和 EPS)保存所显示的输出。当然，也可以调整探索者界面的大小，得到更大的显示面积。输出分为以下几个部分。

(1) Run information(运行信息)：提供处理过程所涉及的信息列表，如学习方案及选项(Scheme)、关系名(Relation)、实例(Instances)、属性(Attributes)和测试模式(Test mode)。

(2) Classifier model(full training set)(分类器模型(完整的训练集))：完整训练数据生成的分类模型的文字表述。本例选择 J48 决策树构建分类模型，因此以文字方式描述决策树。如果选择其他分类器模型，则显示相应的文字表述。

(3) 根据所选择的测试模式，显示不同文字。例如，如果选择十折交叉验证，显示 Stratified cross-validation；如果选择使用训练集，显示 Classifier model (full training set)，等等。由于评估内容较多，将结果分解显示如下。

① Summary(总结)：一个统计列表，根据所选择的测试模式，总结分类器预测实例真实分类的准确度。具体项目如下。

- Correctly Classified Instances(正确分类的实例)：显示正确分类的实例的绝对数量和百分比。
- Incorrectly Classified Instances(错误分类的实例)：显示错误分类的实例的绝对数量和百分比。
- Kappa statistic(Kappa 统计)：显示 Kappa 统计量，[−1,1]范围的小数。Kappa 统计指标用于评判分类器的分类结果与随机分类的差异度。K=1 表明分类器完全与随机分类相异，K=0 表明分类器与随机分类相同(即分类器没有效果)，K=−1 表明分类器比随机分类还要差。一般来说，Kappa 统计指标的结果是与分类器的 AUC 指标以及准确率成正相关的，所以该值越接近 1 越好。
- Mean absolute error(平均绝对误差)：显示平均绝对误差。
- Root mean squared error(均方根误差)：显示均方根误差。
- Relative absolute error(相对绝对误差)：显示相对绝对误差，百分数。
- Root relative squared error(相对均方根误差)：显示相对均方根误差，百分数。
- Coverage of cases(0.95 level)(案例的覆盖度)：显示案例的覆盖度，该值是分类器使用分类规则对全部实例的覆盖度，百分数越高说明该规则越有效。
- Mean rel. region size(0.95 level)(平均相对区域大小)：显示平均相对区域大小，百分数。
- Total Number of Instances(实例总数)：显示实例总数。

② Detailed Accuracy By Class(按类别的详细准确性)：按每个类别分解的更详细的分类器的预测精确度。结果以表格形式输出，其中，表格列的含义如下。

- TP Rate(真阳性率)：显示真阳性率，[0,1]范围的小数。
- FP Rate(假阳性率)：显示假阳性率，[0,1]范围的小数。另外，常使用 TN 和 FN 分别代表真阴性率和假阴性率。
- Precision(查准率)：显示查准率，[0,1]范围的小数。查准率用于衡量检索系统拒绝非相关信息的能力，计算公式为 $\text{Precision} = \frac{\text{检索到的相关的文档量}}{\text{检索到的文档总量}} = \frac{\text{TP}}{\text{TP} + \text{FP}}$。

- Recall(查全率)：显示查全率，[0,1]范围的小数。查全率用于衡量检索系统检出相关信息的能力，计算公式为 $\text{Recall} = \frac{\text{检索到的相关的文档量}}{\text{全部相关的文档总量}} = \frac{TP}{TP+FN}$。
- F-Measure(F 度量)：显示 F 度量值，[0,1]范围的小数。F 度量是查准率和查全率的调和平均数，其计算公式为 $\text{F-Measure} = \frac{2\times\text{查全率}\times\text{查准率}}{\text{查全率}+\text{查准率}} = \frac{2\times TP}{2\times TP+FP+FN}$。
- MCC(The Matthews Correlation Coefficient，Matthews 相关系数)：显示 Matthews 相关系数，[0,1]范围的小数。这是一个针对二元分类的有趣性能指标，特别是各个类别在数量上不平衡时。其计算公式为 $MCC = \frac{TP\times TN - FP\times FN}{\sqrt{(TP+FP)\times(TP+FN)\times(TN+FP)\times(TN+FN)}}$。
- ROC Area(接受者操作特征曲线下面积)：显示 ROC 面积，[0,1]范围的小数。ROC 面积一般大于 0.5，这个值越接近 1，说明模型的分类效果越好。这个值在 0.5～0.7 时有较低准确度，在 0.7～0.9 时有一定准确度，在 0.9 以上时有较高准确度。如果该值等于 0.5，说明分类方法完全不起作用，没有价值；而小于 0.5 的值不符合真实情况，在实际中极少出现。
- PRC Area(查准率-查全率曲线下面积)：显示 PRC 面积，[0,1]范围的小数。
- Class(类别)：显示类别标签。

表格前面几行按类别显示预测精确度，最后一行是各个类别的加权平均(Weighted Avg.)。

③ Confusion Matrix(混淆矩阵)：显示每一个类别有多少个实例。矩阵元素显示测试的样本数，表行为实际的类别，表列为预测的类别。

④ Source code(optional)(源代码(可选))：如果用户在图 2.40 所示的 Classifier evaluation options 对话框中选中 Output source code(输出源代码)复选框，在此位置将显示 Java 源代码。

前文提到过，一个分类器训练完成后，结果列表中就会出现一个条目，再训练一次，又会再出现一个条目。单击不同条目，可以来回切换显示各次训练的结果。按 Delete 键可以从结果中删除选定的条目。右击任意一个条目，会弹出一个快捷菜单，里面包含如下菜单项。

(1) View in main window(在主窗口中查看)：在主窗口中显示输出，与单击该条目的功能相同。

(2) View in separate window(在单独的窗口中查看)：打开一个新的独立窗口，查看结果。

(3) Save result buffer(保存结果缓冲区)：弹出一个对话框，将文本输出保存为文本文件。

(4) Delete result buffer(删除结果缓冲区)：删除训练结果。

(5) Load model(加载模型)：从二进制文件中加载一个预先训练过的模型对象。

(6) Save model(保存模型)：将模型对象保存为二进制文件，对象以 Java 序列化对象的格式保存。

(7) Re-evaluate model on current test set(重新在当前测试集上评估模型)：使用在

Supplied test set(提供测试集)选项下通过 Set 按钮设置的数据集，测试已构建好的模型的性能。

(8) Re-apply this model's configuration(重新应用本模型的设置)。

(9) Visualize classifier errors(可视化分类器错误)：弹出一个可视化的窗口，将分类结果以散点图形式表示。正确分类的实例表示为小叉号，而错误分类的实例表示为小空心方块。

(10) Visualize tree or Visualize graph(可视化树或可视化图形)：如果分类结果可以可视化，如决策树或贝叶斯网络，选择本菜单项会弹出一个分类器模型结构的图形化表示。如果已经构建了一个贝叶斯分类器，图形可视化选项就会出现。在树可视化工具中，可以右击空白区域带出快捷菜单，拖动鼠标可移动图形，单击某个节点可查看训练实例，按住 Ctrl 键的同时单击可缩小视图，按住 Shift 键的同时拖动一个方框可放大视图。图形可视化工具的使用很直观、友好。

(11) Visualize margin curve(可视化边缘曲线)：生成散点图，说明预测边缘。将边缘定义为实际的分类预测概率与预测为其他类别的最高概率之间的差值。例如，通过增加训练数据的边缘，Boosting 算法可以在测试数据上达到更好的性能。

(12) Visualize threshold curve(可视化阈值曲线)：通过改变不同类别之间的阈值得到的预测，生成说明权衡(trade-offs)的散点图。例如，如果默认阈值为 0.5，对于预测为“正”的实例，预测为“正”的概率必须大于 0.5。该散点图可用于对查准率/查全率进行权衡的可视化，如 ROC 曲线分析(真阳性率 vs 假阳性率)和其他类型的曲线。

(13) Cost/Benefit analysis(代价/收益分析)：对数据集属性的不同结果进行评价分析给出分析曲线，单击其中一项会给出分析曲线。

(14) Visualize cost curve(可视化代价曲线)：产生散点图，给出一个明确表述的预期代价。

(15) Plugins(插件)：当有可视化插件可供选择(默认值为无)时才会出现该菜单项。

2.3.4 分类算法介绍

分类和回归是数据挖掘和机器学习中极为重要的技术，其中分类是指利用已知的观测数据构建一个分类模型，常常称为分类器，来预测未知类别的对象的所属类别。分类和回归的不同点在于，分类的预测输出是离散型类别值，而回归的预测输出是连续型数值。因此，Weka 将分类和回归都归为同一类算法。

本节介绍常用的分类算法，包括线性回归、决策树、决策规则、支持向量机，将贝叶斯网络和神经网络放到第 6 章讲解。由于 Weka 实现的分类算法数量众多，特点各异，无法在较短篇幅中讲清楚，读者可根据自己的需要查阅附录介绍和相关资料。

1. 线性回归

线性回归(linear regression)是利用数理统计中的回归分析，来确定多个变量之间相互依赖的定量关系的一种统计分析方法，应用十分广泛。具体来说，它利用称为线性回归方程的最小二乘函数对一个或多个自变量(常表示为 x)和一个标量型因变量(常表示为 y)之间的关系进行建模，这种函数是一个或多个称为回归系数的模型参数的线性组合。只涉及一个自变量的称为简单线性回归，涉及多个自变量的称为多元线性回归。

线性回归的主要目标是用于预测。线性回归使用观测数据集的 y 值和 x 值来拟合一个预测模型，构建这样一个模型后，如果给出一个新的 x 值，但没有给出对应的 y 值，这时就可以用预测模型来预测 y 值。

给定 p 维数据集 $\{x_{i1},\cdots,x_{ip},y_i\}(i=1,2,\cdots,N)$，线性回归模型假设因变量 y_i 和自变量 x_i 之间是线性关系，即

$$y_i = w_0 + w_1x_{i1} + \cdots + w_px_{ip} = \boldsymbol{x}_i^{\mathrm{T}}\boldsymbol{w} \qquad i=1,2,\cdots,N$$

其中，假定 $x_{i0}=1$，将 p 维扩展为 p+1 维；粗体字表示向量；上标 T 表示矩阵转置；$\boldsymbol{w}$ 是回归系数的向量；$\boldsymbol{x}_i^{\mathrm{T}}\boldsymbol{w}$ 是向量 $\boldsymbol{x}_i^{\mathrm{T}}$ 和 $\boldsymbol{w}$ 的内积。

当 p=1 时，上式可简单表示为如下的一元线性回归的形式：

$$y_i = w_0 + w_1x_i$$

其中，假定 y_i 的方差为常数；回归系数 w_0 和 w_1 对应直线在纵轴的截距和斜率，可以使用下列算式来估计：

$$w_1 = \frac{\sum_{i=1}^{N}(x_i-\overline{x})(y_i-\overline{y})}{\sum_{i=1}^{N}(x_i-\overline{x})^2}$$

$$w_0 = \overline{y} - w_1\overline{x}$$

其中，$\overline{x}$ 是 $x_1,x_2,\cdots,x_N$ 的均值；$\overline{y}$ 是 $y_1,y_2,\cdots,y_N$ 的均值。

通过 N 个数据点对回归方程进行拟合，估算出回归系数，就得到一条直线，通过这条直线就可以预测未知数据点的目标变量的值，如图 2.42 所示。

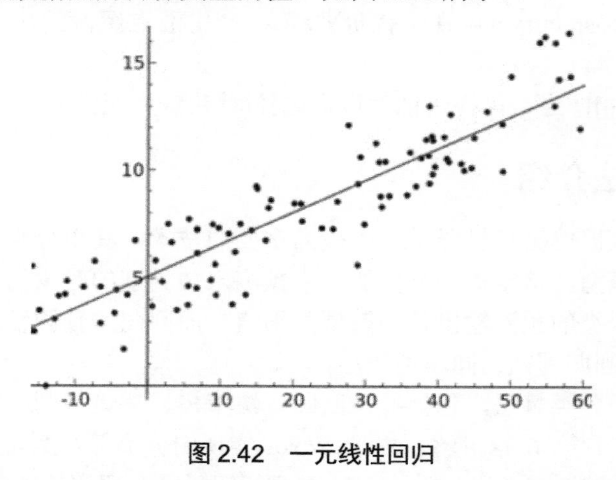

图 2.42　一元线性回归

从第 1 章可以知道，CPU 数据集就非常适合用线性回归进行处理。当拟合出回归公式之后，就可用于预测新测试实例的 CPU 性能。

2. 决策树

决策树(decision tree)是一种预测模型，它包括决策节点、分支和叶节点三个部分。其中，决策节点代表一个测试，通常代表待分类样本的某个属性，在该属性上的不同测试结果代表一个分支，分支表示某个决策节点的不同取值。每个叶节点存放某个类别标签，表示一种可能的分类结果，括号内的数字表示到达该叶节点的实例数。

使用训练集用决策树算法进行训练，经过训练之后，学习方案只需要保存类似于图 2.43 所示的树形结构，而不像最近邻学习等消极学习算法那样，不保存模型，只有在需要分类时才去查找与测试样本最为相近的训练样本。决策树对未知样本的分类过程是，自决策树根节点开始，自上向下沿某个分支向下搜索，直到到达叶节点，叶节点的类别标签就是该未知样本的类别。

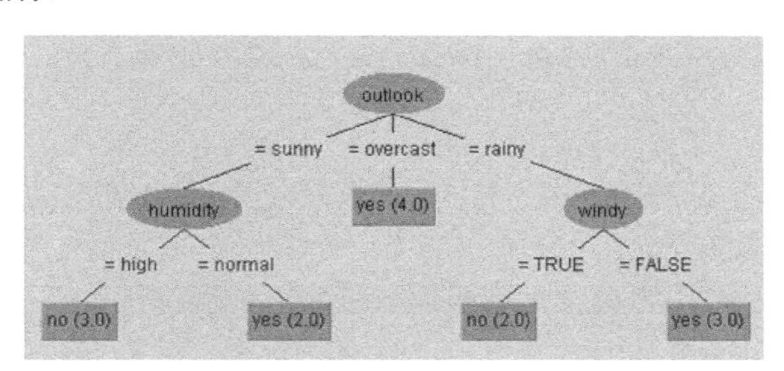

图 2.43　决策树示例

对于如图 2.43 所示的决策树，假如有一个新的未知样本，属性值如下：

```
outlook = rainy, temperature = cool, humidity = high, windy = FALSE
```

问是否能 play?

按照决策树的分类过程，自根节点 outlook 开始，由于 outlook=rainy，因此应该沿着最右边的分支向下搜索，下一个节点是 windy，由于 windy=FALSE，因此再次沿着最右边的分支向下搜索，遇到类别标签为 yes 的叶节点，因此推断未知样本的类别标签是 yes，即可以 play。

决策树算法通过将训练集划分为较纯的子集，以递归的方式建立决策树。有多种决策树算法，下面介绍使用广泛的 C4.5 和 CART 算法。

1) C4.5 算法

C4.5 算法是澳大利亚悉尼大学 Ross Quinlan 教授于 1993 年对早先的 ID3 算法进行改进而提出来的。C4.5 算法在以下几个方面对 ID3 算法进行了改进。

(1) 能够处理连续型属性和离散型属性的数据。

(2) 能够处理具有缺失值的数据。

(3) 使用信息增益率作为决策树的属性选择标准。

(4) 对生成树修剪，降低过拟合。

C4.5 算法可以使用通用的称为 TreeGrowth 的决策树归纳算法作为生长树算法。该算法的输入是训练集 E 和属性集 F。算法递归地选择最佳属性以划分数据，并扩展树的叶节点，直到满足结束条件。算法的伪代码如算法 2.1 所示。

算法 2.1　决策树归纳算法框架

```
TreeGrowth(E, F)
  if stopping_cond(E, F) = true then
    leaf = createNode()
    leaf.label = Classify(E)
    return leaf
```

```
    else
      root = createNode()
      root.test_cond = find_best_split(E, F)
      令 V = {v | v是root.test_cond 的一个可能的输出}
      for each v ∈ V do
        Ev = {e | root.test_cond(e)  = v and e ∈ E}
        child = TreeGrowth(Ev, F)
        添加child为root的子节点，并将边(root——>child)标记为v
      end for
    end if
    return root
```

算法所使用的函数如下。

(1) createNode()函数：为决策树创建新节点，以扩展决策树。决策树的节点要么有一个测试条件，记为node.test_cond；要么有一个类别标签，记为node.label。

(2) find_best_split()函数：确定应当选择哪个属性作为划分训练记录的测试条件。可以使用多种不纯性度量来评估划分，以选择测试条件。常用度量有信息熵和Gini指标等。

C4.5 使用的度量称为信息增益率(GainRatio)，是信息熵的变形。原来的算法直接使用信息熵的增益，会因某属性有较多类别取值因而导致有偏大的信息熵，从而更容易被选择为划分节点。信息增益率考虑了分裂信息的“代价”，能够部分抵消属性取值数量带来的影响，因此它是C4.5对ID3算法的重要改进之一。

(3) Classify()函数：确定叶节点的类别标签。对于每个叶节点 t，令 $p(i \mid t)$ 表示该节点上属于类别 i 的训练记录所占的比例，在大多数情况下，将叶节点指派为具有多数记录的类别，即

$$\text{leaf.label} = \underset{i}{\operatorname{argmax}}\ p(i \mid t)$$

其中，操作argmax返回最大化 $p(i \mid t)$ 的参数 i。

(4) stopping_cond()函数：通过检查是否所有的记录都属于同一个类别，或者都具有相同的属性值，决定是否终止决策树的增长。终止递归函数的另一种方式是，检查记录数是否小于某个最小阈值。

C4.5算法用到以下几个公式。

(1) 信息熵：

$$\text{Entropy}(S) = -\sum_{i=1}^{m} p_i \log_2 p_i$$

其中，S 为训练集；$p_i\,(i=1,2,\cdots,m)$ 为具有 m 个类别标签的类别属性 C 在所有样本中出现的频率。

(2) 划分信息熵。

假设用属性 A 来划分 S 中的数据，计算属性 A 对集合 S 的划分熵值 $\text{Entropy}_A(S)$。

如果 A 为离散型，有 k 个不同取值，则属性 A 依据这 k 个不同取值将 S 划分为 k 个子集 $\{S_1, S_2, \cdots, S_k\}$，属性 A 划分 S 的信息熵为

$$\text{Entropy}_A(S) = \sum_{i=1}^{k} \frac{|S_i|}{|S|} \text{Entropy}(S_i)$$

其中，$|S_i|$ 和 $|S|$ 分别为 S_i 和 S 中包含的样本个数。

如果属性 A 为连续型数据，则按属性 A 的取值递增排序，将每对相邻值的中点看作可能的分裂点，对每个可能的分裂点，计算

$$\text{Entropy}_A(S)=\frac{|S_L|}{|S|}\text{Entropy}(S_L)+\frac{|S_R|}{|S|}\text{Entropy}(S_R)$$

其中，S_L 和 S_R 分别对应于该分裂点划分的左右两部分子集。选择 $\text{Entropy}_A(S)$值最小的分裂点作为属性 A 的最佳分裂点，并以该最佳分裂点按属性 A 对集合 S 的划分熵值作为属性 A 划分 S 的熵值。

(3) 信息增益。

按属性 A 划分数据集 S 的信息增益 $\text{Gain}(S, A)$等于样本集 S 的熵减去按属性 A 划分 S 后的样本子集的熵：

$$\text{Gain}(S,A)=\text{Entropy}(S)-\text{Entropy}_A(S)$$

(4) 分裂信息。

C4.5 引入属性的分裂信息来调节信息增益：

$$\text{SplitE}(A)=-\sum_{i=1}^{k}\frac{|S_i|}{|S|}\log_2\frac{|S_i|}{|S|}$$

(5) 信息增益率：

$$\text{GainRatio}(A)=\frac{\text{Gain}(A)}{\text{SplitE}(A)}$$

信息增益率将分裂信息作为分母，属性取值数目越大，分裂信息值越大，从而部分抵消了属性取值数目所带来的影响。

下面以天气数据集(weather.nominal.arff 文件)为例，演示 C4.5 算法构建决策树的过程。天气数据集内容可参见第 1 章。

第一步，计算所有属性划分数据集 S 所得的信息增益。

令 S 为天气数据集，有 14 个样本。类别属性 play 有 2 个值{C_1=yes, C_2=no}。14 个样本中，9 个样本的类别标签取值为 yes，5 个样本的类别标签取值为 no。即，C_1=yes 在 S 中出现的概率为 9/14，C_2=no 出现的概率为 5/14。因此 S 的熵为

$$\text{Entropy}(S)=\text{Entropy}\left(\frac{9}{14},\frac{5}{14}\right)=-\frac{9}{14}\log_2\frac{9}{14}-\frac{5}{14}\log_2\frac{5}{14}=0.94$$

下面计算按属性 A 划分 S 后的样本子集的信息熵。

首先看属性 windy，它有 2 个可能的取值{false, true}，将 S 划分为 2 个子集{S_1, S_2}，取值为 false 的样本子集 S_1 共有 8 个样本，取值为 true 的样本子集 S_2 共有 6 个样本。

对样本子集 S_1，play=yes 有 6 个样本，play=no 有 2 个样本，则

$$\text{Entropy}(S_1)=-\frac{6}{8}\log_2\frac{6}{8}-\frac{2}{8}\log_2\frac{2}{8}=0.811$$

对样本子集 S_2，play=yes 有 3 个样本，play=no 有 3 个样本，则

$$\text{Entropy}(S_2)=-\frac{3}{6}\log_2\frac{3}{6}-\frac{3}{6}\log_2\frac{3}{6}=1$$

利用属性 windy 划分 S 后的熵为

$$\text{Entropy}_{\text{windy}}(S)=\sum_{i=1}^{k}\frac{|S_i|}{|S|}\text{Entropy}(S_i)=\frac{|S_1|}{|S|}\text{Entropy}(S_1)+\frac{|S_2|}{|S|}\text{Entropy}(S_2)$$

$$=\frac{8}{14}\text{Entropy}(S_1)+\frac{6}{14}\text{Entropy}(S_2)=0.571\times0.811+0.428\times1=0.891$$

按属性 windy 划分数据集 S 所得的信息增益值为

$$\text{Gain}(S,\text{windy})=\text{Entropy}(S)-\text{Entropy}_{\text{windy}}(S)=0.94-0.891=0.049$$

同理，得到 S 对其他所有属性的信息增益，列示如下：

$$\text{Gain}(S,\text{outlook})=0.246$$

$$\text{Gain}(S,\text{temperature})=0.029$$

$$\text{Gain}(S,\text{humidity})=0.152$$

第二步，计算各个属性的分裂信息和信息增益率。

以 outlook 属性为例，取值为 overcast 的样本有 4 条，取值为 rainy 的样本有 5 条，取值为 sunny 的样本有 5 条，因此

$$\text{SplitE}_{\text{outlook}}=-\frac{5}{14}\log_2\frac{5}{14}-\frac{4}{14}\log_2\frac{4}{14}-\frac{5}{14}\log_2\frac{5}{14}=1.576$$

$$\text{GainRatio}_{\text{outlook}}=\frac{\text{Gain}_{\text{outlook}}}{\text{SplitE}_{\text{outlook}}}=\frac{0.246}{1.576}=0.156$$

同理，计算其他属性的信息增益率：

$$\text{GainRatio}_{\text{temperature}}=\frac{\text{Gain}_{\text{temperature}}}{\text{SplitE}_{\text{temperature}}}=\frac{0.029}{1.556}=0.019$$

$$\text{GainRatio}_{\text{humidity}}=\frac{\text{Gain}_{\text{humidity}}}{\text{SplitE}_{\text{humidity}}}=\frac{0.152}{1}=0.152$$

$$\text{GainRatio}_{\text{windy}}=\frac{\text{Gain}_{\text{windy}}}{\text{SplitE}_{\text{windy}}}=\frac{0.049}{0.985}=0.0497$$

第三步，将信息增益率取值最大的那个属性作为分裂节点，因此最初选择 outlook 属性作为决策树的根节点，产生 3 个分支，如图 2.44 所示。

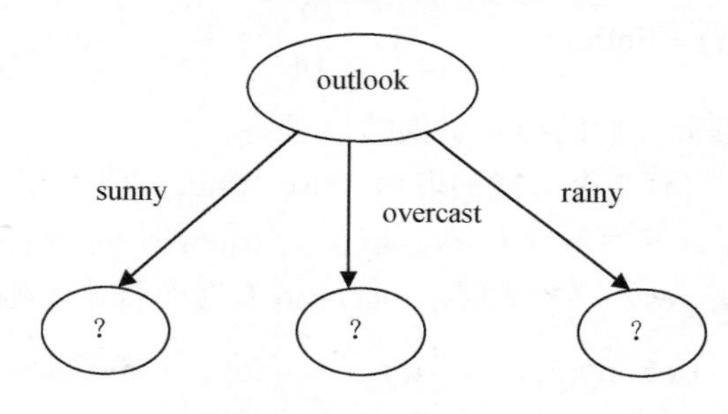

图 2.44　选择第一个决策节点

第四步，对根决策节点的三个不同取值的分支，递归调用以上方法，求子树，最后得到的决策树如前面的图 2.43 所示。

C4.5 算法还对生成树进行修剪，以克服过拟合。限于篇幅，就不展开来介绍了。

C4.5 在 Weka 中的实现是 J48 决策树，后文将介绍 J48 的使用。

2) CART 算法

CART(Classification and Regression Tree，分类及回归树)算法由美国斯坦福大学和加州大学伯克利分校的 Breiman 等人于 1984 年提出。CART 决策树采用二元递归划分方法，能够处理连续型属性和标称型属性作为预测变量和目标变量下的分类。当输出变量为标称型属性数据时，所建立的决策树称为分类树，用于预测离散型标称类别。当输出变量为数值型变量时，所建立的决策树称为回归树，用于预测连续型数值类别。

CART 算法同样使用算法 2.1 所示的决策树归纳算法框架，但与 C4.5 算法不同，CART 为二叉分支，而 C4.5 可以为多叉分支；CART 的输入变量和输出变量可以是分类型和数值型，而 C4.5 的输出变量只能是分类型；CART 使用的不纯度量是 Gini 系数，而 C4.5 使用信息增益率；另外，两者对决策树的修剪方法不同。

CART 算法使用 Gini 系数来度量对某个属性变量测试输出的两组取值的差异性，理想的分组应该尽量使两组中样本输出变量取值的差异性总和达到最小，即“纯度”最大，也就是使两组输出变量取值的差异性下降最快，“纯度”增加最快。

设 t 为分类回归树中的某个节点，Gini 系数计算公式为

$$G(t)=1-\sum_{j=1}^{k}p^2(j\,|\,t)$$

其中，k 为当前属性下测试输出的类别数；$p(j\,|\,t)$为节点 t 中样本测试输出取类别 j 的概率。

设 t 为一个节点，ξ 为该节点的一个属性分支条件，该分支条件将节点 t 中的样本分别分到左分支 S_L 和右分支 S_R 中，称

$$\Delta G(\xi,t)=G(t)-\frac{|S_R|}{|S_L|+|S_R|}G(t_R)-\frac{|S_L|}{|S_L|+|S_R|}G(t_L)$$

为在分支条件 ξ 下节点 t 的差异性损失。其中，$G(t)$为划分前测试输出的 Gini 系数；$|S_R|$和$|S_L|$分别为划分后左右分支的样本个数。为使节点 t 尽可能纯，需选择某个属性分支条件 ξ 使该节点的差异性损失尽可能大。用 $\xi(t)$ 表示所考虑的分支条件 ξ 的全体，则选择分支条件应为

$$\xi_{\max}=\underset{\xi\in\xi(t)}{\operatorname{argmax}}\,\Delta G(\xi,t)$$

对于 CART 分类树的属性选择，针对不同的属性类型(分类型和数值型)，方法有所不同。对于分类型属性，由于 CART 只能建立二叉树，对于取多个值的属性变量，需要将多类别合并成两个类别，形成“超类”，然后计算两“超类”下样本测试输出取值的差异性；对于数值型属性，方法是将数据按升序排序，然后从小到大依次以相邻数值的中间值作为分隔，将样本分为两组，并计算所得组中样本测试输出取值的差异性。

CART 算法使用的修剪方式是预修剪和后修剪相结合，而 C4.5 算法使用后修剪方式。

3. 基于规则的分类器

基于规则的分类器是一种通过使用一组判断规则来对记录进行分类的技术。模型的规则使用析取范式 $R=(r_1\vee r_2\vee\cdots\vee r_k)$，其中，规则 r_i 的形式为$r_i:(\text{Condition}_i)\rightarrow y_i$。规则左边称为规则前件(rule antecedent)，是属性测试的合取；规则右边称为规则后件(rule consequent)，包含预测类别 y_i。

分类规则的质量可以用覆盖率(coverage)和准确率(accuracy)来度量。给定数据集 D 和

分类规则$r: A \rightarrow y$，规则的覆盖率定义为D中触发规则r的记录所占的比例，准确率定义为触发r的记录中列别标签等于y的记录所占的比例。

为了构建基于规则的分类器，需要提取一组规则来识别数据集属性和类别标签之间的关键联系。提取分类规则有两种方法：第一种是直接方法，直接从数据中提取分类规则；第二种是间接方法，从决策树等其他模型中进行提取。

规则提取的直接方法可以采用顺序覆盖(sequential covering)算法。算法的伪代码描述如算法 2.2 所示，算法开始时规则表R为空，函数 Learn-One-Rule 提取类别y覆盖当前训练记录集的最佳规则。在提取规则时，类别y的所有训练记录都视为正例，将其他类别的训练记录都视为反例。如果一个规则覆盖大多数正例，没有或仅覆盖极少数反例，那么该规则可取。一旦找到这样的规则，就删除它覆盖的训练记录，并把新规则追加到规则表R的尾部。重复这个过程，直到满足终止条件。然后，算法继续产生下一个类别的规则。

算法 2.2　顺序覆盖算法

设E为训练记录，A是属性-值对的集合
设Y_0为类别的有序集合$\{y_1, y_2, \cdots, y_k\}$
设$R=\{\}$为初始规则列表
for 每个类别$y \in Y_0 - \{y_k\}$ **do**
　　while 终止条件不满足 **do**
　　　　$r \leftarrow \text{Learn-One-Rule}(E, A, y)$
　　　　从E中删除r覆盖的训练记录
　　　　追加r到规则列表尾部：$R \leftarrow R \vee r$
　　end while
end for
把默认规则$\{\} \rightarrow y_k$插入到规则列表R的尾部

规则提取的间接方法主要从决策树中提取规则。过程是，首先求出决策树，然后从每一个叶节点提取出来一个规则，再通过一些优化标准将可以合并的规则进行合并。

Weka 提供多种基于规则的分类器。其中，JRip 分类器实现了命题规则学习，重复增量修剪以减少产生错误(RIPPER)，RIPPER 是由 William W. Cohen 提出的一个优化版本的 IREP。M5Rules 分类器对于回归问题使用分治策略生成决策表。在每一次迭代中，使用 M5 并将“最好”叶子构成规则，以构建模型树。PART 分类器使用分治方法产生 PART 决策表的类，在每次迭代中构建局部 C4.5 决策树，并将“最好”叶子构成规则。此外，还有 ZeroR、OneR 以及 DecisionTable 分类器。

4. 基于实例的算法

基于决策树的分类框架包括两个步骤：第一步是归纳步，由训练数据构建分类模型；第二步是演绎步，将模型应用于测试样本。前文所述的决策树和基于规则的分类器都是先对训练数据进行学习，得到分类模型，然后对未知数据进行分类，这类方法通常称为积极学习器(eager learner)。与之相反的策略是推迟对训练数据的建模，直到需要对未知样本进行分类时才进行建模，采用这种策略的分类器称为消极学习器(lazy learner)。消极学习器的典型代表是最近邻方法，其途径是找出与测试样本相对接近的所有训练样本，这些训练样本称为最近邻(Nearest Neighbor，NN)，然后使用最近邻的类别标签来确定测试样本的

类别。

算法 2.3 是 k-最近邻分类算法(简称 kNN)的伪代码描述。对每一个测试样本 $z=(\mathbf{x}',y')$，计算该样本与所有训练样本 $(\mathbf{x},y)\in D$ 之间的距离 $d(\mathbf{x}',\mathbf{x})$，以确定其最近邻的集合 $D_z \subseteq D$。显然，如果训练样本的数目很大，那么这种计算的开销会很大。

算法 2.3　*k*-最近邻分类算法

```
设 k 为最近邻数目，D 为训练样本的集合
for 每个测试样本 z=(x',y') do
    计算 z 和每个样本(x,y)∈D 之间的距离 d(x',x)
    选择离 z 最近的 k 个训练样本的集合 Dz⊆D
    y' = argmax_y Σ_{(xi,yi)∈Dz} I(v = yi)     // 返回 Dz 样本中多数类别的类别标签
end for
```

一旦得到最近邻集合，测试样本就可以按照最近邻的多数类别进行分类，具体方法是进行多数表决，多数表决按如下公式计算：

$$y' = \underset{y}{\operatorname{argmax}} \sum\nolimits_{(x_i,y_i)\in D_z} I(v=y_i)$$

其中，v 为类别标签的所有可能取值；y_i 为某个最近邻的类别标签；I 为指示函数，当参数为真时返回 1，否则返回 0。

以上的多数表决方法使用每个近邻对类别的影响都一样的方式，这使得算法对 k 的取值很敏感。降低 k 影响的一种方法是根据每个最近邻距离的不同对其影响加权，使靠近 z 的训练样本对分类的影响力大于那些远离 z 的训练样本。

Weka 提供了多种消极学习器。其中，IBk 分类器是一种 k-最近邻分类器。IBk 可用多种不同的搜索算法来加快寻找最近邻的任务，默认的搜索算法是线性搜索，但也可以使用其他算法，如 kD-trees、Ball Trees 以及称为 Cover Trees(覆盖树)的算法。搜索方法使用距离函数作为参数，默认是欧氏距离，其他选项还有切比雪夫、曼哈顿和闵可夫斯基距离。最近邻数(默认 $k = 1$)可以用对象编辑器明确指定，或者使用留一法交叉验证来自动确定，但须指定值的上限。KStar 分类器也是基于实例的分类器，其测试实例类以类似于它的训练实例类为基础，有一些类似的功能。它不同于其他基于实例的学习，因为它使用基于熵的距离函数。LWL 分类器使用局部加权学习，它使用基于实例的算法分配实例权重，然后使用加权实例构建分类器。

5. 支持向量机

支持向量机(Support Vector Machine，SVM)分类器是一种有监督学习的方法，广泛地应用于统计分类以及回归分析。SVM 的特点是能够同时最小化经验误差与最大化几何边缘。因此，支持向量机也被称为最大边缘分类器。

支持向量机技术具有坚实的统计学理论基础，并在实践上有诸多成功示例。SVM 可以很好地用于高维数据，避免维数灾难。它有一个独特的特点，就是使用训练实例的一个子集来表示决策边界，该子集称为支持向量，这就是其名称的来历。

数据分类是机器学习的一种常见任务。假定有一些给定的数据点，每个数据点属于两个类别之一，即二元分类，其分类目标是，确定一个新的数据点属于哪个类别。用支持向量

机的观点，可以将一个数据点视为一个 p 维向量，问题就转换为是否可以使用一个$(p-1)$维超平面将这些点按类别进行分割，这就是所谓的线性分类器。有许多可能对数据进行分类的超平面，最佳的超平面应该是能够将两个类别最大限度地分离开来的超平面。所以选择的超平面应该能够将与两侧最接近的数据点的距离最大化。如果存在这样一个超平面，可称之为最大边缘超平面，所定义的线性分类器称为最大边缘分类器。如图 2.45 所示，超平面 H_1 不能分割两个类别；超平面 H_2 能够分割，但边缘很小；超平面 H_3 能以最大边缘分割两个类别。

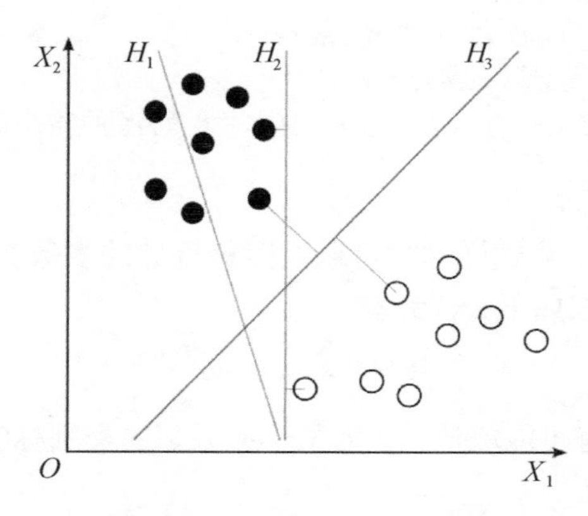

图 2.45 超平面示意图①

支持向量机原先是为二元分类问题设计的，但它也可以扩展至能够处理多元分类问题。支持向量机分为线性支持向量机和非线性支持向量机，限于篇幅，本书只介绍线性支持向量机。

考虑一个包含 N 个训练样本的二元分类问题。设数据集为 D，则

$$D=\{(\boldsymbol{x}_i,y_i)\mid \boldsymbol{x}_i\in\Re^p, y_i\in\{-1,1\}\}\quad i=1,2,\cdots,N$$

其中，y_i 的值为 1 或-1，表示点 $\boldsymbol{x}_i$ 所属的类别；$\boldsymbol{x}_i$ 是 p 维的实数向量。目标是寻找一个能将 $y_i=1$ 和 $y_i=-1$ 的数据点进行分割的最大边缘超平面。任意超平面都可写为满足下式的点集：

$$\boldsymbol{w}\bullet\boldsymbol{x}-b=0$$

其中，“•”代表点积；$\boldsymbol{w}$ 代表超平面的法向量；参数 $\dfrac{b}{\|\boldsymbol{w}\|}$ 决定超平面从原点沿法向量 $\boldsymbol{w}$ 的位移。

如果训练数据线性可分，可以选择两个超平面，使得它们能分割数据，且没有点落在两个超平面之间，然后尽量让两个超平面的距离最大化。这些超平面方程可以由下式描述：

$$\boldsymbol{w}\bullet\boldsymbol{x}-b=1$$

$$\boldsymbol{w}\bullet\boldsymbol{x}-b=-1$$

运用几何原理，可知两个超平面之间的距离为 $\dfrac{2}{\|\boldsymbol{w}\|}$，因此最大化距离就是最小化

① 来源：http://en.wikipedia.org/wiki/File:Svm_separating_hyperplanes_(SVG).svg。作者：ZackWeinberg。

$\|\boldsymbol{w}\|$，如图 2.46 所示。

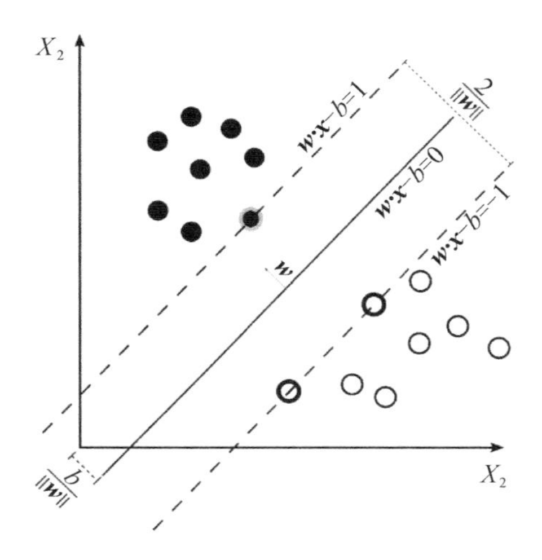

图 2.46 最大边缘超平面[①]

因为要阻止数据点落入边缘内，所以添加如下约束。

(1) 对于属于第一个类别的 $\boldsymbol{x}_i$，有 $\boldsymbol{w}\bullet\boldsymbol{x}_i-b\geqslant1$。

(2) 对于属于第二个类别的 $\boldsymbol{x}_i$，有 $\boldsymbol{w}\bullet\boldsymbol{x}_i-b\leqslant-1$。

上述两个公式可以合写为更紧凑的形式：对于全部的$1\leqslant i\leqslant N$，有 $\boldsymbol{y}_i(\boldsymbol{w}\bullet\boldsymbol{x}_i-b)\geqslant1$。因此，线性支持向量机的最大化边缘等价于最小化如下的目标函数：

$$f(\boldsymbol{w})=\frac{\|\boldsymbol{w}\|^2}{2}$$

Weka 提供多个支持向量机分类器算法。SMO 分类器实现训练支持向量分类器的序列最小优化(Sequential Minimal Optimization，SMO)算法，使用诸如多项式或高斯核的核函数。Weka SMO 分类器全局替换缺失值，将标称型属性转换为二元属性，默认情况下对属性进行规范化(输入标准化为零均值和单位方差)，可关闭规范化选项。SMOreg 分类器实现序列最小优化算法的学习支持向量回归模型。

6. 集成学习

集成学习(ensemble learning)就是通过聚集多个分类器的预测结果来提高分类准确率。集成方法由训练数据构建一组基分类器(base classifier)，然后通过每个基分类器的预测的投票来进行分类。一般来说，集成分类器的性能要好于任意的单个分类器，因为集体决策在全面可靠性和准确度上优于个体决策。

集成学习的逻辑视图如图 2.47 所示。其基本思想是，在原始数据上构建多个分类器，然后分别预测未知样本的类别，最后聚集预测结果。

构建集成分类器的方法有多种。使用最多的有如下两种。第一种处理训练数据集，根据某种决定某个样本抽取到的可能性大小的抽样分布，对原始数据进行二次抽样以得到多个训练集。然后，使用特定学习算法为每个训练集构建一个分类器。装袋(bagging)和提升

① 来源：http://en.wikipedia.org/wiki/File:Svm_max_sep_hyperplane_with_margin.png。作者：Peter Buch。

(boosting)采用这种方法。第二种处理输入特征，通过选择输入特征的子集来得到多个训练集。这种方法特别适用于那些含有大量冗余特征的数据集。随机森林(random forest)采用这种方法。

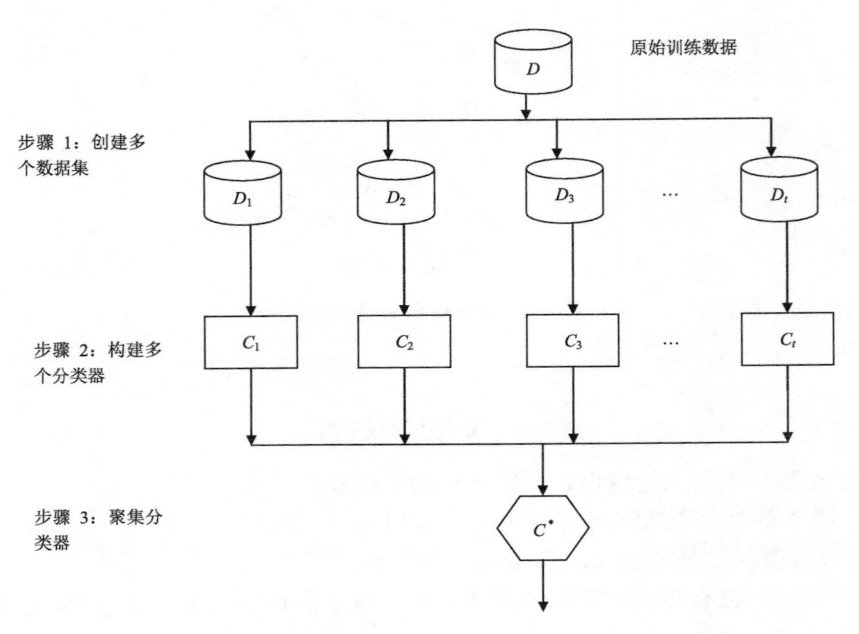

图 2.47　集成学习逻辑视图

集成学习的一般过程如算法 2.4 所示。集成学习对不稳定的分类器效果较好，不稳定的分类器对微小变化都很敏感，包括决策树、基于规则的分类器和人工神经网络。由于训练样本的可变性是分类器误差的主要来源之一，聚集在不同训练集上构建的基分类器，有助于减少这类误差。聚集方法一般是对单个预测值进行多数表决，也可以用基分类器的准确率对预测值进行加权，得到聚集后的预测结果。

算法 2.4　集成学习的一般过程

```
设 D 表示原始训练数据集，k 表示基分类器的个数，T 表示测试数据集
for i = 1 to k do
    由 D 创建训练集 Di
    由 Di 构建基分类器 Ci
end for
for 每一个测试样本 x∈T do
    C*(x) = Vote(C1(x), C2(x),…, Ck(x))
end for
```

1) 装袋

装袋又称为自助聚集(boot strap aggregation)，是一种根据均匀概率分布从数据集中有放回重复抽样的技术。每个自助样本集都和原数据集一样大。由于抽样过程是有放回的，因此在同一个训练样本中可能会多次出现同一些样本，也可能有的不会出现。一般来说，自助样本 D_i 大约包含原训练数据的 63%，因为 D_i 抽到一个样本的概率为$1-(1-1/N)^N$，

如果 N 足够大，这个概率收敛于 $1-1/\mathrm{e}\approx 0.632$。装袋的过程如算法 2.5 所示，训练 k 个分类器后，分类器对单个预测值进行多数表决，将得票最高的类别指派给测试样本。

算法 2.5 装袋算法

设 N 为原始数据集的实例数目，k 为自助样本集的数目
for i = 1 to k **do**
　生成一个大小为 N 的自助样本集 D_i
　在自助样本集 D_i 上训练一个基分类器 C_i
end for
$C^*(x)=\arg\max_y \sum_i I(C_i(x)=y)$

在算法中，指示函数 $I(A)$定义为，如果参数 A 为真，则 $I(A)$为 1，否则为 0。

装袋通过降低基分类器方差改善了泛化误差。装袋的性能依赖于基分类器的稳定性，装袋应该选择不稳定的基分类器，这样有助于降低因训练数据的随机波动导致的误差。由于选中每个样本的概率都相同，因此装袋并不偏重于原训练数据集中的任何样本，不太受过拟合的影响。

2) 提升

提升是一个自适应改变训练样本分布的迭代过程，使基分类器重点关注那些难以分类的样本。不像装袋，提升为每一个训练样本赋一个权重，在每一轮提升过程结束时可以自动调整权重。赋值给训练样本的权重可用于以下两个方面。

第一，用作抽样分布，从原始数据集中抽取自助样本集合。

第二，可以为基分类器所用，学习偏向于高权重样本的模型。

因此，提升算法就是利用样本的权重来确定训练集的抽样分布。开始时所有样本的权重都等于 1/N，抽样到的概率都一样，抽样得到新样本集后经过训练得到一个分类器，并用它来对原始数据集中的所有样本进行分类。每一轮提升都增加错误分类样本的权重，减小正确分类样本的权重，这使得分类器在后续迭代中关注那些难以分类的样本。

已经有多种提升算法的实现，其主要差别是：第一，每轮提升后更新样本权重的算法不同；第二，汇集各个分类器的预测结果的方法不同。其中，AdaBoost 算法使用广泛，因此本书介绍 AdaBoost 算法，其基分类器的重要性依赖于它的分类错误率。错误率定义为

$$\varepsilon_i=\frac{1}{N}[\sum_j w_j I(C_i(x_j)\neq y_j)]$$

其中，x_j 为第 j 个样本；$C_i(x_j)$为第 i 个分类器对样本 x_j 的分类结果；I 为指示函数(如果参数 A 为 true，则 $I(A)$=1，否则为 0)；w_j 为权重。

基分类器 C_i 的重要性按下式计算：

$$\alpha_i=\frac{1}{2}\ln\frac{1-\varepsilon_i}{\varepsilon_i}$$

如果错误率接近 0，则α_i为正无穷；如果错误率接近 1，则α_i为负无穷。

参数α_i用于更新训练样本权重，AdaBoost 权重更新机制由下式决定：

$$w_j^{(i+1)}=\frac{w_j^{(i)}}{Z_j}\times\begin{cases}\mathrm{e}^{-\alpha_i}，\text{如果}C_i(x_j)=y_j\\ \mathrm{e}^{\alpha_i}，\text{如果}C_i(x_j)\neq y_j\end{cases}$$

其中，Z_j为规范化因子，用于确保$\sum_j w_j^{(i+1)} = 1$。

AdaBoost 算法不使用多数表决的方案，而是对分类器 C_i 的预测值根据α_i 加权。这样，有助于惩罚那些准确率很低的模型。另外，如果某一轮产生大于 50%的误差，则将权重重新恢复为初始值，重新抽样，重做该轮的提升。AdaBoost 算法伪代码如算法 2.6 所示。

算法 2.6　AdaBoost 算法

$w = \{w_j = 1/N \mid j = 1,2,\cdots,N\}$　　// 初始化 N 个样本的权值
设 k 表示提升的轮数
for i = 1 to k **do**
　根据 **w**，通过对 D 进行有放回的抽样，产生训练集 D_i
　在 D_i 上训练基分类器 C_i
　用 C_i 对原训练集 D 中的所有样本分类
　$\varepsilon_i = \frac{1}{N}\left[\sum_j w_j I(C_i(x_j) \neq y_j)\right]$　　// 计算加权误差
　if $\varepsilon_i > 0.5$ **then**　　// 误差太大，重试
　　$w = \{w_j = 1/N \mid j = 1,2,\cdots,N\}$　　// 重新设置 N 个样本的权值
　　i = i-1　　// 恢复迭代轮次
　　break;
　end if
　$\alpha_i = \frac{1}{2}\ln\frac{1-\varepsilon_i}{\varepsilon_i}$
　根据公式 $w_j^{(i+1)} = \frac{w_j^{(i)}}{Z_j} \times \begin{cases} e^{-\alpha_i}，如果 C_i(x_j) = y_j \\ e^{\alpha_i}，如果 C_i(x_j) \neq y_j \end{cases}$，更新每个样本的权值
end for
$C^*(x) = \underset{y}{\operatorname{argmax}} \sum_{i=1}^{\tau} \alpha_i I(C_i(x) = y)$　　// τ 是实际的迭代次数

Weka 的实现算法为 AdaBoostM1，它使用 AdaBoost 算法的 M1 方法，提升标称型类别的分类器类。M1 方法只能处理标称型分类的问题，通常会显著提高性能，但有时会过拟合。Weka AdaBoostM1 的实现代码与上面的算法稍有不同，如果第 i 轮中的错误率ε_i>0.5 或者ε_i=0，就设置τ 为 1(只使用一个基分类器，不启用集成学习)并退出。另外，Weka 还提供 LogitBoost，它使用以回归方法为基础的学习，能处理多元分类问题。

3) 随机森林

随机森林是一类专门为决策树分类器设计的集成学习方法。它集成多棵决策树的预测，其中每棵树都是基于随机向量的一个独立集合的值产生的。

通过随机森林得到基分类器 C_i 的算法主要分为如下两步。

第一步，对给定原始训练集采用有放回的自助取样，得到和原始训练集大小一致的训练集，与装袋方法一致。

第二步，随机选取分裂属性集。假设共有 M 个属性，指定一个小于 M 的属性数 F，在整个森林的生长过程中，F 的值一般维持不变。每棵树任其生长，即充分生长，不进行修剪。在每个内部节点，从 M 个属性中随机抽取 F 个属性作为分裂属性集，以最好的分裂方式对节点进行分裂。

随机森林的组合输出采用简单多数投票法(针对分类)得到，或者采用多棵决策树输出结果的简单平均值(针对回归)得到。

Weka 提供实现随机森林的 RandomForest 算法。

2.3.5 分类模型评估

1. 定性评估标准

一般来说，分类模型有如下评估标准。

(1) 预测的准确率：模型正确地预测新的或先前没见过的样本的类别标签能力。

(2) 速度：产生和使用模型的计算开销。

(3) 强壮性：对于有噪声或具有缺失值的样本，模型能正确预测的能力。

(4) 可伸缩性：给定很大的数据集，能有效地构造模型的能力。

(5) 可解释性：学习模型提供的理解和解释的层次。

预测的准确率常用于比较和评估分类器的性能，它将每个类别看成同等重要，因此可能不适合用来分析不平衡数据集。在不平衡数据集中，稀有类别比多数类别更有意义。也就是说，需要考虑错误决策、错误分类的代价问题。例如，在银行贷款决策中，贷款给违规者的代价远远比由于拒绝贷款给不违规者而造成生意损失的代价大得多；在诊断问题中，将实际没有问题的机器误诊为有问题而产生的代价比因没有诊断出问题而导致机器损坏而产生的代价小得多。

对于一个二元分类问题，预测可能产生四种不同的结果，如表 2.1 所示。真阳性(True Positive，TP)和真阴性(True Negative，TN)都是正确分类结果，即预测类别和真实类别相符。假阳性(False Positive，FP)发生在当预测类别为 yes 而真实类别为 no 时，假阴性(False Negative，FN)发生在当预测类别为 no 而真实类别为 yes 时。

表 2.1 二元预测的不同结果

		预测类别	
		yes	no
真实类别	yes	真阳性(TP)	假阴性(FN)
	no	假阳性(FP)	真阴性(TN)

通常可以将表 2.1 推广至多元分类的问题，只不过增加一些行和列，称为二维混淆矩阵，常用来展示对测试集的预测结果。真实类别对应矩阵行，预测类别对应矩阵列，矩阵单元则显示对应的测试样本数目。也有文献将真实类别对应矩阵列，预测类别对应矩阵行，只是将行列对调，并没有实质的区别。好的测试结果应该是主对角线上的数值要大，而其他非主对角线上单元的数值要小。

2. 常用度量

对于二元分类问题，有如下的简单度量标准。

真阳性率(True Positive Rate，TPR)等于 TP 除以真实类别为 yes 的总数(TP+FN)，即

$$\text{TPR}=\frac{\text{TP}}{\text{TP+FN}}$$

真阴性率(True Negative Rate，TNR)等于 TN 除以真实类别为 no 的总数(FP+TN)，即

$$\text{TNR}=\frac{\text{TN}}{\text{FP+TN}}$$

假阳性率(False Positive Rate，FPR)等于 FP 除以真实类别为 no 的总数(FP+TN)，即

$$\text{FPR}=\frac{\text{FP}}{\text{FP+TN}}$$

假阴性率(False Negative Rate，FNR)等于 FN 除以真实类别为 yes 的总数(TP+FN)，即

$$\text{FNR}=\frac{\text{FN}}{\text{TP+FN}}$$

综合准确率等于正确分类总数除以全体分类总数$\left(\text{准确率}=\frac{\text{TP+TN}}{\text{TP+TN+FP+FN}}\right)$。知道这些“率”之后，对应的错误率则是 1 减去这些率。

另外，查全率(Recall)和查准率(Precision)是两个使用广泛的度量，其定义为

$$\text{查准率}p=\frac{\text{TP}}{\text{TP}+\text{FP}}$$

$$\text{查全率}r=\frac{\text{TP}}{\text{TP+FN}}$$

查准率确定分类器断定为正例的那部分记录中实际为正例的记录所占的比例。查准率越高，分类器的假阳性率就越低。查全率度量分类器正确预测的正例的比例，如果分类器的查全率高，则很少将正例误分为负例。实际上，查全率的值等于真阳性率。

分类算法的主要任务之一就是构建一个最大化查全率和查准率的模型。可以将查全率和查准率合并成一个称为 F_1 的度量，Weka 称 F_1 为 F-Measure。

$$F_1=\frac{2rp}{r+p}=\frac{2\times\text{TP}}{2\times\text{TP}+\text{FP}+\text{FN}}$$

F_1 表示查全率和查准率的调和均值。可以把上式改写为

$$F_1=\frac{2}{\dfrac{1}{r}+\dfrac{1}{p}}$$

由于两个数的调和均值趋向于接近较小的值，因此 F_1 度量值高可以确保查全率和查准率都比较高。

3. 接受者操作特征曲线

接受者操作特征(Receiver Operating Characteristic，ROC)曲线是显示分类器真阳性率和假阳性率之间折中的一种图形化方法。在 ROC 曲线中，x 轴为假阳性率，y 轴为真阳性率，曲线的每个点对应某个分类器归纳的模型，如图 2.48 所示。

ROC 曲线有几个关键点，公认的解释如下。

- (FPR=0, TPR=0)：把每个实例都预测为负例的模型。
- (FPR=1, TPR=1)：把每个实例都预测为正例的模型。
- (FPR=0, TPR=1)：理想模型。

好的分类模型应该尽可能靠近 ROC 图的左上角，随机猜测的模型应位于连接点(FPR=0, TPR=0)和点(FPR=1, TPR=1)的主对角线上。

ROC 曲线下面积(Area Under the Curve，AUC)提供了另一种评估模型的平均性能的方

法。如果模型是完美的，则它的 ROC 曲线下面积等于 1；如果模型是随机猜测的，则它的 ROC 曲线下面积等于 0.5；如果一个模型比另一个模型好，则它的 ROC 曲线下面积较大。

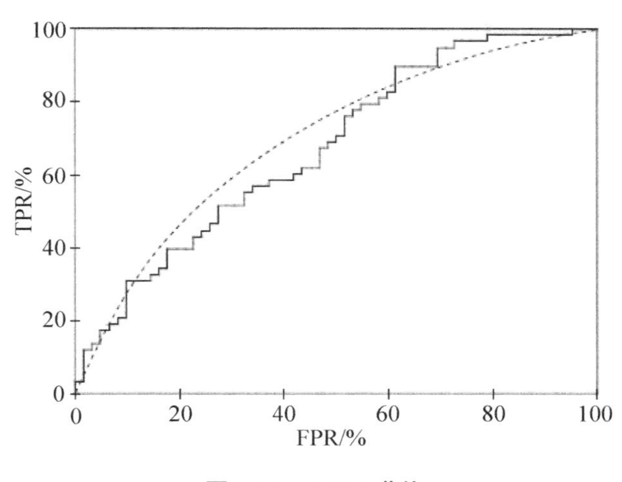

图 2.48　ROC 曲线

2.3.6　手把手教你用

1. 使用 C4.5 分类器

本例使用 C4.5 分类器对天气数据集进行分类。

首先加载天气数据集，操作步骤为：启动探索者界面，在 Preprocess 标签页中单击 Open file 按钮，选择并打开 data 目录中的 weather.nominal.arff 文件；然后，切换到 Classify 标签页。

从前面的学习中可以知道，构建决策树的 C4.5 算法在 Weka 中是作为一个分类器来实现的，名称为 J48。单击 Classify 标签页上部的 Choose 按钮，打开分类器分层列表。单击 trees 条目以展开其子条目，然后单击 J48 条目选择该分类器。与过滤器一样，分类器也按层次进行组织，J48 的全名为 weka.classifiers.trees.J48。

在 Choose 按钮旁边的文本框内，可以看到当前分类器及选项：J48 –C 0.25 –M 2。这是此分类器默认的参数设置，对于 J48 分类器，一般不用更改这些参数就可以获得良好的性能。

为了便于说明，下面使用训练数据进行性能评估。使用训练数据进行评估并不是一个好方法，因为它会导致盲目乐观的性能估计。如同期末试题就从平时测验中抽取一样，绝大部分学生都能考得很好，但这并不意味着他们都掌握了课程知识。在 Classify 标签页的 Test options(测试选项)选项组中，选中 Use training set(使用训练集)单选按钮，以确定测试策略。做好上述准备之后，可以单击 Start(开始)按钮，启动分类器的构建和评估，使用当前选择的学习算法 J48，通过训练集构建 J48 分类器模型。然后，使用构建的模型对训练数据的所有实例进行分类以评估性能，并输出性能统计信息，如图 2.49 所示。

训练和测试结果会以文本方式显示在探索者界面右侧的 Classifier Output(分类器输出)区域中。读者可拖动右边的滚动条以检查这些文字信息。首先看决策树的描述部分，其信息重新摘录如图 2.50 所示。

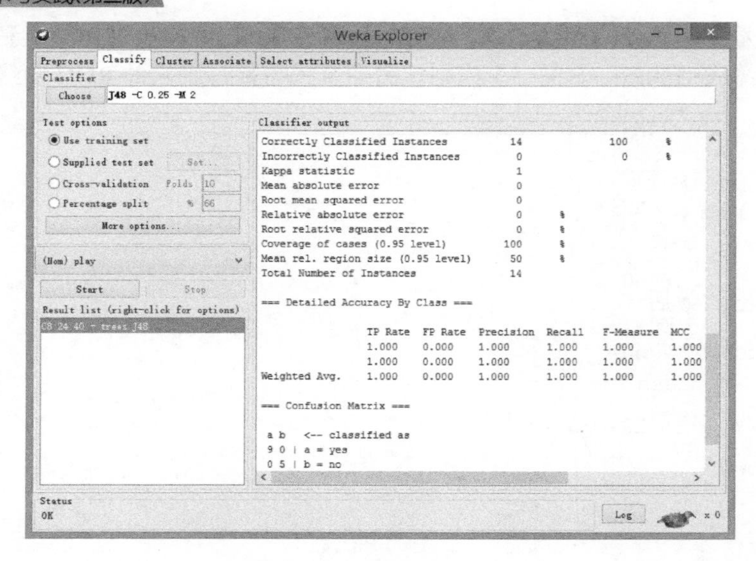

图 2.49　选择测试选项

图 2.50 中的文字表示构建的 J48 修剪(pruned)决策树，包括决策节点、分支和叶节点。决策节点用一个测试表示，分支用“|”加上缩进表示，叶节点后面有一个括号，括号内的数字代表到达该叶节点的实例数量。当然，采用文字对模型进行表述十分笨拙且难以理解，因此 Weka 也能生成等效的图形表示。

按照上述方法，如果更改数据集或调整选项，每次单击 Start 按钮，都会构建和评估一个新的分类器模型，在图 2.49 所示窗口左下角的 Result list(结果列表)区域中就会相应添加一个新条目。

可以按照如下方法得到图形化表示的决策树。右击刚刚被添加到结果列表中的 trees.J48 条目，并在弹出的快捷菜单中选择 Visualize tree(可视化树)菜单项，会弹出如图 2.51 所示的决策树视图窗口。该决策树视图可以自动缩放和平移，可以通过选择右击空白处而弹出的快捷菜单中的 Auto Scale 菜单项实现视图的自动缩放，可以通过按下鼠标左键并拖动鼠标实现视图平移。

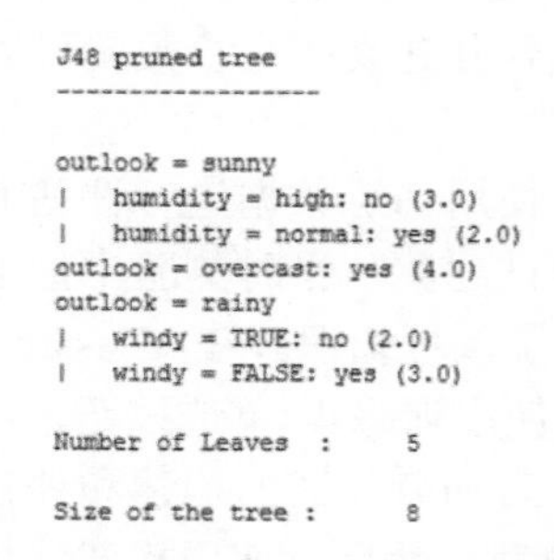

```
J48 pruned tree
------------------

outlook = sunny
|   humidity = high: no (3.0)
|   humidity = normal: yes (2.0)
outlook = overcast: yes (4.0)
outlook = rainy
|   windy = TRUE: no (2.0)
|   windy = FALSE: yes (3.0)

Number of Leaves  :     5

Size of the tree :      8
```

图 2.50　决策树的文字描述

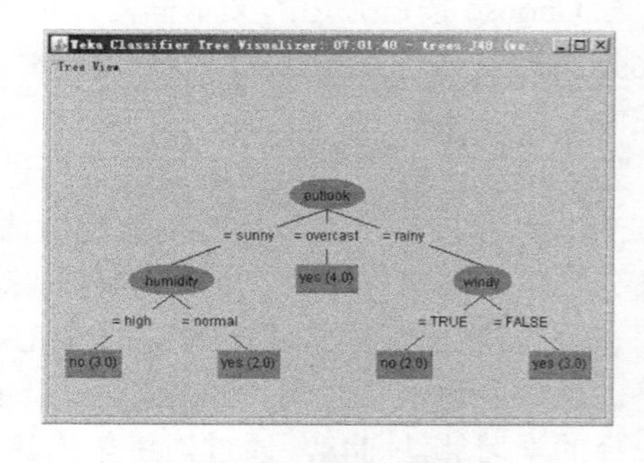

图 2.51　构建的决策树

可见，图 2.51 与图 2.50 表示的信息是一致的。其中，叶节点中用括号括起的数字表示到达该节点的实例数量。另外，图 2.50 中的文字描述还包含两条额外信息：Number of Leaves(叶子数量)表示叶节点的数量，Size of the tree(树大小)表示树中全部节点的数量。

现在来看看分类器输出的其余信息。输出中接下来的两个部分给出了基于选定的测试选项得到的分类模型的质量报告。第一部分是一段文字描述：

```
Correctly Classified Instances            14         100%
```

这段文字描述了正确分类的测试实例有多少条，占多大比例。它表示使用数据测试模型的准确性。本例中，准确性高达 100%，表示完全正确。不用惊奇，这是使用训练集进行测试时经常发生的事。

分类器输出的最后一项是一个如下所示的混淆矩阵：

```
=== Confusion Matrix ===
 a  b   <-- classified as
 9  0 | a = yes
 0  5 | b = no
```

矩阵中的每一个元素都是实例的计数值。行表示真实类别，列表示预测类别。可以看到，全部 9 个真实类别为 yes 的实例都已预测为 yes，全部 5 个真实类别为 no 的实例都已预测为 no。只有主对角线上的数值很大，而非主对角线上的数值都为 0，表明预测完全正确。

以上是使用训练集作为测试策略得到的训练结果，当然，还可以选择使用其他的测试策略。单击 Start 按钮启动所选学习算法的运行，使用 Preprocess 标签页中加载的数据集和所选择的测试策略。例如，如果使用十折交叉验证，需要运行十次学习算法，以构建和评估十个分类器。要注意的是，打印到分类器输出区域的分类器模型是由完整的训练集构建的，这是最后一次运行学习算法得到的结果。

现在加载 iris 数据集，还是使用 J48 分类器进行学习。首先选择使用 Use training set 测试选项，然后选择使用 Cross-validation 十折测试选项，分别训练并评估 J48 分类器，运行结果如表 2.2 所示。

表 2.2　两种测试选项的运行结果

测试选项	释　义	正确分类的测试实例	正确分类比例
Use training set	使用训练集	147	98%
Cross-validation(10 folds)	交叉验证(十折)	144	96%

从表 2.2 中的数据可以看到，使用训练集的正确分类所占的比例较高，达到 98%。但由于是直接将训练集用于测试，因此结论并不可靠。相反，十折交叉验证将数据集分为十等份，将其中的一份用于测试，另外九份用于训练，如此依次进行十次训练和评估，显然得到的结论要可靠一些。

最后，检查一下分类器错误的可视化表示。右击结果列表中的 trees.J48 条目，从弹出的快捷菜单中选择 Visualize classifier errors(可视化分类器错误)菜单项，会弹出一个散点图窗口，正确分类的实例标记为小叉号，不正确分类的实例标记为小空心方块，如图 2.52 所示。

图 2.52 中，横坐标表示真实类别，纵坐标表示预测类别。注意，不要为表面现象迷惑，一个小叉号并不一定只代表一个实例，一个小空心方块有时也并不仅仅代表一个错分的实例。如果想看到底有几个错分实例，可以拉动 Jitter 滑块，此时会错开一些相互叠加

的实例，便于看清楚到底有多少个错分的实例。另一种办法是单击小空心方块，此时会弹出如图 2.53 所示的实例信息，显示每个实例的各属性值以及预测类别和真实类别。

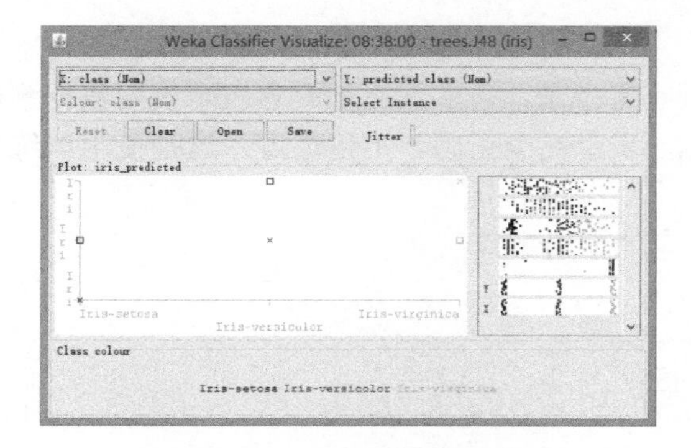

图 2.52　可视化分类器错误散点图

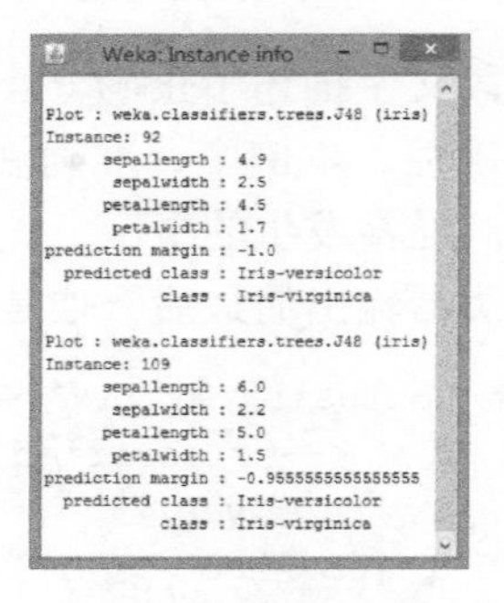

图 2.53　实例信息

2. 使用分类器预测未知数据

还是使用 J48 分类器对天气数据集进行训练，得到如图 2.51 所示的决策树。

现在构建一个测试数据集，用任意的文本编辑器，编辑如下内容：

```
@relation weather.symbolic

@attribute outlook {sunny, overcast, rainy}
@attribute temperature {hot, mild, cool}
@attribute humidity {high, normal}
@attribute windy {TRUE, FALSE}
@attribute play {yes, no}

@data
rainy,cool,high,FALSE,yes
```

将测试数据集保存为 weather.nominal.test.arff 文件。

然后，在 Classify 标签页的 Test options 选项组中，选择 Supplied test set 作为测试策略，单击后面的 Set 按钮，打开 Test Instances(测试实例)窗口，如图 2.54 所示。单击窗口中的 Open file 按钮，打开刚才保存的测试数据集 weather.nominal.test.arff 文件，单击 Close 按钮关闭窗口。

接着，单击 Test options 选项组下部的 More options 按钮，打开如图 2.55 所示的 Classifier evaluation options(分类器评估选项)对话框，单击对话框中部的 Choose 按钮，选择 PlainText 选项，该选项使分类器的输出中包含预测信息，单击 OK 按钮关闭对话框。

现在，一切准备都已就绪。单击 Start 按钮启动分类器训练和评估过程，像以前那样，Weka 会在分类器输出区域输出性能统计信息。仔细查看，会发现多了如下一项对测试集的预测结果，表明测试集仅有一个实例，预测值和实际值都为 yes，预测没有错误。

```
=== Predictions on test set ===

 inst#     actual  predicted error prediction
     1      1:yes      1:yes       1
```

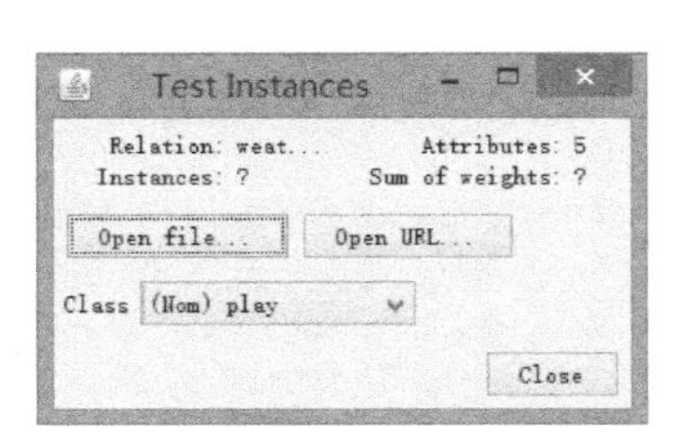

图 2.54　Test Instances 窗口

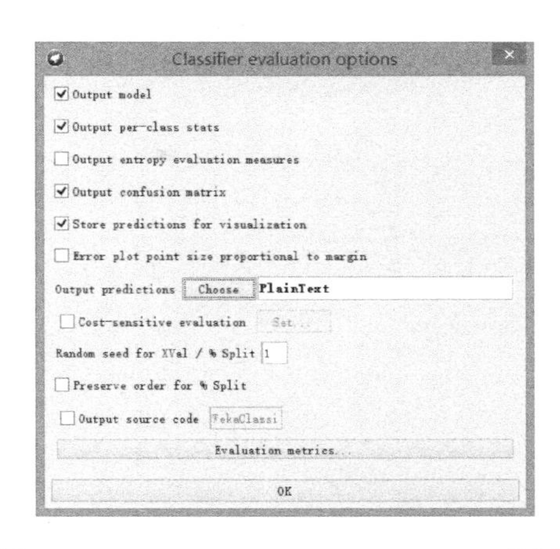

图 2.55　Classifier evaluation options 对话框

3. 使用决策规则

本示例使用决策规则训练天气数据集，并评估分类器性能。

首先启动探索者界面，在 Preprocess 标签页中加载 weather.nominal.arff 数据文件。切换至 Classify 标签页，单击 Choose 按钮，选择 rules 条目下的 JRip 分类器，保持默认参数不变。单击 Start 按钮启动训练，训练结果如图 2.56 所示。

经过训练，生成的规则一共有如下三条：

```
JRIP rules:
===========

(humidity = high) and (outlook = sunny) => play=no (3.0/0.0)
(outlook = rainy) and (windy = TRUE) => play=no (2.0/0.0)
 => play=yes (9.0/0.0)

Number of Rules : 3
```

每条规则用“=>”分开规则前件和规则后件，规则后件中有用括号括起的两个数字，第一个数字表示规则覆盖的实例数量，第二个数字表示错分的实例数量。注意到第三条规则的规则前件为空，表示这条规则覆盖除去前两条规则覆盖的训练实例外的所有实例。

同样也可以可视化分类器错误。右击结果列表中的 rules.JRip 条目，从弹出的快捷菜单中选择 Visualize classifier errors 菜单项，会弹出一个散点图窗口，在窗口中拉动 Jitter 滑块，会错开一些相互叠加的实例，如图 2.57 所示。在分类器错误散点图中，左上角和右下角的小方块都是错误分类的实例，左下角的小蓝叉和右上角的小红叉都是正确分类的实例。可以直观地看到一共有五个错分实例。

4. 使用线性回归

本示例使用线性回归训练 CPU 数据集，并评估分类器性能。

首先启动探索者界面，在 Preprocess 标签页中加载 cpu.arff 数据文件。如图 2.58 所示，在界面右下角可以看到第一个属性 MYCT 的直方图，由于类别属性是连续型数值，因此该直方图不是彩色的。

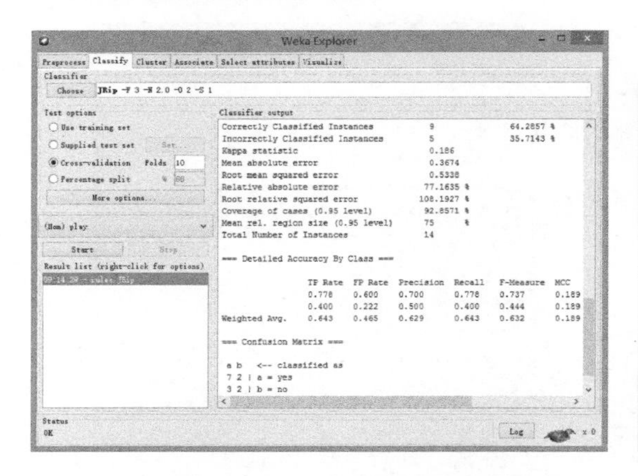

图 2.56　JRip 分类器训练结果

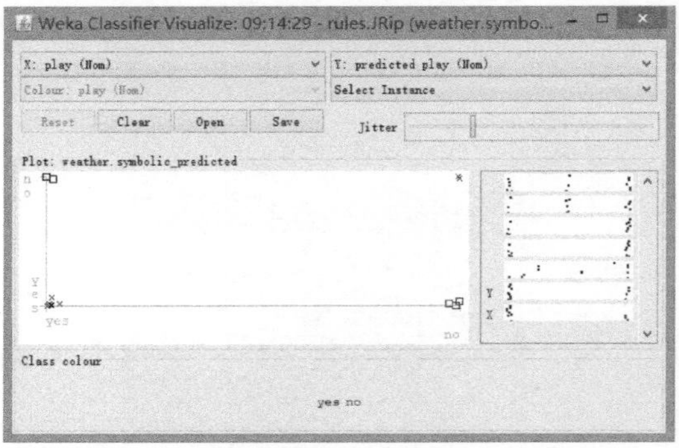

图 2.57　可视化 JRip 分类器错误散点图

切换至 Classify 标签页，单击 Choose 按钮，选择 functions 条目下的 LinearRegression 分类器，保持默认参数不变，单击 Start 按钮启动训练，训练结果如图 2.59 所示。

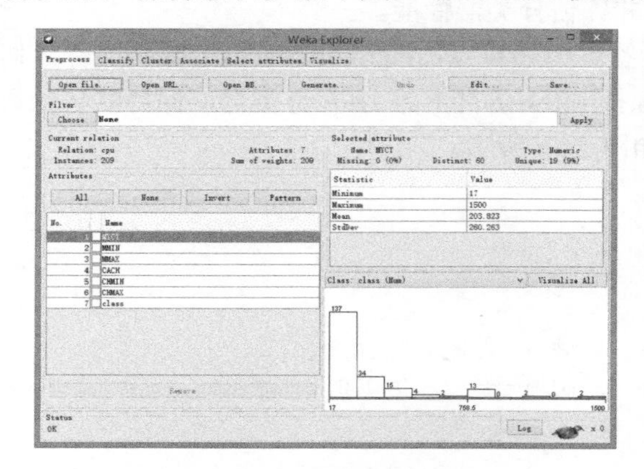

图 2.58　加载 CPU 数据集

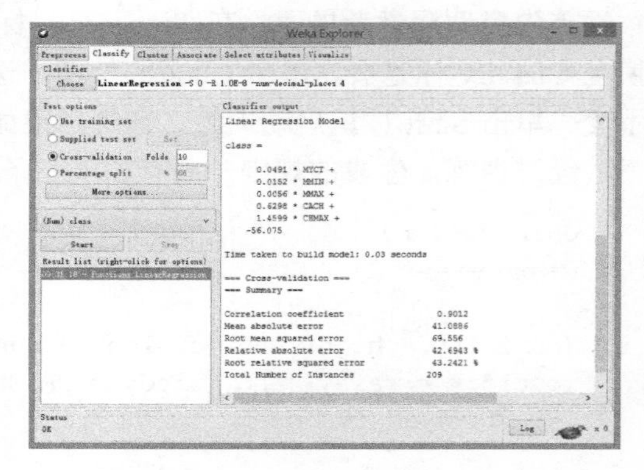

图 2.59　LinearRegression 训练结果

从结果中可以看到，LinearRegression 分类器构建了一个回归公式，交叉验证得到的各项误差指标显示其性能不佳。

再次单击 Choose 按钮，选择另一种分类器 M5P，该分类器在 trees 条目下。还是保持默认参数不变，单击 Start 按钮启动训练，训练结果如图 2.60 所示。

从图 2.60 中可以看到，M5P 是决策树方案和线性回归方案的结合体。前半部分使用修剪的决策树，后半部分则使用线性回归。如果要稍微深入了解 M5P 算法的原理，不妨在结果列表中右击 trees.M5P 条目，在弹出的快捷菜单中选择 Visualize tree 菜单项，Weka 弹出如图 2.61 所示的决策树的可视化结果。修剪模型树，使用数据集中六个属性中的三个进行分叉，树根对 CHMIN 属性分叉，在左分支上得到一个线性模型 LM1，剩余的结构放到右分支上，继续分叉，得到另外的四个线性模型 LM2～LM5。一共有五个叶节点，每个叶节点对应一个线性模型。括号中有两个数字：第一个数字表示达到该叶节点的实例数量；第二个百分数表示用该叶节点的线性模型对这些实例进行预测的均方根误差，用百分比表示对全部训练数据计算而得到的类别属性的标准偏差。

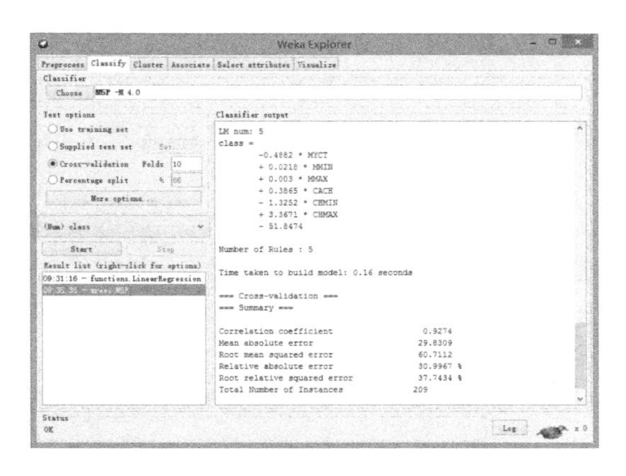

图 2.60 M5P 训练结果

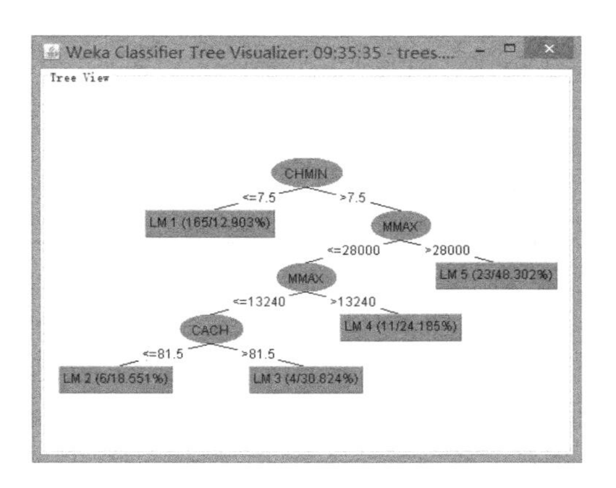

图 2.61 M5P 树

为了对两个分类器的性能有一个直观的认识，下面使用可视化方法来观察两个学习方案的误差。在 Result list 区域中分别右击两个条目，在弹出的快捷菜单中选择 Visualize classifier errors 菜单项，得到两个学习方案的可视化误差如图 2.62 和图 2.63 所示。显示的数据点随类别属性值的不同而异，由于类别属性是连续型数值，因此数据点的颜色也是连续变化的。这里选择 MMAX 属性作为 *X* 轴，CACH 属性作为 *Y* 轴，这样数据点能够尽量散开。每个数据点用一个叉号表示，其大小表示该实例的误差的绝对值。可以看到，图 2.63 中的叉号数量多于图 2.62 中的叉号数量，说明 M5P 的性能优于 LinearRegression。当然，如果觉得从图上看起来眼花缭乱，不妨只从分类器输出的误差指标上来看，例如，LinearRegression 的平均绝对误差(MAE)为 41.0886，M5P 的平均绝对误差(MAE)为 29.8309，从其他指标的比较也可以看出 M5P 的性能较好。

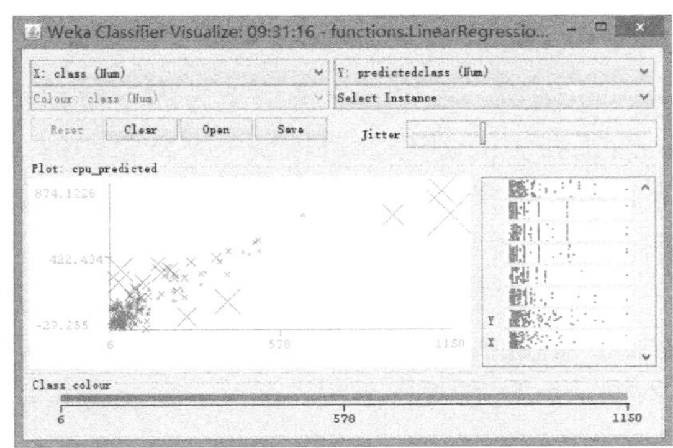

图 2.62 LinearRegression 误差

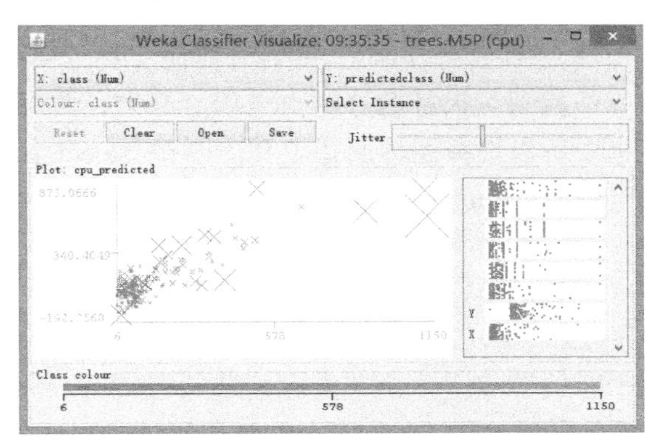

图 2.63 M5P 误差

5. 使用用户分类器

用户分类器(User Classifier)允许 Weka 用户以交互方式建立自己的分类器。该分类器位于分层列表中的 trees 条目之下，名称为 UserClassifier，全名为 weka.classifiers.trees.UserClassifier。如果在自己的 Weka 版本中找不到该分类器，说明还没有安装，请按照第 1 章中 Weka 包管理器的相关内容进行安装。

本例使用 segment 数据集来说明操作方式。根据给定的平均 intensity(亮度)、hue(色调)、size(大小)、position(位置)，以及各种简单的纹理特征的属性，将视觉图像数据分割成各种分类标签，如 grass(草)、sky(天空)、foliage(树叶)、brick(砖)和 cement(水泥)。训练数据文件随 Weka 软件配附，名称为 segment-challenge.arff。加载该数据文件，选择 UserClassifier 分类器。

评估使用特殊的测试集，名为 segment-test.arff，在 Classify 标签页的 Test options 选项组中选中 Supplied test set(提供测试集)单选按钮。这里要注意，用户分类器不能使用交叉验证进行评估，因为无法为每个折都手动构建分类器。单击 Supplied test set 单选按钮后面的 Set 按钮，弹出 Test Instances(测试实例)窗口，如图 2.64 所示。单击 Open file 按钮，选择 data 目录下的 segment-test.arff 文件，再单击 Close 按钮关闭 Test Instances 窗口。

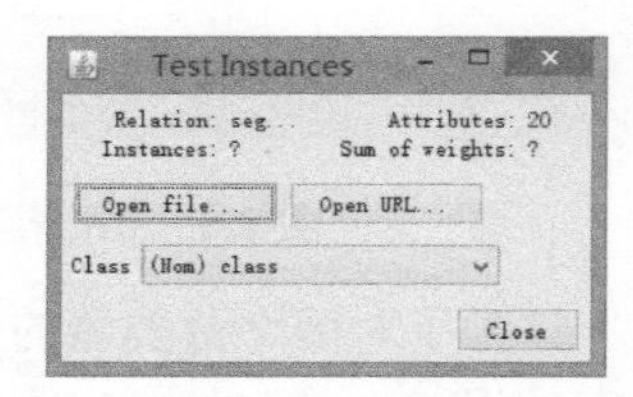

图 2.64 Test Instances 窗口

然后，单击 Classify 标签页中的 Start 按钮，启动交互构建分类器的界面。这时，探索者界面右下角的小鸟站起来不断走动，表明 Weka 正在等待用户完成分类器的构建工作。

弹出的窗口中包括 Tree Visualizer(树可视化工具)和 Data Visualizer(数据可视化工具)两个标签页，可以切换不同的视图。前者显示分类树的当前状态，并且每个节点都给出到达该节点的每个类别的实例数目。构建用户分类器的目标就是得到一棵叶节点尽可能纯净的树。最初只有一个根节点，其中包含全部数据。可以切换到 Data Visualizer 标签页去创建分割，其中显示了一个二维散点图。可以参考 2.7.1 节中介绍的 Visualize 标签页的使用方法，选择一个属性作为 X 轴，另一个属性作为 Y 轴。这里的目标是要找到一个 X 轴和 Y 轴的属性组合，将不同类别尽可能完全进行分离。尝试多遍以后，读者可能会找到一个好的选择：使用 region-centroid-row 属性作为 X 轴，使用 intensity-mean 属性作为 Y 轴，这样会将红色的实例(位于散点图左上方)几乎完全与其他实例分离，如图 2.65 所示。

找到了很好的分离点之后，必须在图中指定一个区域。在 Jitter 滑块上方的下拉列表框中可以选择四种选择工具，选择 Select Instance(选择实例)选项，可标识一个特定实例；选择 Rectangle(矩形)选项，可在图形上拖出一个矩形；选择 Polygon(多边形)选项，可绘制一个自由形状的多边形；选择 Polyline(折线)选项，可绘制一条自由形状的折线。其操作方式都是：单击添加一个顶点，右击完成操作。一旦选择某个区域，该区域会变成灰色。在图 2.65 中，用户已经定义好了一个矩形。如果单击 Submit(提交)按钮，则会在树中创建两个新的节点，一个节点容纳选定的实例，另一个节点容纳其余的实例。Clear(清除)按钮用于清除选择，Save(保存)按钮用于将当前树的节点实例保存为一个 ARFF 文件。

这时，Tree Visualizer 标签页中显示如图 2.66 所示的树。左边的节点表示 sky 类别，纯粹只有一种类别，但右边的节点还是混合了多个分类，需要进一步进行分割。单击不同节点，可以在 Data Visualizer 标签页中切换显示不同的数据子集。继续添加节点，直到得到满意的结果，也就是说，直到叶节点大多是只有一种分类的纯节点为止。然后，在 Tree Visualizer 标签页的任意空白处右击，并在弹出的快捷菜单中选择 Accept the Tree(接受树)菜单项。Weka 使用测试集评估建立的树，并输出性能统计信息。对于本例，90%已经是很高的得分了。

这是非常考验细心和耐心的工作，如果能得到 93%以上的成绩是很值得骄傲的。

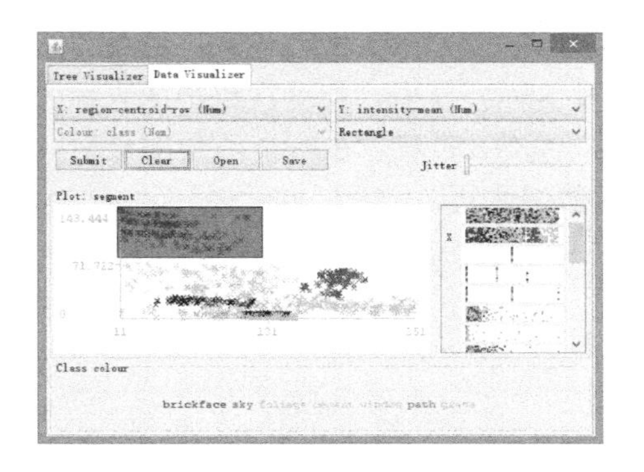

图 2.65 数据可视化工具

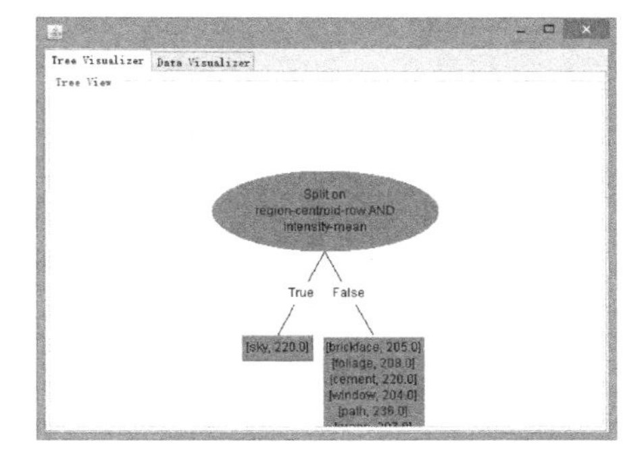

图 2.66 树可视化工具

现在和 Weka 的机器学习比试一下。还是使用同样的训练集和测试集，但选择 J48 分类器来替换用户分类器，单击 Start 按钮启动训练和评估。本例 J48 分类器的正确率高达 96.1728%，的确是手工交互进行分类难以达到的目标。

6. 使用支持向量机

本实践分为两个部分，第一部分展示如何使用 SMO 分类器，第二部分展示如何使用 LibSVM。

启动探索者界面，首先在 Preprocess 标签页中加载 iris 数据集，然后切换至 Classify 标签页，单击 Classifier 选项组中的 Choose 按钮，选择 functions 条目下的 SMO 分类器，使用默认的十折交叉验证测试选项，单击 Start 按钮启动分类模型构建并评估，运行结果如图 2.67 所示。

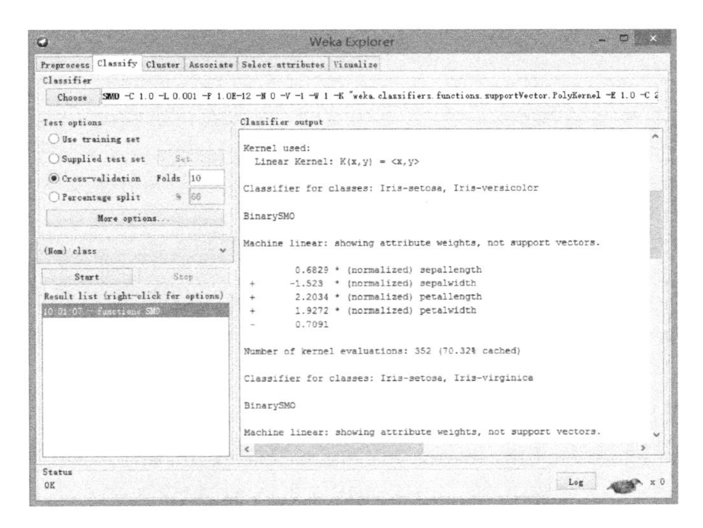

图 2.67 SMO 运行结果

本例使用指数为 1 的 PolyKernel(多项式核)，使得模型成为线性支持向量机。由于 iris 数据包含三个类别值，就输出三个对应的二元 SMO 模型，这是因为一个超平面能分隔任意两个可能的类别值。此外，由于 SVM 是线性的，超平面表示为在原来空间中的属性值的函数，参见图 2.67 中的函数表达式。

图 2.68 所示为将多项式核函数的指数(exponent)选项设置为 2 的结果，这使得支持向量机成为非线性的。和前面一样，也有三个二元的 SMO 模型，但这次超平面表示为支持向量的函数。支持向量显示在尖括号中，还显示其系数α的值。在每个函数的最后，显示偏移量参数β的值(等同于α_0)，参见图 2.68 中的函数表达式。

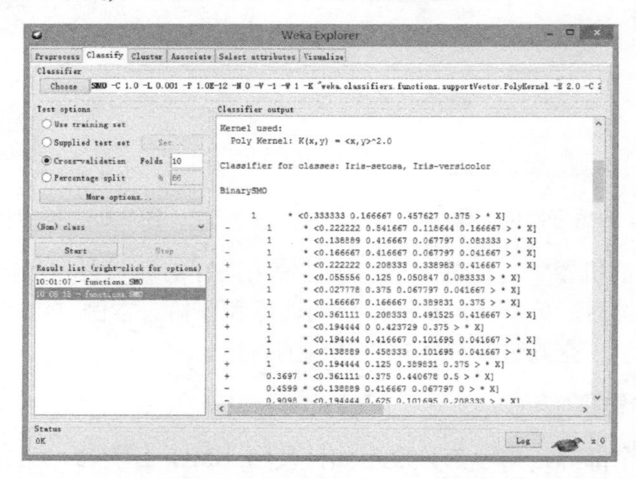

图 2.68 指数设置为 2 的结果

图 2.69 所示为两次实验的混淆矩阵。比较后容易得出，两次实验使用的是不同的多项式核，使得支持向量机一个为线性，另一个为非线性，但对于本例来说，尽管错分的实例不同，但两者错分的实例数都是 6 个。

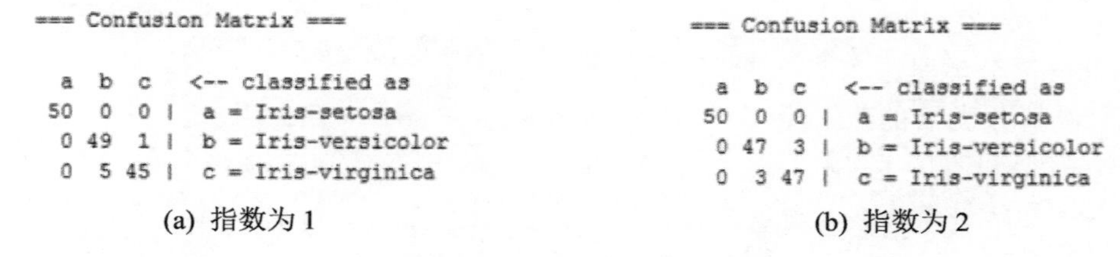

```
=== Confusion Matrix ===

  a  b  c   <-- classified as
 50  0  0 |  a = Iris-setosa
  0 49  1 |  b = Iris-versicolor
  0  5 45 |  c = Iris-virginica
```

(a) 指数为 1

```
=== Confusion Matrix ===

  a  b  c   <-- classified as
 50  0  0 |  a = Iris-setosa
  0 47  3 |  b = Iris-versicolor
  0  3 47 |  c = Iris-virginica
```

(b) 指数为 2

图 2.69 两次实验的混淆矩阵

LibSVM 是中国台湾的林智仁(Chih-Jen Lin)教授于 2001 年开发的一套支持向量机的库，网址为 http://www.csie.ntu.edu.tw/~cjlin/libsvm/。该库的运算速度非常快并且开源，支持 Java、C#、.Net、Python、Matlab 等多种语言，因此非常受用户欢迎。

Weka 3.7.2 以后的版本都直接支持 LibSVM，包装 LibSVM 的工作由 Yasser EL-Manzalawy 完成，网址为 http://weka.wikispaces.com/LibSVM。最重要的类就是包装 LibSVM 工具的包装类——LibSVM，由于使用 LibSVM 构建 SVM 分类器，因此它的运行比 SMO 快得多。并且 LibSVM 可以支持 One-class SVM、Regressing SVM 以及 nu-SVM。

下面简单说明实验步骤。如果没有安装 LibSVM，请关闭包括探索者在内的 Weka 图形用户界面，然后按照第 1 章中介绍的包管理器的相关内容安装 LibSVM，当前 LibSVM 包的版本为 1.0.3。接着启动探索者界面，加载 iris 数据集，选择 LibSVM 分类器，并单击 Start 按钮运行，结果如图 2.70 所示。可以看到，LibSVM 错分的实例数仅有 5 个，比 SMO 性能稍好。

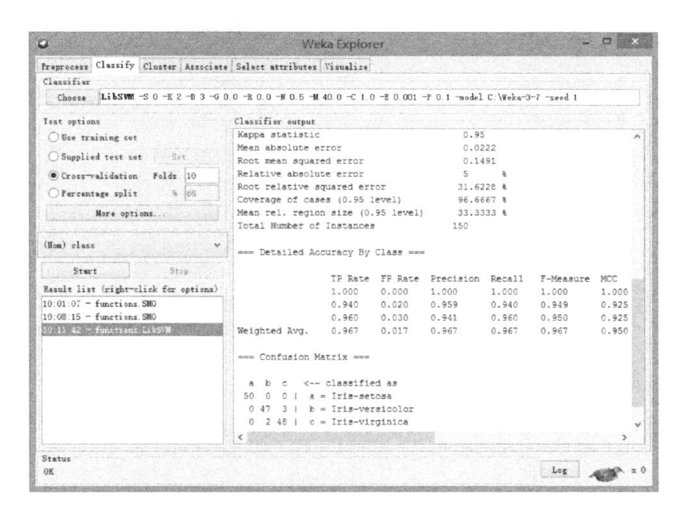

图 2.70 LibSVM 运行结果

7. 使用元学习器

元学习器能将简单的分类器变为更加强大的学习器，这里以实例进行说明。

首先加载鸢尾花数据集，然后选择 DecisionStump 分类器，这是一个被称为决策树桩的简单分类器，全名为 weka.classifiers.trees.DecisionStump。接着选择十折交叉验证为测试选项进行训练和评估，得到的分类正确率为 66.6667%。

接下来，选择 AdaBoostM1 分类器，这是一个使用提升算法的集成学习器，其全名为 weka.classifiers.meta.AdaBoostM1。单击该分类器进行配置，出现如图 2.71 所示的对象编辑器对话框。为了和 DecisionStump 分类器进行比较，设置 AdaBoostM1 的基分类器为 DecisionStump 分类器。如果需要，还可以继续单击以进一步配置基分类器的选项，但由于 DecisionStump 没有属性需要设置，因此可单击 OK 按钮返回到 Classify 标签页，并单击 Start 按钮启动训练。

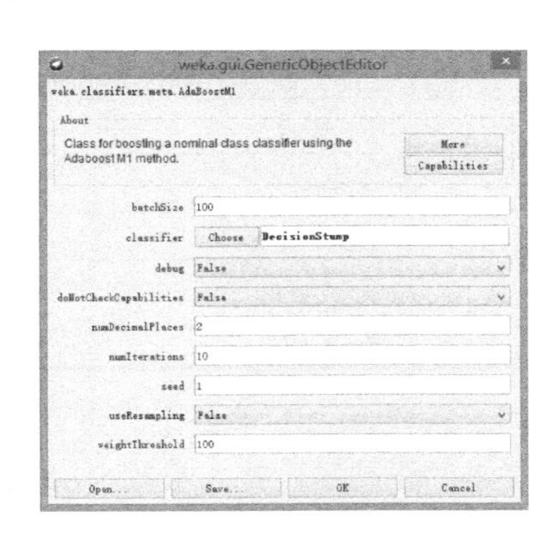

图 2.71 AdaboostM1 分类器选项

图 2.71 中的 numIterations 参数默认为 10，即表示训练会迭代提升 DecisionStump 分类器 10 次。图 2.72 所示的运行结果表明，在 150 个 iris 数据中，只有 7 个错分的实例，分类正确率高达 95.3333%。

考虑到 DecisionStump 算法本来就十分原始，并且只经过很少次数的迭代提升，可知其性能提高很大，令人满意。

8. 深入研究离散化

本示例研究离散化的效果。加载 ionosphere.arff 数据文件构建 J48 决策树，该数据集包含从电离层传回的雷达信号信息。数据集共有 34 个属性外加 1 个类别属性，共有 351 个实例，没有缺失值。二元类别标签分别是 good 和 bad，其中，good 的样本指那些能够显示出电离层中的一些结构类型证据的实例，而 bad 的样本指信号直接穿过电离层的实例。更为详细的信息可以查看 ARFF 文件中的注释。

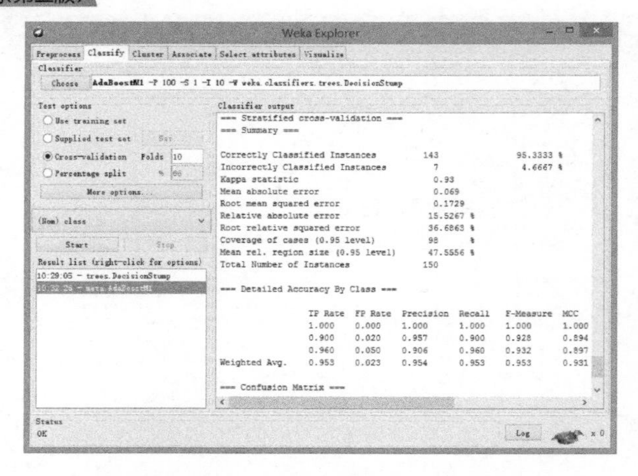

图 2.72　AdaboostM1 分类器运行结果

首先以无监督离散化开始，采用十折交叉验证，比较不同学习方案的正确率以及决策树的大小。采用 J48 分类器对原始数据进行分类，正确分类的实例数量为 321，正确率为 91.453%，叶节点数为 18，树的大小为 35；然后使用无监督的 Discretize 过滤器，保持过滤器参数为默认值，先进行过滤，再采用 J48 分类器对过滤后的数据进行分类，正确分类的实例数量为 304，正确率为 86.6097%，叶节点数为 46，树的大小为 51；最后将无监督 Discretize 过滤器的 makeBinary 参数设置为 True，其余参数仍为缺省值，先进行过滤，再采用 J48 分类器对过滤后的数据进行分类，正确分类的实例数量为 326，正确率为 92.8775%，叶节点数为 9，树的大小为 17。无监督离散化的效果如表 2.3 所示。

表 2.3　无监督离散化效果

序号	过滤器	makeBinary	分类器	正确分类实例数	分类正确率	叶节点数	树的大小
1	无	无	J48	321	91.4530%	18	35
2	无监督的 Discretize	False	J48	304	86.6097%	46	51
3	无监督的 Discretize	True	J48	326	92.8775%	9	17

研究表 2.3 的结果，可以得出这样的结论：使用二元化的无监督离散化，可以提高分类器的正确率，并大幅减少决策树的大小。

现在轮到有监督离散化。这里出现一个微妙的问题，如果简单地重复使用有监督离散化方法替换无监督离散化，结果必然过于乐观。因为这里将交叉验证用于评价，测试集里的数据在确定离散间隔时已经使用过，必然造成如同预先偷看到答案再考试的效果。对于新的数据，这就无法给出一个合理的性能评估。

要合理地评估有监督离散化，最好使用 Weka 的元学习器 FilteredClassifier。它仅使用训练数据来构建过滤器，然后，使用训练数据计算得到的离散间隔来离散化测试数据，并予以评估。总之，这种方式完全符合在真实实践中处理新数据的过程。

仍然使用 ionosphere.arff 数据文件，取消在 Preprocess 标签页中选择的过滤器，并在 Classify 标签页中选择 FilteredClassifier 分类器，其全名为 weka.classifiers.meta.FilteredClassifier。

设置该分类器的 classifier 为 J48，filter 为有监督的 Discretize，保持默认参数不变，如图 2.73 所示。

图 2.73 设置 FilteredClassifier 分类器

这时，单击 Start 按钮启动训练及评估，得到输出结果：正确分类的实例数量为 320，正确率为 91.1681%，叶节点数为 21，树的大小为 27。然后，修改 FilteredClassifier 分类器的 filter 参数，将有监督 Discretize 的 makeBinary 参数设置为 True，其余参数仍为缺省值，filter 文本框中的命令行应该是 Discretize -D -R first-last。再次单击 Start 按钮，得到输出结果：正确分类的实例数量为 325，正确率为 92.5926%，叶节点数为 9，数的大小为 17。有监督离散化的效果如表 2.4 所示。

表 2.4 有监督离散化效果

序号	过滤器	makeBinary	分类器	正确分类实例数	正确率	叶节点数	树的大小
1	无	无	J48	321	91.4530%	18	35
2	有监督的 Discretize	False	J48	320	91.1681%	21	27
3	有监督的 Discretize	True	J48	325	92.5926%	9	17

仍然可以得出这样的结论：使用二元化的有监督离散化，可以提高分类器的正确率，并大幅减少决策树的大小。

9. 初识最近邻分类器

本示例使用 IBk 分类器，这是一种 *k*-最近邻分类器，既可以在交叉验证的基础上选择合适的 *k* 值，也可以对实例加距离权重。可选的距离加权方法有如下三种：No distance weighting(默认)、Weight by 1/distance 和 Weight by 1-distance。

在探索者界面中加载 glass.arff 数据集，切换至 Classify 标签页，单击 Choose 按钮选择 IBk 分类器，其全名为 weka.classifiers.lazy.IBk。使用交叉验证测试该分类器的性能，使用交叉验证并保持折数为默认值 10。IBk 的选项都保持为默认值，这里要注意的参数是 KNN，KNN 值默认为 1，这是分类时所用的近邻实例的数量。

单击 Start 按钮运行一次分类算法，记录正确分类的百分比，其值为 70.5607%。然后，修改 KNN 值为 5，再次运行分类算法，记录正确分类的百分比，其值为 67.757%，如图 2.74 所示。

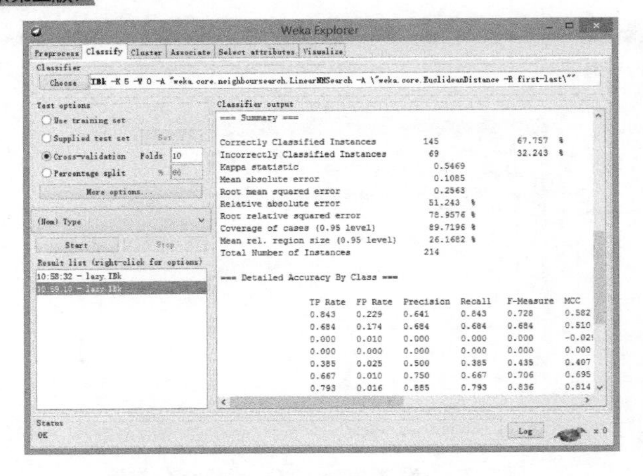

图 2.74　IBk 分类器

可见，将 KNN 参数值由 1 增大至 5 后，IBk 的准确度稍微有所下降。从这个示例中，读者可能会凭直觉得出 KNN 值越小越好的结论，事实真是这样吗？且看后文。

10. 分类噪声与最近邻学习

和其他技术一样，最近邻学习对训练数据中的噪声很敏感。本示例将大小不等的分类噪声注入数据中，并观察其对分类器性能的影响。

本示例使用一种称为 AddNoise 的无监督的属性过滤器来添加噪声，该属性过滤器位于 weka.filters.unsupervised.attribute 包中，使用该过滤器，可以将数据中一定比例的类别标签翻转为随机选择的其他值。然而，对于本次实验，最重要的是要保证测试数据不受分类噪声的影响，这样才能得到可靠的评估结果。很多实际情况都要求过滤训练数据，但不能过滤测试数据，满足这种要求的元学习器称为 FilteredClassifier，位于 weka.classifiers.meta 包中。本例将该元学习器配置为使用 IBk 作为分类器，使用 AddNoise 作为过滤器。在运行学习算法之前，FilteredClassifier 先对数据应用过滤器进行过滤，分两批完成：先过滤训练数据，后过滤测试数据。AddNoise 过滤器只在遇到的首批数据中添加噪声，也就是说，随后的测试数据在通过时不受任何影响。

还是使用玻璃数据集，在 Classify 标签页中选择 FilteredClassifier 分类器，然后打开通用对象编辑器编辑该分类器的参数，设置 classifier 为 IBk，filter 为 AddNoise，如图 2.75 所示。

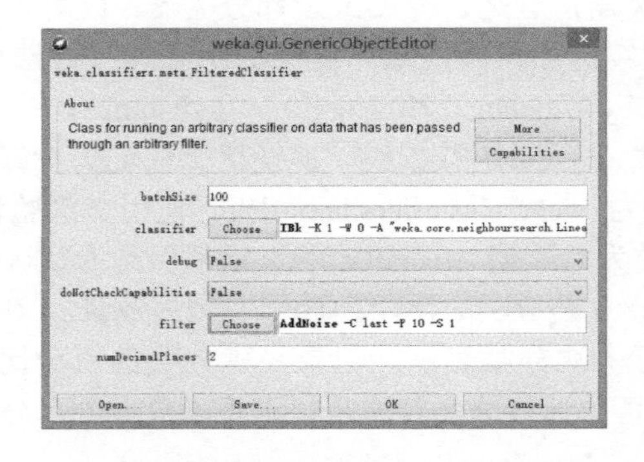

图 2.75　FilteredClassifier 分类器参数

修改IBk分类器的邻居数量KNN参数，分别设置为$k=1$、$k=3$、$k=5$。同时修改AddNoise过滤器的分类噪声百分比percent参数，从0%、10%一直到100%。每次设置完毕后，单击Start按钮启动训练和评估，将得到的分类正确率填入表2.5中。

表 2.5　不同近邻数量及噪声对 IBk 的影响

噪声百分比	k = 1	k = 3	k = 5
0%			
10%			
20%			
30%			
40%			
50%			
60%			
70%			
80%			
90%			
100%			

表2.5供读者自行完成。为了便于说明问题，在表2.6中列出答案，并在图2.76中画出对应的折线图。

表 2.6　不同近邻数量及噪声对 IBk 的影响答案

噪声百分比	k = 1	k = 3	k = 5
0%	70.5607%	71.9626%	67.7570%
10%	62.6168%	69.6262%	64.4860%
20%	50.4673%	63.0841%	61.6822%
30%	47.1963%	58.4112%	59.8131%
40%	41.1215%	54.6729%	55.1402%
50%	33.1776%	44.3925%	45.3271%
60%	27.1028%	35.5140%	35.5140%
70%	20.0935%	28.5047%	28.9720%
80%	14.0187%	21.0280%	21.0280%
90%	7.9439%	13.5514%	9.3458%
100%	4.6729%	7.9439%	7.4766%

在图2.76所示的折线图中，横坐标为噪声，纵坐标为分类准确率。对折线图进行分析，容易得到如下结论。

第一，当噪声增大时，分类准确率随之下降。

第二，改变k值，对分类准确率的影响较为复杂。总体来说，增大k值会抑制噪声，增加分类准确率；但k值过大，且分类噪声百分比较小(约低于20%)时，会降低分类准确率。

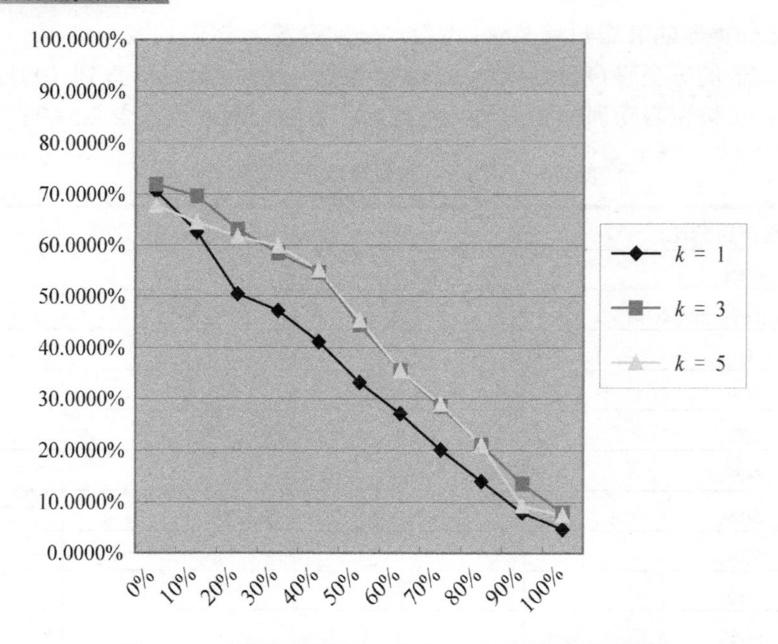

图 2.76　不同近邻数量及噪声对 IBk 的影响折线图

上述结论告诉我们，由于数据集或多或少都会受到噪声干扰，最近邻学习需要找到一个合适的 *k* 值，既能抑制噪声干扰，又不显著降低分类准确率。

11. 研究改变训练集大小的影响

本示例讨论学习曲线，显示训练数据量逐渐增加后的效果。同样使用玻璃数据集，但这一次使用 IBk 以及在 Weka 中的实现为 J48 的 C4.5 决策树学习器。

获取学习曲线，再次使用 FilteredClassifier 分类器，这一次结合 Resample(其全称为 weka.filters.unsupervised.instance.Resample)过滤器，其功能是抽取出给定的一定比例的数据集，返回减少后的数据集。与上一个示例相同，只为第一批训练数据应用过滤器，所以测试数据在通过 FilteredClassifier 分类器到达分类器之前，并不会受任何修改。

具体步骤是，首先加载玻璃数据集，然后选择 FilteredClassifier 分类器，打开通用对象编辑器编辑该分类器的参数，分别设置 classifier 为 IBk 和 J48，filter 为 Resample，如图 2.77 所示。

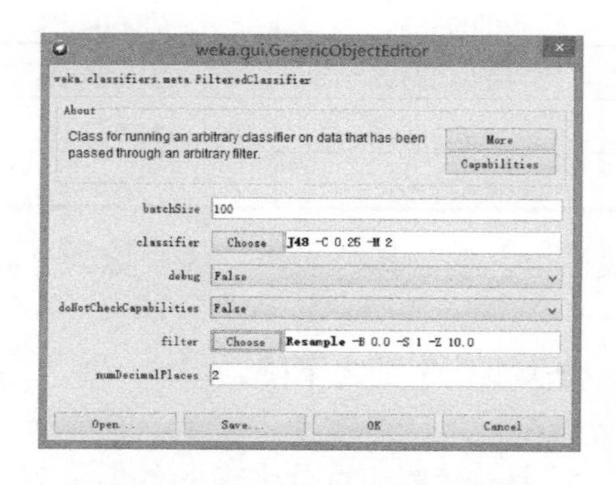

图 2.77　FilteredClassifier 分类器参数

设置 classifier 为 IBk(k=1)或 J48，同时修改 Resample 过滤器的子样本大小百分比 sampleSizePercent 参数，从 10%一直到 100%。每次设置完毕后，单击 Start 按钮启动训练和评估，将得到的分类正确率填入表 2.7 中。

表 2.7 供读者自行完成。为了便于说明，在表 2.8 中列出答案，并在图 2.78 中画出对应的折线图。

表 2.7 改变训练集大小对 IBk 和 J48 的影响

训练集百分比	IBk	J48
10%		
20%		
30%		
40%		
50%		
60%		
70%		
80%		
90%		
100%		

表 2.8 改变训练集大小对 IBk 和 J48 的影响答案

训练集百分比	IBk	J48
10%	52.8037%	45.3271%
20%	63.5514%	53.2710%
30%	60.2804%	59.3458%
40%	63.5514%	64.9533%
50%	62.6168%	63.0841%
60%	64.4860%	69.1589%
70%	65.8879%	67.7570%
80%	67.7570%	70.0935%
90%	67.2897%	69.1589%
100%	66.8224%	68.2243%

在图 2.78 中，横坐标为训练集大小，纵坐标为分类准确率。容易从中得到以下结论。

第一，当增大训练数据量时，分类准确率随之增加。

第二，相对于 IBk，增大训练数据量对 J48 的影响更为显著。

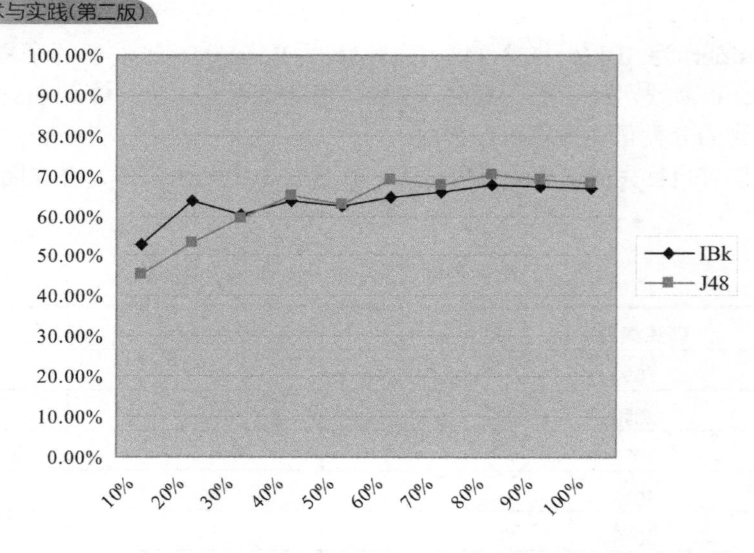

图 2.78　改变训练集大小的影响折线图

2.4 聚　　类

聚类就是对物理对象或抽象对象的集合进行分组的过程，所生成的组称为簇(cluster)，簇是数据对象的集合。簇内部任意两个对象之间应该具有较高的相似度，而隶属于不同簇的两个对象之间应该具有较高的相异度。相异度一般根据描述对象的属性值进行计算，最常采用的度量指标是对象间的距离。

Weka 专门使用 Cluster 标签页来处理聚类问题，如图 2.79 所示。

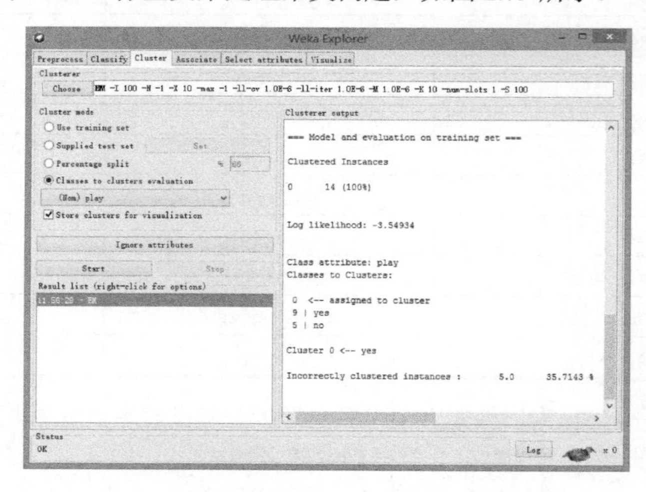

图 2.79　Cluster 标签页

2.4.1　Cluster 标签页的操作

在 Cluster 标签页中，选择和配置对象的过程与 Preprocess 和 Classify 标签页类似，下面对操作方法进行说明。

Cluster 标签页的最上部是 Clusterer(聚类器)选项组，其中包括 Choose 按钮和聚类器文本框。按钮用于选择 Weka 提供的聚类器，文本框用于显示当前选择的聚类器的名称和参数。单击文本框，会弹出一个通用对象编辑器对话框，与过滤器和分类器的对象编辑器对话框的功能一样，可以用来对当前聚类器进行设置。右击(或在按住 Alt 键和 Shift 键的同时单击)聚类器文本框，会弹出一个快捷菜单，选择 Show Properties 菜单项可以打开通用对象编辑器对话框，选择 Copy configuration to clipboard 菜单项可以将当前的设置字符串复制到剪贴板，选择 Edit configuration 菜单项可以让用户修改设置，选择 Enter configuration 菜单项可以直接输入设置字符串，功能与过滤器和分类器的相似。

Cluster 标签页的左部是 Clusterer mode(聚类器模式)选项组。该选项组用于设置聚类模式及如何评估结果的选项，最终将设置的选项应用到当前选择的聚类器中。聚类模式如下。

(1) Use training set(使用训练集)：直接将训练集实例用于测试。

(2) Supplied test set(提供测试集)：从一个文件中加载一组测试实例。单击 Set 按钮会弹出一个对话框，允许用户选择测试的实例文件。

(3) Percentage split(按比例分割)：在数据集中，取出特定百分比的数据来作为训练数据，其余数据作为测试数据，评价聚类器的性能。取出的数据量取决于用户在“%”文本框中输入的值，默认取出 66%的数据作为训练集。

(4) Classes to clusters evaluation(类别作为簇的评估准则)：比较所选择的簇与预先指定的数据类别的匹配程度。该选项下方有一个下拉列表框，其操作与在 Classify 标签页中选择类别属性的操作一样。

(5) Store clusters for visualization(为可视化保存簇)：选中此复选框，在训练完成后，保存簇以供可视化使用。当处理很大的数据集遇到内存不足的问题时，取消选中此选项可能会有帮助。默认为选中。

通常情况下，在聚类过程中可以设置忽略一些数据属性。单击 Ignore attributes(忽略属性)按钮，会弹出一个小窗口，让用户选择要忽略哪些属性。单击窗口中的属性使其高亮，按住 Shift 键可选择连续范围内的属性，按住 Ctrl 键可选择或反选单个属性。要取消选择，可单击 Cancel 按钮；要激活选择，可单击 Select 按钮。下一次运行聚类算法时，会忽略选择的属性。

FilteredClusterer 元聚类器是一种特殊的聚类器，它为用户提供在聚类器学习之前先应用过滤器的方式。使用这种方法，当不需要在 Preprocess 标签页中手动应用过滤器时，可以在学习的同时进行数据处理，这在需要使用不同的过滤器设置方式时十分有用。

和 Classify 标签页类似，Cluster 标签页中也有 Start 按钮和 Stop 按钮。单击 Start 按钮开始学习，学习结果会显示在 Clusterer output(聚类器输出)区域，并在 Result list(结果列表)区域创建一个新条目。右击该条目，也会弹出快捷菜单，不同的是这里只显示两个可视化菜单项——Visualize cluster assignments(可视化簇分配)和 Visualize tree(可视化树)，后者在不可用时会变灰。另外，Visualize cluster assignments 窗口中有一个 Save 按钮，用于将数据保存为 ARFF 文件，用户可以查看哪些样本被分配到哪个簇中。

2.4.2 聚类算法介绍

本节介绍三种简单但重要的聚类算法。*k* 均值算法是很典型的基于距离的聚类算法，采用距离作为相似性的评价指标，试图划分 k(用户指定个数)个簇。k 均值算法不适合处理标称型属性，对于数值型属性的聚类效果较好。EM(Expectation Maximization，期望最大化)算法是 k 均值算法的一种扩展，它不把对象分配给一个确定的簇，而是根据对象与簇之间的隶属关系发生的概率来分配对象。EM 算法是解决数据缺失问题的一种出色算法。DBSCAN 算法是一种基于密度的聚类算法，簇的个数由算法自动确定。其将低密度区域中的点视为噪声而忽略，因此 DBSCAN 不产生完全聚类。

1. *k* 均值算法

k 均值算法比较简单，其中 k 表示用户指定的所期望的簇个数。其基本算法是，首先选择 k 个初始质心，将每个数据点指派给最近的质心，指派给一个质心的全部点形成一个簇；然后根据指派给簇的点，更新每个簇的质心；重复指派及更新步骤，直到簇不再发生变化，即质心不再发生变化为止。算法的伪代码如算法 2.7 所示。

算法 2.7　基本 *k* 均值算法

```
选择 k 个点作为初始质心
repeat
    将每个点指派给最近的质心，形成 k 个簇
    重新计算每个簇的质心
until 质心不再发生变化
```

相似度的计算可采用欧氏距离或曼哈顿距离。其中，欧氏距离是指两点之间的欧氏空间直线距离，而曼哈顿距离是在欧氏空间固定直角坐标系上两点所形成的线段对轴产生的投影的距离总和。

考虑邻近度为欧氏距离的数据，通常使用误差的平方和(Sum of the Squared Error，SSE)作为度量聚类质量的目标函数。SSE 定义如下：

$$\mathrm{SSE}=\sum_{i=1}^{K}\sum_{x\in c_i}\mathrm{dist}(c_i,x)^2$$

其中，dist 表示两个对象之间的标准欧氏距离(L2)；c_i 为簇 i 的质心；x 为属于簇 i 的数据点的集合。

Weka 提供采用 k 均值算法进行聚类的 SimpleKMeans。簇的数目由参数 numClusters 指定，用户可以选择欧氏距离或曼哈顿距离等作为距离度量。如果使用曼哈顿距离，该算法实际使用 k 中位数算法，而非 k 均值算法，质心基于中位数而不是均值以最小化簇内的距离函数。

2. EM 算法

EM 算法是在概率模型中寻找参数最大似然估计或者最大后验估计的算法，其中概率模型依赖于无法观测的隐藏变量。EM 算法经常用于机器学习和数据聚类领域。

EM 算法使用两个步骤交替进行计算。第一步是计算期望(E)，利用对隐藏变量的现有估计值，计算其最大似然估计值；第二步是最大化(M)，最大化在 E 步上求得的最大似然值来计算参数的值。然后将 M 步上找到的参数估计值用于下一个 E 步计算中，这个过程不断交替进行直至收敛。

通过交替使用这两个步骤，EM 算法逐步改进模型的参数，使参数和训练样本的似然

概率逐渐增大，最后终止于一个极大点。

EM 算法的主要目的是提供一个简单的迭代算法计算后验密度函数，它的最大优点是简单和稳定，但容易陷入局部最优。

Weka 提供简单的 EM 聚类算法。EM 为每个实例分配一个概率分布，表明它属于每一个簇的概率。EM 能用交叉验证确定创建多少个簇，或者指定产生多少个簇的先验。

3. DBSCAN 算法

基于密度的聚类寻找由低密度区域分割的高密度区域。DBSCAN 是一种简单、有效的基于密度的聚类算法，它诠释了基于密度的聚类算法的很多重要概念。首先定义几个术语。

(1) 核心点(core point)：核心点位于基于密度的簇的内部。点的邻域由距离函数和用户指定的距离ε(Weka 使用 epsilon 选项来指定该值)决定。核心点定义是，该点给定邻域内的点的个数超过给定的阈值 MinPts，MinPts 由用户指定。

(2) 边界点(border point)：边界点不是核心点，但落在某个核心点的邻域内。

(3) 噪声点(noise point)：既不是核心点又不是边界点的点称为噪声点。

DBSCAN 算法的伪代码如算法 2.8 所示。任意两个足够靠近(相互之间的距离在ε之内)的核心点属于同一个簇。同样，任何与核心点足够靠近的边界点也放到与核心点相同的簇中。如果一个边界点靠近不同簇的核心点，则需要评判是否丢弃噪声点。

算法 2.8 DBSCAN 算法

```
将所有点标记为核心点、边界点或噪声点
删除噪声点
为距离在ε之内的所有核心点之间添加一条连接边
每组连通的核心点形成一个簇
将每个边界点指派给一个与之关联的核心点的簇
```

DBSCAN 使用基于密度簇的定义，是相对抗噪声的，并且能够处理任意形状和大小的簇。因此，DBSCAN 算法能够发现 k 均值算法不能发现的簇。但是，DBSCAN 在处理簇密度变化太大或高维数据时，会遇到密度定义更加困难的问题。

Weka 提供 DBSCAN 算法，它使用欧氏距离度量以确定哪些实例属于哪个簇。与 k 均值算法不同，DBSCAN 算法可以自动确定簇的数目，发现任意形状的簇，并纳入离群概念。簇定义为至少包含最小数量的点，簇内每对点之间的距离必须落在用户指定的距离(ε)之内，或者由簇中一系列的点连接为链，位于链中的每个点和下一个点的距离必须落在ε内。ε值越小，产生的簇越密集，因为实例之间必须更接近才能同属于一个簇。根据设置的ε值和最小的簇大小，可能有某些实例不属于任何簇，可将这些实例视为离群值。

2.4.3 手把手教你用

1. 使用 SimpleKMeans 算法

k 均值算法是一种常用的聚类分析算法。该算法接受输入值 k，然后将 n 个数据对象划分为 k 个簇，使得获得的簇满足如下条件：同一簇中的对象相似度较高，而不同簇中的对象相似度较小。

SimpleKMeans 算法使用 k 均值算法。簇的数量由一个参数指定，用户可以选择欧氏距离或曼哈顿距离度量。如果使用后者，该算法实际上是使用 k-medians 替代 k-means，并且中心也是基于中位数而不是均值，以尽量使簇内的距离函数最小。

下面对天气数据集使用 SimpleKMeans 算法。首先在 Preprocess 标签页中加载 weather.numeric.arff 文件，然后切换至 Cluster 标签页，选择 SimpleKMeans 算法，保持默认参数，即 2 个簇以及欧氏距离。单击 Ignore attributes 按钮，选择 play 属性为忽略属性，单击 Select 按钮确认选择。单击 Start 按钮运行聚类算法，结果如下：

```
=== Run information ===

Scheme:      weka.clusterers.SimpleKMeans -init 0 -max-candidates 100 -
periodic-pruning 10000 -min-density 2.0 -t1 -1.25 -t2 -1.0 -N 2 -A
"weka.core.EuclideanDistance -R first-last" -I 500 -num-slots 1 -S 10
Relation:     weather
Instances:    14
Attributes:   5
              outlook
              temperature
              humidity
              windy
Ignored:
              play
Test mode:    evaluate on training data


=== Clustering model (full training set) ===


kMeans
======

Number of iterations: 3
Within cluster sum of squared errors: 11.237456311387234

Initial starting points (random):

Cluster 0: rainy,75,80,FALSE
Cluster 1: overcast,64,65,TRUE

Missing values globally replaced with mean/mode

Final cluster centroids:
                          Cluster#
Attribute      Full Data          0          1
                  (14.0)      (9.0)      (5.0)
==============================================
outlook            sunny      sunny   overcast
temperature      73.5714    75.8889       69.4
humidity         81.6429    84.1111       77.2
windy              FALSE      FALSE       TRUE
```

```
Time taken to build model (full training data) : 0 seconds

=== Model and evaluation on training set ===

Clustered Instances

0       9 ( 64%)
1       5 ( 36%)
```

可以看到，聚类结果以表格形式显示：行对应属性名，列对应簇中心。在开始的一个额外簇(Full Data)显示整个数据集。每个簇拥有的实例数量显示在所在列的顶部括号内。每一个表项如果是数值型属性，则显示平均值；如果是标称型属性，则显示簇所在列对应的属性标签。用户可以选择显示数值型属性标准差和标称型属性值的频率计数，只要在通用对象编辑器中将 displayStdDevs 参数设置为 true 即可。输出结果底部显示应用所学聚类模型的结果。本例中显示了分配给每个簇的训练实例数目及百分比，与表格中每一列顶部括号内的数字相同。使用不同的聚类模式，显示输出会有所不同。

2. 使用 EM 算法

EM 算法也是常用的聚类算法。下面使用 EM 算法对相同的数据集进行聚类分析。

在 Cluster 标签页中单击 Choose 按钮选择 EM 聚类器，单击 Choose 按钮右边的文本框，将 numClusters 设置为 2，即簇数为 2，其他参数保持默认值。确保 play 属性为忽略属性。单击 Start 按钮启动聚类训练，得到结果如下：

```
=== Run information ===

Scheme:      weka.clusterers.EM -I 100 -N 2 -X 10 -max -1 -ll-cv 1.0E-6 -ll-
iter 1.0E-6 -M 1.0E-6 -K 10 -num-slots 1 -S 100
Relation:     weather
Instances:    14
Attributes:   5
              outlook
              temperature
              humidity
              windy
Ignored:
              play
Test mode:    evaluate on training data


=== Clustering model (full training set) ===


EM
==
```

```
Number of clusters: 2
Number of iterations performed: 18


              Cluster
Attribute          0        1
              (0.28)   (0.72)
==================================
outlook
  sunny        2.9551  4.0449
  overcast     2.9876  3.0124
  rainy        1.0009  5.9991
  [total]      6.9437 13.0563
temperature
  mean        82.2771 70.1574
  std. dev.    1.9212  3.6061

humidity
  mean        83.9571 80.7353
  std. dev.    5.5038  11.043

windy
  TRUE         1.9553  6.0447
  FALSE        3.9884  6.0116
  [total]      5.9437 12.0563


Time taken to build model (full training data) : 0.01 seconds

=== Model and evaluation on training set ===

Clustered Instances

0       4 ( 29%)
1      10 ( 71%)


Log likelihood: -8.36599
```

可以看到，不同于 SimpleKMeans 算法的输出，在表头的每个簇的下方并没有显示实例数量，只是在表头括号内显示其先验概率。表中单元格显示数值型属性正态分布的参数或标称型属性值的频率计数，这里，小数数值揭示了由 EM 算法产生簇的“软”特性，任何实例都可以在若干个簇之间进行分割。输出的最后显示了模型的对数似然值，该值根据训练数据得到。输出还显示了分配给每个簇的实例数量，这是将经过学习后的模型作为分类器应用到数据后所得的结果。

3. 使用 DBSCAN 和 OPTICS 算法

DBSCAN 和 OPTICS 都是聚类算法。

DBSCAN 使用欧氏距离度量，以确定哪些实例属于同一个簇。但是，不同于 k 均值算法，DBSCAN 可以自动确定簇的数量，发现任意形状的簇并引入离群值的概念。它将簇定义为至少包含有最小数目点的集合，其中每个点对彼此之间的距离小于用户指定的最小距离(ε，Weka 中为 epsilon)，或者由簇内的一系列的点连接为链，链中的每个点到下一个点的距离小于ε。ε的值越小，产生的簇越密集，这是因为实例必须靠得更紧密，彼此才能同属于一个簇。根据设定的ε值和簇大小的最小值(Weka 中为 minPoints)，有可能存在某些不属于任何簇的实例，这些实例称为离群值。

OPTICS 算法是 DBSCAN 算法在层次聚类方面的扩展。OPTICS 规定了实例的顺序，对这些实例进行二维可视化，可以揭示簇的层次结构。排序过程根据距离度量，对实例排序并放入有序列表中。此外，它会标记每个相邻实例对的“距离可达性”，这是指允许一个相邻实例对属于同一簇的最小ε值。当根据距离可达性顺序绘出散点图后，能明显看出簇的分界。由于簇内实例距离最近邻居的可达性很低，簇可视化为山谷形状。山谷越深，表示簇越密集。

下面演示如何使用 DBSCAN 和 OPTICS 算法。

首先，在 Preprocess 标签页中加载鸢尾花数据集，然后切换至 Cluster 标签页，单击 Choose 按钮选择 DBSCAN 算法。

注意： 如果没有找到 DBSCAN 算法，那一定是还没有添加该学习方案，需要使用包管理器进行添加。由于 DBSCAN 和 OPTICS 算法的关系密切，Weka 将这两个算法合为一个包，包名为 optics_dbScan，最新版本为 1.0.5。

单击 Choose 按钮右边的文本框，在弹出的通用对象编辑器中将 epsilon 参数设置为 0.2，minPoints 参数设置为 5。然后，单击 Ignore atrributes 按钮，在弹出的 Select items 窗口中选择 class 属性，忽略该类别属性，单击 Select 按钮关闭该窗口。单击 Start 按钮启动聚类算法，在聚类器输出结果中可以看到，DBSCAN 只发现两个簇，一个簇有 49 个实例，另一个簇有 98 个实例，还有三个实例未能聚类，如图 2.80 所示。

```
Time taken to build model (full training data) : 0.03 seconds

=== Model and evaluation on training set ===

Clustered Instances

0       49 ( 33%)
1       98 ( 67%)

Unclustered instances : 3
```

图 2.80 DBSCAN 输出结果

右击结果列表中新添加的条目，在弹出的快捷菜单中选择 Visualize cluster assignments(可视化簇分配)菜单项，Weka 将弹出可视化结果窗口，该可视化界面的操作可以参见 2.7 节的说明。图 2.81 所示的是横轴为 sepalwidth、纵轴为 petalwidth 的可视化结果。

从图中可以看到，DBSCAN 发现了两个簇，一个显示为蓝色的簇(位于图中右下方)是 Iris setosa，另一个簇显示为红色(位于图中左上方)，由 Iris viginica 和 Iris versicolor 组成，DBSCAN 并没有明确区别这两者。三个判定为离群值的实例在散点图中显示为字符 M，左下方的一个 M 实际应该为 Iris setosa，右上方的两个 M 实际应该为 Iris versicolor，但在以花萼宽度为横轴，花瓣宽度为纵轴的散点图中，这些离群值的确与两个簇的距离都有些远。

现在，将 minPoints 参数由 5 修改为 2，保持其他参数不变，重新运行。此时会惊奇地发现 DBSCAN 已经发现了三个簇，散点图右上方的两个离群值单独形成了第三个簇，因为它们相互间的距离小于设定的ε值，并且也满足簇大小的最小值为 2 的要求，如图 2.82 所示。

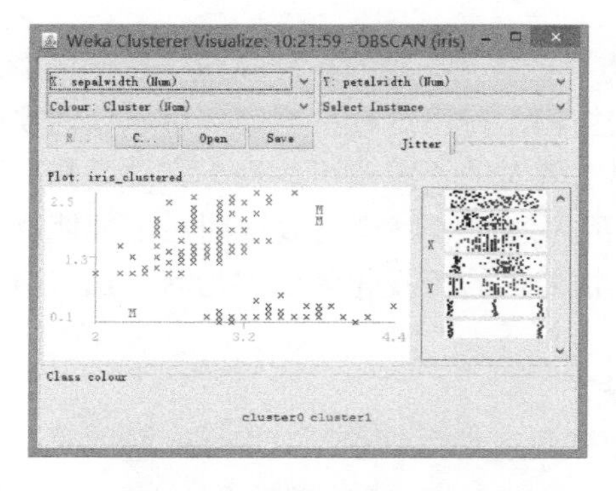

图 2.81　聚类器结果可视化

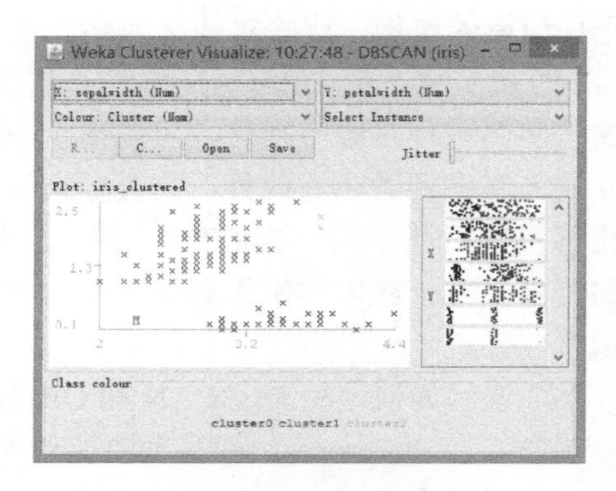

图 2.82　重新运行的结果

现在，对鸢尾花数据集使用 OPTICS 算法。选择 OPTICS 聚类器，打开通用对象编辑器，将 epsilon 参数设置为 0.2，minPoints 参数设置为 5。单击 Start 按钮运行聚类器，Weka 会自动弹出 OPTICS Visualizer 窗口，窗口中部包括 Table 和 Graph 两个标签页，前者以表格形式显示聚类结果，后者以图形形式显示聚类结果，如图 2.83 所示。

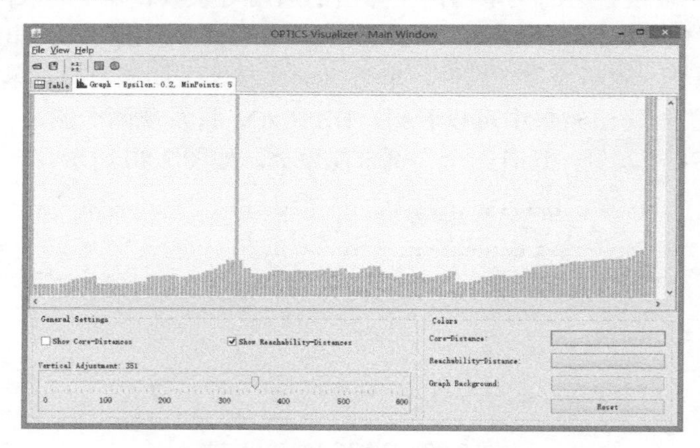

图 2.83　OPTICS 可视化输出

从图中可以看到，有三个很高的峰值，中间夹着两个山谷，对应 OPTICS 找到的两个簇。通过设置距离可达性的阈值，获得不同的聚类，也就是说，在图中某个给定的可达性值的位置处绘制一条水平线，该水平线与峰值相交，两侧相交点形成山谷，这就是根据新阈值得到的簇。

注意： Weka 提供的是 OPTICS 聚类算法的简单实现，不要将它作为运行时的参考基准，也不支持对新实例进行聚类分析。

2.5 关　　联

关联规则数据挖掘是数据挖掘领域的热点之一。关联规则反映一个对象与其他对象之间的相互依赖性，如果多个对象之间存在一定的关联关系，那么，其中一个对象就能够通过其他对象进行预测。

关联规则的典型问题是分析超市中的购物篮数据，通过分析顾客放入购物篮中的不同商品，发现商品之间的关系，从而分析顾客的购买习惯。另一些典型应用是，从海量商业交易记录中发现感兴趣的数据关联，以帮助商家决策。例如，商品分类设计、降价经销分析、货架摆放策略等。

众所周知的沃尔玛超市故事说明了发现关联规则的威力，沃尔玛是将数据挖掘结果应用到商业运作并取得很大成功的公司之一。沃尔玛曾经详细分析了数据仓库中一年多的原始交易数据，发现与尿布一起被购买最多的商品竟然是啤酒。借助于关联规则，发现隐藏在背后的事实是：30%～40%的年轻父亲在购买尿布时会顺便买一点爱喝的啤酒。沃尔玛及时调整了货架摆放位置，把尿布和啤酒放在一起销售，从而大大增加了销量。

关联规则可以采用与分类规则相同的方式产生。由于得到的关联规则数量庞大，通常需要根据覆盖率(coverage)和准确率(accuracy)进行修剪。覆盖率也称为支持度(support)，支持度计数是应用规则后预测正确的实例数量，支持度是支持度计数与实例总数的比值。准确率也称为置信度(confidence)，表示为支持度计数与应用规则的实例数量的比值。

由于仅对高覆盖量的关联规则感兴趣，因此关联只寻找能够达到预定的最小覆盖量的属性值对组合，这些组合称为项集(itemset)，其中的任一个属性值对称为一个项(item)。套用购物篮分析案例，项就是购物篮中的商品，需要寻找的是购物篮中商品之间的关联。

2.5.1 Associate 标签页的操作

Weka 专门使用 Associate(关联)标签页来处理关联问题，如图 2.84 所示。

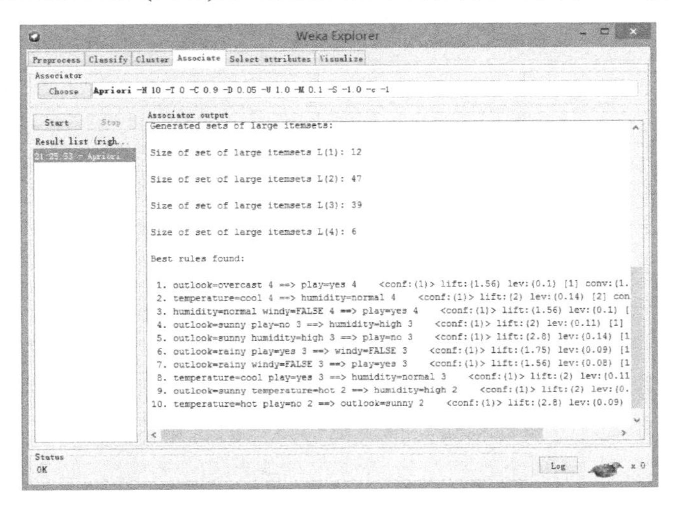

图 2.84　Associate 标签页

Associate 标签页中包含了学习关联规则的方案。从布局来看，关联规则学习器可以采用与聚类器、过滤器和分类器相同的方式来进行选择和配置，只不过该标签页更为简单。

Weka 关联挖掘的一般步骤是，选择合适的关联规则学习器，并为关联规则学习器设置好合适的参数，然后单击 Start 按钮启动学习器，学习完成后可右击结果列表中的条目，以查看或保存结果。

2.5.2 关联算法介绍

关联分析主要用于发现隐藏在大型数据集中的有意义的联系，这些联系可以采用关联规则或频繁项集的形式表示。关联分析可用于购物篮数据分析，还可用于医疗诊断、网页挖掘和科学数据分析等领域。

关联分析有很多术语，以下简单介绍这些术语。

(1) 购物篮事务：顾客购物数据的例子如表 2.9 所示，其中，TID 是事务的唯一标识，项集是给定顾客购买商品的集合，二者合成一个事务。

表 2.9 购物篮事务示例

TID	项 集
1	{面包，牛奶}
2	{面包，尿布，啤酒，鸡蛋}
3	{牛奶，尿布，啤酒，可乐}
4	{面包，牛奶，尿布，啤酒}
5	{面包，牛奶，尿布，可乐}

(2) 二元表示：采用表 2.10 所示的二元形式来表示购物篮数据，每行对应一个事务，每列对应一个项。项用二元变量表示，这种表示忽略所购商品的数量和价格，仅指示购买商品与否。

表 2.10 购物篮数据的二元表示

TID	面 包	牛 奶	尿 布	啤 酒	鸡 蛋	可 乐
1	1	1	0	0	0	0
2	1	0	1	1	1	0
3	0	1	1	1	0	1
4	1	1	1	1	0	0
5	1	1	1	0	0	1

(3) 项集：设 $I=\{i_1,i_2,\cdots,i_d\}$ 为购物篮数据中全部项的集合，$T=\{t_1,t_2,\cdots,t_N\}$ 为所有事务的集合。每个事务 t_i 包含的项集都是 I 的子集。包含 0 个或多个项的集合称为项集。特别地，包含 k 个项的项集称为 k-项集，不包括任何项的项集为空集。

(4) 支持度计数：支持度计数是指包括特定项集的事务个数。如果项集 S 是事务 t_i 的子集，就称事务 t_i 包括项集 S。

(5) 关联规则(association rule)：关联规则是形如 $X \rightarrow Y$ 的蕴涵表达式，其中，X 和 Y 是

不相交的项集，即 $X \cap Y = \varnothing$ 。

(6) 支持度(support)：支持度确定规则可以用于给定数据集的频繁程度，项集 S 的支持度 sup(S)=(包含项集 S 的事务数量/T 中总的事务数量的百分比)×100%。支持度是一种重要度量，低支持度的规则可能只是偶然出现，因此支持度可用于删除无意义的规则。

(7) 置信度(confidence)：置信度确定 Y 在包括 X 的事务中出现的频繁程度。置信度度量规则用于推理的可靠性，置信度越高，推理越可靠。

(8) 频繁项集(frequent itemset)：满足最小支持度阈值的所有项集，即若项集 S 的支持度大于等于给定最小支持度，称 S 为频繁项集。

(9) 强规则(strong rule)：从发现的频繁项集中提取的所有高置信度的规则。

1. Apriori 算法

Apriori 算法是第一个关联规则挖掘算法，它开创性地使用基于支持度的修剪技术，系统地控制了候选项集的指数增长。

算法 2.9 给出 Apriori 算法产生频繁项集部分的伪代码。设 C_k 为候选 k-项集的集合，F_k 为频繁 k-项集的集合。

算法初始通过单遍扫描数据集，确定每个项的支持度。一旦完成该步，就得到所有频繁 1-项集的集合 F_1。然后，算法使用上一次迭代发现的频繁(k−1)-项集，产生新的候选 k-项集。使用 apriori-gen 函数产生候选项集。

为了对候选项集的支持度计数，算法再次扫描一遍数据集。使用 subset 函数确定包含在每一个事务 t 中的 C_k 中的所有候选 k-项集。

计算候选项集的支持度计数之后，算法将删除支持度计数小于最小支持度阈值(minsup)的所有候选项集。

当没有新的频繁项集产生，即 $F_k = \varnothing$ 时，算法结束。

算法 2.9 Apriori 算法的频繁项集产生

```
k=1
F_k = {i | i ∈ I ∧ σ({i}) ≥ N × minsup)}     // 发现所有的频繁 1-项集
repeat
    k=k+1
    C_k=apriori-gen(F_{k-1})                 // 产生候选项集
    for 每个事务 t∈T do
        C_t = subset(C_k, t)                 // 识别属于 t 的所有候选项集
        for 每个候选项集 c ∈ C_t do
            σ(c) = σ(c) + 1                  // 支持度计数增 1
        end for
    end for
    F_k = {c | c ∈ C_k ∧ σ(c) ≥ N × minsup}   // 提取频繁 k-项集
until F_k = ∅
Result = ∪F_k
```

其中，apriori-gen 函数通过候选项集的产生和修剪两个操作产生候选项集。候选项集的产生由前一次迭代发现的频繁(k−1)-项集产生新的候选 k-项集，候选项集的修剪采用基于支持度的修剪策略，删除一些候选 k-项集。

Weka 提供 Apriori 算法的实现类。算法迭代减少最小支持，直到找到满足给定最小置信度的所需数量的规则。

2. FP-Growth 算法

FP-Growth 算法采用完全不同的方法来发现频繁项集。该算法不同于 Apriori 算法的“产生-测试”范型，而是使用一种称为 FP 树的紧凑数据结构组织数据，并直接从该结构中提取频繁项集。

FP 树是一种输入数据的压缩表示，通过逐个读取事务，并将每个事务映射到 FP 树中的一条路径来构造。由于不同事务可能会有若干个相同的项，因此它们的路径可能部分重叠。路径相互重叠越多，使用 FP 树结构获得的压缩效果越好。如果 FP 树足够小，能够存放在内存中，就可以直接从内存结构中提取频繁项集，而不必重复扫描存放在硬盘上的数据。对于某些事务数据集，FP-Growth 算法比标准 Apriori 算法要快几个数量级。

FP-Growth 算法分两个过程，首先根据原始数据构建 FP 树，然后在 FP 树上挖掘频繁模式。下面分别介绍。

算法 2.10　FP 树构建算法

设数据集为 D，最小支持度阈值为 minsup
扫描事务数据集 D，得到频繁 1-项集 F 和支持度。对 F 按支持度降序排序，得到频繁项表 L
创建一个 FP 树的根节点，标记为“null”
再次扫描数据集，对 D 中的每条事务 Trans 执行如下操作：
提取 Trans 中的频繁项并按 L 中的次序排序。令排序后的频繁项表为 $[p|P]$，这里 p 是指第一个元素，而 P 是指剩下的元素组成的列表。调用 insert_tree($[p|P]$, T)。该过程执行如下：如果 T 有子节点 N 使得 N.item_name=p.item_name，则 N 的计数增 1；否则生成一个新节点 N，将计数置为 1，链接到它的父节点 T，并且通过节点链结构将其链接到具有相同 item_name 的节点上。如果 P 为非空，递归调用 insert_tree(P, N)。

FP 树构建算法需要对事务数据库扫描两次，最后将数据集压缩成一棵树，树中包含了频繁模式挖掘的全部信息。

算法 2.11　FP-Growth 算法

```
FP-growth(Tree, α)
L 初值为空
if Tree 包含单条路径 P then
    for 路径 P 中节点的每个组合(记作 β) do
        产生模式 β∪α，其支持度设为 β 中节点的最小支持度
    end for
    else  // 包含多个路径
    for 在 Tree 的头表中的每个频繁项 αi do
        产生模式 β=αi∪α，其支持度 support=αi • support
        构建 β 的条件模式基，然后构建 β 的条件 FP 树 Treeβ
        if Treeβ≠∅ then
            调用 FP-growth(Treeβ, β)
        end if
    end for
end if
```

FP-Growth 算法将发现长频繁模式的问题转化为递归地寻找短模式，然后连接后缀的

问题。它将最不频繁的项作为后缀，极易选取。该方法较大地降低了搜索开销。

Weka 提供名称为 FPGrowth 的 FP-Growth 算法的实现类，算法寻找大的项集而不产生候选项集，通过迭代降低最小的支持度，直到找到所需数量的满足给定最小度量的规则。

2.5.3 手把手教你用

1. Apriori 关联规则挖掘

为了了解如何应用 Apriori 算法，加载 weather.nominal.arff 文件挖掘规则。注意到 Apriori 算法希望的是完全的标称型数据，如果有数值型属性，必须先进行离散化。在 Preprocess 标签页中加载数据后，切换至 Associate 标签页，如果当前的挖掘算法不是 Apriori，则选择它，使用默认选项。然后单击 Start 按钮，启动 Apriori 运行，运行结果如图 2.85 所示。

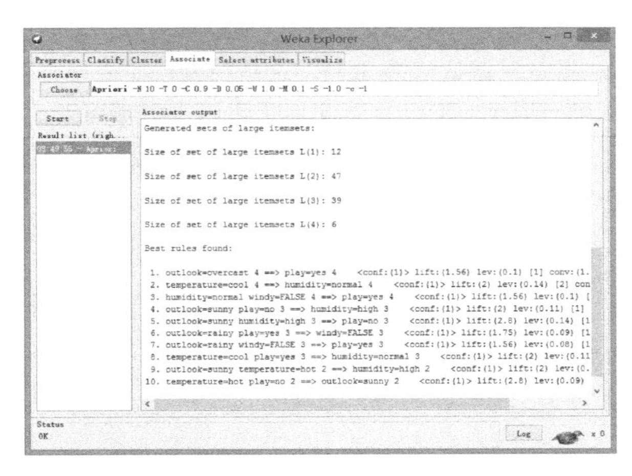

图 2.85　Apriori 算法运行结果

Apriori 算法输出的 10 条规则，按照每一条规则后括号内的置信度值进行排序。为便于研究，将 10 条规则列示如下：

```
 1. outlook=overcast 4 ==> play=yes 4   <conf:(1)> lift:(1.56) lev:(0.1) [1]
conv:(1.43)
 2. temperature=cool 4 ==> humidity=normal 4   <conf:(1)> lift:(2) lev:(0.14)
[2] conv:(2)
 3. humidity=normal windy=FALSE 4 ==> play=yes 4   <conf:(1)> lift:(1.56)
lev:(0.1) [1] conv:(1.43)
 4. outlook=sunny play=no 3 ==> humidity=high 3   <conf:(1)> lift:(2)
lev:(0.11) [1] conv:(1.5)
 5. outlook=sunny humidity=high 3 ==> play=no 3   <conf:(1)> lift:(2.8)
lev:(0.14) [1] conv:(1.93)
 6. outlook=rainy play=yes 3 ==> windy=FALSE 3   <conf:(1)> lift:(1.75)
lev:(0.09) [1] conv:(1.29)
 7. outlook=rainy windy=FALSE 3 ==> play=yes 3   <conf:(1)> lift:(1.56)
lev:(0.08) [1] conv:(1.07)
 8. temperature=cool play=yes 3 ==> humidity=normal 3   <conf:(1)> lift:(2)
lev:(0.11) [1] conv:(1.5)
 9. outlook=sunny temperature=hot 2 ==> humidity=high 2   <conf:(1)> lift:(2)
```

```
lev:(0.07) [1] conv:(1)
10. temperature=hot play=no 2 ==> outlook=sunny 2    <conf:(1)> lift:(2.8)
lev:(0.09) [1] conv:(1.29)
```

规则采用“前件 num.1==>结论 num.2”的形式表示，前件后面的数字表示有多少个实例满足前件，结论后面的数字表示有多少个实例满足整个规则，这就是规则的支持度。因为在所有的 10 个规则中，这两个数相等，所以每个规则的置信度都正好是 1。

在实践中，要找到最小支持度和置信度值以得到满意的结果，可能非常烦琐。因此，Weka 的 Apriori 算法需要多次运行基本算法。它始终使用用户指定的同样的最小置信度值，该值由 minMetric 参数设定。支持度可以表示为 0～1 之间的一个比值，是满足整个规则的实例数与实例总数(在天气数据中其值为 14)的比例。最低支持度始于某一个特定值(由 upperBoundMinSupport 指定，默认值为 1.0)。在每一次迭代中，支持度减少一个固定的量(由 delta 指定，默认值为 0.05，即 5%的实例)，直到已经生成一定数量的规则(由 numRules 指定，默认为 10 条规则)，或者支持度达到一定的 minimum 水平(由 lowerBoundMinSupport 指定，默认值为 0.1)，这是因为，如果规则仅适用于数据集中低于 10%的实例，则这些规则一般也没有什么意义。上述四个值都可以由用户指定。

这听起来很复杂，因此需要研究在天气数据中到底会发生什么情况。Associator output(关联规则输出)区域表明，该算法已经设法产生 10 条规则。算法的最小置信度为 0.9，这是默认值，在输出中已经显示为 Minimum metric <confidence>: 0.9。输出中还显示 Number of cycles performed(执行的次数)为 17，该值表明 Apriori 算法实际运行 17 次以产生这些规则。输出中还显示 Minimum support(最小支持度)，所生成的输出值为 0.15(对应于 $0.15\times14\approx2$ 实例)。

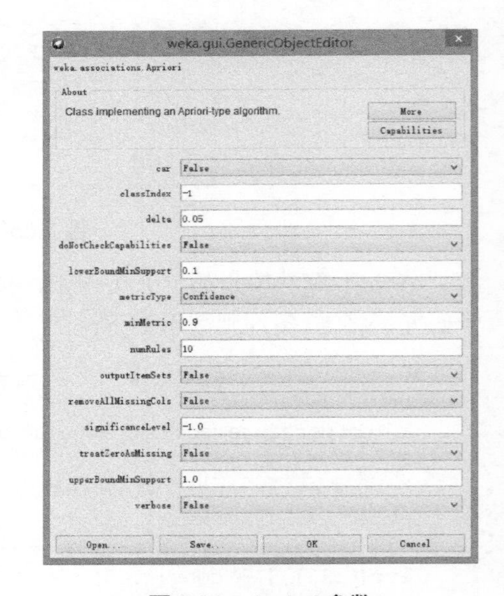

图 2.86　Apriori 参数

现在打开通用对象编辑器，研究如图 2.86 所示的 Apriori 参数。

可以看到，最低的支持度 upperBoundMinSupport 参数的初始值默认为 1.0，delta 参数值为 0.05。由于 $1-17\times0.05 = 0.15$，这就解释了为什么经过 17 次迭代，最小支持度值会是 0.15。需要注意的是，在 Apriori 算法第一次运行之前，upperBoundMinSupport 参数值要先减少 delta。

输出区域还显示，尝试最小支持度的最后一个值(本例为 0.15)后，发现了多少个频繁项集。为方便起见，列示如下：

```
Generated sets of large itemsets:
Size of set of large itemsets L(1): 12
Size of set of large itemsets L(2): 47
Size of set of large itemsets L(3): 39
Size of set of large itemsets L(4): 6
```

可以看到，在本例中给定一个最小支持度计数为 2 个实例时，显示 Minimum

support:0.15(2 instances)，有 12 个大小为 1 的项集、47 个大小为 2 的项集、39 个大小为 3 的项集、6 个大小为 4 的项集。

现在，设置 outputItemSets 为 True，再次运行 Apriori 算法，会显示所有这些不同项集和支持的实例数，如图 2.87 所示。

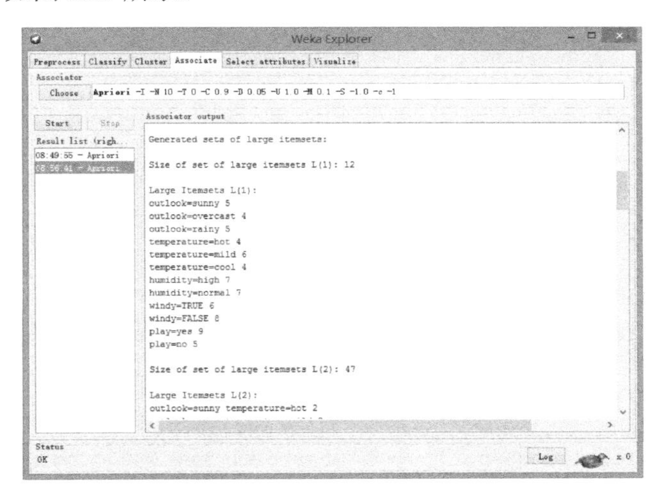

图 2.87　设置 outputItemSets 为 True 后的运行结果

Apriori 算法还有一些其他参数。如果将 significanceLevel 设置为 0～1 之间的一个值，关联规则将根据所选择的显著性水平上的χ^2检验进行过滤。然而，在这种情形下施加显著性检验是有问题的，因为存在多重比较问题：如果对数百个关联规则执行数百次测试，可能很偶然才会发现显著的影响，也就是说，一个关联似乎有统计学意义，但实际上不是。此外，χ^2检验在样本量小的情形下是不准确的。

规则排序还有一些替代度量。除 Confidence(置信度)外，Apriori 算法还支持 Lift(提升度)、Leverage(杠杆率)，以及 Conviction(确信度)，可以在 metricType 下拉列表框中进行选择。更多信息可通过在通用对象编辑器中单击 More 按钮获得。

2. 挖掘现实数据集

本示例挖掘美国国会议员投票信息，该数据集的详细情况可参见第 1 章。

该数据集的全部属性都是二元标称型，并带有一些现实数据集常见的缺失值，使用“?”来表示这些缺失值。要意识到，数据集中的“?”并不意味着该属性的值是未知的，而是意味着，该值既不是“yes”也不是“no”。通常将本数据集视为一个分类问题，任务是基于投票模式预测所属党派。然而，本示例另辟蹊径，在数据集中应用关联规则挖掘，以寻求有趣的关联。

在 Preprocess 标签页中加载 vote.arff 数据集，切换至 Associate 标签页，选择 Apriori 算法，保持默认选项不变，单击 Start 按钮，运行结果如下：

```
Apriori
=======

Minimum support: 0.45 (196 instances)
Minimum metric <confidence>: 0.9
```

```
Number of cycles performed: 11

Generated sets of large itemsets:
Size of set of large itemsets L(1): 20
Size of set of large itemsets L(2): 17
Size of set of large itemsets L(3): 6
Size of set of large itemsets L(4): 1

Best rules found:

 1. adoption-of-the-budget-resolution=y physician-fee-freeze=n 219 ==>
Class=democrat 219   <conf:(1)> lift:(1.63) lev:(0.19) [84] conv:(84.58)
 2. adoption-of-the-budget-resolution=y physician-fee-freeze=n aid-to-
nicaraguan-contras=y 198 ==> Class=democrat 198   <conf:(1)> lift:(1.63)
lev:(0.18) [76] conv:(76.47)
 3. physician-fee-freeze=n aid-to-nicaraguan-contras=y 211 ==> Class=democrat
210   <conf:(1)> lift:(1.62) lev:(0.19) [80] conv:(40.74)
 4. physician-fee-freeze=n education-spending=n 202 ==> Class=democrat 201
<conf:(1)> lift:(1.62) lev:(0.18) [77] conv:(39.01)
 5. physician-fee-freeze=n 247 ==> Class=democrat 245   <conf:(0.99)>
lift:(1.62) lev:(0.21) [93] conv:(31.8)
 6. el-salvador-aid=n Class=democrat 200 ==> aid-to-nicaraguan-contras=y 197
<conf:(0.99)> lift:(1.77) lev:(0.2) [85] conv:(22.18)
 7. el-salvador-aid=n 208 ==> aid-to-nicaraguan-contras=y 204   <conf:(0.98)>
lift:(1.76) lev:(0.2) [88] conv:(18.46)
 8. adoption-of-the-budget-resolution=y aid-to-nicaraguan-contras=y
Class=democrat 203 ==> physician-fee-freeze=n 198   <conf:(0.98)> lift:(1.72)
lev:(0.19) [82] conv:(14.62)
 9. el-salvador-aid=n aid-to-nicaraguan-contras=y 204 ==> Class=democrat 197
<conf:(0.97)> lift:(1.57) lev:(0.17) [71] conv:(9.85)
10. aid-to-nicaraguan-contras=y Class=democrat 218 ==> physician-fee-freeze=n
210   <conf:(0.96)> lift:(1.7) lev:(0.2) [86] conv:(10.47)
```

首先，输出中列出最小支持度为 0.45(196 个实例)，最小置信度为 0.9，执行的次数为 11。

然后，研究 Apriori 算法发现的 10 条规则。

第一条规则表明，支持“采纳预算决议”，并反对“冻结医疗费”的是“民主党”。

第二条规则表明，支持“采纳预算决议”，反对“冻结医疗费”，并支持“援助尼加拉瓜反政府”的是“民主党”。

第三条规则表明，反对“冻结医疗费”，并支持“援助尼加拉瓜反政府”的是“民主党”。

第四条规则表明，反对“冻结医疗费”，并反对“教育支出”的是“民主党”。

第五条规则表明，反对“教育支出”的是“民主党”。

第六条规则表明，反对“EL-萨尔瓦多援助”，并且类别为“民主党”的，会支持“援助尼加拉瓜反政府”。

第七条规则表明，反对“EL-萨尔瓦多援助”的，会支持“援助尼加拉瓜反政府”。

第八条规则表明，支持“采纳预算决议”，支持“援助尼加拉瓜反政府”，并且类别为“民主党”的，会反对“冻结医疗费”。

第九条规则表明，反对“EL-萨尔瓦多援助”，并支持“援助尼加拉瓜反政府”的是“民主党”。

第十条规则表明，支持“援助尼加拉瓜反政府”，并且类别为“民主党”的，会反对“冻结医疗费”。

不难推断出：“民主党”会支持“采纳预算决议”和“援助尼加拉瓜反政府”，反对“冻结医疗费”“教育支出”和“EL-萨尔瓦多援助”。

令人感到意外的是，全部的十条关联规则中，没有一条涉及“Class=republican”(类别为“共和党”的)，这是为什么呢？

也许从数据中能看出些端倪。切换至 Preprocess 标签页，单击 Visualize All 按钮，Weka 弹出如图 2.88 所示的可视化窗口。

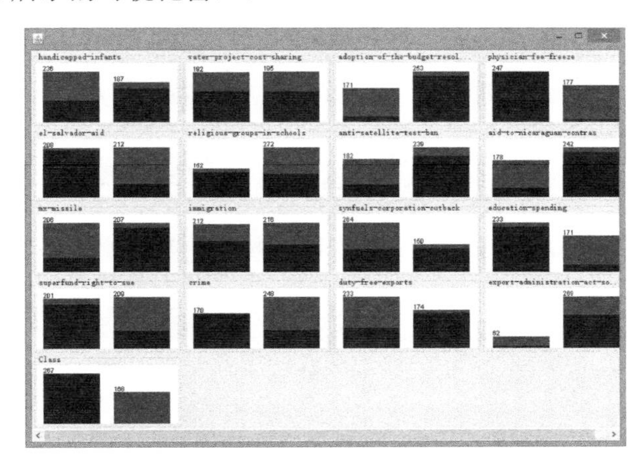

图 2.88 数据集可视化所有的结果

图中的蓝色(深色)代表民主党，红色(浅色)代表共和党。在前四行的 16 项属性中，有多项属性蓝色占据绝对的统治地位，基本上全是蓝色柱；而红色占据统治地位的只有很少几个属性，又因为覆盖率低而不具备竞争优势，故未能入选。在人数上民主党占优(267∶168)，加上有明确的政治观点，因此前十条关联规则都打上了民主党的烙印。

3. 市场购物篮分析

购物篮分析将关联技术用于交易过程，特别是分析超市收银数据，找出那些以成组的形式同时出现的商品。对于大多数零售商来说，这是主要的用于数据挖掘的销售信息来源。例如，自动分析收银数据后发现：买啤酒的客户同时也买薯片，对超市管理人员来说，这个发现也许非常有意义。另一个沃尔玛的例子是，一些顾客通常星期四在买尿片的同时还买啤酒。这似乎令人惊讶，但如果仔细一想，年轻父母为了在家度周末而采购，这又非常容易理解。上述信息可以用于多种目的，如规划货架摆放位置、仅对会同时购买的商品中的一种进行打折销售、提供与单独销售的产品相匹配产品的赠券，等等。了解顾客的个人购买历史记录能够创造出巨大的附加价值。商家可以从顾客的购买行为中鉴别特殊客户，不但可以分析其历史购买模式，而且还能精确地针对潜在用户提供特殊的极有可能感兴趣的购买信息。

在 Weka 中进行市场购物篮分析，每笔交易都编码为一个实例，其中的每个属性表示店里的一个商品项，每个属性都只有一个值，如果某笔特定交易不包含某个商品项(也就是说，客户没有购买该项商品)，就将其编码为缺失值。

本次实验的任务是对超市收银台进行关联数据挖掘。Weka 自带一个超市购物篮分析数据集，文件名为 supermarket.arff，其中的数据是从新西兰的一个真实超市里收集而得。我们需要在真实数据中寻找一些有趣的模式。

首先，在 Weka 探索者界面的 Preprocess 标签页中，加载 data 目录下的 supermarket.arff 文件。在 Current relation 选项组中，可以看到属性数量有 217 个，而实例数量有 4627 个，相对于前面用于教学的例子，这个数据集要大了许多。单击 Preprocess 标签页中的 Edit 按钮，打开数据集的 Viewer 对话框，查看数据文件，确认已经理解了数据的结构。

然后，切换至 Associate 标签页，选择 Apriori 算法，保持默认选项不变，单击 Start 按钮启动 Apriori 算法，运行结果如下：

```
=== Run information ===

Scheme:      weka.associations.Apriori -N 10 -T 0 -C 0.9 -D 0.05 -U 1.0 -M 0.1
-S -1.0 -c -1
Relation:     supermarket
Instances:    4627
Attributes:   217
          [list of attributes omitted]
=== Associator model (full training set) ===


Apriori
=======

Minimum support: 0.15 (694 instances)
Minimum metric <confidence>: 0.9
Number of cycles performed: 17

Generated sets of large itemsets:
Size of set of large itemsets L(1): 44
Size of set of large itemsets L(2): 380
Size of set of large itemsets L(3): 910
Size of set of large itemsets L(4): 633
Size of set of large itemsets L(5): 105
Size of set of large itemsets L(6): 1

Best rules found:

 1. biscuits=t frozen foods=t fruit=t total=high 788 ==> bread and cake=t 723
<conf:(0.92)> lift:(1.27) lev:(0.03) [155] conv:(3.35)
 2. baking needs=t biscuits=t fruit=t total=high 760 ==> bread and cake=t 696
<conf:(0.92)> lift:(1.27) lev:(0.03) [149] conv:(3.28)
 3. baking needs=t frozen foods=t fruit=t total=high 770 ==> bread and cake=t
705   <conf:(0.92)> lift:(1.27) lev:(0.03) [150] conv:(3.27)
 4. biscuits=t fruit=t vegetables=t total=high 815 ==> bread and cake=t 746
```

```
<conf:(0.92)> lift:(1.27) lev:(0.03) [159] conv:(3.26)
 5. party snack foods=t fruit=t total=high 854 ==> bread and cake=t 779
<conf:(0.91)> lift:(1.27) lev:(0.04) [164] conv:(3.15)
 6. biscuits=t frozen foods=t vegetables=t total=high 797 ==> bread and cake=t
725   <conf:(0.91)> lift:(1.26) lev:(0.03) [151] conv:(3.06)
 7. baking needs=t biscuits=t vegetables=t total=high 772 ==> bread and cake=t
701   <conf:(0.91)> lift:(1.26) lev:(0.03) [145] conv:(3.01)
 8. biscuits=t fruit=t total=high 954 ==> bread and cake=t 866   <conf:(0.91)>
lift:(1.26) lev:(0.04) [179] conv:(3)
 9. frozen foods=t fruit=t vegetables=t total=high 834 ==> bread and cake=t
757   <conf:(0.91)> lift:(1.26) lev:(0.03) [156] conv:(3)
10. frozen foods=t fruit=t total=high 969 ==> bread and cake=t 877
<conf:(0.91)> lift:(1.26) lev:(0.04) [179] conv:(2.92)
```

分析一下得到的十条最佳关联规则，看看能发现什么。

第一条规则：饼干+冷冻食品+水果+高总额 ==> 面包和蛋糕。

第二条规则：烘烤所需+饼干+水果+高总额 ==> 面包和蛋糕。

第三条规则：烘烤所需+冷冻食品+水果+高总额 ==> 面包和蛋糕。

第四条规则：饼干+水果+蔬菜+高总额 ==> 面包和蛋糕。

第五条规则：聚会零食+水果+高总额 ==> 面包和蛋糕。

第六条规则：饼干+冷冻食品+蔬菜+高总额 ==> 面包和蛋糕。

第七条规则：烘烤所需+饼干+蔬菜+高总额 ==> 面包和蛋糕。

第八条规则：饼干+水果+高总额 ==> 面包和蛋糕。

第九条规则：冷冻食品+水果+蔬菜+高总额 ==> 面包和蛋糕。

第十条规则：冷冻食品+水果+高总额 ==> 面包和蛋糕。

十条关联规则中，多项商品多次出现，而且总金额都很高。这给出了一些显而易见的信息：第一，购买饼干、冷冻食品等速食的顾客，会顺便采购些水果、蔬菜，以补充身体所需的维生素；第二，购买饼干、冷冻食品以及水果、蔬菜的顾客，会顺便购买面包和蛋糕；第三，购买上述食品的顾客，一次的采购量会很大，总金额较高；第四，总金额较高的交易，一般都会购买面包和蛋糕，等等。

对于超市经理来说，这些信息非常重要，可以根据挖掘到的知识重新安排货架，重新布局超市，提供快速付款通道以及安排送货等附加服务，以期提升市场竞争力。

请读者尝试使用 Apriori 算法的不同参数，看看挖掘效果，能否得到一些意外而又在情理之中的结论。

2.6 选择属性

选择属性就是通过搜索数据中所有可能的属性组合，以找到预测效果最好的属性子集。手工选择属性既烦琐又容易出错，为了帮助用户实现选择属性自动化，Weka 专门提供如图 2.89 所示的 Select attributes 标签页。要自动选择属性，必须设立两个对象：属性评估器和搜索方法。前者在窗口顶部的 Attribute Evaluator 选项组中设置，后者在 Search Method 选项组中设置。属性评估器确定使用什么方法为每个属性子集分配一个评估值，搜索方法决定执行什么风格的搜索。

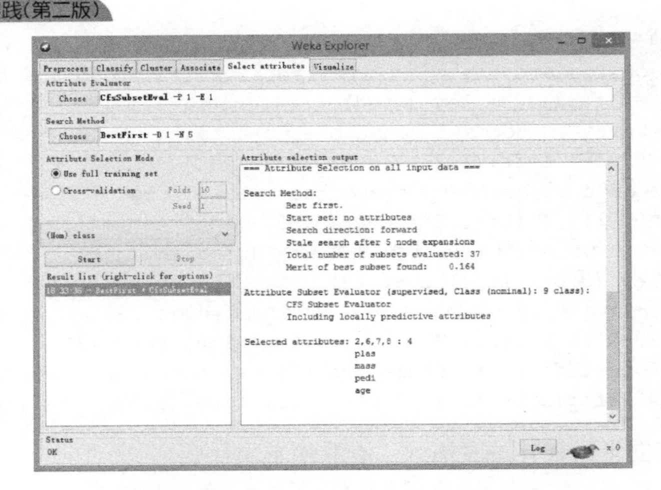

图 2.89　Select attributes 标签页

Weka 允许用户分别选择评估器和搜索方法，如果用户选择的组合不恰当，就会产生一个错误消息，用户可通过日志查看错误消息。

2.6.1　Select attributes 标签页的操作

在 Attribute Selection Mode(属性选择模式)选项组中，有以下两个选项。

(1) Use full training set(使用完整的训练集)：使用完整的训练数据集，以确定属性子集的评估值。

(2) Cross-validation(交叉验证)：由交叉验证来确定属性子集的评估值。Folds(折数)和Seed(种子)选项分别设置交叉验证的折数和打乱数据时使用的随机种子。

与 Classify 标签页一样，Select attributes 标签页中有一个下拉列表框，用于设定把哪个属性作为类别属性。

单击 Start 按钮启动选择属性过程，当选择过程结束后，会将结果输出到 Attribute selection output(属性选择输出)区域，并且会在 Result list(结果列表)区域添加一个条目。右击结果列表区域中的条目，弹出的快捷菜单中提供几个菜单项。前三个菜单项，即 View in main window(在主窗口中查看)、View in separate window(在单独的窗口中查看)和 Save result buffer(保存结果缓冲区)与 Classify 标签页中对应的功能一致，不再重复说明。有可能会有 Visualize reduced data(减少后数据的可视化)菜单项，如果使用了PrincipalComponents(主成分)等属性转换器，也可能会有 Visualize transformed data(转换后的数据可视化)菜单项。通过选择 Save reduced data(保存减少后的数据)或 Save transformed data(保存转换后的数据)菜单项，可以将减少或转换后的数据保存到文件中。

选择属性操作除了可以在 Select attributes 标签页中完成以外，还可以在 Classify 标签页中使用 AttributeSelectedClassifier 元分类器完成，该元分类器可以在训练和测试数据传递给分类器前，先通过选择属性来减少维度。AttributeSelectedClassifier 元分类器的详细用法请参见后文。下一个替代方式是过滤器，一般要求同时对训练数据和测试数据进行减少或转换处理，最好在命令行或简单命令行(Simple CLI)界面中使用AttributeSelection 过滤器的批处理模式(-b)，这是一种有监督的属性过滤器。批处理模式允许使用-r 和-s 选项指定额外的输入和输出文件对，而构建过滤器则使用-i 和-o 选项指定训练数据的输入和输出文件对。

例如：

```
java weka.filters.supervised.attribute.AttributeSelection
-E "weka.attributeSelection.CfsSubsetEval "
-S "weka.attributeSelection.BestFirst -D 1 -N 5"
-b
-i <input1.arff>
-o <output1.arff>
-r <input2.arff>
-s <output2.arff>
```

注意： 以上命令在 Windows 命令行下需要在一行内写完。

2.6.2 选择属性算法介绍

在 Select attributes 标签页中可以指定属性评估器和搜索方法。选择属性通常搜索属性子集空间，评估每一个空间，这可以通过组合属性子集评估器和搜索方法得以实现。另一种快捷但准确度不高的方法是评估单个属性并排序，丢弃低于指定截止点的属性，这可以通过组合单个属性评估器和属性排名的方法得以实现。Weka 界面支持这两种方法，允许用户选取属性评估器和搜索方法的组合，如果用户选择了一个不恰当的组合，就会产生一个错误消息。

1. 属性子集评估器

属性子集评估器选取属性的一个子集，并返回一个指导搜索的度量数值，这些评估器可以像其他 Weka 对象一样配置。

CfsSubsetEval 评估器评估每个属性的预测能力及其相互之间的冗余度，倾向于选择与类别属性相关度高，但相互之间相关度低的属性。选项迭代添加与类别属性相关度最高的属性，只要子集中不包含与当前属性相关度更高的属性。评估器将缺失值视为单独值，也可以将缺失值记为与出现频率成正比的其他值。

WrapperSubsetEval 评估器是包装器方法，它使用一个分类器来评估属性集，它对每一个子集采用交叉验证来估计学习方案的准确性。

2. 单个属性评估器

单个属性评估器和 Ranker 搜索方法一同使用，Ranker 产生一个丢弃若干属性后得到的给定数目的属性排名列表。

ReliefFAttributeEval 是基于实例的评估器，它随机抽取实例样本，并检查具有相同和不同类别的邻近实例。它可运行在离散型类别和连续型类别的数据之上，参数包括指定抽样实例的数量、要检查的邻近实例的数量、是否对最近邻的距离加权，以及控制权重如何根据距离衰减的指数函数。

InfoGainAttributeEval 评估器通过测量类别对应的属性信息增益来评估属性，它首先使用基于 MDL(最小描述长度)的离散化方法(也可以设置为二元化处理)对数值型属性进行离散化。GainRatioAttributeEval 评估器通过测量相应类别的增益率来评估属性。SymmetricalUncertAttributeEval 评估器通过测量相应类别对称的不确定性来评估属性。以上几个方法都可将缺失值作为单独值处理，或者将缺失值记为与出现频率成正比的其他值。

OneRAttributeEval 评估器使用简单的 OneR 分类器采用的准确性度量，它可以像 OneR 分类器那样，使用训练数据进行评估，也可以应用折数作为参数的内部交叉验证。它采用 OneR 分类器的简单离散化方法：将最小桶大小(minimumBucketSize)作为参数。

不同于其他的单个属性评估器，PrincipalComponents 评估器转换属性集，新属性都按照其特征值进行排名。或者，通过选择足够的占方差一定比例(默认为 95%)的特征向量来选择子集。最后，减少后的数据可以转换回原来的空间。

3. 搜索方法

搜索方法遍历属性空间以搜索好的子集，通过所选的属性子集评估器来衡量其质量。每个搜索方法都可以使用 Weka 对象编辑器进行配置。

BestFirst 搜索方法执行带回溯的贪婪爬山法，用户可以指定在系统回溯之前，必须连续遇到多少个无法改善的节点。它可以从空属性集开始向前搜索，也可以从全集开始向后搜索，还可以从中间点(通过属性索引列表指定)开始双向搜索并考虑所有可能的单个属性的增删操作。为提高效率，可以缓存已评估的子集，最大缓存的大小为可设置的参数。

GreedyStepwise 搜索方法贪婪搜索属性的子集空间。像 BestFirst 搜索方法一样，它可以从空集开始向前搜索，也可以从全集开始向后搜索。但不像 BestFirst，它不进行回溯，只要添加或删除剩余的最佳属性导致评估指标降低，就立即终止。在另一种模式下，它通过从空到满(或从满到空)遍历空间，并记录选择属性的顺序来对属性排名。用户可以指定要保留的属性数量，或者设置一个阈值，丢弃所有低于该值的属性。

最后，Ranker 实际上不是搜索属性子集的方法，而是对单个属性进行排名的方法。通过单个属性评估对属性排序，只能用于单个属性评估器，不能用于属性子集评估器。Ranker 不仅能对属性排名，还能通过删除较低排名的属性来完成属性选择。用户可以设置一个截止阈值，丢弃低于该值的所有属性，或者指定保留多少属性。用户可以指定某些不论其排名情况如何都必须保留的属性。

2.6.3　手把手教你用

1. 手工选择属性

本次实践的任务是手工选择玻璃数据集的属性集，使用 IBk 算法和交叉验证，探究哪个属性子集能产生最佳的分类准确率。Weka 中带有自动属性选择功能，后文将进行介绍，但是，手工执行本操作能让读者直观了解选择属性的工作原理，更有启发意义。

首先，在 Weka 的 Preprocess 标签页中加载 glass.arff 文件，可以观察到，如果不计最后一个类别属性，玻璃数据集中一共有九个属性。在 Attributes 选项组中，通过选中属性表格里属性名称前面的复选框，选择欲移除的属性，然后单击 Remove 按钮移除选中的属性，使用剩下的属性子集进行测试。当然，也可以使用 Remove 过滤器完成同样的工作。

这里采用逐步消去属性的方法。其步骤是，首先分别从完整的数据集中移除一个单个属性，形成一个属性子集，对每一个数据子集版本运行交叉验证，这样就可以确定最佳的八个属性的数据集；按照这种方式重复，只不过每次移除两个单个属性，在减少的数据集上实施交叉验证，可以找到最佳的七个属性的数据集；以此类推。

测试的步骤是，在 Preprocess 标签页中选择好数据子集后，切换至 Classify 标签页，选择 IBk 分类器和十折交叉验证方案，单击 Start 按钮启动分类，记录正确分类的百分比，然后返回 Preprocess 标签页选择下一轮的数据子集，如此反复，如图 2.90 所示。

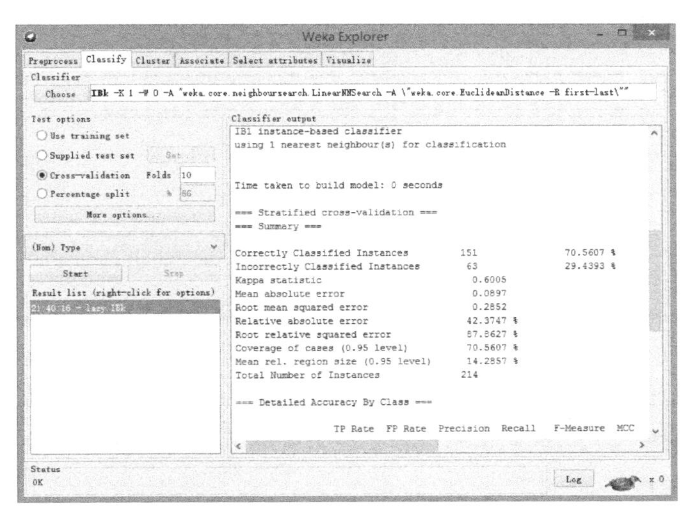

图 2.90　测试结果

将每次的测试结果填入表 2.11 中。该表的第一行数据已经填好，请读者填写其余的数据。

表 2.11　使用 IBk 对不同属性子集得到的准确率

数据子集大小(属性数量)	最佳子集的属性	分类准确率
9	RI，Na，Mg，Al，Si，K，Ca，Ba，Fe	70.5607%
8		
7		
6		
5		
4		
3		
2		
1		
0		

为了方便读者对照，表 2.12 中列出答案。从表中难以看出这是一项艰巨的工作，一共需要完成 512 次实验，即

$$\begin{aligned}&C_9^9+C_9^8+C_9^7+C_9^6+C_9^5+C_9^4+C_9^3+C_9^2+C_9^1+C_9^0\\&=1+9+36+84+126+126+84+36+9+1\\&=512(\text{次})\end{aligned}$$

如果每分钟完成一个实验，也需要将近九个小时才能完成。

表 2.12　使用 IBk 对不同属性子集得到的准确率答案

数据子集大小(属性数量)	最佳子集的属性	分类准确率
9	RI，Na，Mg，Al，Si，K，Ca，Ba，Fe	70.5607%
8	RI，Na，Mg，Al，Si，K，Ca，Ba	77.1028%
7	RI，Na，Mg，Al，K，Ca，Ba	77.5701%
6	RI，Na，Mg，K，Ca，Ba	78.9720%
5	RI，Mg，Al，K，Ca	79.4393%
4	RI，Mg，K，Ca	77.1028%
3	RI，K，Ca	73.8318%
2	RI，Mg	65.8879%
1	Al	52.3364%
0		35.5140%

从表 2.12 中可以看到，使用 IBk 分类器能达到的最高分类准确率为 79.4393%，只需要在九个属性中选取五个属性就足够了，更多的属性反而会降低准确率，即最佳的属性子集得到的分类准确率高于完整数据集得到的分类准确率。请读者想一想，这是为什么？

2. 自动属性选择

在大多数有监督学习的实际应用中，并不是所有的属性在预测目标方面都具有同等的重要性。对于一些学习方案，冗余或不相关的属性可能导致不准确的模型。正如在上一个实验中发现的那样，在数据集中手工选择有用的属性是非常烦琐而乏味的，自动的属性选择方法通常更快更好。

属性选择方法可以分为过滤器和包装方法。前者应用低计算开销的启发式方法来衡量属性子集的质量；后者通过构建和评估实际的分类模型来衡量属性子集的质量，其计算开销较大，但往往性能更好。

探索者界面中的 Select attributes 标签页将属性选择方法应用到数据集，默认使用 CfsSubsetEval 评估器来评估属性子集。另一种方法是使用 InfoGainAttributeEval 等评估器，评估单个属性，然后通过使用一种特殊的“搜索”方法(即 Ranker)，对这些属性进行排名。

下面首先使用 InfoGainAttributeEval 评估器和 Ranker 搜索方法对属性进行排名，具体步骤如下。

首先加载劳工数据集，即 labor.arff 文件，然后切换至 Select attributes 标签页。在 Attribute Evaluator 选项组中，单击 Choose 按钮，选择 InfoGainAttributeEval，这时会弹出如图 2.91 所示的警告对话框，询问是否需要选择 Ranker 搜索方法，单击“是”按钮确认。

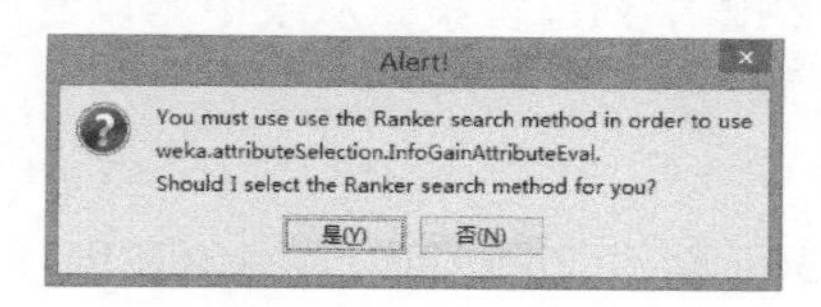

图 2.91　警告对话框

单击 Start 按钮启动自动属性选择评估及搜索算法，图 2.92 中显示了运行结果。

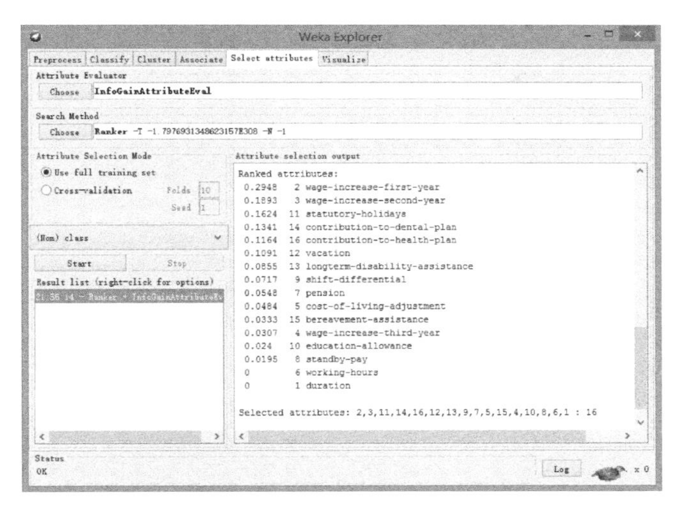

图 2.92　InfoGainAttributeEval 运行结果

从运行结果中可以看到，属性选择输出中已经按照各个属性在预测目标方面的重要程度进行了排序，用户可按照排名后的重要程度选取一定的属性子集。

与上述使用 InfoGainAttributeEval 评估器的信息增益方法不同，CfsSubsetEval 评估器的目标是确定一个属性子集，它与目标属性相关性强，同时相互之间又没有强相关性。默认情况下，它使用 BestFirst 搜索方法，但也可以选择其他方法，搜索可能的属性子集空间中“最好”的那一个。实际应用时可选择 GreedyStepwise，并设置 searchBackwards(向后搜索)参数为 True。

还是使用劳工数据集，在 Select attributes 标签页的 Attribute Evaluator 选项组中选择 CfsSubsetEval，这时会弹出如图 2.93 所示的警告对话框，询问是否需要选择 GreedyStepwise 搜索方法，单击“是”按钮确认。

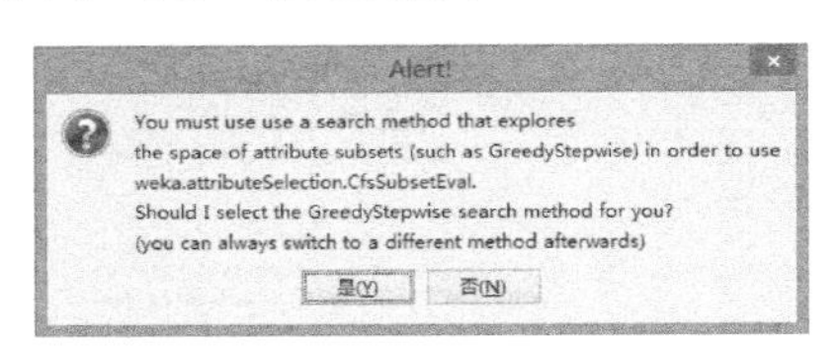

图 2.93　警告对话框

在 Search Method 选项组中单击 Choose 按钮旁边的文本框，在弹出的通用对象编辑器中将 searchBackwards 参数设置为 True，再关闭通用对象编辑器，然后单击 Start 按钮启动自动属性选择评估及搜索算法，图 2.94 中显示了运行结果。

从运行结果中可以看到，最佳的属性子集已经选择出来了，共有七个属性，还显示出所选择的属性索引和属性名称。读者可以将搜索方法由 GreedyStepwise 改为 BestFirst，对于本例来说，运行结果是一样的，都选取第 2、3、5、11、12、13、14 共七个属性。

如果要使用包装方法，而不使用如同 CfsSubsetEval 那样的过滤器方法，那么，首先要选择 WrapperSubsetEval 评估器，然后选择学习算法，设置评估属性子集所使用的交叉验证的折数等选项。

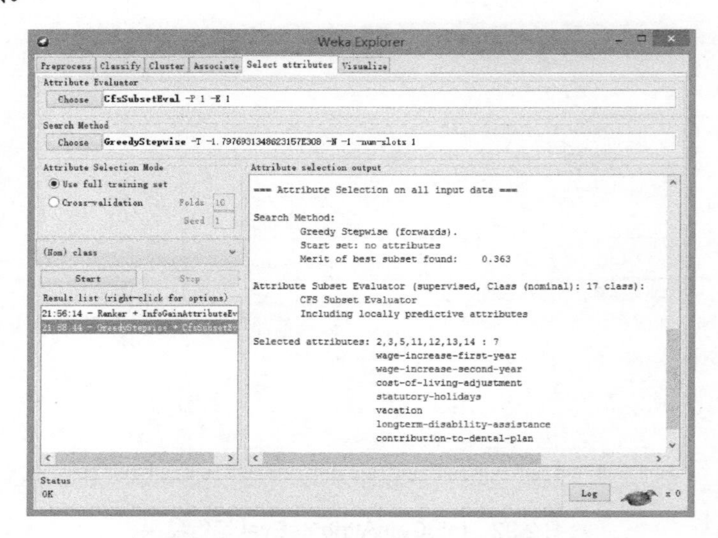

图 2.94 CfsSubsetEval 运行结果

使用包装方法处理劳工数据集的步骤是，选择 WrapperSubsetEval 评估器，设置基学习器 classifier 选项为 J48，设置使用 BestFirst 搜索方法，单击 Start 按钮启动自动属性选择评估及搜索算法，图 2.95 中显示了运行结果。

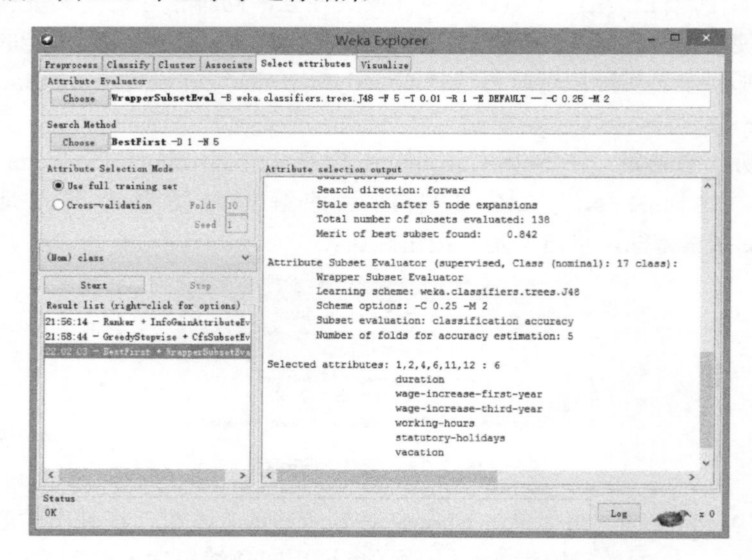

图 2.95 WrapperSubsetEval 运行结果

现在检查图 2.94 和图 2.95 的最佳属性子集结果，前者输出第 2、3、5、11、12、13、14 共七个属性，后者输出 1、2、4、6、11、12 共六个属性，两种方法都选择出来的属性为 2、11、12。对照图 2.95 的输出结果，两者都选择出来的属性分别位于信息增益输出的第二位、第三位、第六位，排名靠前。这说明尽管三种方法得出的结论不同，但有的属性由于与类别属性的相关性强，因此会被很多算法都选中。

最后，研究一下到底后两种方法哪种更符合实际。使用 J48 分类器、十折交叉验证，比较 CfsSubsetEval 和 WrapperSubsetEval 两种算法选出来的属性子集对分类准确度的影响，如表 2.13 所示。

表 2.13 不同自动属性选择的实际性能比较

序 号	属性子集	分类算法	评估策略	分类准确度
1	全集	J48	十折交叉验证	73.6842%
2	2、3、5、11、12、13、14	J48	十折交叉验证	77.1930%
3	1、2、4、6、11、12	J48	十折交叉验证	80.7018%

表 2.13 的第一行为参照数据，没有进行属性选择。由结果可以大致可靠地得出如下结论。

第一，经过属性选择后，分类准确度得到提高。

第二，对于本例，相对于 CfsSubsetEval 算法选出来的七个属性，WrapperSubsetEval 算法只选出来六个属性，属性子集更小，但效果更好。

3. 深入研究自动属性选择

Select attributes 标签页能让用户通过属性选择方法，深入了解数据集。然而，如果将属性选择与有监督的离散化过滤方法一道使用，且将减少后的数据集的一部分用于模型测试(如交叉验证)，就会带来一些问题。其原因是，在选择属性时就已经看到了在测试数据中要使用的类别标签，使用测试数据信息影响了模型的构建，导致有偏倚的准确性估计。

要避免上述问题，可以将数据分为训练集和测试集，属性选择只针对训练集。然而，通常更方便的方法是使用 AttributeSelectedClassifer 分类器，这是 Weka 的一种元学习器，它允许指定属性选择方法和学习算法作为分类方案的一部分。该分类器确保仅基于训练数据来选择属性子集。

现在将该分类器与 NaiveBayes 方法一起使用，测试 InfoGainAttributeEval、CfsSubsetEval 和 WrapperSubsetEval 三种属性选择方法。NaiveBayes 假定属性相互独立，因此属性选择非常有帮助。这里使用 weka.filters.unsupervised.attribute.Copy 过滤器，添加多个复制后的属性，由于每个副本都明显与原来的数据完全相关，读者可以看到所形成的冗余属性的效果。具体操作步骤如下。

首先在 Preprocess 标签页中加载鸢尾花数据集，然后添加无监督的属性过滤器 Copy，将 attributeIndices 选项设置为“1-4”，即复制第 1～4 个属性，如图 2.96 所示。然后，应用该过滤器，可以看到数据集中已经多出了四个属性，连上类别属性一共有九个属性。

下一步，切换至 Classify 标签页。这时，应该注意一个问题，由于复制后的属性都是在尾部添加，因此原来的类别属性就变成不是默认的最末一个属性，一定要记得在 Start 按钮上方的下拉列表框中选择正确的类别属性，这里是(Nom) class。然后，选择 AttributeSelectedClassifer 分类器，编辑该分类器的选项，将基分类器 classifier 选项设置为 NaiveBayes，将基分类器的 useSupervisedDiscretization 选项设置为 True，该选项的功能是使用有监督的离散化将数值型属性转换为标称型属性；将 evaluator 选项设置为 InfoGainAttributeEval；将 search 选项设置为 Ranker，将 Ranker 算法的 numToSelect 选项设置为 3，以指定排名属性的数目。完成以后的通用对象编辑器对话框如图 2.97 所示。

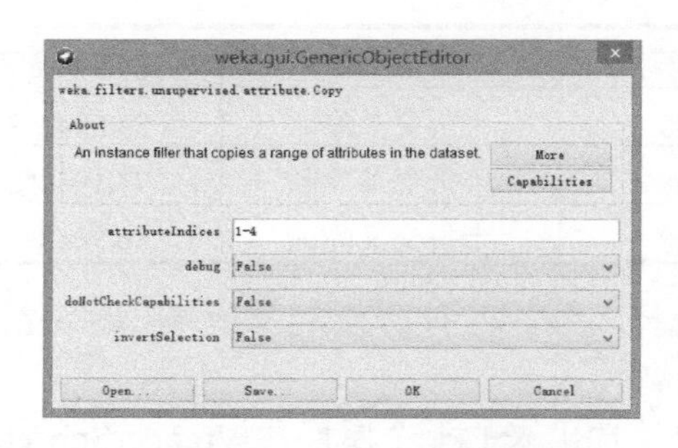

图 2.96　设置 Copy 过滤器选项

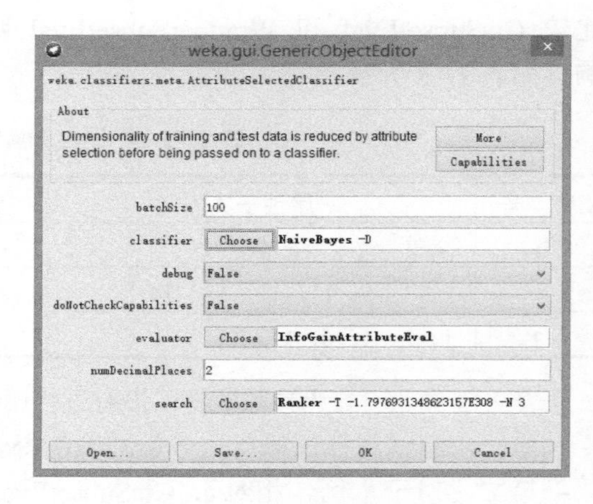

图 2.97　设置分类器选项

关闭对话框，使用十折交叉验证测试策略，单击 Start 按钮运行元分类器，将运行结果填入表 2.14 中。

按照同样的方法，分别使用 CfsSubsetEval 和 WrapperSubsetEval 评估器，并在 WrapperSubsetEval 评估器内部指定 NaiveBayes -D 作为基分类器，因为它正是选择属性子集的分类器。将运行结果填入表 2.14 中。

表 2.14　AttributeSelectedClassifer 元分类器不同评估器的效果

序号	基分类器及参数	评估器	搜索方法	属性子集	分类准确度
1	NaiveBayes -D	InfoGainAttributeEval	Ranker	petallength，Copy of petallength，Copy of petalwidth	93.3333%
2	NaiveBayes -D	CfsSubsetEval	BestFirst	petallength，petalwidth，Copy of petalwidth	94%
3	NaiveBayes -D	WrapperSubsetEval	BestFirst	petalwidth	94%

可见，第一种和第二种自动属性选择算法并没有将冗余的属性分开，属性子集中都多出了一个复制(Copy of)属性。而第三种自动属性选择算法所选择的属性子集只含有一个属性，丢弃了大部分数据，但分类效果仍然是最好之一。

4. 自动参数调节

许多学习算法的参数可以影响学习的结果。例如，决策树学习器 C4.5 有两个参数影响修剪的量，一个是叶节点中所需实例的最小数量(minNumObj)，另一个是用于修剪的置信系数(confidenceFactor)。*k*-最近邻分类器 IBk 有一个参数(KNN)用于设置邻居的大小。手动调整参数设置很烦琐，就像手动选择属性一样，并且也有同样的问题：在选择参数时，一定不要使用测试数据，否则，性能估计会有所偏倚。

Weka 提供元学习器 CVParameterSelection，通过优化训练数据交叉验证的准确性，搜索以获得最佳的参数设置。默认情况下，每个设置使用十折交叉验证进行评估。使用

CVParameters 参数，在通用对象编辑器中指定要优化的参数。对于每个参数，必须提供三类信息：①一个字符串，使用字母代码进行命名(在 Javadoc 中可以找到分类器的相应参数)；②进行评估数值的范围；③在该范围内尝试的步数，为一个数字。例如，从 1～10 增量为 1，搜寻参数-P 可写为“P 1 10 10”。

下面使用具体示例予以说明。使用 CVParameterSelection 元分类器，自动选择 IBk 的邻居大小的最优值，范围从 1～10 分 10 步。

首先加载 diabetes.arff 文件，在 Classify 标签页中选择 CVParameterSelection 元分类器，单击 Choose 按钮后面的文本框，弹出通用对象编辑器对话框。在该对话框中单击 Choose 按钮，选择 IBk 作为基分类器。然后，单击 CVParameters 文本框，会弹出一个通用数组编辑器对话框。在该对话框顶部的文本编辑框中输入“K 1 10 10”，分别代表 KNN 字母代码、1～10 范围、10 步，单击 Add 按钮添加，如图 2.98 所示。如果还需要评估其他参数，可以重复输入，输入完毕后关闭该对话框。

注意： *在单击 Add 按钮后，Weka 会自动在数值参数后添加“.0”。*

完成设置后，单击 Start 按钮启动评估，运行结果如图 2.99 所示。

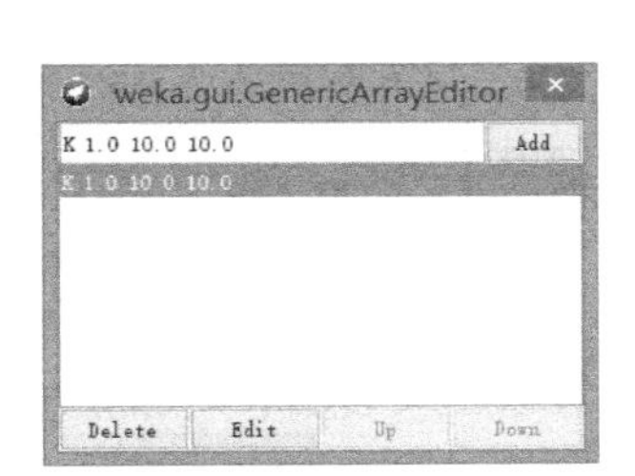

图 2.98 通用数组编辑器对话框

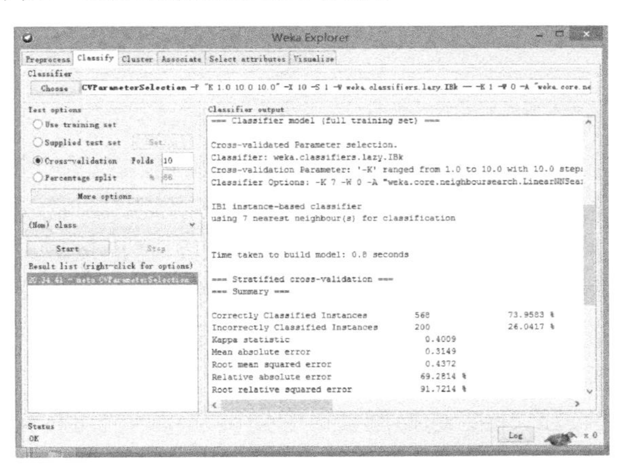

图 2.99 运行结果

从运行结果中可以看到，当 K 值为 7 时，IBk 的分类准确度最高，为 73.9583%。读者可自行使用 IBk 的默认参数进行交叉验证，其分类准确度仅为 70.1823%。

现在整定 J48 的参数。仍然使用上述数据与配置，只是将基分类器由 IBk 换成 J48。如果 CVParameters 字段有一个以上的参数，CVParameterSelection 会同时对多个参数执行网格搜索。修剪置信参数的字母代码是 C，评估取值为从 0.1～0.5 的 5 个步骤。叶节点中所需实例的最小数量参数的字母代码是 M，评估取值为从 1 到 10 的 10 个步骤。因此需要在 CVParameters 参数中分别加入“C 0.1 0.5 5”和“M 1 10 10”两个需要评估的参数，然后单击 Start 按钮启动评估，运行结果如图 2.100 所示。

从运行结果中可以看到，整定后的参数为“-M 10 -C 0.2”，分类准确度为 74.349%，决策树的叶节点数为 15，树大小为 29。可以和使用默认参数的 J48 做一个对比，默认参数为“-C 0.25 -M 2”，其分类准确度为 73.8281%，决策树的叶节点数为 20，树大小为 39。

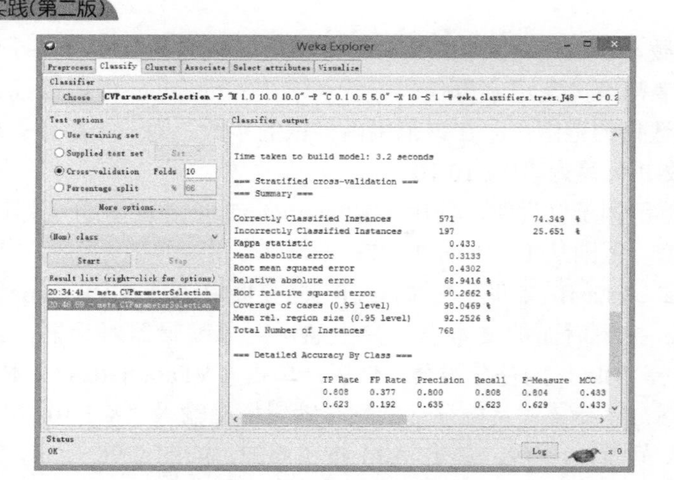

图 2.100　J48 运行结果

综上所述，可以得出结论：优化参数后，对分类器的性能提升很大。

2.7 可　视　化

可视化是指以图形或表格的形式展示信息，一般需要将数据包含的信息转换为可视的形式，以分析或总结数据的特征以及属性之间的关系。由于人类能够快速理解大量的可视化信息，发现其中的模式，因而分析可视化十分重要。另外，以直观的可视化方式提供结果，便于领域专家排除无意义的模式，从而发现重要的模式。

处理多属性的最常用方法是构造双属性的散点图，以显示两个属性值之间的关系，便于用户观察，Weka 为用户提供了这个方便。2.7.1 节中将介绍 Visualize(可视化)标签页的操作。

Weka GUI 选择器窗口中提供了单独的可视化工具，如第 1 章介绍过的 Plot、ROC、TreeVisualizer、GraphVisualizer 和 BoundaryVisualizer。2.7.2 节中将介绍边界可视化工具，该工具在二维空间中可视化分类器的决策边界，可以直观了解分类器的工作原理。

分类器评估通常考虑的是优化分类准确率，假设所有的错误分类的代价(cost)都相同。然而在真实世界的问题中，错分某个类别的代价往往会比错分另一个类别的代价更高，这就是代价敏感分类。2.7.3 节中将介绍 Weka 的代价/收益分析可视化工具。

2.7.1 Visualize 标签页

Weka 探索者界面中的 Visualize 标签页可以帮助用户可视化数据集。要注意到这里的可视化对象并非分类或聚类模型的结果，而是数据集本身。它显示一个二维散点图矩阵，每个单元格对应一对属性。二维散点图矩阵有两个主要的用途：第一，可以直观地以图形方式显示两个属性之间的关系；第二，当给定类别标签后，可以用它来观察两个属性将不同类别的实例分离的程度。如果能用一条直线或曲线将两个属性定义的平面分成一些区域，每个区域包含一个类别的大部分对象，则可以基于给定的两个属性构建精确的分类器；否则，只能用更多的属性或更复杂的方法构建分类器。

图 2.101 中显示了 iris 数据集。用户可以选择一个属性(通常是类别属性)对数据点着色，单击窗口底部 Class Colour 选项组中的类别属性名称，就会弹出 Select New Color(选择新颜色)对话框，选择一种颜色即可。如果类别属性是标称型，显示离散的着色(图 2.101 中显示了三种类别的不同颜色)；如果是数值型，显示彩色条，根据连续值从低到高，对应的颜色从蓝色变到橙色。没有类别取值的数据点显示为黑色。

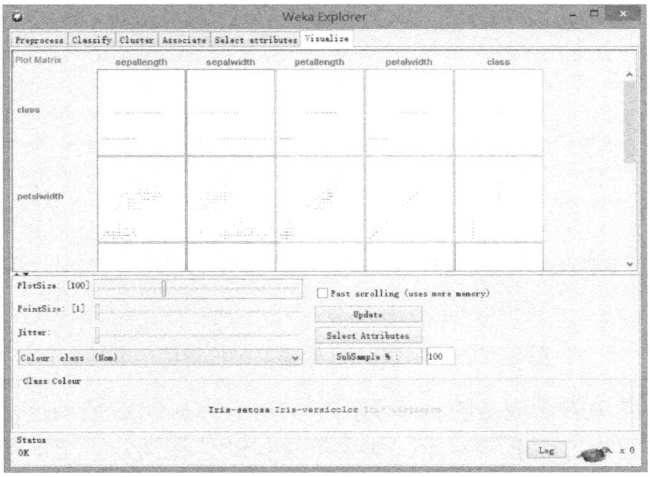

图 2.101　可视化 iris 数据集

PlotSize(图大小)滑块和 PointSize(点大小)滑块分别用于改变每一个单个二维散点图的大小和数据点的大小；Jitter(抖动)滑块用于随机抖动数据，使被遮挡的点可见；Jitter 滑块下方的下拉列表框用于更改着色的属性；Fast scrolling(快速滚动)复选框用于加速滚动，但会耗费多一些的内存；Select Attributes(选择属性)按钮用于选择包含在散点图矩阵中的属性子集；SubSample(二次抽样)按钮用于对数据进行二次抽样，可以设置随机数种子和抽样的百分比。需要注意的是，只有单击 Update(更新)按钮后，上述更改才会生效。

1. 选择单独的二维散点图

当用户单击散点图矩阵中的一个单元格时，将弹出一个单独的窗口，显示用户选择的可视化散点图，如图 2.102 所示。不同于前文提到的分类器错误可视化，那是在一个单独窗口中可视化特定结果，而这里的可视化对象是数据集本身，尽管操作相似。

观察图 2.102，iris 数据集的二维散点图绘制在窗口的主要区域中。窗口顶部有两个下拉列表框用于选择图轴，左侧的下拉列表框显示可用于 *X* 轴的属性，右侧的下拉列表框显示可用于 *Y* 轴的属性。*X* 轴选择器下方是选择配色方案的下拉列表框，让用户根据所选属性对数据点着色，一般选择根据类别属性对数据点着色。绘图区域下方的 Class colour 选项组中有一个图例，描述何值对应何种颜色。如果值是离散的，可以为每个值更改颜色，单击该区域并在弹出的 Select New Color(选择新颜色)对话框中做适当的修改即可。

绘图区的右侧是一连串条状图，每条代表一个属性，条状图内部的点显示属性值的分布。这些值垂直随机分布，帮助用户了解数据点的密度。单击条状图可以选择将该条属性轴用于主图，单击设置其为 *X* 轴，右击设置其为 *Y* 轴。条状图旁边的“X”和“Y”显示当前轴对应的属性，“B”表示一个属性同时用作 X 轴和 Y 轴。

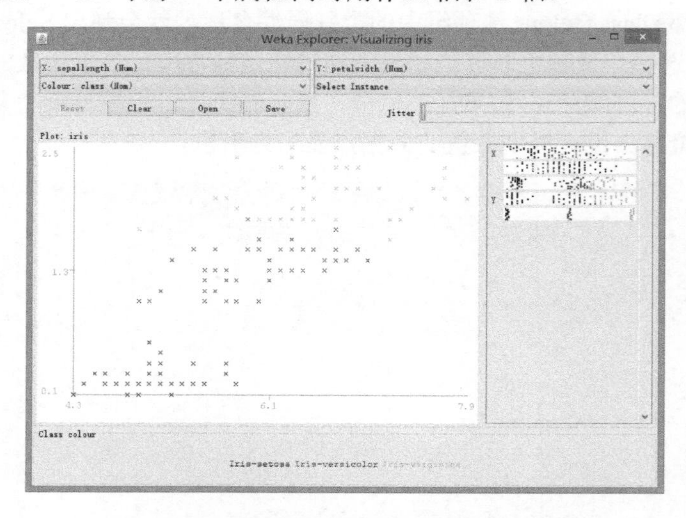

图 2.102　可视化 iris 数据集的任意两个属性

窗口中 Jitter 滑块的功能是随机移动图中的所有点。向右拖动滑块可增加抖动量，这在观察高密度重叠的点方面非常有用。如果不设抖动，在同一点上即便有一百万个实例，看起来也与只有一个单独实例的点没有什么不同。

值得一提的是，Weka 还提供另外一种打开二维散点图窗口的方式。在 Weka GUI 选择器窗口中，选择 Visualization 菜单下的 Plot 菜单项，然后选择一个 ARFF 文件，就可以打开如图 2.103 所示的窗口。可以看到，与图 2.102 相比，除了窗口标题栏的显示有所不同以外，其他部分完全一样。

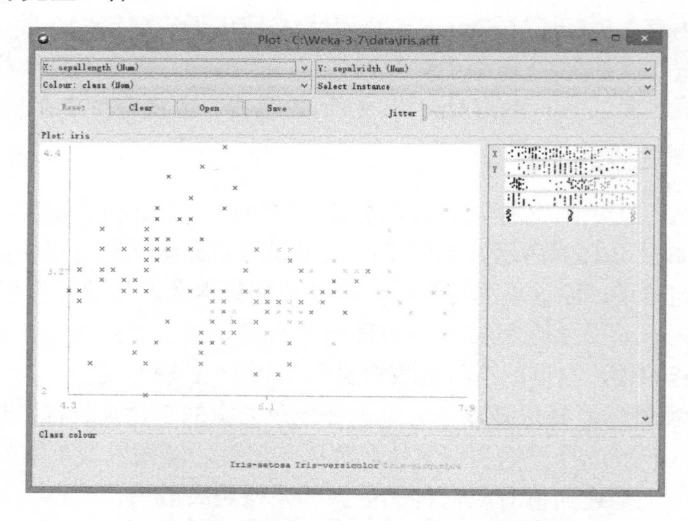

图 2.103　直接通过菜单打开的二维散点图

2. 选择实例

可能会有这种情况，需要使用可视化工具来选择数据的子集。前文(参见 2.3.6 节中的“使用用户分类器”部分)已经讲述过这样一个示例，使用 Classify 标签页中的

UserClassifier 分类器，用户可以通过交互选择实例来构建自己的分类器。

Y 轴选择器下方的下拉列表框用于设置选择实例的方式。可以采用以下四种方式来选择一组数据点。

(1) Select Instance(选择实例)：单击一个单独的数据点会弹出一个窗口，列示它的属性。如果在同一位置出现一个以上的点，就显示多条属性。

(2) Rectangle(矩形)：可以通过拖动鼠标创建一个矩形，将要选择的点包括在内。

(3) Polygon(多边形)：可以创建一个自由形状的多边形，将要选择的点包括在内。单击添加多边形的顶点，右击完成创建。完成后，多边形会将第一个点与最后一个点相连接，因此多边形永远都是封闭的。

(4) Polyline(多折线)：可以创建一条多折线，把一侧的点与另一侧的点分隔开来。单击添加折线的顶点，右击完成创建。多边形始终是封闭的，而多折线是开放的。

如果使用矩形、多边形或多折线选中一个图形区域，该区域会变成灰色。这时，单击 Submit 按钮，会删除灰色选择区域以外的所有实例。单击 Clear 按钮可以清除选定区域，而不影响图形。

如果从图中已经删除了一些点，Submit 按钮会变成 Reset 按钮。单击 Reset 按钮可以撤销先前所有的删除操作，并回到原来包括所有点的图。最后，单击 Save 按钮可以将当前可见的实例保存为新的 ARFF 文件。

2.7.2 边界可视化工具

边界可视化工具(BoundaryVisualizer)不在探索者界面上，而是单独的可视化工具，需要从 Weka GUI 选择器窗口中打开。选择 Visualization 菜单下的 BoundaryVisualizer 菜单项，可打开如图 2.104 所示的 BoundaryVisualizer 窗口。

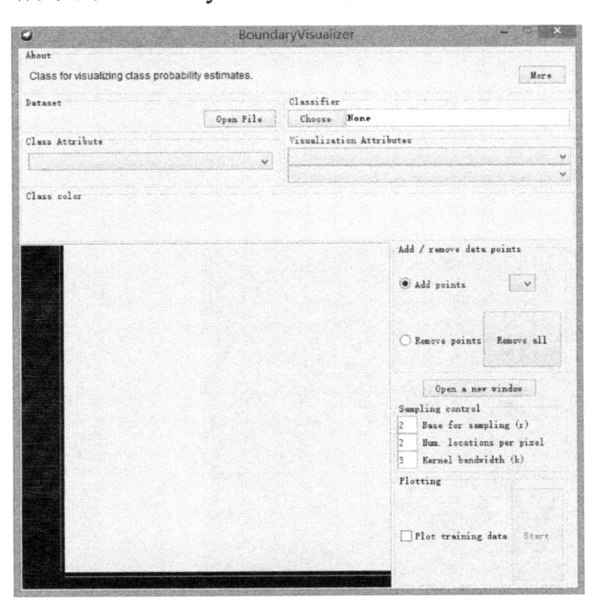

图 2.104　BoundaryVisualizer 窗口

窗口左上角的 Dataset(数据集)选项组中，有一个 Open File(打开文件)按钮，单击该按钮可以打开 ARFF 数据文件。由于边界可视化工具可以显示数据的二维散点图，因此特别适合拥有两个数值属性的数据集。在 Weka 自带数据集中，iris.2D.arff 最为适合，其数值属性有 petallength 和 petalwidth，是 iris.arff 数据集去除第一、二个属性得到的。

打开 iris.2D.arff 数据集后的界面如图 2.105 所示。Class Attribute(类别属性)选项组中默认选取最后一个属性为类别属性，可单击下拉列表框进行更改。Visualization Attributes(可视化属性)选项组显示用于可视化的两个数值属性，分别作为 *X* 轴和 *Y* 轴。左上角的 Classifier(分类器)选项组用于选择分类器，只有在选择好分类器之后，右下角的 Start(启动)按钮才变为可用状态。左下角显示数据的二维散点图，每个数据点的不同颜色表示该点所属的类别，Class color(类别颜色)选项组中标明何种颜色对应何种类别。Add/remove data points(添加/删除数据点)选项组用于添加或删除数据点，默认选中 Add points(添加点)单选按钮，其右边的下拉列表框用于选择所添加数据点的类别，可单击左部的散点图来添加指定类别的数据；选中 Remove points(删除点)单选按钮后，单击散点图会删除击中的数据点；慎用 Remove all(删除全部)按钮，这会删除全部数据点，且无法撤销操作。上述操作只会影响内存中的数据，不会影响加载的数据集文件。Open a new window(打开新窗口)按钮用于打开一个新的 BoundaryVisualizer 窗口。Sampling control(抽样控制)选项组中包括三个文本框，Base for sampling(抽样基准)文本框用于非固定尺寸抽样的基准，Num. locations per pixel(每个像素的位置数量)文本框用于设置每个像素的样本数(仅用于固定尺寸)，Kernel bandwidth(核带宽)文本框用于设置覆盖最近邻的核带宽。Plotting(绘图)选项组中有一个 Plot training data(绘制训练数据)复选框，一般要选中该复选框，否则，只会绘制预测边界，而看不见训练数据。单击 Start 按钮可以启动分类训练过程，同时该按钮变成 Stop(停止)按钮，随时可单击该按钮中断训练。

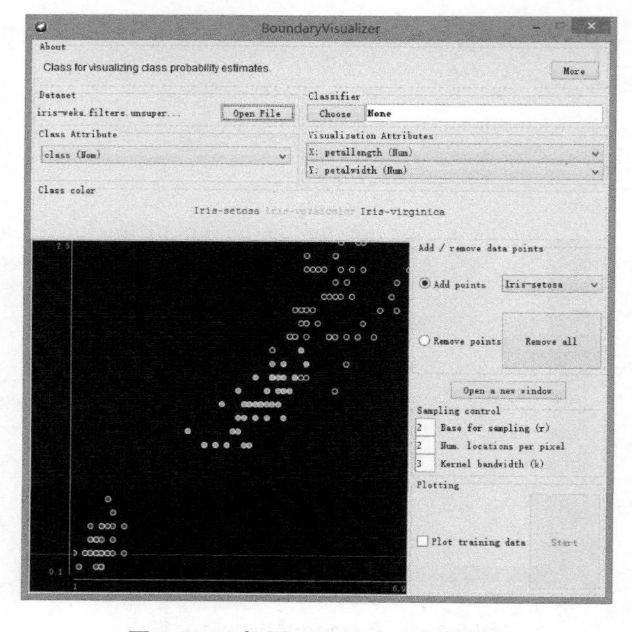

图 2.105　打开 iris.2D.arff 后的结果

单击 Choose 按钮选择 OneR 分类器，使用默认设置，选中 Plot training data 复选框，然后单击 Start 按钮，注意按钮文字的变化，稍等片刻后训练完成，如图 2.106 所示。可以看到，OneR 只使用一个属性，这里的 petalwidth 属性显然比 petallength 属性更容易分开三种类别，因此按照 *Y* 轴对数据点进行分类。

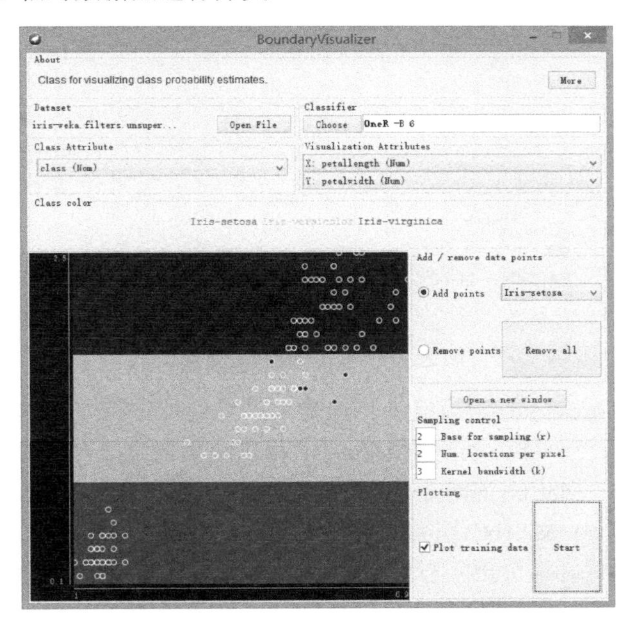

图 2.106　OneR 分类器的可视化边界

决策边界就是分类器学习到的决策规则，该规则能对未知数据进行预测。落在红色区域(最下方)的数据点都预测为 Iris setosa，绿色区域(中间)为 Iris versicolor，蓝色区域(最上方)为 Iris virginica。要注意到 OneR 是“硬”分类，它硬性划分不同区域，因此对测试样本的预测是“非此即彼”模式。

2.7.3　代价/收益分析可视化

错误分类无疑会产生代价，且不同类别的误判错误的代价也不同。例如，将癌症患者误判为健康人士的错误代价显然比将健康人士误判为癌症患者要严重得多，前者可能会因为耽误治疗而造成生命损失，后者最大的损失不过是在精神方面。

Weka 专门为挖掘者提供了一个交互式的可视化界面，探索不同的代价场景。这就是 Cost/Benefit Analysis(代价/收益分析)窗口。

当分类器运行完毕后，在结果列表中右击条目，选择快捷菜单中的 Cost/benefit analysis 菜单项，就会弹出如图 2.107 所示的代价/收益分析窗口。

图 2.107 中显示的是使用 NaiveBayes 分类器对 breast-cancer.arff 建模后的结果。本例中，共有 287 个实例分别用于训练和测试。测试实例根据预测为 recurrence-events(复发事件)类别的概率大小进行排名，左边的图为提升图(lift chart)，图上标识为阈值曲线(ThresholdCurve)；右边的图为总代价(total cost)或总收益(total benefit)图，图上标识为代价收益曲线(Cost/Benefit Curve)。两张图的横坐标都为样本大小(Sample Size)。

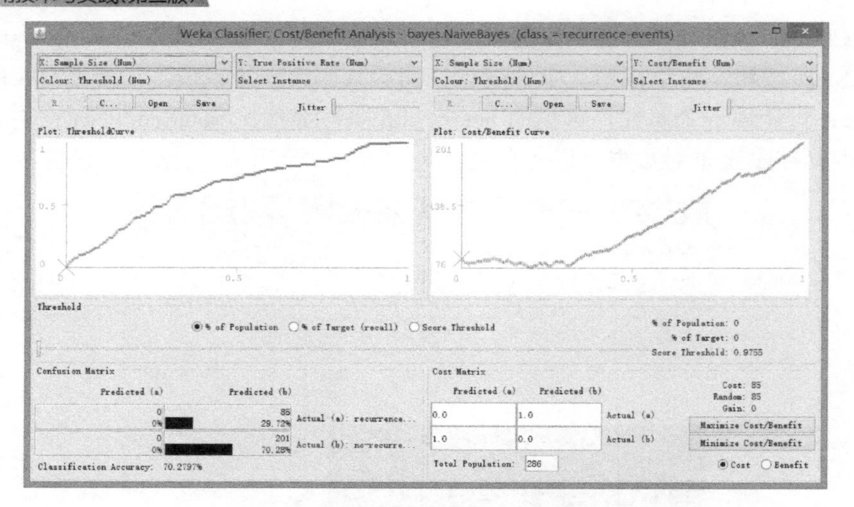

图 2.107　代价/收益分析窗口

在窗口中部的 Threshold 选项组中，拖动水平滑块可以改变从排名列表中选取的占总体(Total Population)的百分比，当滑块滑动时，两张图上的大叉号会显示当前的对应点。窗口左下部的 Confusion Matrix(混淆矩阵)选项组中显示 TP、FN、FP 和 TN 的样本数及百分比。窗口右下部的 Cost Matrix(代价矩阵)选项组中为用户需要输入的数值，输入不同数值会影响上面的曲线形状。代价矩阵右边显示当前 Cost、Random 和 Gain 的具体数值，可以通过窗口右下角的单选按钮组选择到底显示 Cost 还是 Benefit。Maximize Cost/Benefit(最大化代价/收益)和 Minimize Cost/Benefit(最小化代价/收益)按钮分别用于自动选取代价/收益曲线上最大值和最小值的对应点。

在 Threshold 选项组中，滑块上部有一个单选按钮组，默认选中“% of Population”(总体百分比)单选按钮。另外两个选项为“% of Target(recall)”和 Score Threshold，前者通过调整查全率水平(recall level，应包含在样本中的正例的比例)来选取样本大小，后者则通过调整正例类别的概率阈值进行选取。

2.7.4　手把手教你用

1. Visualize 标签页的使用

Weka 的可视化功能最适合于观察研究数值型数据集，因此这里加载 iris.arff 文件。鸢尾花数据集中包含三种类别，即 Iris setosa、Iris versicolor 和 Iris virginica，各有 50 个样本。

单击 Visualize 标签，切换到如图 2.108 所示的 Visualize 标签页。图中显示 5 行 5 列的小散点图，即横坐标和纵坐标都为 5，对应数据集里的五个属性：sepallength(花萼长)、sepalwidth(花萼宽)、petallength(花瓣长)、petalwidth(花瓣宽)和 class(类别)。

单击第二行第一列的小散点图，就会弹出如图 2.109 所示的放大散点图。其中，横坐标是 sepallength 属性，纵坐标是 petalwidth 属性。实例显示为小叉号，颜色由实例的类别确定。散点图的上部有四个下拉列表框，分别用于设置 *X* 坐标、*Y* 坐标、颜色、选择实例，还有四个按钮和 Jitter 滑块。

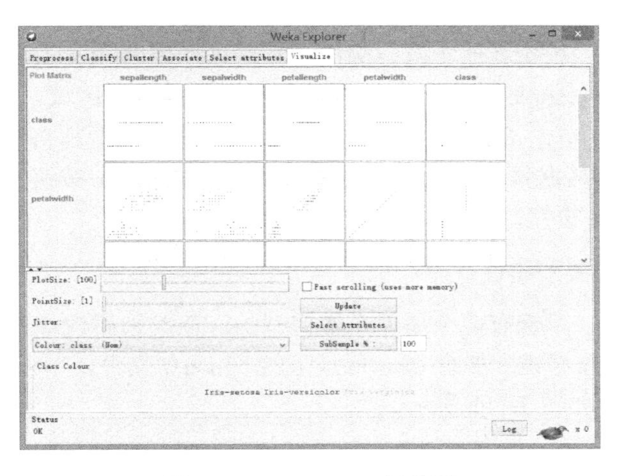

图 2.108 Visualize 标签页

单击图 2.109 中的任意一个小叉号，就会弹出如图 2.110 所示的实例信息窗口，列出所选实例的全部属性值。观察后关闭该窗口，回到图 2.109 所示的窗口。

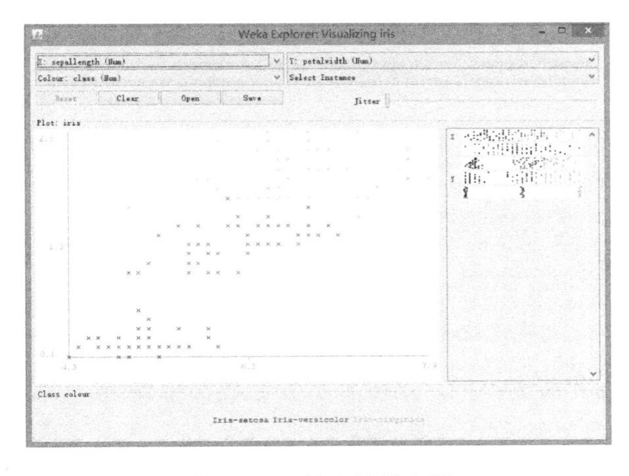

图 2.109 放大的散点图

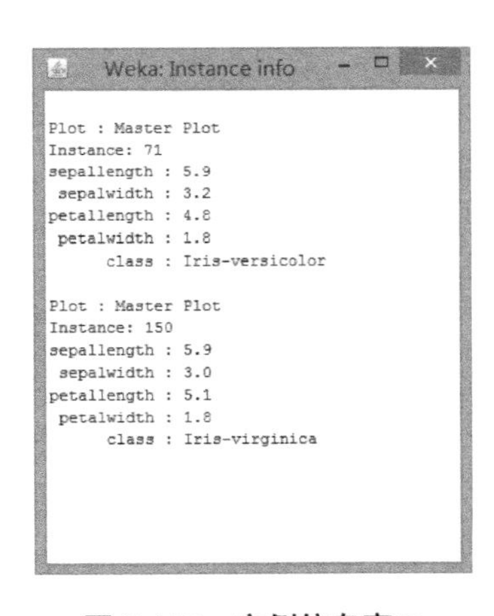

图 2.110 实例信息窗口

现在通过放大的散点图窗口上部的下拉列表框，将 *X* 坐标设置为 petalwidth，*Y* 坐标设置为 petallength，观察散点图的变化情况。Colour: class (Nom)下拉列表框用于改变数据点的颜色编码，其中，括号内的 Nom 指标称型属性，Num 指数值型属性。

散点图窗口右部的条状图中，每条表示一个属性，条状图左边的红色“X”和“Y”字符分别表示当前的 *X* 坐标和 *Y* 坐标为何种属性。条状图中，实例被放置在适当的水平位置，并随机分布在垂直方向上。单击条状图，可使用对应属性作为散点图的 *X* 坐标。右击条状图，可使用对应属性作为散点图的 *Y* 坐标。使用上述方法将 *X* 坐标和 *Y* 坐标分别改回 sepallength 属性和 petalwidth 属性。

Jitter 滑块用于随机移动代表实例的小叉号，这是为了能显示彼此重叠的每个实例的真实位置。例如，图 2.110 中所显示的两个实例，在图 2.109 中重叠为一个点。读者可通过移动 Jitter 滑块来体验其效果。

Select Instance(选择实例)下拉列表框以及 Reset、Clear、Save 按钮用于修改数据集。

可以选择某些实例，并删除其他实例。例如，尝试这样使用 Rectangle(矩形)选项：首先在下拉列表框中选择 Rectangle 选项，然后拖动鼠标来选择一个区域。这时，Reset 按钮会自动变成 Submit 按钮，单击 Submit 按钮，矩形以外的所有实例都将被删除。用户可以单击 Save 按钮将修改过的数据集保存到文件中。当然，单击 Open 按钮，可以打开保存后的数据集文件；单击 Reset 按钮，可以恢复到原来的数据集。

2. 可视化数值型类别属性

在前一个例子中，尽管有多个属性是数值型的，但类别属性却是标称型的。本例查看类别属性为数值型的数据集。加载 data 目录下的 cpu.arff 文件，单击 Visualize 标签，切换到 Visualize 标签页，如图 2.111 所示。

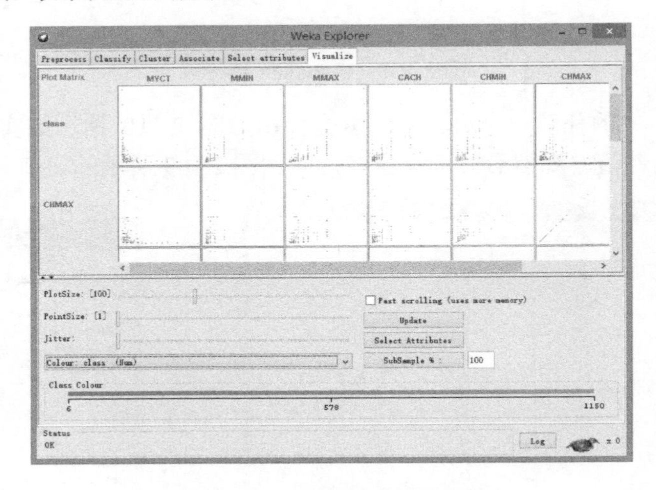

图 2.111 可视化 cpu 数据集

可以注意到，窗口底部的颜色编码和前例不同，这里显示为彩色的细横条，从左到右颜色连续由蓝色逐渐变到橙色。

此外，其他功能都与类别属性为标称型的一样，读者可自行尝试上一个实验的所有操作。

3. 使用边界可视化工具

本实践可视化朴素贝叶斯和 *k*-最近邻分类器的边界。

首先启动 BoundaryVisualizer 窗口，单击 Open File 按钮加载 iris.2D.arff 数据集，单击 Choose 按钮选择 NaiveBayes 分类器。NaiveBayes 分类器假设所有属性都条件独立地给出特定的类别概率值，意味着整个类别的概率由每个属性条件概率的简单相乘(且考虑到类别先验概率)得到。换句话说，如果知道两个属性沿着 X 轴和 Y 轴(以及类别先验概率)的类别概率，就可以通过将它们的值相乘然后规范化的方式计算空间中任意点的概率值。使用边界可视化工具，很容易理解其工作原理。更多贝叶斯分类器的工作原理请参见第 6 章和附录 B。

Weka 的 NaiveBayes 分类器默认假设属性在给定类别的条件下为正态分布，一般通过在通用对象编辑器中设置 useSupervisedDiscretization 选项为 True，使用有监督离散化技术对数据中的数值属性进行离散化。在大多数 NaiveBayes 的实际应用中，使用有监督离散化比默认方式更有效，且产生的可视化更容易理解，因此这里使用有监督离散化。

单击 Choose 按钮旁边的文本框，在弹出的通用对象编辑器中将 useSupervisedDiscretization 选项设置为 True，单击 OK 按钮确定，此时文本框中应该显示 NaiveBayes -D。

确保选中 Plot training data 复选框，然后单击 Start 按钮启动分类训练过程，分类器可视化边界结果如图 2.112 所示。可以看到，有监督离散化将数值属性 petallength 和 petalwidth 离散化为三个取值，在散点图上形成 3 行 3 列的矩阵，重叠区域显示多种颜色的混合色，表示分类器难以确定在这些区域内的测试样本应该预测为哪一种类别。

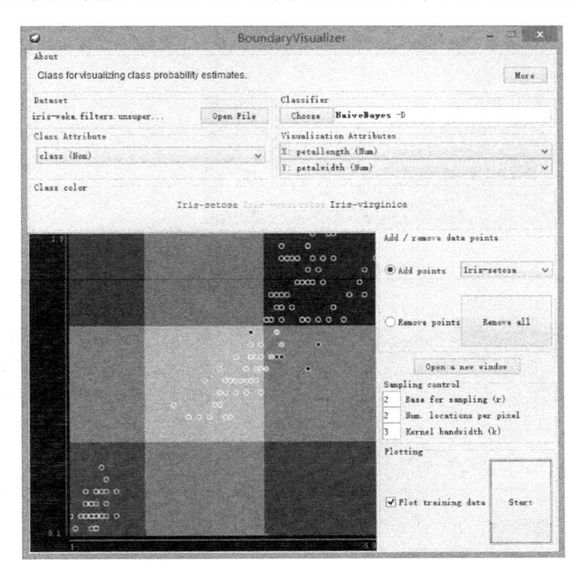

图 2.112　NaiveBayes 的可视化边界

下面可视化 *k*-最近邻分类器的边界。IBk 是 Weka 实现的 *k*-最近邻分类器，它通过查看测试实例的 *k* 个最近邻并计算其所属类别的个数来估计类别概率。

还是使用 iris.2D.arff 数据集，单击 Choose 按钮选择 IBk 分类器，保持其默认选项不变。然后单击 Start 按钮启动分类训练过程，结果如图 2.113 所示。可以看到，对于每一个类别，IBk 输出的是概率估计，边界可视化工具根据区域所属类别的概率输出红色、绿色、蓝色及它们的混合色。由于 *k* 默认为 1，只考虑最近邻的一个成员，因此颜色似乎永远只能是纯色，即红色、绿色或蓝色。散点图确实几乎没有混合色，因为某个类别概率为 1 时其他概率就为 0。但在中上部，还是存在一小片区域是两种颜色的混合。这是怎么回事呢？答案是，尽管可能性不大，但还是存在多个不同类别的数据点占据同一个位置的可能，这样就能合理解释混合颜色的现象。请读者使用 Visualize 标签页自行验证。

最后研究增大 *k* 值对 IBk 可视化边界的影响，图 2.114 和图 2.115 分别是 *k*=5 和 *k*=10 的条件下得到的可视化边界。可见，增大 *k* 值之后，边界层次显得更为丰富，这是因为最近邻个数增加导致测试实例属于不同类别的概率组合增多。另外，还要注意到 IBk 与 OneR 不同，IBk 属于“软”分类，不同纯色之间的界限不分明，不是“非此即彼”，而是“亦此亦彼”。一般将处于混合色中的测试实例预测为概率值最大的类别。

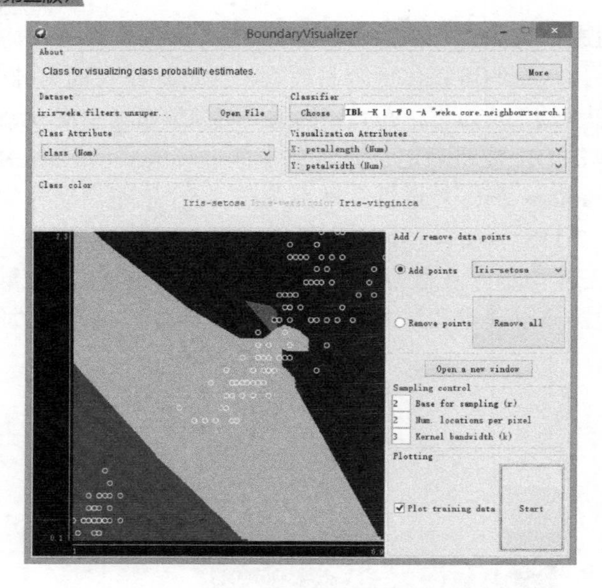

图 2.113　IBk 的可视化边界

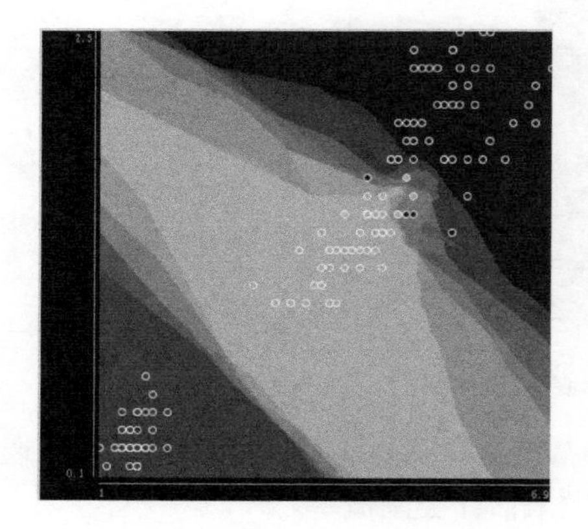

图 2.114　*k*=5 的 IBk 可视化边界

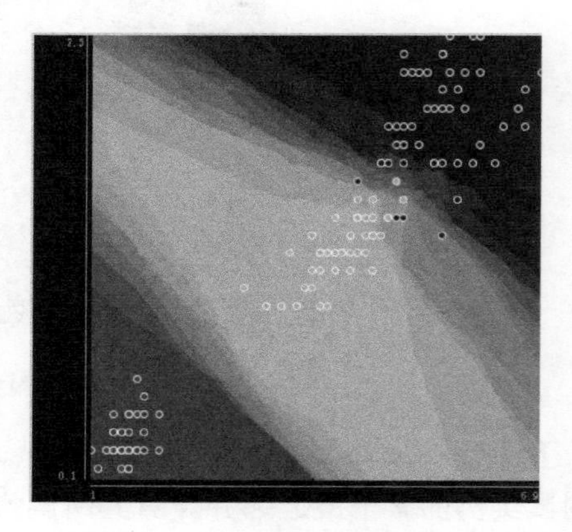

图 2.115　*k*=10 的 IBk 可视化边界

4．代价/收益分析可视化

在探索者界面中打开 breast-cancer.arff 数据集，切换至 Classify 标签页，选取 NaiveBayes 分类器，保持默认选项，单击 Start 按钮，然后在结果列表中右击并选择 Cost/benefit analysis | recurrence-events 菜单项，弹出前文如图 2.107 所示的代价/收益分析窗口。

选中窗口右下角的 Benefit 单选按钮切换至收益，然后按照图 2.116 来设置代价矩阵，并单击 Maximize Cost/Benefit 按钮。可以看到，大叉号已经位于代价/收益曲线的最大值上，当前总体的百分比为 31.8182%，分类准确率为 72.7273%。

现在解释代价矩阵中的数值含义，矩阵左上角的 3.0 表示当测试实例为正例(recurrence-events)时，分类器将其预测为正例(即 TP)得到的收益，右上角的−1.0 表示分类器将其预测为负例(即 FN)得到的负收益，以此类推。数值越大，表示收益越大；数值越小，则收益越小。在真实世界中，这意味着正确判断癌症复发病人得到的收益(3.0)比正确判断不会复发病人得到的收益(1.0)大很多。读者可尝试改变代价矩阵，观察代价/收益曲线的变化。

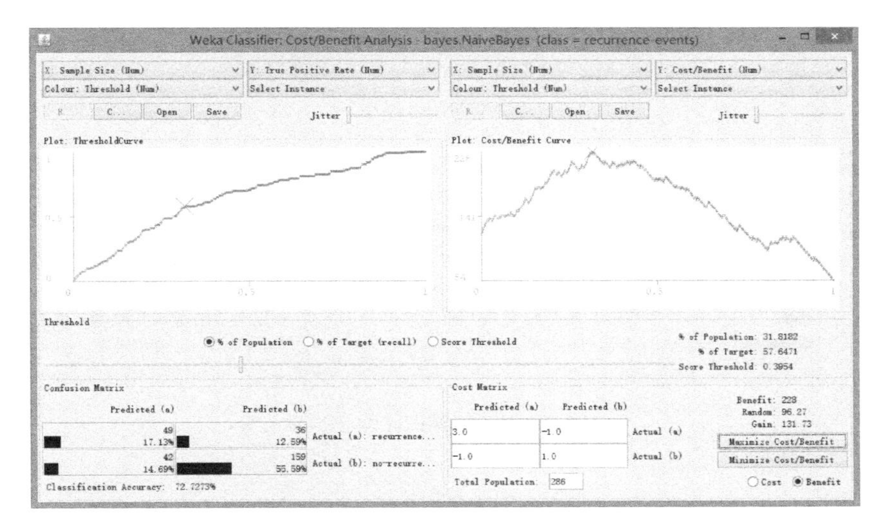

图 2.116　代价收益分析结果

下面研究两个极端的情形。首先将滑块滑动到最左边，可以观察到提升图的大叉号到了坐标原点上，同时显示总体占比为0%，如图2.117所示。此时的物理含义是将全体样本都预测为负例(no-recurrence-events)。从混淆矩阵中可以看到，由于真实的正例仅占不到30%的比例，因此分类器的分类准确率还是超过70%。这会让85个复发患者得不到及时治疗，效果极差。

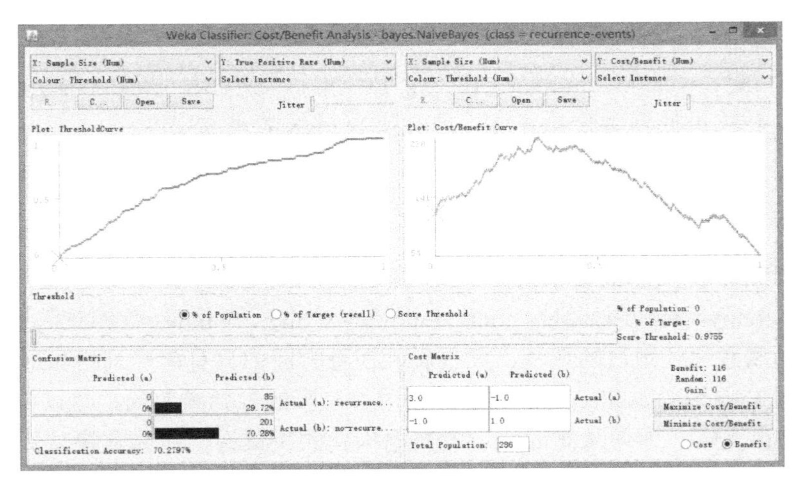

图 2.117　总体占比为 0%

然后将滑块滑动到最右边，可以观察到提升图的大叉号到了右上角，同时显示总体占比为100%，如图2.118所示。此时的物理含义是将全体样本都预测为正例(recurrence-events)。从混淆矩阵中可以看到，此时分类器的分类准确率不到30%。尽管这样能够让85个复发患者得到及时治疗，但会让其余无辜的201人饱受精神折磨，代价也相当高昂。

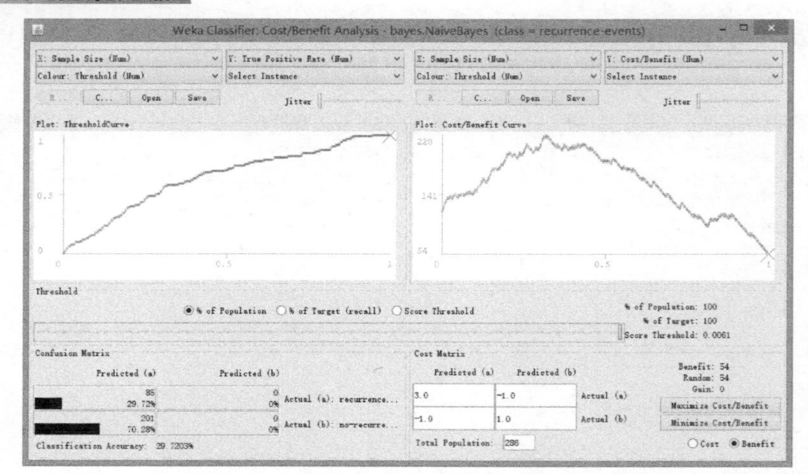

图 2.118　总体占比为 100%

课后强化练习

2.1　加载 weather.nominal.arff 文件后，temperature 属性可以有哪些合法值？

2.2　加载 iris.arff 文件后，该数据集有多少个实例？有多少个属性？petalwidth 属性值可取的范围是多少？

2.3　使用数据集编辑器打开 weather.nominal.arff 文件，实例编号为 2 的类别属性值是多少？

2.4　使用数据集编辑器加载 iris 数据集，该数据集的属性中有多少个是数值型的？又有多少个是标称型的？

2.5　加载 weather.nominal.arff 数据集，使用 weka.unsupervised.instance.RemoveWithValues 过滤器去除 humidity 属性值为 high 的全部实例。

提示：首先选择 RemoveWithValues 过滤器，然后在通用对象编辑器中尝试调整参数，弄清楚每个参数的含义，并解决问题。

2.6　根据图 2.51 所示的决策树，下列实例会怎样进行分类？

outlook = sunny，temperature = cool，humidity = high，windy = TRUE

2.7　使用离散化处理过的属性，某些属性在直方图中只有单一一栏，这是怎么回事？

2.8　使用 FilteredClassifier 和 J48，并采用有监督的二元离散化，与只使用 J48 处理原始数据的结果相比较。为何从离散化后的数据构建的决策树，比起直接从原始数据构建的决策树，有更好的预测效果？

2.9　在“手工选择属性”实验中，是否可以使用 J48 替换 IBk？为什么？

2.10　对于 weather.nominal.arff 数据，根据 Apriori 算法输出，下列项集的支持实例有几个？

temperature=cool，humidity=normal，windy=FALSE，play=yes

2.11　假设想生成具有一定置信度和最小支持度的全部规则，可以对 minMetric、lowerBoundMinSupport 以及 numRules 参数设置适当的值。对于表 2.15 中天气数据的每一种组合参数值，可能的规则总数是多少？

表 2.15 练习 2.11 表

最小置信度	最小支持度	规则总数
0.9	0.3	
0.9	0.2	
0.9	0.1	
0.8	0.3	
0.8	0.2	
0.8	0.1	
0.7	0.3	
0.7	0.2	
0.7	0.1	

2.12 对 labor.arff 文件中的劳资谈判数据应用排序技术，确定基于信息增益的四个最重要的属性。

2.13 使用劳资谈判数据集，运行基于相关性的 CfsSubsetEval 评估器，使用 BestFirst 搜索方法；然后运行 J48 作为基学习器的包装方法，再次使用 BestFirst 搜索方法。检查输出的属性子集，这两种方法都选择出来的有哪些属性？它们与使用信息增益所生成的排序输出有何关系？

第3章 知识流界面

知识流(KnowledgeFlow)界面是探索者界面的有益补充。使用知识流界面，用户可以从设计面板中选择 Weka 组件，将组件放置到布局区域，并将它们连接成有向图以形成“知识流”进行数据处理和分析。知识流界面提供了探索者界面的一个替代品，特别适合那些习惯于思考数据如何在系统中流动的用户。通过它，能够设计和配置数据流程，并执行相应的数据处理，这在探索者界面中是无法做到的。

熟悉 RapidMiner 的读者见到知识流界面一定会倍感亲切，两者都是图形化的建模工具，都具备易用性的优势，不用学习复杂的命令，就可以进行数据分析和挖掘操作。

3.1 知识流介绍

单击 Weka GUI 选择器窗口中的 KnowledgeFlow 按钮，即可启动如图 3.1 所示的知识流界面。

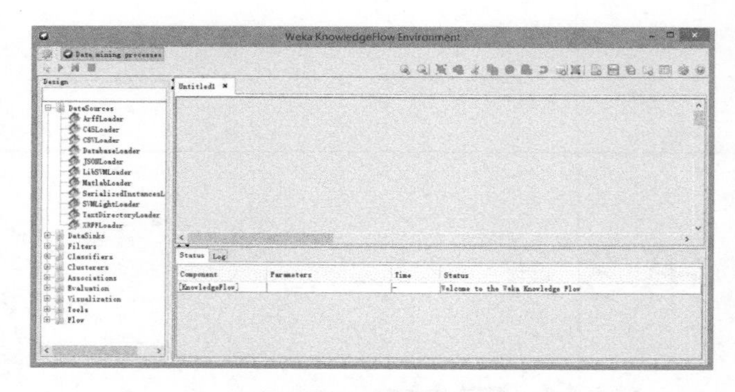

图 3.1 知识流界面

图 3.1 所示为更新后的知识流界面，与 Weka 3.7.4 以前的版本有所不同。单击知识流界面右上角工具栏中的 按钮，可以查看最新的帮助文档。

3.1.1 知识流特性

知识流界面提供了探索者界面的一个替代品，它是 Weka 核心算法的图形化前端，为 Weka 提供了一个“数据流”接口。用户可以从设计面板中选择 Weka 组件，放置在布局区域，并把它们连接起来形成一个供处理和分析数据的“知识流”。目前，Weka 所有的分类器、过滤器、聚类器、加载器和保存器等，以及一些额外的工具，都可以在知识流中使用。

知识流能以增量方式或批量方式处理数据，而探索者仅能处理批量数据。当然，增量方式从流式数据中学习，需要分类器能够基于一个实例一个实例地进行更新。可以增量方式处理数据的学习方案有 NaiveBayesUpdateable、IBk、LWR(Locally Weighted Regression，局部加权回归)、SGD、SPegasos、Cobweb 和 RacedIncrementalLogitBoost 等。

知识流的特性如下。

(1) 直观的数据流程风格的布局。

(2) 批量或增量方式处理数据。

(3) 处理多批次或并行处理流式数据，即每个单独的数据流都在自己的线程中执行。也可以由用户指定顺序，按顺序执行多个数据流。

(4) 将过滤器串成链。

(5) 观察由分类器产生的、使用交叉验证方式的每个折的模型。

(6) 在处理过程中，可视化增量分类器的性能。提供分类精度、RMS 误差、预测等的滚动散点图。

(7) 通过视角(Perspectives)插件，访问其他非基于流的功能(如 3D 数据可视化、时间序列预测环境等)。

3.1.2 知识流界面布局

知识流界面可分为以下五个部分。

1. 视角工具栏

视角(Perspectives)工具栏位于知识流界面的顶部。视角是管理知识流用户界面的环境，它提供主要的附加功能。许多视角都可以对实例集进行操作，通过将 DataSource(数据源)组件放到布局区域，进行配置，然后右击该组件，在弹出的快捷菜单中选择 Send to perspective(发送给视角)菜单项，可将实例发送给视角。知识流界面内建了几个视角，可通过包管理器安装其他的视角。

第一次单击位于知识流界面顶部的按钮时，会弹出如图 3.2 所示的 Perspective information(视角信息)对话框，其中显示了一些视角的说明信息，如果不想再次看到该提示，可以选中 Do not show this message again 复选框，然后单击“确定”按钮。此时会弹出如图 3.3 所示的 Manage Perspectives(管理视角)对话框。

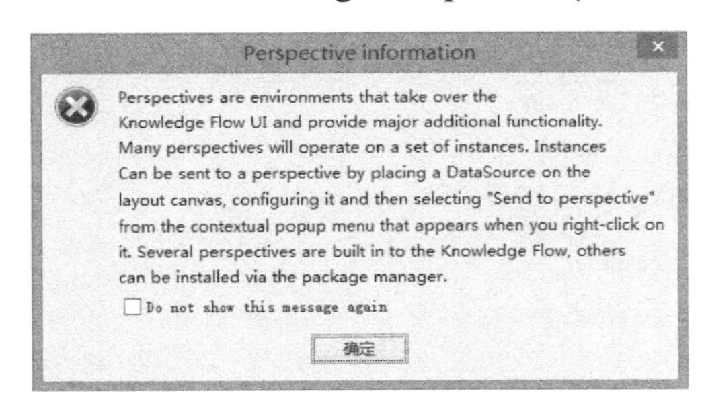

图 3.2 Perspective information 对话框

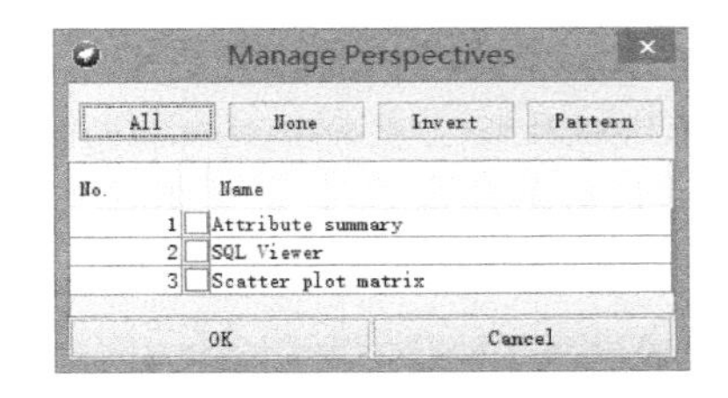

图 3.3 Manage Perspectives 对话框

知识流自带三个视角：Attribute summary(属性概要)、SQL Viewer(SQL 查看器)和 Scatter plot matrix(散点图矩阵)。Manage Perspectives 对话框上部有四个按钮，单击 All 按钮选中全部；单击 None 按钮全部取消选中；单击 Invert 按钮反选；单击 Pattern 按钮使用 Perl 正则表达式指定要选中的视角，例如，“.*matrix”选择满足属性名称以字符串 matrix 结束的全部视角。Manage Perspectives 对话框下部有两个按钮，单击 OK 按钮确认选中的操作，单击 Cancel 按钮放弃操作。

如果单击 All 按钮，然后再单击 OK 按钮，会发现知识流界面顶部多出了三个标签页，如图 3.4 所示。

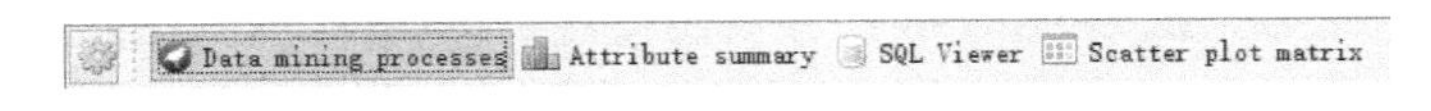

图 3.4 多个视角标签

2. 工具栏

工具栏位于视角工具栏下方，分为左、右两个部分，如图 3.5 所示。

图 3.5　工具栏

左边的工具栏与知识流运行相关，只有四个按钮，其功能分别为：选择光标、运行本数据流(并行启动全部开始节点)、运行本数据流(顺序启动开始节点)、停止全部执行。

右边的工具栏与编辑操作相关，有 18 个按钮，其功能分别为：放大(Ctrl++)、缩小(Ctrl+–)、选择全部(Ctrl+A)、成组选择(Ctrl+Z)、剪切所选(Ctrl+X)、复制所选(Ctrl+C)、删除所选(DEL)、从剪贴板粘贴(Ctrl+V)、撤销(Ctrl+U)、在布局中添加注释(Ctrl+I)、对齐到网格、新建布局(Ctrl+N)、保存布局(Ctrl+S)、使用新名称保存布局、加载布局(Ctrl+O)、加载布局模板、显示/隐藏视角工具栏(Ctrl+P)和显示帮助(Ctrl+H)。

3. 设计面板

设计(Desigh)面板位于知识流界面左部，其中列示了全部可用的 Weka 组件，用户可从中选择某个组件并将其放置在布局区域。知识流可用的组件按功能分为九个大类，下面简单叙述各组件的功能，详细配置信息参见 3.2 节。

(1) DataSources(数据源)：全部可用的 Weka 加载器。

(2) DataSinks(数据接收器)：全部可用的 Weka 保存器。

(3) Filters(过滤器)：全部可用的 Weka 过滤器。

(4) Classifiers(分类器)：全部可用的 Weka 分类器。

(5) Clusterers(聚类器)：全部可用的 Weka 聚类器。

(6) Associations(关联器)：全部可用的 Weka 关联器。

(7) Evaluation(评估器)：可用的评估器如下。

- TrainingSetMaker：将数据集转换为训练集。
- TestSetMaker：将数据集转换为测试集。
- CrossValidationFoldMaker：将任意数据集、训练集或测试集分割为交叉验证的折。
- TrainTestSplitMaker：将任意数据集、训练集或测试集分割为训练集或测试集。
- ClassAssigner：对于任意的数据集、训练集或测试集，指定一列作为类别属性。
- ClassValuePicker：选择一个视为正例的类别标签值。生成 ROC 风格的曲线数据时，需要使用该组件。
- ClassifierPerformanceEvaluator：评估分类器批量训练及测试的性能。
- IncrementalClassifierEvaluator：评估分类器增量训练的性能。
- ClustererPerformanceEvaluator：评估聚类器批量训练及测试的性能。
- PredictionAppender：在测试集中追加分类器的预测。对于离散类别的问题，可以追加预测类别标签或概率分布。
- SerializedModelSaver：将封装在 batchClassifier、incrementalClassifier 或 batchClusterer 中的分类器或聚类器保存为文件，以便将来使用。

(8) Visualization(可视化器)：可用的可视化器如下。

- DataVisualizer：运行知识流后，右击该组件，在弹出的快捷菜单中选择 Show plot

菜单项，会弹出 Visualize 窗口，用于以单个较大的二维散点图形式可视化输入的数据集、训练集或测试集。

- ScatterPlotMatrix：运行知识流后，右击该组件，在弹出的快捷菜单中选择 Show plot 菜单项，会弹出 Visualize 窗口，其中包含一个由小的散点图组成的矩阵，单击其中的小散点图会弹出一个较大的散点图。
- AttributeSummarizer：运行知识流后，右击该组件，在弹出的快捷菜单中选择 Show summaries 菜单项，会弹出 Visualize 窗口，其中包含直方图的矩阵，每个直方图对应输入数据中的一个属性。
- ModelPerformanceChart：运行知识流后，右击该组件，在弹出的快捷菜单中选择 Show chart 菜单项，会弹出 Model Performance Chart 窗口，用于可视化阈值(即 ROC 风格)曲线。
- CostBenefitAnalysis：运行知识流后，右击该组件，在弹出的快捷菜单中选择 Show analysis 菜单项，会弹出 Cost/Benefit Analysis 窗口，用于通过交互式地从预测类别的概率排名列表中选择不同的总体大小，或通过改变预测正例概率的阈值，来探索代价/收益权衡。可以显示累计增益曲线和代价/收益曲线。
- TextViewer：右击该组件，在弹出的快捷菜单中选择 Show results 菜单项，会弹出一个显示文本数据的窗口，可显示数据集、分类性能统计等。
- GraphViewer：运行知识流后，右击该组件，在弹出的快捷菜单中选择 Show results 菜单项，会弹出 Graph Viewer 窗口，其中包含记录运行结果的 Graph list 列表框，单击任意项会弹出一个用于可视化基于树的模型的窗口。
- StripChart：右击该组件，在弹出的快捷菜单中选择 Show chart 菜单项，会弹出 Strip Chart 窗口，显示带滚动条的数据散点图，用于查看增量分类器的在线性能。
- ImageSaver：该组件可以接受 image 连接，并将封装的图像保存到磁盘文件中。
- ImageViewer：该组件可以接受 image 连接，右击该组件，在弹出的快捷菜单中选择 Show results 菜单项，会弹出 Image Viewer 窗口，用于显示静态图像。

(9) Tools(工具)：可用的工具如下。

- Sorter：根据用户指定的属性值，以升序或降序对传入的实例进行排序。
- SubstringLabeler：匹配 String 属性的子串，可以使用文本匹配，或者正则表达式匹配。
- SubstringReplacer：替换 String 属性的子串，可以使用文本匹配替换，或者使用正则表达式匹配替换。

(10) Flow(流)：可用的流组件如下。

- Appender：追加多个传入数据为一个单一数据集。传入连接可以是全部实例连接，或者是面向所有批量的连接，即数据集、训练集和测试集。
- FlowByExpression：根据逻辑表达式的求值结果划分传入的实例(或实例流)。
- InstanceStreamToBatchMaker：将实例流转换为一个批量数据集。与水库抽样滤波器一并使用时很有用。
- Join：将两个输入数据集或实例流进行内连接(inner join)。注意，这里假设两个数据集都将关键字段按升序排序。

4. 布局面板

布局面板用于完成数据流的设计工作。

5. 状态/日志面板

状态/日志(Status/Log)面板位于知识流界面的右下部，以标签页的形式展现。Status(状态)标签页显示能让用户了解现在进行到哪一步的状态信息。Log(日志)标签页显示为一个多行文本框，显示在此次运行期间 Weka 所进行的全部活动以及每项活动的时间戳。

3.2 知识流组件

知识流的组件很丰富，包括 Weka 的分类器、过滤器、聚类器、关联器、加载器和保存器等，以及一些附加工具。下面按照 Weka 知识流界面设计面板中组件树的功能分类，依次说明每个组件的功能。

将知识流组件放到布局区域中，双击组件就会弹出一个配置对话框，可以对组件选项进行配置。

由于过滤器、分类器、聚类器、关联器已经在第 2 章介绍过，这里不再重复进行介绍。

3.2.1 数据源

数据源包括全部可用的 Weka 加载器，一共有 11 个组件。

1. ArffLoader(ARFF 文件加载器)

ArffLoader 用于读取 ARFF 格式的源数据文件。

其配置选项说明如下。

- Filename(文件名)：要加载的 ARFF 数据文件。
- retainStringVals(保持字符串值)：如果为 True，当增量读取数据时，将字符串型属性值保持在内存中。在知识流中使用增量分类器应将其设置为 False。默认为 False。
- useRelativePath(使用相对路径)：是否使用相对路径，而非绝对路径。默认为 False。

2. C45Loader(C45 文件加载器)

C45Loader 用于读取 C45 格式的文件。可以仅指定文件名，而不指定扩展名。支持的文件扩展名有.names 或.data，假设存在 path\<filestem>.names 和 path\<filestem>.data 两个文件，仅指定文件名为 path\<filestem>即可。其中，.name 文件和.data 文件分别包含数据集的属性名称和数据。

其配置选项说明如下。

- Filename(文件名)：要加载的 C45 数据文件。

- useRelativePath(使用相对路径)：是否使用相对路径，而非绝对路径。默认为False。

3. CSVLoader(CSV 文件加载器)

CSVLoader 用于读取以逗号(默认)分隔格式的源数据文件。可以将列分隔符由逗号改为其他符号，如制表符或其他字符。可指定字符串界线字符，指定是否存在标题行以及指定哪些属性强制为标称型或日期型。

其配置选项说明如下。

- Filename(文件名)：要加载的 CSV 数据文件。
- bufferSize(缓冲区大小)：任意时刻在内存中处理的行数。
- dateAttributes(日期型属性)：强制为日期类型的属性范围，如“first-last”“1,4,7-14, 50-last”。
- dateFormat(日期格式)：解析日期值所使用的格式。
- enclosureCharacters(界线字符)：用作字符串界线的字符，如“"”“'”。
- fieldSeparator(字段分隔符)：用作列/字段的分隔符，使用“\t”表示制表符。
- missingValue(缺失值)：缺失值的占位符，默认为“?”。
- noHeaderRowPresent(无标题行)：数据的第一行不是包含属性名称的标题行。默认为 False。
- nominalAttributes(标称型属性)：强制为标称类型的属性范围，如“first-last”“1,4,7-14,50-last”。
- nominalLabelSpecs(标称标签规格)：标称型属性合法标签的可选规格，可以被多次指定。批量模式可以自动确定；在增量模式下，如果第一个在内存缓冲中加载的实例包含所有合法值的样本，则也可以自动确定。规格包含由“:”字符分开的两个部分。第一部分可以是属性索引范围或以逗号分隔的属性名称列表，第二部分是以逗号分隔的标签列表，如“1,2,4-6:red,green,blue”“att1,att2:red,green,blue”。
- numericAttributes(数值型属性)：强制为数值类型的属性范围，如“first-last”“1,4,7-14,50-last”。
- stringAttributes(字符串型属性)：强制为字符串类型的属性范围，如“first-last”“1,4,7-14,50-last”。
- useRelativePath(使用相对路径)：是否使用相对路径，而非绝对路径。默认为False。

4. DatabaseLoader(数据库加载器)

DatabaseLoader 用于从数据库中读取实例，能以批量或增量模式读取数据库。

增量模式支持 MySQL 和 HSQLDB。

对于其他所有的 DBMS，使用伪增量模式。在伪增量模式中，一次将所有实例读入到主存储器中，然后增量提供给用户。

使用增量加载，数据库表中的行必须经过唯一排序。这是因为通过扩展用户查询语句的 LIMIT 子句，每次只能取出一个单行。如果数据库不支持该扩展，将使用伪增量模式载入实例。为了确保每行仅读取一次，数据库表行必须唯一排序。因此，主键是必需的。

如果使用 DatabaseSaver 且通过自动生成的主键(其名称在 DatabaseUtils 配置文件中定义)来保存实例，该主键将用于排序，不能成为输出的一部分。用户定义的抽取实例的 SQL 查询不能包含 LIMIT 和 ORDER BY 子句(参见下面 Query 选项中查询语句的格式)。

此外，对于增量加载，可以在 DatabaseUtils 配置文件中使用 nominalToStringLimit 选项定义一个标称型属性允许有多少个不同值。如果超过这个值，该列就成为一个字符串型属性。例如，DatabaseUtils 文件中有如下配置：

```
nominalToStringLimit=50
```

这表明一个标称型属性只允许有 50 个不同值。如果某个标称型属性有 60 个不同值，该标称型属性只能成为一个字符串型属性。

使用批量模式，不会因上述限制而创建新的字符串型属性。

其配置选项说明如下。

- Database URL(数据库 URL)：数据库的 URL。
- Username(用户名)：数据库用户名。
- Password(密码)：数据库密码。
- Query(查询)：加载实例的查询语句。查询语句的格式应为：

```
SELECT <column-list>|* FROM <table> [WHERE <conditions>]
```

- Key columns(主键列)：对于增量加载，必须详细说明唯一的标识 ID。
  如果查询包括表的全部列(即 SELECT *)，有的 JDBC 驱动程序可以自动检测到主键列。如果无法检测到主键，可以在这里使用由逗号分隔的列表指定的主键列。
- DB config props(数据库配置属性)：自定义属性，用户可以用它来替代默认值。

5. JSONLoader(JSON 文件加载器)

JSONLoader 用于读取 JSON 格式的源数据文件。

如果文件扩展名为.json.gz，会自动解压缩数据。

其配置选项说明如下。

- Filename(文件名)：要加载的 JSON 数据文件。
- useRelativePath(使用相对路径)：是否使用相对路径，而非绝对路径。默认为 False。

6. LibSVMLoader(LibSVM 文件加载器)

LibSVMLoader 用于读取 LibSVM 格式的源数据文件。

其配置选项说明如下。

- Filename(文件名)：要加载的 LibSVM 数据文件。
- useRelativePath(使用相对路径)：是否使用相对路径，而非绝对路径。默认为 False。

7. MatlabLoader(Matlab 文件加载器)

MatlabLoader 用于读取 Matlab 源数据文件，文件中包含一个 ASCII 格式的单个矩阵。

其配置选项说明如下。

- Filename(文件名)：要加载的 Matlab 数据文件。
- useRelativePath(使用相对路径)：是否使用相对路径，而非绝对路径。默认为 False。

8. SerializedInstancesLoader(序列化实例文件加载器)

SerializedInstancesLoader 用于读取包含序列化实例的源数据文件。

其配置选项说明如下。

- Filename(文件名)：要加载的序列化数据文件。
- useRelativePath(使用相对路径)：是否使用相对路径，而非绝对路径。默认为 False。

9. SVMLightLoader(SVMLight 文件加载器)

SVMLightLoader 用于读取 SVMLight 格式的源数据文件。

其配置选项说明如下。

- Filename(文件名)：要加载的 SVMLight 数据文件。
- useRelativePath(使用相对路径)：是否使用相对路径，而非绝对路径。默认为 False。

10. TextDirectoryLoader(文本目录加载器)

TextDirectoryLoader 用于加载目录中的所有文本文件，并使用子目录名称作为类别标签。文本文件的内容将存储为字符串型属性，也可以存储文件名。

其配置选项说明如下。

- charSet(字符集)：用于读取文本文件的字符集(如 UTF-8)，要使用默认的字符集，请将本参数设为空白。
- Debug(调试)：是否将额外调试信息打印到控制台。默认为 False。
- Directory(目录)：要加载的目标目录。
- outputFilename(输出文件名)：是否将文件名存储为额外的属性。默认为 False。

11. XRFFLoader(XRFF 文件加载器)

XRFFLoader 用于读取 ARFF 格式的 XML 版本源数据文件。

如果文件扩展名为.xrff.gz，会自动解压缩数据。

其配置选项说明如下。

- Filename(文件名)：要加载的 XML 格式的 ARFF 数据文件。
- useRelativePath(使用相对路径)：是否使用相对路径，而非绝对路径。默认为 False。

3.2.2 数据接收器

数据接收器包括全部可用的 Weka 保存器，一共有 12 个组件。

多数文件型的数据接收器都有以下几个通用选项。

- Prefix for file name(文件名前缀)：仅包括文件名，不包括扩展名。

- Relation name for filename(用关系名称作为文件名)：如果选中该复选框，则使用关系名称作为文件名。默认为选中。
- Directory(目录)：保存文件的目录。
- Use relative file path(使用相对文件路径)：如果选中该复选框，则使用相对文件路径，而不是绝对文件路径。默认为取消选中。

1. ArffSaver(ARFF 文件保存器)

ArffSaver 写入的目标文件是 ARFF 格式的文件，数据可以用 gzip 压缩，以节省空间。其配置选项说明如下。

- compressOutput(压缩输出)：是否对输出数据进行压缩。默认为 False。
- doNotCheckCapabilities(不检查能力)：如果为 True，则不检查保存器的能力。谨慎使用以减少运行时间。默认为 False。
- maxDecimalPlaces(最大十进制位数)：打印数值小数点后的最大位数。默认为 6。
- useRelativePath(使用相对路径)：是否使用相对路径，而非绝对路径。默认为 False。

2. C45Saver(C45 文件保存器)

C45Saver 写入的目标文件格式可用于 C4.5 算法，因此输出一个属性名称文件和一个数据文件。

其配置选项说明如下。

- doNotCheckCapabilities(不检查能力)：如果为 True，则不检查保存器的能力。谨慎使用以减少运行时间。默认为 False。
- useRelativePath(使用相对路径)：是否使用相对路径，而非绝对路径。默认为 False。

3. CSVSaver(CSV 文件保存器)

CSVSaver 写入的目标文件是 CSV(逗号分隔值)格式的文件。可以选择列分隔符(默认为“,”)，也可以选择表示缺失值的符号(默认为“?”)。

其配置选项说明如下。

- doNotCheckCapabilities(不检查能力)：如果为 True，则不检查保存器的能力。谨慎使用以减少运行时间。默认为 False。
- fieldSeparator(字段分隔符)：用作列(或字段)分隔符的字符，使用“\t”表示制表符。默认为“,”。
- maxDecimalPlaces(最大十进制位数)：打印数值小数点后的最大位数。默认为 6。
- missingValue(缺失值)：缺失值的占位符。默认为“?”。
- noHeaderRow(无标题行)：如果为 True，则不写入标题行。默认为 False。
- useRelativePath(使用相对路径)：是否使用相对路径，而非绝对路径。默认为 False。

4. DatabaseSaver(数据库保存器)

DatabaseSaver 用于写入到数据库中。已经测试过 MySQL、InstantDB 和 HSQLDB 数据库。

其配置选项说明如下。

- Database URL(数据库 URL)：数据库的 URL。
- Username(用户名)：数据库用户名。
- Password(密码)：数据库密码。
- Table Name(表名)：数据库表名称。
- Use relation name(使用关系名称)：如果选中，则关系名称将用作数据库表的名称。否则，用户必须提供一个表名。默认为选中。
- Truncate Table(截断表)：如果表已经存在，则截断(即删除并重建)表。默认为取消选中。
- Automatic primary key(自动生成主键)：如果选中，将自动生成主键列(包含 INTEGER 的行号)。主键名称从配置文件的 idColumn 属性中读出，该主键可用于增量加载(需要唯一主键)。该主键不会加载为一个属性。默认为取消选中。
- DB config props(数据库配置属性)：自定义属性，用户可以用这些属性来替代默认值。

5. JSONSaver(JSON 文件保存器)

JSONSaver 写入的目标文件是 JSON 格式的文件。数据可以用 gzip 压缩，以节省空间。

其配置选项说明如下。

- classIndex(类别索引)：设置类别索引，“first”和“last”都是有效值。
- compressOutput(压缩输出)：是否对输出数据进行压缩。默认为 False。
- doNotCheckCapabilities(不检查能力)：如果为 True，则不检查保存器的能力。谨慎使用以减少运行时间。默认为 False。
- useRelativePath(使用相对路径)：是否使用相对路径，而非绝对路径。默认为 False。

6. LibSVMSaver(LibSVM 文件保存器)

LibSVMSaver 写入的目标文件是 LibSVM 格式的文件。

其配置选项说明如下。

- classIndex(类别索引)：设置类别索引，“first”和“last”都是有效值。
- doNotCheckCapabilities(不检查能力)：如果为 True，则不检查保存器的能力。谨慎使用以减少运行时间。默认为 False。
- useRelativePath(使用相对路径)：是否使用相对路径，而非绝对路径。默认为 False。

7. MatlabSaver(Matlab 文件保存器)

MatlabSaver 写入的目标文件是 Matlab 的 ASCII 文件，使用单精度或双精度格式。

其配置选项说明如下。

- doNotCheckCapabilities(不检查能力)：如果为 True，则不检查保存器的能力。谨慎使用以减少运行时间。默认为 False。
- useDouble(使用双精度)：是否使用双精度，而非单精度。默认为 False。
- useRelativePath(使用相对路径)：是否使用相对路径，而非绝对路径。默认为 False。
- useTabs(使用制表符)：是否使用制表符作为分隔符，而非空格。默认为 False。

8. SerializedInstancesSaver(序列化实例保存器)

SerializedInstancesSaver 用于序列化实例到输出文件，文件扩展名为.bsi。

其配置选项说明如下。

- doNotCheckCapabilities(不检查能力)：如果为 True，则不检查保存器的能力。谨慎使用以减少运行时间。默认为 False。
- useRelativePath(使用相对路径)：是否使用相对路径，而非绝对路径。默认为 False。

9. SVMLightSaver(SVMLight 文件保存器)

SVMLightSaver 写入的目标文件是 SVMLight 格式的文件。

其配置选项说明如下。

- classIndex(类别索引)：设置类别索引，“first”和“last”都是有效值。
- doNotCheckCapabilities(不检查能力)：如果为 True，则不检查保存器的能力。谨慎使用以减少运行时间。默认为 False。
- useRelativePath(使用相对路径)：是否使用相对路径，而非绝对路径。默认为 False。

10. XRFFSaver(XRFF 文件保存器)

XRFFSaver 写入的目标文件是 ARFF 格式的 XML 版本文件。数据可以用 gzip 压缩，以节省空间。

其配置选项说明如下。

- classIndex(类别索引)：设置类别索引，“first”和“last”都是有效值。
- compressOutput(压缩输出)：是否对输出数据进行压缩。默认为 False。
- doNotCheckCapabilities(不检查能力)：如果为 True，则不检查保存器的能力。谨慎使用以减少运行时间。默认为 False。
- useRelativePath(使用相对路径)：是否使用相对路径，而非绝对路径。默认为 False。

11. SerializedModelSaver(序列化模型保存器)

SerializedModelSaver 用于将训练过的模型保存为序列化对象文件。

其配置选项说明如下。

- File format(文件格式)：目前仅支持二进制序列化模型文件。
- Incremental classifier save schedule(增量分类器保存计划)：每处理多少个实例后保存一次增量模型。值小于等于 0 表示只在流结束时保存。默认值为 0。

- Include relation name in file name(文件名包含关系名称)：是否将训练数据的关系名称包含在序列化模型的文件名中。默认为取消选中。

12. TextSaver(文本文件保存器)

TextSaver 用于将静态文本保存或添加到文件中。

其配置选项说明如下。

- Filename(文件名)：文件名称。
- Append to file(追加到文件)：如果选中该复选框，则追加到文件，而不是新建文件。默认为选中。

3.2.3 评估器

评估器一共有 10 个组件，其中有 4 个组件不需要额外配置。

1. TrainingSetMaker(训练集产生器)

TrainingSetMaker 用于接受数据集输入，并产生训练集。其无须进行额外配置。

2. TestSetMaker(测试集产生器)

TestSetMaker 用于接受数据集输入，并产生测试集。其无须进行额外配置。

3. CrossValidationFoldMaker(交叉验证折产生器)

CrossValidationFoldMaker 用于将传入的数据集拆分为交叉验证的折。k 折的每个折都产生单独的训练集和测试集。

其配置选项说明如下。

- Folds(折数)：交叉验证的折数。默认值为 10。
- preserveOrder(保持顺序)：设置交叉验证是否要保持输入实例的顺序。在保持顺序的情况下，不能使用随机或分层操作。默认为 False。
- seed(种子)：随机化种子。默认值为 1。

4. TrainTestSplitMaker(训练集测试集拆分产生器)

TrainTestSplitMaker 用于将传入的数据拆分为单独的训练集和测试集。

其配置选项说明如下。

- trainPercent(训练百分比)：数据划分到训练集的百分比。默认值为 66.0。
- seed(种子)：随机化种子。默认值为 1。

5. ClassAssigner(分类分配器)

ClassAssigner 用于指定输入数据中的哪个列作为类别列。

其配置选项说明如下。

classColumn(类别列)：指定包含类别属性的列索引。默认为 last。

6. ClassValuePicker(类别值选取器)

ClassValuePicker 用于指定认为是 positive(正例)的类别值，适用于 ROC 风格曲线。其当前不可定制。

7. ClassifierPerformanceEvaluator(分类器性能评估器)

ClassifierPerformanceEvaluator 用于评估批量训练分类器的性能。

其配置选项说明如下。

- errorPlotPointSizeProportionalToMargin(正比于边距的误差散点大小)：设置正比于预测分类错误边距的点大小。默认为 False。
- executionSlots(执行槽)：设置以并行方式运行的评估任务的数量。默认值为 2。
- Evaluation metrics(评价指标)：单击该按钮，会弹出 Manage evaluation metrics(管理评价指标)对话框。默认选中全部评价指标。

8. IncrementalClassifierEvaluator(增量分类器评估器)

IncrementalClassifierEvaluator 用于评估增量训练分类器的性能。

其配置选项说明如下。

- chartingEvalWindowSize(图表评估窗口大小)：仅用于绘制图表，指定计算性能统计的滑动窗口大小，单位为最近处理的实例个数。值小于等于 0 表示不使用窗口，即对整个流进行评估。默认值为 0。
- outputPerClassInfoRetrievalStats(输出每个类别信息检索的统计信息)：输出每个类别信息检索的统计信息。如果设置为 True，则预测得以保存，这样可以计算诸如 AUC 的统计信息，但会消耗一些内存。默认为 False。
- statusFrequency(状态栏频度)：每处理多少个实例后在状态栏报告一次进度。默认值为 2000。

9. ClustererPerformanceEvaluator(聚类器性能评估器)

ClustererPerformanceEvaluator 用于评估批量训练聚类器的性能。其无须进行额外配置。

10. PredictionAppender(预测追加器)

PredictionAppender 用于接受批量或增量分类器的事件，并产生一个追加分类器预测的新数据集。

其配置选项说明如下。

appendPredictedProbabilities(追加预测概率)：追加概率，而不是预测的离散类别标签。默认为 False。

3.2.4 可视化器

可视化器一共有 10 个组件。

1. DataVisualizer(数据可视化器)

DataVisualizer 使用二维散点图，对输入数据集、训练集或测试集进行可视化。它允许用户配置离屏渲染选项。离屏图像通过 image 连接传递。

其配置选项说明如下。

- Renderer(渲染器)：只可选 Weka Chart Renderer(Weka 图表渲染器)①。
- X-axis attribute(X 轴属性)：用于绘制离屏图像的 X 轴的属性名称。如果值为空，则绘制 X 轴为 FPR(假阳性率)的阈值曲线。
- Y-axis attribute(Y 轴属性)：用于绘制离屏图像的 Y 轴的属性名称。如果值为空，则绘制 Y 轴为 TPR(真阳性率)的阈值曲线。
- Chart width(pixels)(图表宽度(像素))：图表宽度，以像素为单位。默认值为 500。
- Chart height(pixels)(图表高度(像素))：图表高度，以像素为单位。默认值为 400。
- Renderer options(渲染器选项)：其他渲染器选项。

2. ScatterPlotMatrix(散点图矩阵)

ScatterPlotMatrix 是 weka.gui.visualize.MatrixPanel 的封装类，用于显示散点图矩阵。其无须进行额外配置。

3. AttributeSummarizer(属性总结器)

AttributeSummarizer 用于绘制输入数据集、训练集和测试集的总结条形图。配置界面允许用户配置离屏渲染选项。离屏图像通过 image 连接传递。

其配置选项说明如下。

- Renderer(渲染器)：只可选 Weka Chart Renderer(Weka 图表渲染器)。
- Attribute to chart(绘制属性)：要绘制的属性。
- Chart width(pixels)(图表宽度(像素))：图表宽度，以像素为单位。默认值为 500。
- Chart height(pixels)(图表高度(像素))：图表高度，以像素为单位。默认值为 400。
- Renderer options(渲染器选项)：其他渲染器选项。

4. ModelPerformanceChart(模型性能图)

ModelPerformanceChart 用于可视化模型性能图，如 ROC 曲线。它允许用户配置离屏渲染选项。离屏图像通过 image 连接传递。

其配置选项说明如下。

- Renderer(渲染器)：只可选 Weka Chart Renderer(Weka 图表渲染器)。
- X-axis attribute(X 轴属性)：用于绘制离屏图像的 X 轴的属性名称。如果值为空，则绘制 X 轴为 FPR(假阳性率)的阈值曲线。
- Y-axis attribute(Y 轴属性)：用于绘制离屏图像的 Y 轴的属性名称。如果值为空，则绘制 Y 轴为 TPR(真阳性率)的阈值曲线。
- Chart width(pixels)(图表宽度(像素))：图表宽度，以像素为单位。默认值为 500。
- Chart height(pixels)(图表高度(像素))：图表高度，以像素为单位。默认值为 400。
- Renderer options(渲染器选项)：其他渲染器选项。

---

① 如果使用包管理器安装 jfreechartOffscreenChartRenderer 可选包，除默认的 Weka Chart Renderer 外，Renderer 选项还可选 JFreeChart Chart Renderer(JFreeChart 图表渲染器)，保存的图像文件更漂亮一些。

5. CostBenefitAnalysis(代价/收益分析)

CostBenefitAnalysis 是分析代价/收益权衡的辅助 Bean，支持交互式的代价/收益分析。其无须进行额外配置。

6. TextViewer(文本查看器)

TextViewer 是收集和显示文本块的 Bean。其无须进行额外配置。

7. GraphViewer(图形查看器)

GraphViewer 是 weka.gui.treevisualize.TreeVisualizer 的封装类，用于以图形方式可视化分类器或聚类器产生的树或图。其无须进行额外配置。

8. StripChart(带状图)

StripChart 可使用水平滚动带状图可视化增量分类器的性能。

其配置选项说明如下。

- refreshFreq(刷新频率)：绘制数据点的频率。默认值为 5，即每经过 5 个数据点绘制一次。
- xLabelFreq(x 标签频率)：显示 *X* 轴标签的频率。默认值为 500，即每经过 500 个数据点显示一次 *X* 轴标签。

9. ImageSaver(图像保存器)

ImageSaver 用于将诸如 ModelPerformanceChart 组件产生的静态图像保存至文件。

其配置选项说明如下。

Filename(文件名)：图像文件名称。

10. ImageViewer(图像查看器)

ImageViewer 可以接受 imageEvent 连接，以便在弹出窗口中显示静态图像。其无须进行额外配置。

3.2.5 其他工具

其他工具一共有 7 个组件，前 3 个在 Tools 条目下，后 4 个在 Flow 条目下。

1. Sorter(排序器)

Sorter 用于根据用户指定的排序属性值，将输入实例进行升序或降序排序。实例可以根据定义顺序的多个属性进行排序。处理数据量大而不能一次加载到主内存的数据集时，可以通过实例连接并指定内存缓冲区大小的方式实现。排序器实现合并排序，即当缓冲区满时，将内存缓冲区中排序好的数据写入文件中，当输入流处理完成后，从磁盘文件中交错获取实例。

其配置选项说明如下。

- Sort on attribute(排序属性)：确定按哪个属性进行排序。
- Sort descending(降序排序)：yes 按降序排序，no 按升序排序。默认为 no。

- Size of in-mem streaming buffer(流缓冲区的内存大小)：流缓冲区在内存中的大小。默认为10000字节。
- Directory for temp files(临时文件目录)：临时文件目录。

2. SubstringLabeler(子串标签器)

SubstringLabeler 用于在字符串型属性中匹配子串，可以使用文字或正则表达式进行匹配。设置一个新属性的值以反映匹配的状态。新属性可以是二元属性，其值表示匹配或不匹配；也可以是多值的标称型属性，其标签必须关联某个不同的匹配规则。在标签匹配的情形下，用户可以选择将不匹配的实例的新属性设置为缺失值然后输出，或是根本不输出(即消耗不匹配的实例)。

其配置选项说明如下。

- Apply to attributes(应用到属性)：指定应用的属性名称。
- Match(匹配)：匹配的表达式。
- Label(标签)：标签。
- Name of label attribute(标签属性的名称)：标签属性的名称。
- Match using a regular expression(使用正则表达式匹配)：是否使用正则表达式匹配。默认为取消选中。
- Ignore case when matching(匹配时忽略大小写)：匹配时是否忽略大小写。默认为取消选中。
- Make binary label attribute nominal(将二元标签作为标称型属性)：是否将二元标签作为标称型属性。默认为取消选中。
- Consume non-matching instance(消耗不匹配的实例)：是否消耗不匹配的实例。默认为取消选中。

3. SubstringReplacer(子串替换器)

SubstringReplacer 用于替换字符串型属性值的子串，可以使用文字或正则表达式匹配并替换。施加匹配和替换规则的属性可以通过范围字符串(如“1-5,6,last”)进行选择，或者通过逗号分隔的属性名称列表(“first”和“last”可以用来分别表示第一个和最后一个属性)进行选择。

其配置选项说明如下。

- Apply to attributes(应用到属性)：指定应用的属性名称。
- Match(匹配)：匹配的表达式。
- Label(标签)：标签。
- Match using a regular expression(使用正则表达式匹配)：是否使用正则表达式匹配。默认为取消选中。
- Ignore case when matching(匹配时忽略大小写)：匹配时是否忽略大小写。默认为取消选中。

4. Appender(追加器)

Appender 是将多个输入数据连接追加成为单个数据集的 Bean。输入连接可以是所有的增量实例连接，也可以是所有的批量(即数据集、训练集和测试集)连接。实例连接和批量连接不能混用，合并的输出由所有输入属性的组合创建。缺失值用于填充某个特定的输入数据集中不存在的列。如果所有输入连接都是实例连接，那么输出连接必须是一个实例连接，反之亦然。其无须进行额外配置。

5. FlowByExpression(表达式流)

FlowByExpression 用于根据逻辑表达式的估值拆分输入的实例(或实例流)。表达式可以测试一个或多个输入属性的值，测试可以使用常量，或将一个属性与另一个属性的值进行比较。不等式以及 contains(包含)、starts-with(以……开始)、ends-with(以……结束)和正则表达式等字符串操作都可以用作操作符。可将值为 True 的实例发送到一个下游工序(节点)，值为 False 的实例发送到另一个工序(节点)。

其配置选项说明如下。

- Send true instances to node(发送值为 True 的实例到节点)：将值为 True 的实例发送到的连接节点的名称。
- Send false instances to node(发送值为 False 的实例到节点)：将值为 False 的实例发送到的连接节点的名称。
- Expression(表达式)：表达式(使用内部格式)。
- Attribute(属性)：属性。
- Operator(操作符)：操作符。
- Constant or attribute(常量或属性)：常量或属性。
- RHS is attribute(RHS 为属性)：RHS(Right-Hand Side，等式右方)操作数是否为属性。默认为取消选中。

6. InstanceStreamToBatchMaker(实例流转批量制造器)

InstanceStreamToBatchMaker 是将实例流转换成批量数据集的 Bean，和 ReservoirSample(水库抽样)过滤器一同使用时很有用。其无须进行额外配置。

7. Join(连接)

Join 用于将两个输入数据集和实例流进行内连接(inner join)。注意，这里假设两个数据集都将关键字段按升序排序。如果数据没有排序，应使用 Sorter 组件将二者按照关键字升序排序。本组件不能处理一个或两个输入中主键不唯一的情形。

其配置选项说明如下。

- First input(第一个输入)：第一个输入。
- Second input(第二个输入)：第二个输入。

3.3 使用知识流组件

用户可以通过配置单个组件，并将各个组件连接起来以构建知识流。图 3.6 展示了右击不同类型组件时弹出的典型快捷菜单。

按照功能，可将菜单分为如下三类：Edit(编辑)、Connections(连接)和 Actions(动作)。Edit 操作类菜单项能对组件进行简单的编辑操作，其中，Delete(删除)菜单项用于删除组件；Set name(设置名称)菜单项用于为组件取名；Configure(配置)菜单项用于弹出一个配置窗口，以配置组件的内部参数。Connections 操作类菜单项用于连接组件，包括的菜单项有 instance(实例)、dataSet(数据集)、trainingSet(训练集)、testSet(测试集)、text(文本)、graph(图)、batchClassifier(批量分类器)、incrementalClassifier(增量分类器)等。尽管这些连接操作的类别较多，但操作都是一样的，先选择源组件的连接类型，然后单击目标组件，将源组件和目标组件连接在一起。Actions 操作类菜单项仅用于特定类型的组件，例如，从数据源启动加载数据，或者打开一个窗口以显示可视化结果。

图 3.6　知识流组件右键快捷菜单

从数据源出来的连接有两种类型：dataSet(数据集)连接和 instance(实例)连接。前者为批量操作，如 J48 分类器；后者为流操作，如 NaiveBayesUpdateable 组件。一个数据源组件不能同时提供这两种类型的连接，一旦选中某种类型，将禁用另一种类型。当某个 dataSet 组件连接到批量分类器时，分类器需要知道该 dataSet 组件提供的究竟是训练集数据还是测试集数据。要做到这一点，必须使用 Evaluation 条目下的 TestSetMaker 组件或 TrainingSetMaker 组件，这两个组件分别将数据源转化为测试集或训练集。

相对而言，增量分类器的 instance 连接比较直截了当，对于增量分类器来说，训练集和测试集之间没有什么区别，因为实例流以增量方式更新分类器。在这种情况下，分类器根据当前分类模型对每个输入实例进行预测，并纳入测试结果，然后分类器在该实例上进行训练并更新模型。但批量分类器则不同，如果将 instance 连接与批量分类器相连，instance 连接的输出将会作为测试实例，因为批量分类器的训练不能增量进行，而测试却总是增量的。相反地，在批量模式下使用 dataSet 连接来测试增量分类器却是可行的。

当组件接收来自数据源的输入，就启用过滤器组件的连接，于是才能使用后续的 dataSet 或 instance 连接。instance 连接不能使用无法以增量方式处理数据(如 Discretize)的有监督过滤器或无监督过滤器。为了从过滤器获取测试集或训练集，必须使用适当的过滤器组件。

分类器菜单有两种类型的连接。第一种连接类型为 graph(图形)和 text(文本)连接，以图形和文字方式展示了分类器的学习状态，只有当分类器接收到训练集输入时才会激活。第二种连接类型为 batchClassifier(批量分类器)和 incrementalClassifier(增量分类器)连接，能为性能评估器提供数据，只有为分类器提供测试集输入时才会激活。根据分类器的类型，决定激活连接中的哪一个。

Evaluation 条目十分混杂。TrainingSetMaker 组件和 TestSetMaker 组件将数据集转化成训练集或测试集。CrossValidationFoldMaker 组件将数据集拆分为训练集和测试集。ClassifierPerformanceEvaluator 组件为可视化组件产生文本和图形输出。其他评估组件像过滤器一样操作，根据输入激活后续的 dataSet、instance、trainingSet 或 testSet 连接，如 ClassAssigner 组件为数据集设置一个类别。InstanceStreamToBatchMaker 组件将输入流实例组装为批量数据集。将该组件放在 ReservoirSample 过滤器后特别管用，它允许经水库抽样后的实例输出用于训练批量学习方案。

如果没有运行知识流，可视化组件的右键快捷菜单中只有部分组件(TextViewer、GraphViewer、ImageViewer 和 StripChart)有动作部分的菜单项，如 Show results(显示结果)和 Clear results(清除结果)。有的可视化组件只有在运行知识流之后才会显示动作部分的菜单项，如 CostBenefitAnalysis 组件的 Show analysis 菜单项，以及 AttributeSummarizer 组件的 Show summaries 菜单项，等等。如果在右键快捷菜单中没有找到前文所说的菜单项，记得先在布局区域中设计并运行知识流。

3.4　手把手教你用

1. 使用视角

启动知识流界面，单击位于界面顶部的按钮，会弹出如前文图 3.3 所示的 Manage Perspectives 对话框，单击 All 按钮选中全部三个视角，然后再单击 OK 按钮，会发现知识流界面的顶部多出了三个标签。

然后，在知识流界面左侧的设计面板中展开 DataSources(数据源)条目，并选择 ArffLoader 组件，这时鼠标指针会变成“十”字形。单击布局面板的任意位置，将 ArffLoader 组件放置在布局区域，在布局区域中可以看到 ArffLoader 图标出现，如图 3.7 所示。

下一步，指定加载的 ARFF 文件。在布局区域中的 ArffLoader 图标上右击，在弹出的快捷菜单中选择 Configure(配置)菜单项，在如图 3.8 所示的对话框中单击 Browse 按钮，浏览定位到欲加载的 ARFF 文件位置，选择 iris.arff 文件。图 3.8 所示对话框下部有一个 useRelativePath(使用相对路径)下拉列表框，用于在相对路径和绝对路径之间切换。单击 OK 按钮关闭对话框。

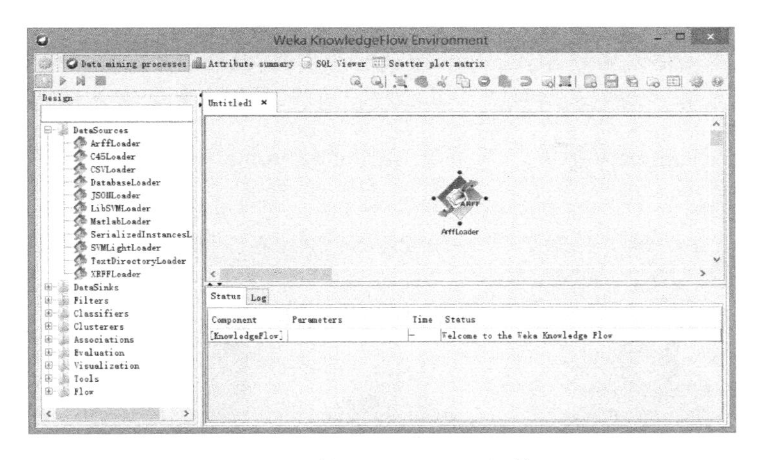

图 3.7　放置 ArffLoader 组件

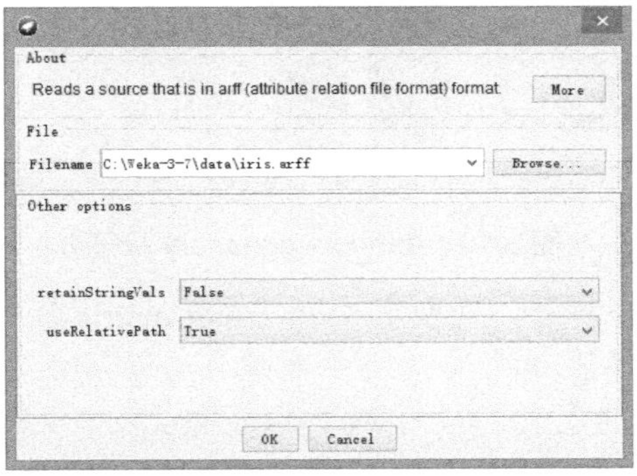

图 3.8　浏览定位 ARFF 文件

在布局区域中的 ArffLoader 图标上再次右击，在弹出的快捷菜单中选择 Send to perspective(发送至视角)菜单项，可以看到出现了两个子菜单项，第一个是 Attribute summary(属性总结)，第二个是 Scatter plot matrix(散点图矩阵)，如图 3.9 所示。分别选择这两个子菜单项发送到两个视角。

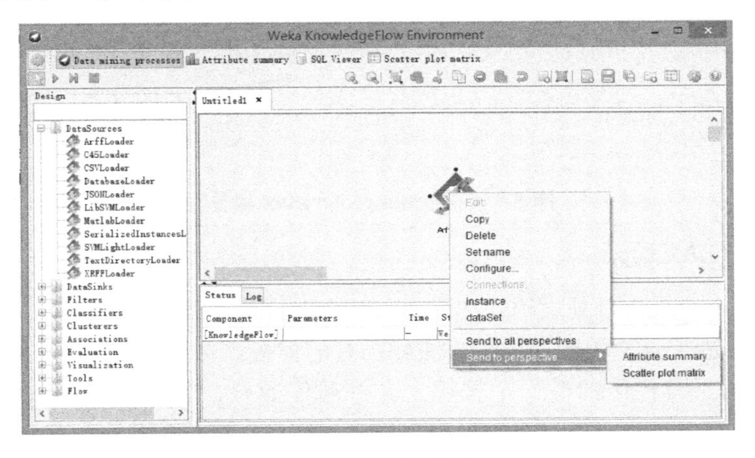

图 3.9　发送至视角

注意： 这里无法发送到 SQL Viewer(SQL 查看器)视角，是因为该视角只是访问数据库的工具，功能相对独立，具体使用可参见第 1 章中关于 SQL 查看器的内容。

单击 Attribute summary 标签，切换至 Attribute summary 标签页，如图 3.10 所示，其操作与探索者界面完全一样。

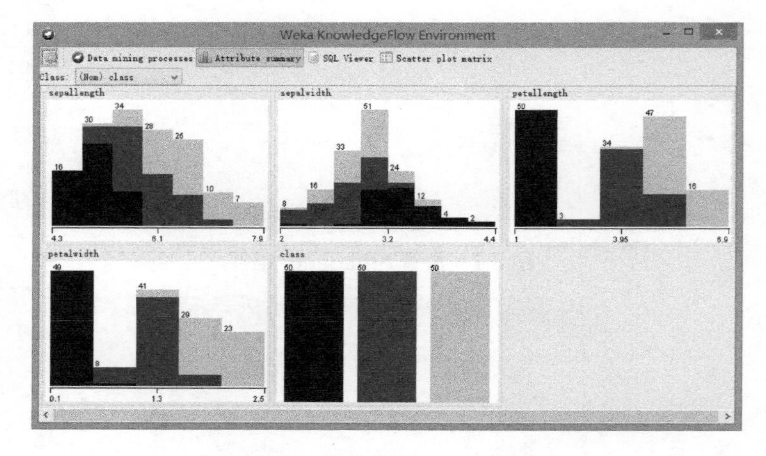

图 3.10　Attribute summary 标签页

单击 Scatter plot matrix 标签，切换至 Scatter plot matrix 标签页，如图 3.11 所示，其操作也与探索者界面完全一样。

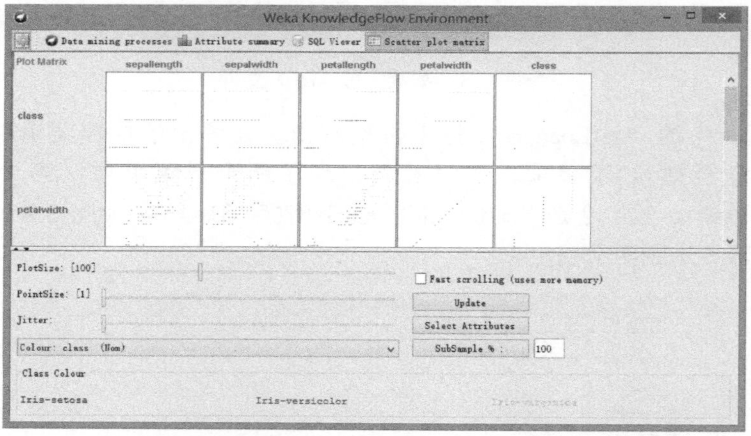

图 3.11　Scatter plot matrix 标签页

2. 使用 J48 交叉验证

本示例建立一个采用批处理模式加载 ARFF 文件的数据流，并使用 J48 执行交叉验证。

可以单击右边工具栏中的按钮加载已有的模板。如果不知道是哪个按钮，可将鼠标指针依次移到工具栏中的每一个按钮上，并暂停数秒，如果有一个按钮出现的提示是 Load a template layout(加载布局模板)，便单击该按钮。单击按钮后，在弹出的菜单中选择 Cross validation(交叉验证)菜单项，就会加载如图 3.12 所示的交叉验证示例。

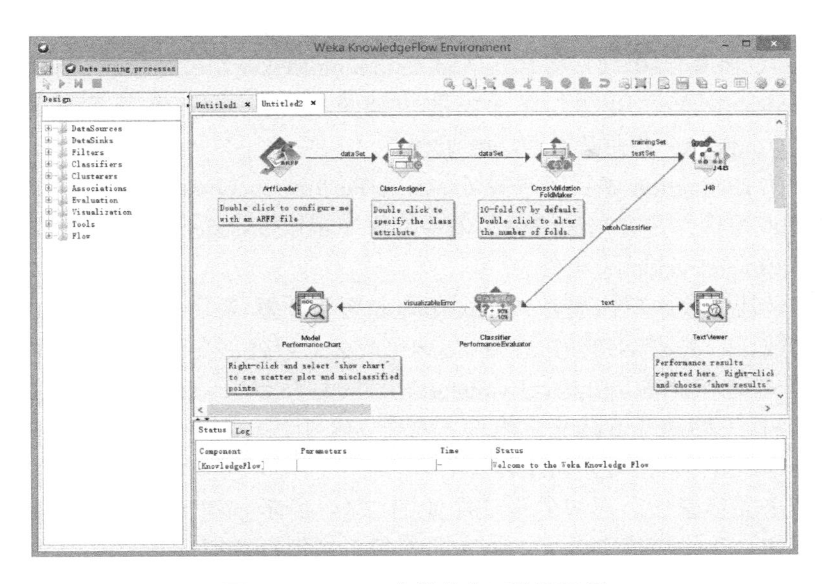

图 3.12 Weka 自带的交叉验证示例

当然，采用这种直接加载示例的方式得不到什么锻炼。建议将它关闭，自己手工一步一步建立，操作步骤如下。

首先，在知识流界面左侧的设计面板中展开 DataSources(数据源)条目，并选择 ArffLoader 组件，这时鼠标指针会变成“十”字形。单击布局面板的任意位置，将 ArffLoader 组件放置在布局区域，在布局区域中可以看到有 ArffLoader 图标出现。

下一步，指定加载的 ARFF 文件。在布局区域中的 ArffLoader 图标上右击，在弹出的快捷菜单中选择 Configure(配置)菜单项，在弹出的对话框中单击 Browse 按钮，浏览定位到欲加载的 ARFF 文件位置，选择 iris 数据集。

下一步，在设计面板中单击展开 Evaluation(评估器)条目，选择该条目下的 ClassAssigner 组件，该组件用于设置将哪一列作为类别属性，将该组件放置在布局区域的任意位置。下面将 ArffLoader 组件连接到 ClassAssigner 组件。右击 ArffLoader 组件，在弹出的快捷菜单中选择 dataSet(数据集)菜单项，会出现一条橡皮筋线，将鼠标指针移动到 ClassAssigner 组件上单击，就会看到一条标记为 dataSet 的红线将这两个组件连接起来。

下一步，右击 ClassAssigner 组件，在弹出的快捷菜单中选择 Configure(配置)菜单项。这时将弹出一个对话框，可以指定将哪个列作为数据集的类别属性，如图 3.13 所示。默认最后一列是类别属性，在本例中，class 列为最后一列，已经默认为类别属性，因此也可以不用指定。

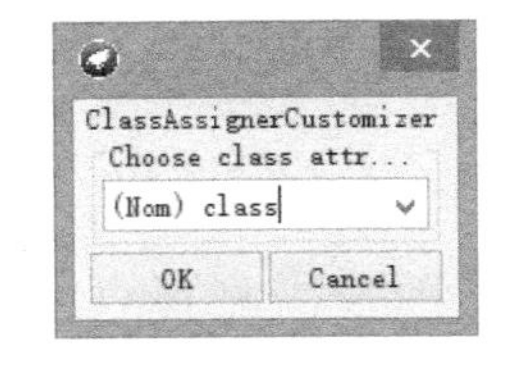

图 3.13 选择类别属性

下一步，在设计面板中选择 Evaluation 条目下的 CrossValidationFoldMaker 组件，并把它放置在布局区域。右击 ClassAssigner 组件，在弹出的快捷菜单中选择 dataSet 菜单项，然后单击 CrossValidationFoldMaker 组件，连接 ClassAssigner 组件和 CrossValidationFoldMaker 组件。

下一步，在设计面板中单击展开 Classifiers(分类器)条目，然后在 trees(树)子条目下选择 J48 组件，将其放置在布局区域。右击 CrossValidationFoldMaker 组件，在弹出的快捷菜单中选择 trainingSet(训练集)菜单项，将 CrossValidationFoldMaker 组件连接到 J48 组件。再次右击 CrossValidationFoldMaker 组件，在弹出的快捷菜单中选择 testSet(测试集)菜单项，将 CrossValidationFoldMaker 组件连接到 J48 组件。

下一步，在 Evaluation 条目下选择 ClassifierPerformanceEvaluator 组件，放置在布局区域中。右击 J48 组件，在弹出的快捷菜单中选择 batchClassifier 菜单项，连接 J48 组件和 ClassifierPerformanceEvaluator 组件。

最后，在设计面板中单击展开 Visualization(可视化器)条目，选择 TextViewer 组件并放置到布局区域。右击 ClassifierPerformanceEvaluator 组件，在弹出的快捷菜单中选择 text 菜单项，连接 ClassifierPerformanceEvaluator 组件和 TextViewer 组件。然后，选择并放置 Visualization 条目下的 GraphViewer 组件，右击 J48 组件，在弹出的快捷菜单中选择 graph 菜单项，连接 J48 组件和 GraphViewer 组件。

完成上述全部步骤后，形成的设计图如图 3.14 所示。建议保存所完成的工作，步骤是，单击按钮，为知识流取名为 J48CV，然后单击保存按钮。

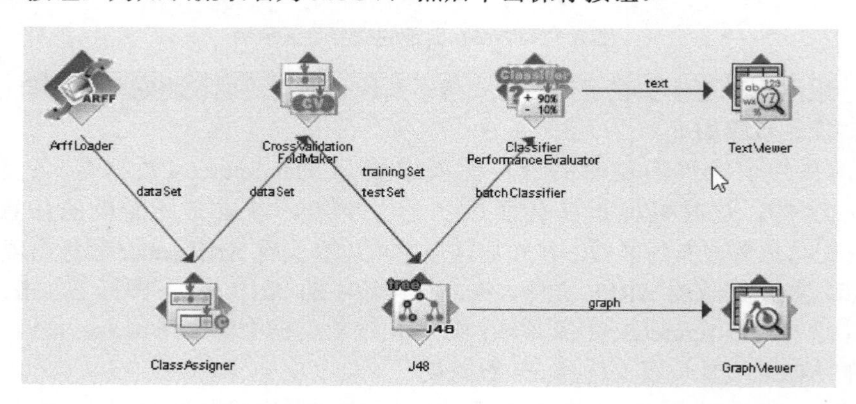

图 3.14 完成后的设计图

单击工具栏中的运行按钮启动流程。流中每个组件的进度信息将出现在窗口底部的状态/日志面板中，如图 3.15 所示。

Status | Log

Component	Parameters	Time	Status
[KnowledgeFlow]		-	OK.
ArffLoader		-	Finished.
CrossValidationFol...		-	Finished.
J48	-C 0.25 -M 2	-	Finished.
ClassifierPerforma...		-	Finished.

图 3.15 状态/日志面板

流程执行完成后，右击 TextViewer 组件，在弹出的快捷菜单中选择 Show results(显示结果)菜单项，可以查看到如图 3.16 所示的结果。

右击 GraphViewer 组件，在弹出的快捷菜单中选择 Show results 菜单项，可以查看到如图 3.17 所示的结果。实际上这是十折交叉验证，每折作为测试集的运行结果，因此有 10 条结果。

单击图 3.17 中的任意一行，会出现类似于图 3.18 所示的决策树。

```
Text Viewer
Result list
15:46:51 - J48
Text
=== Evaluation result ===

Scheme: J48
Options: -C 0.25 -M 2
Relation: iris


Correctly Classified Instances         144               96      %
Incorrectly Classified Instances         6                4      %
Kappa statistic                          0.94
Mean absolute error                      0.035
Root mean squared error                  0.1586
Relative absolute error                  7.8705 %
Root relative squared error             33.6353 %
Coverage of cases (0.95 level)          96.6667 %
Mean rel. region size (0.95 level)      33.7778 %
Total Number of Instances              150

=== Detailed Accuracy By Class ===
```

图 3.16　文本输出结果

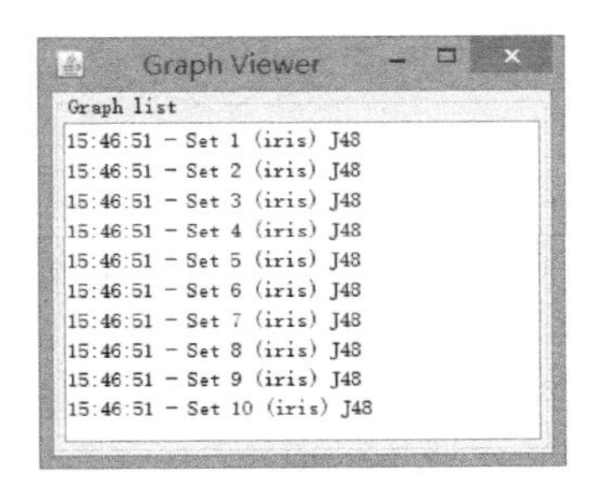

图 3.17　图形输出结果

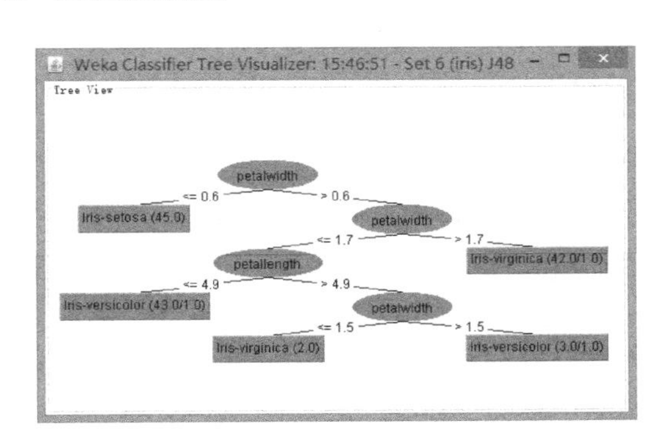

图 3.18　决策树

如果还想看到散点图以及错误分类的点，可以放置一个 ModelPerformanceChart 组件到布局区域，然后右击 ClassifierPerformanceEvaluator 组件，在弹出的快捷菜单中选择 visualizableError 菜单项，连接 ClassifierPerformanceEvaluator 组件和 ModelPerformanceChart 组件。再次运行后，右击 ModelPerformanceChart 组件，选择 show chart(显示图)菜单项，就会弹出如图 3.19 所示的 Model Performance Chart(模型性能图表)窗口。窗口操作与探索者界面类似，不再赘述。

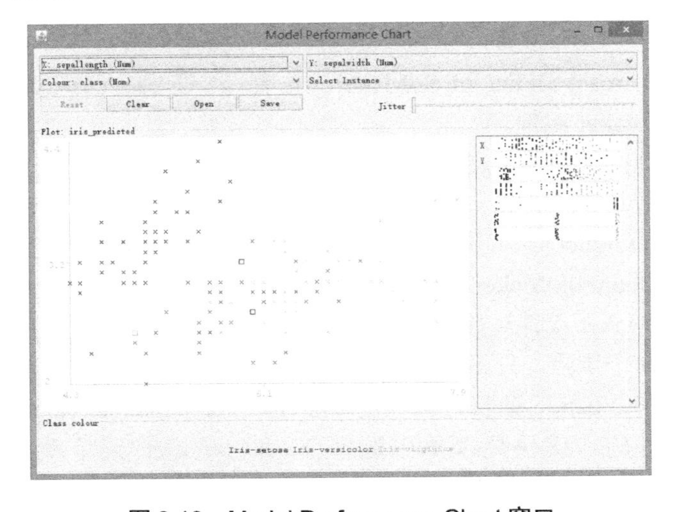

图 3.19　Model Performance Chart 窗口

3. 绘制多条 ROC 曲线

知识流界面可以在同样的绘图窗口内绘制多条 ROC 曲线，以比较多个分类器的性能，这在探索者界面中是无法做到的。

本例使用 J48 和 RandomForest 作为分类器，然后自己手工一步一步建立多 ROC 曲线示例，操作步骤如下。

首先，在知识流界面左侧的设计面板中展开 DataSources 条目，并选择 ArffLoader 组件，这时鼠标指针会变成“十”字形。单击布局面板的任意位置，将 ArffLoader 组件放置在布局区域，在布局区域中可以看到 ArffLoader 图标出现。然后，指定加载的 ARFF 文件。在布局区域中的 ArffLoader 图标上右击，在弹出的快捷菜单中选择 Configure(配置)菜单项，在如前面图 3.8 所示的对话框中单击 Browse 按钮，浏览定位到欲加载的 ARFF 文件位置，本例定位到 data 目录并选择 ionosphere.arff 数据集。

下一步，在设计面板中单击展开 Evaluation 条目，选择该条目下的 ClassAssigner 组件，该组件用于设置将哪一列作为类别属性，将该组件放置在布局区域的任意位置。下面将 ArffLoader 组件连接到 ClassAssigner 组件。右击 ArffLoader 组件，在弹出的快捷菜单中选择 dataSet(数据集)菜单项，会出现一条橡皮筋线，将鼠标指针移动到 ClassAssigner 组件上单击，就会看到一条标记为 dataSet 的红线将这两个组件连接起来。

下一步，右击 ClassAssigner 组件，在弹出的快捷菜单中选择 Configure 菜单项。在弹出的对话框中指定将哪个列作为数据集的类别属性，默认最后一列是类别属性。

下一步，在 Evaluation 条目下选择 ClassValuePicker 组件，该组件用于设置将哪一个类别值用于 ROC 评估。将组件放置在布局区域，右击 ClassAssigner 组件，在弹出的快捷菜单中选择 dataSet 菜单项，将 ClassAssigner 组件与 ClassValuePicker 组件相连接。然后右击 ClassValuePicker 组件，在弹出的快捷菜单中选择 Configure 菜单项，在弹出的如图 3.20 所示的对话框中设置类别值为 g。

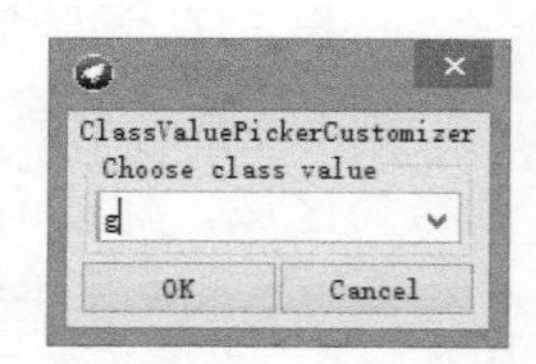

图 3.20　选择类别值

下一步，在设计面板中的 Evaluation 条目下选择 CrossValidationFoldMaker 组件，并把它放置在布局区域。右击 ClassValuePicker 组件，在弹出的快捷菜单中选择 dataSet 菜单项，然后单击 CrossValidationFoldMaker 组件，连接 ClassValuePicker 组件和 CrossValidationFoldMaker 组件。

下一步，在设计面板中单击展开 Classifiers 条目，并在 trees 子条目下选择 J48 组件，将该组件放置在布局区域。然后，在 CrossValidationFoldMaker 组件上右击，在弹出的快捷式菜单中选择 trainingSet 菜单项，将 CrossValidationFoldMaker 组件连接到 J48 组件。再次右击 CrossValidationFoldMaker 组件，在弹出的快捷菜单中选择 testSet 菜单项，将 CrossValidationFoldMaker 组件连接到 J48 组件。

重复上述最后一个步骤，只不过将 J48 组件换成 RandomForest 分类器组件。

下一步，回到 Evaluation 条目，将一个 ClassifierPerformanceEvaluator 组件放置到布局区域。在 J48 组件的右键快捷菜单中选择 batchClassifier 菜单项，连接 J48 组件与 ClassifierPerformanceEvaluator 组件。再将另一个 ClassifierPerformanceEvaluator 组件放置到布局区域，同样通过 batchClassifier 菜单项连接 RandomForest 组件与

ClassifierPerformanceEvaluator 组件。

下一步，将 Visualization 条目下的 ModelPerformanceChart 组件放置到布局区域。分别在两个 ClassifierPerformanceEvaluator 组件的右键快捷菜单中选择 thresholdData 菜单项，将两个 ClassifierPerformanceEvaluator 组件与 ModelPerformanceChart 组件分别相连接。

最后，将 Visualization 条目下的 TextViewer 组件放置到布局区域。分别在两个 ClassifierPerformanceEvaluator 组件的右键快捷菜单中选择 text 菜单项，将两个 ClassifierPerformanceEvaluator 组件与 TextViewer 组件分别相连接。

绘制并调整后的多条 ROC 曲线知识流如图 3.21 所示。

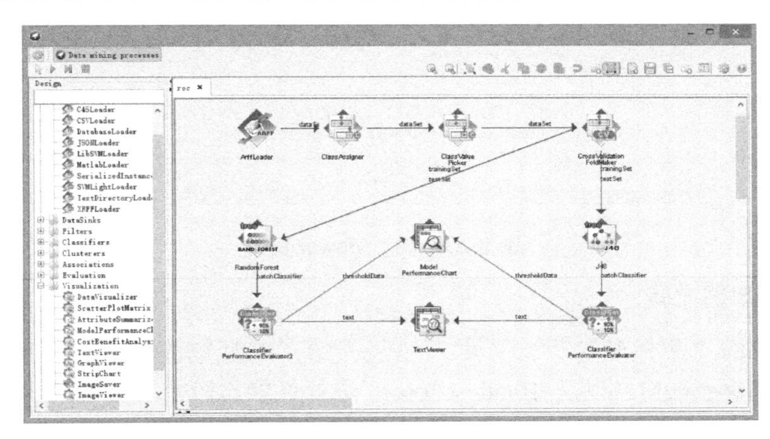

图 3.21　多条 ROC 曲线知识流

在工具栏中单击运行按钮启动流程。数据流中每个组件的进度信息将出现在窗口底部的状态/日志面板中。

右击 ModelPerformanceChart 组件，在弹出的快捷菜单中选择 Show chart 菜单项。弹出如图 3.22 所示的多条 ROC 曲线。曲线右边的图例显示，用符号“×”绘制的曲线为 RandomForest 分类器的 ROC，用符号“+”绘制的曲线为 J48 分类器的 ROC。比较一下，不难看出 RandomForest 的 ROC 曲线都在 J48 的 ROC 曲线的上方，由于本例的 RandomForest 分类模型尽可能靠近 ROC 图的左上角，因此优于 J48。

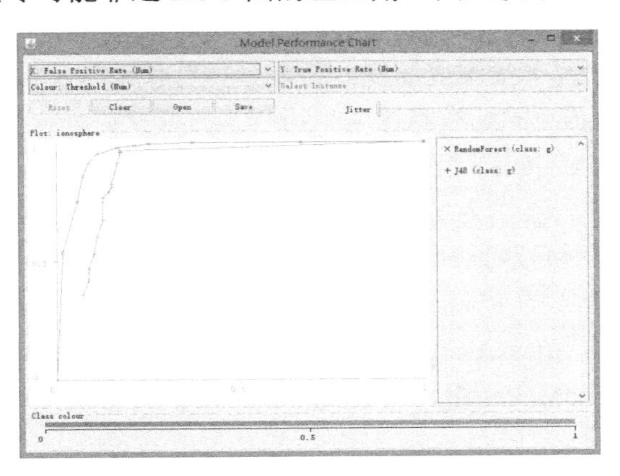

图 3.22　多条 ROC 曲线

右击 TextViewer 组件，在弹出的快捷菜单中选择 Show results 菜单项，会弹出如图 3.23 所示的 Text Viewer(文本查看器)窗口。对照两个分类器的性能，可知 RandomForest 分类器的准确率为 92.5926%，J48 分类器的准确率为 91.453%，也证实了本例 RandomForest 优于 J48 的结论。

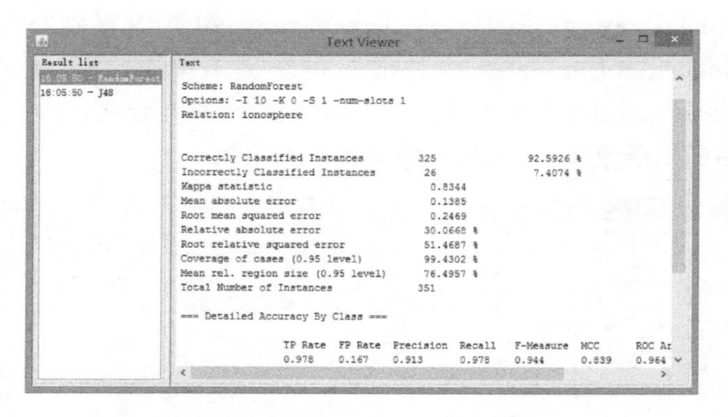

图 3.23 Text Viewer 窗口

4. 集成学习器比较

在第 2 章的“集成学习”部分中，已经介绍了三种集成学习的方法。本例试图对 Bagging、AdaBoostingM1 以及 RandomForest 进行性能比较，并使用 J48 分类器作为参照。为了公平起见，使用尽可能多的数据集，只要满足类别属性为标称型即可。

首先，在知识流界面左侧的设计面板中展开 DataSources 条目，并选择 ArffLoader 组件，这时鼠标指针会变成“十”字形。单击布局面板的任意位置，将 ArffLoader 组件放置在布局区域，在布局区域中可以看到 ArffLoader 图标出现。然后，指定加载的 ARFF 文件。在布局区域中的 ArffLoader 图标上右击，在弹出的快捷菜单中选择 Configure 菜单项，在如前面图 3.8 所示的对话框中单击 Browse 按钮，浏览定位到欲加载的 ARFF 文件位置，本例定位到 data 目录并选择 breast-cancer.arff 数据集。

下一步，在设计面板中单击展开 Evaluation 条目，选择该条目下的 ClassAssigner 组件，该组件用于设置将哪一列作为类别属性，将该组件放置在布局区域的任意位置。下面将 ArffLoader 组件连接到 ClassAssigner 组件。右击 ArffLoader 组件，选择右键快捷菜单中的 dataSet 菜单项，会出现一条橡皮筋线，将鼠标指针移动到 ClassAssigner 组件上单击，就会看到一条标记为 dataSet 的红线将这两个组件连接起来。

下一步，右击 ClassAssigner 组件，并在右键快捷菜单中选择 Configure 菜单项，在弹出的对话框中指定将哪一列作为数据集的类别属性，默认最后一列是类别属性。由于 Weka 自带数据集中除回归问题外都满足这一点，因此这一步可以不用指定类别属性。

下一步，在设计面板中的 Evaluation 条目下选择 CrossValidationFoldMaker 组件，并把它放置在布局区域。右击 ClassAssigner 组件，选择右键快捷菜单中的 dataSet 菜单项，然后单击 CrossValidationFoldMaker 组件，连接 ClassAssigner 组件和 CrossValidationFoldMaker 组件。

下一步，在设计面板中单击展开 Classifiers 条目，并在 trees 子条目下选择 J48 组件，将该组件放置在布局区域。然后，在 CrossValidationFoldMaker 组件上右击，在弹出的快捷菜单中选择 trainingSet 菜单项，将 CrossValidationFoldMaker 组件连接到 J48 组件。再次右击 CrossValidationFoldMaker 组件，在弹出的快捷菜单中选择 testSet 菜单项，将 CrossValidationFoldMaker 组件连接到 J48 组件。

重复上述步骤三次，只不过依次将 J48 组件换成 Bagging 组件、AdaBoostingM1 组件和 RandomForest 组件。然后双击集成学习器，将 Bagging 组件和 AdaBoostingM1 组件的基分类器设置为 J48。

下一步，回到 Evaluation 条目，将一个 ClassifierPerformanceEvaluator 组件放置到布局区域。在 J48 组件的右键快捷菜单中选择 batchClassifier 菜单项，连接 J48 组件与 ClassifierPerformanceEvaluator 组件。重复上述步骤三次，只不过依次将 J48 组件换成 Bagging 组件、AdaBoostingM1 组件和 RandomForest 组件，分别与三个 ClassifierPerformanceEvaluator 组件相连接。

最后，将 Visualization 条目下的 TextViewer 组件放置到布局区域，分别在四个 ClassifierPerformanceEvaluator 组件的右键快捷菜单中选择 text 菜单项，将四个 ClassifierPerformanceEvaluator 组件分别与 TextViewer 组件相连接。

绘制并调整后的集成学习器比较知识流如图 3.24 所示。

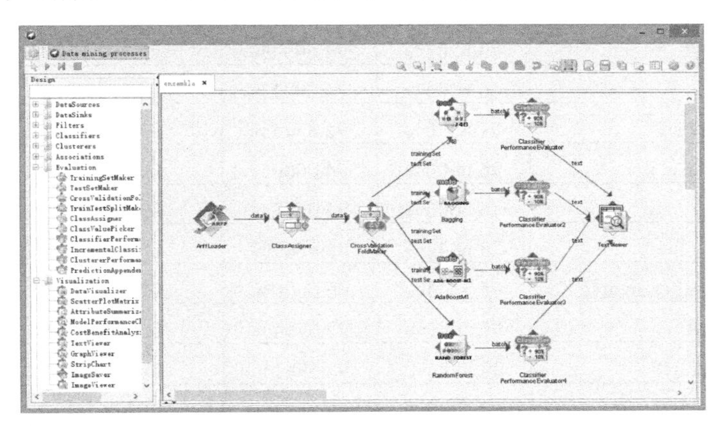

图 3.24 集成学习器比较知识流

在工具栏中单击运行按钮启动流程。流中每个组件的进度信息将出现在窗口底部的状态/日志面板中。

右击 TextViewer 组件，在弹出的快捷菜单中选择 Show results 菜单项，会弹出如图 3.25 所示的 Text Viewer 窗口。对照四个分类器的性能，这里只考查正确分类的准确率，将结果填入表 3.1 中。

现在，依次对其他多个数据集进行测试。操作步骤是：右击 TextViewer 组件，在弹出的快捷菜单中选择 Clear results 菜单项清除结果，然后双击 ArffLoader 组件，选择加载其他 ARFF 文件。最后，运行、查看结果并将结果填入表 3.1 中。

为了更好地研究四种分类器的分类准确度，绘制出其分类准确率的柱形图，如图 3.26 所示。从图 3.26 中可以看出，J48 是很优秀的分类器，大部分情况下集成学习器会比作为基分类器的 J48 性能更好，但是，也有比基分类器更差的情况出现。

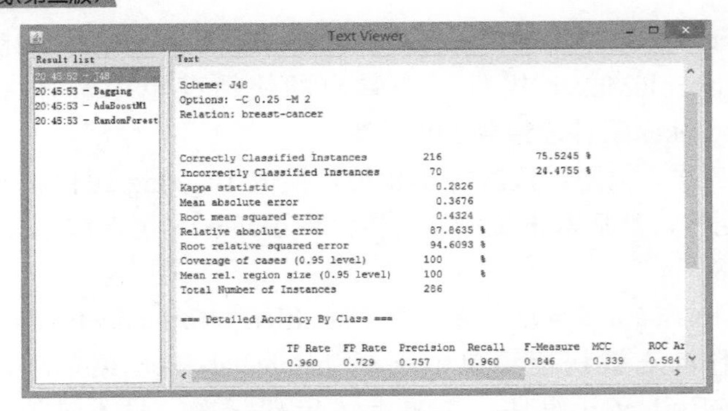

图 3.25　四个分类器的性能

表 3.1　四个分类器的分类准确率比较[①]

序号	数 据 集	J48	Bagging	AdaBoostingM1	RandomForest
1	breast-cancer.arff	75.5245%	73.7762%	69.5804%	69.2308%
2	contact-lenses.arff	83.3333%	75.0000%	70.8333%	70.8333%
3	credit-g.arff	70.5000%	73.3000%	69.6000%	73.0000%
4	diabetes.arff	73.8281%	74.6094%	72.3958%	74.3490%
5	glass.arff	66.8224%	74.2991%	74.2991%	74.2991%
6	ionosphere.arff	91.4530%	92.8775%	93.1624%	92.8775%
7	iris.2D.arff	96.0000%	94.0000%	94.6667%	94.6667%
8	iris.arff	96.0000%	94.6667%	93.3333%	95.3333%
9	labor.arff	73.6842%	85.9649%	89.4737%	87.7193%
10	segment-challenge.arff	95.7333%	96.6000%	97.4667%	96.6667%
11	soybean.arff	91.5081%	92.6794%	92.8258%	91.2152%
12	unbalanced.arff	98.5981%	98.5981%	98.5981%	98.3645%
13	vote.arff	96.3218%	96.5517%	95.8621%	96.3218%
14	weather.nominal.arff	50.0000%	50.0000%	71.4286%	57.1429%
15	weather.numeric.arff	64.2857%	35.7143%	71.4286%	35.7143%

5. 处理增量数据

Weka 的一些分类器、聚类器和过滤器可以采用流方式进行数据的增量处理。本例就将增量地训练和测试朴素贝叶斯学习方案。其结果会发送到 TextViewer 组件，性能预测则由 StripChart(带状图)组件动态作图。具体步骤如下。

首先，在知识流界面左侧的设计面板中展开 DataSources 条目，并选择 ArffLoader 组件，这时鼠标指针会变成“十”字形。单击布局面板的任意位置，将 ArffLoader 组件放置在布局区域，在布局区域中可以看到 ArffLoader 图标出现。然后，指定加载的 ARFF 文件。在布局区域中的 ArffLoader 图标上右击，在弹出的快捷菜单中选择 Configure 菜单

① 本表中 RandomForest 的运行结果与本书第 1 版中不一致，这是因为 Weka 3.7.13 改动了 RandomForest 算法，具体见 CHANGELOG_PACKAGES-3-7-13。本书按照实际运行结果做了更改。

项，在如前面图 3.8 所示的对话框中单击 Browse 按钮，浏览定位到欲加载的 ARFF 文件位置，本例定位到 data 目录并选择 segment-challenge.arff 数据集。

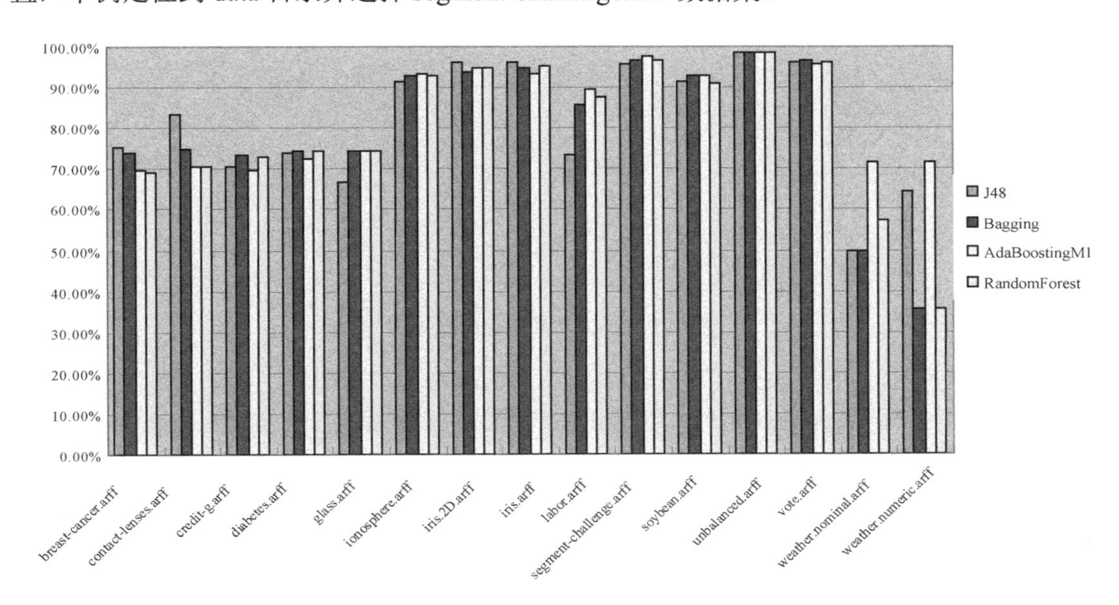

图 3.26 四个分类器的分类准确率柱形图

下一步，在设计面板中单击展开 Evaluation 条目，选择该条目下的 ClassAssigner 组件，该组件用于设置将哪一列作为类别属性，将该组件放置在布局区域的任意位置。下面将 ArffLoader 组件连接到 ClassAssigner 组件。右击 ArffLoader 组件，选择右键快捷菜单中的 instance(实例)菜单项，会出现一条橡皮筋线，将鼠标指针移动到 ClassAssigner 组件上单击，就会看到一条标记为 instance 的红线将这两个组件连接起来。

下一步，右击 ClassAssigner 组件，并在右键快捷菜单中选择 Configure 菜单项。在弹出的对话框中指定将哪一列作为数据集的类别属性，默认最后一列是类别属性。

下一步，在设计面板中单击展开 Classifiers 条目，并在 bayes 子条目下选择 NaiveBayesUpdateable 组件，将该组件放置在布局区域。然后，在 ClassAssigner 组件上右击，在弹出的快捷菜单中选择 instance 选项，将 ClassAssigner 组件连接到 NaiveBayesUpdateable 组件。

下一步，回到 Evaluation 条目，将一个 IncrementalClassiferEvaluator 组件放置到布局区域。在 NaiveBayesUpdateable 组件的右键快捷菜单中选择 incrementalClassifier 菜单项，连接 NaiveBayesUpdateable 组件与 IncrementalClassiferEvaluator 组件。

下一步，将 Visualization 条目下的 TextViewer 组件放置到布局区域。右击 IncrementalClassifierEvaluator 组件，在右键快捷菜单中选择 text 菜单项，将 IncrementalClassifierEvaluator 组件与 TextViewer 组件相连接。

最后，将 Visualization 条目下的 StripChart 组件放置到布局区域。右击 IncrementalClassifierEvaluator 组件，在右键快捷菜单中选择 chart 菜单项，将 IncrementalClassifierEvaluator 组件与 StripChart 组件相连接。

绘制并调整后的处理增量数据的知识流如图 3.27 所示。

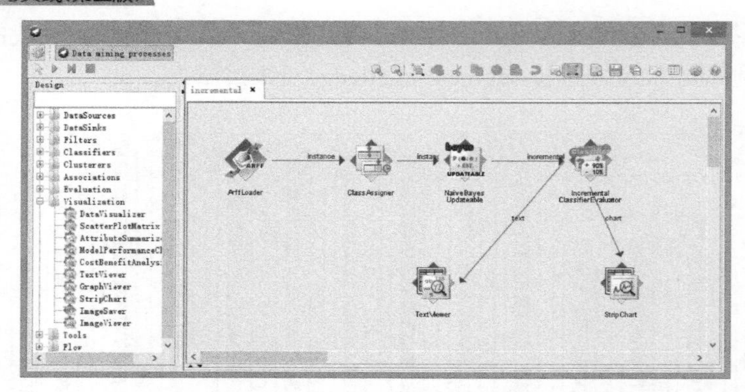

图 3.27　处理增量数据的知识流

在启动流程之前，一定要记得先显示 Strip Chart 图表，否则看不到动态显示的结果。操作步骤为：右击 StripChart 组件，在弹出的快捷菜单中选择 Show chart 菜单项，此时就会弹出一个始终显示在顶层的 Strip Chart 图表。

在工具栏中单击运行按钮启动流程。注意观察 Strip Chart 图表的变化，最终的 Strip Chart 图表如图 3.28 所示。

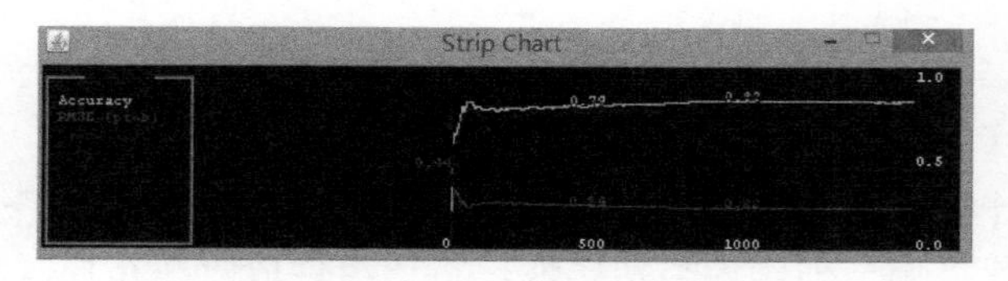

图 3.28　Strip Chart 图表

图 3.28 中共有三条曲线，绿线(最上面一根曲线)表示准确率，红线(最下面一根曲线)表示 RMSE(均方根误差)，蓝线(中间的一根曲线，靠近绿线)表示 Kappa 指标。绿线和蓝线都是越接近 1 越好，即越大越好；而红线则是越接近 0 越好，即越小越好。

注意： 在本例中使用的朴素贝叶斯分类器先要预测每个输入的实例，然后再训练(更新)分类器。因此，在刚开始的时候，由于输入实例很少，分类器的性能很差，但随着输入实例的逐渐增加，分类器得到更多的训练，其性能逐步提高直至稳定。

接下来学习 StripChart 组件的选项配置。关闭 Strip Chart 图表，双击布局区域中的 StripChart 组件，在弹出的对话框中将 refreshFreq 选项由默认的 5 修改为 2，将 xLabelFreq 选项由默认的 500 修改为 250，如图 3.29 所示。

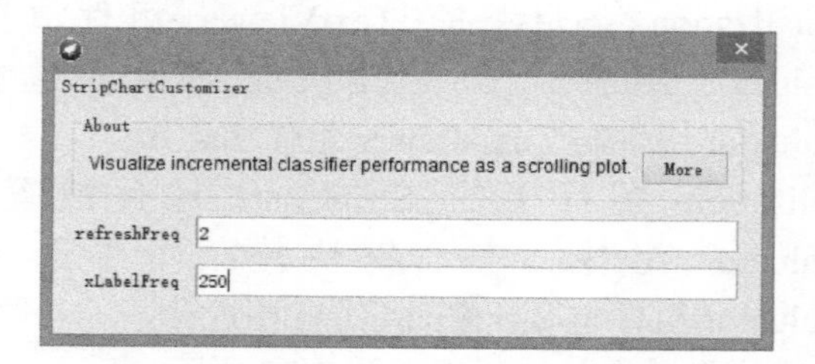

图 3.29　修改 StripChart 选项

然后重新运行，所显示的 Strip Chart 图表如图 3.30 所示。可见，refreshFreq 选项控制绘制数据点的频率，降低 refreshFreq 的值，意味着拉长时间轴(X 轴)；xLabelFreq 选项控制 X 轴上显示标签的频率，降低 xLabelFreq 的值，意味着在 X 轴每隔更短一段距离就显示一个标签。

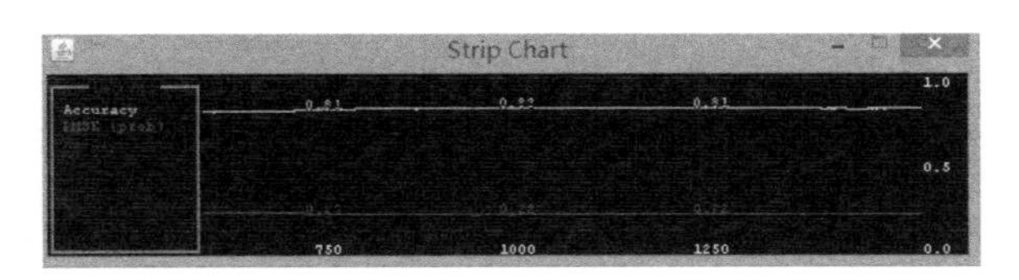

图 3.30 重新运行后得到的 Strip Chart 图表

最后，右击 TextViewer 组件，在弹出的快捷菜单中选择 Show results 菜单项，就会弹出如图 3.31 所示的结果。

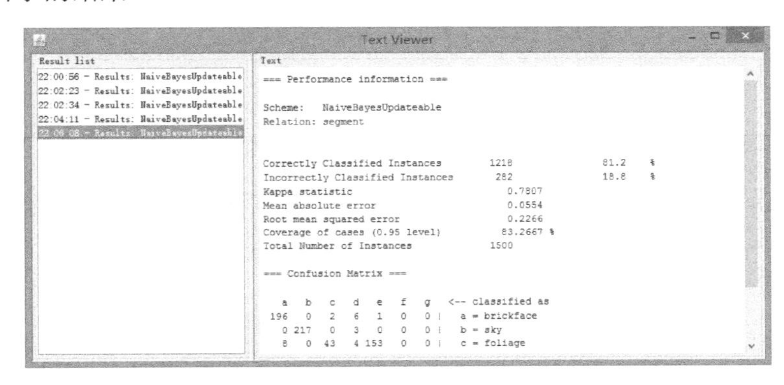

图 3.31 TextViewer 结果

6. 保存图表

从 Weka 3.7.5 版本开始，就支持创建和保存图表，如散点图、属性柱状图、误差曲线图、ROC 曲线等。可以使用 Weka 的内建图表，也可以使用 JFreeChart 库或可选包，例如，使用包管理器安装 jfreechartOffscreenChartRenderer 可选包，且选择 JFreeChart Chart Renderer 渲染器，可以保存更漂亮的图表文件。

本次实践使用两个示例，第一个示例打开数据集，保存单个属性的可视化图像和双属性的散点图；第二个示例保存分类器的 ROC 曲线图和误差散点图。

第一个示例的操作步骤如下。

首先，将一个 ArffLoader 组件放置在布局区域，然后双击布局区域中的 ArffLoader 图标，选择加载 iris.arff 数据集。下一步，将一个 AttributeSummarizer 组件放置在布局区域，选择 dataSet 连接 ArffLoader 组件和 AttributeSummarizer 组件；双击 AttributeSummarizer 组件，将 Attribute to chart 选项设置为 sepalwidth，以可视化花萼宽。下一步，将一个 ImageSaver 组件放置在布局区域，选择 image 连接 AttributeSummarizer 组件和 ImageSaver 组件；双击 ImageSaver 组件并设置 Filename 选项，这里将其设置为 Weka 安装目录下的 output\AttributeSummary。下一步，将一个 DataVisualizer 组件放置在布局区域，选择 dataSet 连接 ArffLoader 组件和 DataVisualizer 组件；双击 DataVisualizer 组件，

将 X-axis attribute 选项设置为 sepallength(花萼长)，将 Y-axis attribute 选项设置为 petalwidth(花瓣宽)。下一步，再次将一个 ImageSaver 组件放置在布局区域(ImageSaver2)，选择 image 连接 DataVisualizer 组件和 ImageSaver2 组件；双击 ImageSaver2 组件并设置 Filename 选项，这里将其设置为 Weka 安装目录下的 output\DataVisualize。

按以上步骤绘制并调整后的可视化数据集的知识流如图 3.32 所示。

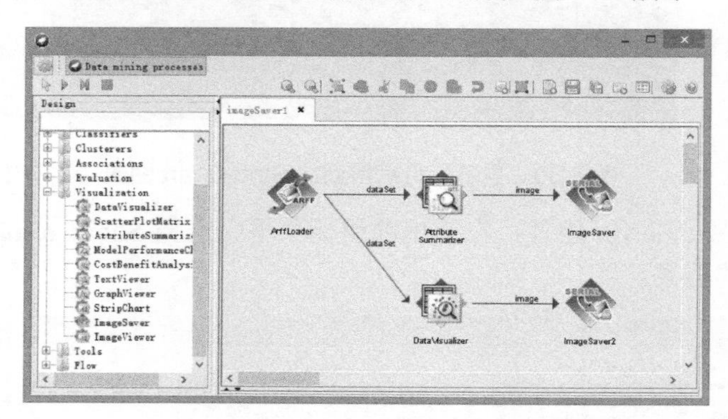

图 3.32　可视化数据集的知识流

在工具栏中单击运行按钮启动流程。在 Windows 资源管理器中可以看到保存的两个图像文件，如图 3.33 所示。本实验能够保存单个属性的图像和双属性的散点图，结果符合预期。

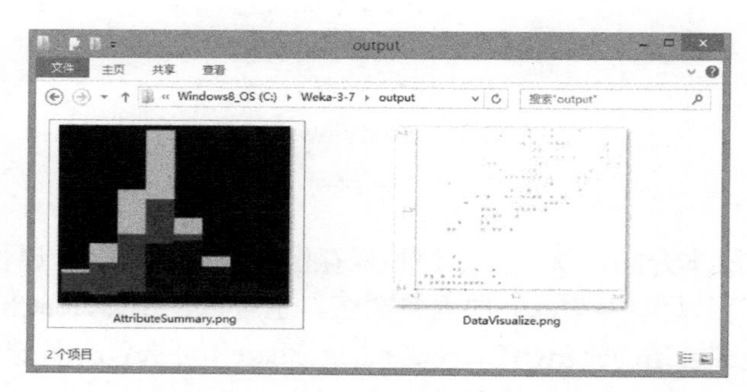

图 3.33　保存后的图像文件

第二个示例的操作步骤如下。

首先，将一个 ArffLoader 组件放置在布局区域，然后双击布局区域中的 ArffLoader 图标，选择加载 ionosphere.arff 数据集。下一步，将一个 ClassAssigner 组件放置在布局区域，并用 dataSet 连接将 ArffLoader 组件与 ClassAssigner 组件相连。下一步，将一个 ClassValuePicker 组件放置在布局区域，并用 dataSet 连接将 ClassAssigner 组件与 ClassValuePicker 组件相连；双击 ClassValuePicker 组件，设置类别值为 g。下一步，将一个 CrossValidationFoldMaker 组件放置在布局区域，并用 dataSet 连接将 ClassValuePicker 组件与 CrossValidationFoldMaker 组件相连。下一步，将一个 NaiveBayes 组件放置在布局区域，并用 trainingSet 连接和 testSet 连接将 CrossValidationFoldMaker 组件与 NaiveBayes 组件相连。下一步，将一个 ClassifierPerformanceEvaluator 组件放置在布局区域，并用 batchClassifier 连接将 NaiveBayes 组件与 ClassifierPerformanceEvaluator 组件相连。下一

步，将两个 ModelPerformanceChart 组件放置在布局区域，用 thresholdData 连接将 ClassifierPerformanceEvaluator 组件与 ModelPerformanceChart 组件相连，用 visualizableError 连接将 ClassifierPerformanceEvaluator 组件与 ModelPerformanceChart 2 组件相连；双击 ModelPerformanceChart2 组件，将 X-axis attribute 选项设置为 a13，将 Y-axis attribute 选项设置为 a17。下一步，将两个 ImageSaver 组件放置在布局区域，用两个 image 连接分别将两个 ModelPerformanceChart 组件与两个 ImageSaver 组件相连；双击 ImageSaver 组件，将 Filename 选项设置为 Weka 安装目录下的 output\ROC，双击 ImageSaver2 组件，将 Filename 选项设置为 Weka 安装目录下的 output\ErrorPlot。

完成绘制并调整后的分类器性能的知识流如图 3.34 所示。

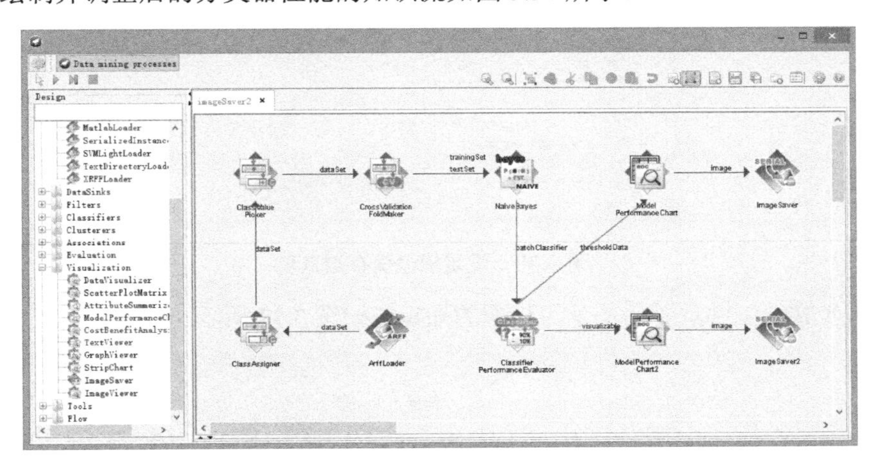

图 3.34　分类器性能的知识流

在工具栏中单击运行按钮启动流程。在 Windows 资源管理器中可以看到保存的两个图像文件，如图 3.35 所示。本实验能够保存 ROC 图像和误差散点图，结果符合预期。

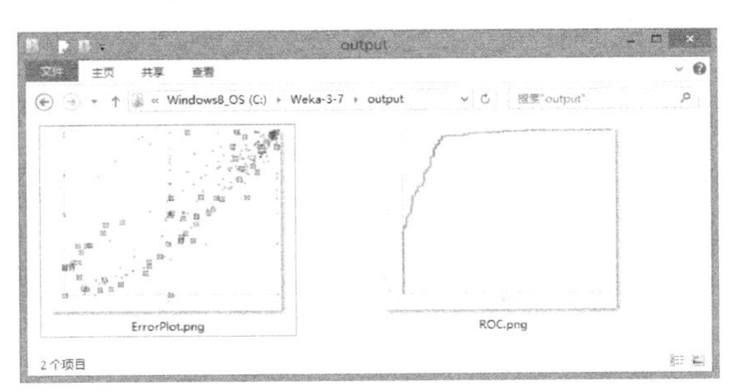

图 3.35　保存后的 ErrorPlot 和 ROC 图像文件

7. 训练并保存学习模型

本实践的任务是，先训练一个 NaiveBayes 分类器，然后将训练后的学习模型序列化到一个二进制文件中。在下一次实践中，会加载这次保存的模型文件，并使用模型进行测试。

首先，将一个 ArffLoader 组件放置在布局区域，然后双击布局区域中的 ArffLoader 图标，选择加载 segment-challenge.arff 数据集。下一步，将一个 ClassAssigner 组件放置在布局区域，选择 dataSet 连接 ArffLoader 组件和 ClassAssigner 组件。下一步，将一个 TrainingSetMaker 组件放置在布局区域，选择 dataSet 连接 ClassAssigner 组件和 TrainingSetMaker 组件。下一步，将一个 NaiveBayes 组件放置在布局区域，选择 trainingSet 连接 TrainingSetMaker 组件和 NaiveBayes 组件。下一步，将一个 TextViewer 组件放置在布局区域，选择 text 连接 NaiveBayes 组件和 TextViewer 组件。最后，将一个 SerializedModelSaver 组件放置在布局区域，选择 batchClassifier 连接 NaiveBayes 组件和 SerializedModelSaver 组件；双击 SerializedModelSaver 组件，并按照图 3.36 所示设置 Prefix for file name(文件名前缀)、Directory(目录)选项。

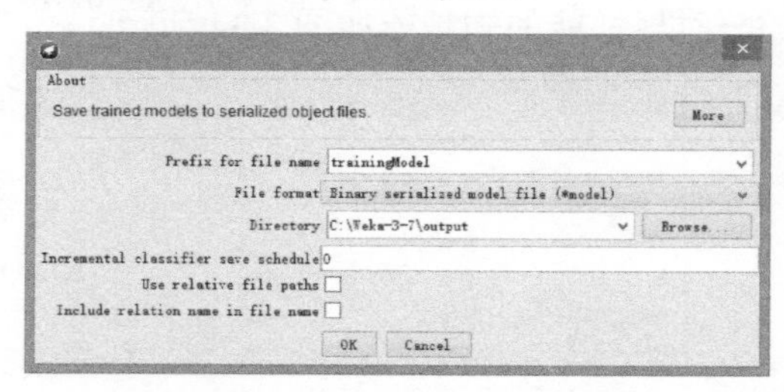

图 3.36　设置模型保存器选项

按以上步骤绘制并调整后的学习模型的知识流如图 3.37 所示。

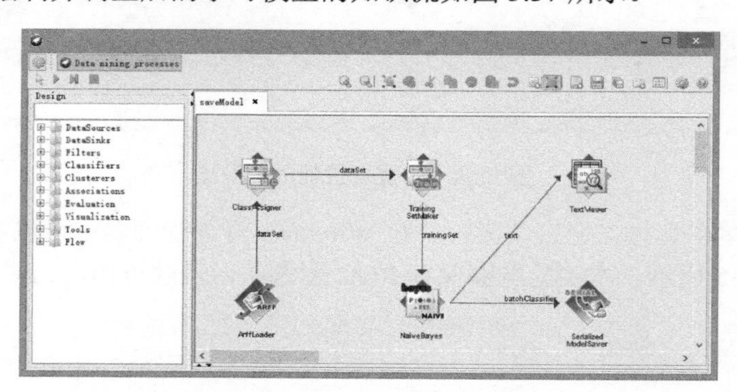

图 3.37　学习模型的知识流

在工具栏中单击运行按钮启动流程。流程结束后，在 Weka 安装目录下的 output 子目录中就会生成一个名为 trainingModelNaiveBayes_1_1.model 的模型文件，下一个实践中会加载这个模型文件。

8. 加载学习模型并预测

本次实践的任务是：加载上次实践中保存的模型文件，然后用模型对未知数据进行测试。

首先，将一个 ArffLoader 组件放置在布局区域，然后双击布局区域中的 ArffLoader 图标，选择加载 segment-test.arff 数据集。下一步，将一个 ClassAssigner 组件放置在布局区域，选择 instance 连接 ArffLoader 组件和 ClassAssigner 组件。下一步，将一个 NaiveBayes 组件放置在布局区域，选择 instance 连接 ClassAssigner 组件和 NaiveBayes 组件；双击 NaiveBayes 组件，设置 Load model from file(从文件加载模型)选项为上次实践所保存的模型文件，即

output\trainingModelNaiveBayes_1_1.model。下一步，将一个 IncrementalClassifierEvaluator 组件放置在布局区域，选择 incrementalClassifier 连接 NaiveBayes 组件和 IncrementalClassifierEvaluator 组件。下一步，将一个 TextViewer 组件放置在布局区域，选择 text 连接 IncrementalClassifierEvaluator 组件和 TextViewer 组件。最后，将一个 StripChart 组件放置在布局区域，选择 chart 连接 IncrementalClassifierEvaluator 组件和 StripChart 组件；双击 StripChart 组件，将 refreshFreq 选项由默认的 5 修改为 2，将 xLabelFreq 选项由默认的 500 修改为 100。

按以上步骤绘制并调整后的加载学习模型的知识流如图 3.38 所示。

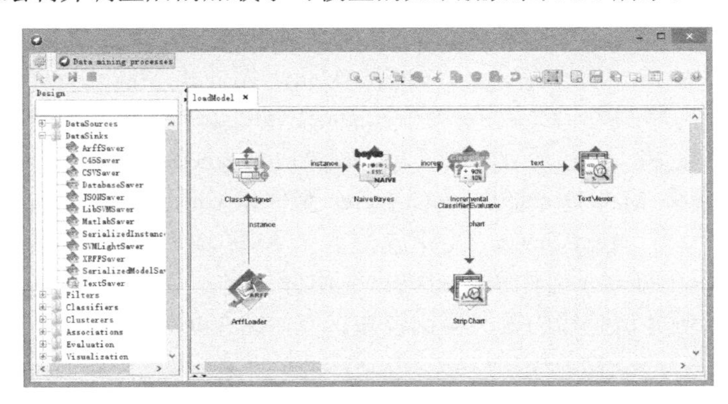

图 3.38　加载学习模型的知识流

在启动流程之前，一定要记得先显示 Strip Chart 图表，否则看不到动态显示的结果。操作步骤为：右击 StripChart 组件，在弹出的快捷菜单中选择 Show chart 菜单项，此时就会弹出一个始终显示在顶层的 Strip Chart 图表。

在工具栏中单击运行按钮启动流程。注意观察 Strip Chart 图表的变化，最终的 Strip Chart 图表如图 3.39 所示。

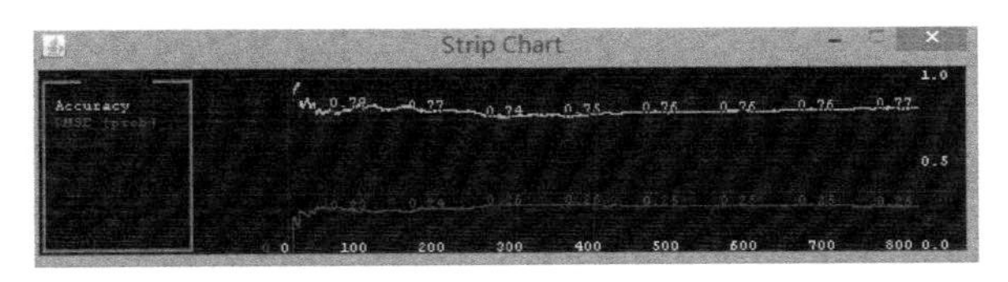

图 3.39　Strip Chart 图表

可以看到，最初的性能似乎过于优秀，但过了一段时间后，其性能才逐渐稳定。

注意： 本例与前面的“处理增量数据”示例不同。虽然两者的测试实例都是以增量模式输入到分类器中，但“处理增量数据”示例中的分类器总是先要预测每个输入实例，然后再训练(更新)分类器；而本例中的分类器已经训练好了，仅仅对每个输入实例进行预测，不能更新分类器。

9. 聚类器比较

本例比较 EM 聚类器和 *k*-均值高斯分布聚类器。首先加载数据集并去除类别属性，然后将数据集按照 66%和 34%的比例划分为训练集和测试集，接着分别用 EM 聚类器和

MakeDensityBasedClusterer 聚类器进行聚类，最后使用聚类器性能评估器对聚类器的性能进行评估。知识流的构建步骤如下。

首先，将一个 ArffLoader 组件放置在布局区域，然后双击布局区域中的 ArffLoader 图标，选择加载 iris.arff 数据集。下一步，将一个 Remove 组件放置在布局区域，选择 dataSet 连接 ArffLoader 组件和 Remove 组件；双击 Remove 组件，将 attributeIndices 选项设置为 last，将类别属性去除。下一步，将一个 TrainTestSplitMaker 组件放置在布局区域，选择 dataSet 连接 Remove 组件和 TrainTestSplitMaker 组件。下一步，将一个 EM 组件放置在布局区域，选择 trainingSet 连接和 testSet 连接将 TrainTestSplitMaker 组件和 EM 组件相连。下一步，将一个 MakeDensityBasedClusterer 组件放置在布局区域，选择 trainingSet 连接和 testSet 连接将 TrainTestSplitMaker 组件和 MakeDensityBasedClusterer 组件相连。下一步，将两个 ClustererPerformanceEvaluator 组件放置在布局区域，选择 batchClusterer 连接将 EM 组件和 ClustererPerformanceEvaluator 组件相连，选择 batchClusterer 连接将 MakeDensityBasedClusterer 组件和 ClustererPerformanceEvaluator2 组件相连。最后，将一个 TextViewer 组件放置在布局区域，选择 text 连接分别将两个 ClustererPerformanceEvaluator 组件和 TextViewer 组件相连。

按以上步骤绘制并调整后的聚类器比较知识流如图 3.40 所示。

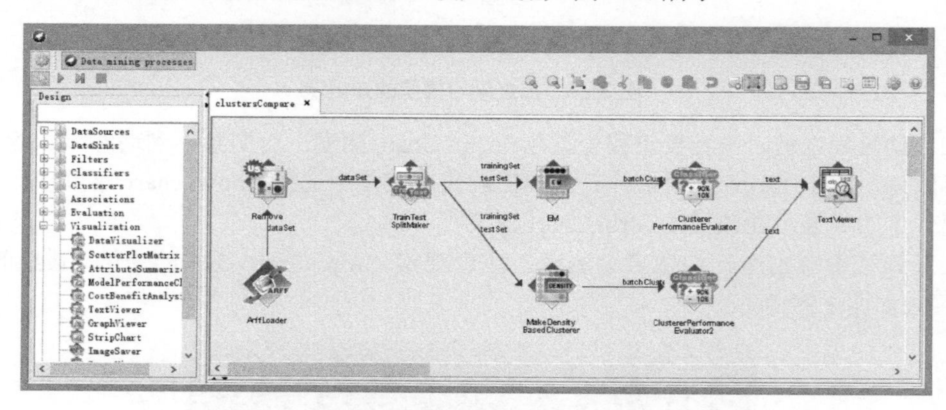

图 3.40　聚类器比较知识流

单击运行按钮启动流程运行，然后右击 TextViewer 组件，在弹出的快捷菜单中选择 Show results 菜单项，得到如图 3.41 所示的比较结果。

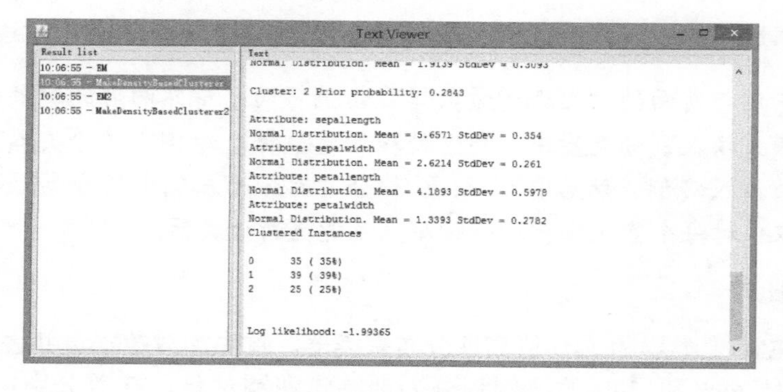

图 3.41　比较结果

课后强化练习

3.1 试比较知识流和探索者的优势与不足。

3.2 完成“使用 J48 交叉验证”实验。

3.3 在“绘制多条 ROC 曲线”实验中，为什么要使用 ClassValuePicker 组件？如果不使用会怎样？

3.4 为什么在很多时候，集成学习方案比单独的分类器(如 J48)方案的效果要好？但有时也有例外，这是为什么？

3.5 在“保存图表”实验中，X-axis attribute 选项和 Y-axis attribute 选项各表示什么含义？

3.6 SerializedModelSaver 组件的功能是什么？

3.7 使用 instance 连接，分别将数据与增量分类器和批量分类器相连有什么差别？

第 4 章

实验者界面

探索者界面和知识流界面能够帮助数据挖掘人员确定某个机器学习方案执行给定数据集的性能如何。但是，很多实际的数据挖掘通常会涉及非常繁重的实验工作，通常会有多个学习方案运行在不同的数据集上，经常需要设置不同的参数，探索者和知识流这两种界面不适合完成这类实际工作。针对这种情况，Weka 提供实验者(Experimenter)界面，它可以让挖掘人员在设置好大规模的实验，并启动实验运行后，就可以暂时离开去做其他工作，等实验运行完成之后，再着手分析已经收集好的性能统计数据。这样就实现了实验过程的自动化，统计信息可以存储为 ARFF 格式的文件，作为进一步的数据挖掘的主题。

知识流界面超越了空间的限制，允许机器学习方案不必一次加载整个数据集就可运行；而实验者界面则超越了时间的限制，它包含了一些分布式计算的功能，例如，高级用户可以使用 Java RMI(远程方法调用)在多台机器间分配计算负载，以节省时间开销。这样，用户可以设置数据量很大的实验，并且在运行实验时不必守候，只要在最后分析性能统计信息即可。

4.1 简　　介

Weka 实验者界面能让用户更为方便地创建、运行、修改和分析实验。例如，用户可以创建一个实验，对一系列数据集运行多个学习方案，然后对结果进行分析，以确定哪一个学习方案在性能统计数据上优于其他方案。

单击 Weka GUI 选择器窗口中的 Experimenter 按钮，就可以启动实验者界面，如图 4.1 所示。

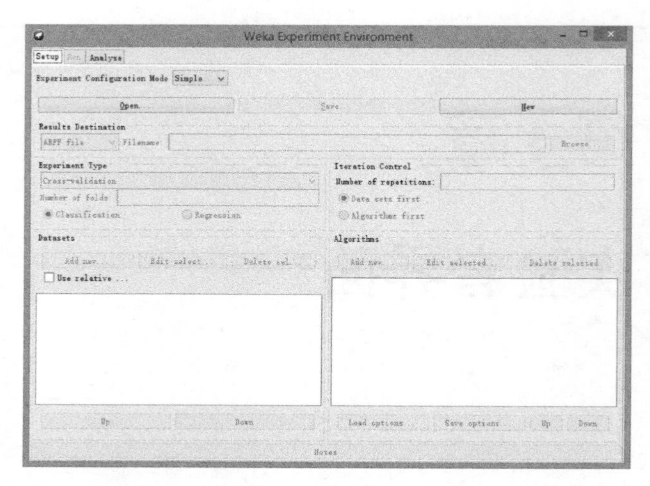

图 4.1　实验者界面

刚开始启动实验者界面时，实验者界面中的大多数功能都不可用。用户可单击 Open 按钮打开以前保存的实验，或者单击 New 按钮新建实验，之后界面中的一些功能才可用。

实验者界面有两种风格：第一种为简单界面，提供了进行实验所需的大多数功能；第二种为高级界面，可以充分利用实验者界面的功能。界面上部有一个 Experiment Configuration Mode(实验配置模式)下拉列表框，用户可以在 Simple(简单)和 Advanced(高级)这两种风格选项中选择一种。两种风格都能让用户设置在一台本地计算机上运行的标准实验，或者在多台主机之间分配计算任务的远程分布实验。分布实验减少了运行实验所占用的时间，但同时也需要花费稍多一些的时间进行设置。

除了可使用 GUI 以外，实验者界面还可以在简单命令行界面中运行。例如，可以在命令行界面中输入下面的命令，并按 Enter 键使其运行。该命令的功能是在 iris 数据集上运行 OneR 算法，进行基本训练和测试过程。

```
java weka.experiment.Experiment -r -T data/iris.arff
  -D weka.experiment.InstancesResultListener
  -P weka.experiment.RandomSplitResultProducer --
  -W weka.experiment.ClassifierSplitEvaluator --
  -W weka.classifiers.rules.OneR
```

注意： 上述命令必须在一行内输完，分为多行只是为了更清楚地表示命令结构。

尽管可以直接将命令输入命令行界面，但这种使用方式并不方便，也不容易进行修改。因此，绝大部分的实验还是使用 GUI 完成。

4.2 标 准 实 验

本节介绍标准实验，在单台本地计算机上对简单实验和高级实验进行设置和运行，实验结果分析将在后文中介绍。

4.2.1 简单实验

1. 打开、保存和新建实验

在实验者界面的 Setup(设置)标签页中，可以打开、保存和新建实验设置，这三个功能对应于 Setup 标签页上部的三个按钮。

如果要新建一个实验，可单击 New 按钮，实验者界面将使用默认选项创建一个实验，如图 4.2 所示。可以看到，实验者界面中很多原来不可用的功能现在变得可用。

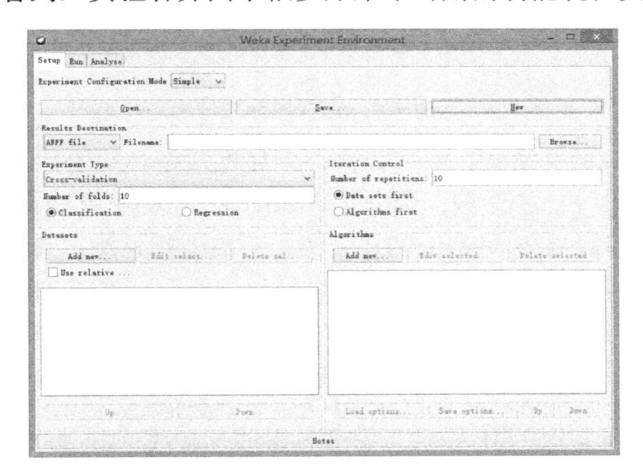

图 4.2 新建实验

由于很多实验都需要繁杂的设置，为了将来能够复用，可以将当前实验设置保存为文件。具体方法是：单击 Save 按钮，会弹出“保存”对话框，可以在该对话框中输入文件名以及选择文件类型，如图 4.3 所示。

图 4.3 保存实验设置

实验文件默认是 Java 序列化二进制格式，其文件后缀为.exp，这种格式的缺点是可能在 Weka 的不同版本之间无法兼容。更好的格式是 XML 格式，其文件后缀为.xml，这种格式在不同 Weka 版本中的兼容性更好。

如果将来要使用以前保存过的实验文件，可以单击 Open 按钮打开实验文件，在以前工作的基础上进一步完善实验。

2. 结果目标

Results Destination(结果目标)选项组用于设置实验结果输出的目标。目标可以是文件，支持 ARFF file(ARFF 文件)格式、CSV file(CSV 文件)格式，也可以是 JDBC database(JDBC 数据库)，默认格式为 ARFF。可在下拉列表框中选择实验结果目标。

如果目标文件名为空，将在系统临时 TEMP 目录中创建一个临时文件。如果用户要明确指定结果文件，可单击 Browse(浏览)按钮，在弹出的“保存”对话框中输入一个文件名，如 Experiment1.arff。然后单击“保存”按钮，可以看到 Filename 文本框中会显示带路径的文件名，如图 4.4 所示。

图 4.4　保存目标文件

CSV 格式类似于 ARFF 格式，只是没有声明属性数据类型的标题头。CSV 格式可用外部电子表格应用程序(如 Excel)装载，因此更容易阅读。ARFF 格式和 CSV 格式文件的共同优点是：创建这些文件只需要 Weka 的自带类，不需要额外类；其缺点是：缺乏从中断的实验中恢复的能力，例如，如果由于产生错误导致中断，或在添加数据集或算法时发生中断，就会前功尽弃，只能重做实验。尤其是对于耗时的实验，这种缺点很突出。

使用 JDBC 数据库连接，很容易将结果存储到数据库中。

注意： 要在 CLASSPATH 路径中添加必要的数据库驱动 jar 文件信息，使得 Weka 能够使用特定数据库的 JDBC 功能。

如果将结果目标改为 JDBC database(JDBC 数据库)，则 Filename 文本框会变为 URL 文本框，用户可以在文本框中输入数据库 URL；Browse 按钮会变为 User 按钮，单击该按钮可以设置访问数据库的 JDBC URL 和用户名及密码。如图 4.5 所示，提供必要参数之后，单击 OK 按钮，URL 文本框也会同步更新。

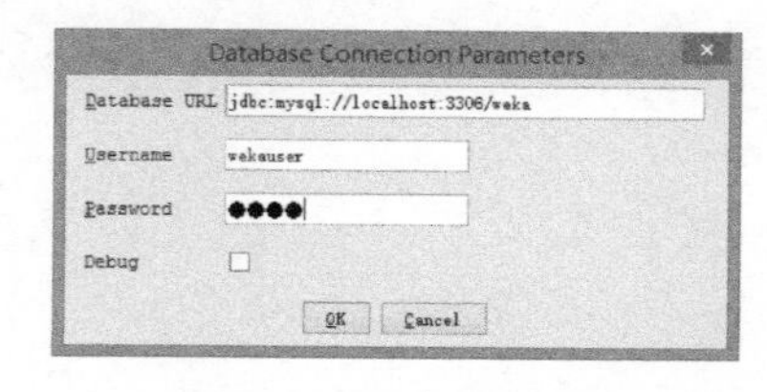

图 4.5　设置数据库连接参数

注意： 在设置数据库连接参数时，并不会测试数据库连接。只有在启动实验运行时，才会测试数据库连接。因此，哪怕设置了有问题的数据库连接参数，Weka 也不会立即报错。

使用 JDBC 数据库的优点是，可以增加从中断的实验或扩展实验中恢复的可能性。不需要重新运行所有的算法和数据集的组合，而只需计算短缺的那部分算法和数据集。

3. 实验类型

Experiment Type(实验类型)选项组用于设置如何对数据集进行分割，以及实验目标是分类还是回归。用户可以选择以下三种类型之一。

1) Cross-validation (交叉验证)

这是默认类型。需要指定折数，默认为 10 折，执行指定折数的分层交叉验证。

2) Train/Test Percentage Split(data randomized)(随机化置乱数据的训练/测试按百分比拆分)

需要指定训练数据所占的百分比，默认为 66.0%，根据给定的百分比将数据集拆分成训练文件和测试文件，但在该实验者界面中不能明确指定训练文件和测试文件的名称。拆分后，数据集的顺序已经随机重排并分层。

3) Train/Test Percentage Split(order preserved)(保持数据顺序的训练/测试按百分比拆分)

这种类型与上一种类型类似，只是保持原来的数据顺序。由于不能明确指定训练文件和测试文件，有人可能滥用这种类型，用于将已经合并过的数据文件根据正确的百分比复原为原来的训练和测试文件。

此外，根据所使用的数据集和学习器，用户可以在单选按钮组中选中 Classification(分类)或 Regression(回归)，默认选中 Classification。主要根据数据集的类别属性的类型进行选择，如果是离散的标称型，就是分类问题；如果是连续的数值型，则是回归问题。例如，对于应用于鸢尾花数据集的决策树算法(如 J48)，应该选择分类；而对于应用于 CPU 的数值分类器算法(如 M5P)，则应该选择回归。

4. 迭代控制

Iteration Control(迭代控制)选项组用于设置重复迭代次数，以及是数据集优先还是算法优先。

Number of repetitions(重复次数)文本框用于设置迭代次数。为了得到统计学上有意义的结果，默认的迭代次数为 10。对于十折交叉验证，这意味着将调用一个分类器 100 次，运行训练数据并对测试数据进行测试。

Data sets first(数据集优先)单选按钮和 Algorithms first(算法优先)单选按钮构成一个单选按钮组，用于设置这两者究竟何者优先。只要有一个以上的数据集和算法，就可以选择是优先遍历数据集还是优先遍历算法。如果用户将结果存储在数据库中，并希望尽早完成用一个算法处理全部数据集的结果，可选择数据集优先；反之，则选择算法优先。

5. 数据集

Datasets(数据集)选项组用于配置数据集。用户可以以绝对路径或相对路径来添加一个或多个数据集文件。相对路径往往更容易在不同机器上运行实验，因此，用户在单击 Add new 按钮之前，最好先选中 Use relative paths(使用相对路径)复选框。

先打开 data 目录并选择 iris.arff 数据集，单击 Open(打开)按钮后，文件将显示在数据集列表中，如图 4.6 所示。如果用户选择一个目录并单击 Open 按钮，那么将递归添加目录中所有的 ARFF 文件。可以编辑数据集文件，具体步骤是：选择要编辑的文件，然后单击

Edit selected(编辑所选)按钮，就会打开一个编辑数据集文件的 Viewer 对话框。删除文件的步骤是：选择要删除的文件，然后单击 Delete selected(删除所选)按钮，就会从列表中删除数据集文件。

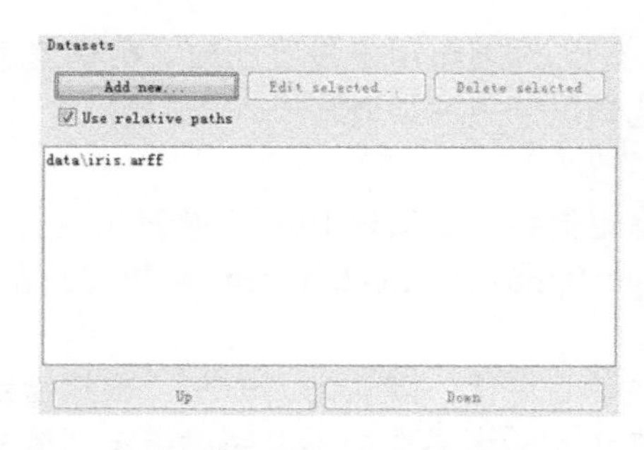

图 4.6　选择 iris 数据集

Weka 实验者界面不仅能加载 ARFF 格式文件，还能支持其他文件格式，如 C4.5、CSV、LibSVM、bsi(二进制序列化实例)和 XRFF 格式。

默认情况下，数据集中的最后一个属性被认为是类别属性。但是，如果数据格式包含了类别属性的信息，如 XRFF 和 C4.5，就使用数据格式里明确规定的类别属性。

Datasets 选项组下方的 Up 按钮和 Down 按钮用于设置数据集的顺序。

6. 算法

Algorithms(算法)选项组用于配置学习算法。

通过单击 Add new(添加新的)按钮，可以在打开的对话框中添加新的算法。如果是第一次添加算法，对话框中会显示 ZeroR 算法，否则显示最后选择的算法，如图 4.7 所示。

如果要选择其他的学习算法，可以在对话框中单击 Choose(选择)按钮打开分层列表，从中选择需要的学习算法，如图 4.8 所示。选择完成后，单击 OK 按钮完成添加。

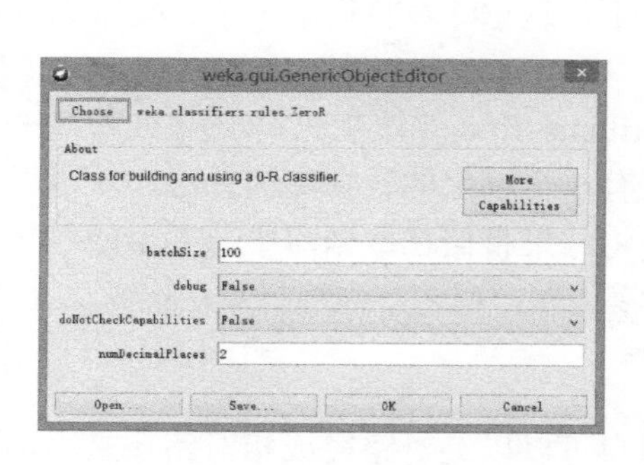

图 4.7　选择算法

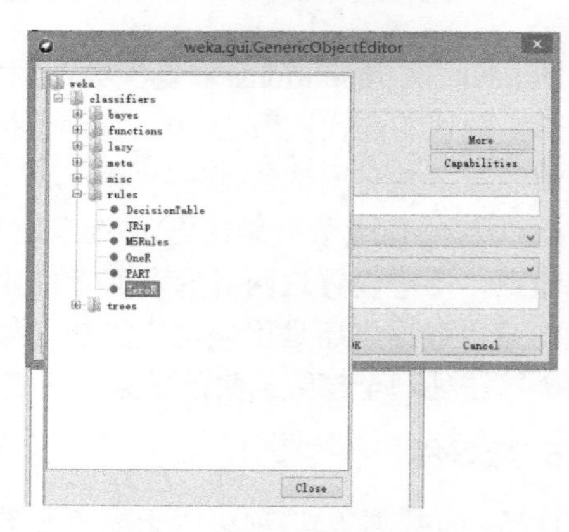

图 4.8　选择其他算法

如果还需要添加其他算法，可再次单击 Add new 按钮进行添加。图 4.9 所示为添加 J48 决策树时可配置的选项。完成选项设置后，单击 OK 按钮将其添加到算法列表中，如图 4.10 所示。Add new 按钮旁边还有两个按钮：Edit selected(编辑所选)按钮，用于编辑算法的选项；Delete selected(删除所选)按钮，用于删除选中的算法。

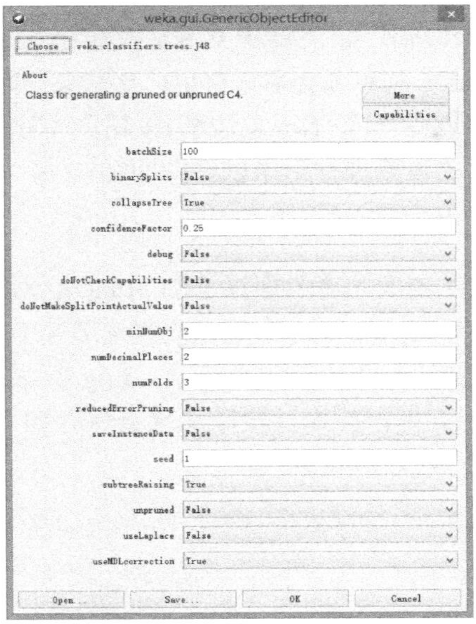

weka.gui.GenericObjectEditor
Choose weka.classifiers.trees.J48
About
Class for generating a pruned or unpruned C4.
More
Capabilities
batchSize 100
binarySplits False
collapseTree True
confidenceFactor 0.25
debug False
doNotCheckCapabilities False
doNotMakeSplitPointActualValue False
minNumObj 2
numDecimalPlaces 2
numFolds 3
reducedErrorPruning False
saveInstanceData False
seed 1
subtreeRaising True
unpruned False
useLaplace False
useMDLcorrection True
Open... Save... OK Cancel

图 4.9 添加 J48 决策树

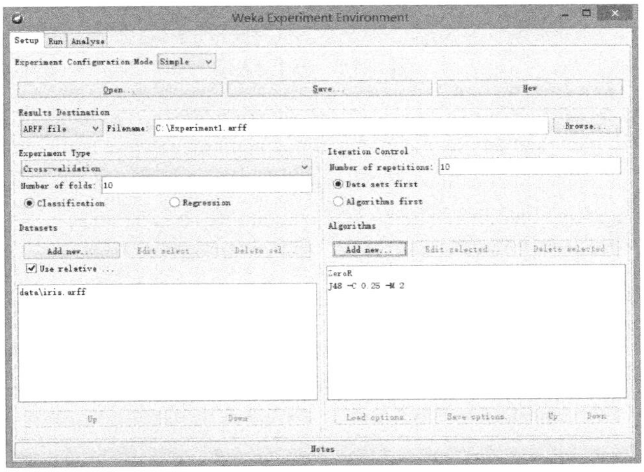

Weka Experiment Environment
Setup Run Analyse
Experiment Configuration Mode Simple
Open... Save... New
Results Destination
ARFF file Filename: C:\Experiment1.arff Browse...
Experiment Type
Cross-validation
Number of folds: 10
Classification Regression
Iteration Control
Number of repetitions: 10
Data sets first
Algorithms first
Datasets
Add new... Edit select... Delete sel...
Use relative ...
data\iris.arff
Algorithms
Add new... Edit selected... Delete selected
ZeroR
J48 -C 0.25 -M 2
Up Down Load options... Save options... Up Down
Notes

图 4.10 添加两个学习算法

Algorithms 选项组的下部有四个按钮。使用 Load options(加载选项)按钮可以从 XML 文件中加载设置，用于恢复选中的学习器(一般为分类器)的设置；使用 Save options(保存选项)按钮可以将分类器设置保存到 XML 文件中。这两个按钮对于需要复杂配置的分类器(如嵌套元分类器)来说特别有用，因为它节省了手动恢复学习器设置所需的时间，而学习器经常需要进行设置且通常会耗费很长时间。Up 按钮和 Down 按钮分别用于将选中的学习器上移和下移。

通过右击(或在按住 Alt 键和 Shift 键的同时单击)算法列表，并从弹出的快捷菜单中选择相应的菜单项，用户可以打开通用对象编辑器对话框(选择 Show Properties 菜单项)；或者将当前设置的字符串复制到剪贴板(选择 Copy configuration to clipboard 菜单项)；或者添加新的分类器(选择 Add configuration)；或者直接输入设置字符串，更改选中分类器的设置

(选择 Enter configuration 菜单项)。如果要从 Weka 探索者界面中将分类器设置直接复制到实验者界面，Enter configuration 菜单项会非常有用，比从头开始设置分类器要方便得多。

Setup 标签页的最下面还有一个 Notes(注解)按钮，单击该按钮会打开一个编辑器窗口，用户可以用文字对所做的设置进行记录以帮助回忆。

7. 运行实验

要运行当前的实验，可单击实验者界面顶部的 Run(运行)标签，切换至 Run 标签页。当前实验使用 ZeroR 和 J48 学习方案，对鸢尾花数据集运行 10 次十折分层交叉验证。

单击 Start 按钮启动实验。如果实验设置正确，Log 区域中会显示三条消息(实验开始时间、实验结束时间、出了多少个错误)，实验结果会保存到 Experiment1.arff 文件中，如图 4.11 所示。

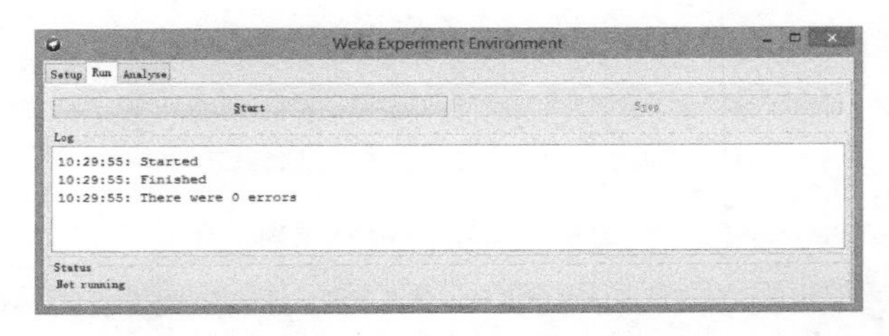

图 4.11　运行结果

读者可自行打开所保存的实验文件，探索其文件结构，后文将详细讲述如何对实验结果进行分析。

4.2.2　高级实验

1. 高级实验模式

在 Setup 标签页顶部的 Experiment Configuration Mode 下拉列表框中选择 Advanced 选项，启动高级实验模式。单击 New 按钮初始化实验，使用默认参数设置实验，如图 4.12 所示。

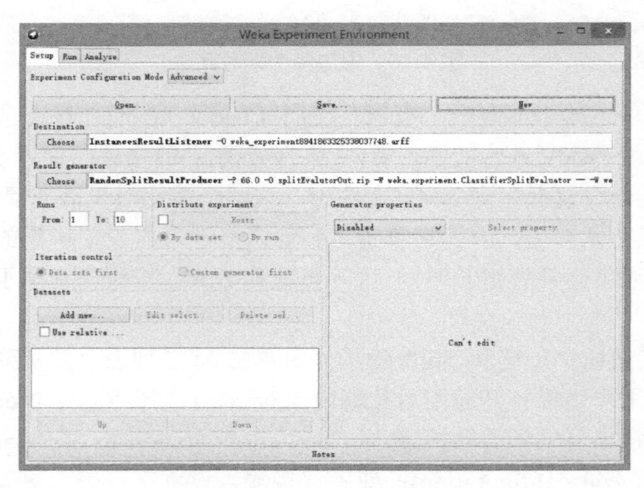

图 4.12　新建高级实验

Setup 标签页上部的 Open 按钮、Save 按钮和 New 按钮的功能与简单实验一样，这里不再重复说明。

2. 目标

Destination(目标)选项组用于选择结果监听器。单击 Destination 选项组中的 Choose 按钮，会弹出如图 4.13 所示的分层列表，可从中选择结果监听器。

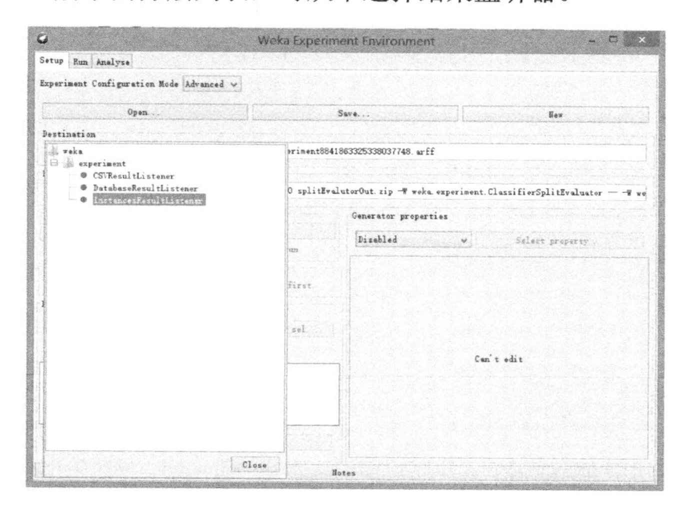

图 4.13　选择结果监听器

有三种结果监听器可用：InstancesResultListener(默认)、CSVResultListener 和 DatabaseResultListener。

(1) InstancesResultListener 结果监听器：将接收到的结果以 ARFF 格式输出到一个写入器(Writer)。在将实例结果写入之前，必须收到所有的结果。

其可视化参数如下。

outputFile(输出文件)：设置保存的文件。使用“-”表示写入到标准输出。

(2) CSVResultListener 结果监听器：从结果产生器得到结果，然后将它们组装成逗号分隔值的形式。

其可视化参数如下。

outputFile(输出文件)：设置保存的文件。使用“-”表示写入到标准输出。

(3) DatabaseResultListener 结果监听器：从结果产生器得到结果，然后发送至数据库。

其可视化参数如下。

- cacheKeyName(缓存主键名称)：设置主键字段名称，以便缓存。
- databaseURL(数据库 URL)：设置数据库 URL。
- Debug(调试)：设置是否打印调试信息。
- keywords(关键字)：设置 SQL 语句关键字。
- keywordsMaskChar(关键字屏蔽字符)：设置关键字屏蔽字符。默认为“_”。
- password(密码)：设置用于连接到数据库的密码。
- username(用户名)：设置用于连接到数据库的用户名。

单击 Choose 按钮右边的文本框，可打开 Weka 通用对象编辑器对话框，在其中设置结果监听器的选项。例如，在图 4.14 所示的对话框中可以指定接收输出结果的数据集文件。outputFile 文本框中显示当前指定输出文件的名称。

单击 outputFile 文本框，会弹出一个文件编辑器对话框，在其中可以修改输出文件的名称。如图 4.15 所示，输入输出文件的名称并单击“保存”按钮，文件名称会显示在图 4.14 所示对话框的 outputFile 文本框中，单击 OK 按钮关闭对话框，Setup 标签页的 Destination 选项组中会显示更新后的数据集文件名称。

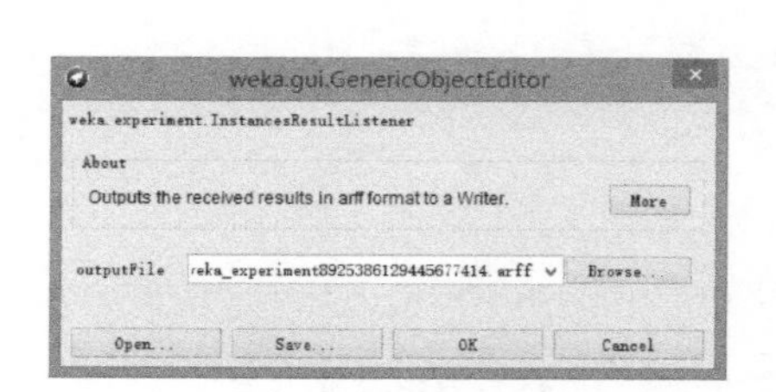

图 4.14　指定输出文件

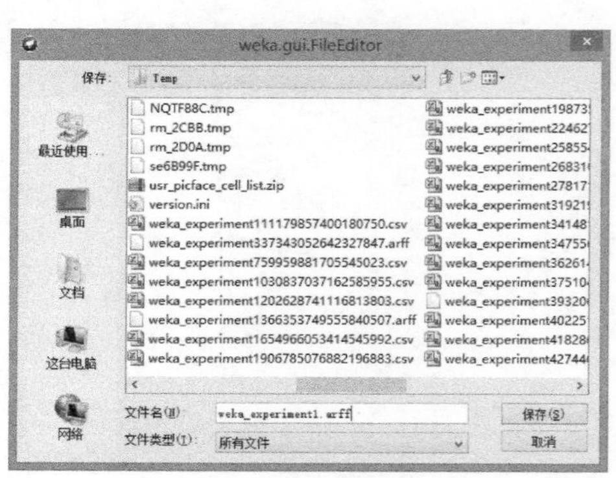

图 4.15　修改输出文件的名称

3. 结果产生器

Result generator(结果产生器)选项组用于选择结果产生器。单击 Choose 按钮，会弹出如图 4.16 所示的分层列表，可从中选择结果产生器。

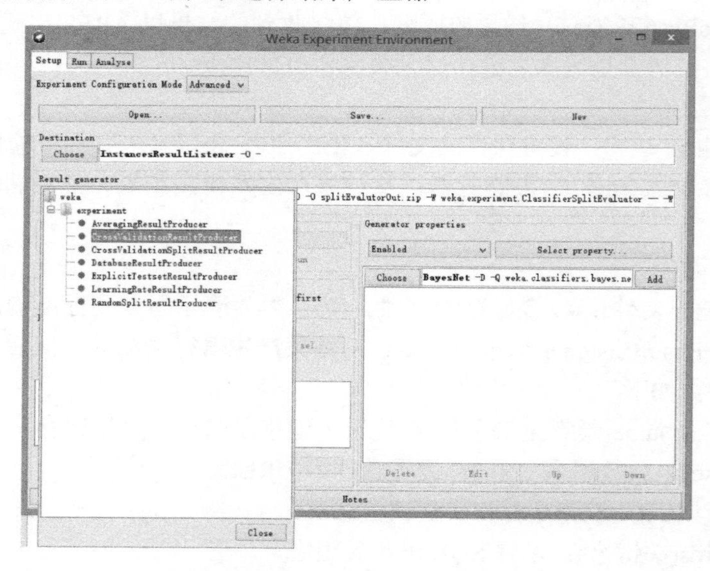

图 4.16　选择结果产生器

Weka 提供以下七种结果产生器。

(1) AveragingResultProducer 结果产生器：从结果产生器获取结果并将其平均后提交给结果

监听器。通常与 CrossValidationResultProducer 一同使用，执行 $n \times m$ 的交叉验证。对于非数值的结果字段，使用第一个值。

其可视化参数如下。

- calculateStdDevs(计算标准偏差)：记录每次运行的标准偏差。默认为 False。
- expectedResultsPerAverage(每轮平均的预期结果)：设置每轮运行的用于平均的预期结果数量，默认值为 10。例如，如果正在使用一个折数设置为 10 的 CrossValidationResultProducer，那么每轮运行预期的结果数是 10。
- keyFieldName(关键字段名)：设置每轮运行的唯一字段名。默认为 Fold。
- resultProducer(结果产生器)：设置将结果进行平均的结果产生器。默认为 CrossValidationResultProducer。

(2) CrossValidationResultProducer 结果产生器：在每轮运行时生成，执行 n 折交叉验证，使用 splitEvaluator 的设置产生一些结果。如果类别属性是标称型，则数据集会分层。该结果产生器产生每折的结果，因此用户可能希望与 AveragingResultProducer 一同使用，以获得每轮运行的平均结果。

其可视化参数如下。

- numFolds(折数)：设置用于交叉验证的折数。默认值为 10。
- outputFile(输出文件)：设置保存原始输出的目标。如果设置 rawOutput 选项为 True，则保存从 splitEvaluator 输出的每个折。如果目标是一个目录，则每个输出保存为一个单独的 gzip 文件；如果目标是一个文件，则每个输出保存为 zip 文件中的一个条目。默认为 splitEvalutorOut.zip。
- rawOutput(原始输出)：设置是否保存原始输出，调试时很有用。如果设置为 True，则将输出发送到 outputFile 选项指定的目标。默认为 False。
- splitEvaluator(拆分评估器)：设置应用于交叉验证折的评估器。它可以是一个分类器、回归方案等。默认为 ClassifierSplitEvaluator。

(3) CrossValidationSplitResultProducer 结果产生器：执行重复 k 折交叉验证的一个拆分，使用 splitEvaluator 的设置产生一些结果。需要注意的是，运行次数实际上是重复 k 折交叉验证的第 n 个拆分，即如果 k =10，运行第 100 次就是运行第 10 次交叉验证的第 10 折。产生器的唯一目的是使交叉验证实验有更细粒度的分布。如果类别属性为标称型，数据集会分层。

其可视化参数如下。

- numFolds(折数)：设置用于交叉验证的折数。默认值为 10。
- outputFile(输出文件)：设置保存原始输出的目标。如果设置 rawOutput 选项为 True，则保存从 splitEvaluator 输出的每个折。如果目标是一个目录，则每个输出保存为一个单独的 gzip 文件；如果目标是一个文件，则每个输出保存为 zip 文件中的一个条目。默认为 splitEvalutorOut.zip。
- rawOutput(原始输出)：设置是否保存原始输出，调试时很有用。如果设置为 True，则将输出发送到 outputFile 选项指定的目标。默认为 False。
- splitEvaluator(拆分评估器)：设置应用于交叉验证折的评估器。它可以是一个分类器、回归方案等。默认为 ClassifierSplitEvaluator。

(4) DatabaseResultProducer 结果产生器：检查数据库，提取指定的 resultProducer 所产生的结果，并提交给指定结果监听器。如果需要产生结果，结果产生器用于获取结果。

其可视化参数如下。

- cacheKeyName(缓存主键名称)：设置用于缓存的主键字段名称。
- databaseURL(数据库 URL)：设置数据库 URL。
- debug(调试)：设置是否打印调试信息。默认为 False。
- keywords(关键字)：设置 SQL 语句关键字。默认为 AND、ASC、BY、DESC、FROM、GROUP、INSERT、ORDER、SELECT、UPDATE 和 WHERE。
- keywordsMaskChar(关键字屏蔽字符)：设置关键字屏蔽字符。默认为“_”。
- password(密码)：设置用于连接到数据库的密码。
- resultProducer(结果产生器)：设置要使用的结果产生器。如果在源数据库中没有发现某些结果，那么就用该结果产生器来生成这些结果。默认为 CrossValidationResultProducer。
- username(用户名)：设置用于连接到数据库的用户名。

(5) ExplicitTestsetResultProducer 结果产生器：加载外部测试集，并调用相应的 SplitEvaluator 产生一些结果。

该结果产生器可以显式指定测试集，测试集的文件名按如下格式构造：

```
<dir> + \ + <prefix> + <relation-name> + <suffix>
```

其中，dir 为目录；prefix 为前缀；relation-name 为关系名称；suffix 为后缀。

关系名称可以通过使用正则表达式，用指定的替换字符串替换匹配的子串来进行修改。为了去除 Weka 过滤器添加到关系名末尾的字符串，请使用“.*-weka”正则表达式查找。

后缀确定要加载的文件类型，即不限于 ARFF 文件。只要 Weka 能够识别指定后缀中的扩展名，就会使用适当的 Weka 转换器来加载数据。

其可视化参数如下。

- outputFile(输出文件)：设置保存原始输出的目标。如果设置 rawOutput 选项为 True，则保存从 splitEvaluator 输出的单个训练-测试划分。如果目标是一个目录，则每个输出保存为一个单独的 gzip 文件；如果目标是一个文件，则每个输出保存为 zip 文件中的一个条目。默认为 splitEvalutorOut.zip。
- randomizeData(随机化数据)：如果为 False，则不执行随机化数据集，也不执行概率四舍五入。默认为 False。
- rawOutput(原始输出)：设置是否保存原始输出，调试时很有用。如果设置为 True，则将输出发送到 outputFile 选项指定的目标。默认为 False。
- relationFind(关系查找)：设置用于去除部分关系名的正则表达式，如果为空则忽略。
- relationReplace(关系替换)：设置用于替换所有匹配的正则表达式的字符串。
- splitEvaluator(拆分评估器)：设置应用于测试数据的评估器。它可以是一个分类器、回归方案等。默认为 CrossValidationResultProducer。
- testsetDir(测试集目录)：设置包含测试集的目录。
- testsetPrefix(测试集前缀)：设置测试集文件名使用的前缀。

- testsetSuffix(测试集后缀)：设置测试集文件名使用的后缀，必须包含文件扩展名。默认为_test.arff。

(6) LearningRateResultProducer 结果产生器：告诉子结果产生器(sub-ResultProducer)重现当前运行数据集的不同大小的子样本。通常与 AveragingResultProducer 和 CrossValidationResultProducer 一同使用，以产生学习曲线结果。对于非数值的结果字段，使用第一个值。

其可视化参数如下。

- lowerSize(下限)：设置数据集中实例的最小数量。如果设置为 0，实际上会在第一步使用 stepSize 个实例(因为使用零个实例没有意义)。默认值为 0。
- resultProducer(结果产生器)：设置产生学习率结果的结果产生器。默认为 AveragingResultProducer。
- stepSize(步长)：设置每一步增加的实例数量。默认值为 10。
- upperSize(上限)：设置数据集中实例的最大数量。值为-1 表示无上限。默认值为-1。

(7) RandomSplitResultProducer 结果产生器：产生单个的训练/测试拆分，并调用适当的 SplitEvaluator 产生一些结果。

其可视化参数如下。

- outputFile(输出文件)：设置保存原始输出的目标。如果设置 rawOutput 选项为 True，则保存从 splitEvaluator 输出的单个训练-测试划分。如果目标是一个目录，则每个输出保存为一个单独的 gzip 文件；如果目标是一个文件，则每个输出保存为 zip 文件中的一个条目。默认为 splitEvalutorOut.zip。
- randomizeData(随机化数据)：如果为 False，则不执行随机化数据集，也不执行概率四舍五入。默认为 True。
- rawOutput(原始输出)：设置是否保存原始输出，调试时很有用。如果设置为 True，则将输出发送到 outputFile 选项指定的目标。默认值为 False。
- splitEvaluator(拆分评估器)：设置应用于测试数据的评估器。它可以是一个分类器、回归方案等。默认为 ClassifierSplitEvaluator。
- trainPercent(训练百分比)：设置用于训练的数据百分比。默认值为 66.0。

由于结果产生器可选的种类较多(七种)，每种的配置不尽相同，因此会在下一节中针对一两种配置为例进行说明。

上述某些结果产生器中有一个 splitEvaluator(拆分评估器)选项，可以选择如下四种评估器之一。

(1) ClassifierSplitEvaluator 拆分评估器：对标称型类别属性的分类方案生成结果的一种拆分评估器。

其可视化参数如下。

- attributeID(属性 ID)：设置标识实例的属性索引。默认值为-1。
- classForIRStatistics(IR 统计类别索引)：输出 IR 统计数据对应的类别索引。默认值为 0。
- classifier(分类器)：设置使用的分类器。默认为 ZeroR。

- noSizeDetermination(不测定大小)：如果设置为 True，则跳过对训练/测试/分类器的大小测定。默认为 False。
- predTargetColumn(预测目标列)：设置是否为每个折添加目标和预测列到结果。默认为 False。

(2) CostSensitiveClassifierSplitEvaluator 拆分评估器：对标称型类别属性的分类方案生成结果的一种拆分评估器，包括对误分类代价加权。

其可视化参数如下。

- attributeID(属性 ID)：设置标识实例的属性索引。默认值为-1。
- classForIRStatistics(IR 统计类别索引)：输出 IR 统计数据对应的类别索引。默认值为 0。
- classifier(分类器)：设置使用的分类器。默认为 ZeroR。
- noSizeDetermination(不测定大小)：如果设置为 True，则跳过对训练/测试/分类器的大小测定。默认为 False。
- onDemandDirectory(按需目录)：设置寻找代价文件的目录。需要加载代价文件时将搜索该目录。
- predTargetColumn(预测目标列)：设置是否为每个折添加目标和预测列到结果。默认为 False。

(3) DensityBasedClustererSplitEvaluator 拆分评估器：对基于密度的聚类方案生成结果的一种拆分评估器。

其可视化参数如下。

- clusterer(聚类器)：设置使用的基于密度的聚类器。可选项有 EM(默认)和 MakeDensityBasedClusterer。
- noSizeDetermination(不测定大小)：如果设置为 True，则跳过对训练/测试/分类器的大小测定。默认为 False。
- removeClassColumn(删除类别列)：如果设置为 True，则从数据中删除类别列。默认为 True。

(4) RegressionSplitEvaluator 拆分评估器：对数值型类别属性的分类方案生成结果的一种拆分评估器。

其可视化参数如下。

- classifier(分类器)：设置使用的分类器。默认为 ZeroR。
- noSizeDetermination(不测定大小)：如果设置为 True，则跳过对训练/测试/分类器的大小测定。默认为 False。

4. 运行

Runs(运行)选项组用于指定实验运行次数。该选项组比较简单，From 指定起始运行的次数，To 指定终止运行的次数。为了得到统计学上有意义的结果，默认的迭代次数为 10。对于十折交叉验证，这意味着调用一个分类器 100 次，运行训练数据并对测试数据进行测试。

Distribute experiment(分布实验)选项组留待后文讲述。

5. 迭代控制

Iteration control(迭代控制)选项组用于设置是数据集优先还是用户定制产生器优先。

Data sets first(数据集优先)单选按钮和 Custom generator first(用户定制产生器优先)单选按钮构成一个单选按钮组，用于设置这两者究竟何者优先。只要有一个以上的数据集和用户定制产生器，就可以选择优先遍历数据集还是优先遍历产生器。如果用户将结果存储在数据库中，并希望尽早完成用一个算法处理全部数据集的结果，可选择数据集优先；反之，则选择用户定制产生器优先。

6. 数据集

Datasets(数据集)选项组用于定义学习算法要处理的数据集。首先选中 Use relative paths(使用相对路径)复选框，然后单击 Add new 按钮。在打开的对话框中双击 data 目录，查看 Weka 自带的数据集，也可以浏览其他数据集所在目录。这里选择 iris.arff 文件，并单击 Open 按钮打开鸢尾花数据集。数据集名称就会显示在 Datasets 选项组中，如图 4.17 所示。

如果还想添加其他数据集，可再次单击 Add new 按钮。

此外，如果要编辑某个数据集，可先选中该数据集，然后单击 Edit selected(编辑所选)按钮，在弹出的 Viewer 对话框中进行编辑，如图 4.18 所示。如果不再使用某个数据集，可先选中该数据集，然后单击 Delete selected(删除所选)按钮以删除所选的数据集。

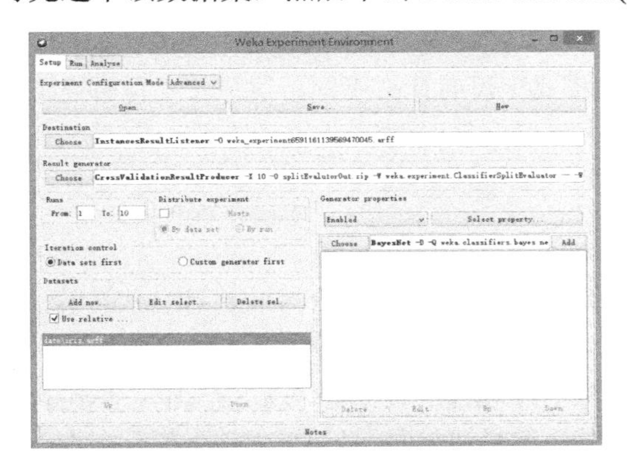

图 4.17　打开鸢尾花数据集

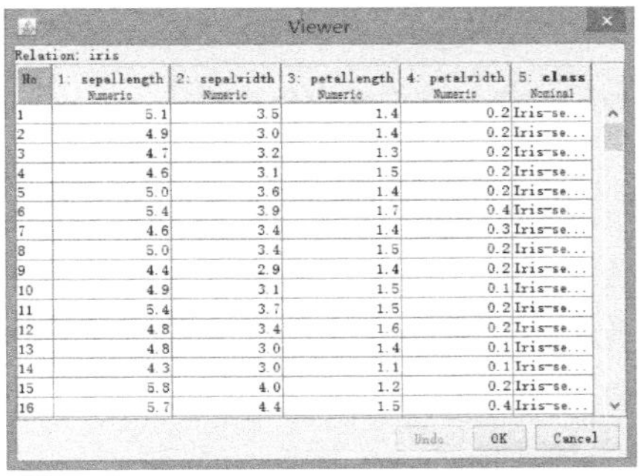

Viewer

Relation: iris

No.	1: sepallength Numeric	2: sepalwidth Numeric	3: petallength Numeric	4: petalwidth Numeric	5: class Nominal
1	5.1	3.5	1.4	0.2	Iris-se...
2	4.9	3.0	1.4	0.2	Iris-se...
3	4.7	3.2	1.3	0.2	Iris-se...
4	4.6	3.1	1.5	0.2	Iris-se...
5	5.0	3.6	1.4	0.2	Iris-se...
6	5.4	3.9	1.7	0.4	Iris-se...
7	4.6	3.4	1.4	0.3	Iris-se...
8	5.0	3.4	1.5	0.2	Iris-se...
9	4.4	2.9	1.4	0.2	Iris-se...
10	4.9	3.1	1.5	0.1	Iris-se...
11	5.4	3.7	1.5	0.2	Iris-se...
12	4.8	3.4	1.6	0.2	Iris-se...
13	4.8	3.0	1.4	0.1	Iris-se...
14	4.3	3.0	1.1	0.1	Iris-se...
15	5.8	4.0	1.2	0.2	Iris-se...
16	5.7	4.4	1.5	0.4	Iris-se...

Undo　OK　Cancel

图 4.18　编辑数据集

7. 产生器特性

Generator properties(产生器特性)选项组用于添加额外的算法。首先，单击 Select property(选择特性)按钮，Weka 会弹出如图 4.19 所示的 Select a property 对话框。如果 Select property 按钮是灰色的，可在按钮左边的下拉列表框中选择 Enabled 选项。

在 Select a property 对话框中展开 splitEvaluator 条目并选择 classifier 条目，然后单击 Select 按钮，可以看到默认的方案名称已经显示在 Generator properties 选项组下的列表框中，如图 4.20 所示。

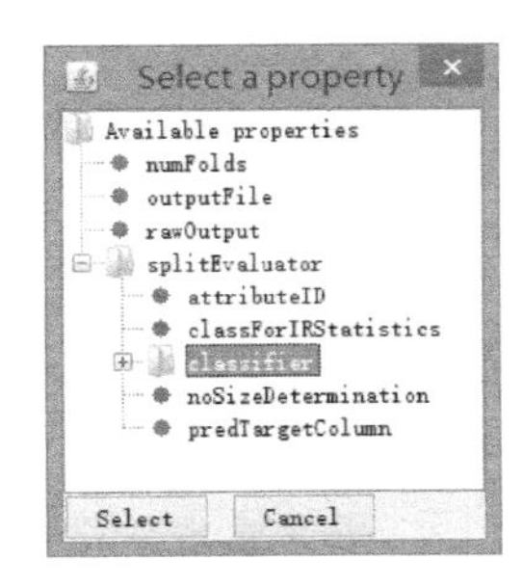

图 4.19　Select a property 对话框

如果要添加其他方案，可单击 Choose 按钮以显示分层列表。假如要添加 J48 决策树方案，选择 trees 条目下的 J48 组件，新方案便已经显示在 Choose 按钮后的文本框中，单击 Add 按钮可将新方案添加到下面的列表框中，如图 4.21 所示。

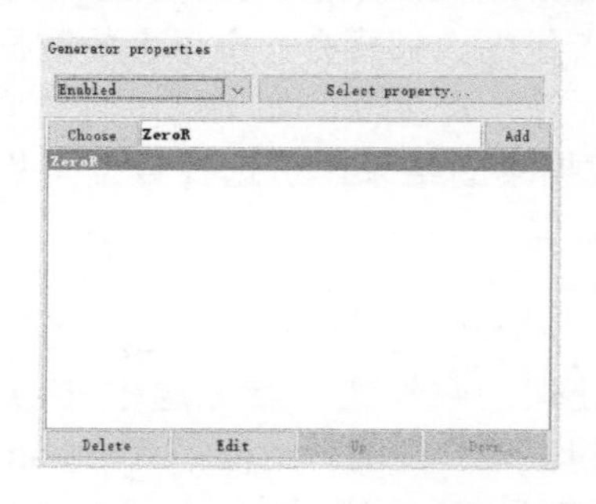

图 4.20　Generator properties 选项组

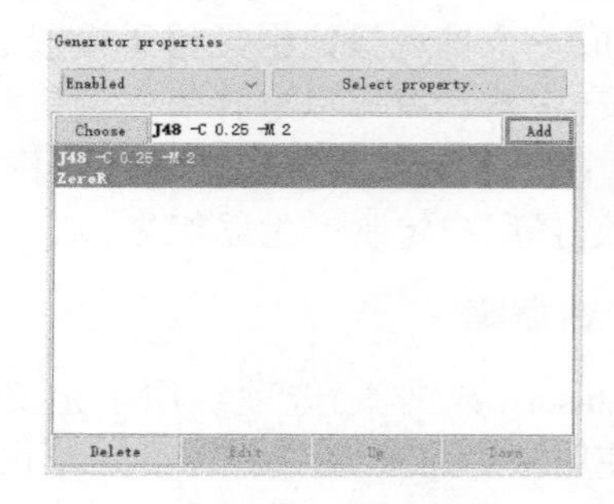

图 4.21　添加 J48 方案

当运行实验时，会为所添加的两个方案产生结果。

如果还需要添加额外方案，可重复上述过程。如果要删除方案，可先选择要删除的方案，然后单击 Delete 按钮。Edit 按钮可用于修改方案参数，Up 按钮和 Down 按钮可用于对多个方案进行排序。

8. 运行实验

高级实验与简单实验只是在 Setup 标签页上有所区别，在 Run 标签页上没有任何区别。在高级实验模式下运行实验的方法与在简单实验模式下没有什么不同，这里就不再赘述了。

4.2.3　手把手教你用

1. 简单实验初步

本示例使用鸢尾花数据集，比较 J48 决策树算法和作为基线算法的 OneR 和 ZeroR 算法。

首先启动实验者界面，单击界面右上部的 New 按钮，可以看到实验者界面的大部分功能变得可用。然后，在 Result Destination 选项组中，选择文件格式为 CSV file，单击同一行最右边的 Browse 按钮，打开“保存”对话框，选择目标目录，在“文件名”文本框中输入文件名为 Experiment1，“文件类型”保持为 Comma separated value files(逗号分隔值文件)，单击“保存”按钮保存文件，如图 4.22 所示。

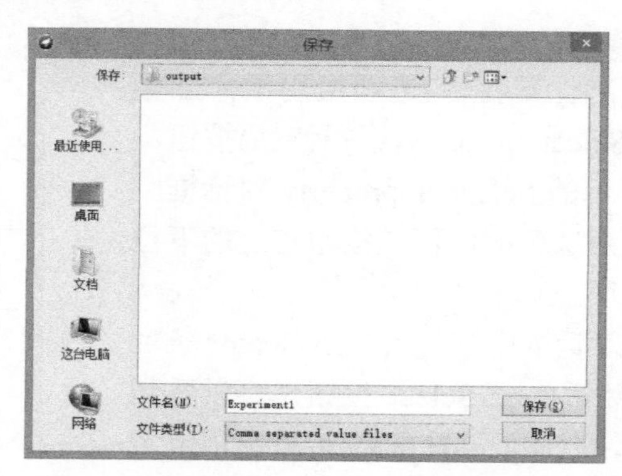

图 4.22　保存结果文件

下一步，选择数据集。首先选中 Datasets 选项组中的 Use relative paths 复选框，然后单击 Add new 按钮，选择 data\iris.arff 文件。在窗口右下部的 Algorithms 选项组中，单击 Add new 按钮，会弹出一个标准的 Weka 通用对象编辑器对话框，先选择 J48 决策树，保持分类器的默认选项不变，单击 OK 按钮确认选择。然后选择 OneR 和 ZeroR 分类器。现在已经设置好了一个简单的实验，如图 4.23 所示。

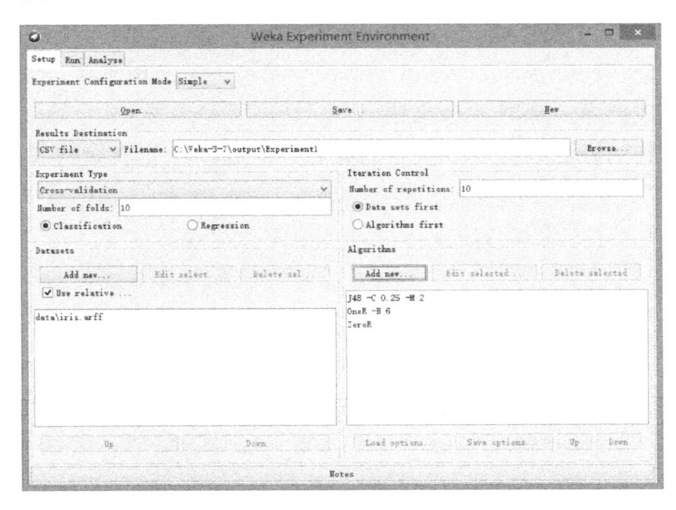

图 4.23　设置完毕的实验

下面先测试一下保存实验设置。单击 Save 按钮保存实验设置，然后关闭实验者界面再重新打开，单击 Open 按钮打开刚才保存的实验设置，界面应该恢复成图 4.23 所示的原样。

下一步，运行实验。切换至 Run 标签页，单击 Start 按钮启动实验的运行。稍等片刻，Log 区域中就会出现三条信息。同时，在 Weka 安装目录的 output 子目录中生成一个名称为 Experiment1.csv 的文件，其内容为实验结果。CSV 格式的文件可以直接用电子表格软件打开，如图 4.24 所示。这个文件可能难以看懂，了解一下文件格式即可。

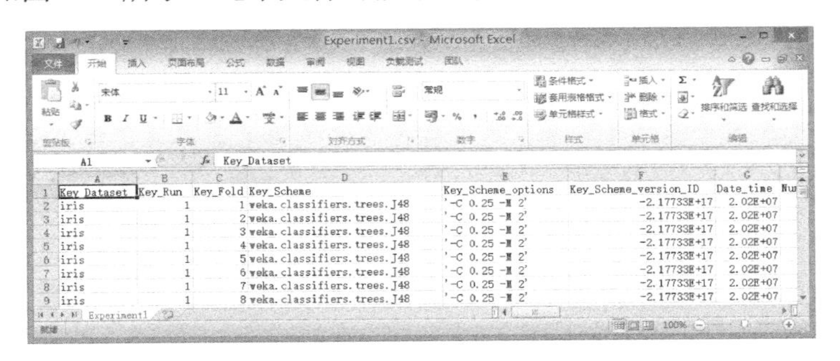

Key_Dataset	Key_Run	Key_Fold	Key_Scheme	Key_Scheme_options	Key_Scheme_version_ID	Date_time
iris	1	1	weka.classifiers.trees.J48	'-C 0.25 -M 2'	-2.17733E+17	2.02E+07
iris	1	2	weka.classifiers.trees.J48	'-C 0.25 -M 2'	-2.17733E+17	2.02E+07
iris	1	3	weka.classifiers.trees.J48	'-C 0.25 -M 2'	-2.17733E+17	2.02E+07
iris	1	4	weka.classifiers.trees.J48	'-C 0.25 -M 2'	-2.17733E+17	2.02E+07
iris	1	5	weka.classifiers.trees.J48	'-C 0.25 -M 2'	-2.17733E+17	2.02E+07
iris	1	6	weka.classifiers.trees.J48	'-C 0.25 -M 2'	-2.17733E+17	2.02E+07
iris	1	7	weka.classifiers.trees.J48	'-C 0.25 -M 2'	-2.17733E+17	2.02E+07
iris	1	8	weka.classifiers.trees.J48	'-C 0.25 -M 2'	-2.17733E+17	2.02E+07

图 4.24　实验结果文件

2. 使用数据库

本示例展示如何使用数据库存储实验结果。

在实验之前，一定要按照本书第 1 章中“数据库设置”部分的内容配置 DatabaseUtils.props 文件，否则无法访问数据库。

首先启动实验者界面，单击界面右上部的 New 按钮，并在 Results Destination 选项组中单击下拉列表框，将结果目标修改为 JDBC database。然后，单击 User 按钮，在弹出的对话框中设置数据库连接参数，如图 4.25 所示。这里的 Database URL(数据库 URL)、Username(用户名)和 Password(密码)要根据自己计算机的设置来配置。

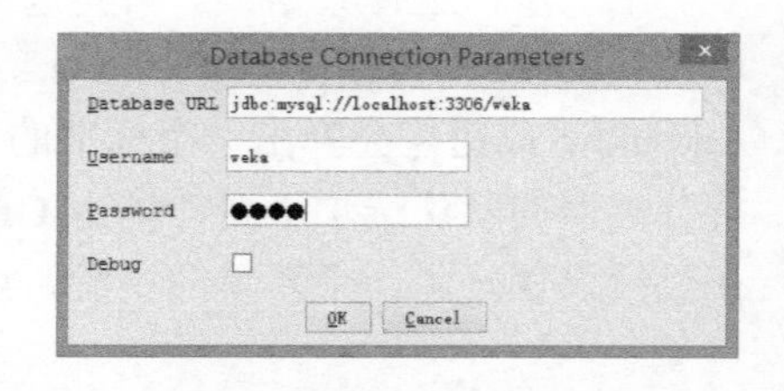

图 4.25　设置数据库连接参数

单击 OK 按钮关闭对话框。即使数据库参数设置有误，这时也不会有任何提示，Weka 在运行实验时才会去尝试连接数据库，那时才会报错。

按照上一个示例的方法设置 Setup 标签页的其他选项，完成后的界面如图 4.26 所示。

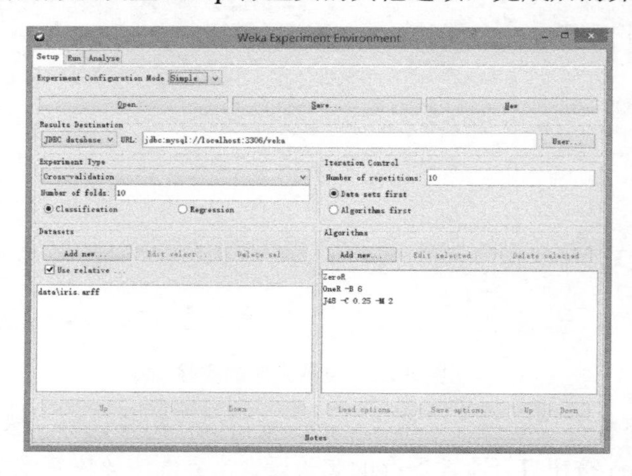

图 4.26　完成其他设置

切换至 Run 标签页，单击 Start 按钮启动实验的运行，注意观察 Run 标签页下面的 Status(状态)区域，看是否正常运行。待运行完毕后，用 Navicat 或其他工具打开数据库，可以看到数据库中已经生成了两个表，如图 4.27 所示。

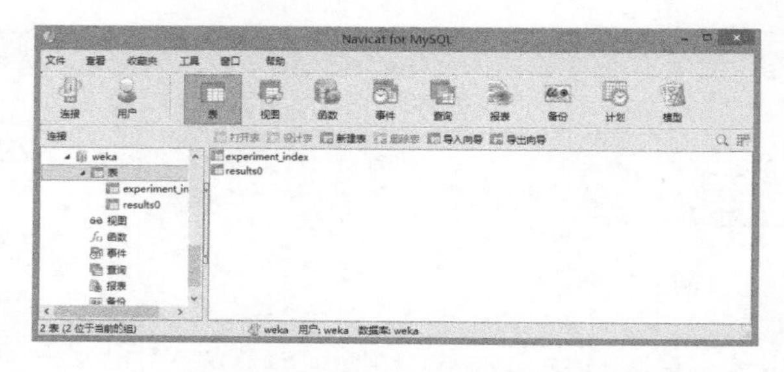

图 4.27　数据库中生成的两个表

分别打开两个表进行研究，如图 4.28 所示。experiment_index 表记录运行的基本信息。第一次运行，该表会添加一条记录，记录实验类型(Experiment_type)、设置(Experiment_setup)以及结果表的序号(Result_table)，当前的序号为 0，表示结果表的名称为 results0，如果想保存当前运行结果，并运行其他实验，可以尝试将序号命名为 1、2、…，结果表名称就会按照 results1、results2…的顺序命名。results0 表中共有 300 条记录，每条记录代表实验的一次运行。

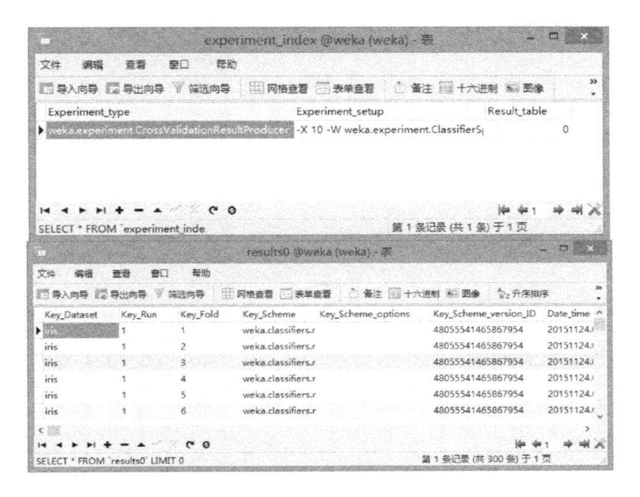

图 4.28　表内容

3. 高级实验初步

本示例展示如何使用 Weka 实验者界面的高级实验模式。

首先启动实验者界面，选择 Advanced 选项，切换至高级模式，单击 New 按钮初始化实验，这使得 Weka 实验者界面以默认参数定义实验。

注意： 先选择高级模式再单击 New 按钮与先单击 New 按钮再选择高级模式的结果稍有不同，区别是：前者的 Result generator 是 RandomSplitResultProducer，且 Generator properties 的状态是 Disabled；后者的 Result generator 是 CrossValidationResultProducer，且 Generator properties 的状态是 Enabled。

下一步，定义方案处理的数据集。首先在 Datasets 选项组中选中 Use relative paths 复选框，然后单击 Add new 按钮，在弹出的“打开”对话框中选择 iris.arff 数据文件。这时，Datasets 选项组中会显示打开的数据集名称。

下一步，设置保存实验结果。为了将实验结果发送到指定的目标，单击 Destination 选项组中默认的 InstancesResultListener 条目，弹出如图 4.29 所示的通用对象编辑器对话框，outputFile 文本框中显示输出文件参数。

单击 Browse 按钮，会弹出一个对话框，默认的目标文件目录是系统的临时目录，可以导航至自己希望的目标目录，并且在“文件名”文本框中输入目标文件名为 Experiment1.arff，如图 4.30 所示。单击“保存”按钮确认目标文件，然后单击 OK 按钮关闭通用对象编辑器对话框。可以看到 Destination 选项组中显示了选择的目标文件。

现在可以尝试运行一下实验，虽然这时还没有选择学习方案，但默认的学习方案是 ZeroR。切换至 Run 标签页，当前实验针对 iris 数据集完成 10 次随机化训练和测试运行，使用 ZeroR 方案，将 66%的数据集用于训练，34%的数据集用于测试。单击 Start 按钮运行实验，Log 区域中应该显示三条信息，表示实验运行成功，并且将实验结果保存到 Experiment1.arff 文件。读者可使用任意文本编辑器打开该文件，了解实验结果的格式。

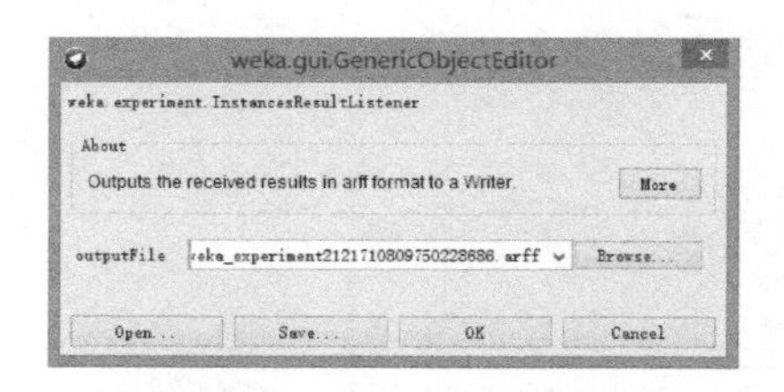

图 4.29　输出文件参数

图 4.30　设置输出文件

下一步，改变实验参数。首先改变分类器，然后增加额外学习方案，最后检查原始输出。下面详细讲述这三个步骤。

单击 Result generator 选项组中的文本框，Weka 会弹出如图 4.31 所示的通用对象编辑器对话框，可以更改实验参数。

当前使用的结果产生器是 RandomSplitResultProducer，其功能是生成一个单独的训练集和测试集的拆分，调用适当的 SplitEvaluator(拆分评估器)以产生一定结果。可以设置五个参数，其中，outputFile 参数用于设置保存原始输出的目标文件，以备将来使用，默认的输出目标文件为 splitEvalutorOut.zip。如果设置 rawOutput 选项为 True，则将保存从 splitEvaluator 输出的单独的训练-测试拆分的原始输出，在调试时十分有用。如果目标为一个目录，那么每个输出保存为一个单独的 gzip 文件；如果目标为一个文件，那么每个输出保存为 zip 文件中的一个条目。randomizeData 参数是布尔型，如果为 False，则不对数据集进行随机化，且不执行概率的四舍五入。splitEvaluator 参数用于设置应用测试数据的评估器，可以是分类器、回归算法等。trainPercent 参数设置用于训练的数据百分比。

注意： 运行次数不在这里设定，而是在 Setup 标签页的 Runs 选项组中设定。

如果想查阅结果产生器的功能和用法，可以单击图 4.31 所示对话框中的 More 按钮。

单击 splitEvaluator 参数条目，会弹出另一个通用对象编辑器对话框，可以修改拆分评估器的参数，如图 4.32 所示。

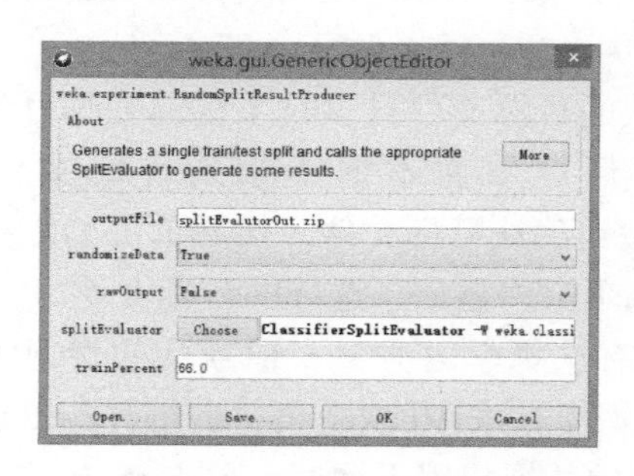

图 4.31　通用对象编辑器对话框

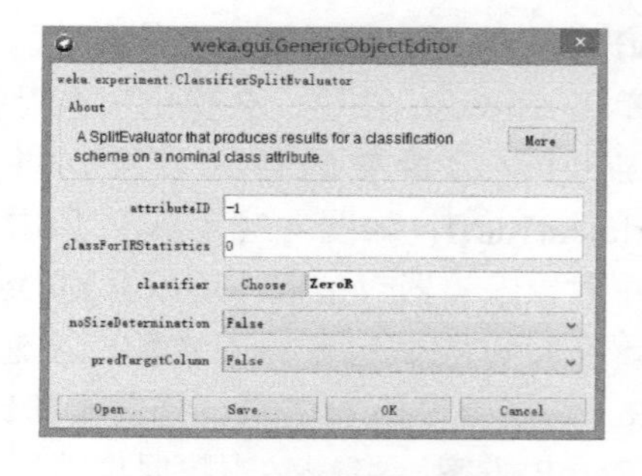

图 4.32　拆分评估器参数

在图 4.32 中，ClassifierSplitEvaluator 是分类器的拆分评估器，它对标称型类别属性的分类算法产生的结果进行评估。如果设置 noSizeDetermination 参数为 True，将忽略训练/测试/分类器的大小判定。如果 predTargetColumn 参数为 True，将为每个折添加目标和预测列到结果。

classifier 参数指定所使用的分类器，这里默认的分类算法为 ZeroR，单击 Choose 按钮，可以选择不同的分类算法。如果单击该按钮旁边的文本框，就可以在通用对象编辑器中变更算法的参数。在这里，ZeroR 算法的四个参数几乎没有可修改的。但其他大多数算法都可以由用户修改其属性，比如 J48 决策树算法，可以修改多个参数。这里尝试将分类算法更改为 J48，然后单击 OK 按钮以关闭该对话框。

修改完毕后，Result generator 选项组中就会显示新的实验参数方案。

下面添加额外的学习方案。按照上一节中“产生器特性”部分所述的方法，添加 ZeroR 和 J48 学习方案，添加完毕后的界面如图 4.33 所示。

最后检查原始输出。在实验过程中，学习方案产生的原始输出可以保存到文件，以便将来检查。单击 Result generator 选项组中的文本框，打开通用对象编辑器，将 rawOutput 选项设置为 True，如图 4.34 所示。原始输出文件默认为 splitEvalutorOut.zip，用户可以修改 outputFile 选项以更改默认文件设置。

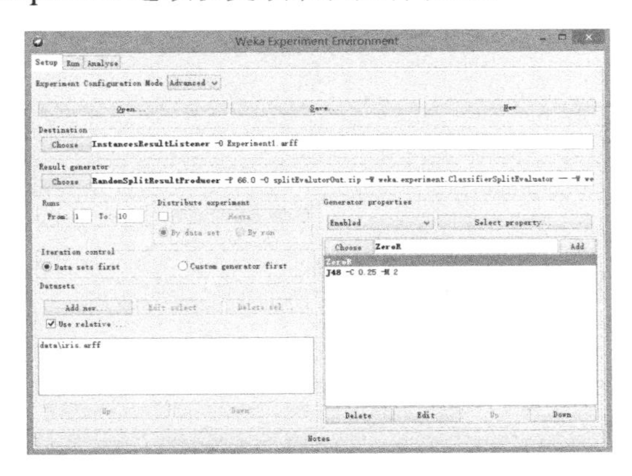

图 4.33　添加额外的学习方案

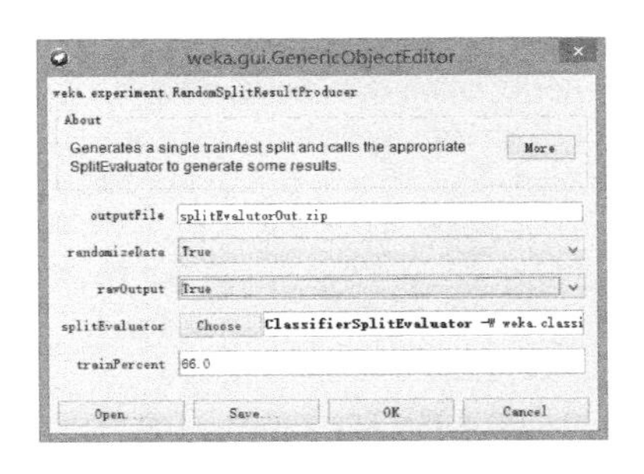

图 4.34　设置原始输出

注意： 每次更改 Result generator 参数之后，Generator properties 的状态都会变成 Disabled，因此需要重新设置学习方案。

至此，全部设置已经完成，运行实验后，在 Weka 安装目录下可以找到原始输出文件 splitEvalutorOut.zip，打开后的文件内容如图 4.35 所示。

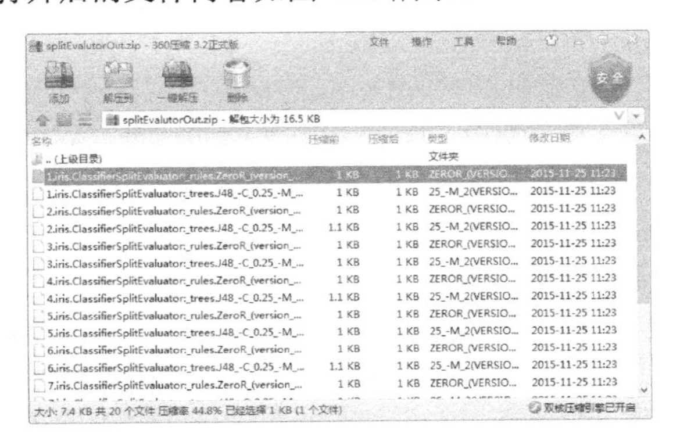

图 4.35　原始输出文件

使用任意的文本编辑器打开第二个文件，文件内容如下：

```
ClassifierSplitEvaluator: weka.classifiers.trees.J48 -C 0.25 -M 2(version -
217733168393644444)Classifier model:
J48 pruned tree
------------------


petalwidth <= 0.6: Iris-setosa (33.0)
petalwidth > 0.6
|   petalwidth <= 1.5: Iris-versicolor (31.0/1.0)
|   petalwidth > 1.5: Iris-virginica (35.0/3.0)

Number of Leaves  :   3

Size of the tree :    5


Correctly Classified Instances          47              92.1569 %
Incorrectly Classified Instances         4               7.8431 %
Kappa statistic                      0.8824
Mean absolute error                   0.0723
Root mean squared error                0.2191
Relative absolute error               16.2754 %
Root relative squared error            46.4676 %
Coverage of cases (0.95 level)          96.0784 %
Mean rel. region size (0.95 level)      44.4444 %
Total Number of Instances              51
measureTreeSize : 5.0
measureNumLeaves : 3.0
measureNumRules : 3.0
```

可见，原始输出文件无非就是使用所选的分类器对数据集的训练和测试结果。

4. 使用其他结果产生器

上一个示例展示的是随机的训练和测试实验，本示例在上一个实验的基础上，扩展到使用其他的结果产生器来完成实验。

首先看交叉验证结果产生器。在 Setup 标签页中单击 Result generator 选项组中的 Choose 按钮，选择 CrossValidationResultProducer，再单击 Choose 按钮旁边的文本框，弹出如图 4.36 所示的通用对象编辑器对话框。该对话框中包含的是交叉验证的具体参数，如划分的折数(numFolds)等。实验默认进行十折交叉验证，而不是在给定的例子上进行训练和测试。splitEvaluator 参数默认使用学习方案为 ZeroR 的 ClassifierSplitEvaluator。单击 More 按钮可以查看 CrossValidationResultProducer 功能的简单描述。

修改参数后的产生器方案会在 Result generator 选项组中显示，请注意观察。

与上一个示例中的 RandomSplitResultProducer 一样，可以在 Generator properties 选项组中加入多个学习方案，如图 4.37 所示，这些方案在交叉验证时运行。

运行次数(Runs)维持为默认的 10 次，因此对于每一个学习方案和数据集，一共运行 100 次交叉验证。运行本实验后进行分析，在 Analyse 标签页中单击 Experiment 按钮，产生如图 4.38 所示的结果。注意到一共处理了 300 条结果记录，10 次运行乘以 10 折再乘以 3 个方案等于 300。详细的结果分析方法请参见 4.4 节。

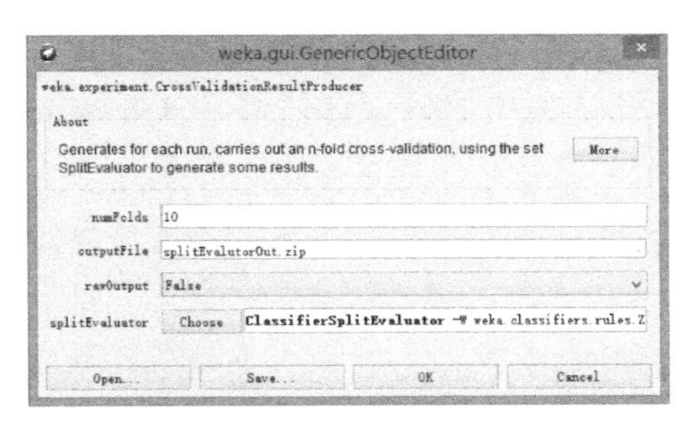

图 4.36　交叉验证结果产生器选项

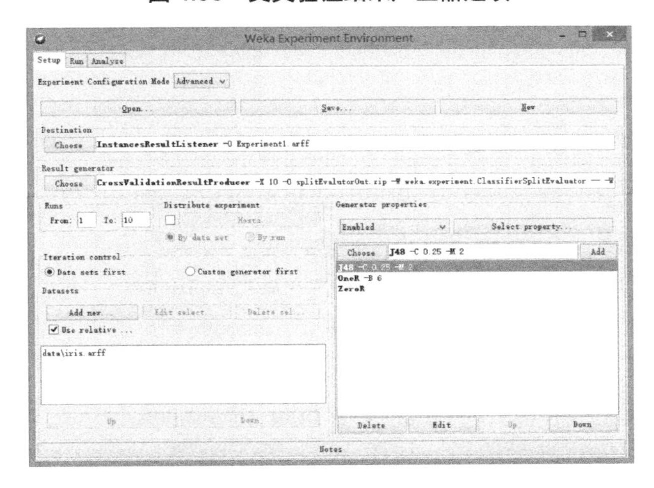

图 4.37　加入多个学习方案

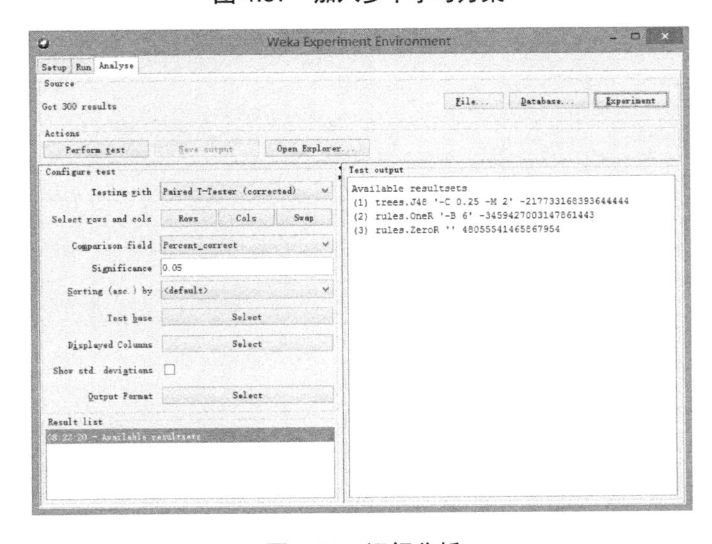

图 4.38　运行分析

下面尝试使用平均结果产生器。AveragingResultProducer 是 CrossValidationResultProducer 的一种替代方案，这种结果产生器取一组运行结果的平均，典型为取交叉验证运行结果的平均。首先单击 Result generator 选项组中的 Choose 按钮，选择 AveragingResultProducer，再单击 Choose 按钮旁边的文本框，弹出如图 4.39 所示的通用对象编辑器对话框。

单击 resultProducer 参数后面的文本框，弹出如图 4.40 所示的通用对象编辑器对话框。splitEvaluator 参数显示默认使用的拆分评估器为 ClassifierSplitEvaluator，其默认学习方案为 ZeroR。

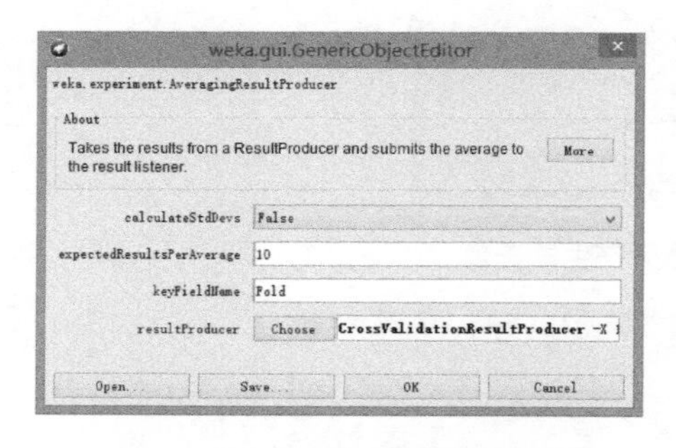

图 4.39　平均结果产生器选项

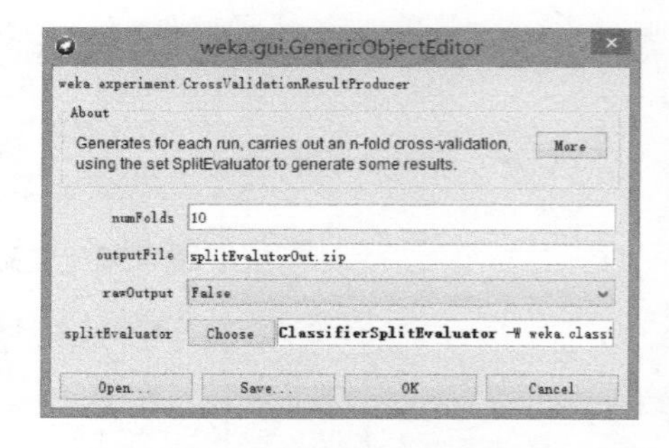

图 4.40　结果产生器选项

与其他结果产生器一样，平均结果产生器也可以定义额外的学习方案。当使用 AveragingResultProducer 时，分类器特性位于更深层次的结构中，如图 4.41 所示。这时，由于 ZeroR 是默认的学习方案，选中 classifier 再单击 Select 按钮就是选择 ZeroR 方案。

如果要选择其他学习方案，可单击 Generator properties 选项组中的 Choose 按钮进行选择。如图 4.42 所示为加入 ZeroR、OneR 和 J48 学习方案后的 Setup 标签页。

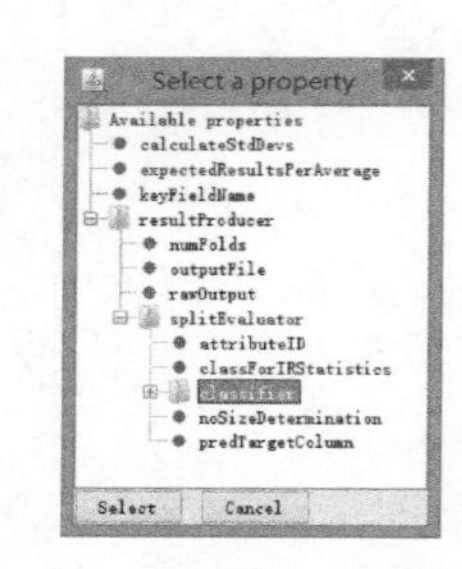

图 4.41　更深层次的分类器

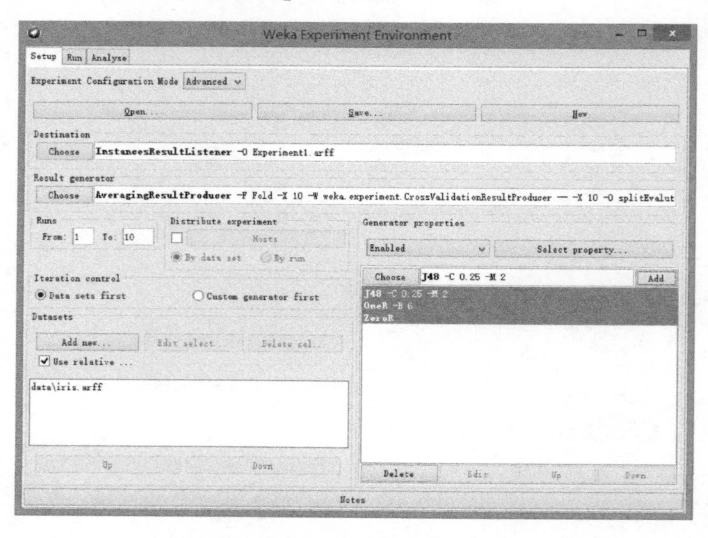

图 4.42　加入多个学习方案

在本实验中，使用十折交叉验证运行 ZeroR、OneR 和 J48 学习方案各 10 次。然后，对每一组 10 次交叉验证的每次运行取平均值，每次运行产生一个结果行，一共 30 个结果行。而不像在前面的例子中使用 CrossValidationResultProducer 时对每个折都产生一个结果行，如果保存原始输出，会将所有 300 个结果都发送到归档文件。注意，虽然结果行有 30 个，但原始输出不是 30 个，而是所有的 300 个结果。使用平均结果产生器的运行结果如图 4.43 所示。

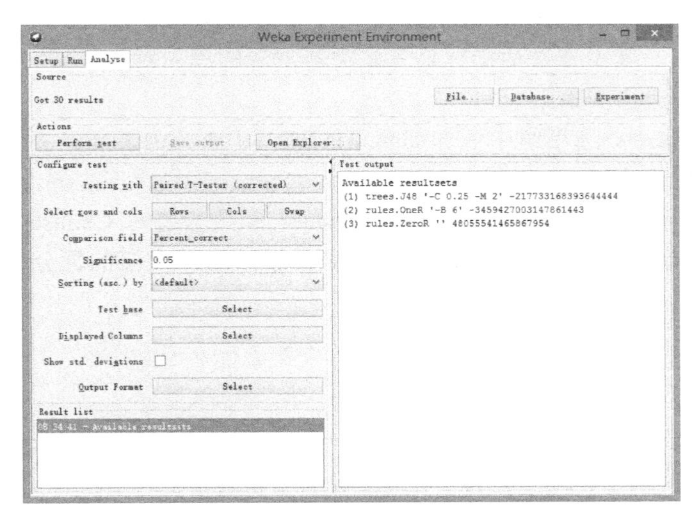

图 4.43 平均结果产生器运行结果

最后，尝试使用明确指定测试集的结果产生器。在过去，实验者界面的最大弊端之一就是无法提供测试集。尽管除了随机化训练数据，以便测试分类器的健壮性外，重复运行明确指定的测试集似乎并没有多大的意义，但是，明确指定测试集提供了并行比较不同的分类器和分类器设置的可能性，这是探索者界面欠缺的功能。

首先选择数据集，在 Datasets 选项组中删除原来的数据集，改为使用 segment-challenge.arff 作为训练集。

下面设置测试集。单击 Result generator 选项组中的 Choose 按钮，选择 ExplicitTestsetResultProducer，该结果产生器可以加载外部测试集。单击 Choose 按钮旁边的文本框，弹出结果产生器的通用对象编辑器。单击 testsetDir 文本框，选择测试集目录为 data，清除 testsetPrefix 的内容，将 testsetSuffix 选项更改为 -test.arff(注意是减号而不是下划线)，如图 4.44 所示。

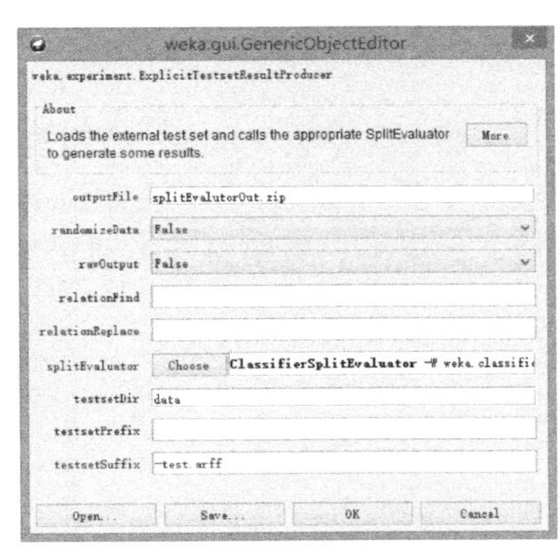

图 4.44 设置结果产生器选项

这样，按照 4.2.2 节中介绍的测试集文件名的构造方式，即

```
<dir> + \ + <prefix> + <relation-name> + <suffix>
```

测试集文件名为 data\segment-test.arff，刚好为测试文件。这里的关系名称(由@relation 定义)为 segment，可以打开训练文件 segment-challenge.arff 确认一下。

与其他结果产生器相比，ExplicitTestsetResultProducer 最大的不同就是可以明确指定测试集。其他的功能尝试就留给读者自行练习。

5. 聚类器实验

使用实验者界面的高级模式，不但可以运行分类器算法实验，还可以运行聚类器算法实验，这是实验者界面的简单模式没有的功能。聚类器算法实验局限于那些可以计算概率密度估计的聚类器，其主要评估指标是各聚类器发现的簇的对数似然。下面的示例就将使用聚类器设置交叉验证实验。

首先，在 Datasets 选项组中添加 data\iris.arff 和 data\glass.arff 数据文件，在 Result generator 选项组中选择 CrossValidationResultProducer 作为结果产生器，并打开结果产生器的通用对象编辑器以设置选项。单击 splitEvaluator 参数旁边的 Choose 按钮，将该选项设置为 DensityBasedClustererSplitEvaluator，这是基于密度聚类器的拆分评估器，如图 4.45 所示。

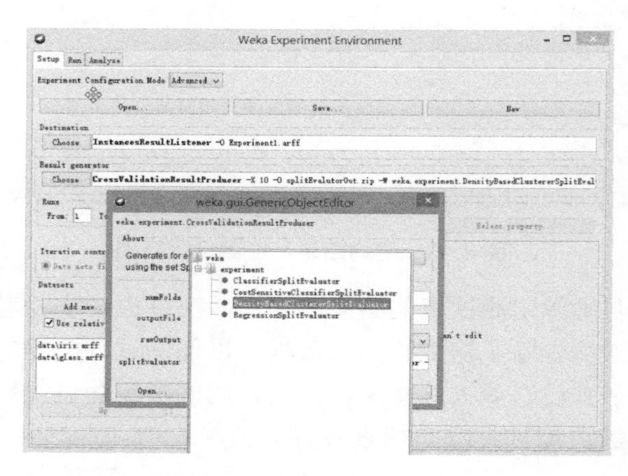

图 4.45 选择拆分评估器

然后，单击 Choose 按钮右边的文本框，设置 DensityBasedClustererSplitEvaluator 的选项，如图 4.46 所示。注意到 removeClassColumn 选项默认为 True，即设置为移除类别属性。如果用户想要保持类别属性，可以将 removeClassColumn 选项设置为 False。

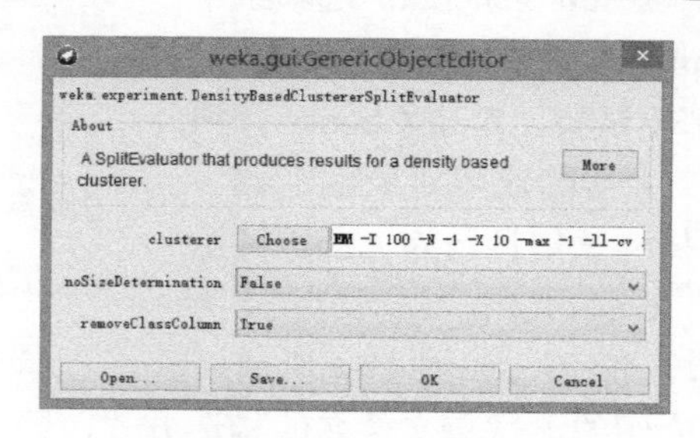

图 4.46 拆分评估器选项

一旦选定 DensityBasedClustererSplitEvaluator 之后，可以注意到 Generator properties 选项组已经禁用。单击下拉列表框选择 Enabled 选项启用该选项组以扩展 splitEvaluator，会弹出 Select a property 对话框，单击选择 clusterer 节点，然后单击 Select 按钮确认选择，如图 4.47 所示。

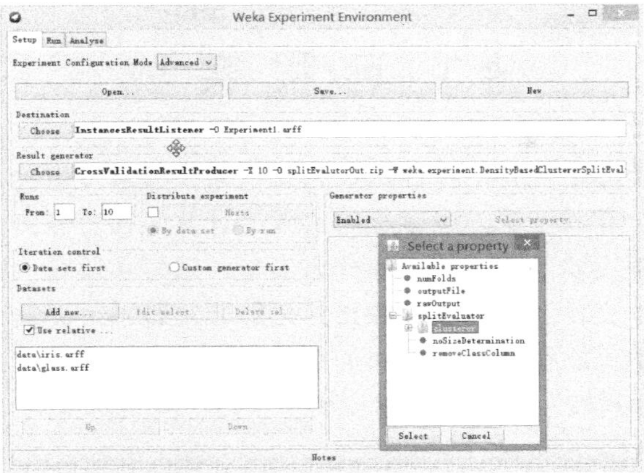

图 4.47 选择 clusterer 节点

现在可以看到，EM 算法成为默认的聚类器被添加到方案列表中。用户可以根据需要添加或删除其他的聚类器。例如，图 4.48 所示方案添加了 SimpeKMeans 算法。该算法由 MakeDensityBasedClusterer 包装，这是因为在 Weka 中，大多数其他聚类器都不会产生密度估计，因此不得不由 MakeDensityBasedClusterer 包装。

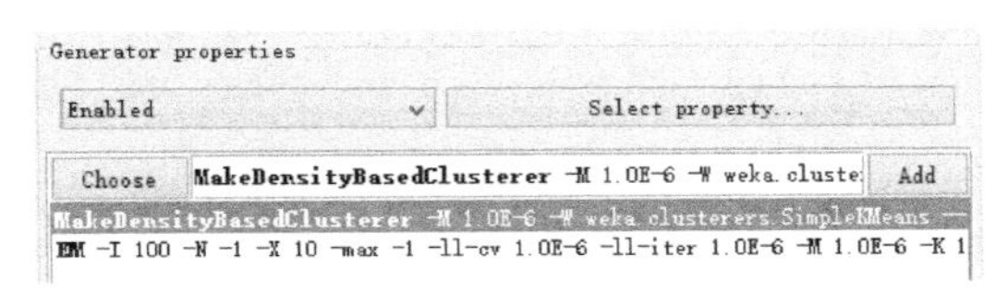

图 4.48 添加其他方案

下一步，运行实验，完成后切换至 Analyse 标签页分析结果。先单击 Experiment 按钮获取运行结果，然后将 Comparison field 选项设置为 Log_likelihood，最后单击 Perform test 按钮运行测试，运行结果如图 4.49 所示。可以看到，(1)为 SimpleKMeans 算法，(2)为 EM 算法，两个数据集的实验结果表明 EM 算法优于 SimpleKMeans 算法。实验结果分析的具体内容可参见 4.4 节。

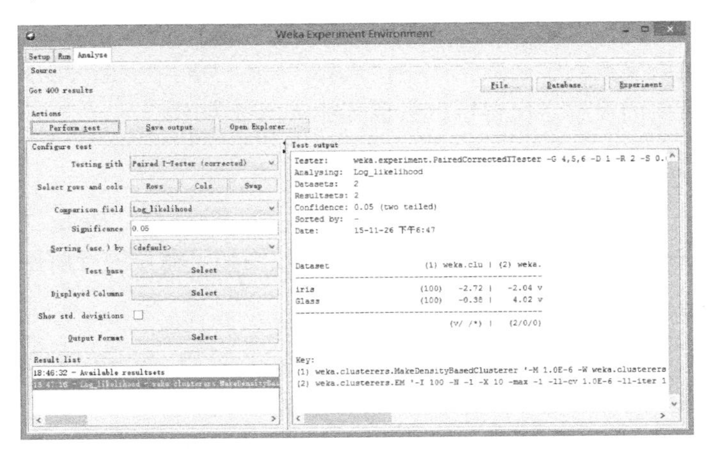

图 4.49 运行结果

4.3 远 程 实 验

实验者界面的一个非常优异的特性是，它可以对实验进行拆分，然后在多个处理器或多台计算机之间进行分布式计算，也就是将实验的计算负荷分布到多台网络计算机上进行并行计算。这称为远程实验，或直接叫作分布实验。远程实验是一种高级功能，使用起来往往非常困难。例如，文件和目录权限的设置可能非常棘手，尤其是对于从未做过类似工作的新手，一个简单的问题往往会困扰他们很长时间。因此，建议新手跳过这一节，待水平提升后再尝试进行远程实验。另外，建议新手学习一些 Java RMI 的知识备用。

4.3.1 远程实验设置

1. 实验要求

远程实验在将结果存放到中心数据库时工作性能最佳。因此在实验者界面的高级模式中，选择 JDBC database 作为结果目标。远程实验的分布式计算使用 Java RMI 机制，可以工作在任意的支持 JDBC 驱动的数据库中，而且，Weka 开发者已经在包括 MySQL 等多种免费数据库中进行过测试。当然，如果不使用数据库，使用文件系统也是可以的，可以指定各台主机将它们的实验结果保存为不同的 ARFF 文件，最后再合并这些文件。但很显然，这样要麻烦一些。

进行远程实验，每台主机必须满足如下要求。

(1) 安装 Java。

(2) 能够访问要用到的数据集。

(3) 运行 weka.experiment.RemoteEngine 实验服务器。

其中，安装 Java 比较容易。要求每台主机都能够访问要用到的数据集要困难一些，最好的做法是将数据集文件复制到每台主机，并且将这些文件放到与 remoteEngine.jar 文件相同的相对位置。例如，假设 remoteEngine.jar 文件在 experiment\remote_engine 目录中，再将数据集文件放到 experiment\datasets 目录中，这样，通过相对路径“..\datasets”就可以访问数据集。

如果要将实验结果放到中心数据库中，需要在每台主机中安装 JDBC 驱动程序，并且在中心数据库做必要的设置，使得每台主机都能访问数据库。

2. 启动远程引擎和实验者界面

要在主机中启动实验服务器远程引擎，首先应从 Weka 安装目录中复制 remoteExperimentServer.jar 文件到主机目录，然后使用如下命令进行解压缩：

```
jar -xvf remoteExperimentServer.jar
```

当然，不习惯使用命令行的读者可以尝试使用 WinRAR 等实用程序打开 remoteExperimentServer.jar 文件，然后解压缩到目标目录。

解压缩出来的文件一共有三个：remoteEngine.jar、remote.policy 和 remote.policy.example。其中，remoteEngine.jar 是一个包含实验服务器的可执行 jar 文件，另外两个文件都是 Java

安全策略文件。remote.policy 授予远程引擎执行某些操作的权限，如连接到某个端口或访问某个目录。该文件需要用户根据自己的配置进行编辑，为某些权限指定正确的路径。remote.policy.example 则是示例，供用户参考。对于有 Java 分布式编程经验的用户而言，在仔细研究文件后，很容易理解文件的结构和含义。但对于一般用户而言，搞清楚文件的结构还是有相当的难度。默认情况下，指定代码使用 HTTP 端口 80 从网络上下载，但远程引擎也可以指定从文件 URL 加载代码。要做到这一点，可以去掉 remote.policy 文件中例子的注释，或者修改 remote.policy.example 文件以满足实际需要。remote.policy.example 文件中包含一个在 Linux 操作系统下，一个虚构的用户 johndoe 的完整例子。远程引擎还需要能够访问实验中使用的数据集，参见 remote.policy 文件的第一个条目。数据集路径由实验者(即客户端)指定，远程引擎使用同样的路径也应该能找到数据集。为了方便这一点，有必要在实验者界面的 Setup 标签页中选中 Use relative paths 复选框以指定相对路径名称。

要启动远程引擎服务器，可在包含 remoteEngine.jar 文件的目录下输入如下命令：

```
java -Xmx1024m -classpath ../db_drivers/mysql-connector-java-5.1.6.jar;
remoteEngine.jar;C:/Weka-3-7/weka.jar -Djava.security.policy=remote.policy
weka.experiment.RemoteEngine
```

其中，-Xmx 参数指定最大堆大小。数据库驱动(这里是 mysql-connector-java-5.1.6.jar，可根据本机设置自行替换)、remoteEngine.jar 和 weka.jar 既可以像本命令一样用-classpath(或-cp)参数指定，也可以用 CLASSPATH 环境变量指定。

如果一切正常，窗口如图 4.50 所示。

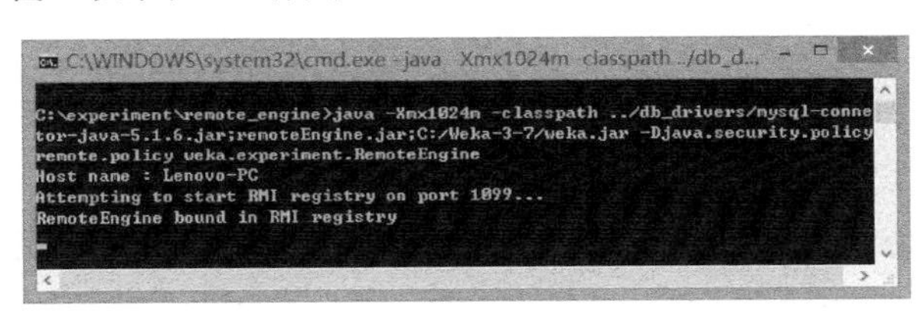

图 4.50 启动 RemoteEngine 实验服务器

这表明远程引擎在端口 1099 上启动 RMI 注册表并成功运行。可以在一台主机上运行多个远程引擎，如果该主机配有多个处理器或多核处理器，运行多个远程引擎能充分利用计算资源。要运行多个远程引擎，可像前面那样启动每个远程引擎，但只能有一个远程引擎使用默认的 1099 端口，其他的远程引擎必须使用命令行选项(-p)指定一个不同的端口。对于其他主机，重复该过程。例如，以下命令指定 5050 端口启动远程引擎：

```
java -Xmx1024m -classpath ../db_drivers/mysql-connector-java-5.1.6.jar;
remoteEngine.jar;C:/Weka-3-7/weka.jar -Djava.security.policy=remote.policy
weka.experiment.RemoteEngine -p 5050
```

现在输入如下命令启动实验者界面：

```
java -Djava.rmi.server.codebase=< weka_code_URL > weka.gui.experiment.Experimenter
```

这里的 weka_code_URL 指定远程引擎能够找到的可执行代码，这里指 weka.jar 文件的全路径，如 file:///C:/Weka-3-7/weka.jar，读者在使用时须替换为计算机的实际路径。如果表示一个目录(即一个包含 Weka 目录的目录)，而不是一个 jar 文件，则必须以路径分隔符(如“/”)结束。

3. 实验者界面设置

实验者界面的高级实验模式下有一个 Distribute experiment 选项组，用于决定是否将实验进行分布。该选项组中的复选框默认为取消选中，如果要进行远程实验，应选中该复选框，这将使选项组中的 Hosts 按钮可用，单击该按钮会弹出一个窗口，询问远程实验的主机名称，主机名称必须为全限定名(如 ml.cs.waikato.ac.nz)或 IP 地址，如图 4.51 所示。编辑主机名称很简单，只要在窗口上部的文本框中输入主机名或 IP 地址，如果使用默认端口，则不用输入端口号，否则必须输入端口号，然后按 Enter 键将其添加到窗口下部的列表框中。如果想删除主机列表中的某个主机，可选中该主机，然后单击 Delete selected 按钮。

如果一台主机运行多于一个的远程引擎，需要多次在文本框中输入主机名，如果不是默认端口，还必须输入端口号。例如，图 4.52 显示本地主机 localhost 运行两个远程引擎，一个运行在默认的 1099 端口，另一个运行在 5050 端口。

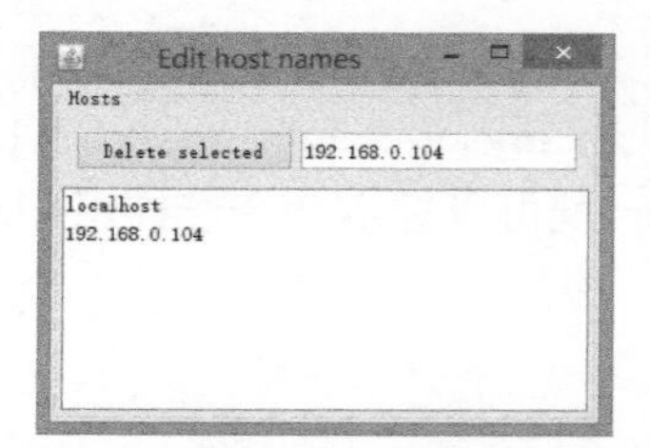

图 4.51 编辑主机名称

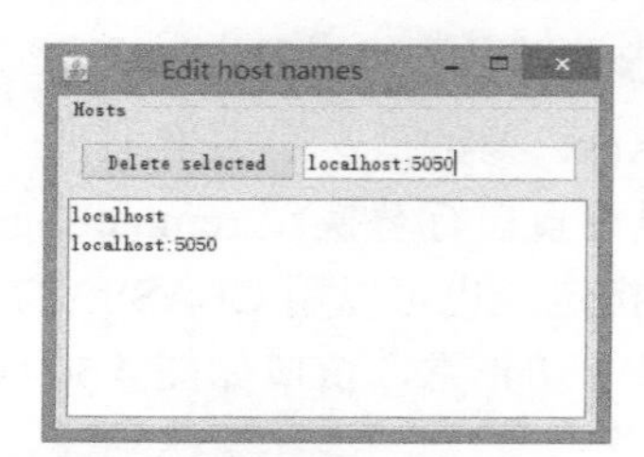

图 4.52 主机名加端口号

需要注意的是，要确保设定的端口没有被主机中的其他进程占用。如果不知道具体可以使用哪些端口，可参考如下两条规则。规则一，只能使用 1024 以后的端口。0～1023 为熟知端口号，由 IANA(Internet Assigned Numbers Authority，互联网地址指派机构)指派和控制，而 1024～65535 端口并没有公共定义，用户可以自己定义这些端口。其中，1024～49151 为注册端口号，IANA 不指派也不控制，可在 IANA 注册，防止出现重复；49152～65535 为临时端口号，不用指派、注册，可由任何进程来使用，是临时端口。规则二，在使用端口前，先使用 cmd 命令打开命令行窗口，然后输入命令 netstat -aon 并按 Enter 键，查看本机已经占用的端口，挑选没有被占用的端口号。

输入主机名称之后，可使用前文讲述的方法配置其余的实验选项。有一种更为简捷的方法是，首先在简单模式下进行配置，然后再切换到高级模式，设置主机名称等其他选项。当在 Run 标签页中运行远程实验时，各台主机会显示子实验的进度，以及可能的错误消息。

分布实验将实验拆分为子实验，通过 RMI 发送给各个主机去执行。默认情况下，实验按照数据集进行划分，即选中 By data set 单选按钮。在这种情况下，主机数量不能比数据集更多。每个子实验自成体系，将所有的学习方案用于单个数据集。运行数量很少的数据集可以按照运行来划分，即选中 By run 单选按钮。例如，一个 10 次的十折交叉验证就会分割成 10 个子实验，每次运行一个子实验。

4. 故障诊断

如果在远程实验中遇到一些问题，使得实验无法继续，也不要慌乱，这在分布式环境下十分正常，即使是网络高手也常常会遇到需要解决的新问题。

尽管因网络环境复杂而导致出现的疑难问题多变，想要一一列出可能出现的问题是不可能的，但还是有一些常见问题需要了解，使用者在实际工作中可举一反三，排除故障。常见问题列举如下。

(1) 如果启动实验后捕获到类似于如下的错误：

```
01:13:19: RemoteExperiment (//192.168.0.105/RemoteEngine) (sub)experiment
(datataset iris.arff) failed :
java.sql.SQLException: Table already exists: EXPERIMENT INDEX in statement
[CREATE TABLE Experiment index ( Experiment type LONGVARCHAR, Experiment setup
LONGVARCHAR, Result table INT )]
01:13:19: dataset :iris.arff RemoteExperiment (//192.168.0.105/RemoteEngine)
(sub)experiment (datatasetiris.arff) failed : java.sql.SQLException: Table
already exists: EXPERIMENT INDEX in statement [CREATE TABLE Experiment index
( Experiment type LONGVARCHAR, Experiment setup LONGVARCHAR, Result table
INT )]. Scheduling for execution on another host.
```

请不要惊慌，这只是因为多台远程主机试图创建相同的数据库表，并被临时锁定。这个问题不需要解决，它会自己解决，因此只要放手让你的实验自己运行。事实上，这表明实验在正常工作。

(2) 如果先将实验序列化至文件，然后再修改 DatabaseUtils.props 文件并反序列化实验，就可能会导致一个错误，例如，缺少类型映射的错误。这是因为，实验将使用序列化实验那个时刻的 DatabaseUtils.props 文件，而不是修改后的文件。要记住，序列化过程也序列化 DatabaseUtils 类，从而也就保存了配置文件。因此，如果修改了 DatabaseUtils.props 文件，此前序列化的实验可能就不能使用了。此外，Java 也可将实验序列化为 XML 格式，而不是二进制格式，这是产生同样错误的另一个原因。

(3) 使用损坏的或不完整的 DatabaseUtils.props 文件可能会导致特定的接口错误，例如，禁止使用 User 按钮旁边的 Database URL。如果发现此类莫名其妙的错误，建议复制一个干净的 DatabaseUtils.props 文件。

(4) 如果远程引擎在调用 java.util.Hashtable.get()时捕获 NullPointerException 异常，不要惊慌，这不会影响实验的结果。

4.3.2 手把手教你用

1. 数据库准备

本示例展示如何使用 MySQL 数据库管理系统构建远程实验数据库。本示例使用 MySQL 社区版 5.6.12，数据库客户端使用 Navicat 10.1.7 For MySQL。

首先，创建一个名称为 weka 的数据库，字符集使用 UTF-8 字符集，如图 4.53 所示。

然后，以 root 用户登录并创建一个名称为 weka 的数据库用户，如图 4.54 所示。

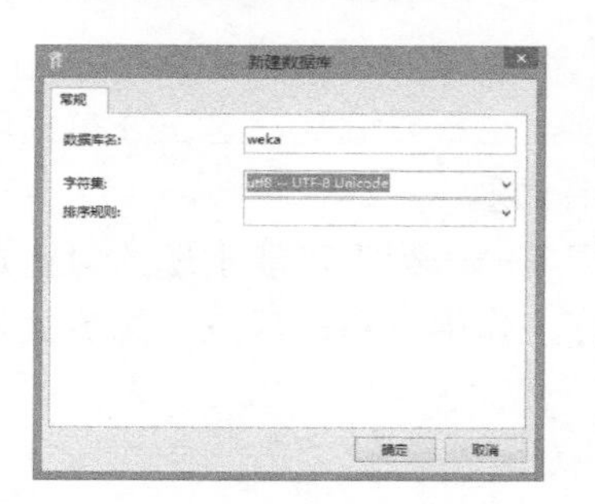

图 4.53　创建数据库

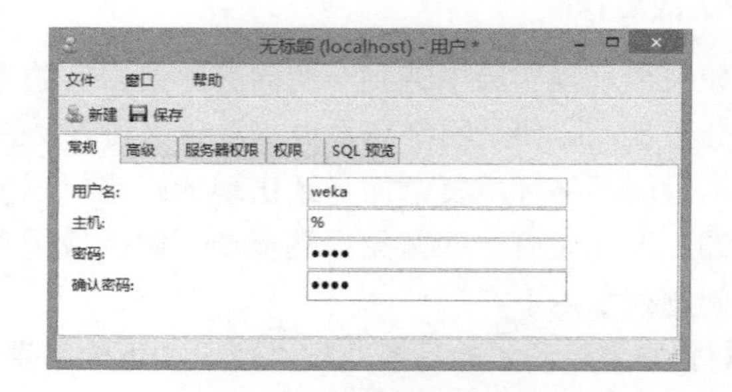

图 4.54　创建数据库用户

注意： 这里的主机不要填 localhost，而要填百分号(%)，这样，weka 用户才能从其他主机登录数据库，否则，weka 用户只能从本机登录，无法做分布实验。

赋予该用户对整个 weka 数据库的权限，如图 4.55 所示。

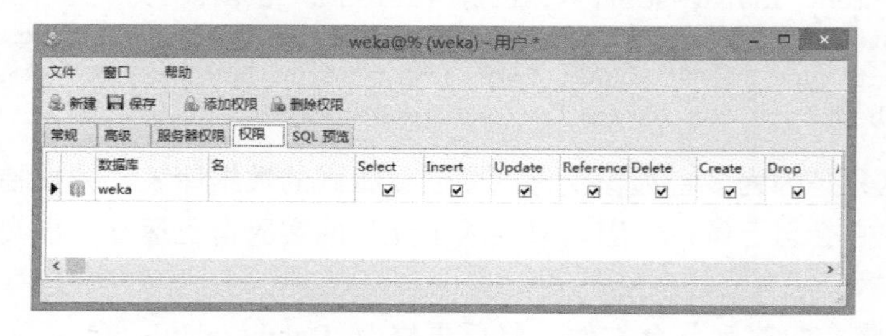

图 4.55　赋予用户权限

注意： 这只是实验用，因此赋予全部权限只是为了简单，如果正式使用，只赋予足够权限即可。

做完这些工作，数据库已经准备好了，下面该准备文件目录、jar 文件和配置文件了。

2. 运行实验前的准备

本示例准备文件目录，并放置 jar 文件、数据集文件和配置文件，修改配置文件并编辑批处理文件。

首先，使用 Windows 资源管理器在 C 盘的根目录下建立如图 4.56 所示的目录结构。其中，datasets 子目录用于存放数据集文件，db_drivers 子目录用于存放数据库驱动，remote_engine 子目录用于存放远程引擎可执行 jar 文件、配置文件和批处理文件。

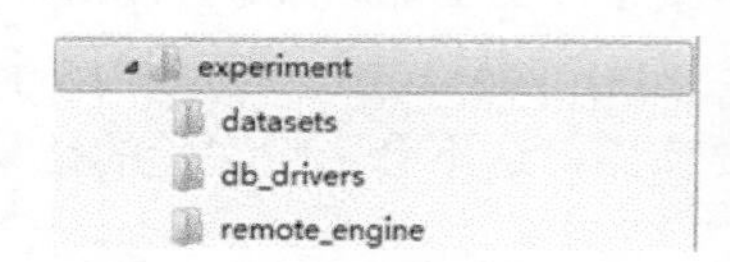

图 4.56　文件目录结构

然后，将类别属性为离散型的数据集文件复制一份到 datasets 子目录中，一共有 17 个文件，如图 4.57 所示。由于本示例准备对分类算法进行分布实验，因此不使用类别属性为连续型的数据集。

下一步，将数据库驱动程序复制到 db_drivers 子目录中，本书使用 MySQL 数据库，因此复制 mysql-connector-java-5.1.6.jar 驱动文件。如果使用其他数据库，请按照实际情况复制相应的驱动。

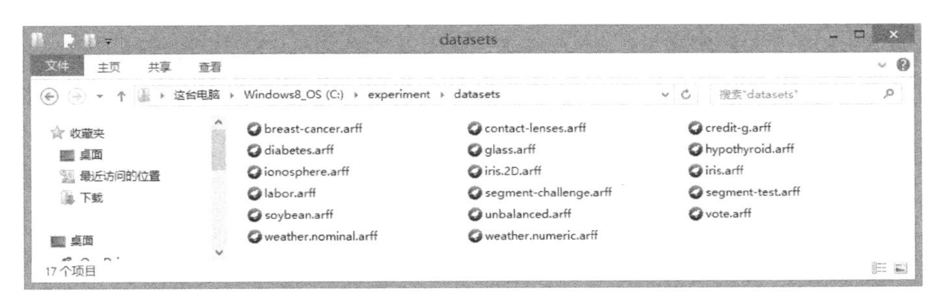

图 4.57　实验用数据集

接下来，将第 1 章所述的 DatabaseUtils.props 文件复制到 remote_engine 子目录中，按照自己数据库的实际设置相应修改配置文件。

在 Weka 安装目录下，找到 remoteExperimentServer.jar 文件并使用 WinRAR 压缩工具打开，如图 4.58 所示。将压缩文件中的 remoteEngine.jar、remote.policy 和 remote.policy.example 三个文件解压缩到 remote_engine 子目录中。

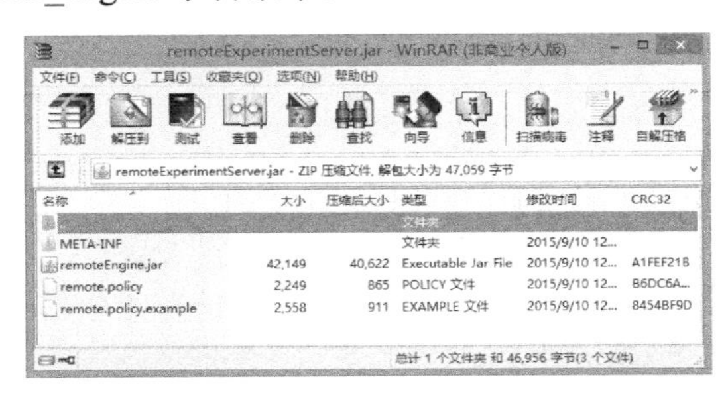

图 4.58　远程实验服务器文件

使用任意的文本编辑器打开 remote.policy 文件，将配置文件按程序清单 4.1 所示的内容进行修改。可以看到，仅修改了两行代码：第一，将数据集文件所在目录授权为可读；第二，将 remoteEngine.jar 文件所在目录(本文为 C:\experiment\remote_engine\)授权为可读。注意到这里都使用相对路径，读者可按照自己的实际配置做相应修改。

程序清单 4.1　remote.policy 文件

```
...
 // file permission for data sets
 permission java.io.FilePermission
   "../datasets/-", "read";

...
 // file permission to load server classes from remoteEngine.jar.
 // only needed if RemoteEngine_Skel.class/_Stub.class are going to
 // be downloaded by clients (ie, if these files are not already in the
 // client's classpath). Normally this doesn't need to be changed.
 permission java.io.FilePermission
   "../remote_engine/-", "read";

...
```

在 remote_engine 子目录中，新建一个 startRemoteEngine.bat 批处理文件，运行该批处理文件就启动远程引擎。文件内容如程序清单 4.2 所示。

程序清单 4.2　startRemoteEngine.bat 文件

```
@echo off
java -Xmx1024m -classpath ../db_drivers/mysql-connector-java-5.1.6.jar;
remoteEngine.jar; C:/Weka-3-7/weka.jar -Djava.security.policy=remote.policy
weka.experiment.RemoteEngine
```

同样，在 remote_engine 子目录中，新建一个 startExperimenter.bat 批处理文件，运行该批处理文件就启动实验者界面进行分布处理。文件内容如程序清单 4.3 所示。

程序清单 4.3　startExperimenter.bat 文件

```
@java -cp ../db_drivers/mysql-connector-java-
5.1.6.jar;remoteEngine.jar;C:/Weka-3-7/weka.jar -
Djava.rmi.server.codebase=file:///C:/Weka-3-7/weka.jar
weka.gui.experiment.Experimenter
```

3. 分布实验

本示例完成分布实验，分布实验的网络拓扑效果如图 4.59 所示。两台主机通过无线路由器相连接，第一台主机作为数据库服务器，安装了 MySQL 和 Weka，其 IP 地址为 192.168.0.100；第二台主机上安装了 Weka，其 IP 地址为 192.168.0.102。两台主机上都复制了一份如图 4.56 所示的目录及文件。

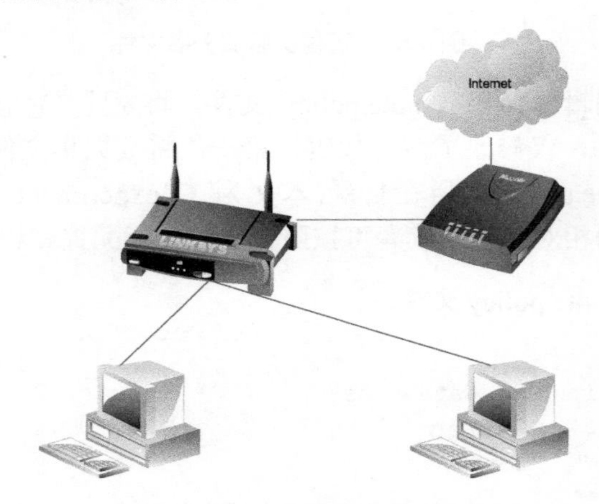

图 4.59　分布实验网络拓扑

如果不知道主机的 IP 地址，可以运行 ipconfig 命令，查看本机的 IP 地址，还要尝试一下 ping 命令，确保两台主机不会因为防火墙等原因导致无法通信。

实验前，在第一台主机上启动 MySQL 数据库，并在第二台主机上测试数据库连接，以保证能连通第一台主机的数据库。

下面正式开始实验。首先，分别在两台主机中，使用 Windows 资源管理器导航至 experiment\remote_engine 目录，双击 startRemoteEngine.bat 文件启动远程引擎。两台主机的启动窗口如图 4.60 所示。

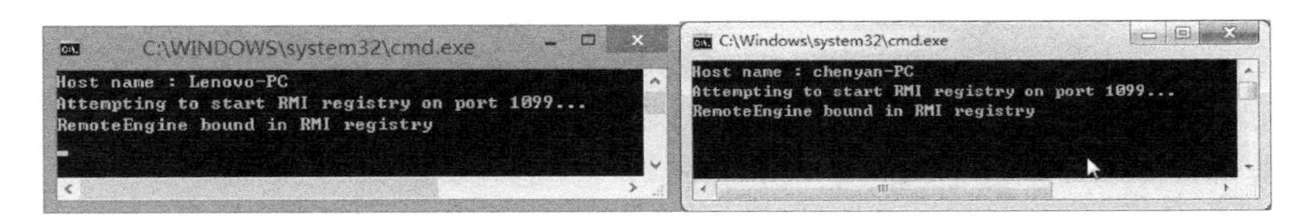

图 4.60　启动两台主机的远程引擎

在第二台主机中，双击 startExperimenter.bat 文件启动实验者界面。为了简化设置，开始时保持默认的简单实验模式。在 Results Destination 选项组的下拉列表框中选择 JDBC database 选项，单击 User 按钮，输入数据库 URL、数据库用户和密码。然后选中 Datasets 选项组中的 Use relative Paths 复选框，单击 Add new 按钮选中 datasets 子目录里的数据集。最后，在 Algorithms 选项组中单击 Add new 按钮选择 ZeroR、OneR 和 J48 分类算法。最终的设置如图 4.61 所示。

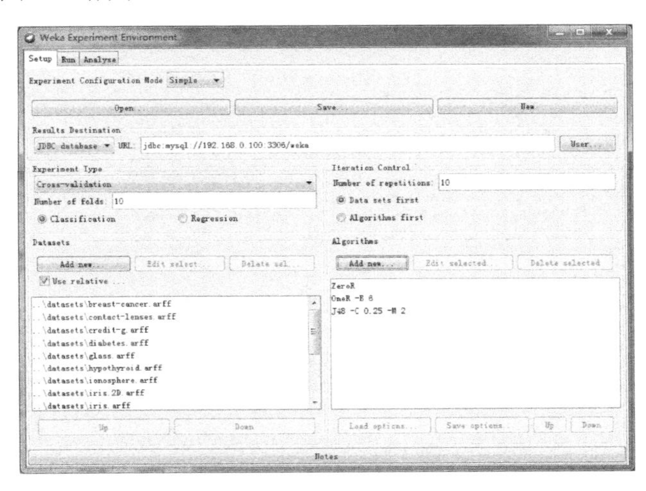

图 4.61　简单实验模式

下一步，在 Experiment Configuration Mode 下拉列表框中选择 Advanced 选项，切换至高级实验模式，如图 4.62 所示。可以看到，简单实验模式下的设置在高级实验模式中全都保持不变。

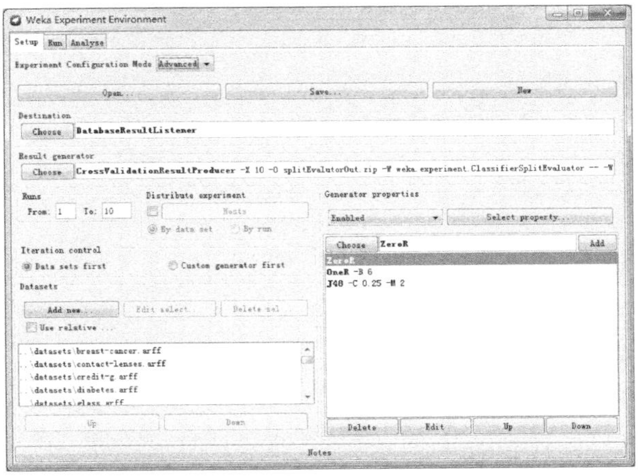

图 4.62　高级实验模式

接下来设置主机名称。选中 Distribute experiment 选项组中的复选框，激活 Hosts 按钮。单击 Hosts 按钮，设置进行分布式计算的主机，如图 4.63 所示。注意到第一台主机设置的是 IP 地址，这是为了避免在局域网环境下指定主机名-IP 地址映射的麻烦。

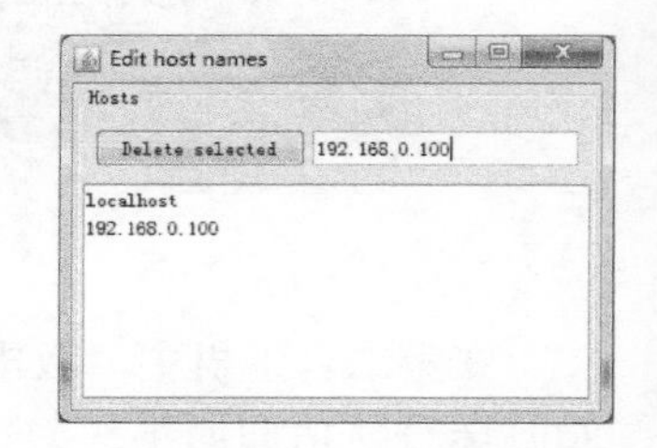

图 4.63　编辑主机名

现在已经完成实验设置，切换至 Run 标签页，单击 Start 按钮启动实验。在 Run 标签页下的 Log 区域中会显示分配子实验的进展，同时在两台主机的远程引擎中会显示实验进程的详细信息，如图 4.64 所示。

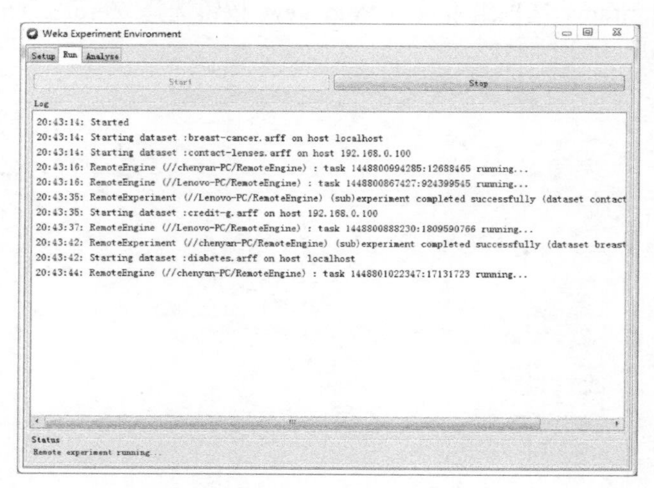

图 4.64　实验运行界面

下一步，分析实验结果。由于下一节将详细讲述这一内容，因此这里就简略列举一下结果。切换至 Analyse 标签页，单击 Database 按钮并输入数据库 URL、用户名和密码，稍等片刻后，实验者界面中导入 4800 条实验结果，如图 4.65 所示。

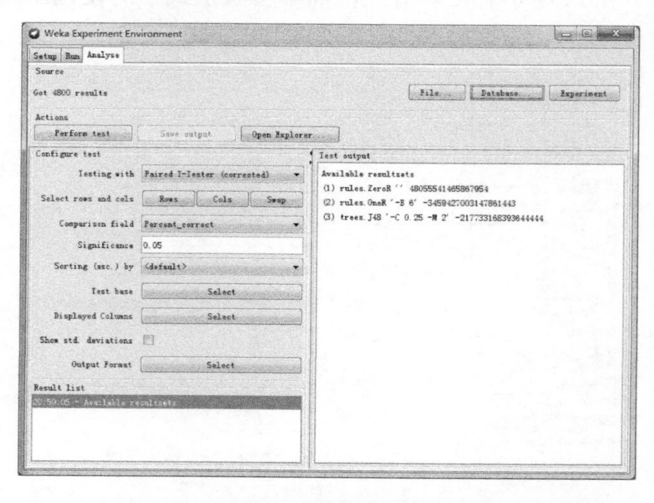

图 4.65　导入实验结果

最后，单击 Perform test 按钮，Test output 选项组中便显示出测试结果，如图 4.66 所示。

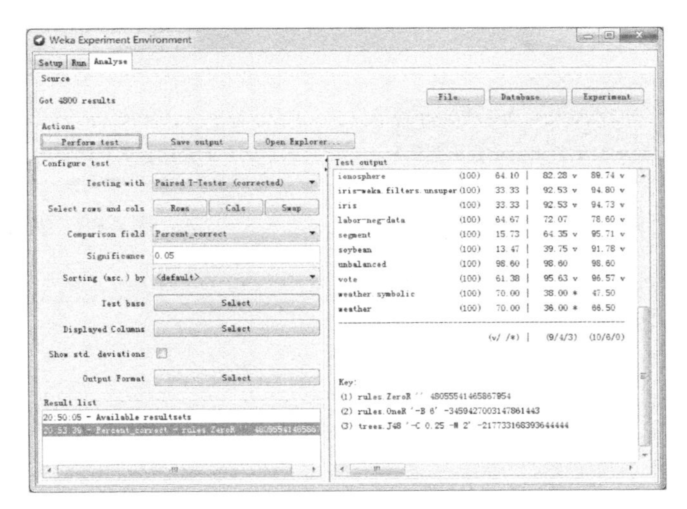

图 4.66 测试结果

4. 多核实验

如果想充分利用多核计算机的性能，Weka 3.5.7 版本以后都支持多核，所要做的事就是在启动 RemoteEngine 时，带-p 选项指定监听端口，然后在实验者界面中指定主机名和端口号，格式为“主机名:端口号”。

还要注意的是，在每次重新运行实验前，最好先删除数据库里的实验表，以免对实验结果造成影响。

下面使用一台主机进行多核实验。该主机的 CPU 是 Intel Core i5-3337U，这是双核四线程的多核 CPU。首先，将 startRemoteEngine.bat 批处理文件复制一份，命名为 startRemoteEngine1.bat。使用任意文本编辑器打开 startRemoteEngine1.bat 文件，按照程序清单 4.4 所示编辑文件内容，可以看到，只是在第二行的末尾添加“-p 5050”选项，其余不变。

程序清单 4.4 startRemoteEngine1.bat

```
@echo off
java -Xmx256m -classpath ../db_drivers/mysql-connector-java-
5.1.6.jar;remoteEngine.jar; C:/Weka-3-7/weka.jar -
Djava.security.policy=remote.policy weka.experiment.RemoteEngine -p 5050
```

编辑完成后保存批处理文件，然后双击运行，弹出如图 4.67 所示的窗口。

接下来，在实验者界面的 Setup 标签页中，单击 Hosts 按钮，按照图 4.68 所示进行设置。

注意： 不使用默认端口的主机，必须指定端口号，如“localhost:5050”。

按照上一个实验的方式启动实验，观察本机的远程引擎窗口里显示的信息，实验运行完毕后，实验者界面如图 4.69 所示。

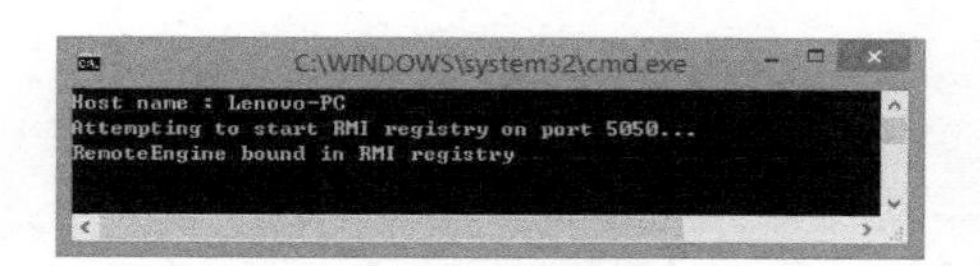

图 4.67　运行端口为 5050 的远程引擎

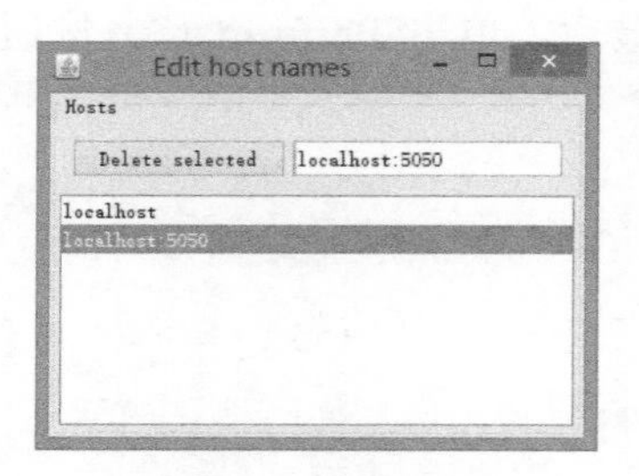

图 4.68　编辑主机名

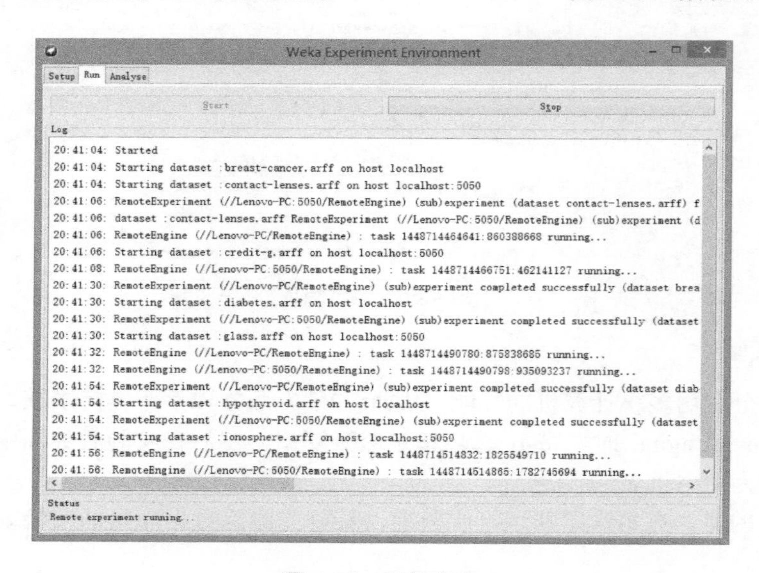

图 4.69　运行实验

下面按照上述方法，在第二台主机上设置不同数量的线程，比较多核使用多线程对性能的影响。由于只是双核四线程的酷睿 i5CPU，因此最多使用四个线程，将不使用分布实验作为对照，和前面实验一样使用 17 个数据集和 3 个分类算法，实验结果如表 4.1 所示。可见，使用多线程能大大提高运行效率，且在一定的线程数以内，随着线程数的增加，运行的时间越来越短。时间开销可能因计算机配置的不同而不同，但应该与上述结论相符。

表 4.1　多核实验开销

不使用分布实验	两个线程	三个线程	四个线程
4 分 11 秒	3 分 4 秒	2 分 16 秒	1 分 52 秒

注意： 重新做分布实验时，请不要删除 experiment_index 和 results0 表，因为笔者发现这会引发运行时刻错误，估计是软件 BUG。解决办法是，不要更改 experiment_index 表，仅仅将 results0 表的内容清空。经过多次实验，可以证明这种方式有效。

4.4 分析结果

完成实验设置后运行实验，之后就需要分析实验结果。单击 Analyse 标签切换至 Analyse 标签页，即可在 Analyse 标签页中完成实验结果的分析工作。

4.4.1 获取实验结果

刚切换到 Analyse 标签页时，由于实验者界面不知道从何处获取实验结果，因此大部分功能都不可用。实验者界面中提供三种方式获取实验结果，分别对应于 Analyse 标签页上部 Source 选项组中的三个按钮。第一种方式是从文件获取，单击 File 按钮可以打开在 Setup 标签页中由 Results Destination 选项组设置的实验结果保存文件；第二种方式是从数据库获取，单击 Database 按钮可以打开一个数据库连接参数的设置对话框，输入数据库 URL、用户名和密码连接数据库，从数据库中获取实验结果；第三种方式是直接从当前实验结果中获取，单击 Experiment 按钮就可以从刚才运行的实验中获取实验结果。

如图 4.70 所示即为从 4.2.3 节的“简单实验初步”示例中得到的 Analyse 标签页。Source 选项组中显示了可用的结果行的数量。由于本次实验使用 3 个方案、1 个数据集、运行 10 次十折交叉验证，因此共有 300 个结果行，显示“Got 300 results”。另外，Source 选项组下方是 Actions(动作)选项组，Analyse 标签页的左部是 Configure test(配置测试)选项组，左下部是 Result list(结果列表)选项组，右部是 Test output(测试输出)选项组。

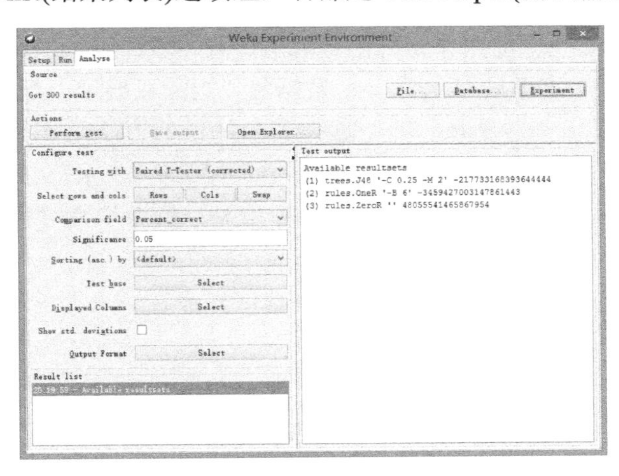

图 4.70　Analyse 标签页

4.4.2 动作

Actions 选项组中只包含三个按钮：Perform test(执行测试)、Save output(保存输出)和 Open Explorer(打开探索者)。这三个按钮要与其他选项组的设置一同使用。

完成配置测试(Configure test)之后，单击 Perform test 按钮执行测试。Save output 按钮的使用参见 4.4.4 节。Open Explorer 按钮用于打开探索者界面，借用探索者界面的功能来分析实验结果文件，这是 Weka 新版本新增的功能。

4.4.3 配置测试

Configure test 选项组中包含的配置项最多，最为复杂。

Testing with(测试方法)选项用于选择使用 Paired T-Tester(corrected)(配对校正 T 检验)还是 Paired T-Tester(标准 T 检验)来计算显著性(significance)。配对校正 T 检验是默认的检验方法，这是因为标准 T 检验可能产生过多的显著性差异。有关 T 检验的更多信息，请参考统计学入门教材。当显著性水平降低时，结论会增加置信度。

Select rows and cols(选择行和列)选项用于选择比较矩阵的行和列，有 Rows(行)、Cols(列)和 Swap(互换)三个按钮。行字段和列字段决定比较矩阵的维，单击 Rows 按钮和 Cols 按钮会弹出如图 4.71 所示的 Select items 对话框。图中是默认的选择，可选项就是实验进行测量的特征，也就是前文图 4.24 所示的电子表格的列标签。

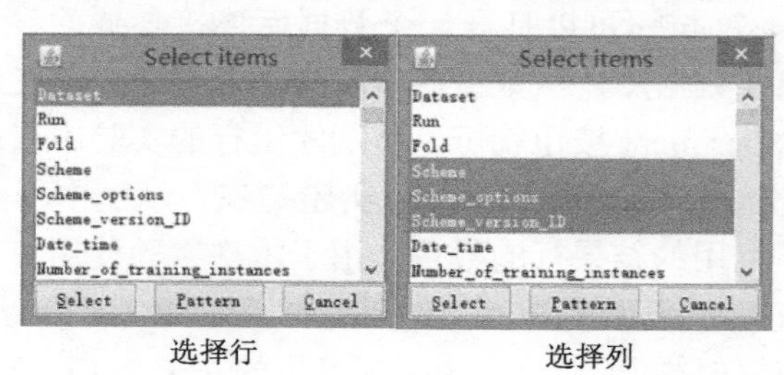

图 4.71 选择行和列

用户可以选择将哪些特征用作矩阵的行和列，图 4.71 所示的是默认用作行和列的特征。行选择了 Dataset，这里只有一个 iris 数据集，因此只显示一行；列选中了 Scheme、Scheme_options 和 Scheme_version_ID，选择多个特征的方法是在按住 Shift 键的同时单击。选择完成后，单击 Perform test 按钮可以看到结果。图 4.72 就是默认行列选择的结果，由于比较矩阵中的列标题显示不全，可以参考 Key 部分以查看完整的信息。

```
Dataset                         (1) trees.J4 | (2) rules (3) rules
------------------------------------------------------------------
iris                         (100)   94.73 |   92.53     33.33 *
------------------------------------------------------------------
                                  (v/ /*) |   (0/1/0)   (0/0/1)


Key:
(1) trees.J48 '-C 0.25 -M 2' -217733168393644444
(2) rules.OneR '-B 6' -3459427003147861443
(3) rules.ZeroR '' 48055541465867954
```

图 4.72 比较矩阵

选择好行和列之后，如果单击 Swap 按钮互换行和列，并再次单击 Perform test 按钮，矩阵将转置，结果如图 4.73 所示。现在矩阵有三行和一列，每一行对应一个算法，一列对应单个数据集。

相反，如果不互换行和列，只是单击 Rows 按钮，将行选择的 Dataset 更换为 Run，然后再次进行测试，其结果如图 4.74 所示。这里的 Run 是指交叉验证的运行，本例为 10 次运行，因此有 10 行。每个行标签后括号内的数字(图 4.73 中为 100，图 4.74 中为 10)对应于该行参与平均的结果数目。

```
Dataset                    (1) iris
----------------------------------------
trees.J48 '-C 0.25 -M 2' (100)    94.73 |
rules.OneR '-B 6' -345942(100)    92.53 |
rules.ZeroR '' 4805554146(100)    33.33 |
----------------------------------------
(v/ /*)                                 |


Key:
(1) iris
```

图 4.73　互换行列后的输出

```
Dataset                         (1) trees.J4 | (2) rules (3) rules
--------------------------------------------------------------------
1                               (10)   96.00 |   92.00     33.33 *
2                               (10)   94.00 |   93.33     33.33 *
3                               (10)   94.00 |   92.00     33.33 *
4                               (10)   95.33 |   92.67     33.33 *
5                               (10)   95.33 |   92.00     33.33 *
6                               (10)   95.33 |   93.33     33.33 *
7                               (10)   94.00 |   92.00     33.33 *
8                               (10)   94.00 |   92.67     33.33 *
9                               (10)   94.00 |   93.33     33.33 *
10                              (10)   95.33 |   92.00     33.33 *
--------------------------------------------------------------------
                                     (v/ /*) |  (0/10/0)   (0/0/10)


Key:
(1) trees.J48 '-C 0.25 -M 2' -217733168393644444
(2) rules.OneR '-B 6' -3459427003147861443
(3) rules.ZeroR '' 48055541465867954
```

图 4.74　行选择为 Run 的运行结果

Comparison field(比较字段)下拉列表框用于指定比较的指标，如 Percent_correct 指定正确率百分比，Number_correct 指定正确的实例数等。

Significance(显著性)文本框用于指定统计学显著性水平，默认值为 0.05。

Sorting (asc.) by(按升序排序)下拉列表框用于选择按照何种指标对结果行进行排序，默认为使用自然排序，按照用户在 Setup 标签页中输入数据集名称行的顺序进行显示。另外，结果行还可以根据比较字段指定的度量进行排序。

如果在实验中有多个学习方案，就应当选定一个基线学习方案作为比较的对象，其他方案都与基线学习方案进行比较，默认的基线学习方案为第一个方案。单击 Test base(测试基线)选项后面的 Select 按钮，可以在弹出的对话框中重新选择期望的基线学习方案，如图 4.75 所示。这里选择 OneR 作为基线方案，致使其他方案都与 OneR 方案进行单独的比较。除了学习方案外，还有其他两个选项：Summary(总结)和 Ranking(排名)。前者将每一个学习方案与其他所有方案进行比较，并打印出比较矩阵，其中包含一些数据集，以及哪一个方案显著优于其他方案的单元格。后者对方案进行排名，根据对一系列数据集进行测试的结果，用优于(>)和不如(<)来表示方案比较的结果，打印学习方案的名次表。输出的第一列给出优于的数量减去不如的数量，体现了学习方案的综合性能。

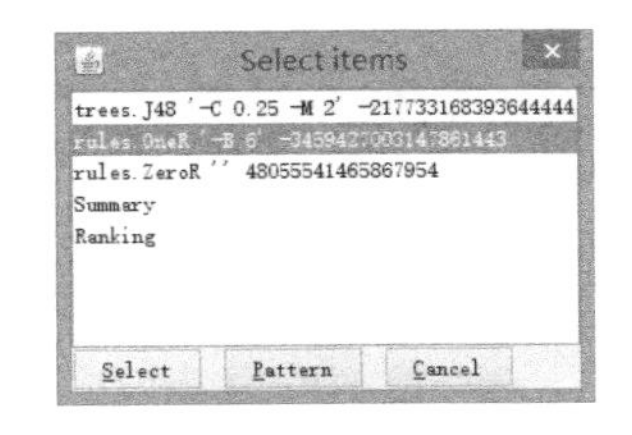

图 4.75　选择基线学习方案

如果将 OneR 作为基线方案，且比较字段为 Percent_correct，进行测试的结果如图 4.76 所示。运行结果中(v/ /*)所在列为 OneR，表明 OneR 为基线方案。结果显示，在 OneR 和

J48 的结果中不存在统计学显著性差异，然而，在 OneR 和 ZeroR 之间存在统计学显著性差异。

```
Dataset                   (2) rules.On | (1) trees (3) rules
------------------------------------------------------------
iris                    (100)    92.53 |   94.73     33.33 *
------------------------------------------------------------
                               (v/ /*) |  (0/1/0)   (0/0/1)


Key:
(1) trees.J48 '-C 0.25 -M 2' -217733168393644444
(2) rules.OneR '-B 6' -3459427003147861443
(3) rules.ZeroR '' 48055541465867954
```

图 4.76　测试结果

单击 Displayed Columns(显示列)选项后面的 Select 按钮，可以在弹出的对话框中选择测试输出中比较矩阵要显示的列，如图 4.77 所示。默认显示全部学习方案，但用户也可以选择只输出部分方案列。

选中 Show std. deviations(显示标准偏差)复选框时，可以产生待评估属性的标准偏差。

单击 Output Format(输出格式)选项后面的 Select 按钮，会弹出一个如图 4.78 所示的对话框，让用户设置 Mean Precision(均值精度)和 StdDev. Precision(标准偏差精度)，上述两种精度的默认值都为 2。用户还可以设置 Output Format(输出的格式)，支持的格式有 CSV、GNUPlot、HTML、LaTeX、Plain Text(默认)以及 Significance only。选中 Show Average(显示平均)复选框后，会在输出列表中追加一行，列出每列的平均值。选中 Remove filter classnames(删除过滤器类名)复选框，可以从正在处理的数据集中删除过滤器的名称和选项，要知道，Weka 有的过滤器名称可能非常长。

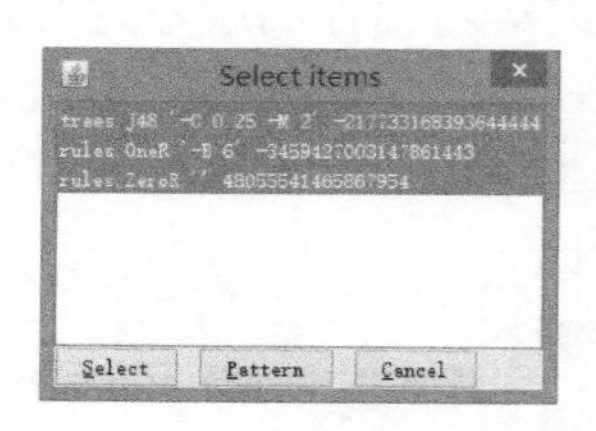

图 4.77　选择显示列

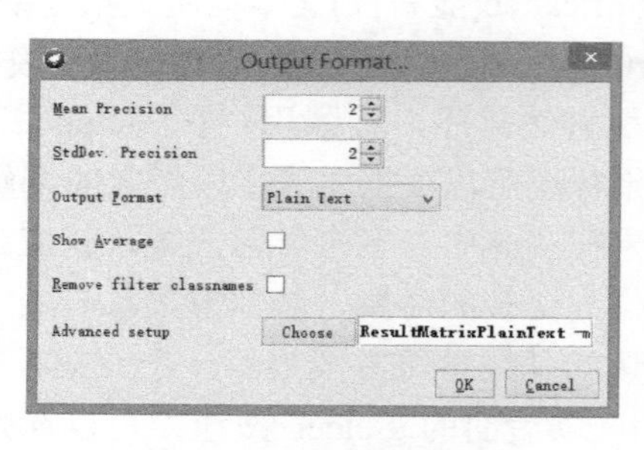

图 4.78　设置输出格式

在 Output Format 下拉列表框中选择一项后，Advanced setup(高级设置)选项后的文本框中的文字会相应变化。Advanced setup 选项可以让用户得到更多的控制，单击 Choose 按钮可以在六种结果矩阵中进行选择，如图 4.79 所示。选择完成后，单击 Choose 按钮后的文本框，会弹出一个编辑结果矩阵选项的通用对象编辑器，用于对选中的结果矩阵进行选项设置。这些选项都是一些输出的格式，诸如行列名称宽度(rowNameWidth 和

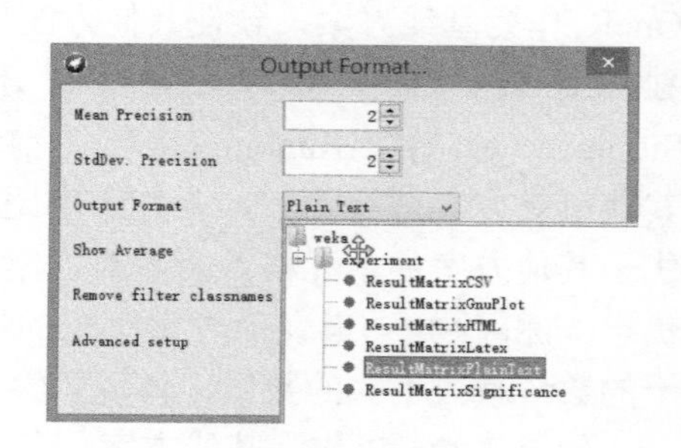

图 4.79　选择结果矩阵

colNameWidth)，以及是否列举列和行的名称(enumerateColNames 和 enumerateRowNames，即在列名称或行名称前添加索引前缀“(x)”，其中，x 为索引值)，等等。

最后，单击 Perform test 按钮启动测试。完成测试后，会在 Test output 选项组中输出测试结果，并在 Result list 选项组中添加一个条目。

4.4.4 保存结果

在 Test output(测试输出)选项组中显示的信息由 Result list(结果列表)选项组中当前的选择项所控制。在 Result List 选项组中单击不同条目，Test output 选项组中会显示对应于该条目的实验结果，如图 4.80 所示。

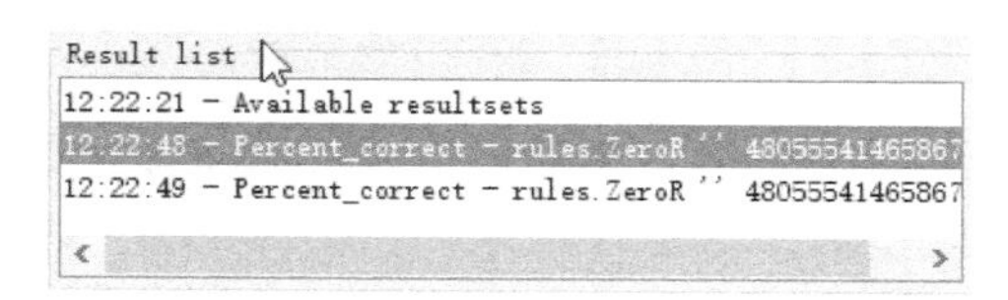

图 4.80 结果列表

单击 Save output 按钮，可以将在 Test output 选项组中显示的结果保存到文件中。如果指定的文件已经存在，Weka 会弹出如图 4.81 所示的对话框，询问用户如何处理冲突，并提供四种处理方式。其中，单击 Append(追加)按钮，不改变原来的文件信息，只是在原来文件的末尾添加新的一组结果；单击 Overwrite(改写)按钮，删除原来的文件信息，改写为新的一组结果；单击 Choose new name(选择新名称)按钮，不改变原来的文件，让用户另选一个文件；单击 Cancel(取消)按钮，取消保存操作。不管怎样，在同一段时间只可以保存一组结果，通过单击 Append 按钮而不是 Overwrite 按钮，用户可以将所有的结果保存到同一个文件中。

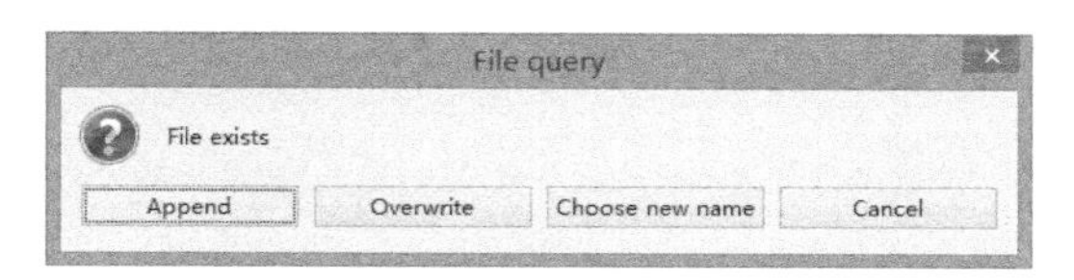

图 4.81 File query 对话框

4.4.5 手把手教你用

1. 分析初步

本示例分析 4.2.3 节中“简单实验初步”实验的结果。

首先，完成“简单实验初步”实验，然后切换至 Analyse 标签页，单击 Experiment 按钮获取当前实验结果，Source 选项组中显示“Got 300 results”(获取 300 条结果)，如图 4.82 所示。可以看到，结果列表中添加了一个条目，并且在测试输出区域显示了三条可用的结果集，这是在 Setup 标签页中选择的三个不同学习方案对 iris 数据集的训练结果，显示格式为方案名称、方案选项和方案版本号。

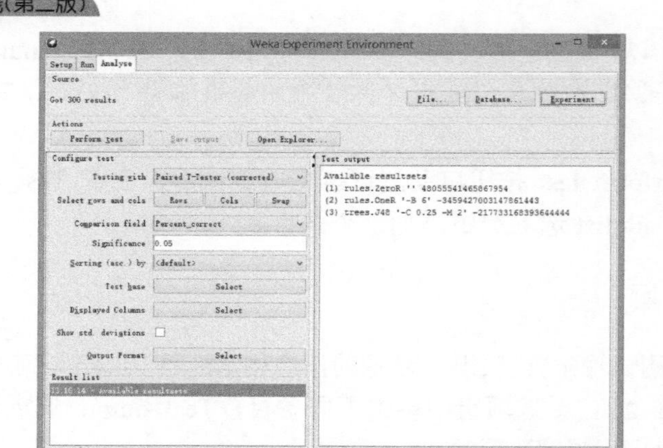

图 4.82 获取实验结果

现在，不改变任何默认测试配置，直接单击 Perform test 按钮。结果列表中会添加一个条目，并且在测试输出区域显示如图 4.83 所示的结果。可见，测试输出分为三个部分：第一部分是测试选项概要；第二部分是比较矩阵；第三部分是学习方案列表。

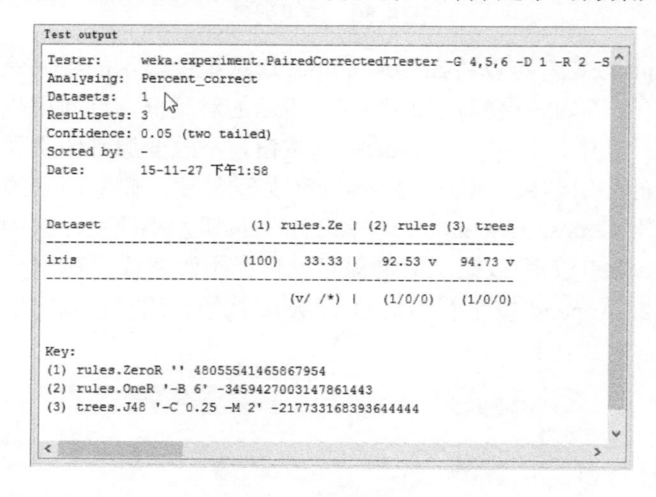

图 4.83 测试输出

下面分述这三个部分。

第一部分列出了测试选项概要。Tester 条目显示使用哪一个 T 检验方案，通过 Testing with 选项设置；Analysing 条目显示使用哪一个比较字段，通过 Comparison field 选项设置；Datasets 条目显示所使用的数据集个数，可在 Setup 标签页的 Datasets 选项组中设置；Resultsets 条目显示使用的学习方案数目；Confidence 条目显示统计显著性水平，通过 Significance 选项设置；Sorted by 条目显示排序指标(默认为自然排序)，通过 Sorting (asc.) by 选项设置；Date 条目显示测试日期及时间。

第二部分列出了比较矩阵。矩阵中，表头列出了当前比较的行和列，行为 Dataset，列为三个学习方案。每一个数据集作为一行，显示正确率百分比。由于本例只选择了一个数据集，因此只有一行。在这一行中，ZeroR 的正确率为 33.33%，OneR 的正确率为 92.53%，J48 的正确率为 94.73%。标记 v 和 * 表示特定结果的统计显著性水平比基线方案

(当前是 ZeroR)在指定显著性水平(目前为 0.05)上是更好(v)还是更坏(*)。OneR 和 J48 的统计结果优于 ZeroR 建立的基线。在每一列的底部显示(x/y/z)的形式，表明与实验中使用的数据集的基线方案相比，所在列的方案优于(x)、相同(y)或不如(z)的次数。本例中只有一个数据集，OneR 优于 ZeroR 一次，且与 ZeroR 比较，相同或不如的次数为 0，因此使用(1/0/0)表示；同样，J48 也比 ZeroR 更好，也使用(1/0/0)表示。第一列显示(v/ /*)，是为了提醒用户(x/y/z)的规则，x 对应 v(优于)，z 对应*(不如)。

数据集 iris 一行的开始部分有一个值(100)，表示当前测试的运行次数，十折交叉验证运行 10 次共为 100 次。

第三部分比较简单，只是显示当前的学习方案。Key 标题下的三个学习方案默认显示为三个部分：Scheme(方案名称)、Scheme_options(方案选项)和 Scheme_version_ID(方案版本 ID)。

现在，选中 Show std. deviations 复选框，然后单击 Perform test 按钮再次启动测试，测试输出区域显示如图 4.84 所示的结果。与图 4.83 相比，图 4.84 在单元格括号中显示了评估的标准偏差。

```
Dataset                  (1) rules.ZeroR '' | (2) rules.OneR  (3) trees.J48 '
-------------------------------------------------------------------------------
iris                   (100)   33.33(0.00) |   92.53(5.47) v   94.73(5.30) v
-------------------------------------------------------------------------------
                                   (v/ /*) |         (1/0/0)         (1/0/0)


Key:
(1) rules.ZeroR '' 48055541465867954
(2) rules.OneR '-B 6' -3459427003147861443
(3) trees.J48 '-C 0.25 -M 2' -217733168393644444
```

图 4.84 显示标准偏差

然后，单击 Comparison field 选项后面的下拉列表框，设置 Number_correct 为比较字段，并单击 Perform test 按钮，测试输出区域显示如图 4.85 所示的比较矩阵。以第一列为例，说明如何与 Percent_correct 相比较。我们已知 ZeroR 的正确率为 33.33%，而正确数量为 5.00。表面上看，这二者并没有直接的联系。但经过分析，实验类型是十折交叉验证，也就是将 iris 数据集里的 150 个实例分为 10 折，每折 15 个实例，这样，使用其中一折作为交叉验证的测试集，在 15 个实例中有 5 个实例预测正确，因此正确率为 33.33%，说明 Percent_correct 和 Number_correct 二者只是在显示的形式上不同，并没有实质差异。

```
Dataset                   (1) rules.Z | (2) rules (3) trees
------------------------------------------------------------
iris                    (100)    5.00 |  13.88 v   14.21 v
------------------------------------------------------------
                              (v/ /*) | (1/0/0)   (1/0/0)
```

图 4.85 将 Number_correct 作为比较字段的结果

2. 更改基线方案

本示例主要完成更改基线方案、总结测试和排名测试等实验。

首先切换至 Setup 标签页，在上一例的基础上添加 glass 数据集，其余选项均不变。在 Run 标签页重新运行实验，然后切换至 Analyse 标签页。单击 Experiment 按钮导入运行结果，再单击 Perform test 按钮对实验结果进行分析，测试结果如图 4.86 所示。可见，添加一个数据集只不过在测试结果比较矩阵中多列出一行，其他并没有什么变化。当然，我们可以多添加一些数据集，比较不同学习方案在不同数据集上的表现。

```
Dataset                   (1) rules.Ze | (2) rules (3) trees
------------------------------------------------------------
iris                     (100)   33.33 |   92.53 v   94.73 v
Glass                    (100)   35.51 |   57.40 v   67.63 v
------------------------------------------------------------
                               (v/ /*) |   (2/0/0)   (2/0/0)


Key:
(1) rules.ZeroR '' 48055541465867954
(2) rules.OneR '-B 6' -3459427003147861443
(3) trees.J48 '-C 0.25 -M 2' -217733168393644444
```

图 4.86　两个数据集的运行结果

下一步，更改基线方案。单击 Test base 选项后面的 Select 按钮，在弹出的对话框中选择 J48 为新的基线方案，如图 4.87 所示。然后单击 Select 按钮关闭对话框。

再次单击 Perform test 按钮对实验结果进行分析，更改基线方案后的比较矩阵如图 4.88 所示。可以看到，更改基线方案后，只是将基线作为其他方案比较的对象，将基线方案移到比较矩阵的第一列。本例中，ZeroR 两次都不及 J48 基线方案，OneR 有一次(在 iris 数据集上)和 J48 相当，一次(在 glass 数据集上)不如 J48。通过比较矩阵，容易得到不同的学习方案在多个不同数据集上的统计性能排名，从而了解学习方案的综合性能排名。当然，如果学习方案和数据集的数目很大时，通过人眼比较不同学习方案的综合性能有些困难，因此，Weka 提供了总结测试和排名测试，帮助用户较快地得出结论。

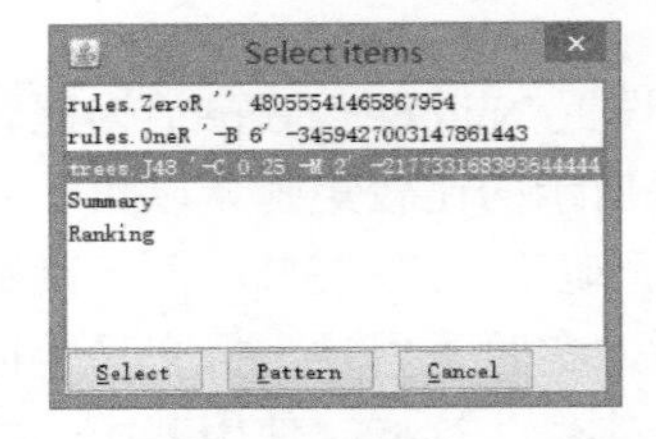

图 4.87　选择新的基线方案

```
Dataset                   (3) trees.J4 | (1) rules (2) rules
------------------------------------------------------------
iris                     (100)   94.73 |   33.33 *   92.53
Glass                    (100)   67.63 |   35.51 *   57.40 *
------------------------------------------------------------
                               (v/ /*) |   (0/0/2)   (0/1/1)
```

图 4.88　更改基线方案后的比较矩阵

下一步，基线方案改为 Summary，进行总结测试。重新测试后得到如图 4.89 所示的测试结果。在图 4.89 中，第一行(-2 2)表示 b 列(OneR)优于 a 行(ZeroR)两次，且 c 列(J48)也优于 a 行两次。主对角线上的单元格里全是“-”，因为行下标与列下标相同表示是同一个学习方案，没有比较的意义。括号中的数字表示该单元格所在列对应的方案与所在行对应的方案相比，在统计显著性上胜出的次数。0 表示单元格所在列对应的方案与所在行对应的方案相比，在统计显著性上没有得分。

```
    a      b      c  (No. of datasets where [col] >> [row])
    - 2 (2) 2 (2) | a = (1) rules.ZeroR '' 48055541465867954
0 (0)     - 2 (1) | b = (2) rules.OneR '-B 6' -3459427003147861443
0 (0) 0 (0)     - | c = (3) trees.J48 '-C 0.25 -M 2' -217733168393644444
```

图 4.89　总结测试结果

最后，将基线方案改为 Ranking，进行排名测试。重新测试后得到如图 4.90 所示的测

试结果。排名测试根据方案对其他方案的统计显著性，得到优于(>)和不如(<)的测试总数，这两个总数构成测试结果矩阵的第二列和第三列。第一列(> - <)是优于的数量减去不如的数量，该列用来产生排名。本例中，J48排名第一，OneR排名第二，ZeroR排名末位。

```
>-<   >   < Resultset
  3   3   0 trees.J48 '-C 0.25 -M 2' -217733168393644444
  1   2   1 rules.OneR '-B 6' -3459427003147861443
 -4   0   4 rules.ZeroR '' 48055541465867954
```

图 4.90 排名测试结果

课后强化练习

4.1 既然有了探索者和知识流界面，为什么还需要实验者界面？

4.2 简述简单实验设置的步骤。

4.3 与简单实验模式相比，实验者界面的高级实验模式增加了什么功能？

4.4 远程实验有什么用处？远程实验的难点是什么？

4.5 多核CPU是否线程数越多性能越好？

4.6 什么是基线方案？设置基线方案的目的是什么？

4.7 总结测试和排名测试有什么用处？各自有什么特点？

第5章 命令行界面

Weka 的图形用户交互界面十分丰富，有探索者界面、知识流界面和实验者界面。在这些交互界面的背后，隐藏着 Weka 的基本功能。这些功能可以直接通过命令行界面进行访问，用户通过输入命令，可以更好地、最大限度地使用 Weka 提供的功能。因为命令行提供一些图形用户界面不曾提供的功能，并且内存消耗更少。

5.1 命令行界面介绍

Weka 提供两种命令行界面：一种直接使用操作系统的命令行，如 Windows 的 cmd 窗口；另一种是 Weka 提供的 Simple CLI，或称为简单命令行。

在 Weka GUI 选择器窗口中，单击 Simple CLI 按钮，就能打开简单命令行界面，如图 5.1 所示。

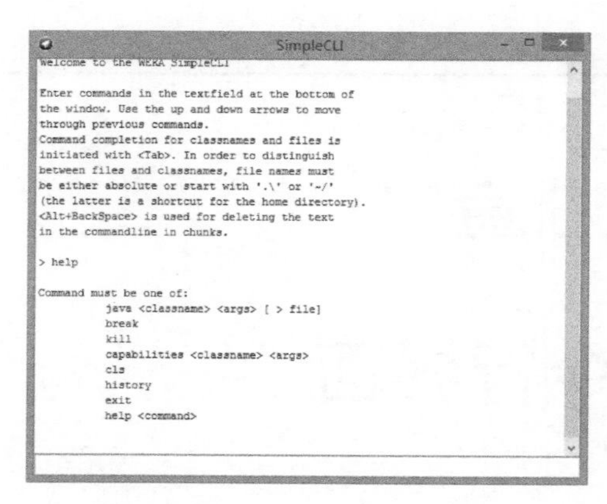

图 5.1　简单命令行界面

Weka 的简单命令行界面很简单。界面的主要部分是一个只读的多行文本框，用于显示命令执行的结果。界面底部是一个单行输入文本框，用于输入命令。和 DOS 命令行相似，在输入命令的单行文本框中，可以使用上下方向键来查找以前输入过的命令，可以在原来命令的基础上修改，或直接按 Enter 键再次执行命令。

为了区分文件和 Java 类，文件名必须以绝对路径或“.\”或“~/”开始，前者是 Weka 的安装目录，后者是用户目录(在 Windows 下一般为 C:\Users\用户名)的快捷方式。另外，Alt+Backspace 组合键用于在命令行中成块删除文本。

注意： Windows 系统一般使用反斜杠“\”作为路径分隔符，Unix 系统一般使用斜杠“/”作为路径分隔符，Weka 简单命令行同时支持这两种斜杠，甚至可以在同一个路径中混用。

Weka 简单命令行支持如下命令。

(1) java <classname> <args> [> file]：使用给定的参数(如果有的话)调用一个 Java 类，参数须在 args 位置指定，Java 类在 classname 位置指定，还可以用重定向操作符(>)将结果输出到指定文件。

(2) break：以友好的方式停止当前线程，例如，正在运行的分类器。如果没有在可接受的时间内响应，请使用 kill 命令。

(3) kill：以不友好的方式停止当前线程。只限于在 break 命令不起作用的场合下使用。

(4) capabilities <classname> <args>：列出指定类的功能。例如，列出带选项的分类器功能：

```
capabilities weka.classifiers.meta.Bagging -W weka.classifiers.trees.J48
```

(5) cls：清除输出区域。

(6) history：打印所有执行过的命令。

(7) exit：退出简单命令行界面。

(8) help <command>：如果不带命令名称作为参数，则显示可用命令的概要说明，如图 5.1 所示；否则，显示指定命令的更详细的帮助。

5.1.1 命令调用

为了调用 Weka 中的类，只需要在类的前面添加命令前缀 java。该命令告诉简单命令行界面加载一个 Java 类，并带给定的参数执行命令。例如，可以调用 J48 分类器对鸢尾花数据集进行分类，使用如下命令：

```
java weka.classifiers.trees.J48 -t c:/Weka-3-7/data/iris.arff
```

上述命令调用 Java 虚拟机，并指示虚拟机执行 J48 分类器对鸢尾花数据集分类。在简单命令行界面中已经加载了 Java 虚拟机，运行结果如图 5.2 所示。

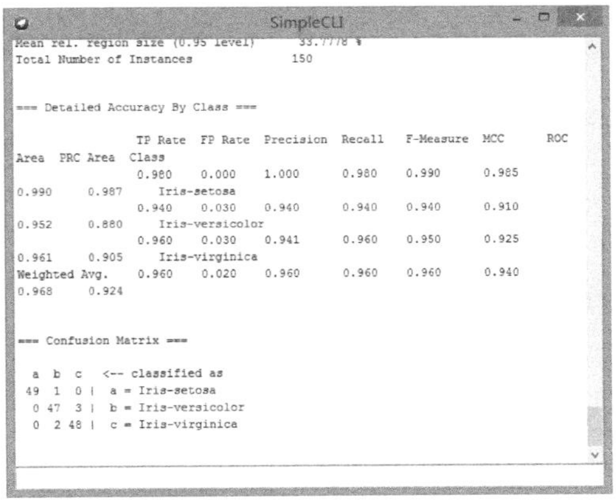

```
SimpleCLI
Mean rel. region size (0.95 level)       33.7778 %
Total Number of Instances              150


=== Detailed Accuracy By Class ===

                 TP Rate  FP Rate  Precision  Recall   F-Measure  MCC      ROC
Area  PRC Area  Class
                 0.980    0.000    1.000      0.980    0.990      0.985
0.990     0.987     Iris-setosa
                 0.940    0.030    0.940      0.940    0.940      0.910
0.952     0.880     Iris-versicolor
                 0.960    0.030    0.941      0.960    0.950      0.925
0.961     0.905     Iris-virginica
Weighted Avg.    0.960    0.020    0.960      0.960    0.960      0.940
0.968     0.924


=== Confusion Matrix ===

  a  b  c   <-- classified as
 49  1  0 |  a = Iris-setosa
  0 47  3 |  b = Iris-versicolor
  0  2 48 |  c = Iris-virginica
```

图 5.2　J48 运行结果

注意到 J48 前用句点“.”分割的英文单词，这是 Java 包的表示法。Weka 以类似于目录层次结构的形式来组织包，只不过采用句点“.”来替代目录层次的反斜杠“\”。例如，上面执行的程序称为 J48，位于 trees 包之下，而 trees 包又是 classifiers 包的子包，classifiers 包又是所有包的根 weka 包的子包。下一节将给出更详细的包结构。-t 选项指定下一个参数为训练文件的名称，这里假设的天气数据集位于 data 子目录下。

如果在命令后添加“> 文件名”，那么 Weka 会执行基本的重定向操作，也就是将输出文字保存到文件中。例如：

```
java weka.classifiers.trees.J48 -t c:/Weka-3-7/data/iris.arff > j48.txt
```

执行命令后，Weka 不再将命令结果显示在窗口中，仅显示完成重定向输出到文件的信息，如图 5.3 所示。在 Weka 的安装目录下，可以找到 j48.txt 文件，可以使用任意文本编辑器查看其内容。

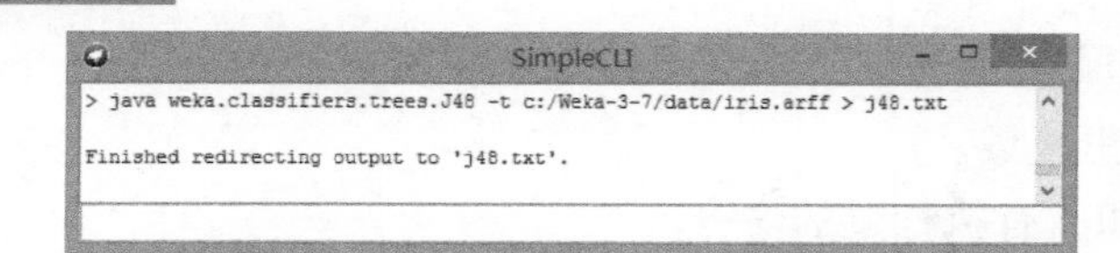

图 5.3　重定向的输出

注意： 在重定向符号“>”的前后都应该有一个空格符，否则 Weka 就不会认定是重定向，而认为是另一个参数的一部分。

5.1.2　命令自动完成

通过按 Tab 键，以 java 开始的命令能够支持类名和文件名的自动完成，这个功能节省了用户输入的时间，并减少了精确记忆复杂名称的烦琐工作。如果匹配类名和文件名不止一个，Weka 会列出所有可能的匹配。另外，使用 Alt+Backspace 组合键可以成批删除命令。

1. 包名的自动完成

假如输入如下命令：

```
java weka.cl
```

然后再按 Tab 键，简单命令行窗口会显示匹配两个包名，即 weka.classifiers 和 weka.clusterers，如图 5.4 所示。如果用户想选择分类器包，则可以在命令末尾再输入一个 a 字符，然后再按 Tab 键，这时用户会惊喜地发现 Weka 已经自动完成了剩余的输入。

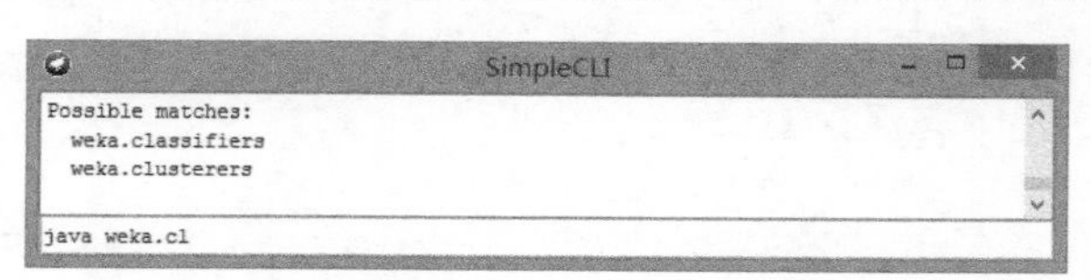

图 5.4　包名自动完成

2. 类名的自动完成

假如输入如下命令：

```
java weka.classifiers.meta.A
```

然后再按 Tab 键，简单命令行窗口会显示匹配三个类名，即 weka.classifiers.meta.AdaBoostM1、weka.classifiers.meta.AdditiveRegression 和 weka.classifiers.meta.AttributeSelectedClassifier，用户可按照前面讲述的方法完成输入。

3. 文件名的自动完成

为了让 Weka 能够确定当前光标下的字符串到底是类名还是文件名，文件名必须使用绝对路径或者以句点“.”开头的相对路径。例如，绝对路径的例子有：UNIX/Linux 使用/some/path/file，Windows 则使用 C:\some\path\file；相对路径的例子有：UNIX/Linux 使用./some/other/path/file，Windows 则使用.\some\other\path\file。

5.2 Weka 结构

前面章节已经介绍了如何使用探索者界面来调用过滤器和学习方案，以及使用知识流界面来将过滤器和学习方案等组件连接起来。为了深入研究 Weka，有必要探究 Weka 是怎样将这些组件组合在一起的。Weka 分发软件包中的包文档(package documentation)已经包含了详细的、最新的文档信息。比起在探索者和知识流界面的通用对象编辑器中单击 More 按钮得到的学习方案和过滤方案的描述，包文档信息的技术性要强很多。它是使用 Sun 的 Javadoc 工具根据源代码中的注释直接生成的。要想了解文档结构，有必要掌握 Java 程序的一些基础知识，而且这也能为后续章节的 Weka API 学习以及源代码分析打下基础。

5.2.1 类实例和包

每个 Java 程序都实现为一个类或类的集合。在面向对象编程中，一个类是变量的集合以及对它们进行操作的一些方法的集合，它们共同定义了属于某个类的对象的行为。对象就是实例化的类，该类的所有变量都已经赋值。在 Java 中，对象也称为类的实例。不幸的是，这与本书前文使用的术语有所冲突，类(class)和实例(instance)也出现在完全不同的机器学习领域的背景下。因此，有时需要从上下文推断出这些术语的本意。本书中，在 Java 背景下使用类和对象这两个术语，而在机器学习背景下则使用类别和实例这两个术语，以示区别。

在 Weka 中，类用于封装特定的学习算法的实现，它的一些功能可能依赖于其他类。例如，前文所述的 J48 类构建了 C4.5 决策树，Java 虚拟机每次执行 J48 时，都会为构建和存储决策树分类器分配内存以创建该类的实例。J48 类的实例化对象包括算法、所构建的分类器，以及输出分类器的程序。

通常将较大的程序分解为一个以上的类，以方便理解和实现，毕竟分解是将复杂问题简单化的重要方法。例如，J48 类实际上并不包含构建决策树的代码，它只是将完成大部分工作的其他类的实例的引用包括进来。由于 Weka 实现了很多机器学习算法，添加算法就意味着添加类。当 Weka 有很多类以后，这些类就变得很难理解和导航，这里的导航是指从一个类的文档说明跳转到另一个相关类的文档说明。Java 允许将类组织成包的形式，包的概念不难理解，它仅仅是一个包含相关类集合的目录，例如，前面提到的 trees 包就包含了实现决策树的所有类。按照对应的目录层次结构，将包组织为层次结构。例如，trees 包是 classifiers 包的一个子包，而 classifiers 包本身又是整体 weka 包的一个子包。

在 Weka 安装目录的 doc 子目录下，用户可在资源管理器下双击 index.html 文件，这样会启动 Web 浏览器并打开 API 文档，如图 5.5 所示。注意到页面顶部有两个超链接：Frames 和 No Frames。图 5.5 使用的是 Frames 风格，其中，左上部显示的是按字母顺序排列的所有 Weka 包的列表，左下部显示的是按字母顺序排列的所有 Weka 类的列表，单击某个类的名称则在页面的主要部分显示该类的 API 说明。使用 No Frames 风格则可以看到更为简洁的信息。

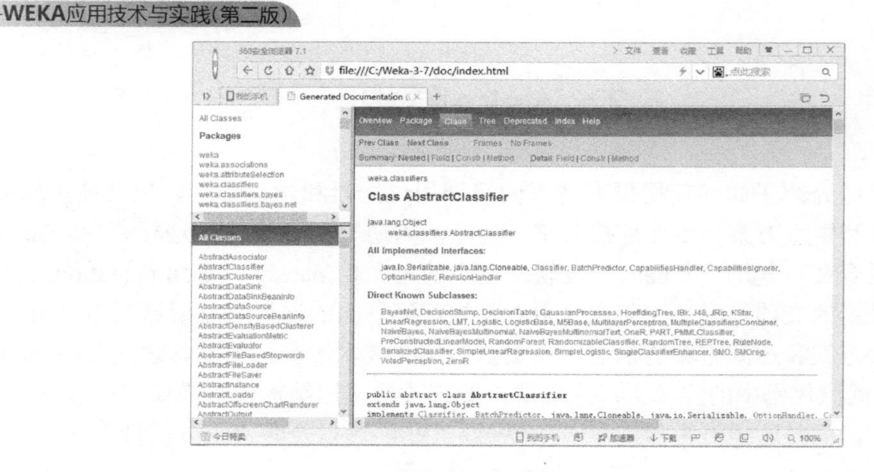

图 5.5　Weka API 文档

5.2.2　weka.core 包

core(核心)包是 Weka 系统的核心，几乎所有的其他类都访问核心包里的类。可以单击图 5.5 所示页面左上部的 weka.core 超链接以了解包内包含什么内容。如图 5.6 所示，页面左下部显示核心包内的对象，按功能将其分为 Interfaces(接口)、Classes(类)、Enums(枚举)、Exceptions(例外)和 Annotation Types(标注类型)五个部分。前两个部分比较重要，其中，Classes 部分列出了核心包里的类，Interfaces 部分则列出核心包提供的接口。接口与类相似，唯一的区别是接口本身基本不做任何工作，它仅仅列出一些没有真正实现的方法，只有这些接口的实现类才为这些方法提供实现代码。例如，OptionHandler 接口定义了处理命令行选项的各种方法，实现该接口的类(包括全部的分类器)必须提供这些方法的实现代码。

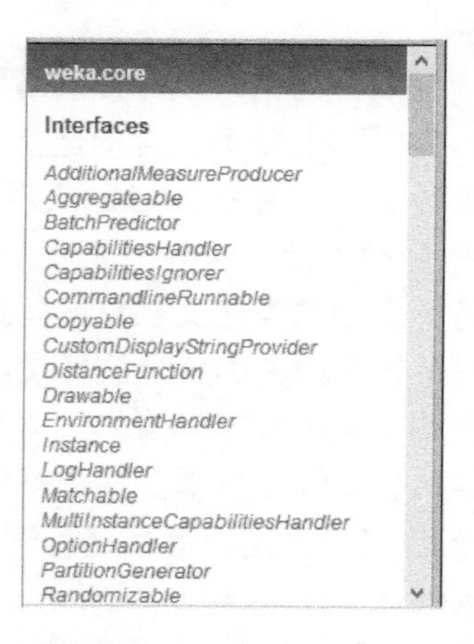

图 5.6　核心包内的对象

核心包中的关键类是 Attribute、Instance 和 Instances。Attribute 类的对象表示一个属性，包括属性的名称、属性的类型，如果是标称型或字符串型属性，则还应该包括可能的值。Instance 类的对象包含特定实例的属性值。Instances 类的对象包含有序的实例集合，即数据集。通过单击这些类所对应的超链接，可以了解这些类的更多有关信息。

5.2.3 weka.classifiers 包

classifiers 包中包含大部分分类算法和数值预测算法的实现。前文已经叙述过，Weka 将分类和回归都归为分类问题，因此数值预测算法也包含在分类器中，因为数值预测可以解释为对连续型类别值的预测。该包中最为重要的是 Classifier 接口，它定义了分类或数值预测方案的总体结构，其他的分类器都要实现该接口。Classifier 接口包含三个重要的方法：buildClassifier()、classifyInstance()和 distributionForInstance()。在面向对象编程的术语中，学习算法都是 Classifier 的子类，因此自动继承了这三种方法，并且每个学习方案重新定义如何建立一个分类器，以及如何对实例进行分类。这样，给出一个从其他 Java 代码来构建和使用分类器的统一接口。因此，相同的评估模块可以用于对 Weka 中任意分类器的性能进行评估。

现在看一个例子，单击 weka.classifiers.trees 包下的 DecisionStump 分类器，页面显示该分类器的说明。它用于构建一个简单的一级二元决策树，缺失值作为一个额外的值。也就是说，该决策树只有一个内部节点(根节点)，内部节点直接连接到两个叶节点。其文档页面如图 5.7 所示，在页面上部可以看到，该类的完全限定名称为 weka.classifiers.trees.DecisionStump。当用户需要构建一个决策树时，必须在命令行中使用这个相当长的名称。正如读者所见，长长的类名位于一个树形结构的末端，显示相关的类层次结构的一小部分，DecisionStump 是 weka.classifiers.AbstractClassifier 类的一个子类，后者本身又是 java.lang.Object 类的子类。在 Java 中，Object 类是最普遍的类，所有的类都自动继承 Object 类。

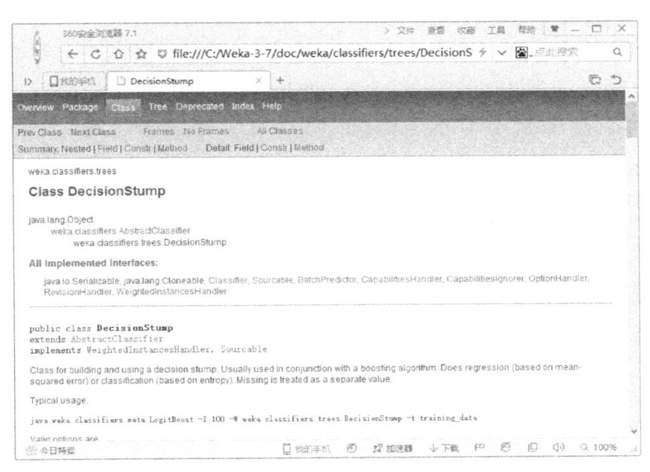

图 5.7 DecisionStump 决策树

页面中首先显示该类的一些通用信息，如简介、版本、作者等，然后给出该类的构造函数和方法的索引。构造函数是一种特殊的方法，在创建一个该类的对象时进行调用，通常在构造函数中初始化共同定义其状态的变量。方法的索引列出了每一个方法的名称、参数的类型以及其功能的简短描述。在这些索引之下，页面中更详细地说明了构造函数和方法。

DecisionStump 重写了 AbstractClassifier 类的 distributionForInstance() 方法和

classifyInstance()方法，后者用于对实例进行分类。此外，它还包含 getCapabilities()、getRevision()、globalInfo()、toString()、toSource()和 main()方法。其中，getCapabilities()方法由通用对象编辑器调用，以提供学习方案的能力信息。在调用构建分类器模型的 buildClassifier()方法时，会针对训练数据检查学习方案的能力，如果分类器所描述的能力与训练数据特性不匹配，则抛出一个错误。Classifier 类中就有 getCapabilities()方法，默认情况下，该方法启用所有功能，即没有任何限制。这使得 Weka 新程序员更容易入门，因为他们不需要在一开始就学习并分辨不同分类器的特定能力。getRevision()方法简单地返回分类器的版本号，weka.core 包有一个工具类将它打印到屏幕上。在用户报告问题时需要说明版本号，Weka 开发维护人员需要用它来诊断和调试问题。globalInfo()方法返回分类器的描述字符串，以及该分类器的选项，在通用对象编辑器对话框中单击 More 按钮时可显示这些信息。toString()方法返回分类器的文字表述，用于将其显示在屏幕上。toSource()方法用于获取训练过的分类器的源码表示。当从命令行请求决策树时，调用 main()方法。换句话说，每次输入如下语句开始的命令：

```
java weka.classifiers.trees.DecisionStump
```

main()方法就会执行，以测试本 Java 类是否可用。所有的学习方法和过滤算法都实现了 main()方法，如果类中存在 main()方法，就可以在命令行中运行。

5.2.4 其他包

其他一些包也值得一提，如 weka.associations、weka.clusterers、weka.datagenerators、weka.estimators、weka.filters 和 weka.attributeSelection。weka.associations 包中包含关联规则的学习器，将这些学习器放在单独的包中是因为关联规则与分类器存在本质的不同。weka.clusterers 包中包含无监督学习的方法。使用 weka.datagenerators 中的类可以产生人工数据。weka.estimators 包中包含一个通用的 Estimator 类，它计算不同类型的概率分布，其子类可用于朴素贝叶斯算法。在 weka.filters 包中，Filter 类定义了包含过滤算法的类的一般结构，这些都实现为 Filter 类的子类。过滤器可以像分类器一样用在命令行中。weka.attributeSelection 包中包含一些用于属性选择(属性评估、属性转换、排名、属性子集评估、属性子集搜索等)的接口和类。

5.3 命令行选项

在前面的例子中，在命令行中采用-t 选项指定学习方案所使用的训练文件名称。还有许多其他选项可以用于全部的学习方案，也有一些选项只适用于特定的学习方案。如果使用-h 或-help 选项调用学习方案，或者根本不带任何命令行选项，Weka 会显示可用的选项，首先是常规选项，然后是特定学习方案的选项。例如，在命令行界面，输入如下命令：

```
java weka.classifiers.trees.J48 -h
```

命令行窗口就会显示如图 5.8 所示的运行结果。其中，首先显示的是对所有的学习方案都适用的常规选项，然后是只适用于 J48 的特定选项。

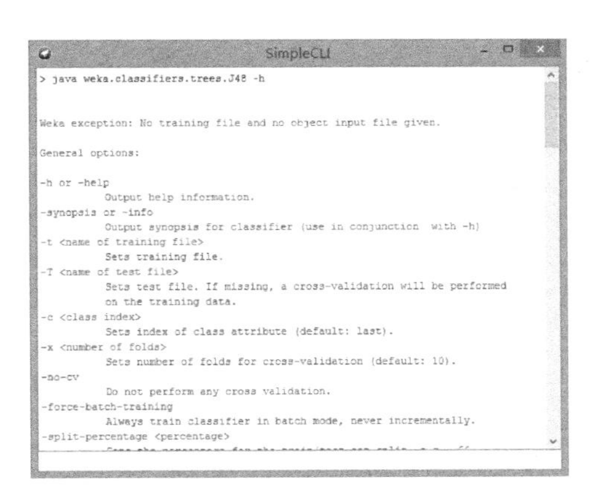

图 5.8 运行结果

为了更清楚地进行学习，下面分别对常规选项和特定选项进行解释。

5.3.1 常规选项

表 5.1 中的选项确定哪些数据用于训练及测试，如何评估分类器，以及显示什么样的统计数据。例如，当使用独立测试集来评估学习方案时，-T 选项用于提供测试文件的名称。默认情况下，类别属性是 ARFF 文件中的最后一个属性，但也可以声明另一个属性为类别属性，只需使用-c 选项，并在其后紧接期望属性的位置，1 代表第一个属性，2 代表第二个属性，依次类推。

表 5.1 Weka 学习方案的常规选项

选 项	功 能
-h 或-help	输出帮助信息
-synopsis 或-info	与-h 选项一起使用，输出分类器的简介
-t <训练文件名称>	设置训练文件
-T <测试文件名称>	设置测试文件。如果空缺，则用训练数据进行交叉验证
-c <类别索引>	设置类别属性索引，默认为“last”，即最后一个属性为类别属性
-x <折数>	设置交叉验证的折数，默认值为 10
-no-cv	不进行交叉验证
-force-batch-training	总是使用批处理模式训练分类器，不使用增量模式
-split-percentage <百分比>	设置训练/测试集分割的百分比，如 66
-preserve-order	保持按百分比分割的(实例)顺序
-s <随机数种子>	设置进行交叉验证或按百分比分割的随机数种子，默认值为 1
-m <代价矩阵文件名称>	设置代价矩阵文件
-disable <逗号分隔的评估度量名称列表>	以逗号分隔的不打印输出的度量名称列表。 可选度量：Correct、Incorrect、Kappa、Total cost、Average cost、KB relative、KB Information、Correlation、Complexity 0、Complexity scheme、Complexity improvement、MAE、RMSE、RAE、RRSE、Coverage、Region size、TP rate、FP rate、Precision、Recall、F-measure、MCC、ROC area、PRC area

续表

选　项	功　能
-l <输入文件名称>	设置模型的输入文件。当文件名以.xml 结尾时，加载 PMML 文件，如果加载失败，则从 XML 文件中加载选项
-d <输出文件名称>	设置模型的输出文件。当文件名以.xml 结尾时，仅将选项保存至 XML 文件，不保存模型
-v	不输出训练数据统计信息
-o	只输出统计信息，不输出分类器
-do-not-output-per-class-statistics	对每个类别不输出统计信息
-k	输出信息理论统计信息
-classifications "weka.classifiers. evaluation.output.prediction. AbstractOutput + 选项"	使用指定类产生类别输出。如 weka.classifiers.evaluation.output.prediction.PlainText
-p 范围	输出测试实例(或训练实例，如果不提供测试实例并且使用-no-cv 选项)的预测，以及在指定范围内的属性，其他不输出。 如果没有期望输出的属性，使用“-p 0”。 已弃用，请使用-classifications 代替
-distribution	仅用于标称型类别，与-p 选项连用，输出的是(类别)分布而非预测。 已弃用，请使用-classifications 代替
-r	只输出累积的边缘分布
-z <类名>	只输出分类器的源码表示，为它提供名称
-g	只输出分类器的图形表示
-xml 文件名| xml-字符串	不从命令行，而是从 XML 数据中检索选项
-threshold-file <文件>	要保存阈值数据的文件。格式用扩展名确定，如.arff 为 ARFF 格式，.csv 为 CSV 格式
-threshold-label <标签>	用于确定阈值数据的类别标签，默认为第一个标签
-no-predictions	为了节省内存而关闭预测集合

默认情况下，如果不提供测试文件，就会执行交叉验证，这时应首先将数据顺序进行随机置乱。如果要多次重复交叉验证，每次都要将数据以不同的方式重新随机置乱，-s 选项用于设置随机数种子，其默认值为 1。如果数据集很大，可能需要使用-x 选项来减少交叉验证的折数(其默认值为 10)，以减少运行时间。如果需要使用单独训练数据，-no-cv 选项可以用于阻止交叉验证；-v 选项阻止输出训练数据的性能统计信息。作为交叉验证的一种替代方法，可以使用-t 选项指定将数据分割为训练集和测试集，再使用-split-percentage 选项指定用作新训练集的百分比，而剩余的数据将作为测试集。当使用-split-percentage 选项指定训练集和测试集分割比例时，可以使用-preserve-order 选项阻止数据的随机化，即保持原有的数据顺序。

在探索者界面中，可以使用代价敏感的评估。在命令行界面中也可以获得同样的效

果，使用-m 选项以提供包含代价矩阵的文件名称。例如，下面是一个天气数据的代价矩阵：

```
2 2 %在矩阵中的行数和列数
0 10%如果实际类别为yes但预测为no，惩罚是10
1 0 %如果实际类别为no但预测为yes，惩罚是1
```

其中，第一行给出代价矩阵的行和列的数目，也就是说，类别取值的数目；下面给出惩罚矩阵；以“%”开始的文字为注释，可以附加到任何行的结尾。

也可以保存和加载模型。如果使用-d 选项提供输出文件的名称，Weka 保存由训练数据生成的分类器。为了使用相同的分类器来评估一批新的测试数据，可以使用-l 选项加载保存后的分类器，而不用重建。如果分类器支持增量更新，可以提供训练文件和输入文件，Weka 会加载分类器并使用给定的训练实例对它进行更新。可以使用-force-batch-training 选项强制使用批处理模式训练分类器，禁止使用增量模式。

如果只想评估一个学习方案的表现，可使用-o 选项以阻止输出方案模型。使用-do-not-output-per-class-statistics 选项禁止输出每个类别的统计信息。使用-k 选项来计算信息理论的学习方案产生的概率度量。

挖掘人员往往希望知道学习方案对某个测试实例具体预测的是哪一个类别值。-p 选项可用于打印每个测试实例的数量、类别值的索引和实际值、预测类别值的索引和预测值，如果错误分类了这个类别，则显示“+”号，并给出预测类别值的概率。可以通过使用-distribution 选项和-p 选项，输出对某个实例所预测的每个可能类别标签的概率。在这种情况下，将“*”放置在对应于预测类别值的分布的概率旁。-p 选项还输出每个实例的属性值，且必须紧跟所规定的范围(如 1-2)，如果不需要任何属性值则使用 0。也可以输出训练数据的累积边缘分布，它显示了边缘度量的分布。可以使用-no-predictions 选项关闭预测集合，这样可以节省内存开销。最后，还可以输出分类器的源码表示，并在分类器支持产生图形的条件下，以图形方式表示。

注意： 新版本的 Weka 已弃用-distribution 和-p 选项，将这两个选项作为-classifications 选项的参数。

使用-threshold-file 选项，可以将与 ROC 和查准率-查全率曲线等性能图表相关的数据发送到文件。-threshold-label 选项可以指定用于产生该数据的视为正例的类别标签。5.4 节将讨论如何在命令行上使用具体学习方案相关的特定选项，这些选项也可以从 XML 文件或使用-xml 选项的字符串进行设置。

5.3.2 特定选项

表 5.2 所示的是 J48 决策树的特定选项。用户可以强制使用不修剪树算法，而不是修剪树算法。也可以阻止子树提升，从而提高效率。可以设置修剪的置信度阈值，以及在叶节点允许的最少数量的实例这两个参数。就像 C4.5 的标准修剪程序，可以执行减少错误的修剪。-N 选项确定保留集合的大小，这是指将数据集平分为相同大小的部分，最后那部分保留，其默认值为 3。可以利用拉普拉斯技术平滑概率估计，在选择修剪集时设置对数据随机排序的随机数种子，并为将来的可视化保存实例信息。最后，使用-B 选项可对标称型属性建立二元分叉树，而不是多元分支分叉树。

表 5.2 weka.classifiers.trees.J48 的特定选项

选 项	功 能
-U	使用不修剪树
-O	不折叠树
-C <修剪置信度>	设置修剪的置信度阈值，默认值为 0.25
-M <实例的最小数量>	设置每个叶节点实例的最少数量，默认值为 2
-R	使用减少误差修剪
-N <折数>	设置减少误差修剪的折数，一折用作修剪集，默认值为 3
-B	只使用二元分割
-S	不执行子树提升
-L	不要清理已构建后的树
-A	拉普拉斯平滑预测概率
-J	不使用 MDL 校正数值属性的信息增益
-Q <种子>	随机置乱数据的种子，默认值为 1
-doNotMakeSplitPointActualValue	不要让分裂点成为实际值
-output-debug-info	如果设置，分类器运行在调试模式下，且可能输出额外信息到控制台
-do-not-check-capabilities	如果设置，在构建分类器之前不检查分类器的能力，请小心使用
-num-decimal-places	设置模型中输出数值的小数点后的位数，默认值为 2

5.4 过滤器和分类器选项

从前面章节知道，命令行最重要和难以掌握的就是选项，包括常规选项和特定选项。下面就以常用的过滤器和分类器为例，说明其用法。

5.4.1 过滤器选项

Weka 过滤器算法都以 Java 类的形式放置在 weka.filters 包中，这些类用于转换数据集，可能的转换操作包括删除或添加属性、对数据集进行二次抽样、删除样本等。weka.filters 包对数据预处理提供非常有用的支持，而数据预处理是机器学习的重要步骤。

全部过滤器都提供-i 选项以指定输入数据集，提供-o 选项以指定输出数据集。如果没有给定这些参数，Weka 将从标准输入读入，写到标准输出。每个过滤器都可以指定其他参数，如果不知道有什么具体参数，可以像其他 Java 类一样通过-h 选项得到帮助。weka.filters 包组织为有监督和无监督的过滤器，二者又再划分为实例过滤器和属性过滤器。下面说明这四种过滤器的选项。

1. 有监督过滤器

有监督过滤器类都位于 weka.filters.supervised 包下，有监督过滤器充分利用已知实例的类别信息进行学习。数据集的类别属性必须通过-c 选项指定，Weka 默认使用-c last 指定最后一个属性为类别属性。

1) weka.filters.supervised.attribute

Discretize 过滤器根据类别信息，将数值型属性离散化为标称型属性，主要用于只能处理标称型数据的学习方案，如 weka.classifiers.rules.Prism。离散化的另一个用途就是能减少学习时间。

如下命令离散化 iris.arff 数据集：

```
java weka.filters.supervised.attribute.Discretize -i data/iris.arff -o iris-
nom.arff -c last
```

如下命令离散化 cpu.with.vendor.arff 数据集，将第一行(CPU 厂商)作为类别属性：

```
java weka.filters.supervised.attribute.Discretize -i data/cpu.with.vendor.arff
-o cpu-classvendor-nom.arff -c first
```

NominalToBinary 过滤器将全部标称型属性编码为二元(二值)属性，它能将数据集转换为纯数值的表示，例如，通过多维缩放的可视化。

如下命令将 contact-lenses.arff 数据集的全部标称型属性转换为二元属性：

```
java weka.filters.supervised.attribute.NominalToBinary -i data/contact-
lenses.arff -o contact-lenses-bin.arff -c last
```

注意： Weka 中的大多数分类器都在内部使用了转换的过滤器，如 Logistic 和 SMO，因此用户通常不需要明确指定这些过滤器。但是，如果需要大量运行实验，预先实施过滤器也许能够提高运行效率。

2) weka.filters.supervised.instance

Resample 过滤器对给定数据集进行二次分层抽样，这意味着抽样样本近似地保留了整体的类别分布，可以通过-B 选项指定类别的均匀分布偏倚。

如下命令对 soybean.arff 数据集进行二次分层抽样，使用-c 选项指定最后一个属性为类别属性，使用-Z 选项指定输出数据集的大小为 5(默认值为 100)，该数值为输入数据集的百分比：

```
java weka.filters.supervised.instance.Resample -i data/soybean.arff -o
soybean-5%.arff -c last -Z 5
```

如下命令对 soybean.arff 数据集进行二次分层抽样，使用-c 选项指定最后一个属性为类别属性，使用-Z 选项指定输出数据集的大小为 5，使用-B 选项指定类别的均匀分布偏倚为 1：

```
java weka.filters.supervised.instance.Resample -i data/soybean.arff -o
soybean-uniform-5%.arff -c last -Z 5 -B 1
```

StratifiedRemoveFolds 过滤器对给定数据集创建分层交叉验证折。这意味着，默认情况下每个折都大致保持其类别分布。

如下命令将 soybean.arff 数据集分割为分层的训练集和测试集，后者占 25%(1/4)的数据。这里的-N 选项指定数据集分割的折数(默认值为 10)，-F 选项指定选择的折(默认值为 1)，-V 选项指定反转选择：

```
java weka.filters.supervised.instance.StratifiedRemoveFolds -i
data/soybean.arff -o soybean-train.arff -c last -N 4 -F 1 -V

java weka.filters.supervised.instance.StratifiedRemoveFolds -i
data/soybean.arff -o soybean-test.arff -c last -N 4 -F 1
```

2. 无监督过滤器

无监督过滤器类都位于 weka.filters.unsupervised 包下，无监督过滤器不能指定类别属性，如 Resample 过滤器的无分层版本。

1) weka.filters.unsupervised.attribute

StringToWordVector 过滤器将字符串型属性转换为单词向量，即为字符串内的每个单词创建一个属性，根据单词是否存在或单词计数(-C 选项)进行编码。-W 选项可以用于对单词数量设置一个近似的限制。当分配一个类别时，限制适用于每个单独的类别。该过滤器在文本挖掘领域非常有用。

如下命令使用 StringToWordVector 过滤器将 ReutersCorn-train.arff 数据集的字符串型属性转换为单词向量，使用-C 选项对单词的出现次数进行计数：

```
java weka.filters.unsupervised.attribute.StringToWordVector -C -i
data/ReutersCorn-train.arff -o ReutersCorn-train-preprocessed.arff
```

Obfuscate 过滤器对数据集名称、所有的属性名称和标称型属性值进行重命名，这是为了在交换敏感数据集时不会轻易暴露限制级的信息。

如下命令使用 Obfuscate 过滤器将 iris.arff 数据集加密，读者可使用任意文本编辑器打开 iris-secret.arff 数据集，验证是否已经无法看懂数据集的内容，但丝毫不影响数据挖掘：

```
java weka.filters.unsupervised.attribute.Obfuscate -i data/iris.arff -o iris-
secret.arff
```

Remove 过滤器从一个数据集中明确删除指定属性。

如下命令使用 Remove 过滤器删除 iris.arff 数据集中的属性。其中，第一条命令删除数据集中的第一、二个属性，第二条命令删除第三至最后的属性：

```
java weka.filters.unsupervised.attribute.Remove -R 1-2 -i data/iris.arff -o
iris-simplified.arff
java weka.filters.unsupervised.attribute.Remove -V -R 3-last -i data/iris.arff
-o iris-simplified.arff
```

2) weka.filters.unsupervised.instance

Resample 过滤器对给定数据集创建一个不分层的二次抽样，即不考虑类别信息的随机抽样，否则就等效于有监督二次抽样。

如下命令对 soybean.arff 数据集进行二次随机抽样，这里不使用-c 选项指定类别属性，使用-Z 选项指定输出数据集的大小为 5：

```
java weka.filters.unsupervised.instance.Resample -i data/soybean.arff -o
soybean-5%.arff -Z 5
```

RemoveFolds 过滤器对给定数据集创建交叉验证折。由于是无监督的，将不再维持原来的类别分布。

如下命令将 soybean.arff 数据集拆分为训练集和测试集，后者占 25%(1/4)的数据。这里的-N 选项指定数据集分割的折数(默认值为 10)，-F 选项指定选择的折(默认值为 1)，-V 选项指定反转选择(反选)：

```
java weka.filters.unsupervised.instance.RemoveFolds -i data/soybean.arff -o
soybean-train.arff -c last -N 4 -F 1 -V

java weka.filters.unsupervised.instance.RemoveFolds -i data/soybean.arff -o
soybean-test.arff -c last -N 4 -F 1
```

RemoveWithValues 过滤器根据属性值过滤实例。

如下命令对 soybean.arff 数据集的实例进行过滤。-V 选项反转选择；-C 选项选择要使用的属性，这里是最后一个属性；-L 选项指定在标称型属性中进行选择的标签索引范围。这里的最后一个属性的标签索引为 19 的标签为 herbicide-injury，由于使用了-V 选项反选，因此选择出来的结果为最后一个属性的标签不是 herbicide-injury 的全部实例：

```
java weka.filters.unsupervised.instance.RemoveWithValues -i data/soybean.arff
-o soybean-without_herbicide_injury.arff -V -C last -L 19
```

5.4.2 分类器选项

分类器是 Weka 的核心内容。分类器有很多常见的选项，其中大部分涉及评估，以下将专注于最为重要的选项。同样，包括分类器的特定选项在内的所有其他选项，都可以通过-h 选项获取帮助。

-t 选项指定 ARFF 格式的训练文件。

-T 选项指定 ARFF 格式的测试文件。如果不指定本选项，将执行交叉验证(默认为十折交叉验证)。

-x 选项指定交叉验证的折数。只有缺少-T 选项时，才会执行交叉验证。

-c 选项指定类别属性，属性索引以 1 为基。

-d 选项指定训练后模型的保存文件。每个分类器的模型具有不同的二进制格式，因此只能用完全相同的分类器在兼容的数据集上读回。只保存在训练集上的模型，不保存执行交叉验证产生的多个模型。

-l 选项载入先前保存的模型，通常用于测试新的、以前未见过的数据。在这种情况下，需要指定一个兼容的测试文件，即以相同的顺序排列的相同属性。

-p 选项在指定测试文件后才能使用，该参数显示所有的测试实例的预测类别，以及某个属性(0 表示没有)。

-i 选项显示更为详细的性能描述，包括查准率、查全率、真阳性率和假阳性率。所有这些值也可以从混淆矩阵中计算而得。该选项在 Weka 新版本中已弃用，默认显示详细的性能描述，如果不愿输出详细描述，请使用-do-not-output-per-class-statistics 选项。

-do-not-output-per-class-statistics 选项禁止输出每个类别的统计信息。

-o 选项关闭人类可读的模型描述信息的输出。在使用支持向量机或 NaiveBayes 的情况下，使用该选项，用户可以对大量的信息进行分析和可视化。

例如，如下命令使用 J48 决策树对 weather.nominal.arff 数据集进行分类，使用-t 选项指定训练文件：

```
java weka.classifiers.trees.J48 -t data/weather.nominal.arff
```

执行命令后的分类结果如图 5.9 所示。

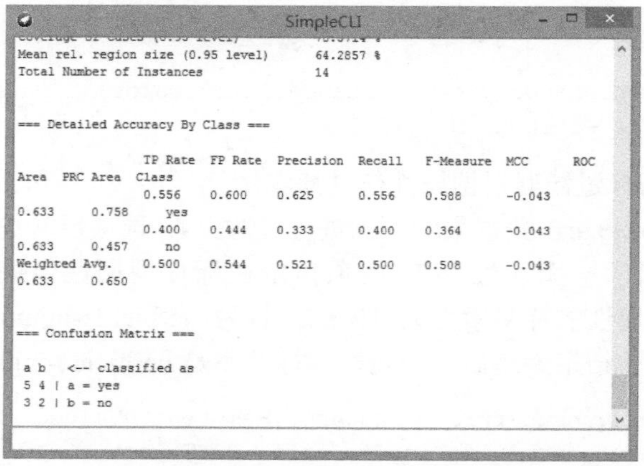

```
SimpleCLI
Mean rel. region size (0.95 level)      64.2857 %
Total Number of Instances               14


=== Detailed Accuracy By Class ===

                 TP Rate  FP Rate  Precision  Recall   F-Measure  MCC      ROC
Area   PRC Area  Class
                 0.556    0.600    0.625      0.556    0.588      -0.043
0.633     0.758    yes
                 0.400    0.444    0.333      0.400    0.364      -0.043
0.633     0.457    no
Weighted Avg.    0.500    0.544    0.521      0.500    0.508      -0.043
0.633     0.650


=== Confusion Matrix ===

 a b   <-- classified as
 5 4 | a = yes
 3 2 | b = no
```

图 5.9　分类结果

如果使用诸如 Stacking 或 ClassificationViaRegression 的元分类器，也就是分类器中的选项包含另一个分类器的格式，必须小心不要混用参数。例如，如下命令：

```
java weka.classifiers.meta.ClassificationViaRegression -W
weka.classifiers.functions.LinearRegression -S 1 -t data/iris.arff -x 2
```

其中，-W 选项指定基分类器的全名。但这里的选项-S 1 会抛出一个例外，-S 选项设置使用的属性选择方法，只对 LinearRegression 分类器有意义，但不能用于 ClassificationViaRegression 元分类器。遗憾的是，Weka 并不知道在这种情况下哪个选项该用在哪个分类器上。一种解决方案是，使用双引号明确指定分类器格式的全部参数，这样，原命令可更改为：

```
java weka.classifiers.meta.ClassificationViaRegression -W
"weka.classifiers.functions.LinearRegression -S 1" -t data/iris.arff -x 2
```

但是，这种方法取决于顶级的分类器如何实现选项处理，并不总是有效。对于 Stacking 元分类器，这种方法工作得非常好，而对于 ClassificationViaRegression 却不能工作。得到的错误信息是无法找到类“weka.classifiers.functions.LinearRegression -S 1”。幸运的是，还有另一种方法可用，所有在“--”之后的参数由第一个子分类器处理；另一个在“--”之后的参数由第二个子分类器处理，以此类推。

这样，原来的命令就更改为如下的正确形式：

```
java weka.classifiers.meta.ClassificationViaRegression -W
weka.classifiers.functions.LinearRegression -t data/iris.arff -x 2 -- -S 1
```

在某些情况下，需要将这两种方法混合起来。例如：

```
java weka.classifiers.meta.Stacking -B "weka.classifiers.lazy.IBk -K 10" -M
"weka.classifiers.meta.ClassificationViaRegression -W
weka.classifiers.functions.LinearRegression -- -S 1" -t data/iris.arff -x 2
```

注意： 虽然 ClassificationViaRegression 元分类器可以使用“--”参数，但 Stacking 元分类器却不能使用该参数。遗憾的是，在 Weka 中子分类器的格式选项处理尚未完全统一。唯一的好消息是，这里提到的两种方法，总有一种能够生效。

5.4.3 手把手教你用

1. 数据集实用工具

Weka 数据集一般使用 ARFF 格式，通过调用 weka.core.Instances 类的 main()函数，可以验证数据集文件，并得到数据集的基本统计信息。

具体方法是，在命令行窗口输入如下命令：

```
java weka.core.Instances data/weather.numeric.arff
```

简单命令行界面中会输出如图 5.10 所示的结果。输出分为两部分，第一部分是数据集的基本信息：关系名称(Relation Name)、实例数量(Num Instances)和属性数量(Num Attributes)。第二部分是数据集中属性的基本统计信息，包括：属性名称(Name)、类型(Type)、标称型占比(Nom)、整型占比(Int)、实型占比(Real)、缺失值数量及占比(Missing)、属性值取唯一值的数量及百分比(Unique)和属性取不同值的数量(Dist)。

weka.core 提供一些有用的例程，converters.CSVSaver 可以将 ARFF 格式或其他格式的数据集转换为 CSV 格式。

例如，如下命令可将 ARFF 格式的数据集转换为 CSV 格式的数据集：

```
java weka.core.converters.CSVSaver -i data/weather.numeric.arff -o data.csv
```

converters.CSVLoader 可以用来导入 CSV 格式的数据集。另外，使用重定向容易将其他格式的数据转换为 ARFF 格式的数据。

例如，如下命令可将 CSV 格式的数据集转换为 ARFF 格式的数据集：

```
java weka.core.converters.CSVLoader data.csv > data.arff
```

2. 使用 J48 决策树分类器

首先，打开简单命令行界面，在单行命令行文本框中输入如下命令：

```
java weka.classifiers.trees.J48 -h
```

查看 Weka 给出的帮助信息，如图 5.11 所示。

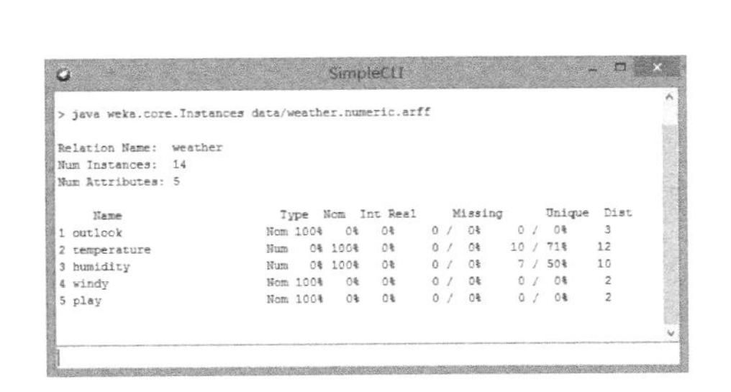

图 5.10 验证并输出数据集统计信息

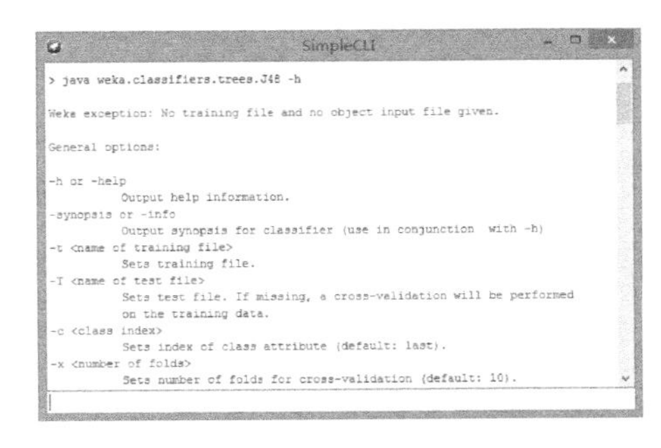

图 5.11 J48 帮助信息

然后，输入如下命令：

```
java weka.classifiers.trees.J48 -do-not-output-per-class-statistics -t
./data/iris.arff
```

查看 J48 分类器对鸢尾花数据集的分类准确度，如图 5.12 所示。

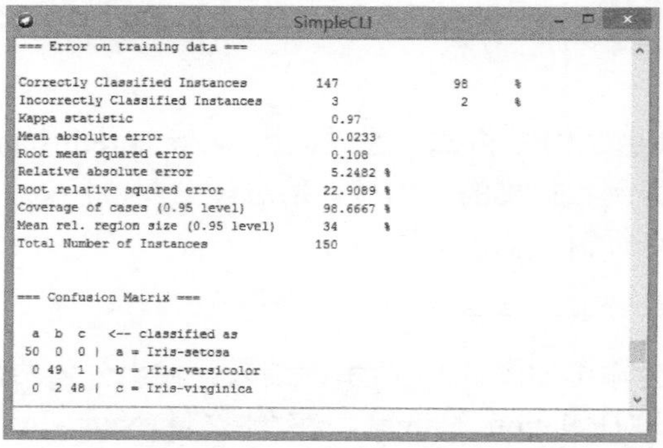

```
SimpleCLI
=== Error on training data ===

Correctly Classified Instances         147               98      %
Incorrectly Classified Instances         3                2      %
Kappa statistic                          0.97
Mean absolute error                      0.0233
Root mean squared error                  0.108
Relative absolute error                  5.2482 %
Root relative squared error             22.9089 %
Coverage of cases (0.95 level)          98.6667 %
Mean rel. region size (0.95 level)      34      %
Total Number of Instances              150


=== Confusion Matrix ===

  a  b  c   <-- classified as
 50  0  0 |  a = Iris-setosa
  0 49  1 |  b = Iris-versicolor
  0  2 48 |  c = Iris-virginica
```

图 5.12　鸢尾花数据集的分类准确度

注意： 这里的数据文件采用的是相对路径，读者要注意相对路径与绝对路径的区别，并使用绝对路径再试一次。另外，上述命令使用了 -do-not-output-per-class-statistics 选项，不使用该选项再试一次，确保已了解该选项的用途。

现在，输入如下命令：

```
java weka.classifiers.trees.J48 -split-percentage 66 -t ./data/iris.arff
```

这里使用-split-percentage 选项设置训练集/测试集分割的百分比，设置三分之二的数据用作训练集，剩下的三分之一的数据用作测试集，运行结果如图 5.13 所示。

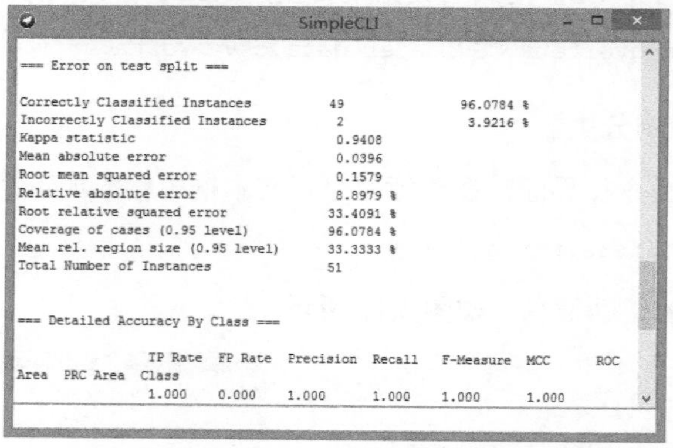

```
SimpleCLI

=== Error on test split ===

Correctly Classified Instances          49               96.0784 %
Incorrectly Classified Instances         2                3.9216 %
Kappa statistic                          0.9408
Mean absolute error                      0.0396
Root mean squared error                  0.1579
Relative absolute error                  8.8979 %
Root relative squared error             33.4091 %
Coverage of cases (0.95 level)          96.0784 %
Mean rel. region size (0.95 level)      33.3333 %
Total Number of Instances               51


=== Detailed Accuracy By Class ===

                 TP Rate  FP Rate  Precision  Recall   F-Measure  MCC      ROC
Area  PRC Area  Class
                 1.000    0.000    1.000      1.000    1.000      1.000
```

图 5.13　训练集/测试集分割运行结果

如果想修改修剪置信度参数和实例最小数量参数，可以使用-C 和-M 选项，例如：

```
java weka.classifiers.trees.J48 -C 0.2 -M 3 -split-percentage 66
-t ./data/iris.arff
```

运行结果如图 5.14 所示。

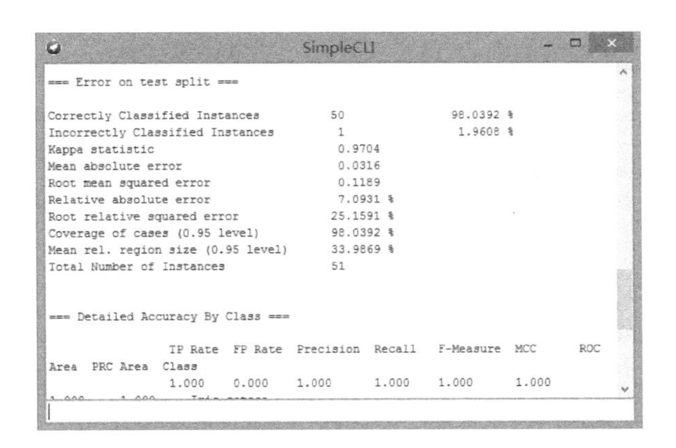

图 5.14 设置 J48 参数的运行结果

3. 保存训练好的分类器

本示例演示如何保存分类模型，并使用保存的模型对新实例进行分类。

本示例还是使用天气数据集，但分类器改用朴素贝叶斯分类器。

首先在 Weka 安装目录下新建一个 output 子目录备用，然后打开简单命令行界面，输入如下命令：

```
java weka.classifiers.bayes.NaiveBayes -d output/nv.model -t
data/weather.nominal.arff
```

该命令使用-d 选项指定将训练后的模型保存为 nv.model 文件。命令执行完毕后，可以使用资源管理器打开 output 子目录，查看目录下新建的模型文件。

在 output 子目录下，新建一个 weather.nominal.test.arff 文件作为测试集，编辑内容如下：

```
@relation weather.test

@attribute outlook {sunny, overcast, rainy}
@attribute temperature {hot, mild, cool}
@attribute humidity {high, normal}
@attribute windy {TRUE, FALSE}
@attribute play {yes, no}

@data
overcast,hot,normal,FALSE,yes
```

保存测试集文件。然后，在简单命令行界面中输入如下命令：

```
java weka.classifiers.bayes.NaiveBayes -l output/nv.model -p 0 -T
output/weather.nominal.test.arff
```

其中，-l 选项载入先前保存的模型；-T 选项指定测试文件；-p 选项显示所有的测试实例的预测类别，以及某个属性(0 表示没有)。

测试结果如图 5.15 所示。可见，预测结果为 yes，实际结果也为 yes，预测正确。

注意： 如果想知道-p 选项的用途，可将上述命令中的-p 0 改为-p 1-5，再试一次，看看有什么区别。

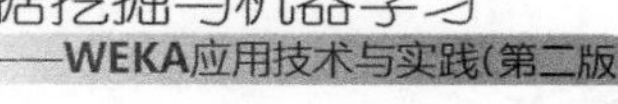

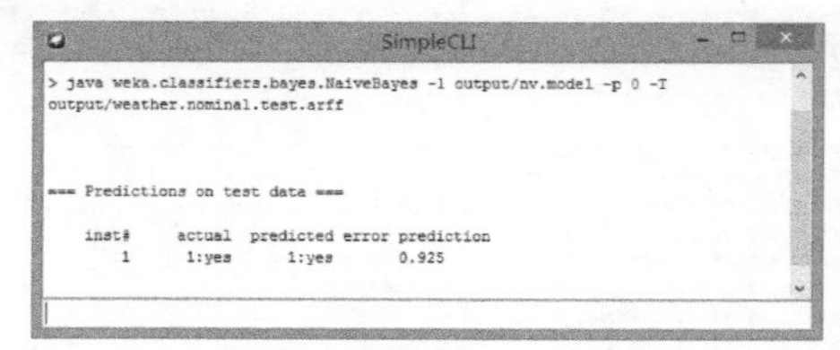

图 5.15 测试结果

常常使用-classifications 选项来指定产生分类输出的格式，一般使用 weka.classifiers.evaluation.output.prediction.PlainText 指定输出为文本格式，如果要使用 HTML 格式，请将 PlainText 换成 HTML。

输入如下命令：

```
java weka.classifiers.bayes.NaiveBayes -l output/nv.model -classifications weka.
classifiers.evaluation.output.prediction.HTML -T output/weather.nominal.test.arff
```

测试结果如图 5.16 所示。使用 HTML 格式输出的好处是容易在浏览器中进行观察，可以显示成表格等复杂的形式。

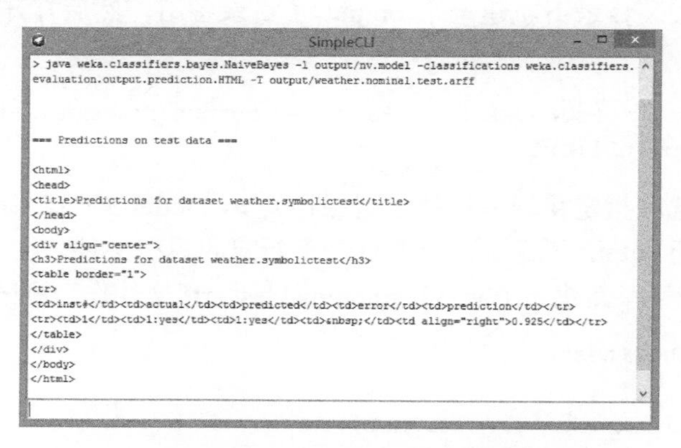

图 5.16 HTML 格式的测试结果

前文已经说过，新版本 Weka 已经弃用-p 选项，而使用-classifications 选项替代。考考聪明的读者，如何在-classifications 选项中使用-p 选项？

答案如下：

```
java weka.classifiers.bayes.NaiveBayes -l output/nv.model -classifications
"weka.classifiers.evaluation.output.prediction.PlainText -p 1-5" -T
output/weather.nominal.test.arff
```

4. 分析分类结果

本示例展示如何将数据集分割为训练集和测试集，然后用训练集对分类器进行训练，并将训练好的模型用于评估测试集。

首先，按照 5.4.1 节中“有监督过滤器”部分所述的方法，使用 StratifiedRemoveFolds 过滤器将 soybean.arff 数据集分割为分层的训练集和测试集。

在简单命令行界面中输入如下命令：

```
java weka.filters.supervised.instance.StratifiedRemoveFolds -i
data/soybean.arff -o output/soybean-train.arff -c last -N 4 -F 1 -V

java weka.filters.supervised.instance.StratifiedRemoveFolds -i
data/soybean.arff -o output/soybean-test.arff -c last -N 4 -F 1
```

命令执行完毕后，在 output 目录下应该产生 soybean-train.arff 和 soybean-test.arff 两个文件，前者为训练集，后者为测试集。

下面使用朴素贝叶斯分类器对训练集进行训练，将训练好的模型用来对测试集进行评估。命令如下，这里的-K 选项对数值型属性指定使用核密度评估器，而不是正态分布：

```
java weka.classifiers.bayes.NaiveBayes -K -t output/soybean-train.arff -T
output/soybean-test.arff -p 0
```

命令运行完毕后，Weka 简单命令行界面输出如下结果。第一列为实例序号(inst#)；第二列为实际值(actual)；第三列为预测值(predicted)；第四列为错误(error，如果预测错误则在该行显示“+”号)；第五列为预测(prediction)的置信度，预测类别的概率估计。

```
=== Predictions on test data ===

 inst#     actual  predicted error prediction
     1 1:diaporth 1:diaporth            1
     2 1:diaporth 1:diaporth            1
     3 1:diaporth 1:diaporth            1
     4 1:diaporth 1:diaporth            1
     5 1:diaporth 1:diaporth            1
     6 3:rhizocto 3:rhizocto            1
     7 3:rhizocto 3:rhizocto            1
     8 3:rhizocto 3:rhizocto            1
     9 3:rhizocto 3:rhizocto            1
    10 3:rhizocto 3:rhizocto            1
    11 4:phytopht 4:phytopht            1
    12 4:phytopht 4:phytopht            1
    13 4:phytopht 4:phytopht        0.984
    14 4:phytopht 4:phytopht        0.999
    ...
    33 8:brown-sp 13:phyllos    +   0.779
    ...
    40 8:brown-sp 14:alterna    +    0.64
    ...
    45 8:brown-sp 13:phyllos    +   0.894
    ...
    47 8:brown-sp 14:alterna    +   0.579
    ...
    74 14:alterna 8:brown-sp    +   0.494
    ...
   117 12:anthrac 3:rhizocto    +   0.568
   ...
   132 15:frog-ey 14:alterna    +   0.993
   ...
   135 15:frog-ey 16:diaport    +   0.896
```

```
136 15:frog-ey 8:brown-sp     +      0.734
...
138 15:frog-ey 14:alterna     +      0.663
...
140 15:frog-ey 14:alterna     +      0.868
...
170 18:2-4-d-i 1:diaporth     +      0.342
...
```

输出的结果分为前后两个部分，前一部分的预测置信度很高，说明模型对分类预测非常自信；后一部分都是出错的预测，总体来说预测置信度不高，也有一个实例(第 132 条)例外，其置信度很高(0.993)，但是预测错误。大多数出错的类别是 brown-sp 和 frog-ey，预测为其他类别。在实际应用中，可以设定一个阈值，如果预测置信度低于该阈值，就显示一些警示信息，提醒挖掘者本算法没有把握做出决策。

如果通过-p 选项选择一个属性范围，如-p first-last，所选中的属性会在括号中输出为以逗号分隔的值。然而，第一列的实例序号提供更安全的确定测试实例的方法。

5.5 包 管 理 器

到目前为止，使用“包”这个词大都是指 Java 组织类的概念。此外，Weka 中还有另一个包的概念，就是将不在主 weka.jar 文件中提供的附加功能捆绑在一起形成单独提供的包。一个包由各种 jar 文件、文档、元数据，以及可能的源代码组成。Weka 中有许多包可用，这些包以某些形式增添了学习方案以及扩展了核心系统的功能。许多包由 Weka 团队提供，其他包来自第三方。

Weka 自带包管理的功能以及在运行时动态加载包的机制。Weka 的包管理器分为命令行版本和 GUI 版本，其中命令行版本主要为没有命令行的 Mac 系统保留。GUI 版本的包管理器已经在第 1 章讲述过，下面讲述命令行版本的包管理器。

值得注意的是，Windows 下的简单命令行界面并不太支持包管理器[①]，因此最好使用包管理器的 GUI 版本。对于喜欢命令行的开发者，只能使用还能支持包管理器的 Windows 命令行窗口，因此如下的截图大都来自 Windows 命令行窗口。

5.5.1 命令行包管理器

假设 weka.jar 文件已经配置在 CLASSPATH 环境变量中，输入如下命令就可以访问包管理器：

```
java weka.core.WekaPackageManager
```

由于没有提供任何选项，Weka 显示如图 5.17 所示的用法信息。

包的信息(元数据)存储在托管 Sourceforge 的 Web 服务器上。对于新安装的 Weka，第一次运行包管理器时，会有一个短暂的延迟，那是因为系统要从服务器下载并存储元数据

① 参见 http://forums.pentaho.com/archive/index.php/t-90690.html。

到本地缓存中，缓存机制可以加快浏览包信息的过程。用户应该不时更新本地缓存的包元数据，以便从服务器上获取包的最新信息，这可以通过提供-refresh-cache 选项刷新缓存来实现。

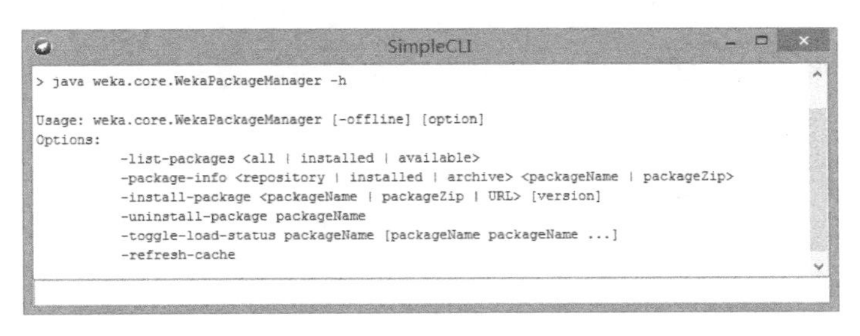

图 5.17 包管理器用法信息

-list-packages <all | installed | available>选项打印各种包的版本号和简短的描述信息。该选项必须后接下列三个关键字之一。

(1) all：打印系统所知的全部软件包的信息。

(2) installed：打印在本地安装的全部软件包的信息。

(3) available：打印没有安装的全部软件包的信息。

如下命令列出本地当前安装的全部包：

```
java weka.core.WekaPackageManager -list-packages installed
```

由于本机安装了 LibSVM 包，因此应该列出该包的版本号以及简要说明。运行后的结果如图 5.18 所示。

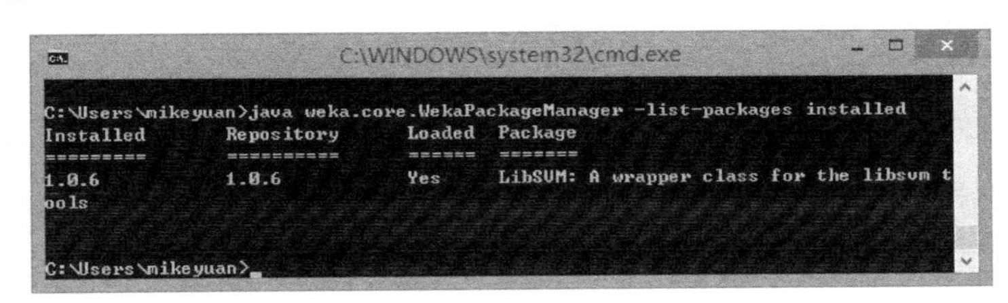

图 5.18 当前安装的包

-package-info <repository | installed | archive> packageName 选项给定包名称列出其信息。该命令后跟三个关键字之一，然后跟包名称。

(1) repository：从资源库中打印给定名称的包信息。

(2) installed：打印指定名称的包的安装版本信息。

(3) archive：打印存储在 zip 归档文件中的包信息。在这种情况下，archive 关键字后面必须紧跟包 zip 归档文件的带路径全名，而不能仅仅是包的名称。

如下命令从服务器列出 LibSVM 包的信息：

```
java weka.core.WekaPackageManager -package-info repository LibSVM
```

得到的信息如图 5.19 所示。

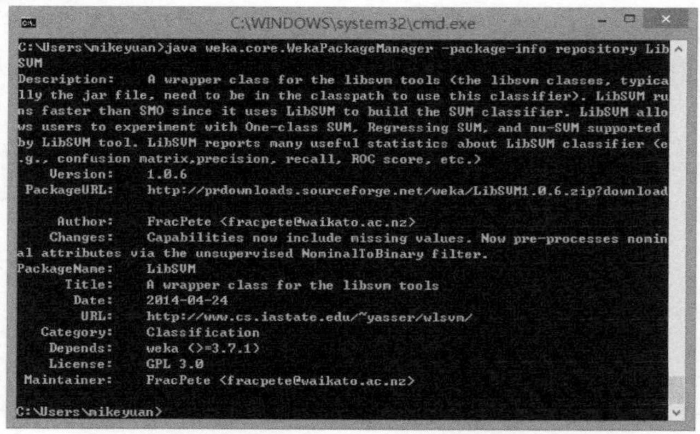

图 5.19　LibSVM 包的信息

-install-package <packageName | packageZip | URL> [version]选项允许某个包从如下三个位置之一进行安装。

(1) packageName：指定要安装的包名称，使用存储在服务器上描述包的元数据来安装包。如果没有给定版本号，则安装包的最新可用版本。

(2) packageZip：提供一个带全路径的 zip 文件，作为 Weka 包的归档文件，尝试解压并安装。

(3) URL：提供一个以 http://开头的 URL，以访问网络上的 zip 文件，作为 Weka 包的归档文件，下载并尝试安装。

-uninstall-package packageName 选项卸载给定名称的包。当然，给定名称的包必须已经安装，否则命令没有任何影响。

5.5.2　运行安装的算法

前文已经讲述了如何运行 Weka 的主要分发包(即包含在 weka.jar 文件中的包)中的学习算法。但使用包管理器安装的算法该如何运行呢？我们不希望每次运行一个特定的算法时，都要将若干 jar 文件添加到 CLASSPATH 中。幸运的是，也不需要这样麻烦。Weka 提供一种在运行时动态加载已安装包的机制，可以使用 Run 命令运行给定名称的算法，命令如下：

```
java weka.Run
```

如果未提供任何参数，Run 命令会输出如图 5.20 所示的用法信息。

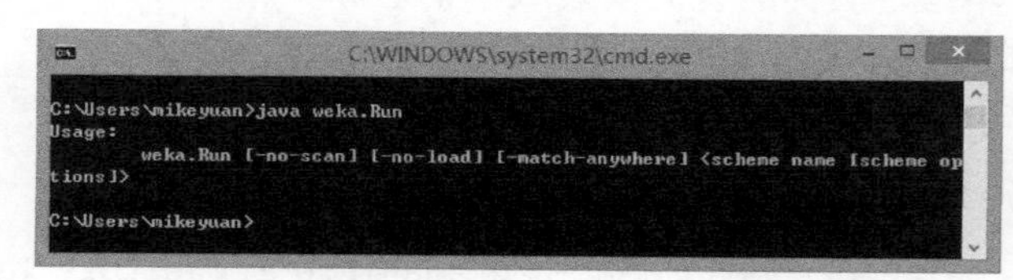

图 5.20　Run 用法信息

Run 命令支持子串匹配，因此可以使用如下命令运行某个分类器算法，这里以 J48 为例：

```
java weka.Run J48
```

如果所提供的方案名称能够匹配多个算法，Weka 会显示匹配列表[①]。例如：

```
java weka.Run NaiveBayes
```

会显示如图 5.21 所示的匹配列表，让用户选择到底想使用哪一个算法，或者直接按 Enter 键退出。

```
C:\Windows\system32\cmd.exe - java weka.Run NaiveBayes
C:\Users\cactus>java weka.Run NaiveBayes
Select a scheme to run, or <return> to exit:
        1) weka.classifiers.bayes.NaiveBayes
        2) weka.classifiers.bayes.NaiveBayesMultinomial
        3) weka.classifiers.bayes.NaiveBayesMultinomialText
        4) weka.classifiers.bayes.NaiveBayesMultinomialUpdateable
        5) weka.classifiers.bayes.NaiveBayesUpdateable

Enter a number > _
```

图 5.21　匹配列表

用户可以通过提供-no-scan 选项，关闭扫描包和子串匹配。这在批处理脚本中使用 Run 命令时非常有用。在这种情况下，需要指定所使用算法的完全限定名称。例如：

```
java weka.Run -no-scan weka.classifiers.bayes.NaiveBayes
```

为了减少启动时间，也可以通过指定-no-load 选项，关闭动态加载已安装包。在这种情况下，需要在-classpath 选项中明确包含打算使用的算法包。例如：

```
java -classpath C:/Weka-3-
7/weka.jar;%USERPROFILE%/wekafiles/packages/optics_dbScan/optics_dbScan.jar
weka.Run -no-load -no-scan weka.clusterers.DBScan
```

课后强化练习

5.1　请简要说明简单命令行界面与探索者、知识流界面的联系和区别。

5.2　请问在什么条件下，Weka 简单命令行会自动完成命令？

5.3　打开 Weka API 文档，查找并阅读 classifyInstance()方法和 distributionForInstance()方法的说明，这两个方法有何用途？

5.4　核心包中有哪几个重要的类？请尝试与关系数据库的概念进行类比。

5.5　对 contact-lenses.arff 数据集实施 NominalToBinary 过滤器，观察结果，说明该过滤器是如何进行转换的。

① Weka 3.7.13 版本的实际运行与 WEKA Manual 文档第 27 页叙述不符，以前的版本没有问题，估计是版本变更引起的 BUG。

第6章 Weka高级应用

本章介绍 Weka 的贝叶斯网络、神经网络、文本分类和时间序列分析及预测。其中，前两个学习方案有单独的图形用户界面，第三个学习方案涉及包括中文分词和使用 StringToWordVector 过滤器的预处理，最后一个学习方案需要定制安装包管理器并使用附加的标签页。这四方面的内容都有一定的难度和内容上的独立性，因此合为一章。

6.1 贝叶斯网络

贝叶斯网络是一种概率网络，是基于概率推理的图形化网络，而贝叶斯公式则是这个概率网络的基础。贝叶斯网络又称为信度网络(belief networks)，是贝叶斯方法的扩展，是目前不确定知识表达和推理领域最有效的理论模型之一。自 1988 年由 UCLA 的 Judea Pearl①教授提出后，已经成为近几年来研究的热点。贝叶斯网络采用一个 DAG (Directed Acyclic Graph，有向无环图)表示，由代表变量的节点和连接这些节点的有向边构成。节点代表随机变量，节点间的有向边代表了节点间的相互关系(由父节点指向其子节点)。可将从节点 A 指向节点 B 的有向边视为 A“导致”B，这可以用作构建图形结构的指导。此外，有向模型可以对确定性关系进行编码，更容易学习。贝叶斯网络适用于不确定性和概率性事件的表达和分析，可以从不完全、不精确或不确定的知识或信息中进行推理。

在图结构中，需要指定模型参数。对于有向图，必须对每一个节点指定 CPD(Conditional Probability Distribution，条件概率分布)。如果变量是离散型，可以采用表的形式表示，称为 CPT(Conditional Probability Table，条件概率表)，列出子节点与其父节点的每一种值的组合所对应的概率。有父节点的节点用条件概率表示关系强度，没有父节点的节点则使用先验概率。

6.1.1 简介

本节首先以一个简单的例子来说明什么是贝叶斯网络，然后再说明如何使用贝叶斯网络进行推理，最后介绍贝叶斯算法的 Weka 实现。

1. 经典的贝叶斯网络

图 6.1 所示为一个经典贝叶斯网络，已经为很多文献所引用。其中，四个节点 Cloudy(多云)、Sprinkler(洒水车)、Rain(下雨)和 WetGrass(草湿)存在一定的因果关联，如“多云”会导致“下雨”。为简化起见，全部节点都是二元的，即只有两个可能的值，采用 T(true)和 F(false)来表示。

容易得出，事件“草湿”(W=true)有两个可能的原因：要么是开洒水车(S=true)，要么是下雨(R=true)。其关系强度显示在 CPT 中，例如，在 WetGrass 节点的 CPT 第二行有 $P(W=\text{true} \mid S=\text{true}, R=\text{false})=0.9$，因此有 $P(W=\text{false} \mid S=\text{true}, R=\text{false})=1-0.9=0.1$，因为每一行的和必然为 1。因为节点 Cloudy 没有父节点，其 CPT 仅表示其先验概率。本例中多云的概率为 0.5，如果多云，就不大会开洒水车，下雨的概率也增大。

在贝叶斯网络中，最简单的条件独立关系可以表述如下：给定其父节点，子节点独立于其祖先节点，其中的祖先节点与父节点的关系由节点的固定拓扑顺序决定。

图 6.1 中，全部节点的联合概率遵从概率的链式法则，可表述为

$$P(C, S, R, W)=P(C) \times P(S|C) \times P(R|C,S) \times P(W|C,S,R)$$

① Judea Pearl 是美国国家工程院院士，也是 AAAI 和 IEEE 的资深会员，曾获 2011 年图灵奖。

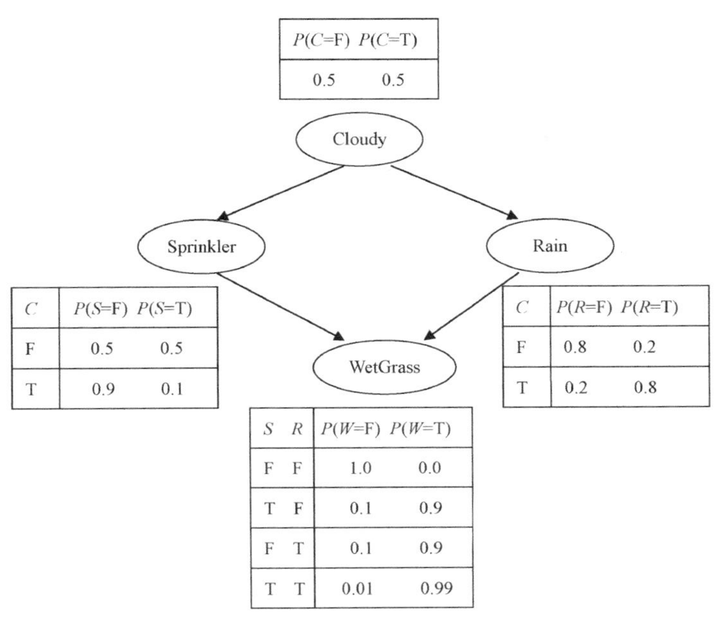

图 6.1　经典贝叶斯网络

使用条件独立关系，可以将上述公式重写为

$$P(C, S, R, W)=P(C) \times P(S|C) \times P(R|C) \times P(W|S,R)$$

可以看到，条件独立关系使得其能够更加紧凑地表示联合概率。尽管这里节省的开销很小，但在一般情况下，如果有 n 个二元节点，完整的联合概率需要 $O(2^n)$的空间，而分解形式只需要 $O(n \cdot 2^k)$的空间，这里的 k 为一个节点的最大扇入(fan-in)数。参数越少，运算的开销越少，学习越轻松。

本示例的网络结构和 CPT 都已经确定，因此只需要进行推理即可。但在大部分的情形下，很有可能既不知道网络结构，也不知道 CPT，这就需要进行学习。学习贝叶斯网络分为两个步骤：第一步，学习贝叶斯网络结构；第二步，学习概率表。由于贝叶斯网络涉及很多数学知识，而本书也不准备陷入大堆公式的沼泽中，因此只是从应用的角度对贝叶斯网络进行介绍。如果读者想要更多地学习贝叶斯网络的理论知识，请参见相关书籍。

2. 贝叶斯网络推理

贝叶斯推理的主要目标是，在给定观察节点的值的条件下，估计隐藏节点的值。如果是观察到贝叶斯模型的“叶”，并尝试推断导致这一结果的隐藏节点值，称为诊断(diagnosis)，或称为自底向上的推理。如果是观察到贝叶斯模型的“根”，并尝试预测其结果，称为预测，或称为自顶向下的推理。贝叶斯网络可以采用这两种方法。

例如，对于图 6.1 所示的网络，假如我们观察到“草湿”(W=true)这一事实，有两个可能的原因：要么是下雨，要么是洒水车。如果要问这两者哪个可能性更大？我们可以使用贝叶斯规则计算每一个原因的后验概率。贝叶斯规则规定：

$$P(X \mid y)=\frac{P(y \mid X)P(X)}{P(y)}$$

其中，X 为隐藏的节点；y 为所观察到的证据。按照标准的做法，用大写字母表示随机变量，用小写字母表示随机变量的取值。如果用语言来表示，这个公式变为：

$$后验概率=\frac{条件似然\times先验概率}{似然}$$

本例中，用 1 代表 true，用 0 代表 false。若

$$P(W=1)=\sum_{c,s,r}P(C=c,S=s,R=r,W=1)=0.6471$$

为归一化常数，等于数据的概率(似然)，则有

$$P(S=1|W=1)=\frac{P(S=1,W=1)}{P(W=1)}=\frac{\sum_{c,r}P(C=c,S=1,R=r,W=1)}{P(W=1)}$$

$$=\frac{0.2781}{0.6471}=0.4298$$

和

$$P(R=1|W=1)=\frac{P(R=1,W=1)}{P(W=1)}=\frac{\sum_{c,s}P(C=c,S=s,R=1,W=1)}{P(W=1)}$$

$$=\frac{0.4581}{0.6471}=0.7079$$

从上述两个公式的结果容易看到：草湿更有可能的原因是因为下雨，而不是因为洒水车。

一般情况下，使用贝叶斯规则计算后验概率估计的计算复杂度较高，好在 Weka 本身能够帮助我们完成这一工作。请读者记住这里得到的后验概率，后文将直接使用 Weka 的贝叶斯网络 GUI 来验证所得的结论。

3. 贝叶斯算法的 Weka 实现

Weka 实现的全部贝叶斯算法都假定数据集满足如下要求。

(1) 所有的变量都是离散的有限变量。如果数据集有连续变量，可以使用以下过滤器对其进行离散化：

```
weka.filters.unsupervised.attribute.Discretize
```

(2) 实例不能有缺失值。如果数据集有缺失值，请使用如下过滤器对其进行填充：

```
weka.filters.unsupervised.attribute.ReplaceMissingValues
```

buildClassifier()方法所执行的第一步就是检查数据集是否满足上述两个假设。如果不符合要求，会自动过滤数据集，并将警告写入标准错误输出(STDERR)。如果测试数据中有缺失值，但训练数据中没有，则使用 ReplaceMissingValues 过滤器根据训练数据填充测试数据。

Weka 实现的主要贝叶斯算法如下。

BayesNet 算法在满足标称型属性和没有缺失值两个条件下学习贝叶斯网络。有四类搜索算法可用于网络结构学习，详见 6.1.4 节；有四种不同的算法可用于估计网络的条件概率表，详见 6.1.5 节。其中，全局和局部评分度量可以使用 K2 或 TAN 算法，或者更为复杂的爬山法、模拟退火、禁忌搜索和遗传算法等。另外，可以使用 AD-trees 提高搜索速度。条件独立测试有两种学习网络结构的算法，还可以从 XML 文件中加载网络结构，称

为固定结构学习。BayesNet 的特色是支持网络结构的可视化，详见下节。

NaiveBayes 算法实现了朴素贝叶斯分类器算法，它假设属性之间相互独立。NaiveBayes 可以使用核密度估计器，能够在数值型属性不满足正态分布假设的情形下提高性能。它还能使用有监督的离散化过滤器来处理数值型属性。NaiveBayesMultinomial 算法构建并使用多项式朴素贝叶斯分类器类，它仅能处理连续数值类型的属性，以及标称型的类别属性。NaiveBayesMultinomialText 算法使用处理文本数据的多项式朴素贝叶斯分类器，它能直接处理字符串型属性，也能接受其他类型的输入属性，但在训练和分类时忽略这些属性。NaiveBayesMultinomialUpdateable 算法构建并使用多项式朴素贝叶斯分类器类。NaiveBayesUpdateable 算法使用估算器类的朴素贝叶斯分类器类，是 NaiveBayes 的可更新版本。

6.1.2　贝叶斯网络编辑器

贝叶斯网络编辑器是一个单独的应用程序，启动该编辑器的方式有两种。第一种方式是在 Weka GUI 选择器窗口中，选择 Tools | Bayes net editor 菜单项；第二种方式需要通过命令行进入 Weka 安装目录，在命令行中输入如下命令：

```
java -classpath weka.jar weka.classifiers.bayes.net.GUI
```

再按 Enter 键。启动后的贝叶斯网络编辑器如图 6.2 所示。

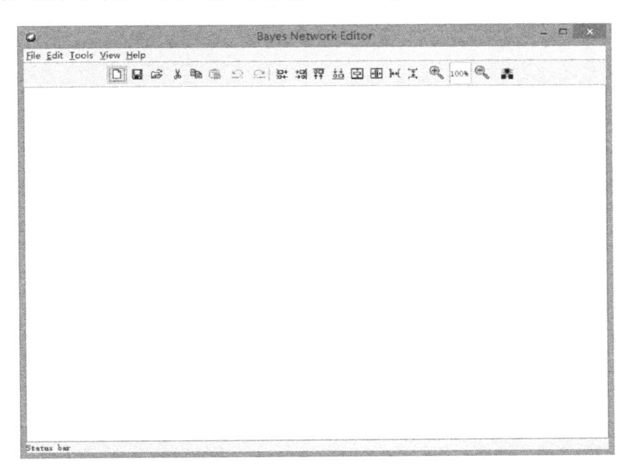

图 6.2　贝叶斯网络编辑器

1. 贝叶斯网络编辑器的特性

贝叶斯网络编辑器是一个单独的应用程序，具有如下特性。

(1) 完全用手工方式编辑贝叶斯网络，具有无限制的 undo/redo(撤销/重做)栈，支持剪切、复制和粘贴，也支持布局。

(2) 使用 Weka 学习算法，从数据中学习贝叶斯网络。

(3) 使用 Weka 学习算法，手工编辑结构并学习条件概率表(CPT)参数。

(4) 由贝叶斯网络生成数据集。

(5) 以交互方式改变节点值，使用联合树(Junction Tree，JT)算法通过网络进行证据推理。

(6) 在联合树中查看团(Cliques)。

(7) 为多数常见操作提供快捷键支持。

2. 基本编辑方法

1) 移动节点

单击节点并拖动节点到所希望的位置。

2) 选择一组节点

在图形面板中拖动鼠标，可以看到形成一个矩形，释放鼠标左键时，会选中矩形框内的所有节点。判断节点是否选中的方法是，选中的节点四周有黑色小方块。

可将上述拖动鼠标形成矩形框的方法称为画矩形框，这种方法可以和 Shift 键或 Ctrl 键联用，以扩展选择范围。例如，可以通过按住 Shift 键并画矩形框的方式来选择另一组节点，这样可以扩展选择的范围。可以通过按住 Ctrl 键并画矩形框的方式来切换是否选中节点，此时矩形框中所有的选中节点由选中切换为没有选中，而没有选中的节点切换为选中。

Shift 键或 Ctrl 键也可以和单击节点联用，以选择或反选多个节点。

可以通过按住鼠标左键并将一组选定的节点拖动到所希望的位置上，来实现成组节点的移动。

3. 菜单、工具栏、状态栏

1) File(文件)菜单

如图 6.3 所示，File 菜单中包含的菜单项有 New(新建)、Load(加载)、Save(保存)、Save As(另存为)、Print(打印)、Export(导出)和 Exit(退出)，这些菜单项的功能显而易见，不用多说。贝叶斯网络编辑器使用的图形文件格式是 XML BIF(Bayesian Network Interchange Format，贝叶斯网络可交换格式)。

贝叶斯网络编辑器支持加载(Load)如下两种文件格式。

(1) XML BIF 文件格式。贝叶斯网络可以通过文件中的信息进行重建。由于不会存储节点宽度信息，因此节点以默认宽度显示。通过选择 Tools | Layout 菜单命令对图重新布局，可以改变节点宽度。

(2) Weka ARFF 数据文件格式。当选择 ARFF 文件时，会创建一个新的空的贝叶斯网络，其节点为每个 ARFF 文件中的属性。可以使用 weka.filters.supervised.attribute.Discretize 过滤器对连续变量离散化，还可以指定网络结构，并且通过选择 Tools | Learn CPT 菜单项来学习 CPT。

Export(导出)菜单项可用于将图形面板中的图形写到图像文件中，目前支持 BMP、JPG、PNG 和 EPS 格式。在图形面板中，在按住 Alt 键和 Shift 键的同时单击，也可以实现本操作。

2) Edit(编辑)菜单

Edit 菜单如图 6.4 所示。

Weka 支持无限制的 undo/redo(撤销/重做)操作。贝叶斯网络的大多数编辑操作都是可以撤销的，唯一例外的是学习网络和学习 CPT，这两个操作不可撤销。

Weka 支持 Cut/Copy/Paste(剪切/复制/粘贴)操作。当选择一组节点后，可以通过剪切或复制操作将其放置在剪贴板里，再通过粘贴操作添加节点。这里的剪贴板仅供内部使用，所以无法与其他应用程序进行交互。新节点的名称为原来节点名称前加上 Copy of 字符串，如果有必要，还会加上编号以确保名称的唯一性。除复制节点外，还复制节点间的连接关系，但只复制与父节点的连接，而不复制与子节点的连接。

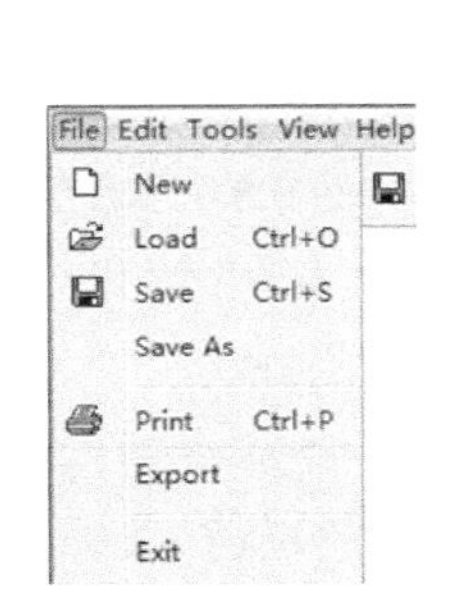

图 6.3 File 菜单

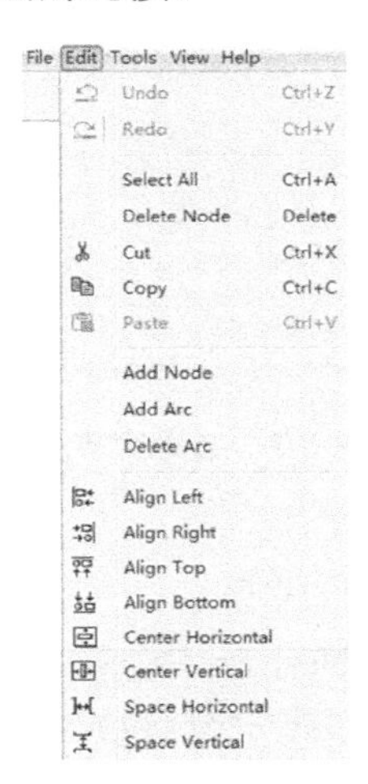

图 6.4 Edit 菜单

选择 Add Node(添加节点)菜单项，将显示 Add node 对话框，允许指定新节点的名称，以及新节点的重数(Cardinality)，重数指该节点有多少个值，如图 6.5 所示。节点的值赋予名称 Value1、Value2 等，这些值可以重命名，方法是在图形面板中右击该节点并选择 Rename Value(重命名值)菜单项。另一种添加节点的方法是复制并粘贴那些节点值已经正确命名的节点并重新命名。

选择 Add Arc(添加连线)菜单项，会弹出 Nodes 对话框，要求先选择一个子节点，如图 6.6 所示。

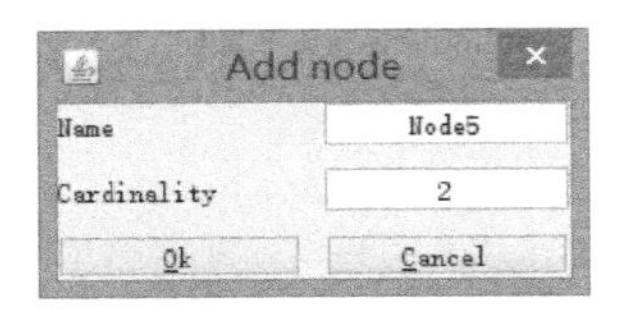

图 6.5 Add node 对话框

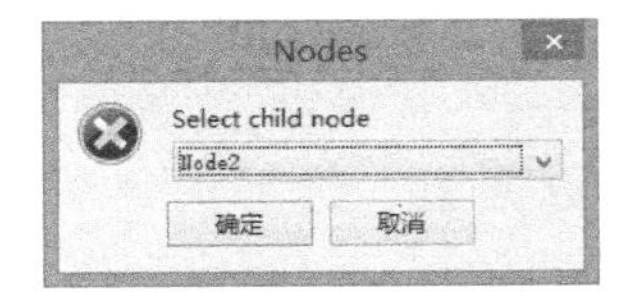

图 6.6 选择子节点

当选择好子节点之后，单击“确定”按钮，Weka 会要求再选择一个父节点，如图 6.7 所示。选择父节点的下拉列表框中不列出子节点的后代节点、子节点的父节点以及子节点本身，因为这样将导致形成一个环(记住贝叶斯网络只是有向无环图)，或者在网络中已有一条连线的情况下再添一条多余的连线，所以这些节点不能选定作为父节点。

选择 Delete Arc(删除连线)菜单项，会弹出 Arcs 对话框，下拉列表框中显示可以删除的所有连线，如图 6.8 所示。

只有当一组中至少选中两个节点时，Edit 菜单底部的八个菜单项才会激活。

(1) Align Left/Right/Top/Bottom(向左/右/上/下对齐)菜单项：移动选中的节点，使得所有节点分别向左、向右、向上或向下进行对齐。

(2) Center Horizontal/Vertical(向水平/垂直中线对齐)菜单项：移动选中的节点到最左边和最右边形成的中线上，或到最上边和最下边形成的中线上。

(3) Space Horizontal/Vertical(水平/垂直间隔均匀)菜单项：使选中的节点从最左边到最右边(或从最上边到最下边)间隔均匀地分布。选择节点的顺序影响节点最终移动到的位置。

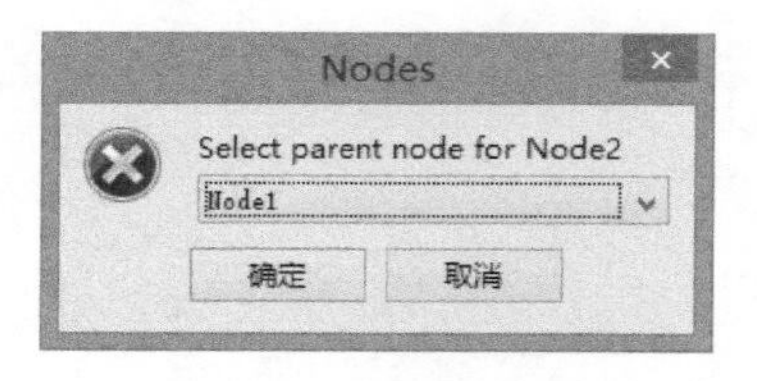

图 6.7　选择父节点

图 6.8　删除连线

3) Tools(工具)菜单

Tools 菜单如图 6.9 所示。

选择 Generate Network(生成网络)菜单项，可以产生一个完全随机的贝叶斯网络。它会弹出一个对话框，以指定节点数目(Nr of nods)、连线数目(Nr of arcs)、重数(Cardinality)以及生成网络的随机种子(Random seed)，如图 6.10 所示。

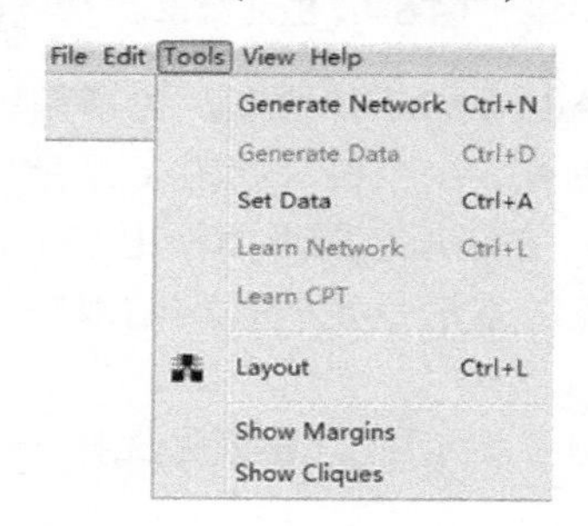

图 6.9　Tools 菜单

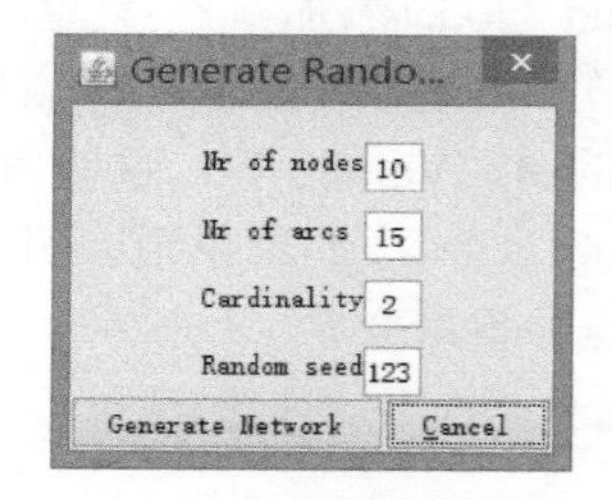

图 6.10　生成随机网络

Generate Data(生成数据)菜单项用于为编辑器中的贝叶斯网络生成数据集。选择该菜单项，会弹出一个如图 6.11 所示的对话框，以指定产生的实例数、随机数种子，以及要保存数据集的文件，其文件格式为 ARFF。如果没有设置输出文件(该字段为空)，则只是设置内部数据集而不写文件。

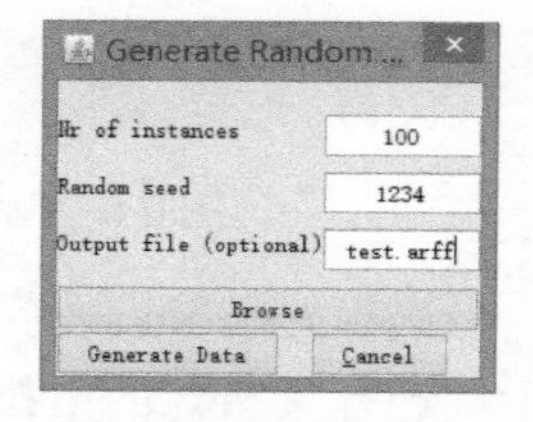

图 6.11　生成随机数据

Set Data(设置数据)菜单项用于设置当前数据集，从这些数据集可以学习一个新的贝叶斯网络，可以估计网络的 CPT 参数。选择该菜单项，会弹出 Set Data File 对话框以选择包含数据的 ARFF 文件，如图 6.12 所示。

Learn Network 和 Learn CPT 菜单项只有在指定数据集后才会激活，指定数据集有以下三种方式：第一种，选择 Tools | Set Data 菜单项；第二种，选择 Tools | Generate Data 菜单项；第三种，选择 File | Load 菜单项，打开 ARFF 文件。

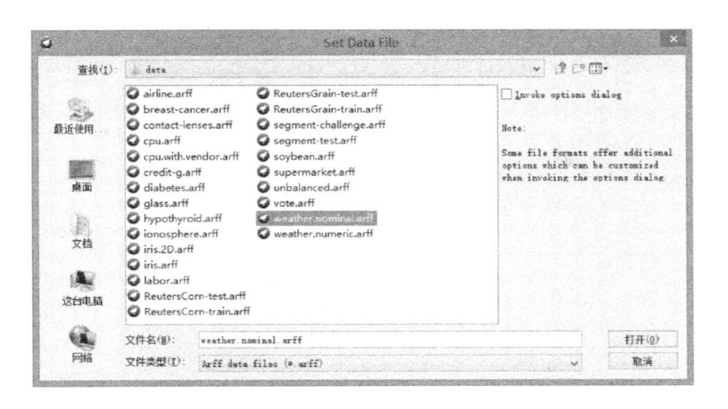

图 6.12 Set Data File 对话框

Learn Network(学习网络)菜单项用于从数据集学习整个贝叶斯网络。在如图 6.13 所示的对话框中单击 Options(选项)按钮，可以选择 Weka 可用的结构学习算法。

选择 Learn CPT(学习 CPT)菜单项，不改变贝叶斯网络的结构，只改变条件概率表。学习网络和学习 CPT 都清除了 Undo 栈，因此操作不可撤销。

Layout(布局)菜单项用于在网络上运行图的布局算法，并试图使图形更具可读性。如图 6.14 所示，可以选中 Custom Node Size(自定义节点大小)复选框指定节点的宽和高，或者，取消选中该复选框，由算法根据标签大小自行计算。

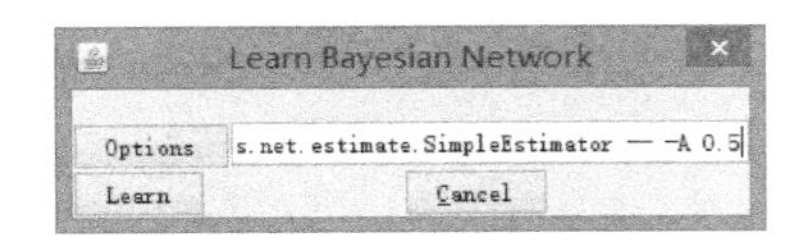

图 6.13 Learn Bayesian Network 对话框

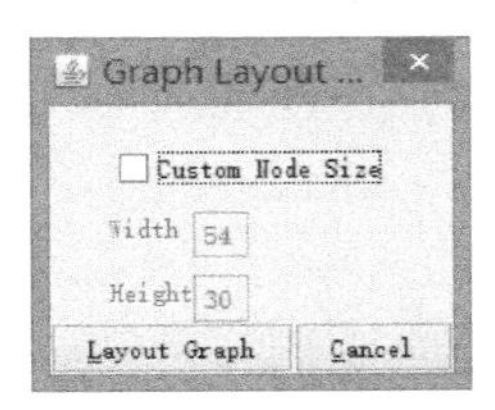

图 6.14 设置图布局选项

Show Margins(显示边缘)菜单项用于显示边缘分布，这些计算使用联合树算法。节点的边缘概率显示为节点旁的绿色文本。可以设置节点的值，操作步骤为：右击节点，在弹出的快捷菜单中选择 Set evidence(设置证据)菜单项，然后再选择一个值。设置后的节点旁的文本颜色由绿色变为红色，以表示为节点设置了证据，如图 6.15 所示。边缘概率可能会发生舍入误差。

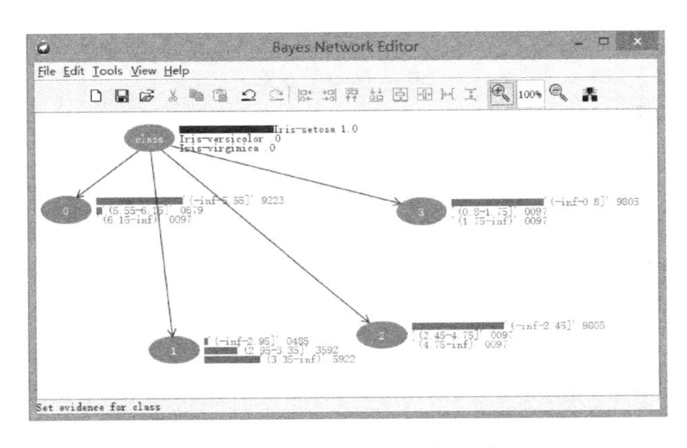

图 6.15 设置证据后的网络

Show Cliques(显示团)菜单项用于使用联合树算法显示团，团可视化为采用彩色无向边，如图 6.16 所示。边缘和团都可以在同一时间显示，只是会使网络图形更加拥挤。

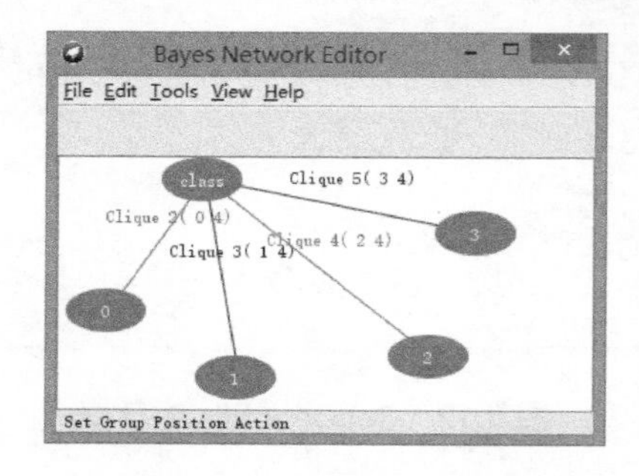

图 6.16　显示团后的网络

4) View(视图)菜单

View 菜单可以放大和缩小图形面板，还可以隐藏或显示状态栏和工具栏，如图 6.17 所示。

5) Help(帮助)菜单

Help 菜单下有两个菜单项，即 Help(帮助)和 About(关于)，如图 6.18 所示。选择后会弹出显示一些基本帮助信息的对话框。

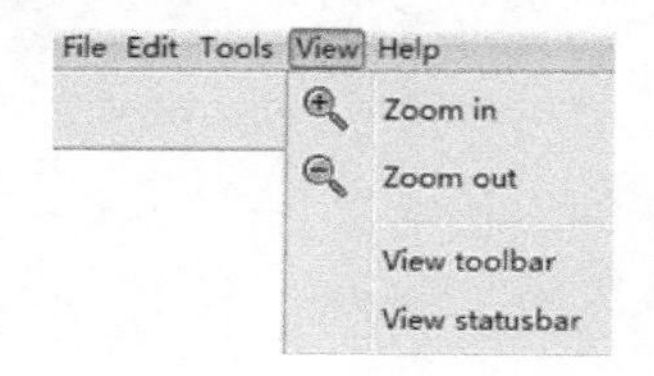

图 6.17　View 菜单

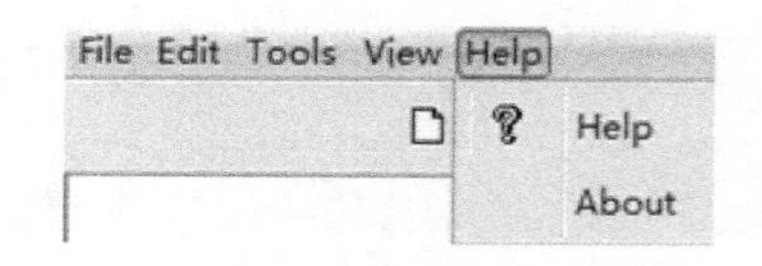

图 6.18　Help 菜单

6) 工具栏

工具栏能让用户快捷地使用很多功能，如图 6.19 所示。只需将鼠标悬停在工具栏按钮上，弹出的提示文本会告诉用户该按钮的功能。选择 View | View toolbar(查看工具栏)菜单项，可以显示或隐藏工具栏。

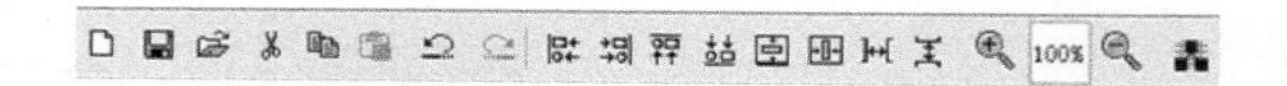

图 6.19　工具栏

7) 状态栏

贝叶斯网络编辑器底部有一个显示信息的状态栏。当执行 undo/redo(撤销/重做)操作时，如果无法看到影响的效果，如 CPT 的编辑操作，状态栏会提供一些帮助。选择 View | View statusbar(查看状态栏)菜单项，可以显示或隐藏状态栏。

4. 右键快捷菜单

在图形面板的节点外右击，会弹出如图 6.20 所示的快捷菜单。其中，Add node(添加节点)菜单项用于在单击位置添加一个节点；Add parent(添加父节点)菜单项用于添加所选中的所有节点的父节点，如果没有选中节点，或没有可以添加的父节点，会禁用该菜单项。

在节点上右击，也会弹出一个快捷菜单。其中，Set evidence(设置证据)菜单项只有在使用 Tools | Show margins 菜单项显示边缘概率后才可用，并显示一个值的列表，可以为选中的节点设置证据，如图 6.21 所示。选择 Clear(清除)菜单项，将删除该节点的值，并根据 CPT 计算边缘概率。

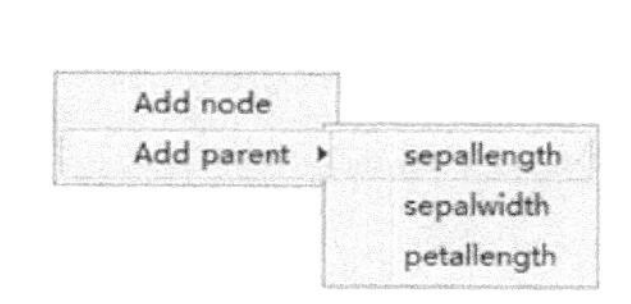

图 6.20　快捷菜单

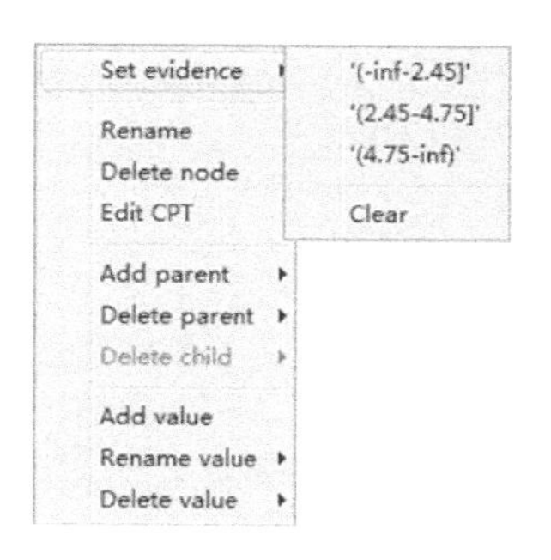

图 6.21　Set evidence 菜单

节点可以重新命名。在节点上右击，然后在弹出的快捷菜单中选择 Rename(重命名)菜单项，会弹出如图 6.22 所示的对话框，输入新的节点名称即可。

通过选中一个节点，右击并在快捷菜单中选择 Edit CPT(编辑 CPT)菜单项，可以手动编辑节点的 CPT。CPT 显示为如图 6.23 所示的对话框。当编辑一个值时，该表其余部分的值会同步更新，以确保每行的概率之和为 1。CPT 会首先尝试调整最后一列，然后再依次向前调整。单击 Randomize(随机化)按钮，可以将随机生成的分布填充整个表。

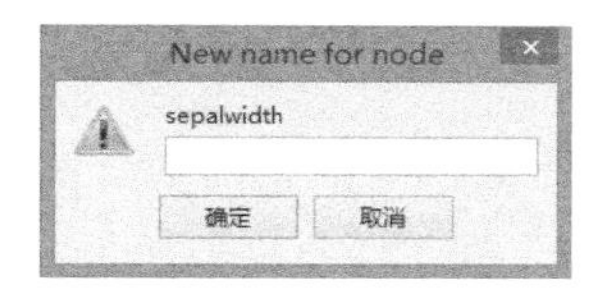

图 6.22　节点重命名

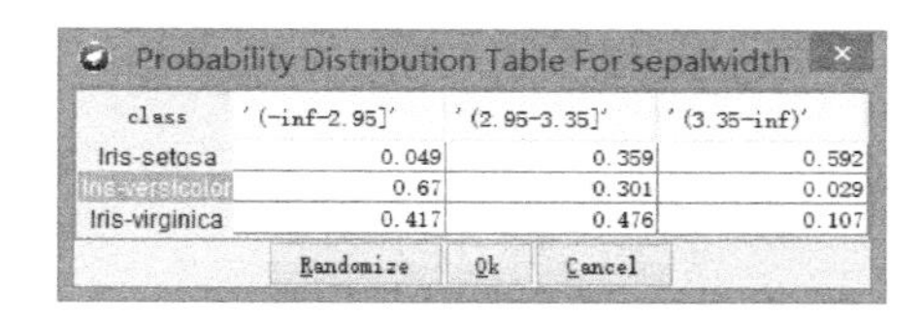

class	'(-inf-2.95]'	'(2.95-3.35]'	'(3.35-inf)'
Iris-setosa	0.049	0.359	0.592
Iris-versicolor	0.67	0.301	0.029
Iris-virginica	0.417	0.476	0.107

图 6.23　编辑 CPT

快捷菜单会显示可以添加为选中节点的父节点列表。通过复制新的父节点的每个值，来更新节点的 CPT，如图 6.24 所示。

快捷菜单会显示选中节点可以删除的父节点列表，如图 6.25 所示，节点的 CPT 只保留父节点第一个值的条件概率。

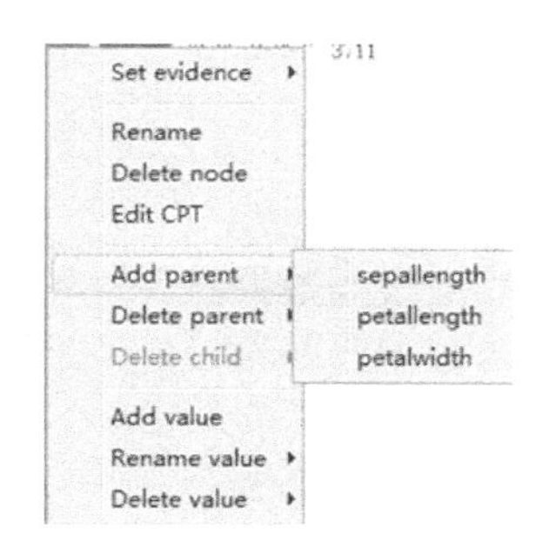

图 6.24　添加父节点

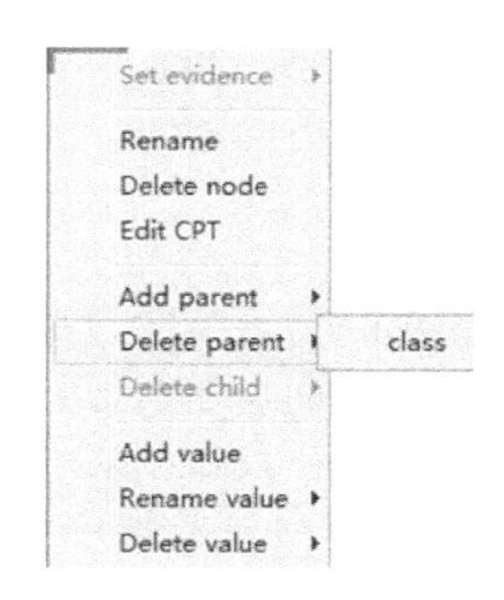

图 6.25　删除父节点

快捷菜单会显示选中节点可以删除的子节点列表，如图 6.26 所示，子节点的 CPT 只保留父节点第一个值的条件概率。

从快捷菜单中选择 Add value(添加值)菜单项，会弹出如图 6.27 所示的对话框，可以指定节点的新值名称。该节点的概率分布赋为零值，子节点的 CPT 更新为复制新值的条件概率分布。

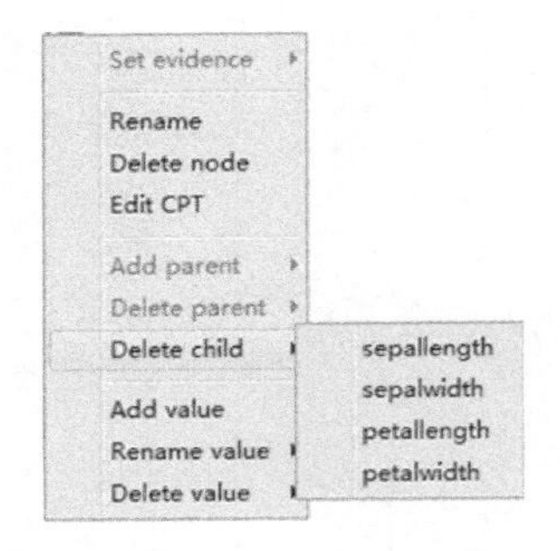

图 6.26　删除子节点

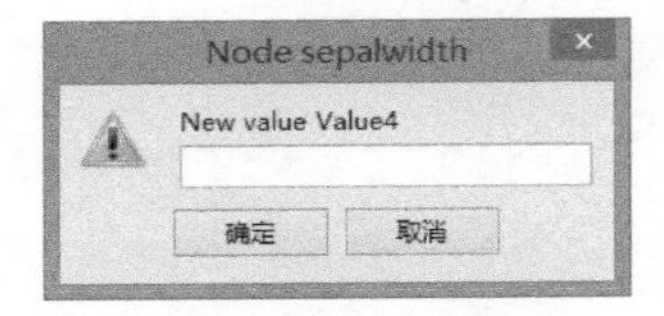

图 6.27　添加值

从快捷菜单中选择 Rename value(重命名值)菜单项，会显示选中节点可以重命名的值列表，如图 6.28 所示。

在图 6.28 中选择一个值会弹出一个对话框，用于指定新的名称，如图 6.29 所示。

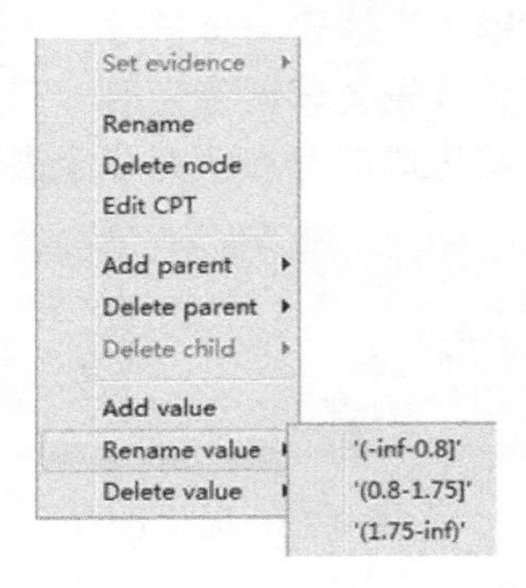

图 6.28　重命名值

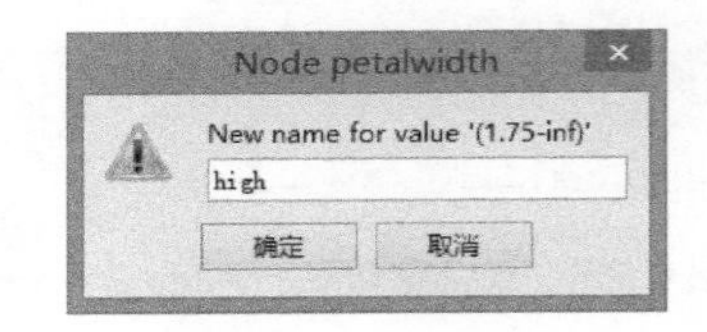

图 6.29　重命名

选择快捷菜单中的 Delete value(删除值)菜单项，会显示选中节点可以删除的值列表，如图 6.30 所示。当节点有两个以上的值时(单值节点没有什么意义)，该菜单项才可用。删除值会自动更新节点的 CPT，以确保 CPT 之和为 1。同样，通过删除该值的条件分布，更新子节点的 CPT。

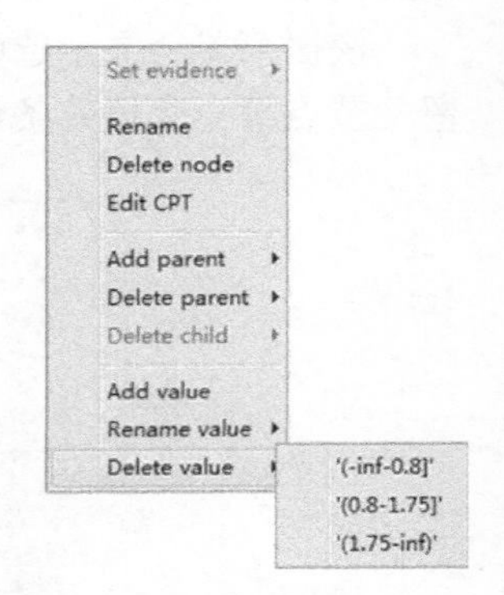

图 6.30　删除值

5. CPT 学习

贝叶斯网络类可以将连续变量离散化，离散化算法根据数据集信息选择它的值。然而，这些值只是临时存放在内存中，并不持久化。因此，使用 File | Load 菜单项读取连续变量的 ARFF 文件，允许指定网络，然后从数据中学习 CPT，因为其离散范围已知。但是，如果打开一个 ARFF 文件，指定一个结构，然后关闭应用程序，重新打开并试图从另一个包含连续变量的文件中学习网络可能无法得到期望

的结果，因为重新应用离散化算法可能找到新的边界，这样可能产生意外的结果。

在包含比网络节点更多属性的数据集中进行学习是没有问题的，Weka 将忽略额外的属性。

在不同属性顺序的数据集中进行学习也是没有问题的，属性与节点之间只是根据名称进行匹配。然而，属性值与节点值之间是根据值的顺序进行匹配的。

数据集中的属性应该与网络中的相应节点有相同数目的值。

6.1.3 在探索者界面中使用贝叶斯网络

在探索者界面的 Classify 标签页中，单击 Choose 按钮，在 weka.classifiers.bayes 包下找到 BayesNet 分类器，如图 6.31 所示。

图 6.31 BayesNet 分类器

BayesNet 分类器选项如图 6.32 所示。其中，BIFFile 选项用于指定以 BIF 格式存储的贝叶斯网络。在学习贝叶斯网络之后，调用 toString()方法，将学习到的网络与文件中的网络相比较，打印出额外的统计数据，如多出的和缺少的连线。searchAlgorithm 选项用于选择网络结构的学习算法，并指定其选项。estimator 选项用于选择估计条件概率分布所使用的方法。当将 useADTree 选项设置为 True 时，使用摩尔(Moore)ADTree 算法计算代价。因为 Weka 认为该算法在小的数据集上并没有什么改进，于是 useADTree 选项默认为 False。

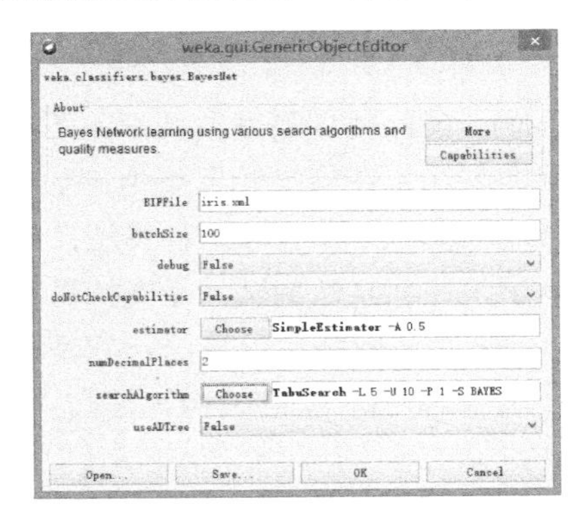

图 6.32 BayesNet 分类器选项

注意： 本 ADTree 算法与 weka.classifiers.tree.ADTree 里的 ADTree 分类算法不同，前者为增加运算速度的数据结构，后者为分类算法。其他选项的含义可参见附录 B。

贝叶斯网络的学习算法被分为两个阶段：首先学习网络结构，然后学习条件概率表。学习网络结构的算法很多，单击 searchAlgorithm 选项后的 Choose 按钮就可以大致了解，下面分别介绍这些学习算法。

6.1.4 结构学习

贝叶斯网络结构学习有多种不同的方式，Weka 将结构学习划分为如下四种类型。

第一类，局部评分度量(local score metrics)。可以把学习网络结构看成一个给定训练数据，使网络结构质量度量最大化的优化问题。质量度量可以根据贝叶斯方法、最小描述长度、信息和其他标准来制定。这些度量的实用特性是，整个网络的分数可以分解为各个节点的分数的总和(或乘积)。这使得整个网络的分数可以用局部分数表示，因此，可用局部搜索方法。

第二类，条件独立测试(conditional independence tests)。这类方法主要源于发现存在因果关系结构的目标。其假定是：有一个网络结构能够精确地表示生成数据分布的独立性。那么，确定两个变量之间数据的(条件)独立性，由此可推出这两个变量之间没有带箭头的有向边。一旦确定边的位置，以及指定边的方向，就可以适当地表示数据的条件独立性。

第三类，全局评分度量(global score metrics)。对于一个给定的数据集，评估贝叶斯网络性能的一种自然的方式是：通过估算期望效用(如分类的准确性)来预测其未来性能。交叉验证通过反复将数据划分为训练集和验证集，对样本进行评估，提供了可行的度量方法。通过训练集估计网络的参数，通过验证集判定贝叶斯网络的性能，可以评估贝叶斯网络的结构。贝叶斯网络对验证集的平均性能为评估网络质量提供了一个度量。

交叉验证与局部评分度量的不同点在于，网络结构的质量往往不能分解为用各个节点的分数表示。因此，需要综合考虑整个网络以确定其得分。

第四类，固定结构(fixed structure)。最后，还有一些适用于贝叶斯网络结构固定的方法。例如，从 XML BIF 文件读取网络结构。

下面分别说明这几类学习算法。

1. 条件独立测试

与其他的网络学习算法不同，条件独立测试结构学习算法没有采用基于评分的搜索方法，而是采用基于依赖性测试的方法，在给定数据集中评估变量之间的条件独立性关系，构建网络结构。目前，Weka 只实现了 CI 和 ICS 两种算法，如图 6.33 所示。

CISearchAlgorithm 算法基于条件独立性测试，是支持贝叶斯网络结构的搜索算法。

ICSSearchAlgorithm 是一种贝叶斯网络学习算法，它使用条件独立测试以发现网络构架，找到 V-节点(a、b、c 节点形成 a→c←b 的结构，称为 V-节点)并应用一套规则来发现剩余箭头的方向。

2. 固定结构学习

通过选择固定的网络结构，可以跳过结构学习步骤。有两种方法可以得到固定的网络结构：第一种方法是从文件中读取 XML BIF 格式的数据，第二种方法是采用朴素贝叶斯网络，如图 6.34 所示。

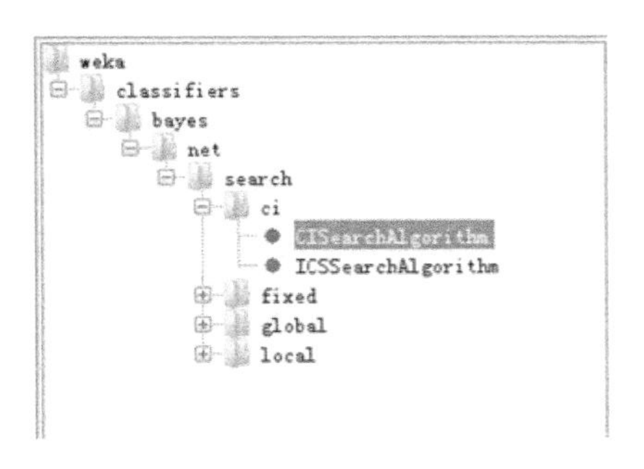

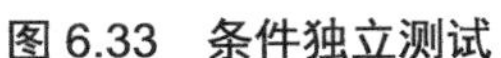
图 6.33　条件独立测试

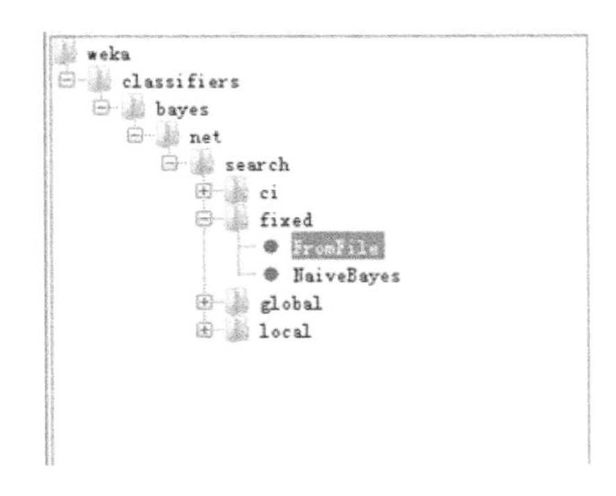

图 6.34　固定结构学习

3. 全局评分度量

Weka 的全局评分度量实现了如下算法：GeneticSearch(遗传搜索)、HillClimbing(爬山法)、K2、RepeatedHillClimber(重复爬山法)、SimulatedAnnealing(模拟退火)、TabuSearch(禁忌搜索)和 TAN(Tree-Augmented Naive Bayes，树增强朴素贝叶斯)，如图 6.35 所示。

基于交叉验证算法的通用选项有 initAsNaiveBayes、markovBlanketClassifier 和 maxNrOfParents，参见“局部评分度量”部分。

另外，对于每个基于交叉验证的算法，可以选择的 CVType 有以下几种。

(1) Leave one out cross-validation(LOO-CV，留一法交叉验证)：从数据集 D 中去掉第 i 个样本数据，将该第 i 个样本数据作为验证集，剩下的样本数据作为训练集 D_i^t，一共有 $m=N$ 种划分。留一法交叉验证并不总能产生准确的性能估计。

(2) K-fold cross-validation(k-Fold-CV，k 折交叉验证)：将数据集 D 大致平均地划分为 m 等分，即 D_1、D_2、…、D_m。将验证集 D_i 从数据集 D 中移除就得到训练集 D_i^t。典型的 m 值可为 5、10 和 20。如果取 $m=N$，k 折交叉验证就成为留一法交叉验证。

(3) Cumulative cross-validation(Cumulative-CV，累积交叉验证)：从一个空数据集开始，从数据集 D 中一条一条地添加实例。每次添加一条实例后，使用当前贝叶斯网络的状态对下一条实例进行分类。

最后是 useProb 标志，如果设置为 True，分类器的准确性使用类别概率估计；如果设置为 False，则使用 0-1 损失进行估计。

4. 局部评分度量

通过选择 weka.classifiers.bayes.net.search.local 包下的任意一个算法，就选择了基于局部评分的结构学习算法，如图 6.36 所示。

局部评分度量算法具有如下通用选项。

(1) initAsNaiveBayes：如果设置为 True(默认值)，则将朴素贝叶斯网络结构作为开始遍历搜索空间的初始网络结构，即从类别变量都有有向边指向每个属性变量的结构；如果设置为 False，则使用空的网络结构，即没有任何有向边。

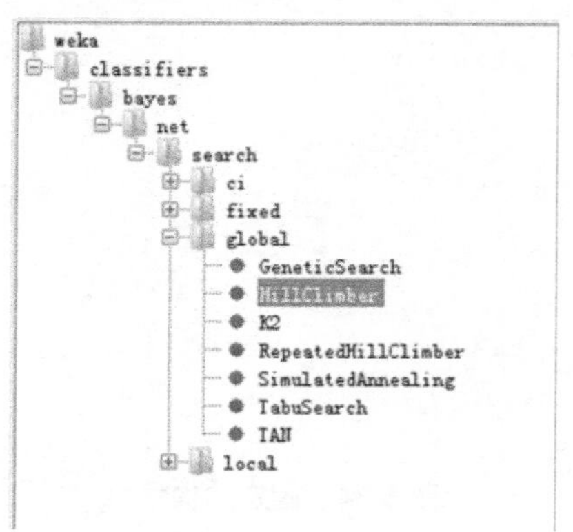

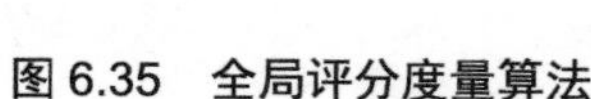
图 6.35　全局评分度量算法

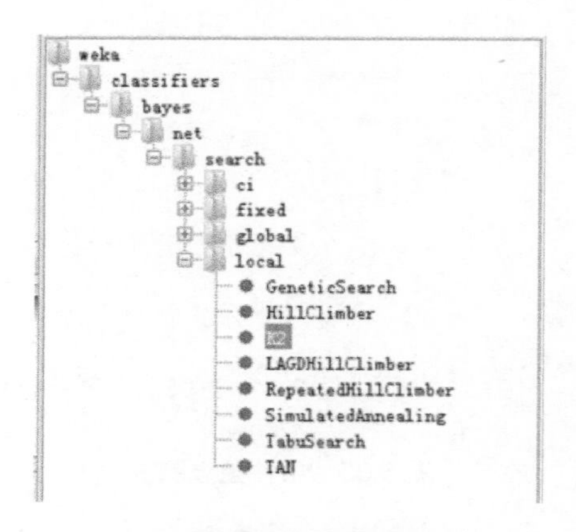

图 6.36　局部评分度量算法

(2) markovBlanketClassifier：如果设置为 True，在遍历搜索空间结束时，使用一种启发式校正算法以确保每个属性都位于分类器节点马尔可夫毯中。如果节点已经在马尔可夫毯中(即分类器节点的父母节点、兄弟节点的子节点)，则什么也不发生，否则会添加一个有向边。如果设置为 False(默认值)，则不添加有向边。

(3) scoreType：确定使用的评分度量。当前实现了 BAYES、K2、BDeu、AIC、ENTROPY 和 MDL 算法。

(4) maxNrOfParents：表示学习得到的网络结构中，每个节点的父节点数目的上限。

6.1.5　分布学习

一旦完成网络结构学习，就可以学习条件概率表，weka.classifiers.bayes.net.estimate 包中有以下四种学习算法。

(1) BayesNetEstimator：完成网络结构学习后，估计贝叶斯网络条件概率表的基类。

其配置选项说明如下。

alpha(α)：该参数用于估计条件概率表，可以解释为每个值的初始值。默认值为 0.5。

(2) BMAEstimator：使用 BMA(Bayes Model Averaging，贝叶斯模型平均)方法估计贝叶斯网络的条件概率表。

其配置选项说明如下。

- alpha(α)：该参数用于估计条件概率表，可以解释为每个值的初始值。默认值为 0.5。
- useK2Prior(使用 K2 先验)：是否使用 K2 先验。默认为 False。

(3) MultiNomialBMAEstimator：BMA 估计器的多项式版本。

其配置选项说明如下。

- alpha(α)：该参数用于估计条件概率表，可以解释为每个值的初始值。默认值为 0.5。
- useK2Prior(使用 K2 先验)：是否使用 K2 先验。默认为 True。

(4) SimpleEstimator：用于在完成网络结构学习后，估计贝叶斯网络条件概率表。它直接从数据中估计概率。

其配置选项说明如下。

alpha(α)：该参数用于估计条件概率表，可以解释为每个值的初始值。默认值为0.5。

6.1.6 查看贝叶斯网络

用户可以查看在探索者界面中学习到的贝叶斯网络的一些属性，既可以查看其文本格式，也可以查看其图形格式。

1. 查看文本

在 Weka 探索者中使用 BayesNet 分类器对鸢尾花数据进行分类，使用分类器的默认选项。

最开始的输出是 BayesNet 学习方案以及选项，包括结构学习器和分布估计器的全限定类名称。输出如下：

```
=== Run information ===

Scheme:       weka.classifiers.bayes.BayesNet -D -Q
weka.classifiers.bayes.net.search.local.K2 -- -P 1 -S BAYES -E
weka.classifiers.bayes.net.estimate.SimpleEstimator -- -A 0.5
```

然后输出数据集的基本信息，包括关系名称、实例数量、属性信息，还有测试模式及分类模式，以及是否使用 ADTree 算法。具体如下：

```
Relation:     iris
Instances:    150
Attributes:   5
              sepallength
              sepalwidth
              petallength
              petalwidth
              class
Test mode:    10-fold cross-validation

=== Classifier model (full training set) ===

Bayes Network Classifier
not using ADTree
```

下面一行列出该分类器进行训练的属性数目和类别变量索引：

```
#attributes=5 #classindex=4
```

随后输出的列表指定网络结构。每个变量后面紧跟着父节点的列表，因此 petallength 等变量的父节点都是类别节点，而类别节点没有父节点。括号中的数字是该变量的重数，这里表示鸢尾花数据集有三个类别变量。其他连续变量都通过有监督的 Discretize 过滤器自动离散化。输出如下：

```
Network structure (nodes followed by parents)
sepallength(3): class
```

```
sepalwidth(3): class
petallength(3): class
petalwidth(3): class
class(3):
```

随后的行列出了各种评分方法得出的网络结构的对数得分：

```
LogScore Bayes: -481.00632967833803
LogScore BDeu: -525.3834868062277
LogScore MDL: -536.5317339418378
LogScore ENTROPY: -471.39347511858665
LogScore AIC: -497.39347511858665
```

如果指定 BIF 文件，将输出类似于如下两行信息：

```
Missing: 0 Extra: 2 Reversed: 0
Divergence: -0.0719759699700729
```

系统将学习过的网络与 BIF 文件中的网络结构进行比较，Missing(缺失)后的数值表示在文件的网络中存在，但经过结构学习器后没有恢复的连线数目。需要注意的是，学习后反向的连线不能算作缺失。Extra(额外)后的数值表示经过学习的网络中新增的，但在文件的网络中没有连线的数目。反向的连线数量也一并列出。

本例中，由于没有指定 BIF 文件，因此不打印上述信息。

输出的其余部分是所有分类器的标准输出，列示如下：

```
Time taken to build model: 0.01 seconds

=== Stratified cross-validation ===
=== Summary ===

Correctly Classified Instances        139          92.6667 %
Incorrectly Classified Instances       11           7.3333 %
Kappa statistic                      0.89
Mean absolute error                   0.0454
...
```

2. 查看图形

要显示贝叶斯网络的图形结构，可在探索者界面的结果列表中右击相应的 BayesNet 条目，然后在弹出的快捷菜单中选择 Visualize graph(可视化图)菜单项。此时会弹出一个 Weka 分类器图形可视化器，自动布局并显示贝叶斯网络，如图 6.37 所示。

将鼠标在一个节点上悬停一会，该节点变为蓝色，且所有的子节点都变为紫红色。这样，在复杂的图形中很容易辨别节点之间的关系。

在图 6.37 所示的图形可视化器上部有一个工具栏，一共有四个按钮加中央的一个文本框，下面从左到右说明每个按钮的功能。

第一个按钮用于保存图形。单击该按钮会弹出一个“保存”对话框，允许用户选择文件名和文件格式。可以选择 XML BIF 格式或 DOT 格式，将贝叶斯网络保存为文件。

第二、三两个按钮与图形缩放有关。两个按钮分别用于放大和缩小，两个按钮中间有一个文本框，用于输入所需的缩放比例，输入百分比后按 Enter 键，Weka 按照所需的缩放水平重绘图形。

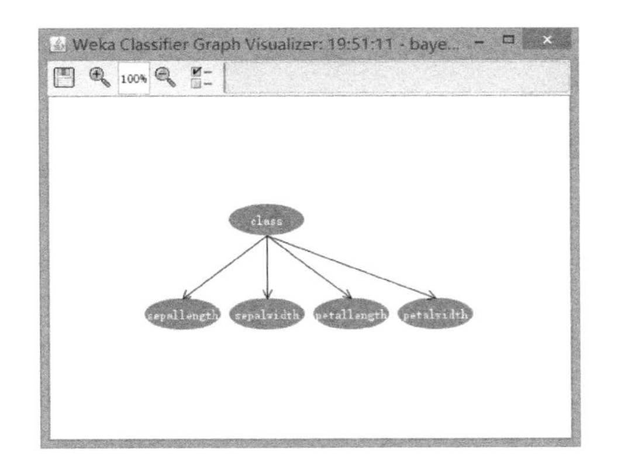

图 6.37　分类器图形可视化器

最后一个按钮用于显示/隐藏绘图选项。单击该按钮可以显示(或隐藏)用于控制图形布局的额外选项，如图 6.38 所示。

(1) Layout Type(布局类型)：确定放置节点所使用的算法。

(2) Layout Method(布局方法)：确定放置节点考虑的方向，是自上而下还是自下而上。

(3) With Edge Concentration(带边集中度)：设置是否允许部分合并边。

(4) Custom Node Size(自定义节点大小)：用于自定义节点的大小，而非自动确定。

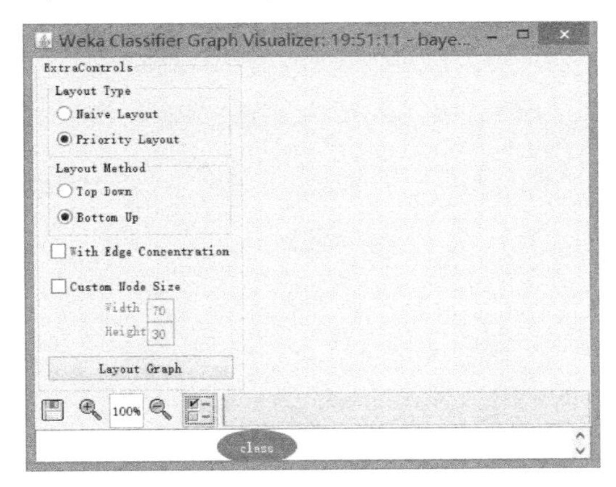

图 6.38　绘图选项

当用户在贝叶斯网络中单击一个节点时，会弹出一个对话框，显示所单击节点的概率表，如图 6.39 所示。左侧显示父节点属性，并列出父节点的所有取值，右侧显示在满足父节点值的条件下，所单击节点的概率。可以注意到，这里的节点(sepallength)已经被自动离散化为三个取值。

Probability Distribution Table For sepallength

class	'(-inf-5.55]'	'(5.55-6.15]'	'(6.15-inf)'
Iris-setosa	0.922	0.068	0.01
Iris-versicolor	0.223	0.456	0.32
Iris-virginica	0.029	0.204	0.767

图 6.39　节点的概率表

因此，图形可视化器允许用户检查网络结构和概率表。

6.1.7 手把手教你用

1. 使用贝叶斯网络编辑器建模

本示例将手工创建如图 6.1 所示的典型贝叶斯网络。

首先打开贝叶斯网络编辑器。选择 Edit | Add Node 菜单项，打开 Add node 对话框，将节点名称改为 Cloudy，保持重数为 2 不变(因为只有二元)，单击 Ok 按钮确认添加节点，如图 6.40 所示。

然后，在图形面板中右击新增的 Cloudy 节点，在弹出的快捷菜单中选择 Rename value | Value1 菜单项，打开如图 6.41 所示的对话框，将值名称改为 F，然后单击“确定”按钮结束修改。用同样的方法，将 Value2 值名称改为 T。

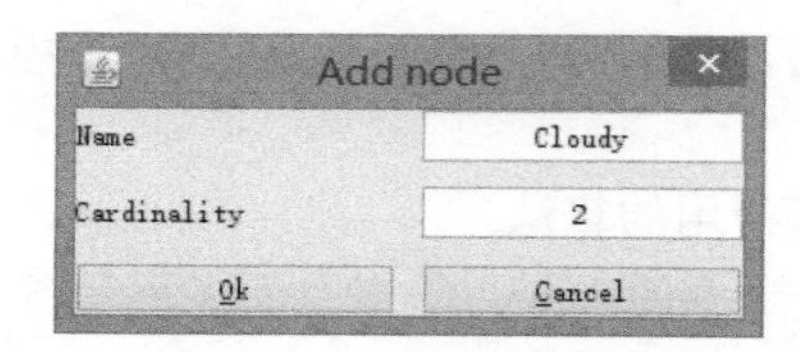

图 6.40 添加 Cloudy 节点

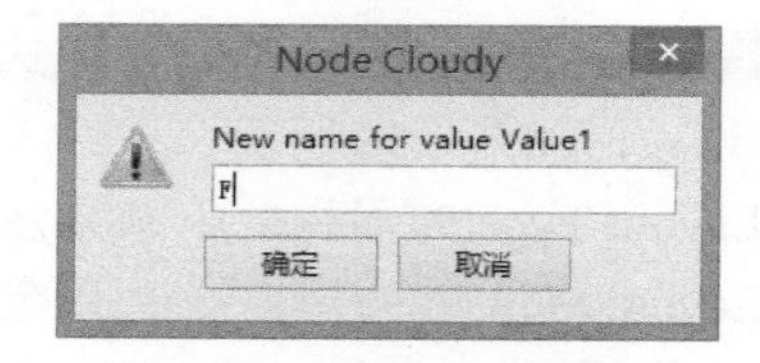

图 6.41 修改节点值名称

重复以上步骤，添加 Sprinkler、Rain 和 WetGrass 节点，拖动这些节点到合理的位置，如图 6.42 所示。

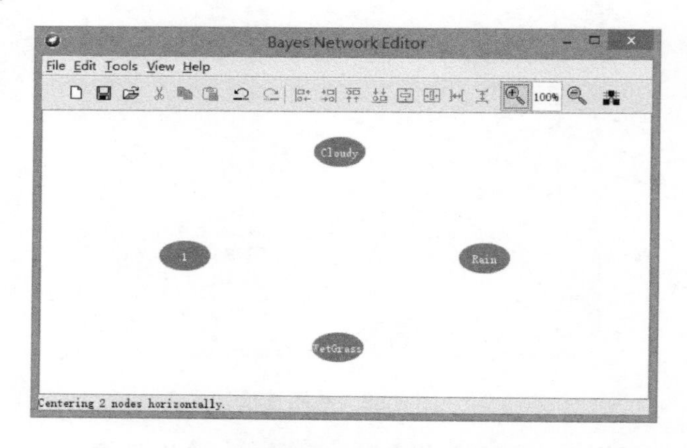

图 6.42 添加四个节点后的图形

注意： Weka 3.7.13 版本的贝叶斯网络编辑器似乎有些 BUG，在拖动节点时有时会将全部节点重叠在一起。解决方法是，在选中节点之后，在空白处单击一下鼠标，然后再拖动，就不会再有重叠问题。

图 6.42 中的 Sprinkler 节点没有显示出全名，只显示了一个“1”，这是因为该名称太长无法显示。按照下面步骤修改：选择 Tools | Layout 菜单项，打开如图 6.43 所示的对话框，按图定制节点的宽和高，修改完成后单击 Layout Graph 按钮关闭对话框。

下一步，为网络添加有向边。右击 Sprinkler 节点，在弹出的快捷菜单中选择 Add

parent | Cloudy 菜单项，添加 Cloudy 节点到 Sprinkler 节点的有向边。按照同样的步骤添加 Cloudy 节点到 Rain 节点的有向边、Sprinkler 节点到 WetGrass 节点的有向边，以及 Rain 节点到 WetGrass 节点的有向边，并适当调整节点位置。完成以后的网络结构如图 6.44 所示。

下一步，编辑 CPT。首先右击 Cloudy 节点，在弹出的快捷菜单中选择 Edit CPT 菜单项，弹出如图 6.45 所示的对话框。由于 Cloudy 节点没有父节点，因此其 CPT 只有一行；其重数为 2，因此只有两列。该 CPT 不需要修改，因此查看后直接单击 Ok 按钮关闭对话框。

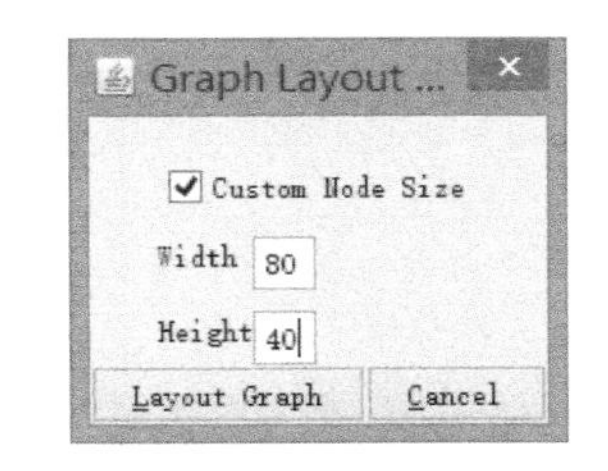

图 6.43　定制节点的宽和高

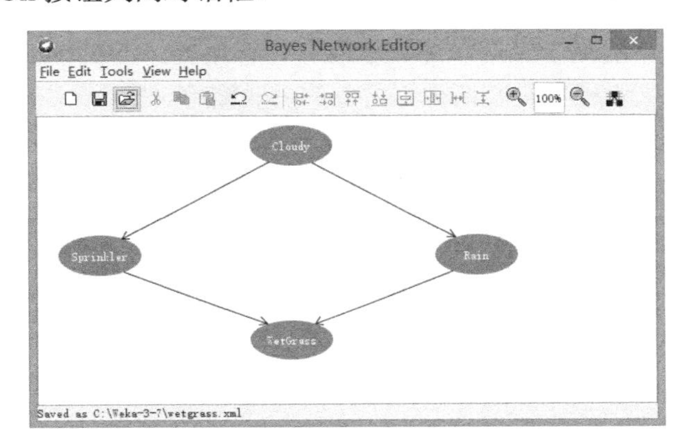

图 6.44　网络结构

按照同样的方式，对照图 6.46～图 6.48，分别编辑 Sprinkler 节点、Rain 节点和 WetGrass 节点的 CPT。

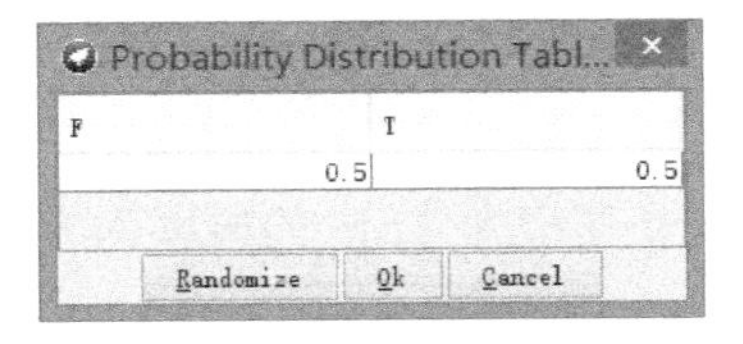

图 6.45　Cloudy 节点的 CPT

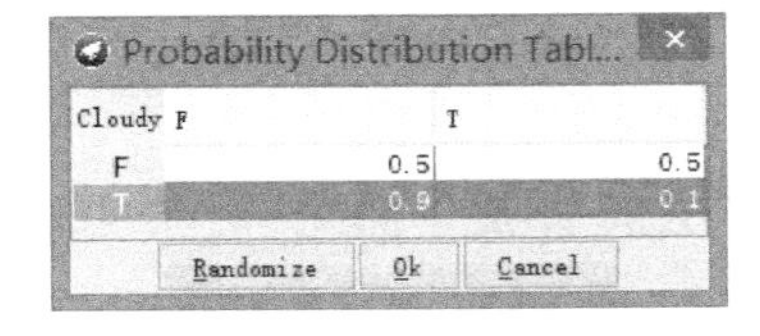

图 6.46　Sprinkler 节点的 CPT

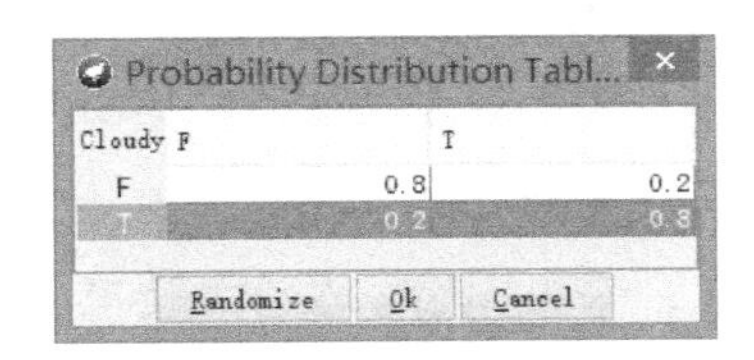

图 6.47　Rain 节点的 CPT

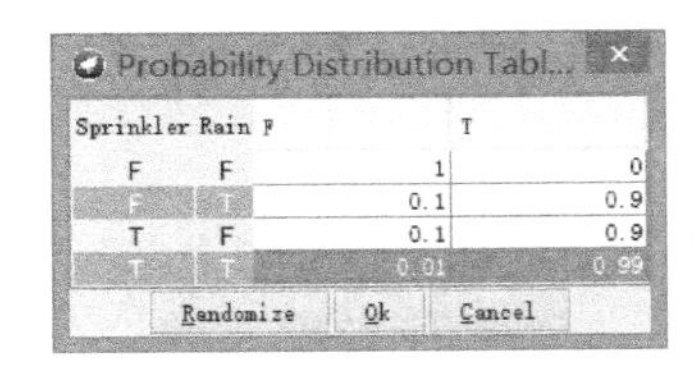

图 6.48　WetGrass 节点的 CPT

到目前为止，已经构建了贝叶斯网络的结构，并且编辑了 CPT。为了将来能够复用，将网络保存为 XML BIF 文件。选择 File | Save As 菜单项，在弹出的 Save Graph As 对话框中选择保存目录，输入保存文件名，选择文件类型，如图 6.49 所示，最后单击“保存”按钮关闭对话框。

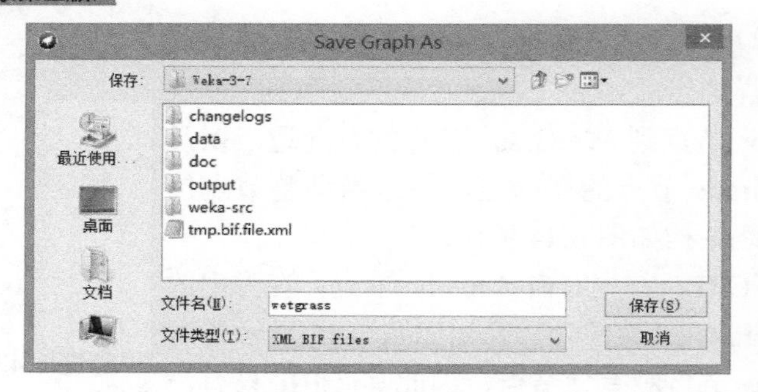

图 6.49　保存文件

2. 使用贝叶斯网络编辑器进行推理

如果贝叶斯网络不能用于推理，那它就没有什么用处。本示例使用上一个示例得到的贝叶斯网络，验证前文中根据贝叶斯规则得到的后验概率。

首先运行贝叶斯网络编辑器，选择 File | Load 菜单项，加载上一个示例得到的贝叶斯网络——wetgrass.xml 文件。然后，选择 Tools | Show Margins 菜单项，可以看到，每个节点旁边都以绿色文字显示该节点的边缘概率，如图 6.50 所示。

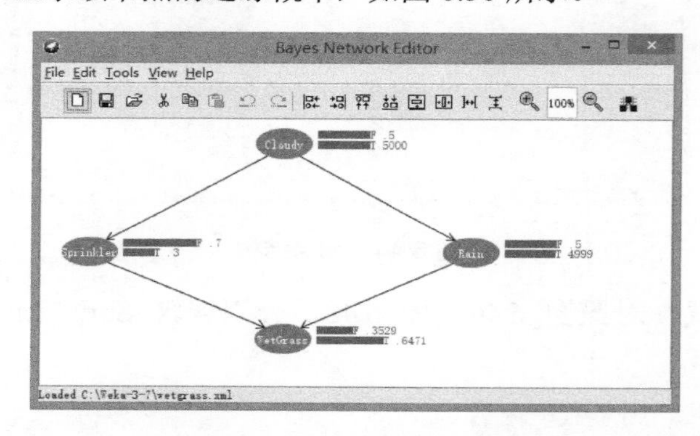

图 6.50　显示边缘概率

从图 6.50 中最下面的一个节点可以看到，WetGrass 变量为 True 的概率为 0.6471，和前文计算得到的 $P(W=1)$ 值一致。

为了得到 $P(S=1|W=1)$ 和 $P(R=1|W=1)$，首先要设置条件 W=1。为此，右击 WetGrass 节点，选择 Set evidence | T 菜单项，这时，WetGrass 节点旁边的文字变成红色，显示当前证据(草湿为 True)，如图 6.51 所示。

注意： 这里并没有显示 1，而是显示 0.9999，这可能是由于 Java 中的浮点数类型 float 和 double 在表示浮点数时存在误差，如果 Weka 在内部使用 BigDecimal 类型可能可以避免这个问题。

现在来看 Sprinkler 节点，该节点的第二行显示 0.4297，与前面计算得到的结果 $P(S=1|W=1)=0.4298$ 稍有误差；Rain 节点的第二行显示 0.7079，与 $P(R=1|W=1)=0.7079$ 完全一致。可见，使用贝叶斯网络进行推理，可以省略很大的计算工作量，得到的结果仅有微小的可以忽略的误差。

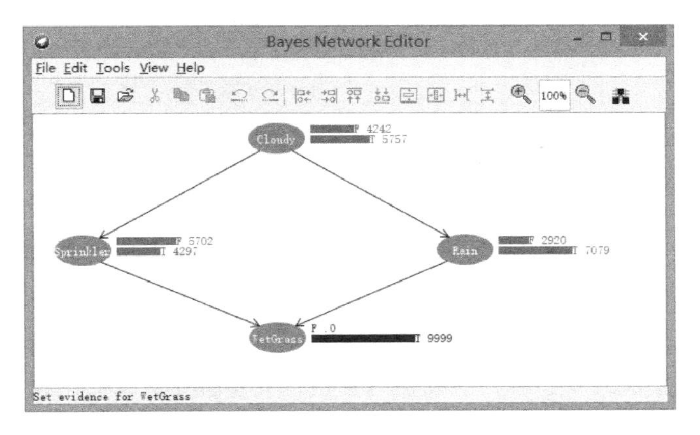

图 6.51　设置证据

顺便提一下，如果要恢复为设置证据前的状态，选择 Set evidence | Clear 菜单项即可。

3. 使用贝叶斯网络编辑器从数据集学习

首先启动贝叶斯网络编辑器，选择 File | Load 菜单项，加载 data 目录下的 weather.nominal.arff 文件。这时，贝叶斯网络编辑器应该显示五个节点，对应天气数据集的五个属性，如图 6.52 所示。可以看到 temperature 节点只显示一个“1”，按照前文所述的方法定制节点的宽和高，可以使节点文字都能显示出来。

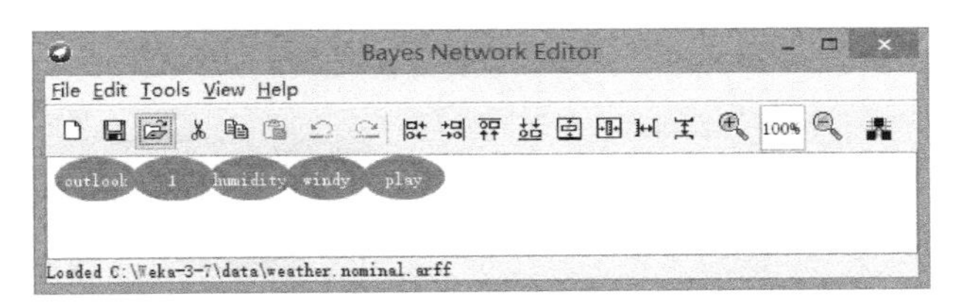

图 6.52　加载数据集后的网络

选择 Tools | Learn Network 菜单项，会弹出如图 6.53 所示的 Learn Bayesian Network(学习贝叶斯网络)对话框。

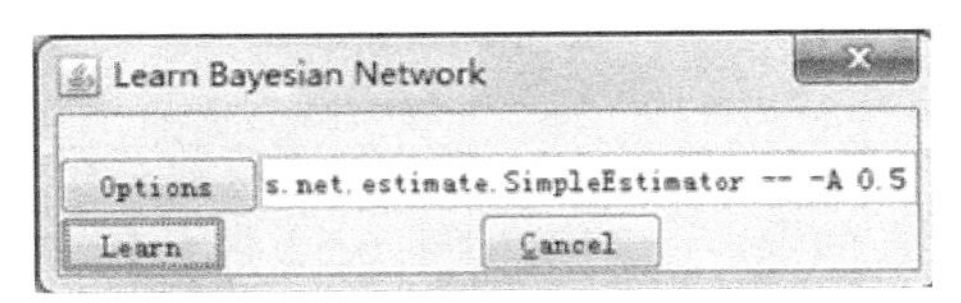

图 6.53　Learn Bayesian Network 对话框

保持默认参数不变，单击 Learn 按钮启动学习。完成网络结构学习后的贝叶斯网络如图 6.54 所示。可以看到，由于从类别属性节点到每一个其他属性节点都有且只有一条有向边，因此图 6.54 就是一个朴素贝叶斯网络。这是由于使用默认参数，initAsNaiveBayes 选项默认设置为 True，因此用于结构学习的初始网络是朴素贝叶斯网络。如果该选项设置为 False，初始的网络结构是空网络。

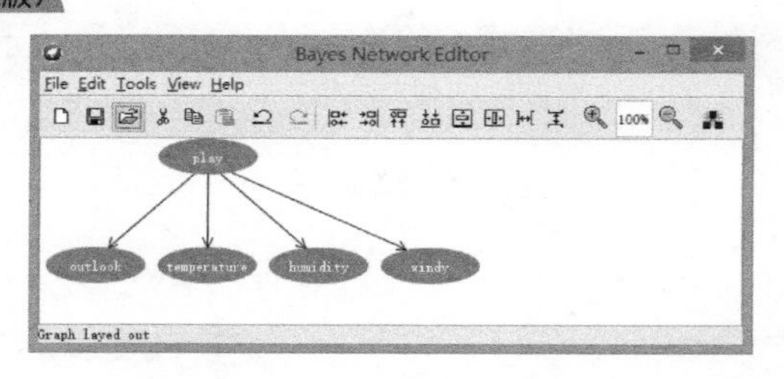

图 6.54　学习后的贝叶斯网络

到目前为止，图 6.54 所示的贝叶斯网络是直接从数据集经网络结构学习后得到的，且没有进行任何修改操作。下一步，手动学习参数，其步骤是：选择 Tools | Learn CPT 菜单项。学习 CPT 参数不会改变贝叶斯网络的结构，只会改变条件概率表，另外，学习 CPT 还会清除 undo 栈。

现在来看看经过学习后的网络是否能够进行推理。假设现在有这么一个问题，当输入满足 outlook = sunny、temperature = cool、humidity = high 且 windy = TRUE 时，是否可以 play？首先选择 Tools | Show Margins 菜单项以显示节点的边缘概率。然后，右击 outlook 节点，选择 Set evidence | sunny 菜单项，设置 outlook 节点的当前证据为 sunny，再按照同样的方法，设置 temperature、humidity 和 windy 节点的证据分别为 cool、high 和 TRUE，如图 6.55 所示。

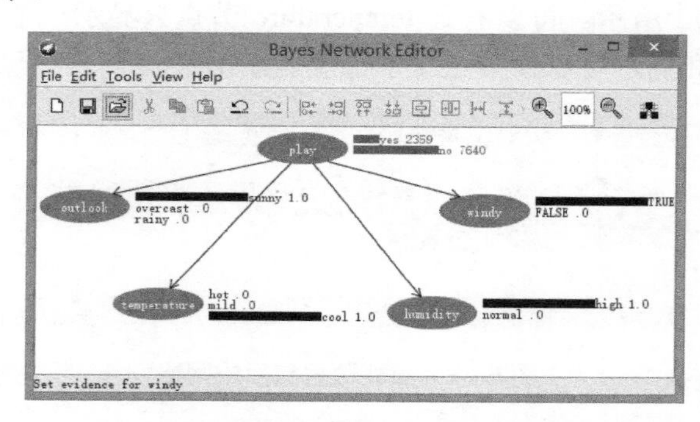

图 6.55　使用网络进行推理

从图中可以看到，play 为 yes 的概率为 0.2359，为 no 的概率为 0.7640，因此不可运动。读者可使用联合概率的计算公式自行验证上述结果。

前面的网络是使用结构学习而得到的，通过改变参数，可以得到不同的网络。再次选择 Tools | Learn Network 菜单项，会弹出如图 6.53 所示的对话框。单击其中的 Options 按钮，会弹出如图 6.56 所示的通用对象编辑器对话框。对话框上部的 Choose 按钮可用于选择不同的贝叶斯网络算法，下部可用于设置贝叶斯网络算法的选项。

单击 searchAlgorithm 选项旁的 Choose 按钮可选择搜索算法，本例还是使用 K2 算法。单击显示 K2 及参数的文本框，在弹出的对话框中将 maxNrOfParents 选项由默认的 1 设置为 3，如图 6.57 所示。

单击两次 OK 按钮回到如图 6.53 所示的对话框。再次单击 Learn 按钮，新的贝叶斯网络如图 6.58 所示。可见，由于将 maxNrOfParents 参数设置为 3，windy 节点的父节点变为三个。

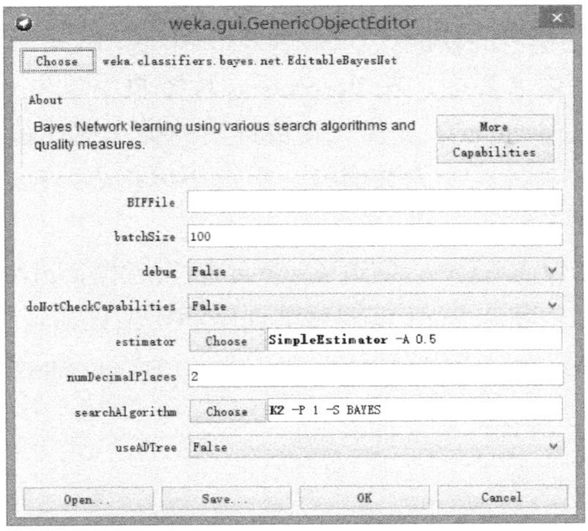

weka.gui.GenericObjectEditor
Choose
weka.classifiers.bayes.net.EditableBayesNet
About
Bayes Network learning using various search algorithms and quality measures.
More
Capabilities
BIFFile
batchSize
100
debug
False
doNotCheckCapabilities
False
estimator
Choose
SimpleEstimator -A 0.5
numDecimalPlaces
2
searchAlgorithm
Choose
K2 -P 1 -S BAYES
useADTree
False
Open...
Save...
OK
Cancel

图 6.56　通用对象编辑器对话框

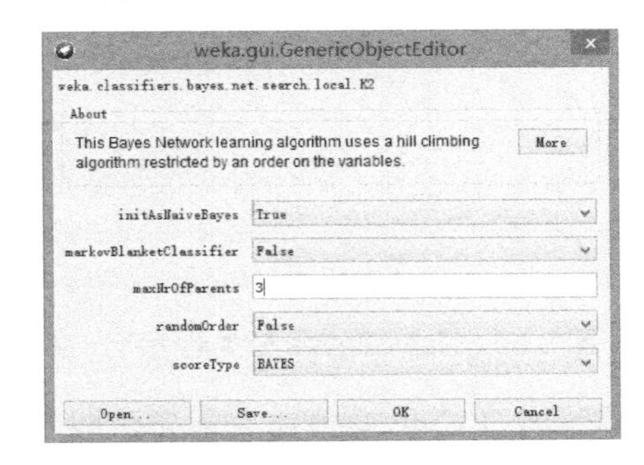

weka.gui.GenericObjectEditor
weka.classifiers.bayes.net.search.local.K2
About
This Bayes Network learning algorithm uses a hill climbing algorithm restricted by an order on the variables.
More
initAsNaiveBayes
True
markovBlanketClassifier
False
maxNrOfParents
3
randomOrder
False
scoreType
BAYES
Open...
Save...
OK
Cancel

图 6.57　设置参数

Bayes Network Editor
File Edit Tools View Help
100%
play
outlook
temperature
humidity
windy
Set evidence for windy

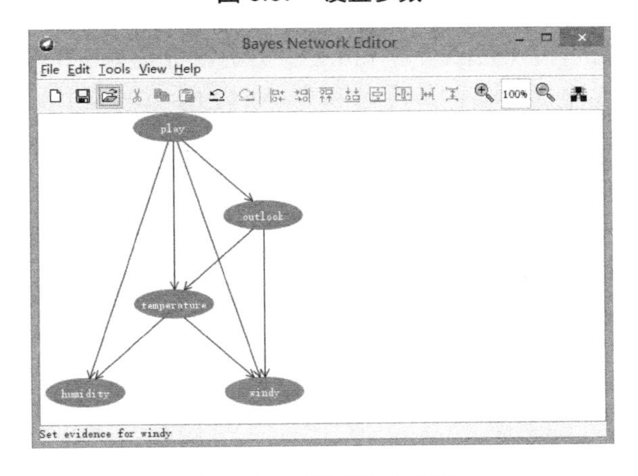

图 6.58　新的贝叶斯网络

如果对学习得到的网络结构不满意，可以手工修改，修改完成后，最好再次学习 CPT。

4. 使用朴素贝叶斯网络

朴素贝叶斯网络是最为简单的贝叶斯网络。本示例使用 NaiveBayes 分类器对天气数据集进行训练，并评估分类模型的性能。

首先，运行 Weka 探索者界面，在 Preprocess 标签页中单击 Open file 按钮，然后选择 data 目录下的 weather.numeric.arff 文件。该数据集的类别属性是标称型属性，而四个属性中有两个属性为标称型，另外两个为数值型，不过不用担心，NaiveBayes 会自动使用有监督的离散化来处理数值型属性。

然后，切换至 Classify 标签页，单击 Choose 按钮选择 NaiveBayes 分类器，保持默认的十折交叉验证测试选项，单击 Start 按钮启动训练和模型评估，运行结果如图 6.59 所示。

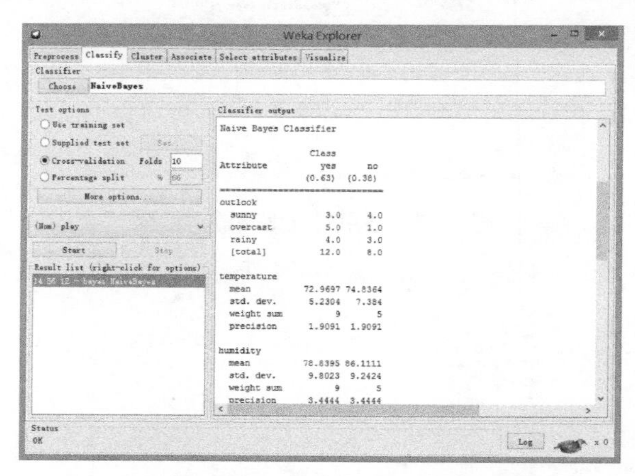

图 6.59　NaiveBayes 分类器运行结果

可以看到，在输出表格中显示了 NaiveBayes 分类模型的参数，第一列显示属性，另外两列显示类别值。表格中的单元格显示标称型属性的频度计数或数值型属性的正态分布参数。例如，图 6.59 中显示类别值为 yes 的实例的 temperature 均值为 72.9697，而类别值为 yes 且 outlook 的值为 sunny、overcast 和 rainy 的实例数分别为 3.0、5.0 和 4.0。细心的读者会注意到，outlook 的三个属性值的频度总和为 20(12.0+8.0=20.0)，大于天气数据集中实例的总数 14。这种情况出现的原因是，NaiveBayes 为避免出现为 0 的频度值，而使用了拉普拉斯校正，它将每一个频度计数初始化为 1 而不是 0。

除了 NaiveBayes 分类器之外，还有多种贝叶斯分类器可用。了解在什么情况下该使用哪一种贝叶斯分类器是贝叶斯算法爱好者的必修课，这里留作习题。

5. 定制网络结构的贝叶斯网络

本示例展示如何混合使用贝叶斯网络编辑器和探索者界面，在机器学习中加入一些人类思维，以更好地结合人类智能。

首先，运行 Weka GUI 选择器窗口，在菜单中选择 Tools | Bayes net editor 菜单项，启动贝叶斯网络编辑器。

然后，在贝叶斯网络编辑器中，选择 File | Load 菜单项，加载 data 目录下的 iris.arff 文件。加载数据集后的贝叶斯网络编辑器如图 6.60 所示。

注意到只有 class 节点可以看清节点里的文字，选择 File | Layout 菜单项，在弹出的 Graph Layout Options 对话框中，先选中 Custom Node Size 复选框，然后将 Width 选项设置为 80，最后单击 Layout Graph 按钮关闭对话框，得到的结果如图 6.61 所示。

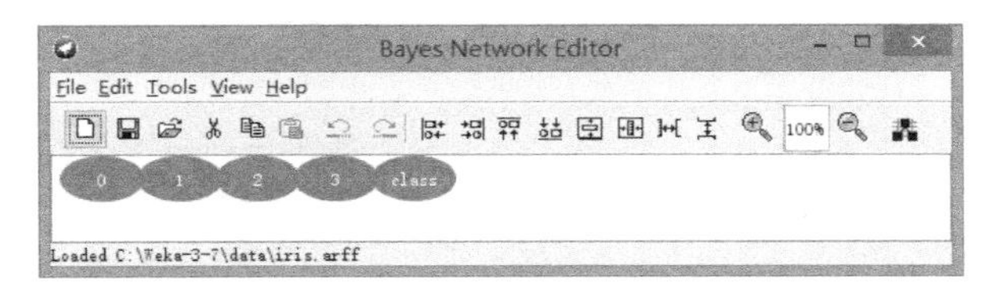

图 6.60 加载数据集后的贝叶斯网络编辑器

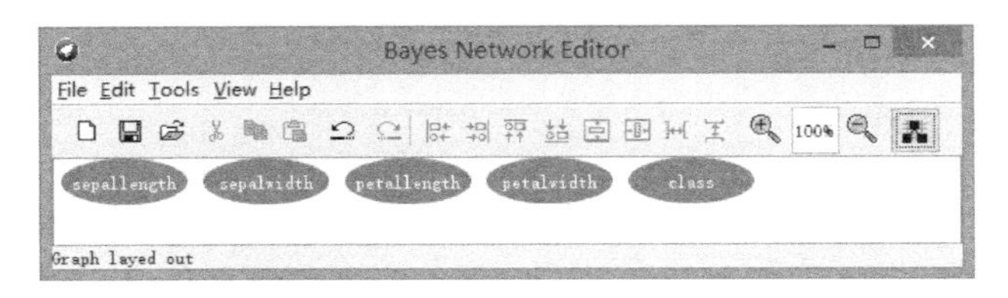

图 6.61 调整布局后的网络节点

选择 Tools | Learn Network 菜单项，在弹出的如图 6.62 所示的 Learn Bayesian Network 对话框中，单击 Learn 按钮，得到如图 6.63 所示的贝叶斯网络。

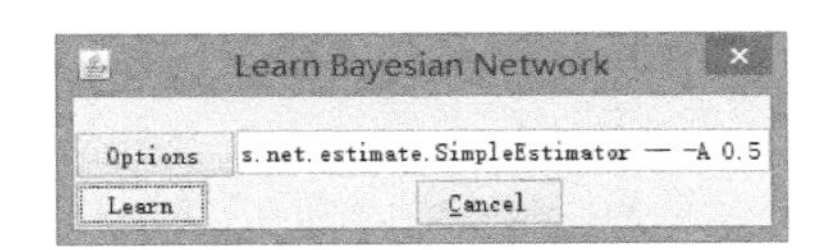

图 6.62 Learn Bayesian Network 对话框

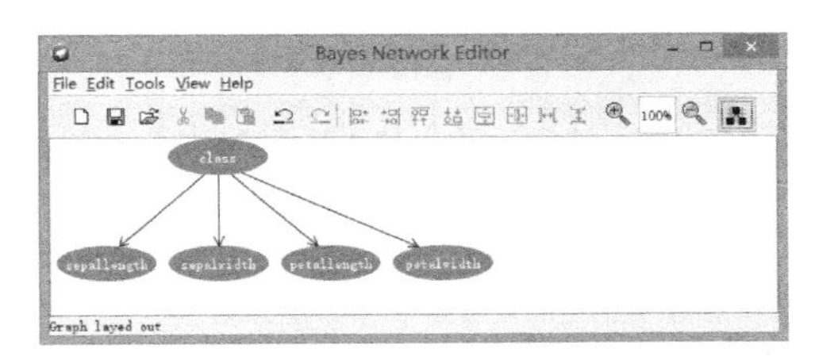

图 6.63 学习得到的网络结构

选择 File | Save 菜单项，打开 Save Graph As 对话框，选择文件类型为 XML BIF files，然后导航至 data 目录，在“文件名”文本框中输入“iris1”，并单击“保存”按钮进行保存。

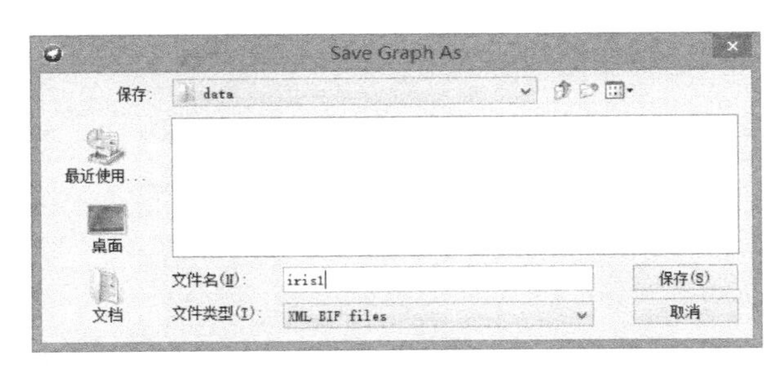

图 6.64 保存网络

下一步，使用探索者界面。记住不要关闭贝叶斯网络编辑器，因为马上就要使用。

运行探索者界面，在 Preprocess 标签页中单击 Open file 按钮打开 iris.arff 文件，切换至 Classify 标签页，单击 Classifier 选项组中的 Choose 按钮，选择 BayesNet 分类器，单击 Choose 按钮右面的文本框，弹出配置 BayesNet 选项的通用对象编辑器对话框。单击 SearchAlgorithm 选项后面的 Choose 按钮，选择 weka.classifiers.bayes.net.search.fixed 包下的 FromFile，如图 6.65 所示。

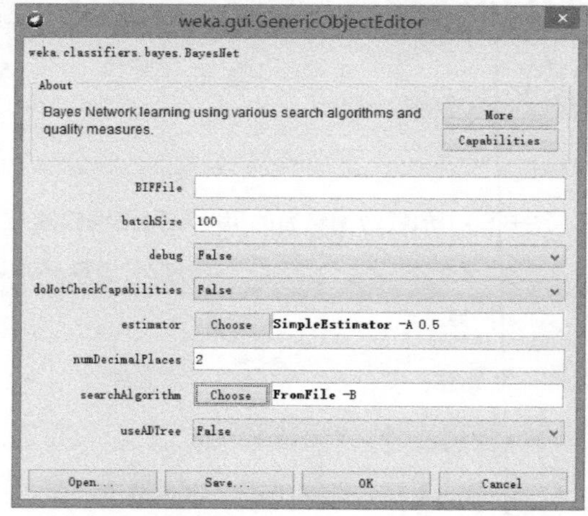

图 6.65　BayesNet 选项

单击 searchAlgorithm 选项后面的文本框，在弹出的通用对象编辑器对话框中，在 BIFFile 文本框中输入“C:\Weka-3-7\data\iris1.xml”，加载上一步保存的 BIF 文件，如图 6.66 所示。连续两次单击 OK 按钮关闭两个通用对象编辑器对话框。

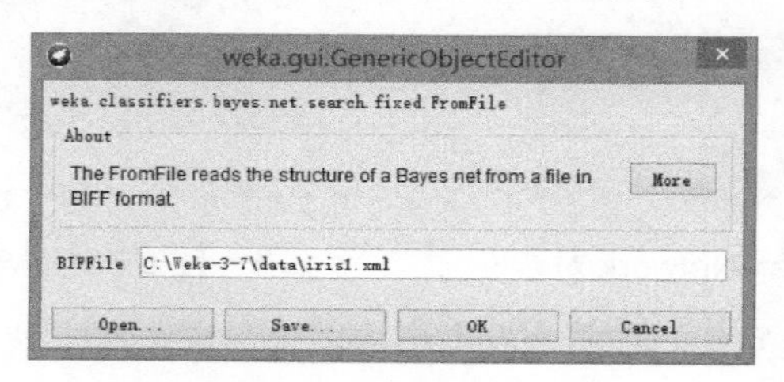

图 6.66　加载 BIFFile

现在回到探索者界面的 Classify 标签页，使用默认的十折交叉验证策略，单击 Start 按钮启动训练和模型评估，结果如图 6.67 所示。

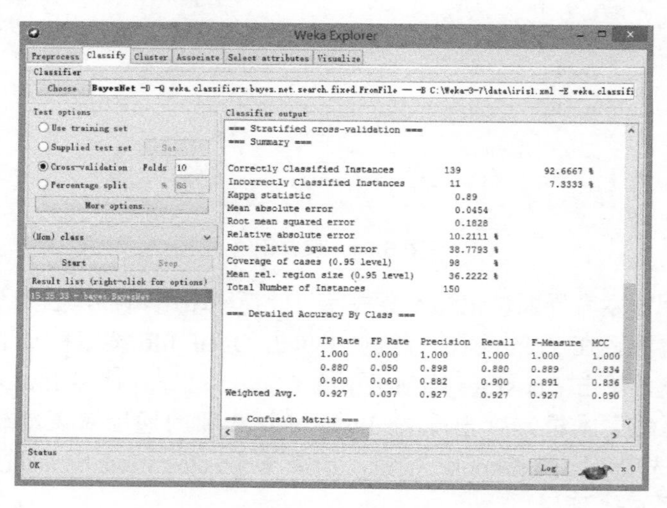

图 6.67　评估结果(1)

注意到现在的分类准确率为 92.6667%，现在尝试更改贝叶斯网络结构，加入人类的领域知识，试图提升分类准确率。

切换至贝叶斯网络编辑器，右击 sepalwidth 节点，在弹出的快捷菜单中选择 Add parent | petalwidth 菜单项，然后选择 Tools | Layout 菜单项，得到的网络结构如图 6.68 所示。

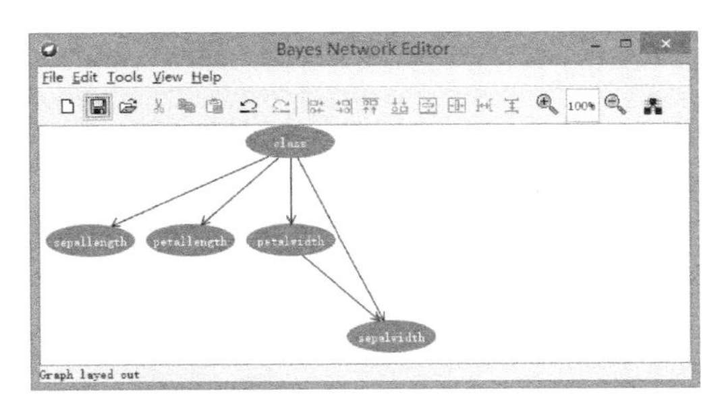

图 6.68　更改网络结构

选择 File | Save As 菜单项，将更改后的网络保存为 XML BIF 格式的 iris2.xml 文件，如图 6.69 所示，单击“保存”按钮保存。

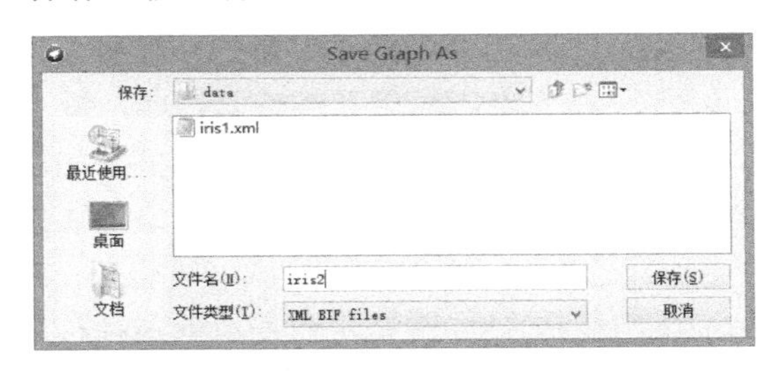

图 6.69　保存更改后的网络

回到探索者界面，单击 Classifier 选项组中的文本框，在弹出的通用对象编辑器对话框中，单击 searchAlgorithm 选项后面的文本框，在弹出的通用对象编辑器对话框中，在 BIFFile 文本框中将 iris1.xml 更改为 iris2.xml，加载更改网络后的 BIF 文件，如图 6.70 所示。连续两次单击 OK 按钮关闭两个通用对象编辑器对话框，回到探索者界面。

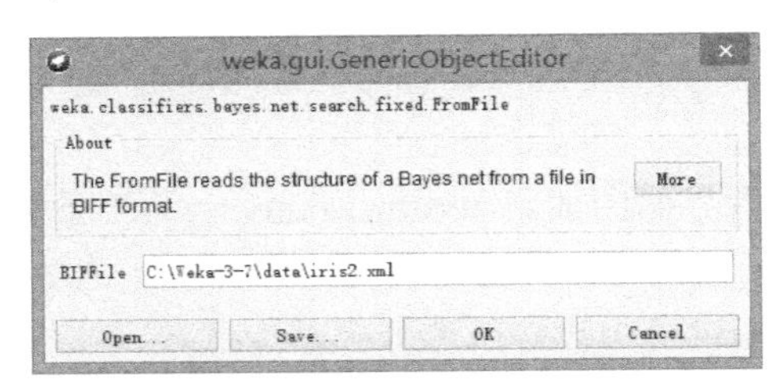

图 6.70　加载更改后的 BIF 文件

再次单击探索者界面 Classify 标签页中的 Start 按钮，启动训练和模型评估，评估结果如图 6.71 所示。

对照图 6.67 和图 6.71 容易得出如下结论：优化贝叶斯网络结构后，分类准确率由原来的 92.6667%提高至 94.6667%，效果令人满意。

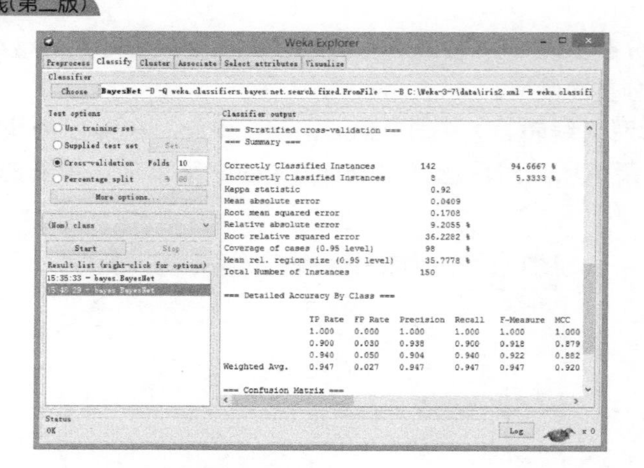

图 6.71　评估结果(2)

6.2 神经网络

神经网络(Neural Network，NN)是人工神经网络(Artificial Neural Network，ANN)的简称，它是一种模仿生物神经网络结构和功能的数学模型或计算模型。神经网络由大量的节点(或称“神经元”或“单元”)和节点之间相互连接而构成，每个节点代表一种特定的输出函数，称为激励函数。每两个节点间的连接都有一个数值型的权重值，通过实验可以调节权重值，这使得神经网络能够适应输入且能够学习。网络的连接方式、权重值和激励函数决定了网络的输出。

BP(Back Propagation，反向传播)神经网络是误差反向传播神经网络的简称，由一个输入层、一个隐含层和一个输出层构成。Weka 神经网络使用多层感知器(MultilayerPerceptron)实现了 BP 神经网络，是一个使用反向传播的分类器，其全限定名为 weka.classifiers.functions.MultilayerPerceptron。用户既可以手工构建这个网络，也可以使用算法构建，或两者兼备。在训练过程中，可以对该网络进行监视和修改。

尽管归属于 weka.classifiers.functions 包，MultilayerPerceptron 分类器有自己的图形用户界面，因此不同于其他的学习方案。

6.2.1 GUI 使用

首先，在 Weka 探索者界面中加载 weather.numeric.arff 数据集，切换至 Classify 标签页，选择使用 MultilayerPerceptron 分类器。单击 Classifier 选项组中 Choose 按钮右边的文本框，在打开的通用对象编辑器中设置所选分类器的选项。在这里只需将 GUI 选项设置为 True，保持其他选项不变，如图 6.72 所示。然后，单击 OK 按钮关闭对话框。

这里将 GUI 选项设置为 True，能使 Weka 弹出一个 GUI 界面，允许用户在神经网络训练过程中暂停和修改。其余选项的具体描述可参见本书附录 B。

在 Classify 标签页中单击 Start 按钮启动神经网络学习，Weka 会自动弹出一个显示神经网络框图的窗口，如图 6.73 所示。窗口分上下两个部分，上部区域显示神经网络的结构框图，下部区域可以设置一些参数以及控制神经网络的运行。

weka.gui.GenericObjectEditor

weka.classifiers.functions.MultilayerPerceptron

About

A Classifier that uses backpropagation to classify instances.

More

Capabilities

GUI	True
autoBuild	True
batchSize	100
debug	False
decay	False
doNotCheckCapabilities	False
hiddenLayers	a
learningRate	0.3
momentum	0.2
nominalToBinaryFilter	True
normalizeAttributes	True
normalizeNumericClass	True
numDecimalPlaces	2
reset	False
seed	0
trainingTime	500
validationSetSize	0

Open... Save... OK Cancel

图 6.72　设置 GUI 选项

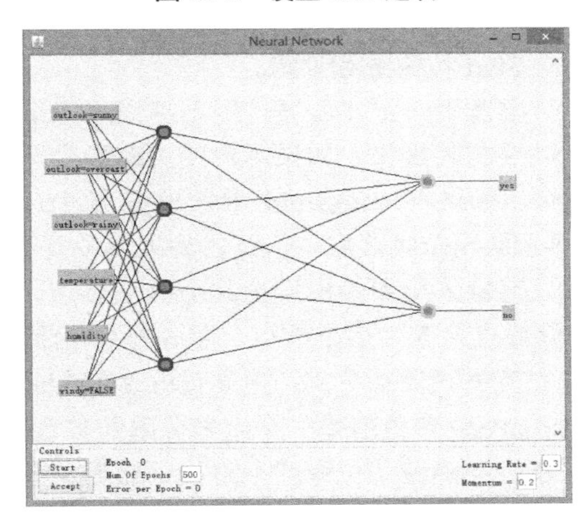

图 6.73　Neural Network 窗口

图 6.73 显示的网络分为三层：左边为输入层，每个属性对应一个绿色的矩形框；输入层旁边的红色节点是隐藏层，所有的输入节点都和隐藏层相连接；右边的橙色节点是输出层。最右边的橙色标签显示输出节点所代表的类别。数值型类别的输出节点会自动转换为 unthresholded 的线性单位。

注意： 输入层的属性与数据集中的属性不完全对应，数值型属性(如 temperature 和 humidity)和二元标称属性(如 windy)都只是一个输入节点，但 outlook 有三个取值，因此占用三个输入节点。

在单击 Start 按钮运行网络之前，可以添加一些节点和连接以更改网络结构。可以选定节点或取消选定节点，可以由节点中心的颜色来区分节点现在到底处于选定状态还是取消选定状态，亮黄色表示处于选定状态，灰色表示处于取消选定状态。如果要选择一个节点，只要单击该节点即可；如果要取消选定节点，只需右击空白处既可。要添加节点，首先要确保没有选定任何节点，然后在窗口上部区域内单击，就会在单击位置产生一个新节点，且新节点自动变为选定状态。

如果要连接两个节点，先选定起始节点，然后单击结束节点。如果在单击结束节点之前已经选定了多个起始节点，则这些节点都会连接到结束节点；如果单击的不是结束节点而是空白位置，则创建一个新节点作为结束节点。连接节点后，起始节点还保持为选定状态，这样，用户可以只用很少几次单击就能添加全部的隐藏层。特别要注意的是，尽管没有用箭头在网络中显示出来，节点间的连接都是有向的。

如果要删除某个节点，先确保没有任何节点处于选定状态，然后右击该节点。删除节点也会自动删除所有与该节点相连的连接。要删除单个连接，选择一个节点(不论是起始节点还是结束节点)，然后右击另一个相连节点即可。

在配置好网络结构的同时，还可以控制 Learning Rate(学习速率)、Momentum(动量)，以及遍历数据的趟数，称为 Num Of Epochs(迭代趟数)。单击 Start 按钮启动网络训练，窗口左下方显示正在运行的趟(Epoch)以及每趟的错误(Error per Epoch)。请注意，该错误随着计算值后网络的变化而变化。对于数值型类别，错误值取决于类别是否规范化。当达到指定数量的趟数时，网络训练停止，此时，可以单击 Accept(接受)按钮接受结果，也可以修改网络或参数，并再次单击 Start 按钮继续训练。

MultilayerPerceptron 分类器不一定非要通过图形界面才能运行，可以直接在通用对象编辑器中设置几个参数，以控制其操作。如果用户使用图形界面，可以控制初始的网络结构，然后通过交互修改结构。如果将 autoBuild 参数设置为 True，会添加隐藏层并进行连接，默认只有如图 6.73 所示的一个隐藏层。但是，如果不设置 autoBuild 参数，隐藏层将不会出现，且不会连接，只有输入层和输出层的几个孤立节点。hiddenLayers 参数定义哪些隐藏层出现以及每一个隐藏层包含多少个节点。图 6.73 是由值 4(一个隐藏层包含四个节点)产生的。虽然可以通过交互方式添加节点，但通过改变 hiddenLayers 参数的值来达到同样的目的更为直接。hiddenLayers 参数值是一个逗号分隔的整数列表，为 0 时表示没有隐藏层；为“4,5”时则表示第一个隐藏层包含四个节点，而另一个隐藏层包含五个节点。参数值除了可以使用整数外，还可以使用如下预定义的值：“i”为属性的数量，“o”为类别值的数量，“a”为“i”和“o”两者的平均值，“t”为两者的和，默认为“a”。

图 6.72 所示对话框中的 learningRate 和 momentum 参数为对应变量设置值，可以在图形界面中改设这些变量。decay(衰变)参数使学习率随时间递减：将初始值除以趟数，以获取当前的学习率。该参数有时会提高性能，并可能会使网络停止发散。reset(复位)参数自动将网络复位为较低的学习率，并在偏离答案时重新启动训练。此选项仅在不使用图形界面时才可用，也就是说，在 GUI 参数为 True 时，reset 参数只能选择为 False。

trainingTime 参数用于设置训练的趟数，默认为 500 次。另一种替代方案是使用 validationSetSize 参数预留一定百分比的数据进行验证，然后继续训练，直到验证集的性能开始持续恶化，或者达到指定的趟数。如果设置百分比为 0(默认值)，则不使用验证集。validationThreshold 参数用于确定在训练停止前，允许有多少次验证集性能连续恶化错误，默认为 20 次。

MultilayerPerceptron 分类器默认使用 nominalToBinaryFilter 过滤器，如果数据中的标称型属性实际上就是序数类型，将该选项设置为 False 可以提高性能。可以使用

normalizeAttributes 选项将属性规范化。此外，可以使用 normalizeNumericClass 选项将数值型的类别属性规范化。这两个规范化选项可以提高性能。上述三个选项默认为 True。

6.2.2 手把手教你用

1. 图形界面编辑操作

首先启动探索者界面，在 Preprocess 标签页中单击 Open file 按钮，在打开的对话框中，导航至 Weka 安装目录下的 data 目录，选择加载 weather.numeric.arff 数据文件。

然后切换至 Classify 标签页，选择 functions 条目下的 MultilayerPerceptron 分类器，单击 Choose 按钮右边的文本框以打开通用对象编辑器对话框，将 GUI 参数设置为 True，如图 6.72 所示。由于只是实验，因此选择的测试选项为 Use training set。单击 Start 按钮启动网络学习，这时会自动弹出如图 6.73 所示的窗口。

可以看到，现在的神经网络只有一个包含四个节点的隐藏层，这里的操作目标是通过手工编辑，再添加一个包含五个节点的隐藏层。具体操作分为如下三步。

第一步，删除隐藏层到输出层的连接。具体步骤是：选中最上面的隐藏节点，可以看到选中节点的中心颜色由灰色变为亮黄色，然后右击最上面的输出节点，删除两个节点间的连接线；再右击另一个输出节点，这样就删除了第一个隐藏节点到两个输出节点的连接。当然，这样做的效率非常低，下面尝试高效的操作。在窗口上部区域的空白处右击，以取消节点的选中状态。然后单击选中第二个隐藏节点，在按住 Ctrl 键的同时依次单击第三个隐藏节点和第四个隐藏节点，确保第二、三、四个隐藏节点的中心全部变为亮黄色，然后放开 Ctrl 键，依次右击两个输出节点。这样就删除了从隐藏节点到输出节点的全部连接，如图 6.74 所示。最后，在空白处右击，取消节点的选中状态。

第二步，添加包含五个节点的隐藏层并进行连接。具体步骤是：按照第一步的方法，选中第一个隐藏层的全部四个节点；然后，在希望的位置单击，可以看到创建了一个新节点且新节点已经是四个节点连接的结束节点。重复单击四次鼠标后，完成的网络如图 6.75 所示。

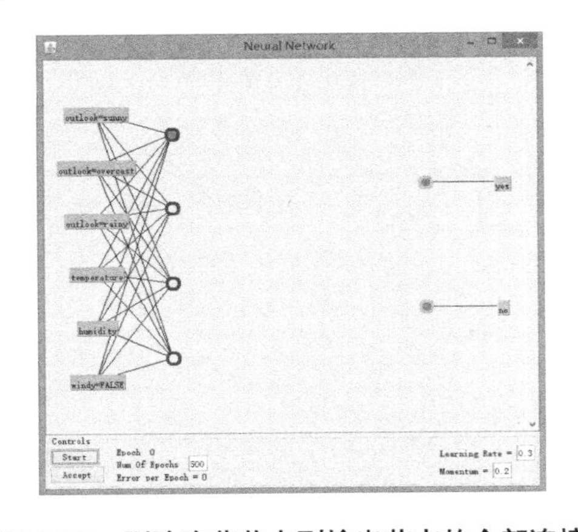

图 6.74　删除隐藏节点到输出节点的全部连接

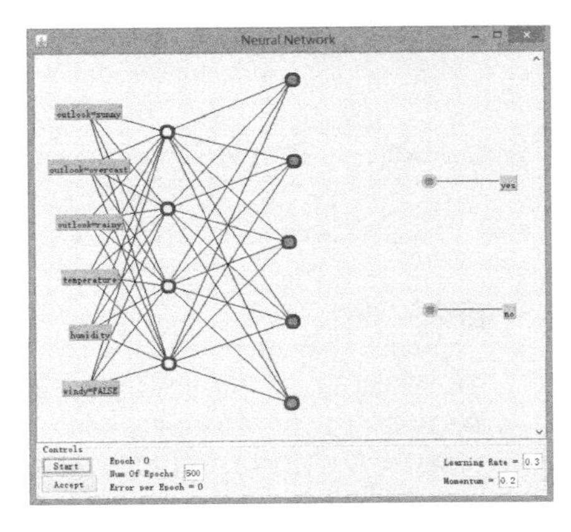

图 6.75　添加五个节点并连接

第三步，将第二个隐藏层的五个节点与输出节点进行连接。具体步骤是：首先，在空白处右击，取消节点选中状态；然后，按照第一步的方法选中五个节点，再依次单击两个输出节点。完成以后的网络如图 6.76 所示。

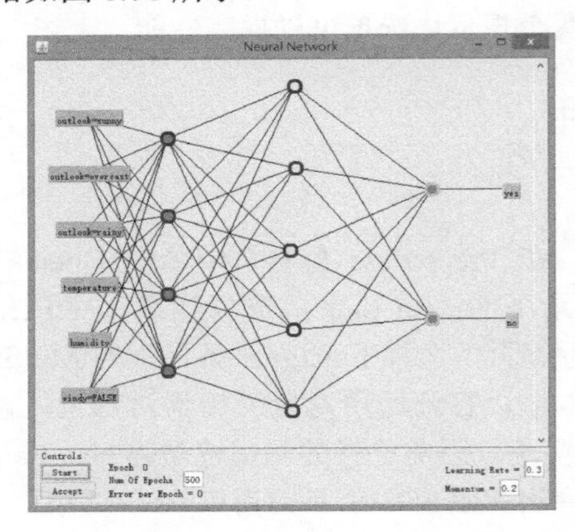

图 6.76 完成以后的网络

完成后，可以单击 Start 按钮开始训练。训练完成后，可以参考 Error per Epoch 指标，如果对效果满意，单击 Accept 按钮接受修改好的网络模型。

当然，使用交互式的图形方式虽然直观，但还是有些麻烦。通过设置参数的方式可以一步达到上述目标。打开通用对象编辑器，设置 MultilayerPerceptron 分类器的 hiddenLayers 参数，将该参数的默认值由“a”修改为“a,5”，并保持其他参数不变。再次启动网络学习，可以看到，得到的神经网络框图类似于手工编辑得到的图 6.76。

2. 调整参数

使用探索者界面，从 Weka 安装目录下的 data 目录中加载 ionosphere.arff 文件。切换至 Classify 标签页，选中 MultilayerPerceptron 分类器，保持其默认参数，保持测试选项为十折交叉验证，单击 Start 按钮启动训练及评估。完成后 Weka 会在分类器输出区域输出训练和评估结果。限于篇幅，下面对主要部分的输出进行说明。

首先输出的部分主要显示各神经元的一些权重(Weights)和阈值(Threshold)。可以看到，这里对应的是神经网络的输出节点，其 Weights 分布对应隐藏层节点的权重。具体输出如下：

```
Test mode:    10-fold cross-validation

=== Classifier model (full training set) ===

Sigmoid Node 0
   Inputs    Weights
   Threshold    2.059883437903601
   Node 2    2.076233359394848
   Node 3    3.2183559170557805
   Node 4    -0.7017532303075542
   Node 5    -1.958275690496231
   ...
   Node 19    4.045989528132257
```

然后显示输入节点的权重，输出如下：

```
Sigmoid Node 2
   Inputs   Weights
   Threshold   -0.18027927909992883
   Attrib a01   -0.9694519022960929
   Attrib a02   0.016992161115539056
   Attrib a03   -0.8999129576661208
   Attrib a04   -0.07380171922935379
   Attrib a05   0.1419345878469754
   ...
   Attrib a34   1.1459036574648676
```

最后一部分显示各个评估指标，可以看到正确分类的实例已经超过 90%，分类效果还是不错的。输出如下：

```
=== Stratified cross-validation ===
=== Summary ===

Correctly Classified Instances        320              91.1681 %
Incorrectly Classified Instances       31               8.8319 %
Kappa statistic                      0.7993
Mean absolute error                   0.0938
Root mean squared error                0.2786
Relative absolute error               20.3738 %
Root relative squared error            58.0756 %
Coverage of cases (0.95 level)          94.302  %
Mean rel. region size (0.95 level)      54.9858 %
Total Number of Instances             351
```

调整参数是个很繁杂很费时间的工作。MultilayerPerceptron 分类器的参数很多，对于不同数据集，要将参数调整到一个可接受的范围内不是一件容易的事。本例仅对 Num Of Epochs、Momentum、Learning Rate 和网络结构进行调整，测试调整参数对性能的影响。

Num Of Epochs 参数是训练的迭代次数，显然，Num Of Epochs 参数值越大，训练花费的时间越多。默认的 Num Of Epochs 参数值为 500，分别将其修改为 200 和 1000，启动训练和评估，得到如表 6.1 所示的评估数据。

表 6.1 修改 Num Of Epochs 参数值得到的结果

Num Of Epochs 参数值	构建模型时间/秒	正确分类的实例/%	均方根误差(RMSE)
200	1.52	90.8832	0.2795
500	3.83	91.1681	0.2786
1000	7.51	91.1681	0.2831

可以看到，构建模型的时间与 Num Of Epochs 参数值成正比，当重复迭代训练一定次数后，正确分类实例的比例并不一定会提升，有时候反而会造成过度拟合。

注意： 由于读者的计算机与本次实验的计算机存在速度的不同，并且实际运算中随机划分训练集和测试集使得选取的结果可能会存在差异，因此，如果读者得到同表 6.1 不太一致的数据，也不必惊奇，只要大趋势没有实质性变化就可以了。下面的测试道理也相同，不再赘述。

Momentum 参数用于增加波动的阻尼。如果认为训练沿着最优的“谷底”来回反弹，增大 Momentum 参数会有一定帮助。但是，如果 Momentum 参数值太大，其结果可能会绕着“谷底”转圈，而不是螺旋式使误差越来越小。因为无法看到实际的拟合面，只能通过试错法来调整 Momentum 参数。

下面先恢复 MultilayerPerceptron 分类器的全部参数为默认值，然后再修改 Momentum 参数，启动训练和评估，得到如表 6.2 所示的评估数据。

表 6.2　修改 Momentum 参数值得到的结果

Momentum 参数值	构建模型时间/秒	正确分类的实例/%	均方根误差(RMSE)
0.1	3.86	91.7379	0.2710
0.2	3.83	91.1681	0.2786
0.4	3.81	91.4530	0.2797
0.8	3.89	91.4530	0.2770

可以看到，就本例而言，修改 Momentum 参数对评估的影响有限。

Learning Rate 参数用于控制学习速率，它决定在每一趟，跳跃有多长距离。如果该值很小，改变网络权重的过程就需要很长；但如果该值过大，可能直接跳过并错过最优地点，到达另一个地方。想象一下如下场景，假如你穿越高山，尝试找到谷底溪流，你会观察一下四周的局部坡度，面对下坡的方向闭上眼睛。走路的步幅与学习速度成正比，如果步幅迈得过大，可能会跨过小溪而不自觉，从而到达对面的斜坡。下一次也可能只是重复刚才的错误，因步幅太大而无法找到最优位置。因此只能通过试错法进行调整。

下面先恢复 MultilayerPerceptron 分类器的全部参数为默认值，然后再修改 Learning Rate 参数，启动训练和评估，得到如表 6.3 所示的评估数据。

表 6.3　修改 Learning Rate 参数值得到的结果

Learning Rate 参数值	构建模型时间/秒	正确分类的实例/%	均方根误差(RMSE)
0.1	3.77	91.1681	0.2838
0.3	3.83	91.1681	0.2786
0.6	3.78	91.4530	0.2837
1.0	3.81	90.8832	0.2824

可以看到，就本例而言，修改 Learning Rate 参数对评估有一定的影响，当该参数过大时，由于较难找到适合的权重和阈值，因而会影响正确分类实例所占的比例。

最后，测试改变网络结构对评估的影响。先恢复 MultilayerPerceptron 分类器的全部参数为默认值，然后再修改 hiddenLayers 参数，启动训练和评估，得到如表 6.4 所示的评估数据。

可以看到，改变网络结构对评估性能有一定影响。但是，让人伤心的是，BP 网络只能学习一些参数，而无法自动学习配置网络结构，只能采用试错法去寻找一种符合当前数据的最优网络结构。

表 6.4 修改 hiddenLayers 参数值得到的结果

hiddenLayers 参数值	构建模型时间/秒	正确分类的实例/%	均方根误差(RMSE)
a	3.83	91.1681	0.2786
10	2.23	91.4530	0.2826
10, 10	3.47	92.0228	0.2734
10, 15	4.24	91.7379	0.2772

6.3 文本分类

自动文本分类也简称为文本(文档)分类，是指在给定分类体系下，根据文本内容自动确定文本类别的过程。20 世纪 90 年代以前，占主导地位的文本分类方法是由专业人员手工进行分类。人工分类非常费时，效率非常低。90 年代以来，众多的统计方法和机器学习方法开始应用于自动文本分类，文本分类技术的研究引起了研究人员的极大兴趣。目前，文本分类主要在信息检索、Web 文档自动分类、数字图书馆、自动文摘等多个领域得到一些应用。

英文文本分类比较直观，一般使用 StringToWordVector 过滤器将文本转换为一种称为词向量(word vector)的数据矩阵，然后像分类的数据集那样使用分类器。相比于英文文本分类，中文文本分类的一个重要的差别在于预处理阶段。中文文本需要分词，不像英文文本的单词那样已有空格来区分。从简单的查词典的方法，到后来的基于统计语言模型的分词方法，中文分词的技术已趋于成熟。本书使用 IK Analyzer 工具进行分词，这是一个开源的基于 Java 语言开发的轻量级的中文分词工具包。

一旦经过预处理将中文文本转换为词向量，那么随后的文本分类过程和英文文本分类相同，也就是说，随后的文本分类过程独立于语种。因此，当前的中文文本分类主要集中在如何利用中文本身的一些特征来更好地表示文本样本。

除了上文所说的将文档转换为词向量模型之外，可能还要根据需要选做移除停用词、词干提取、词频统计和 TF-IDF 计算。其中，移除停用词是指删除在信息检索和文本挖掘中没有用处的词，例如，英文中的“the、of、and”等。移除停用词有两大作用：第一，能有效减少数据文件的大小，一般而言，停用词占 20%～30%的总词量；第二，能提高系统的效率，因为停用词无用，有时还会迷惑系统。词干提取是简化单词的技术，它将单词转换为词干。词干提取能匹配相似的单词，提高查全率，从而提高信息检索和文本挖掘的有效性；另外，词干提取能够合并相同词干的单词，从而大大减小索引的大小。

另外，样本矢量模型有多种表示方式，最简单的方式是分别采用 1 和 0 来表示文档中某个单词的有和无，还可以采用词频表或词逆向文档频率表来表示。在一份文档中，词频(Term Frequency，TF)指的是某个给定的单词在该文档中出现的次数，该数字通常要规范化，以防止它偏向长文档。TF-IDF(Term Frequency-Inverse Document Frequency)是一种用于信息检索与文本分类的常用加权技术，它是一种用于评估某个单词对于一个文档集或一个语料库中的其中一份文档的重要程度的统计方法。单词的重要性与它在文档中出现的次数成正比，但同时与它在语料库中出现的频率成反比。

下面先从一个文本分类的简单示例开始，介绍如何使用 Weka 工具来进行文本分类。

6.3.1 文本分类示例

本节完成一个简单文本分类的实验。原始数据是文本，首先需要转换成适合学习的形式，具体方法是根据训练语料中的所有文档创建一个词典，使用 Weka 的无监督属性过滤器 StringToWordVector，为每个词创建一个数值型属性。转换后，同样存在类别属性，也就是文档的类别标签。

StringToWordVector 过滤器假定待分类文本的属性类型是字符串类型，该类型的属性是一种没有预先设定值的标称型属性。过滤后的数据会将该文本替代为一组固定的数值型属性，类别属性的位置由默认的最末变成最前，成为第一个属性。

因此，完成文档分类的第一步是创建 ARFF 格式的训练集和测试集文件，其中必须有一个字符串型属性以容纳文档的文本。具体方法就是在 ARFF 文件的头部使用@attribute document string 进行声明，这里的 document 为属性名称；另外，还需要一个标称型属性作为文本的类别属性，这里的类别属性名称为 class，是一个二元(只有 yes 和 no)的标称型属性。这样，就完成了训练文档和测试文档的建立，分别如数据集 6.1 和数据集 6.2 所示。

数据集 6.1 TrainingDocuments.arff

```
@relation '文档分类训练集'

@attribute document string
@attribute class {yes,no}

@data

'奥运会 篮球 比赛 和 世界 篮球 锦标赛 的 比赛 场地 长度 是 28 米 宽 15 米', yes
'罚球区 是 限制区 加上 以 罚球线 中点 为 圆心 以 1.80 米 为 半径 向 限制区 外 所画 的 半圆 区域',
yes
'地球 是 太阳系 从 内 到 外 的 第三颗 行星', no
'从 卫星 上 鸟瞰 地球 感受 前所未有 的 视觉 冲击', no
'篮球 运动 于 1891 年 起源 于 美国', yes
'游览 遥远 的 地方 漫步 3D 森林 穿梭 时空 回到 过去', no
```

数据集 6.2 TestDocuments.arff

```
@relation '文档分类测试集'

@attribute document string
@attribute class {yes,no}

@data

'篮球 运动 是 以 投篮 上篮 和 扣篮 为 中心 的 对抗性 室内 体育 运动 之一', ?
'浏览 这些 令人惊叹 的 图片 或 在 太空 中 飞往 图片 所 对应 的 位置', ?
'篮球 运动 是 1896 年 前后 由 天津 中华 基督教 青年会 传入 中国 的', ?
```

'您 可以 探索 由 Google 地球 和 支持 合作 伙伴 创建 的 包含 大量 景点 视频 和 图像 的 资源库', ?

训练集和测试集文本的 document 属性描述篮球和 Google 地球的内容，类别标签为 yes 的是篮球运动的说明，类别标签为 no 的是 Google 地球的说明。由于不打算一下就涉及中文分词，以免将情况复杂化，这里先用空格符号对文档进行了手工分词。测试集文件的类别属性标签使用“?”符号表示其值缺失。

现在使用 StringToWordVector 过滤器对训练集文件进行预处理，然后构建 J48 决策树。启动 Weka 探索者界面，加载 TrainingDocuments.arff 文件，可以看到数据集仅有两个属性。然后单击 Filter 选项组中的 Choose 按钮，选中 StringToWordVector 过滤器，保持默认选项不变，单击 Apply 按钮实施过滤，再将类别属性设为第一个属性(class)。过滤后的结果如图 6.77 所示，可见，预处理将原来的数据集由 2 个属性转换为 61 个属性，每个属性的名称为文档文本里的单词。

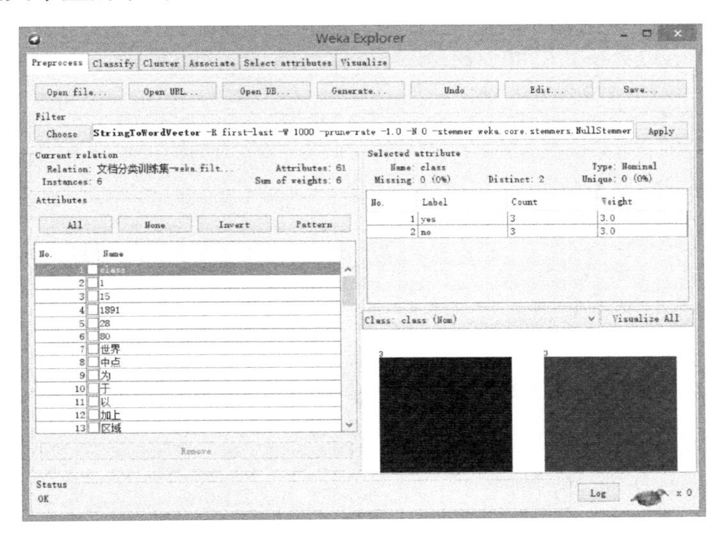

图 6.77　预处理结果

单击 Preprocess 标签页中的 Edit 按钮，可以看到当前的数据集，如图 6.78 所示。可见，StringToWordVector 过滤器创建一个词向量，每个文档中如果含有某个单词，对应的属性值就为 0，否则为 1。

Viewer

Relation: 文档分类训练集-weka.filters.unsupervised.attribute.StringToWordVector-R1-W1000-prune-rate-1.0-N0-stemmerweka.core.stemmers.Nu...

No.	1: class Nominal	2: 1 Numeric	3: 15 Numeric	4: 1891 Numeric	5: 28 Numeric	6: 80 Numeric	7: 世界 Numeric	8: 中点 Numeric	9: 为 Numeric	10: 于 Numeric	11: 以 Numeric	12: 加上 Numeric	13: 区域 Numeric	14: 半圆 Numeric	15: 半径 Numeric
1	yes	0.0	1.0	0.0	1.0	0.0	1.0	0.0	0.0	0.0	0.0	0.0	0.0	0.0	0.0
2	yes	1.0	0.0	0.0	0.0	1.0	0.0	1.0	1.0	0.0	1.0	1.0	1.0	1.0	1.0
3	no	0.0	0.0	0.0	0.0	0.0	0.0	0.0	0.0	0.0	0.0	0.0	0.0	0.0	0.0
4	no	0.0	0.0	0.0	0.0	0.0	0.0	0.0	0.0	0.0	0.0	0.0	0.0	0.0	0.0
5	yes	0.0	0.0	1.0	0.0	0.0	0.0	0.0	0.0	1.0	0.0	0.0	0.0	0.0	0.0
6	no	0.0	0.0	0.0	0.0	0.0	0.0	0.0	0.0	0.0	0.0	0.0	0.0	0.0	0.0

Undo　OK　Cancel

图 6.78　预处理后的数据集

单击 Preprocess 标签页中的 Save 按钮，将当前数据集保存为 TrainingDocuments-preprocessed.arff 文件，使用任意文本编辑器打开该文件进行研究，其内容如数据集 6.3 所示。研究时要注意三个地方：第一，关系名称为预处理前的关系名加上预处理的过滤器名称及其选项；第二，字符串型属性转换为数值型的矩阵，类别属性只是将位置变为第一个属性，其他不变；第三，产生的文件是压缩格式的 ARFF，也就是只显示不为 0 的属性值。这里以第一个实例为例进行解释，{2 1,4 1,6 1,16 1,18 1,20 1,21 1,24 1,25 1,26 1,27 1,28 1,34 1,35 1}表示第 2 个属性值为 1，第 4 个属性值为 1，以此类推。注意到这里所说的第 *n* 个，是指以 0 为基(即从 0 开始计数)的属性索引，不同于图 6.78 所示的以 1 为基的属性索引。比如，类别属性在图 6.78 中显示为第 1 个属性，但在数据集 6.3 中却表示为第 0 个属性。而且因为是压缩表示，如果类别属性标签为 yes，这时第 0 个类别的离散值就是 0，所以不显示。

数据集 6.3　TrainingDocuments-preprocessed.arff

```
@relation '文档分类训练集-weka.filters.unsupervised.attribute.StringToWordVector-
R1-W1000-prune-rate-1.0-N0-stemmerweka.core.stemmers.NullStemmer-stopwords-
handlerweka.core.stopwords.Null-M1-tokenizerweka.core.tokenizers.WordTokenizer
-delimiters \" \\r\\n\\t.,;:\\\'\\\"()?!\"'

@attribute class {yes,no}
@attribute 1 numeric
@attribute 15 numeric
@attribute 1891 numeric
@attribute 28 numeric
@attribute 3D numeric
@attribute 80 numeric
@attribute 上 numeric
@attribute 世界 numeric
@attribute 中点 numeric
...
@data
{2 1,4 1,6 1,16 1,18 1,20 1,21 1,24 1,25 1,26 1,27 1,28 1,34 1,35 1}
{1 1,5 1,7 1,8 1,10 1,11 1,12 1,13 1,14 1,15 1,17 1,19 1,23 1,24 1,26 1,28
1,29 1,30 1,36 1}
{0 no,19 1,24 1,26 1,39 1,40 1,42 1,47 1,48 1,55 1,56 1}
{0 no,26 1,38 1,39 1,41 1,43 1,44 1,47 1,49 1,57 1,60 1}
{3 1,9 1,22 1,27 1,31 1,32 1,33 1}
{0 no,26 1,37 1,45 1,46 1,50 1,51 1,52 1,53 1,54 1,58 1,59 1}
```

上述预处理仅判断单词是否出现，并不关心该单词出现的次数(即词频)。如果想得到单词的出现次数，可将 StringToWordVector 过滤器的 outputWordCounts 选项设置为 True，再次过滤，结果如图 6.79 所示。由于单词“篮球”出现过两次，因此对应的属性值为 2.0。

如果再将过滤器的 minTermFreq 选项由默认的 1 更改为 2，可以看到，结果筛选掉出现频率低的单词，即出现次数低于两次的单词，如图 6.80 所示。这样，属性数量就由原来的 61 个减少到 12 个。这 12 个属性中，还有几个和文本分类关系不大的单词，如“为”“于”“以”“是”“的”等，可以通过选取停用词将这些单词剔出。StringToWordVector 过滤器可以通过更改 stopwordsHandler 选项来设置停用词。

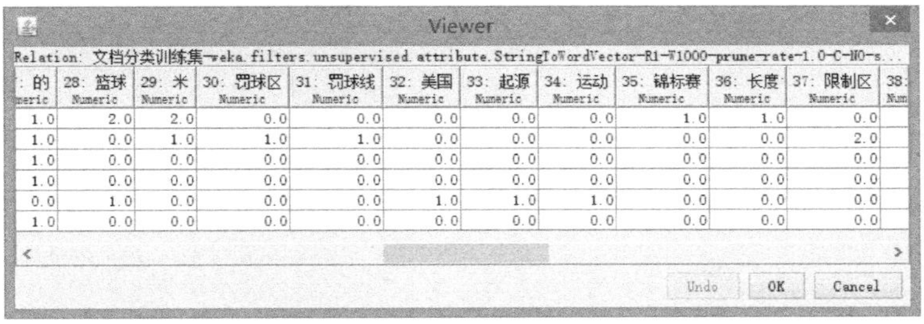

Viewer

Relation: 文档分类训练集-weka.filters.unsupervised.attribute.StringToWordVector-R1-W1000-prune-rate-1.0-C-N0-s...

: 的 Numeric	28: 篮球 Numeric	29: 米 Numeric	30: 罚球区 Numeric	31: 罚球线 Numeric	32: 美国 Numeric	33: 起源 Numeric	34: 运动 Numeric	35: 锦标赛 Numeric	36: 长度 Numeric	37: 限制区 Numeric	38: Num
1.0	2.0	2.0	0.0	0.0	0.0	0.0	0.0	1.0	1.0	0.0	
1.0	0.0	1.0	1.0	1.0	0.0	0.0	0.0	0.0	0.0	2.0	
1.0	0.0	0.0	0.0	0.0	0.0	0.0	0.0	0.0	0.0	0.0	
1.0	0.0	0.0	0.0	0.0	0.0	0.0	0.0	0.0	0.0	0.0	
0.0	1.0	0.0	0.0	0.0	1.0	1.0	1.0	0.0	0.0	0.0	
1.0	0.0	0.0	0.0	0.0	0.0	0.0	0.0	0.0	0.0	0.0	

Undo OK Cancel

图 6.79　显示单词的出现次数

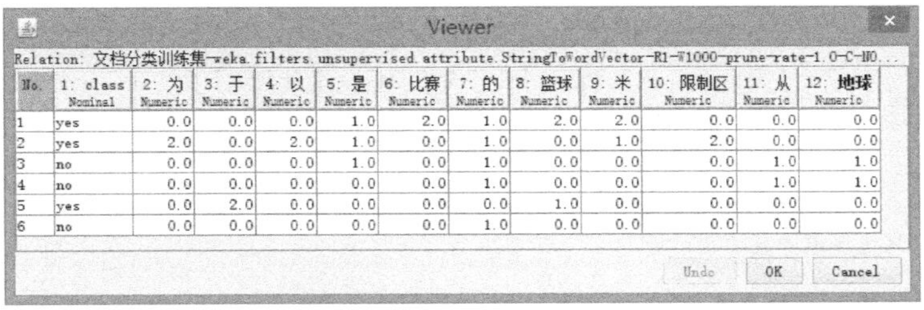

Viewer

Relation: 文档分类训练集-weka.filters.unsupervised.attribute.StringToWordVector-R1-W1000-prune-rate-1.0-C-N0...

No.	1: class Nominal	2: 为 Numeric	3: 于 Numeric	4: 以 Numeric	5: 是 Numeric	6: 比赛 Numeric	7: 的 Numeric	8: 篮球 Numeric	9: 米 Numeric	10: 限制区 Numeric	11: 从 Numeric	12: 地球 Numeric
1	yes	0.0	0.0	0.0	1.0	2.0	1.0	2.0	2.0	0.0	0.0	0.0
2	yes	2.0	0.0	2.0	1.0	0.0	1.0	0.0	1.0	2.0	0.0	0.0
3	no	0.0	0.0	0.0	1.0	0.0	1.0	0.0	0.0	0.0	1.0	1.0
4	no	0.0	0.0	0.0	0.0	0.0	1.0	0.0	0.0	0.0	1.0	1.0
5	yes	0.0	2.0	0.0	0.0	0.0	0.0	1.0	0.0	0.0	0.0	0.0
6	no	0.0	0.0	0.0	0.0	0.0	1.0	0.0	0.0	0.0	0.0	0.0

Undo OK Cancel

图 6.80　筛选掉出现频率低的单词

新版本的 Weka 变更了对停用词的处理，原来的 stopwords 选项更改为 stopwordsHandler 选项。下面用实例说明如何使用停用词文件。

新建一个名称为 stopwords.txt 的文本文件，用任意文本编辑工具打开进行编辑，一个停用词一行，编辑完成后保存为 UTF-8 编码格式。然后，将 StringToWordVector 过滤器的 stopwordsHandler 选项更改为 WordsFromFile，单击 WordsFromFile 选项，将 stopwords 选项设置为前面建立的 stopwords.txt 文件，如图 6.81 所示。请读者自行验证，再次过滤后是否筛选掉自定义的停用词。

经过上面的预处理，文本分类就和一般的分类问题没有什么太多的区别了。但是，要注意的是，训练集和测试集不能单独进行预处理，否则会由于形成的词典不兼容而导致训练好的模型不能对测试集进行预测。解决这个问题有两种办法，一种是使用第 7 章将要介绍的批量过滤，另一种就是使用元分类器。这里使用第二种方法，即使用 FilteredClassifier 元分类器。具体方法是：切换至 Classify 标签页，单击 Classifier 选项组中的 Choose 按钮选择 FilteredClassifier 元分类器，单击 Choose 按钮右边的文本框，在通用对象编辑器中选择默认的 J48 决策树作为基分类器，选择 StringToWordVector 作为元分类器的过滤器，如图 6.82 所示。由于已经在元分类器中使用了过滤器，因此一定要在 Preprocess 标签页中取消前面使用 StringToWordVector 的过滤操作，单击一次 Undo 按钮即可取消过滤操作。

然后，在 Test options 选项组中，选中 Supplied test set 单选按钮，单击 Set 按钮，选择前面创建的 TestDocuments.arff 文件作为测试集。最后，单击 More options 按钮，在弹出的 Classifier evaluation options 对话框中，单击 Output predictions 选项后的 Choose 按钮，选择 Plaintext 模式输出预测。单击 Start 按钮启动元分类器，结果如图 6.83 所示。

可以看到，生成的决策规则为“篮球 <= 0: no”和“篮球 > 0: yes”，比较合理。且对测试集的四条实例进行了预测，结果符合预期，读者可自行验证。

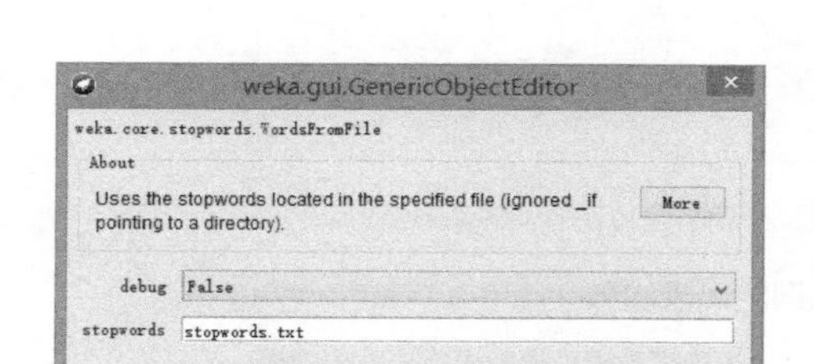

图 6.81　选择停用词文件

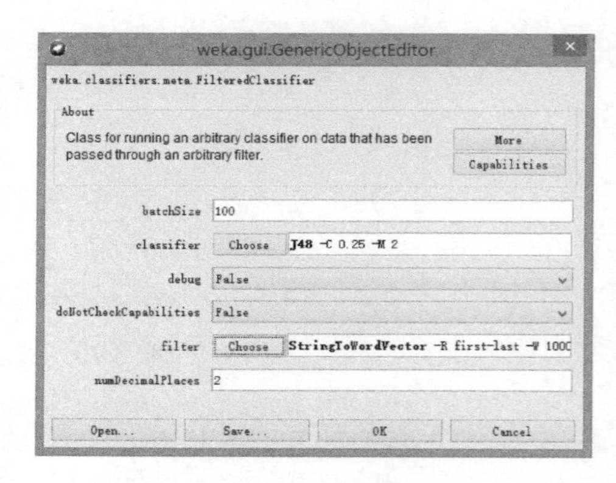

图 6.82　设置元过滤器选项

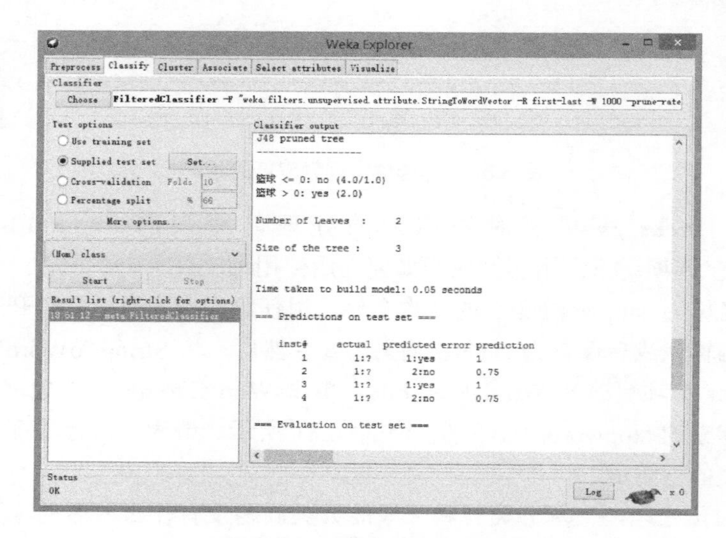

图 6.83　文本分类运行结果

6.3.2　分类真实文本

上一节使用简单的数据集展示了文本分类的基本方法，要评估和进行文本分类实验，最好使用标准的公开数据集，这样才可以参照同行的研究结果。通讯社的标准报道集广泛用于评估文本分类器的性能。ReutersCorn-train.arff 和 ReutersGrain-train.arff 都是 Weka 自带的数据集，这两个训练集都来自路透社的报道集，对应的测试集为 ReutersCorn-test.arff 和 ReutersGrain-test.arff。事实上，corn(玉米)和 grain(谷物)数据集里的实际文档相同，只是类别标签不同。在玉米数据集中，与玉米相关的报道的类别标签都为 1，其余的类别值为 0。实验的目标是要构建一个分类器，以确定“与玉米相关”的文档。在谷物数据集中，与谷物相关的报道的类别标签都为 1，其余的类别值为 0。实验的目标是找出“与谷物相关”的文档。

文本分类一般都要进行预处理，Weka 的对应预处理工具是 StringToWordVector 过滤器，它默认不使用任何停用词。分类英文文本一般可以指定使用默认停用词，即 Weka 自带的默认停用词类。在简单命令行界面中输入如下命令就可以看到默认的停用词：

```
java weka.core.Stopwords -p
```

要使用默认停用词，只需将 StringToWordVector 过滤器的 stopwordsHandler 选项设置为 Rainbow 即可。

下面使用带 StringToWordVector 过滤器的 FilteredClassifier 元分类器对 ReutersCorn-train 和 ReutersGrain-train 训练集分别构建分类模型，并对每一个训练集分别将基分类器设为 J48 和 NaiveBayesMultinomial，然后使用对应的测试集对分类模型进行评估，文本分类的准确率如表 6.5 所示。

表 6.5　不同基分类器的 FilteredClassifier 元分类器对路透社数据集的评估结果

序　号	训 练 集	测 试 集	基分类器	准 确 率
1	ReutersCorn-train.arff	ReutersCorn-test.arff	J48	97.3510%
2	ReutersCorn-train.arff	ReutersCorn-test.arff	NaiveBayesMultinomial	93.7086%
3	ReutersGrain-train.arff	ReutersGrain-test.arff	J48	96.3576%
4	ReutersGrain-train.arff	ReutersGrain-test.arff	NaiveBayesMultinomial	90.7285%

从结果上来看，基分类器为 J48 比 NaiveBayesMultinomial 的分类准确率要高一些。如果只看重分类准确率，那么肯定应该选 J48 作为基分类器。

但是，除了分类准确率这个常用的评估指标以外，在文本分类中还使用其他的评估指标，如真阳性率(TPR)、假阳性率(FPR)、真阴性率(TNR)、假阴性率(FNR)、查准率(Precision)、查全率(Recall)和综合评价指标 F-measure。表 6.6 中的前面四个指标直接来自前面对四次实验的评估结果里的混淆矩阵，后面的三个指标需根据如下计算公式计算得到，读者可自行验证：

$$\text{Precision} = \frac{\text{TP}}{\text{TP} + \text{FP}} \times 100\%$$

$$\text{Recall} = \frac{\text{TP}}{\text{TP} + \text{FN}} \times 100\%$$

$$\text{F-Measure} = \frac{2 \times \text{Recall} \times \text{Precision}}{\text{Recall} + \text{Precision}}$$

从表 6.6 可知，单从查准率来看，第 2 次实验好于第 1 次，第 4 次实验好于第 3 次，在查准率指标上，NaiveBayesMultinomial 分类器胜过 J48。但是，在查全率和 F-measure 指标上，J48 分类器仍然胜出。由于 F-measure 是查准率和查全率的综合指标，可信度要高一些，因此可以推断，选择 J48 作为基分类器的性能要优于 NaiveBayesMultinomial 分类器。

表 6.6　其他评估指标

序　号	TP	FN	FP	TN	Precision	Recall	F-Measure
1	573	7	9	15	0.9845	0.9879	0.9862
2	548	32	6	18	0.9892	0.9448	0.9665
3	544	3	19	38	0.9663	0.9945	0.9802
4	496	51	5	52	0.9900	0.9068	0.9466

下一节将使用 Weka 的可视化工具，对上述四次实验的结果进行分析。

6.3.3 手把手教你用

1. 真实文档分类的可视化分析

本示例接着对上一节的真实文档分类进行可视化分析。

Weka 支持各种可视化分析。前面实验的分类器输出中也同样给出了 ROC 曲线和 ROC 曲线下面积(AUC)，这是根据分类器产生的预测排名，在测试数据中随机挑选正例的概率高于随机挑选负例的概率的程度指标。最佳的输出是所有的正例样本的预测概率排名都高于所有的负例样本，这样 AUC 为 1；最差的情形是 AUC 为 0；在排名完全随机的情况下，AUC 为 0.5，也就是 ROC 曲线是由点(0, 0)和点(1, 1)连线形成的，这时的 ROC 曲线实际代表的是随机分类器；如果 AUC 低于 0.5，说明分类器的性能比随机分类器还差。

现在来看前文的四次实验的 ROC 曲线和 AUC。在 Weka 探索者界面的 Classify 标签页中，右击结果列表中的条目，在弹出的快捷菜单中选择 Visualize threshold curve 菜单项，并选择 0(类别值为 0 表示正例)，Weka 弹出如图 6.84 所示的可视化阈值曲线窗口，图中的 Area under ROC 就是 AUC 指标。

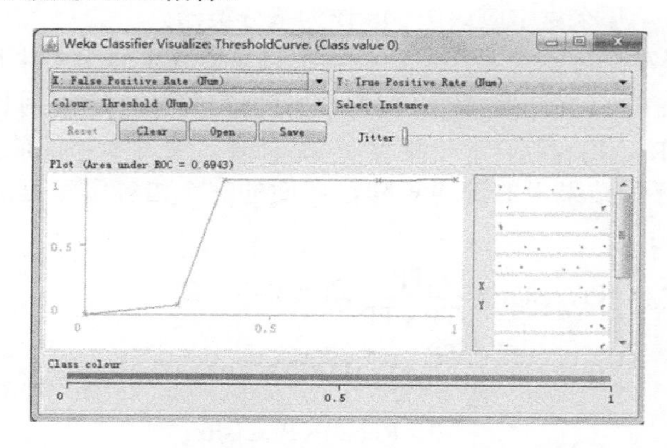

图 6.84　ROC 曲线

对于 ROC 曲线，有以下四个要点需要注意：第一，ROC 曲线总是单调上升的；第二，ROC 曲线总会通过点(0,0)和点(1,1)；第三，ROC 曲线的最好的点在左上角，曲线越靠近左上角越好，最差的点在右下角；第四，AUC 越大，说明分类器的性能越好。

为了方便比较，将四次实验的 ROC 曲线都放在一起，如图 6.85 所示。从图中容易看出，就 ROC 曲线和 AUC 指标来看，NaiveBayesMultinomial 分类器的性能远比 J48 好。其中图 6.85(c)和图 6.85(d)相差不大，但图 6.85(a)和图 6.85(b)相差很大。

实验结果肯定让读者心中很疑惑，为什么 ROC 曲线形状如此完美的 NaiveBayesMultinomial 会在分类准确度性能上输给 J48？如何解释 ROC 和分类准确度这两种指标的不一致？

也许看一看测试集的类别分布就能看出一点端倪。图 6.86 所示为路透社两个测试集的类别分布，可以看到，正例和负例的分布极其不平衡，类别值为 0 的正例占据了绝对的统治地位。

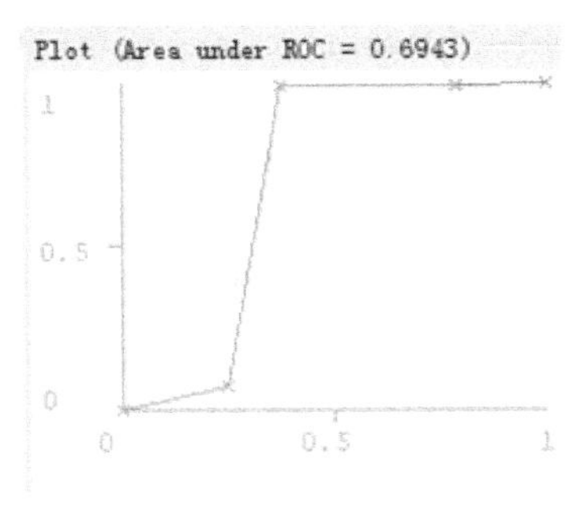

(a) ReutersCorn+J48

(b) ReutersCorn+NaiveBayesMultinomial

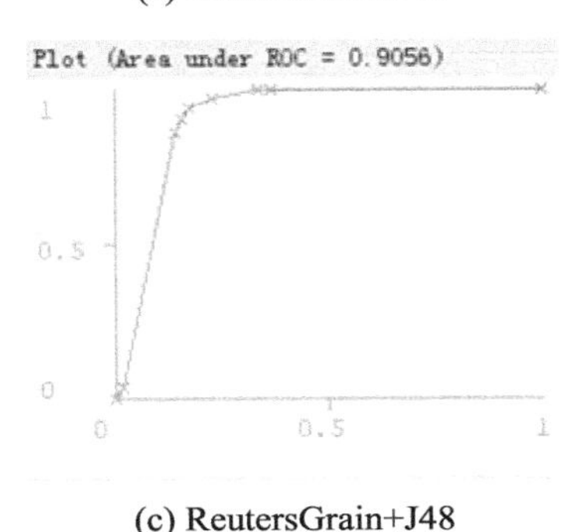

(c) ReutersGrain+J48

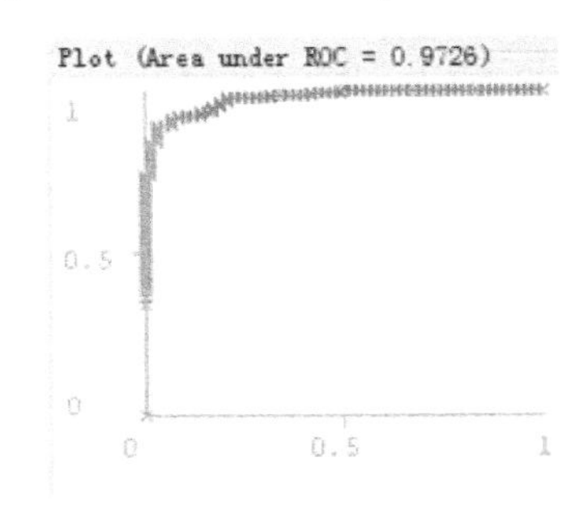

(d) ReutersGrain+NaiveBayesMultinomial

图 6.85 四次实验的 ROC 曲线

Selected attribute
Name: class-att　　Type: Nominal
Missing: 0 (0%)　　Distinct: 2　　Unique: 0 (0%)

No.	Label	Count	Weight
1	0	580	580.0
2	1	24	24.0

(a) ReutersCorn-test.arff

Selected attribute
Name: class-att　　Type: Nominal
Missing: 0 (0%)　　Distinct: 2　　Unique: 0 (0%)

No.	Label	Count	Weight
1	0	547	547.0
2	1	57	57.0

(b) ReutersGrain-test.arff

图 6.86 路透社两个测试集的类别分布

由于 $\text{TPR}=\dfrac{\text{TP}}{\text{TP+FN}}$、$\text{FPR}=\dfrac{\text{FP}}{\text{FP+TN}}$，可以计算出上述两个差别很大实验的真阳性率和假阳性率，如表 6.7 所示。从表中可以看到，第一次实验的 TPR 比第二次实验的 TPR 在数值上大得并不多，但在 FPR 的上却相差很大。再看看这两次实验的 FN 指标，这是错判为负例的正例，7 与 32 相差 4 倍以上，但由于正例的绝对值很大(TP+FN=580)，所以，按照 TPR 的计算公式，很小的 FN 值对 TPR 的影响力较小，就掩盖了错判的真实情况。因此，一般来说，ROC 不太适合应用在极端不平衡的数据集中。

表 6.7 ReutersCorn 的 TPR 和 FPR

序　号	TP	FN	FP	TN	TPR	FPR
1	573	7	9	15	0.9879	0.3750
2	548	32	6	18	0.9448	0.2500

现在查看前两次差别最大的实验的 ROC 曲线。回到 Classify 标签页，分别右击结果列

表中的前两个条目，在弹出的快捷菜单中选择 Visualize threshold curve 菜单项，并选择1，ROC 曲线如图 6.87 所示。可以看到，虽然图 6.87(b)所示的 ROC 曲线和图 6.85(b)中的差别不是很大，但图 6.87(a)所示的 ROC 曲线却和图 6.85(a)中有明显的不同。前者的 TPR 在开始的时候陡然上升，但到达一定值的时候开始平坦向右，说明此时假阳性率 FPR 增加很快，最后 TPR 再次稍快地上升；后者的 TPR 在开始的时候上升很慢，然后上升较快，最后很大一段 TPR 开始平坦向右，此时的 FPR 应该增加很快。因此，尽管这两者的图形相差很远，但 AUC 的值完全相等。

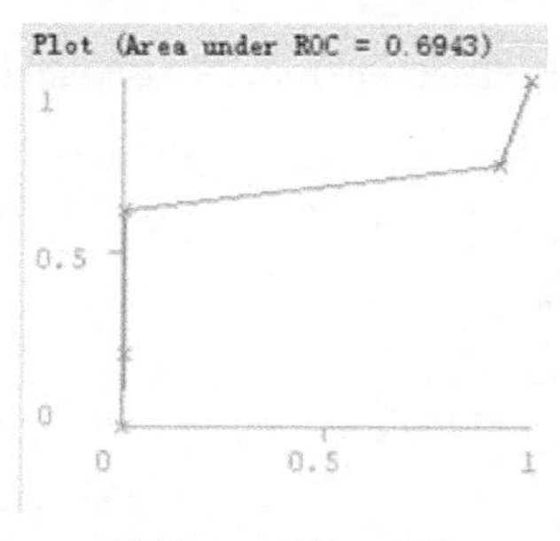

(a) ReutersCorn+J48

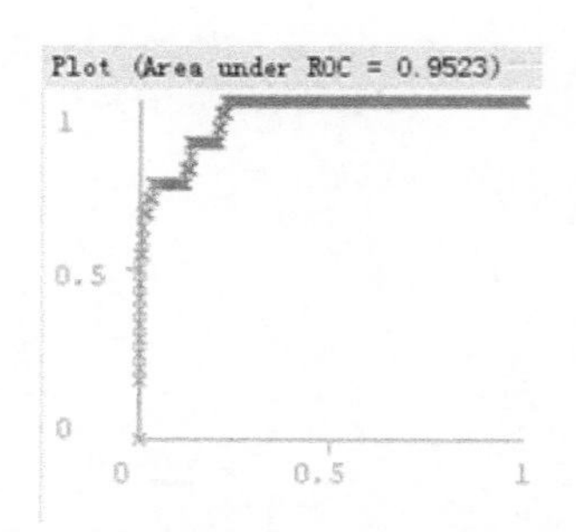

(b) ReutersCorn+NaiveBayesMultinomial

图 6.87　差别最大的 ROC 曲线(类别为 1)

除 ROC 曲线外，还可以画出其他的阈值曲线图，如果在 ROC 曲线图里将 *X* 坐标设为查全率(Recall)，将 *Y* 坐标设为查准率(Precision)，这时的曲线称为 Precision-Recall Curve(查准率-查全率曲线)，如图 6.88 所示。

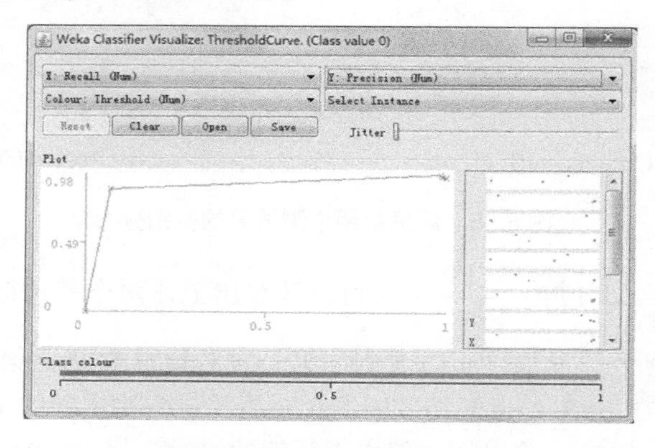

图 6.88　查准率-查全率曲线

为了方便比较，同样将四次实验的查准率-查全率曲线都放在一起，如图 6.89 所示。对于查准率-查全率曲线，有以下四个要点需要注意：第一，查准率-查全率曲线不会总是单调上升，因为 TP 上升，FP 上升，$\frac{TP}{TP+FP}$既可以上升，也可以下降；第二，当查全率很小时，就希望查准率能达到很大的值，以免检索出很多无关材料，从这个角度出发，图 6.89(a)中的曲线比图 6.89(b)中的好，图 6.89(c)中的曲线比图 6.89(d)中的好；第三，与 ROC 曲线不同，查准率-查全率曲线最好的点在右上角，曲线越靠近右上角越好，AUPRC(Area Under the Precision-Recall Curve，查全率-查准率曲线下面积)是一种替代的统计总结指标，尤其在信息检索领域，更受领域人士青睐；第四，当横坐标查全率等于1时，纵坐标查准率在数值上应该等于真实正例数量与全体实例数量之比，也就是说，对于ReutersCorn，最终的查准率=580/(580+24)=0.9603，而对于ReutersGrain，最终的查准率=547/(547+57)=0.9056。因此图6.89中，四条曲线的最右端都落在纵坐标非常接近1的位置。

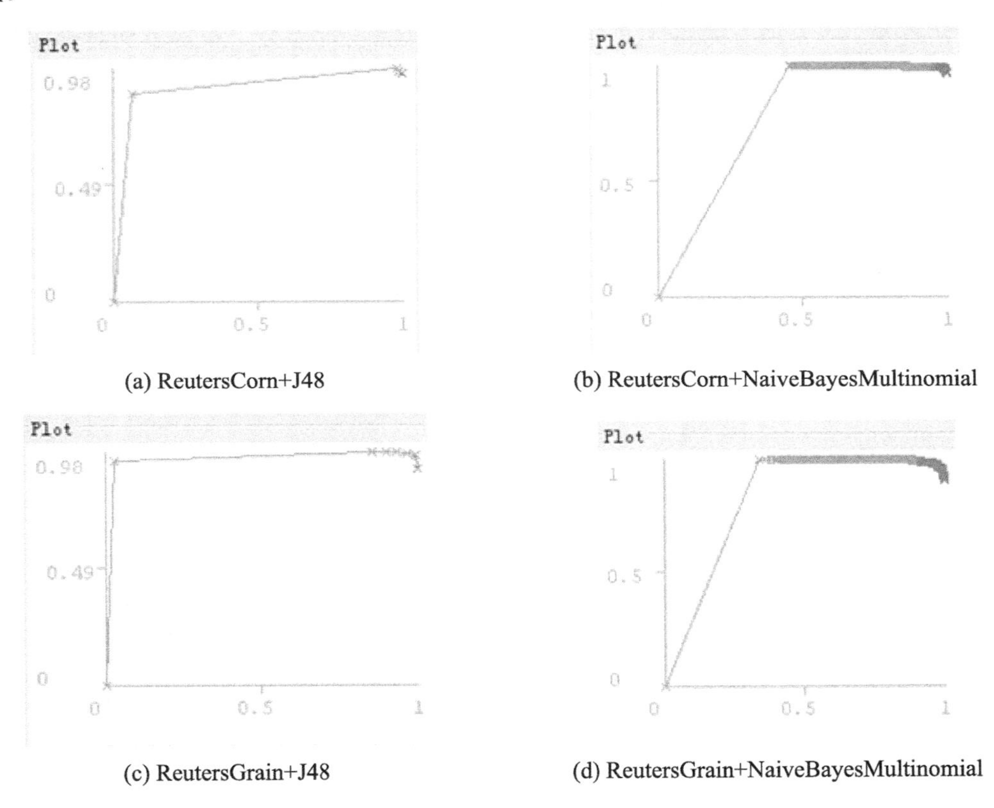

(a) ReutersCorn+J48　(b) ReutersCorn+NaiveBayesMultinomial

(c) ReutersGrain+J48　(d) ReutersGrain+NaiveBayesMultinomial

图6.89　四次实验的查准率-查全率曲线

2. 文本分类的优化

使用默认选项，StringToWordVector过滤器只是根据单词是否出现在文档中，决定转换后的数据集中的词典对应的属性值是1还是0。和其他过滤器一样，StringToWordVector过滤器还有很多选项可以设置，调整这些选项可以优化文本分类的性能。主要选项如下。

- outputWordCounts(输出单词计数)：输出单词计数，而不是表示单词存在与否的布尔值1或0。
- IDFTransform(IDF转换)：设置是否将一个文档中的词频转换为f_{ij}×log(文档数量/含有词i的文档数量)。其中，f_{ij}为词i在文档(实例)j中出现的频率。
- TFTransform(TF转换)：设置是否将词频转换为log(1+f_{ij})。其中，f_{ij}为词i在文档(实例)j中出现的频率。如果上述两个选项都设置为True，词频就转换为TF × IDF值。
- stemmer(词干分析器)：用户可以选择用于单词的词干提取算法。
- stopwordsHandler(停用词处理器)：设置所使用的停用词处理器，Null表示不使用停用词。

- tokenizer(分词器)：用户可以选择产生单词的分词器。

面对如此多的选项，读者可以尝试一下手工改变一些选项，以获得更好的分类性能。但显然这个工作烦琐而费时，很难凭手工方式找到一个优化的参数空间。下面采用另一种思考方式，假设已经使用 StringToWordVector 过滤器将原始文档转换为适合数据分类的词向量数据矩阵，不是所有的属性(即单词)对文本分类都一样重要，很多单词对于区分文章的主题并没有什么关系。因此，如果采用一种方式能够删除用处不大的属性，那么应该能够提高文本分类的效率。

具体实验步骤是，在探索者界面的 Preprocess 标签页中，选择 ReutersCorn-train.arff 文件，然后切换至 Classify 标签页，仍然选择 FilteredClassifier 元分类器。单击 Classifier 选项组中的文本框，打开通用对象编辑器对话框，仍然将 filter 选项设置为 StringToWordVector，保持默认选项。然后，单击 classifier 选项后的 Choose 按钮，选择基分类器为 AttributeSelectedClassifier，如图 6.90 所示。

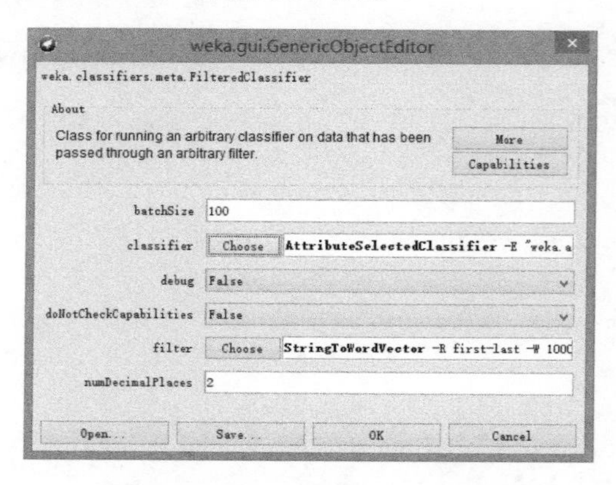

图 6.90　设置 FilteredClassifier 选项

下一步，单击图 6.90 所示对话框中 classifier 选项后的文本框，在通用对象编辑器对话框中，设置 classifier 选项为 NaiveBayesMultinomial，设置 evaluator 选项为 InfoGainAttributeEval，设置 search 选项为 Ranker，全都保持默认设置，如图 6.91 所示。

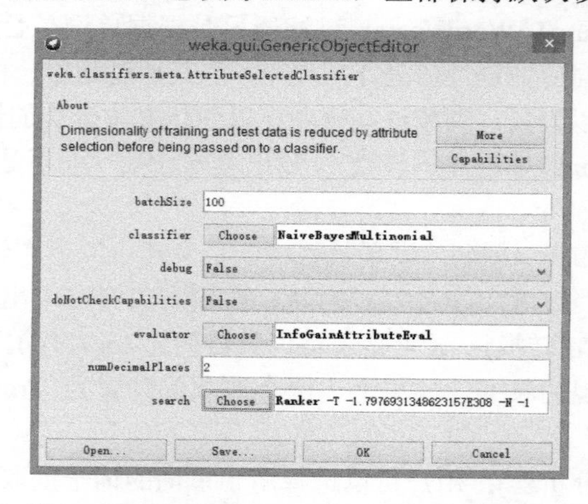

图 6.91　设置 AttributeSelectedClassifier 选项

关闭两个通用对象编辑器对话框。在 Classify 标签页的 Test options 选项组中，设置测试策略为 Supplied test set，单击 Set 按钮，设置测试集为 ReutersCorn-test.arff 文件。最后，单击 Start 按钮启动评估，运行结果如图 6.92 所示。

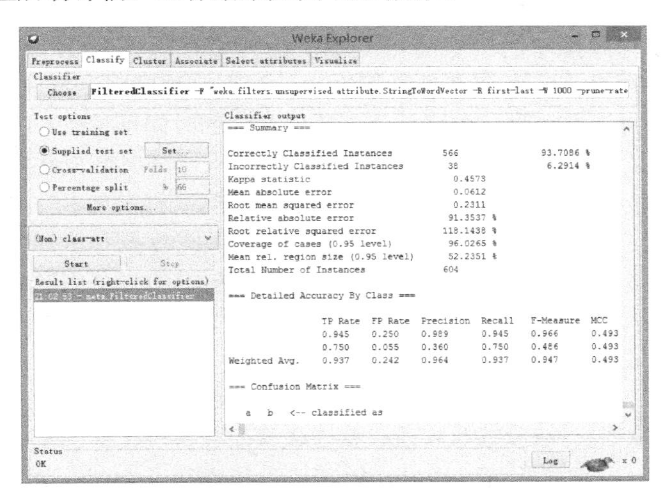

图 6.92　运行结果

可以看到，当前的分类准确率为 93.7086%，相对于表 6.5 中几乎同等条件下的第二次实验结果 93.7086%来说，并没有任何提高。

现在来调整 AttributeSelectedClassifier 元分类器的 search 选项。按照前文所述的方法，打开图 6.91 所示的对话框，单击 search 选项后的文本框，将 numToSelect 选项由-1 改为 50，也就是筛选后保留 50 个属性，如图 6.93 所示。

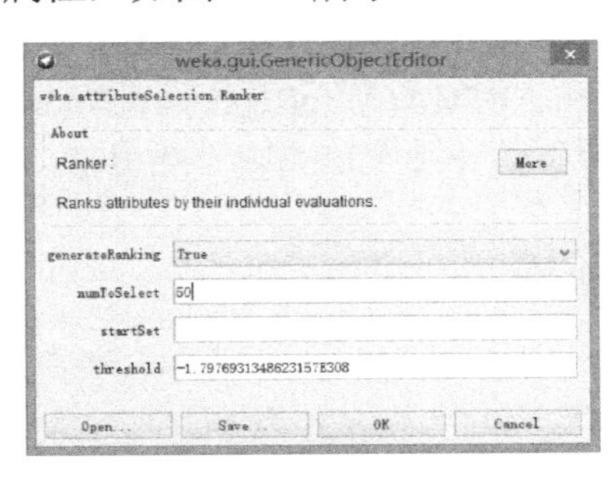

图 6.93　更改 numToSelect 选项

再次关闭所有的通用对象编辑器对话框，单击 Start 按钮启动评估，运行结果显示当前的分类准确率已经提高至 95.5298%。重复上述过程，将 numToSelect 选项改为表 6.8 中第一行里的数值，然后将得到的分类准确率填入表 6.8 所示的第二行中。

表 6.8　更改 numToSelect 选项对分类准确率的影响

numToSelect 选项	-1	50	30	20	10	5
分类准确率	93.7086%	95.5298%	97.5166%	98.5099%	99.1722%	99.0066%

不难看出，将 numToSelect 选项设置为 10 附近的时候，分类准确率达到最高值 99%以上，结果令人满意。

6.4 时间序列分析及预测

时间序列是按时间排序的一组随机变量，国内生产总值(GDP)、居民消费价格指数(CPI)、上证指数、利率、汇率等都是时间序列。时间序列的时间间隔可以是分钟(如高频金融数据)，可以是日、周、月、季度、年，甚至更大的时间单位。

时间序列分析是使用统计技术来建立模型并解释一个随时间变化的一系列数据点的过程。时间序列预测是在已知过去事件的基础上，使用模型对未来事件进行预测的过程。时间序列数据有一个自然的时间顺序，这不同于典型的数据挖掘和机器学习的应用程序，典型的数据挖掘和机器学习中每个数据点都是一个需要学习的独立的概念样本，且数据集内数据点的顺序并不重要。时间序列应用程序的典型例子包括容量规划、库存补货、销售预测，以及未来人员配备水平。

现在，Weka 3.7.3 及更高版本已经配备了一个专门的时间序列分析环境，可以开发、评估和可视化预测模型。该环境以 Weka 探索者界面标签页插件的形式提供，默认并不与分发包一起捆绑，如果需要，可以通过包管理器进行安装。Weka 时间序列框架采用一种机器学习和数据挖掘的方法来对时间序列建模，将数据转换为标准命题学习算法可以处理的形式。通过删除输入样本中的时间顺序，可以使用附加的输入字段对时间依赖性进行编码，这些字段有时被称为“lagged”(滞后)变量。也能自动计算其他字段，以使算法能对趋势性和季节性进行建模。当数据完成转换后，任意的 Weka 回归算法都可以应用到学习模型。应用多元线性回归是一种显而易见的选择，当然，任意能够预测连续目标的方法都可以应用，其中包括强大的非线性方法，如支持向量机回归模型树(带叶节点线性回归函数的决策树)。这种时间序列分析和预测方法往往比诸如 ARMA(AutoRegressive Moving Average model，自回归滑动平均模型)和 ARIMA(AutoRegressive Integrated Moving Average model，差分自回归滑动平均模型)的传统统计技术更为强大和灵活。

6.4.1 使用时间序列环境

时间序列环境要求 Weka 3.7.3 以上版本，使用包管理器进行安装。启动包管理器，定位到 timeseriesForecasting 包，单击 Install 按钮进行安装，安装完成后的窗口如图 6.94 所示。

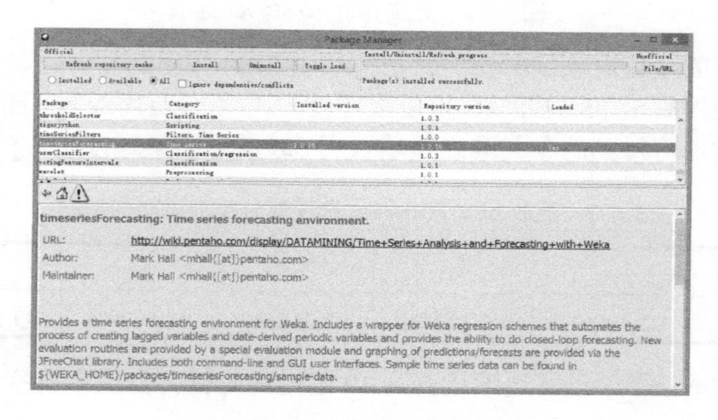

图 6.94 安装后的时间序列环境

时间序列环境安装完成后，在本地计算机用户目录下的 wekafiles\packages\timeseriesForecasting 子目录中，可以找到安装后的文件目录，如图 6.95 所示。其中，build-res 子目录存放编译资源，doc 子目录存放 API 文档，lib 子目录存放包所需要的 jar 库文件，sample-data 子目录存放三个测试数据集文件，src 子目录存放源文件。另外，在包目录中还可以找到一个名称类似于 pdm-timeseriesforecasting-ce-TRUNK-SNAPSHOT.jar 的文件，如果使用 Java 进行开发，需要导入这个 jar 库文件。

图 6.95　安装后的文件目录

重新启动 Weka，在 Weka 探索者界面中可以看到一个新的 Forecast(预测)标签页，如图 6.96 所示。新增预测功能后并不改变原来的数据加载方法，仍然使用探索者界面的 Preprocess 标签页加载文件、URL 或数据库。Forecast 标签页又分为 Basic configuration(基本配置)和 Advanced configuration(高级配置)两个标签页，下面将介绍其使用方法。

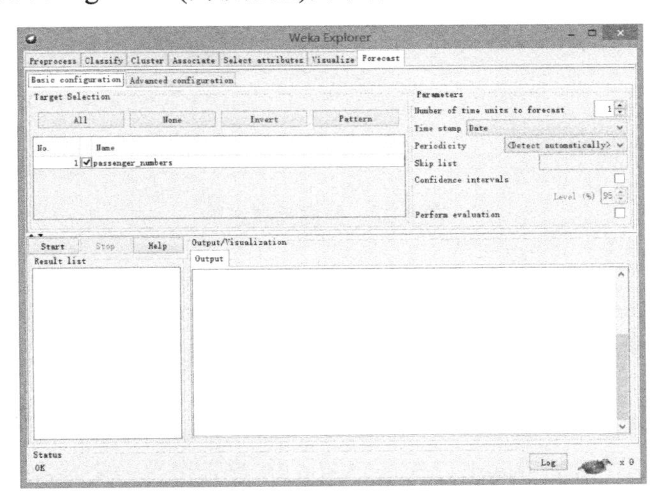

图 6.96　Forecast 标签页

1. 基本配置

Basic configuration 标签页如图 6.96 所示，这是默认的配置方式。

假设已经将 airline(航空公司)样本数据集加载到探索者界面，该数据集的文件名为 airline.arff，与另外两个数据集(appleStocks2011.arff 和 wine.arff)一起包含在 timeseriesForecasting 包的安装目录中。航空公司数据是公开可用的基准数据集，只有一个时间系列数据，即 passenger_numbers(乘客人数)，这是某航空公司从 1949 年至 1960 年的每月乘客人数。除了乘客数量，数据中还包括一个日期时间戳。Basic configuration 标签页中会自动选择唯一的目标系列以及 Date 时间戳字段。在 Basic configuration 标签页的右上部，可以看到 Parameters(参数)选项组。其中，Number of time units to forecast(预测时间单位数值)微调框用于让用户输入时间步长的数值，在所提供数据之后对 *n* 个步长的数据进行预测。Time stamp(时间戳)下拉列表框用于指定一个字段作为时间戳。Periodicity(周期性)下拉列表框用于指定数据的周期性。如果正在分析的数据具有时间戳，并且时间戳是日期型，那么可以选择“<Detect automatically>”选项让系统自动检测数据的周期性。Skip list(跳过列表)文本框用于让用户指定要忽略的时间段。Confidence intervals(置信区间)复选框下面的 Level(水平)微调框用于设置由系统计算预测的置信区间。Perform evaluation(执行评估)复选框用于设置是否对训练数据进行性能评估。后文会介绍这些选项的更多细节。

图 6.97 所示为已提供数据结束后 24 个月的数据预测结果。图中右下部为可视化的结果，红色小方块表示真实的旅客数，红色小圆点表示预测的旅客数。

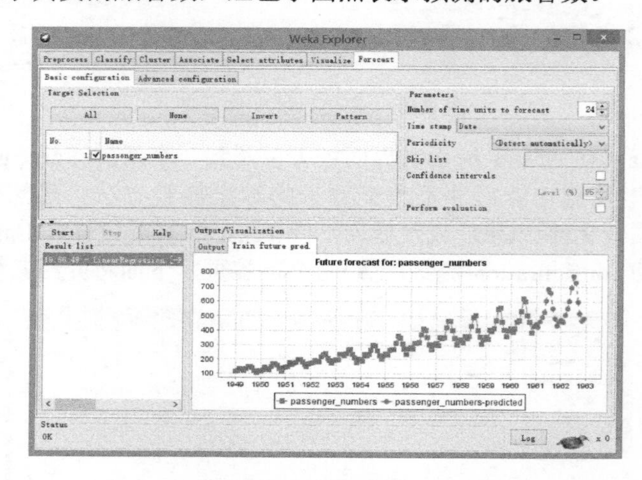

图 6.97　数据预测结果

1) 目标选择

Basic configuration 标签页的左上部为 Target Selection(目标选择)选项组，用于用户在数据集中选择希望预测的目标字段。本系统可以同时为多个目标字段共同建模，以获取它们之间的依赖关系。正因为如此，同时为多个系列建模，每个系列可以得到与它们独自建模不同的结果。当数据中只有一个目标时，系统就会自动选择唯一的目标；在有可能有多个目标的情况下，用户必须手动进行选择。图 6.98 显示了另一个基准数据集的结果，在这种情况下，数据是每月澳大利亚葡萄酒的销售量(单位：升/月)。数据集包含分为六大类的葡萄酒的销售数据，且销售量为从 1980 年年初一直到 1995 年年中每月的销售记录。图 6.98 同时为两个系列建模并预测，这两个序列为 Fortified(加强型)和 Dry-white(干白)。

2) 基本参数

Basic configuration 标签页的右上部是 Parameters(参数)选项组，在该选项组中，可以用几个简单的参数控制预测算法的行为。下面分别介绍这几个参数。

(1) 预测的时间单位数值

第一个参数也是最重要的参数，是 Number of time units to forecast(预测的时间单位数值)微调框。它控制预测器对未来要预测多少个时间步长，默认为 1，即系统仅做提前 1 步的预测。对于图 6.97 所示的示例，将航空公司数据的预测步长设为 24，每月预测一次，一共预测两年；而对于图 6.98 所示的葡萄酒数据，将它设置为 12，每月预测一次，一共预测一年。步长单位应该与已知数据的周期性相对应，例如，以天为基础记录的数据，其预测的时间单位为天。

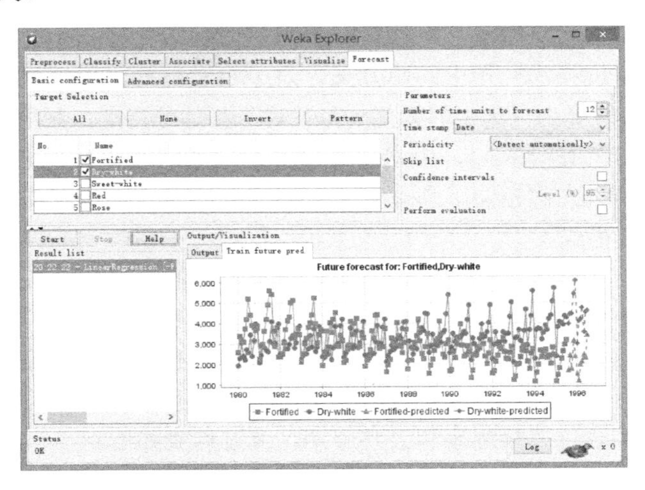

图 6.98　葡萄酒 12 个月的预测销售量

(2) 时间戳

第二个参数是 Time stamp(时间戳)下拉列表框。如果系统检测到数据集中有时间字段，则允许用户选择可能的时间戳字段。如果数据中只有一个日期字段，系统会自动选择该字段。如果数据中不存在日期字段，则自动选择 Use an artificial time index(使用人工时间索引)选项。用户可以手动选择时间戳，如果时间戳是一个非日期型的数字字段，用户也必须手动选择，因为系统无法从潜在的目标字段中进行区分。用户还可以从下拉列表框中选择 None(无)选项，以告诉系统没有人工产生的或其他方式的时间戳可供使用。

(3) 周期性

Time stamp 下拉列表框下面为 Periodicity(周期性)下拉列表框，允许用户指定数据的周期性。如果日期字段已经选定为时间戳，那么可以让系统使用启发式算法来自动检测周期性，即如果系统初始时就找到并设置日期型属性作为时间戳，就设置“<Detect automatically>”(自动检测)选项为默认值。如果时间戳不是日期，那么用户可以明确告诉系统的周期性是哪一个，或者，如果不知道就选择 Unknown(未知)。周期性用于为创建滞后变量而设置合理的默认值，参见下文“高级配置”部分。在时间戳为日期的情形下，周期性也可用于创建日期派生字段的默认集合。例如，对于每月的周期性，将自动创建年度的月份和季度字段。

(4) 跳过列表

Periodicity 下拉列表框之下为 Skip list(跳过列表)文本框，允许用户指定要忽略的时间段，该时间段在建模、预测和可视化过程中不计为时间戳增量。例如，考虑某只股票的每日交易数据，在周末及公众假期内交易休市，因此这些时间段不应计为增量，并且其差值也要相应调整。也就是说，市场自上周五收盘到下周一开盘之间是一个单位时间，而不能计为三个，因为周末收市。由于自动检测周期性的启发式算法无法处理这些数据中的

“洞”，因此用户必须指定使用的周期性，并在 Skip list 文本框中提供不计为增量的时间段。

Skip list 选项可以接受很多种类的字符串，如 weekend(周末)、sat(星期六)、tuesday(星期二)、mar(三月)和 october(十月)，还可以是具体日期加上可选的日期格式字符串，如 2013-04-01@yyyy-MM-dd，以及一个整数，整数的含义取决于指定的周期性。例如，对于日数据，一个整数将解释为一年中的第几天；对于小时数据，将解释为一天中的第几个小时；对于月数据，将解释为一年中的第几个月。对于具体的日期，系统有一个默认的格式化字符串 yyyy-MM-dd'T'HH:mm:ss，用户也可以指定一个使用@<Format>作后缀的日期。如果列表中所有日期的格式都相同，那么只需对列表中的第一个日期指定一次，以后的日期列表中都使用该默认格式。

图 6.99 展示了 2011 年苹果电脑股票走势预测设置的例子，appleStocks2011 数据文件可以在 timeseriesForecasting 包的 sample-data 目录中找到。该文件包含苹果电脑股票自 2011 年 1 月 3 日至 2011 年 8 月 10 日的数据，包括每天的最高价、最低价、开盘价和收盘价，其数据通过雅虎财经获得。本例已经设置预测五天的每日收盘价，设置周期性为 Daily，并提供跳过列表以忽略周末和公共假期。跳过列表如下：

```
weekend, 2011-01-17@yyyy-MM-dd, 2011-02-21, 2011-04-22, 2011-05-30, 2011-07-04
```

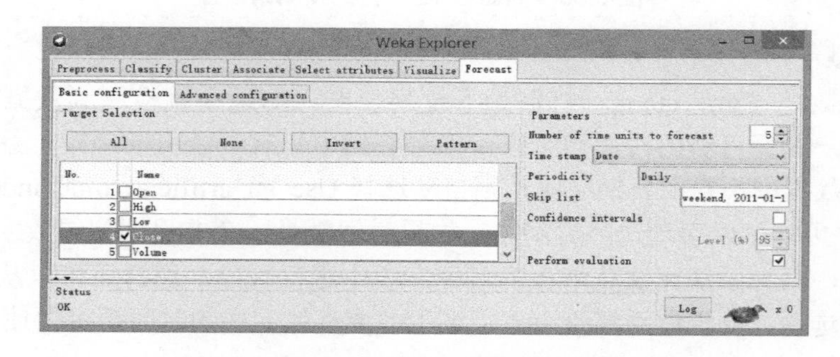

图 6.99　2011 年苹果电脑股票走势预测设置

注意： 跳过列表不但要包括已知数据的时间段，而且一定要包括要进行预测的未来时间内需要跳过的时间段，包括公众假期以及不能计入为增量的任何其他日期。

(5) 置信区间

Skip list 文本框之下为 Confidence intervals(置信区间)复选框和 Level(水平)微调框，用户可以选择让系统计算其预测的置信边界，默认的置信水平为 95%。系统采用训练数据中已知的目标值来设定预测的置信边界。因此，置信水平为 95%意味着为真的目标值落在 95%的区间内。

注意： 每个提前步数都独立计算其置信区间，即所有对训练数据提前 1 步的预测都用来计算提前 1 步的置信区间，所有提前 2 步的预测都用来计算提前 2 步的置信区间，等等。

(6) 执行评估

默认情况下，设置系统是为了学习预测模型，并对训练数据结束之后的数据进行预测。选中 Perform evaluation(执行评估)复选框，系统即会使用训练数据对预测器进行评估。也就是说，一旦预测器完成数据训练，就一步步按顺序对各时间点的数据做出预测。系统使用各种指标对这些预测进行收集和归纳，并对每个未来的时间步长进行预测，即收集和归纳所有提前 1 步预测，收集和归纳所有提前 2 步预测，等等。这使用户能够在一定程度上看到，与短期时间比较如何预测较长远的时间。Advanced configuration 标签页允许用户对配置进行微调，如选择哪些度量进行计算，是否从训练数据中保留一些数据作为单独的测试集等。

3) 输出

Basic configuration 标签页中的输出包括三个部分，即训练评估、训练数据结束之后预测值的图形、以文本形式给出的预测值以及完成学习模型的文字说明。图 6.100 所示为完成航空公司数据学习后得到的模型。默认情况下，时间序列环境配置为线性模型学习，准确地说是线性回归(LinearRegression)。Advanced configuration 标签页中的输出有更多选项，并且可以完全控制底层模型的学习以及可用参数。

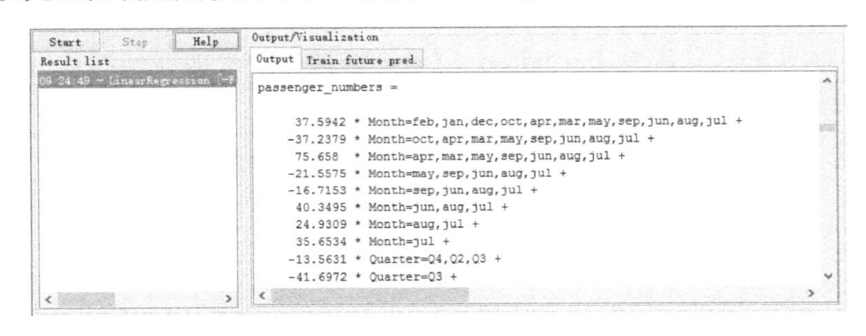

图 6.100 文本输出

图 6.100 中左部的 Result list(结果列表)区域用于保存时间序列分析的结果。每次单击 Start 按钮启动一个预测分析，就会在该列表中创建一个条目。所有的文本输出以及与分析运行关联的图表都存储在列表的各自条目中，存储在列表中的还有预测模型本身。在列表中的条目上右击，弹出的快捷菜单中一共有六个菜单项，从上到下分别为 View in main window(在主窗口中查看)、View in separate window(在单独的窗口中查看)、Delete result(删除结果)、Save forecasting model(保存预测模型)、Load forecasting model(加载预测模型)、Re-evaluate model(重新评估模型)。如果在启动学习前没有选中 Perform evaluation 复选框，Re-evaluate model 菜单项就变灰而不可用。选择 Save forecasting model 菜单项，可以将模型导出到磁盘文件；选择 Load forecasting model 菜单项，可以将保存的模型加载到内存。

要认识到，当保存模型时，所保存的模型是建立在训练数据之上的，对应于结果列表中的条目。如果要对把其中的一部分数据拿出来作为单独测试集的方案进行评估，那么所保存的模型只是对现有的部分数据进行训练。因此，建议在保存模型前取消选中 Perform evaluation 复选框，对全部可用数据构建模型。

2. 高级配置

Advanced configuration 标签页为用户提供在某些方面的预测分析的完全控制权，包括选择底层模型和参数、创建滞后变量、创建日期时间戳派生的变量、指定“重叠”数据、评估选项以及控制输出的内容。其中每一项在 Advanced configuration 中都对应一个专门的标签页，下面详细讨论这些内容。

1) 基本学习器

Base learner(基本学习器)标签页可以控制用于对时间序列建模的 Weka 学习算法，它也允许用户定制所选择的特定学习算法的参数，如图 6.101 所示。

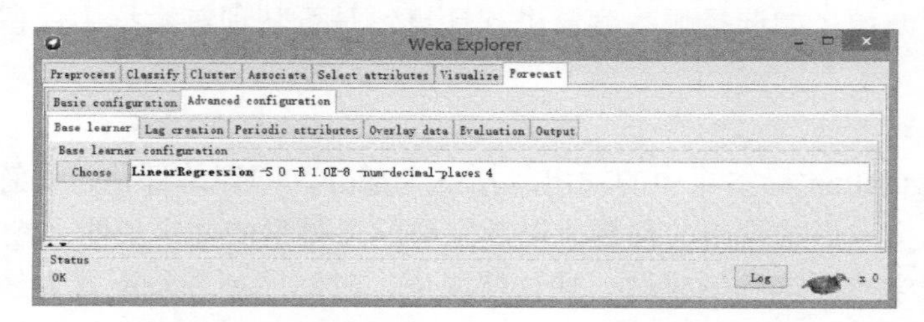

图 6.101 Base learner 标签页

分析环境的默认配置为使用线性回归算法，这是 Weka 实现的 LinearRegression 算法。也可以选择其他算法，只需单击 Choose 按钮，选择另一种能够预测数值属性的算法即可，如图 6.102 所示。

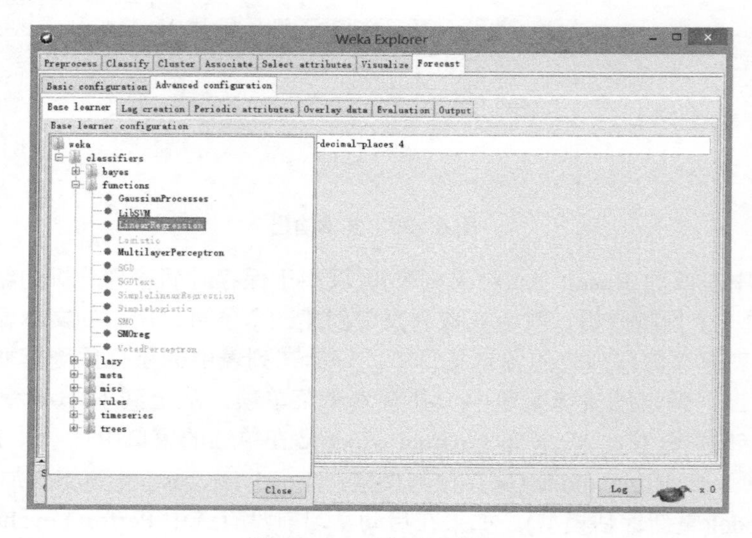

图 6.102 选择其他算法

单击 Choose 按钮右侧的文本框，可以打开通用对象编辑器对话框，以调整所选择的学习算法的参数，如图 6.103 所示。LinearRegression 算法的主要参数有 attributeSelectionMethod(属性选择方法)、eliminateColinearAttributes(消除共线性属性)、minimal(最低限)、outputAdditionalStats(输出附加统计数据)和 ridge(岭参数)，具体参见附录 B。

2) 滞后创建

Lag creation(滞后创建)标签页允许用户控制及操纵如何建立滞后变量。滞后变量是一种将某个序列的过去值与当前值进行关联的媒介，这种关联关系能够为建议的学习算法所捕获，滞后变量创建在一段时间内的“窗口”或“快照”。从本质上讲，创建的滞后变量的数量决定窗口的大小。在 Basic configuration 标签页中使用 Periodicity(周期性)参数来设置创建(决定窗口大小的)滞后变量数量的合理默认值。例如，如果有每月的销售数据，那么，将滞后设置为 12 个时间步长才有意义；如果是小时级别的数据，则将滞后设置为 24 个或者 12 个时间步长才有意义。

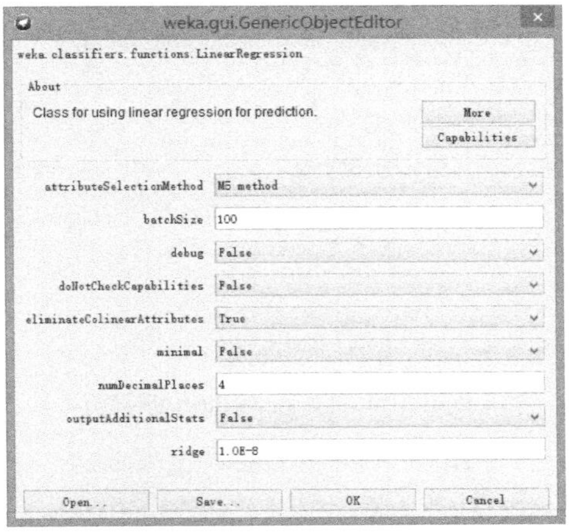

图 6.103　修改算法参数

Lag creation 标签页的左部为 Lag length(滞后长度)选项组，其中包含用于设置和微调滞后长度的控件。选项组顶部为 Use custom lag lengths(使用自定义的滞后长度)复选框，允许用户更改在 Basic configuration 标签页中设定的默认滞后长度。

注意： 显示的数字长度不一定是所使用的默认值，如果用户已经在 Basic configuration 标签页的 Periodicity 下拉列表框中选择了“<Detect automatically>”选项，那么实际的默认滞后长度要在运行时刻对数据分析时才会设置。

Minimum lag(最小滞后)微调框允许用户指定创建滞后字段前向时间步的最小值，例如，值 1 表示创建一个滞后变量，保持时刻-1 的目标值。Maximum lag(最大滞后)微调框用于指定创建滞后变量前向时间步的最大值，例如，12 表示创建一个滞后变量值，保持时刻-12 的目标值。所有在滞后的最小值和最大值之间的时间段都会转换为滞后变量。通过在 Fine tune lag selection(微调滞后选择)文本框中输入一个范围，可以对最小值和最大值之间创建的变量进行微调。图 6.104 所示的数据集为每周数据，所以选择将滞后的最小值和最大值分别设置为 1 和 52(每年 52 周)。在此，选择只创建 1～26 和 52(输入“1-26, 52”)的滞后。

Lag length 选项组最下面为 More options(更多选项)按钮，单击该按钮会弹出如图 6.105 所示的对话框。对话框中有四个复选框，第一个复选框是 Remove leading instances with unknown lag values(删除带未知滞后值的起始实例)，选中该选项会删除前面的带未知滞后值的实例。默认选中 Include powers of time(包括时间的幂)复选框，回归公式中带有时间的二次方和三次方项。默认选中 Included products of time and lagged variables(包括时间和滞后变量的乘积)复选框，回归公式中带有时间与滞后变量的乘积项。最后为 Adjust for variance(调整方差)复选框，允许用户选择让系统补偿数据方差。为此，它在创建滞后变量之前选取每个目标的滞后并构建模型。如果方差(数据“跳动”的幅度)随时间进程而增加或减少，这可能很有用。调整方差可能会也可能不会提高性能。最好是通过试验，看它是否有助于手头数据与参数的组合选择。

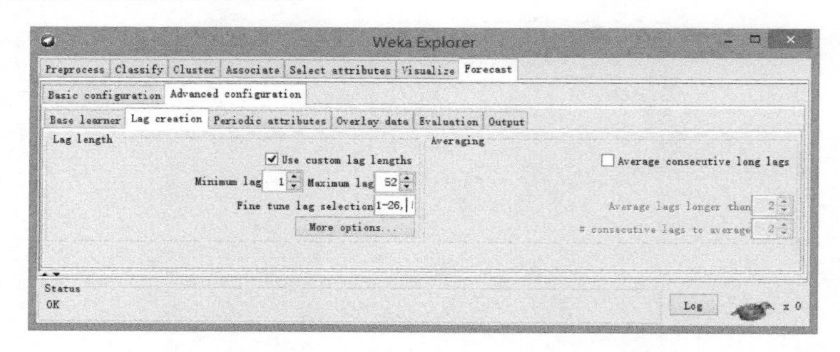

图 6.104　Lag creation 标签页

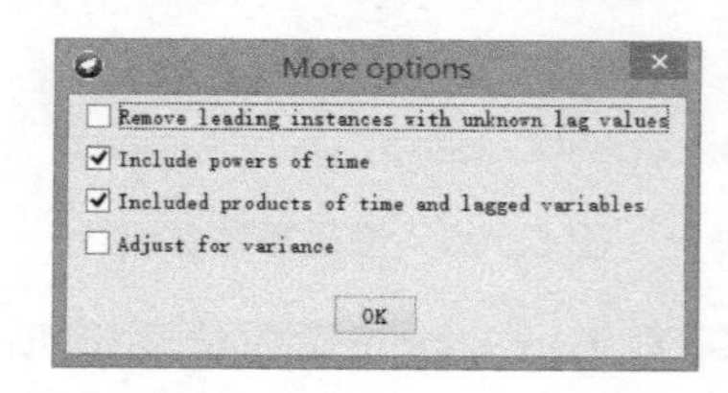

图 6.105　More options 对话框

Lag creation 标签页的右部为 Averaging(平均)选项组。选中 Average consecutive long lags(平均连续长滞后)复选框，可以通过对几个在时间上连续的变量值求平均值，使滞后变量的数目减少。当用户希望数据窗口很大，但没有大量的历史数据点时，这可能很有用。一条经验法则是数据行数应该至少是字段数的 10 倍以上，但也有例外，这取决于学习算法，例如，支持向量机可以在字段数比行数更多的情况下工作得更好。对多个连续滞后变量进行平均，使其缩减为单个字段，减少了输入字段数目且(至少对长滞后而言)使可能的信息损失最小。Average lags longer than(平均滞后时间长于)微调框允许用户指定何时启动求平均过程。例如，在图 6.104 中，该参数设置为 2，表示时刻-1 和时刻-2 滞后变量将保持不变，而时刻-3 及以上时将替换为平均值。# consecutive lags to average(求平均的连续滞后数量)微调框用于控制每个求平均的组中有多少个滞后变量。例如，在图 6.104 中，该参数也设定为 2，表示时刻-3 和时刻-4 将求平均以形成一个新的字段，时刻-5 和时刻-6 将求平均以形成一个新的字段，等等。

注意： 只有连续滞后变量才能求平均，因此，上例选择对 1～26 和 52 的滞后进行微调，时刻-26 不能与时刻-52 求平均，因为它们不连续。

3) 周期性属性

Periodic attributes(周期性属性)标签页允许用户自定义创建日期派生的周期性属性。该功能仅当数据中包含日期时间戳时才可用。如果时间戳是日期，则自动设置一些默认值(由 Basic configuration 标签页中的 Periodicity 选项的设置决定)。例如，如果数据为月度时间间隔，则数据中将包含 month of the year(一年中的月度)和 quarter(季度)，将其作为变量。用户可以选中 Customize(自定义)复选框，然后可以禁用、选择和创建新的自定义日期派生变量。选中复选框，会显示一组预定义变量供用户选择，如图 6.106 所示。

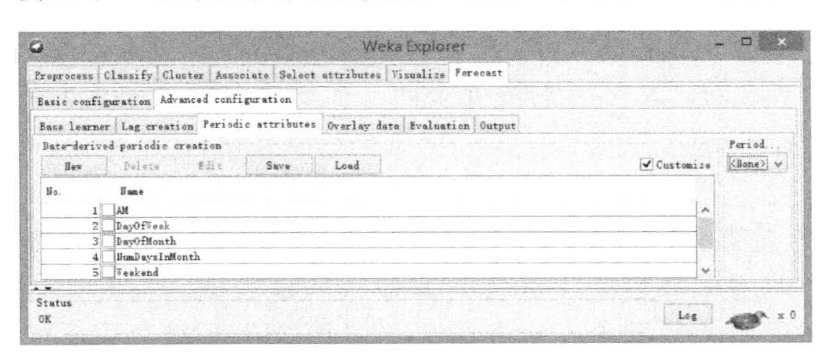

图 6.106 Periodic attributes 标签页

如果不选中任意默认变量，其结果是不创建日期派生的变量。除预定义的默认值之外，还可以创建自定义的日期派生变量。单击 New(新建)按钮，可以根据规则创建一个新的自定义日期派生变量，如图 6.107 所示。

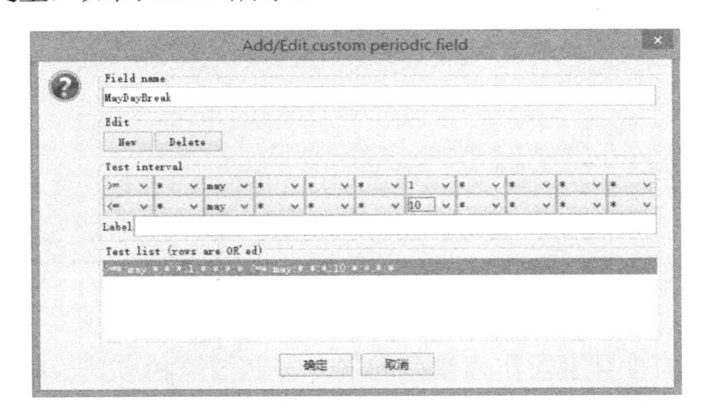

图 6.107 自定义周期性字段编辑对话框

本例创建一个称为 MayDayBreak(五一长假)的自定义日期派生变量，由单个的基于日期的测试(test)组成，在对话框的底部可以看到其表达式。该变量为布尔型，当日期在 5 月 1 日至 5 月 10 日内其值为 1。还可以添加额外的测试，以便评估多个不连续的时间段。

Field name(字段名称)文本框允许用户为新的变量取名，其下有两个按钮，New(新建)按钮用于为规则添加新测试，Delete(删除)按钮用于从底部列表中删除当前选定的测试。当在列表中选择一个测试时，会将测试的值显示在窗口中部 Test interval(测试间隔)选项组的上限和下限下拉列表框中，如图 6.107 所示。每个下拉列表框中可编辑一个边界元素，从左至右的下拉列表框为：比较操作符、年、月、年的第几周、月的第几周、年的第几天、月的第几天、星期几、天的第几小时、分钟和秒。将鼠标悬停在每个下拉列表框中，会显示工具提示说明提供的功能。每个下拉列表框中包含该元素所绑定的合法值，支持通配符，如“*”字符匹配任意条件。

Test inverval 选项组之下为 Label(标签)文本框，允许使用字符串标签与规则中的每个测试间隔相关联。规则中的所有间隔要么都有一个标签，要么都没有，不能一些间隔有标签而另一些没有，否则会产生错误。如果所有时间间隔都有标签，则通常将自定义字段的值设置为与规则相关，而不只是 0 或 1。规则评估处理为列表，即从上到下，第一个评估为 true 的间隔将用于设置字段的值。默认标签(即如果没有其他测试间隔匹配而分配的标签)可以通过使用通配符对列表中的最后一个测试间隔来进行设置。在所有间隔都有标签的情况下，如果没有“笼统”的默认设置，则没有间隔匹配的自定义字段的值将设置为缺失。这与不使用标签且字段为二元标志的情况不同，在后一种情况下，间隔不能匹配将导致自定义字段的值设置为 0。

4) 重叠数据

Overlay data(重叠数据)标签页允许用户指定应该视为“重叠”数据的字段，如果有的话。默认设置为不使用重叠数据。重叠数据被认为是数据转换和闭环预测过程的外部数据，即这些不进行预测的数据不能自动派生，且要为所预测的未来时期持续提供这些数据。在图 6.108 中，加载澳大利亚葡萄酒数据到系统中，且选定 Fortified(强化)为预测目标。通过选中 Use overlay data(使用重叠数据)复选框，系统显示数据中没有选中为目标或时间戳的其他字段，这些字段都可用作重叠数据。

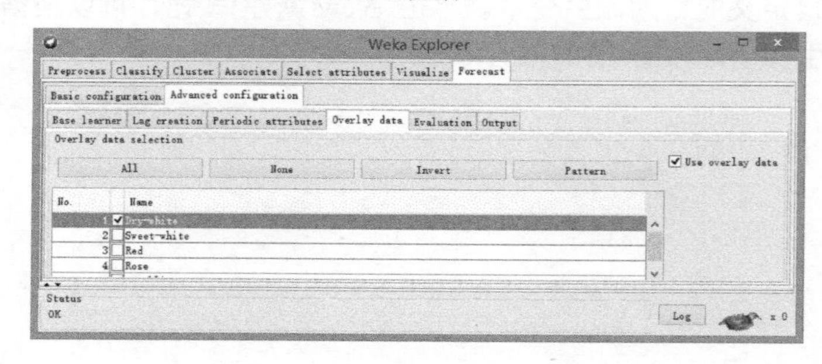

图 6.108 Overlay data 标签页

系统将使用所选的重叠字段作为模型的输入。通过这种方式，模型才有可能考虑一些特殊的历史条件(如股市崩溃)及其在未来已知时刻即将发生事件的影响因素(如历史上已发生的非常规的促销活动，以及将来的促销计划)。这样的变量在时间序列文献中通常被称为 intervention variables(干预变量)。

当执行使用覆盖数据的分析时，系统可能会报告说它无法在数据结束之后生成预测。这是因为没有提供时间区间所要求的覆盖字段的值，因此模型无法为选定的目标产生预测。需要注意的是，可以就训练数据以及训练数据尾部的留存数据对模型进行评估，因为这些数据的确已经包含了重叠字段的值。

5) 评估

Evaluation(评估)标签页允许用户选择希望的评估指标，并配置是否使用训练数据以及根据训练数据尾部的留存数据进行评估。在 Basic configuration 标签页中选中 Perform evaluation(执行评估)复选框与在这里选中 Evaluate on training(评估训练)复选框的效果相同。默认情况下，将计算预测的平均绝对误差(MAE)和均方根误差(RMSE)，如图 6.109 所示。用户可以在 Metrics(度量)选项组中选择用于计算的度量，可用的度量如下。

(1) 平均绝对误差(MAE)：sum(abs(predicted−actual))/N。

(2) 均方误差(MSE)：sum((predicted−actual)^2)/N。

(3) 均方根误差(RMSE)：sqrt(sum((predicted−actual)^2)/N)。

(4) 平均绝对百分比误差(MAPE)：sum(abs((predicted−actual)/actual))/N。

(5) 方向精度(DAC)：count(sign(actual_current−actual_previous)==sign(pred_current−pred_previous))/N。

(6) 相对绝对误差(RAE)：sum(abs(predicted−actual))/sum(abs(previous_target−actual))。

(7) 相对方根误差(RRSE)：sqrt(sum((predicted−actual)^2)/N)/sqrt(sum(previous_target−actual)^2)/N)。

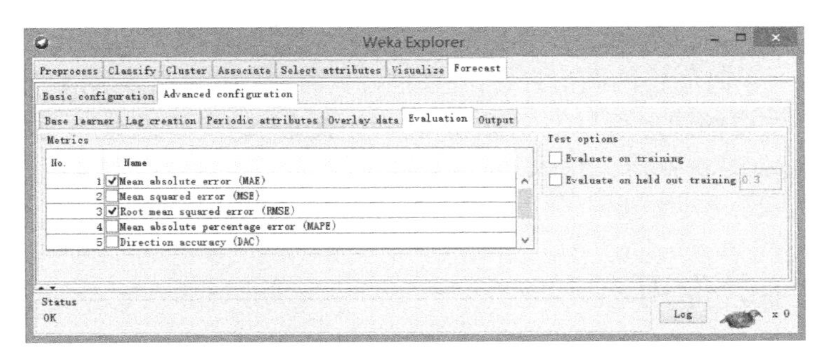

图 6.109　Evaluation 标签页

相对度量给出相对于只使用最后一个已知目标值的预测，预测器预测的性能有多好。相对度量以百分比表示，与只使用最后一个已知目标值相比，越小的相对度量值表明其预测效果越好。相对度量值大于等于 100 表明预测器不会比用最后一个已知目标值预测做得更好(或许会更糟)。需要注意的是，最后一个已知目标值是相对于要预测的步骤而言的。例如，提前 12 步预测是使用相对于本步骤前面第 12 个时间步长目标值作为预测而言的，因为前面的第 12 个时间步长目标值就是最后一个“已知”的实际目标值。

Evaluate on held out training(评估留存训练)复选框右边有一个文本框，允许用户选择自系列结束起留存多少训练数据，以形成独立测试集。这里输入的数值既可以表示绝对的行数，也可以表示训练数据的一部分(表示为 0～1 之间的小数)。

6) 输出

Output(输出)标签页提供了控制系统产生的文本和图形输出的选项，其中包括两个选项组：Output options(输出选项)和 Graphing options(图形选项)。前者控制环境中显示在主输出区域的文本输出，后者则控制图表的生成，如图 6.110 所示。

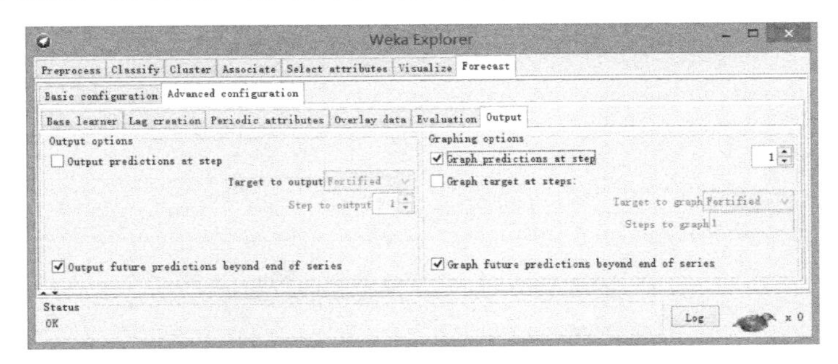

图 6.110　Output 标签页

选中 Output predictions at step(在……时间步输出预测)复选框会使系统对单个目标的每一步都输出实际值和预测值，也输出错误。

选中 Output future predictions beyond end of series(输出系列之后对将来的预测)复选框会使系统在数据结束后，输出训练数据和预测器预测所有目标的预测值(直至时间单位的最大数值)。预测值都以“*”号标示，以明确训练值和预测值之间的边界。

在 Graphing options(图形选项)选项组中，用户可以选择系统生成哪种图形。与文本输出相似，选中 Graph predictions at step(在……时间步的图形预测)复选框，可以以图形方式显示特定时间步的预测。不同于文本输出，它将绘制预测器预测的所有目标。选中 Graph target at steps(在……时间步的图形目标)复选框，允许绘制单个目标的多个时间步。例如，对于同一目标，生成的图形可以表示提前 1 步、提前 2 步和提前 5 步的预测。当选中 Graph target at steps 复选框后，Target to graph(目标图)下拉列表框和 Steps to graph(步骤图)文本框变得可用。

6.4.2 手把手教你用

1. 使用基本配置

在使用基本配置之前，确保已经安装了时间序列建模环境，安装方式可参见第 1 章中关于包管理器的内容。

启动 Weka 探索者界面，单击 Open file 按钮，导航至 Weka 安装包位置。Win 7、Win 8 操作系统的安装包目录为 C:\Users\computername\wekafiles\packages\，请读者自行用自己的计算机名称替换 computername。在该目录下，继续导航至 timeseriesForecasting\sample-data 子目录，可以看到目录里有三个数据集文件。选择 appleStocks2011.arff 文件，然后单击“打开”按钮加载 2011 年苹果电脑股票数据，加载后的窗口如图 6.111 所示。

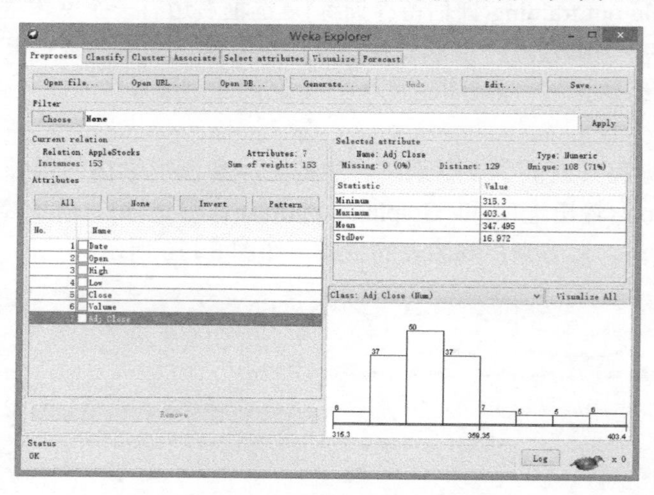

图 6.111 加载苹果电脑股票数据

可以看到一共有 7 个属性，包括日期(Date)、开盘价(Open)、最高价(High)、最低价(Low)、收盘价(Close)、成交量(Volume)，以及调整后的收盘价(Adj Close)。单击 Edit 按钮，打开 Viewer 对话框查看具体数据，可以看到一共有 153 个样本。

切换至 Forecast 标签页，保持 Basic configuration 标签页不变。首先在数据集中选择希望预测的目标字段，由于本数据集有多个目标，必须手动选择目标。股票一天中最为重要的数据是收盘价，因此选中 Close 复选框。

注意： 只有在选择目标以后，Start 按钮才变得可用。

然后在 Number of time units to forecast 微调框中输入预测的时间单位数值，这里输入 5，以预测 5 天股票的收盘价。因为 Time stamp 下拉列表框中已经正确选择了 Date 字段作为时间戳，所以不用修改。现在看 Skip list 文本框，发现该文本框不可用，应该先在 Periodicity 下拉列表框中选择 Daily 选项，然后在 Skip list 文本框中输入如下需要跳过的日期：

```
weekend,2011-01-17@yyyy-MM-dd,2011-02-21,2011-04-22,2011-05-30,2011-07-04
```

保持其他选项为默认值，单击 Start 按钮启动预测学习，可以看到输出区域输出了如图 6.112 所示的文本预测信息，并且在结果列表中添加了一个条目。最后五条以“*”标示的数据是预测的收盘价，注意到其中从 8 月 12 日直接跳到 8 月 15 日，这是因为我们设置了跳过周末。单击窗口右下部的 Train future pred.(训练预测将来)标签，可切换至图形输出。

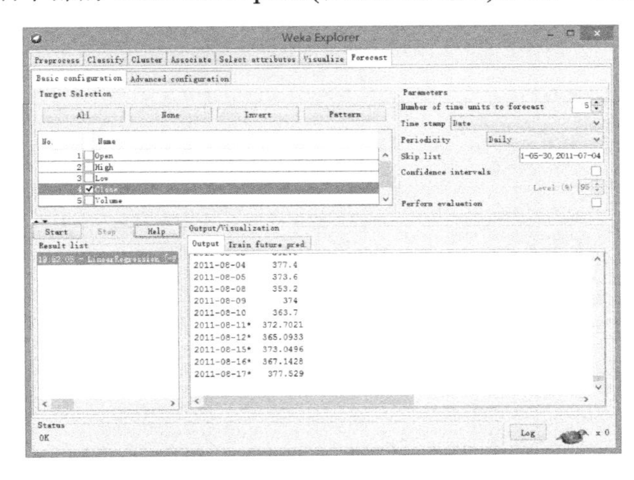

图 6.112　预测的文本输出

如输出 6.1 所示，预测器文本输出分为两个部分：Run information(运行信息)和 Future predictions from end of training data(自训练数据结束的未来预测)。如果选中 Perform evaluation 复选框，输出还会包含第三部分：Evaluation on training data(评估训练数据)。其中，运行信息中包含 Scheme(学习方案)的名称和参数、Lagged and derived variable options(滞后和派生变量选项)、数据集简要说明(关系名、实例数量以及属性数量及属性名)、Transformed training data(转换后的训练数据)、预测目标(这里是 Close)、Weights(权重)以及 Number of kernel evaluations(核评估数量)。自训练数据结束的未来预测以表格形式展现，第一列为时间(Time)，第二列为预测目标(Close)，表格行分为两个部分，前一部分为训练数据，后一部分以“*”标示的为预测数据。

输出 6.1　预测器的输出

```
=== Run information ===

Scheme:
    LinearRegression -S 0 -R 1.0E-8 -num-decimal-places 4
```

```
Lagged and derived variable options:
    -F [Close] -L 1 -M 7 -G Date -dayofweek -weekend -skip weekend,2011-01-
17@yyyy-MM-dd,2011-02-21,2011-04-22,2011-05-30,2011-07-04

Relation:    AppleStocks
Instances:   153
Attributes:  7
             Date
             Open
             High
             Low
             Close
             Volume
             Adj Close

Transformed training data:

             Close
             DayOfWeek
             Weekend
             Date-remapped
             Lag_Close-1
             Lag_Close-2
             Lag_Close-3
             Lag_Close-4
             Lag_Close-5
             Lag_Close-6
             Lag_Close-7
             Date-remapped^2
             Date-remapped^3
             Date-remapped*Lag_Close-1
             Date-remapped*Lag_Close-2
             Date-remapped*Lag_Close-3
             Date-remapped*Lag_Close-4
             Date-remapped*Lag_Close-5
             Date-remapped*Lag_Close-6
             Date-remapped*Lag_Close-7

Close:

Linear Regression Model

Close =

      1.6971 * DayOfWeek=tue +
      0.1139 * Date-remapped +
      0.9839 * Lag_Close-1 +
      0.1828 * Lag_Close-2 +
     -0.3186 * Lag_Close-3 +
      0.2237 * Lag_Close-4 +
     -0.1742 * Lag_Close-5 +
      0.2412 * Lag_Close-6 +
```

```
-0.1904 * Lag_Close-7 +
 0     * Date-remapped^3 +
-0.0004 * Date-remapped*Lag_Close-1 +
-0.0001 * Date-remapped*Lag_Close-2 +
 0.0002 * Date-remapped*Lag_Close-3 +
-0.0001 * Date-remapped*Lag_Close-4 +
-0.0001 * Date-remapped*Lag_Close-5 +
 0.0002 * Date-remapped*Lag_Close-6 +
-0.0001 * Date-remapped*Lag_Close-7 +
18.8757

=== Future predictions from end of training data ===
Time          Close
2011-01-03    329.6
2011-01-04    331.3
2011-01-05      334
2011-01-06    333.7
…
2011-08-09      374
2011-08-10    363.7
2011-08-11*  372.7021
2011-08-12*  365.0933
2011-08-15*  373.0496
2011-08-16*  367.1428
2011-08-17*   377.529
```

现在，选中 Perform evaluation 复选框，再次单击 Start 按钮启动预测学习，这时的文本输出如图 6.113 所示。容易看到，这时所输出的文本数据中包含了以二维表的形式展现的对训练数据的评估，其中，列为提前 1 步到提前 5 步的目标；行自上而下分别为 N(评估样本数)、平均绝对误差、均方根误差。

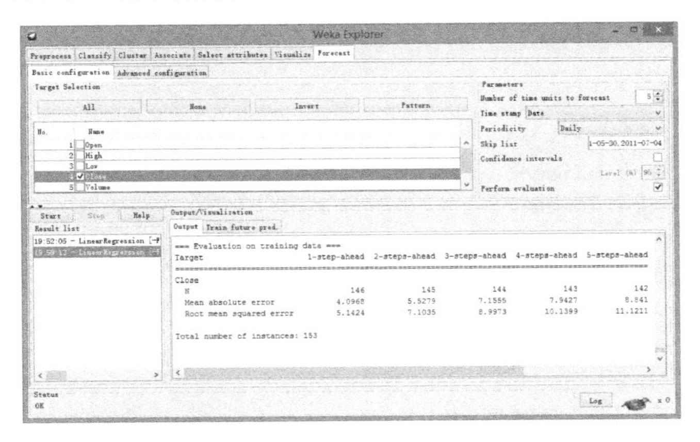

图 6.113　选中 Perform evaluation 复选框后的输出

最后，在结果列表中选择第一个条目并右击，在弹出的快捷菜单中选择 Save forecasting model 菜单项，将训练后的模型保存到磁盘中，以便将来使用。

2. 使用高级配置

本示例展示如何使用高级配置。

在探索者界面的 Preprocess 标签页中加载 wine.arff 数据文件，切换至 Forecast 标签页，在 Target Selection 选项组中，选中第一项 Fortified，并将 Number of time units to forecast 设置为 12，保持其他选项为默认值。

然后，切换至 Advanced configuration 标签页。在 Base learner 标签页中单击 Choose 按钮，选择线性回归 LinearRegression 作为基学习器，保持默认设置。单击 Start 按钮启动预测器，预测结果如图 6.114 所示。如果要比较不同基学习器的性能，可在 Evaluation 标签页中选中 Evaluate on training 复选框，比较评估训练数据的度量指标。

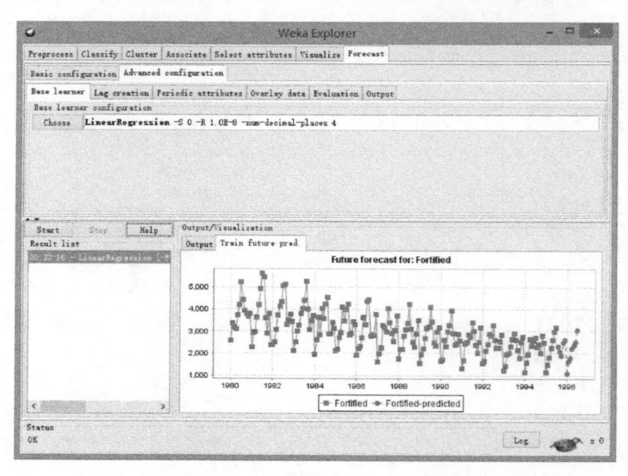

图 6.114　LinearRegression 预测输出

下面使用 Lag creation 标签页。首先检查一下文字输出的 Transformed training data 部分，可以看到如下的 12 个滞后变量：

```
Lag_Fortified-1
Lag_Fortified-2
Lag_Fortified-3
Lag_Fortified-4
Lag_Fortified-5
Lag_Fortified-6
Lag_Fortified-7
Lag_Fortified-8
Lag_Fortified-9
Lag_Fortified-10
Lag_Fortified-11
Lag_Fortified-12
```

如果要定制滞后变量，可选中 Use custom lag lengths 复选框，然后按照图 6.115 所示进行设置。

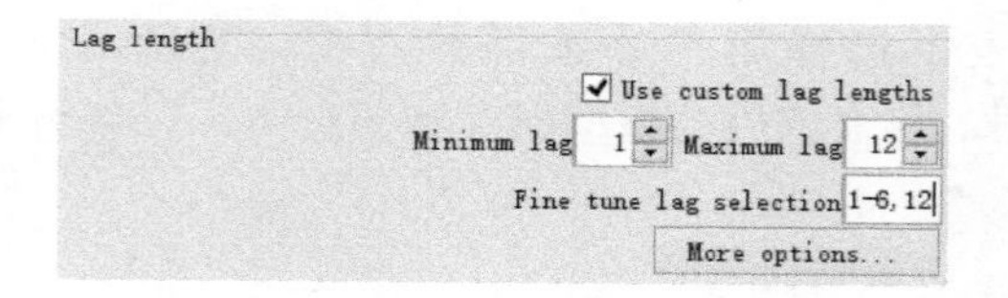

图 6.115　定制滞后变量

再次单击 Start 按钮启动预测，在输出中可以看到 Fortified 滞后变量已经从原来的 12 个减少到如下的 7 个：

```
Lag_Fortified-1
Lag_Fortified-2
Lag_Fortified-3
Lag_Fortified-4
Lag_Fortified-5
Lag_Fortified-6
Lag_Fortified-12
```

下面使用 Periodic attributes 标签页。假如认为每年 12 月份的圣诞节对酒类的销售影响较大，可以定制一个名称为 Christmas 的周期性字段，如图 6.116 所示，该字段会影响预测结果。

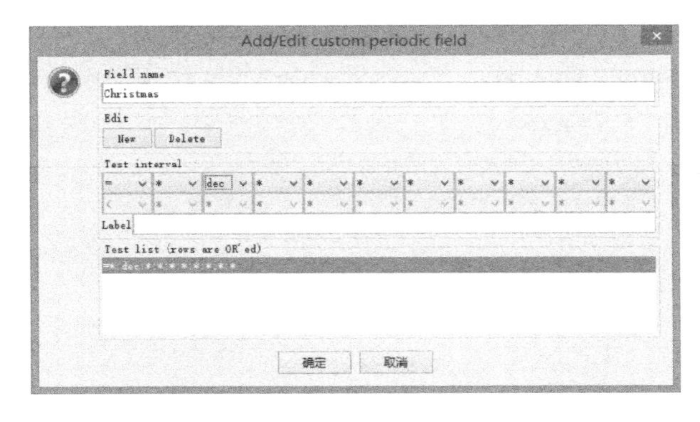

图 6.116　自定义周期性字段

单击“确定”按钮完成定制。这时，在 Date-derived periodic creation 选项组中的最后一行会显示名称为 c_Christmas 的周期性字段，如图 6.117 所示。

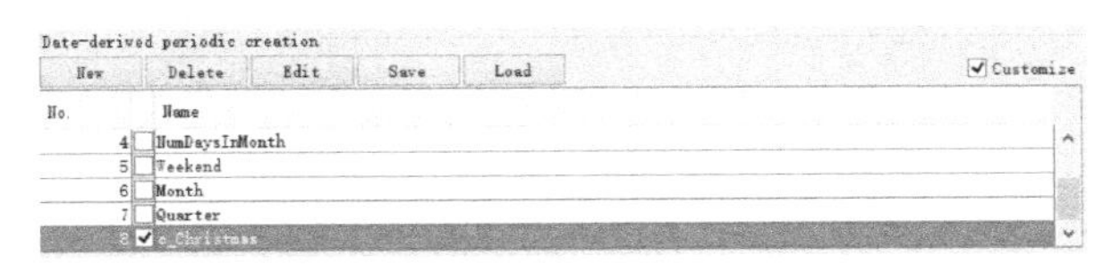

图 6.117　新增的自定义字段

再次单击 Start 按钮启动预测，在输出中可以看到如下所示的 c_Christmas 变量，该变量在算法中会参与预测计算：

```
Fortified
c_Christmas
Date-remapped
Lag_Fortified-1
Lag_Fortified-2
...
```

下面使用 Overlay data 标签页。选中 Use overlay data 复选框，系统显示可用作重叠数据的字段，选中 Dry-white 条目作为重叠数据，如前文的图 6.108 所示。然后单击 Start 按钮启动预测，很不幸，系统会弹出如图 6.118 所示的错误对话框，指示由于没有未来的重叠数据因此无法对未来预测。

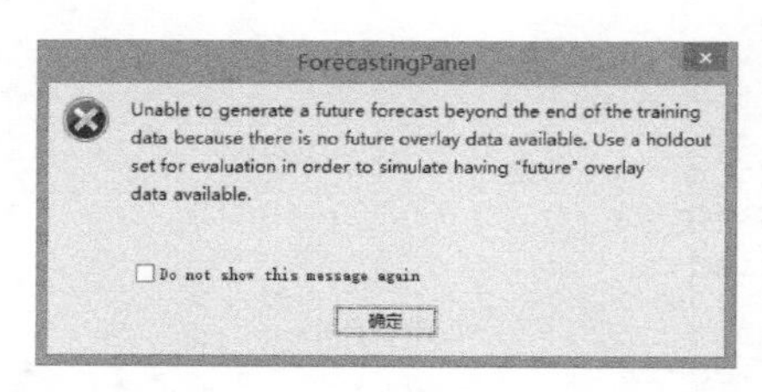

图 6.118　错误对话框

既然系统无法预测未来，那就不要要求它预测未来就行了。切换至 Output 标签页，取消选中 Output future predictions beyond end of series 复选框和 Graph future predictions beyond end of series 复选框，再次单击 Start 按钮，这次没有错误提示，如图 6.119 所示。在文本输出的 Transformed training data 部分，能找到 Dry-white 作为预测模型的输入字段。

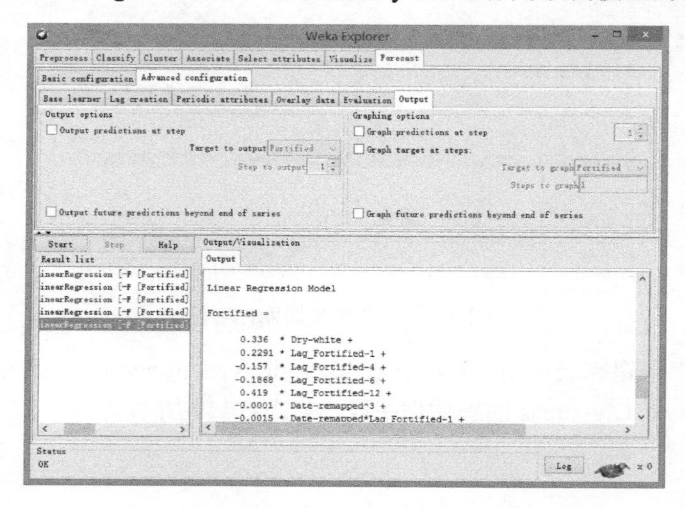

图 6.119　不让预测器预测未来

因为下面需要预测未来，因此还是取消使用重叠数据。

下面使用 Evaluation 标签页和 Output 标签页。默认选中 MAE 和 RMSE 作为评估度量，现在取消这两项选择，另外选中 DAC，再次单击 Start 按钮，输出的 Evaluation on test data 部分会包含 Direction accuracy 度量。

Evaluation 标签页中还有两个测试选项，选中 Evaluate on training 和 Evaluate on held out training 复选框，并将第二个复选框后的文本框里的 0.3 更改为 20，即留存 20 条记录作为测试。确保选中 Output 标签页中的 Output predictions at step 复选框，并将 Step to output 微调框中的数字更改为 5(提前 5 步预测)，再次单击 Start 按钮，在文本输出中可以找到如下文本：

```
=== Predictions for training data: Fortified (5-steps ahead) ===

    inst#      actual   predicted      error
      17        4198   3735.5167   -462.4833
```

```
      18        4935    4105.5926    -829.4074
      19        5618    4986.6843    -631.3157
...
     167        2526    2166.9554    -359.0446
     168           ?    2656.2799            ?
     169           ?    1010.8848            ?
     170           ?    1455.4003            ?
     171           ?    2077.4078            ?

=== Predictions for test data: Fortified (5-steps ahead) ===

   inst#      actual   predicted       error
     172        2659   1884.8736   -774.1264
     173        2354   2048.8564   -305.1436
...
     187        3179   2446.2144   -732.7856
     188           ?   1882.4437           ?
     189           ?   1937.3788           ?
     190           ?   1497.4459           ?
     191           ?   2055.4242           ?
```

上面的输出分为两个部分，第一部分是 Predictions for training data(预测训练数据)，第二部分是 Predictions for test data(预测测试数据)。这里需要注意两个问题：第一，由于前面指定留存的记录数为 20，因此测试数据记录的编号为 172 到 191，共 20 条记录；第二，输出中的问号“?”表示提前 5 步预测无法获取的数据。

在 Output 标签页中，选中 Graph target at steps 复选框，确保 Target to graph 下拉列表框中选择的为 Fortified 选项，在 Steps to graph 文本框中输入“1-3,6,12”，即图示提前 1、2、3、6 和 12 步的预测结果。然后再次单击 Start 按钮，结果如图 6.120 所示。图中有六条折线，分别代表真实值、提前 1 步预测值、提前 2 步预测值、提前 3 步预测值、提前 6 步预测值和提前 12 步预测值。

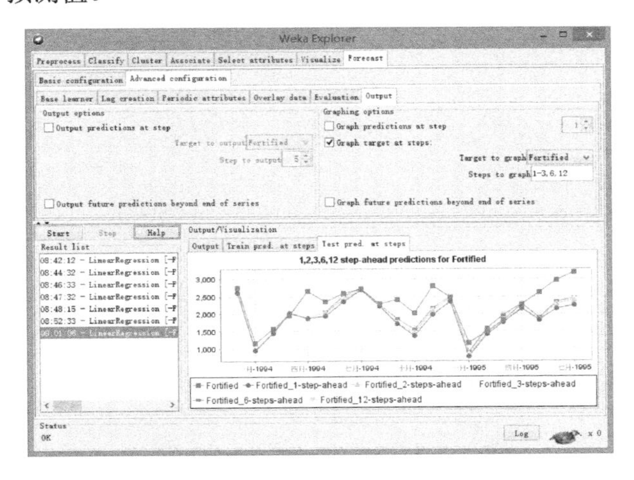

图 6.120　预测结果

课后强化练习

6.1　什么是贝叶斯网络？贝叶斯网络有什么好处？

6.2　贝叶斯算法假定数据集必须满足什么要求？

6.3　对于 Weka 自带的数据集，iris 数据集可以使用哪几个贝叶斯分类器？ReutersCorn-train 和 glass 数据集呢？

6.4　完成 6.2.2 节中的“图形界面编辑操作”实验。

6.5　说明在神经网络中，Num of Epochs、Momentum、Learning Rate 对网络学习的影响。

6.6　怎样用 ROC 曲线判断一个模型的好坏？如何看待图 6.85 所示的 ROC 曲线与其他指标不吻合的现象？

6.7　滞后变量、周期性属性、重叠数据这些字段有何用处？

第7章 Weka API

探索者界面、知识流界面和实验者界面等图形化工具在大多数情况下对于普通用户来说已经足够使用。但 Weka 的功能远不止这些，它还明确定义了应用程序编程接口 API，这使得它很容易“嵌入”到用户自己的应用项目中。本章介绍如何使用 Java 源代码来实现常见数据的挖掘任务，主要内容包括加载数据、保存数据、处理选项、内存数据集处理、过滤、分类、聚类、属性选择、可视化和序列化，最后以文本分类为例，介绍如何实现一个具体的挖掘任务。

7.1 加载数据

在应用过滤器、分类器或聚类器之前，必须先加载数据。Weka 能让用户加载多种文件格式的数据文件，还支持从数据库中加载数据。如果使用数据库，需要确保已经正确建立了 JDBC 数据库连接，并且数据库驱动程序已经包含在 CLASSPATH 环境变量中。

如下三个 Java 类常用于在内存中存储数据。

(1) weka.core.Instances 类：该类容纳完整的数据集。采用基于行的数据结构，可以通过调用 instance(int)方法获取单个行，其方法参数为基于 0 的行索引；可以通过调用 attribute(int)方法访问列信息，返回 weka.core.Attribute 对象。

(2) weka.core.Instance 类：该类封装单个行，基本上是一个原始 double 数组的包装器。因为该类没有包含列的类型信息，所以总是需要访问 weka.core.Instances 对象。可参见 dataset 方法和 setDataset 方法，前者返回本实例所使用的数据集，后者设置数据集的引用。weka.core.SparseInstance 类用于稀疏数据的情形，以节约存储空间。

(3) weka.core.Attribute 类：该类容纳数据集中单个列的类型信息。它存储属性的类型，以及标称型属性的标签、字符串型属性的可能值，以及关系型属性的数据集(weka.core.Instances 对象)。

综上所述，Instances 对象相当于二维表，Instance 对象和 Attribute 对象分别存储二维表的行和列信息。这三个类经常使用，须熟练掌握其 API。

7.1.1 从文件加载数据

Weka 支持多种数据文件格式，其格式采用文件扩展名来区分。从文件加载数据时，如果文件使用正确的扩展名，可以让 Weka 根据文件的扩展名来选择合适的加载器，可用的加载器都放置在 weka.core.converters 包中；不管文件是否使用正确的扩展名，都可以直接指定正确的加载器。如果文件没有正确的扩展名，只能采用后一种方法。

DataSource(数据源)类是 weka.core.converters.ConverterUtils 类的内部类，用于从有适当文件扩展名的文件中读取数据。代码片段见程序清单 7.1。

程序清单 7.1　读取数据代码片段

```
Instances data1 = DataSource.read("/some/where/dataset.arff");
Instances data2 = DataSource.read("/some/where/dataset.csv");
Instances data3 = DataSource.read("/some/where/dataset.xrff");
```

如果要加载的文件与加载器通常关联的文件扩展名不同，用户只能直接指定加载器。程序清单 7.2 展示如何加载 CSV 文件。

程序清单 7.2　指定加载器加载 CSV 文件代码片段

```
CSVLoader loader = new CSVLoader();
loader.setSource(new File("/some/where/some.data"));
Instances data = loader.getDataSet();
```

💡 **注意：** 并不是所有的文件格式都可以存储类别属性的信息。例如，ARFF 格式不能存储类别属性的信息，但 XRFF 格式却可以。如果将来需要使用分类器或其他功能，必须先设置类别属性，可以调用 Instances 对象的 setClassIndex(int) 方法进行设置。

程序清单 7.3 设置类别属性代码片段

```
// 使用第一个属性作为类别属性
if (data.classIndex() == -1)
data.setClassIndex(0);
...
// 使用最后一个属性作为类别属性
if (data.classIndex() == -1)
data.setClassIndex(data.numAttributes() - 1);
```

7.1.2 从数据库加载数据

从数据库中加载数据，可以使用 weka.experiment.InstanceQuery 类或者 weka.core.converters.DatabaseLoader 类。两者的区别是：InstanceQuery 类允许用户检索稀疏数据，而 DatabaseLoader 类可以增量检索数据。

使用 InstanceQuery 类的示例见程序清单 7.4。

程序清单 7.4 使用 InstanceQuery 类

```
InstanceQuery query = new InstanceQuery();
query.setDatabaseURL("jdbc_url");
query.setUsername("the_user");
query.setPassword("the_password");
query.setQuery("select * from tableName");
// 如果数据是稀疏的，那么可以使用下一条语句
// query.setSparseData(true);
Instances data = query.retrieveInstances();
```

使用 DatabaseLoader 类进行批量检索的示例见程序清单 7.5。

程序清单 7.5 批量检索

```
DatabaseLoader loader = new DatabaseLoader();
loader.setSource("jdbc_url", "the_user", "the_password");
loader.setQuery("select * from tableName");
Instances data = loader.getDataSet();
```

使用 DatabaseLoader 类进行增量检索的示例见程序清单 7.6。

程序清单 7.6 增量检索

```
DatabaseLoader loader = new DatabaseLoader();
loader.setSource("jdbc_url", "the_user", "the_password");
loader.setQuery("select * from tableName");
// 可能需要指定哪些列构成主关键字，调用 setKeys 方法
// loader.setKeys("col1,col2,...");
```

```
Instances structure = loader.getStructure();
Instances data = new Instances(structure);
Instance inst;
while ((inst = loader.getNextInstance(structure)) != null)
data.add(inst);
```

注意： 不是所有的数据库系统都支持增量检索。并不是所有的查询都只有一个唯一的主关键字，有时会具有复合关键字，这时，增量检索行可以用setKeys(String)方法来提供必要的列，其形式是以逗号分隔的列的列表。如果不能以增量方式检索数据，就一次先完全加载到内存，然后再一行一行地进行提供，这种方式称为“伪增量”方式。

7.1.3 手把手教你用

1. IDE 环境配置

本书以 Eclipse 和 MySQL 作为集成开发环境，因此，只讲述这两个工具的环境设置。

开发环境如下：Eclipse 版本 Mars(4.5)，数据库使用 MySQL 5.5，数据库连接驱动使用 mysql-connector-java-5.1.6.jar。这里假设 Eclipse 和 MySQL 都已安装好，如果读者对如何安装 Eclipse 和 MySQL 有疑问，请参考相关技术书籍。

首先，启动 Eclipse，进入工作台(WorkBench)，选择 File | New | Java Project 菜单项，新建一个名称为 weka 的项目。然后在 Package Explorer 中，右击新建的 weka 项目，在弹出的快捷菜单中选择 Build Path | Configure Build Path 菜单项，弹出如图 7.1 所示的 Properties for weka(属性配置)窗口。

单击窗口右边的 Add Library 按钮，弹出如图 7.2 所示的 Add Library(添加库)窗口。

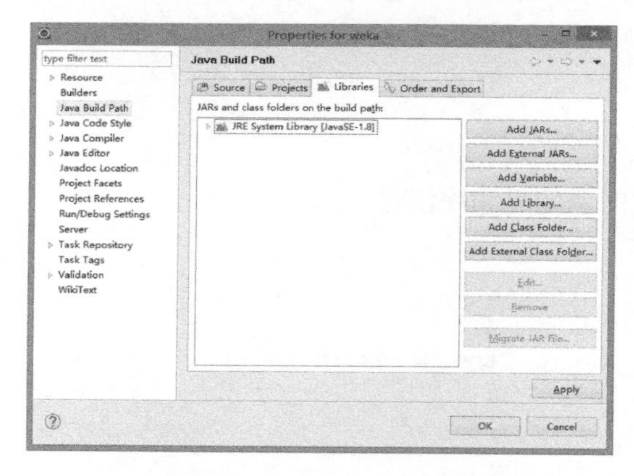

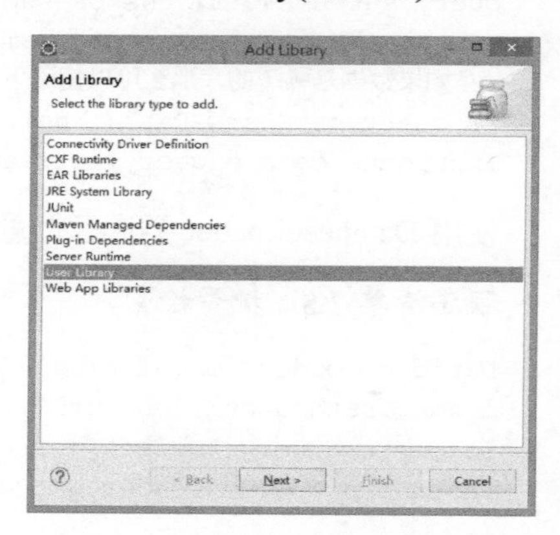

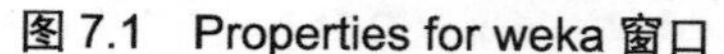
图 7.1 Properties for weka 窗口

图 7.2 Add Library 窗口

选择 User Library 条目，单击 Next 按钮，打开如图 7.3 所示的添加用户库界面。

单击图 7.3 所示窗口右边的 User Libraries 按钮，弹出 Preferences 窗口。单击 New 按钮，为用户库取一个有意义的名称，如 wekalibs。然后单击 Add JARs 按钮，添加如下 jar 文件：weka.jar、figtree.jar、jmathplot.jar、prefuse.jar 和 mysql-connector-java-5.1.6.jar。如果要使用诸如 timeseriesForecasting 等附加功能，必须添加所需的 jar 文件，完成后的窗口

如图 7.4 所示。

图 7.3　添加用户库界面

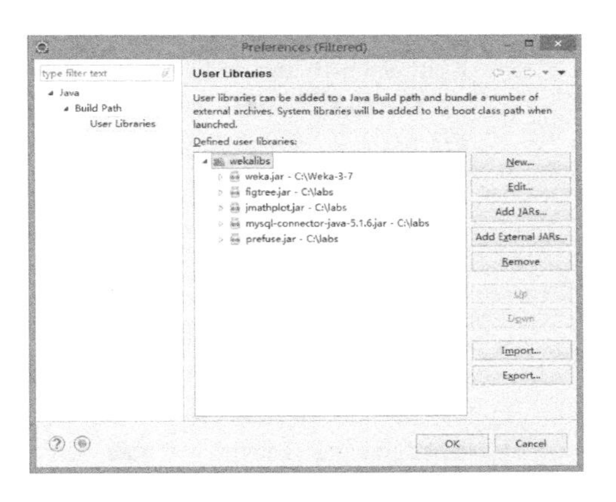

图 7.4　添加 jar 文件

最后，单击 OK 或 Finish 按钮结束配置。

注意： 上述过程只需要在第一次配置的时候完成就可以了，以后只需要在 Java 项目中添加用户库即可。figtree.jar、jmathplot.jar 和 prefuse.jar 可以在 Weka 安装目录下 wekaexamples.zip 文件的 lib 目录中找到，该 zip 压缩文件中还有很多 Java 编程示例，是重要的参考资料。

2. 加载 ARFF 文件

本示例采用两种方式加载数据集文件：第一种方式调用 DataSource 类的 read 方法，这适合文件扩展名与数据集格式匹配的情形；第二种方式直接指定加载器，再调用加载器的 getDataSet 方法。由于本例中的文件扩展名与数据集格式相匹配，因此使用两种方式都会成功。加载数据集文件后，直接在控制台打印出数据集的内容。

在加载数据集文件时，不管是调用 DataSource 的 read 方法还是调用所指定加载器的 getDataSet 方法，都有可能会发生一些例外，如找不到文件、文件已坏、文件格式不正确等。在 Java 中有两种处理方式：第一种是在可能抛出例外的方法中使用 throws 语句进行声明，继续抛出异常对象，本示例采用这种方式；第二种是使用 try…catch 结构对例外进行捕获和处理，下一个示例采用这种方式。

示例代码见程序清单 7.7。

程序清单 7.7　加载 ARFF 文件

```
package wekalearning.dataset.loaddata;

import weka.core.Instances;
import weka.core.converters.ArffLoader;
import weka.core.converters.ConverterUtils.DataSource;

import java.io.File;

public class LoadArffFile {
```

```
    public static void main(String[] args) throws Exception {
        // 使用 DataSource 类的 read 方法来加载 ARFF 文件
        System.out.println("\n\n 使用 DataSource 类的 read 方法来加载 ARFF 文件");
        // 同样也要捕获程序异常，这里已抛出
        Instances data1 = DataSource.
                read("C:/Weka-3-7/data/weather.nominal.arff");
        System.out.println("\n 数据集内容：");
        System.out.println(data1);

        // 使用直接指定加载器的方法来加载 ARFF 文件
        System.out.println("\n\n 使用直接指定加载器的方法来加载 ARFF 文件");
        // 创建一个 ArffLoader 类实例
        ArffLoader loader = new ArffLoader();
        // 加载 ARFF 文件，
        // 此时从系统中读文件时要捕获异常，这里在 main 函数中抛出
        loader.setSource(new File("C:/Weka-3-7/data/weather.numeric.arff"));
        Instances data2 = loader.getDataSet();
        System.out.println("\n 数据集内容：");
        System.out.println(data2);

    }

}
```

3. 加载 XRFF 文件

本示例加载 XRFF 格式的数据文件。为了更清楚地说明问题，有意使文件扩展名与数据集格式不相匹配，这样，调用 DataSource 类的 read 方法肯定不会成功，只能采用直接指定加载器的方式。

首先准备数据文件，在探索者界面中打开 data 目录下的 weather.nominal.arff 文件，在 Preprocess 标签页中单击 Save 按钮，打开“保存”对话框，导航至 data 目录下，选择文件类型为 XRFF data files(*.xrff)，修改文件名为 weather.nominal.xrff。然后打开 Windows 资源管理器，将新保存文件的后缀名修改为.xml，即 weather.nominal.xml。

示例代码见程序清单 7.8。

程序清单 7.8　加载 XRFF 文件

```
package wekalearning.dataset.loaddata;

import weka.core.Instances;
import weka.core.converters.ConverterUtils.DataSource;
import weka.core.converters.XRFFLoader;

import java.io.File;

public class LoadXrffFile {

    public static void main(String[] args) {
```

```
        // 使用DataSource类的read方法来加载XRFF文件
        System.out.println("使用DataSource类的read方法来加载XRFF文件");
        System.out.println("由于文件扩展名与数据集格式不匹配，肯定加载失败");
        // 同样也要捕获程序异常，这里已抛出
        try {
            Instances data = DataSource
                    .read("C:/Weka-3-7/data/weather.nominal.xml");
            System.out.println("\n数据集内容：");
            System.out.println(data);
        } catch (Exception e) {
            System.out.println("加载文件失败！");
        }

        System.out.println("\n\n使用直接指定加载器的方法来加载XRFF文件");
        System.out.println("由于直接指定符合数据集格式的加载器，肯定加载成功");
        try {
            XRFFLoader loader = new XRFFLoader();
            loader.setSource(new
                    File("C:/Weka-3-7/data/weather.nominal.xml"));
            Instances data = loader.getDataSet();
            System.out.println("\n数据集内容：");
            System.out.println(data);
        } catch (Exception e) {
            System.out.println("加载文件失败！");
        }

    }

}
```

注意： 代码中采用try…catch结构对例外进行捕获和处理。

4. 从数据库加载

要使用数据库，必须先在Weka中设置数据库连接，具体步骤请参见本书1.4节。

首先，在数据库中新建一张数据库表并填充数据，这里使用SQL语句建表，并插入数据。SQL文件内容如程序清单7.9所示，在数据库中批量执行这些SQL语句，就可建立一张名称为weather的数据库表。

程序清单7.9 weather.sql

```
CREATE TABLE 'weather'('outlook' varchar(20), 'temperature' varchar(20),
'humidity' varchar(20), 'windy' varchar(20), 'play' varchar(20));

INSERT INTO 'weather' ('outlook', 'temperature', 'humidity', 'windy', 'play')
VALUES ('sunny', 'hot', 'high', 'FALSE', 'no');
INSERT INTO 'weather' ('outlook', 'temperature', 'humidity', 'windy', 'play')
VALUES ('sunny', 'hot', 'high', 'TRUE', 'no');
INSERT INTO 'weather' ('outlook', 'temperature', 'humidity', 'windy', 'play')
VALUES ('overcast', 'hot', 'high', 'FALSE', 'yes');
...
```

然后编写程序实现从数据库中检索数据。本例分别使用InstanceQuery类和DatabaseLoader类从数据库中批量检索数据。代码如程序清单 7.10 所示，代码中的数据库连接字符串(数据库 URL、用户名和密码)需要根据自己的数据库配置做一些相应的更改。代码还调用setClassIndex方法将最后一个属性设置为类别属性，方便以后使用分类器。

程序清单 7.10 LoadFromDB.java

```
package wekalearning.dataset.loaddata;

import weka.core.Instances;
import weka.core.converters.DatabaseLoader;
import weka.experiment.InstanceQuery;

public class LoadFromDB {

    public static void main(String[] args) throws Exception {
        InstanceQuery query = null;
        Instances data = null;

        //使用 InstanceQuery 类
        System.out.println("使用 InstanceQuery 类从数据库中检索数据");
        query = new InstanceQuery();
        query.setDatabaseURL("jdbc:mysql://localhost:3306/weka");
        query.setUsername("weka");
        query.setPassword("weka");
        query.setQuery("select * from weather");
        data = query.retrieveInstances();
        // 使用最后一个属性作为类别属性
        if (data.classIndex() == -1)
            data.setClassIndex(data.numAttributes() - 1);
        System.out.println("数据集内容：");
        System.out.println(data);

        //使用 DatabaseLoader 类进行批量检索
        System.out.println("\n\n 使用 DatabaseLoader 类从数据库中批量检索数据");
        DatabaseLoader loader = null;
        loader = new DatabaseLoader();
        loader.setSource("jdbc:mysql://localhost:3306/weka", "weka", "weka");
        loader.setQuery("select * from weather");
        Instances data1 = loader.getDataSet();
        // 使用最后一个属性作为类别属性
        if (data1.classIndex() == -1)
            data1.setClassIndex(data1.numAttributes() - 1);
        System.out.println("数据集内容：");
        System.out.println(data1);
    }

}
```

如果要实现增量检索，本例的 weather 数据库表是不支持的，必须先修改该表，增加一个关键字才能增量检索行。由于天气数据集的实例数量较少，增量检索意义不大，就留给读者自己解决。

7.2 保 存 数 据

保存 weka.core.Instances 对象与先前的读取数据一样容易，尽管再次存储数据的需求比起读入数据到存储器来说较为罕见。以下分别介绍如何将数据保存至文件和数据库中。

7.2.1 保存数据至文件

所有的保存器(saver)都位于 weka.core.converters 包中，保存数据既可以让 Weka 选择合适的转换器，也可以指定显式转换器。如果 Weka 不认识要保存数据的文件扩展名，只能使用后一种方法。

如果文件扩展名与数据文件格式相符(一般情况都是这样)，可以使用 DataSink 类，该类为 weka.core.converters.ConverterUtils 的内部类。示例代码见程序清单 7.11。

程序清单 7.11 使用 DataSink 类

```
// 要保存的数据结构
Instances data = ...
// 保存为ARFF
DataSink.write("/some/where/data.arff", data);
// 保存为CSV
DataSink.write("/some/where/data.csv", data);
```

程序清单 7.12 是明确指定 CSVSaver 转换器的一个示例。

程序清单 7.12 明确指定转换器

```
// 要保存的数据结构
Instances data = ...
// 保存为CSV
CSVSaver saver = new CSVSaver();
saver.setInstances(data);
saver.setFile(new File("/some/where/data.csv"));
saver.writeBatch();
```

7.2.2 保存数据至数据库

相对于保存到文件，Weka 将数据保存到数据库的操作并没有很明显的区别。用户需要了解 DatabaseSaver 转换器。与 DatabaseLoader 加载器一样，数据库保存器也可以使用批量模式或增量模式来存储数据。

以下第一个示例展示如何将数据以批处理模式进行保存(其方法不难)。DatabaseSaver 类用于保存数据到数据库，首先实例化 DatabaseSaver 对象，调用 setDestination 方法设置数据库 URL、用户名和密码，调用 setTableName 方法设置数据库表的名称，

setRelationForTableName(false)方法不使用关系名直接作为表名。

程序清单 7.13　批处理模式保存

```
// 要保存的数据结构
Instances data = ...
// 保存数据到数据库
DatabaseSaver saver = new DatabaseSaver();
saver.setDestination("jdbc_url", "the_user", "the_password");
// 在这里明确指定表名
saver.setTableName("tableName");
saver.setRelationForTableName(false);
// 或者可以只更新数据集的名称，并把关系名称作为表名
// saver.setRelationForTableName(true);
// data.setRelationName("tableName2");
saver.setInstances(data);
saver.writeBatch();
```

增量地保存数据需要做多一点的工作，用户必须调用 setRetrieval(DatabaseSaver.INCREMENTAL)方法指定增量写入数据，并在保存全部数据后调用writeIncremental(null)方法通知保存器。代码片段见程序清单 7.14。

程序清单 7.14　增量模式保存

```
// 要保存的数据结构
Instances data = ...
// 保存数据到数据库
DatabaseSaver saver = new DatabaseSaver();
saver.setDestination("jdbc_url", "the_user", "the_password");
// 在这里明确指定表名
saver.setTableName("tableName2");
saver.setRelationForTableName(false);
// 或者可以只更新数据集的名称
// saver.setRelationForTableName(true);
// data.setRelationName("whatsoever2");
saver.setRetrieval(DatabaseSaver.INCREMENTAL);
saver.setStructure(data);
count = 0;
for (int i = 0; i < data.numInstances(); i++) {
saver.writeIncremental(data.instance(i));
}
// 通知保存器已经完成
saver.writeIncremental(null);
```

7.2.3　手把手教你用

1. 保存数据至文件

本示例读取 ARFF 格式的数据文件，然后保存为 CSV 格式的文件，即完成格式转换的功能。

由于文件扩展名与数据文件格式相符，因此既可以使用 DataSink 类，也可以明确指定 CSVSaver 转换器。

代码如程序清单 7.15 所示。运行程序后，在目标子目录中可以找到 iris.csv 文件和 iris2.csv 文件。

程序清单 7.15 ARFF2CSV.java

```
package wekalearning.dataset.savedata;

import java.io.File;
import weka.core.Instances;
import weka.core.converters.CSVSaver;
import weka.core.converters.ConverterUtils.DataSink;
import weka.core.converters.ConverterUtils.DataSource;

/**
 * ARFF 文件转换为 CSV 文件
 */
public class ARFF2CSV {

    public static void main(String[] args) {

        try {
            // 加载数据
            Instances data = new Instances(
                    DataSource.read("C:/Weka-3-7/data/iris.arff"));
            System.out.println("完成加载数据");

            // 使用 DataSink 类，保存为 CSV
            DataSink.write("C:/Weka-3-7/data/iris.csv", data);
            System.out.println("完成使用 DataSink 类保存数据");

            // 明确指定转换器，保存为 CSV
            CSVSaver saver = new CSVSaver();
            saver.setInstances(data);
            saver.setFile(new File("C:/Weka-3-7/data/iris2.csv"));
            saver.writeBatch();
            System.out.println("完成指定 CSVSaver 转换器保存数据");
        } catch (Exception e) {
            e.printStackTrace();
        }

    }

}
```

2. 保存数据至数据库

本示例首先从文件加载数据，然后以批量方式或增量方式将数据保存到数据库中。代码如程序清单 7.16 所示，DatabaseSaver 类用于保存数据到数据库。首先实例化

DatabaseSaver 对象，调用 setDestination 方法设置数据库连接字符串，setTableName 方法用于设置数据库表的名称，setRelationForTableName(false)方法不使用关系名作为表名，如果需要将关系名作为表名，修改方法参数为 true 即可。使用增量模式，应调用 setRetrieval (DatabaseSaver.INCREMENTAL)方法，并调用 setStructure 方法设置表结构，循环调用 writeIncremental 方法插入记录，在完成插入之后，记得调用 writeIncremental(null)方法通知保存器。

程序清单 7.16 Save2DB.java

```
package wekalearning.dataset.savedata;

import weka.core.Instances;
import weka.core.converters.ConverterUtils.DataSource;
import weka.core.converters.DatabaseSaver;

/**
 * 将数据集保存到数据库
 */
public class Save2DB {

    public static void main(String[] args) {

        try {
            // 加载数据
            Instances data = new Instances(
                    DataSource.read("C:/Weka-3-7/data/iris.arff"));
            System.out.println("完成加载数据");

            // 批量方式保存数据到数据库
            DatabaseSaver saver = new DatabaseSaver();
            saver.setDestination("jdbc:mysql://localhost:3306/weka", "weka",
                    "weka");
            // 在这里明确指定表名
            saver.setTableName("iris");
            saver.setRelationForTableName(false);
            saver.setInstances(data);
            saver.writeBatch();
            System.out.println("完成批量方式保存数据");

            // 增量方式保存数据到数据库
            DatabaseSaver saver2 = new DatabaseSaver();
            saver2.setDestination("jdbc:mysql://localhost:3306/weka", "weka",
                    "weka");
            // 在这里明确指定表名
            saver2.setTableName("iris2");
            saver2.setRelationForTableName(false);
            saver2.setRetrieval(DatabaseSaver.INCREMENTAL);
            saver2.setStructure(data);
            for (int i = 0; i < data.numInstances(); i++) {
                saver2.writeIncremental(data.instance(i));
```

```
                }
                // 通知保存器已经完成
                saver2.writeIncremental(null);
                System.out.println("完成增量方式保存数据");

            } catch (Exception e) {
                e.printStackTrace();
            }

        }

    }
```

运行程序之后，会在数据库中创建两个一模一样的数据库表 iris 和 iris2，每个表中都有 150 条记录，如图 7.5 所示。

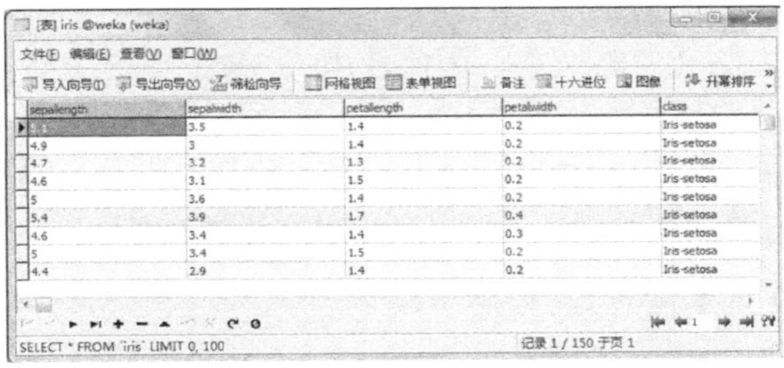

图 7.5　运行结果

7.3　处理选项

如果要对分类器等对象进行配置，可以将希望改变的属性通过调用适当的 get 或 set 方法(这在 Java 中称为 Getters 和 Setters)进行设置，前者读取属性，后者设置属性。或者，如果分类器等对象的 Java 类实现了 weka.core.OptionHandler 接口，用户就可以使用该对象提供的功能来解析命令行选项，例如，通过 setOptions(String[])方法来设置选项，方法参数为选项数组；通过 getOptions()方法返回 String[]数组以获取选项。上述两种方法之间的区别是：setOptions(String[])方法不能用于增量地设置选项，而 set 方法则没有这一限制。没有在选项数组中明确指定的所有的其他选项，一律使用默认值。

7.3.1　选项处理方法

处理选项最基本的方法是手工组装 String 数组。下面的示例使用单个选项(“-R”)接受一个参数(“1”)来创建一个选项数组(其含义是删除第一个属性)，并使用该选项初始化 Remove 过滤器。代码片段见程序清单 7.17。

程序清单 7.17　手工组装字符串数组

```
String[] options = new String[2];
options[0] = "-R";
```

```
options[1] = "1";
Remove rm = new Remove();
rm.setOptions(options);
```

由于 setOptions(String[])方法需要完全解析并正确拆分数组，可以通过控制台的命令提示符得到完整的选项。使用这种方法最容易犯两个错误：第一，将选项和参数组合在一起。例如，使用“-R 1”完整地作为字符串数组的一个元素是不正确的，Weka 会输出未知选项“R 1”的错误消息。第二，尾随空白。使用“-R ”(R 后接一个空格字符)也不正确，因为系统不会自动删除尾随空格，因此无法识别选项“R ”。

避免上述问题最简单的方法是：调用 weka.core.Utils 类的 splitOptions(String)方法，自动将命令行字符串拆解并生成一个 String 数组，然后设置选项。代码参见程序清单 7.18。

程序清单 7.18　调用 Utils.splitOptions(String)方法

```
String[] options = Utils.splitOptions("-R 1");
```

由于 splitOptions 方法会忽略空格，因此使用“ -R 1”(前空格)或“-R 1 ”(后空格)作为参数都会返回相同的正确结果：“-R 1”。

不一定非要像程序清单 7.17 中的 Remove 过滤器那样使用 setOptions(String[])方法，下面的代码片段展示如何使用属性的 set 方法来完成同样的功能。

程序清单 7.19　使用属性的 set 方法

```
Remove rm = new Remove();
rm.setAttributeIndices("1");
```

为了找出哪个选项属于哪一个属性，即对应的 get 和 set 方法，最好先检视 setOptions(String[])和 getOptions()方法。这两个方法可以方便地直接使用成员变量，用户只需要寻找特殊成员变量向外界提供访问的方法。

7.3.2　手把手教你用

本示例采用前面讲述的处理选项的三种方法，移除数据集第一列(outlook 列)，代码如程序清单 7.20 所示。首先加载数据集，然后分别通过手工组装 String 数组、使用 Utils 类的 splitOptions(String)方法，以及使用属性的 set 方法，完成数据集的过滤操作。

程序清单 7.20　OptionHandler.java

```
package wekalearning.dataset.optionshandling;

import weka.core.Instances;
import weka.core.Utils;
import weka.core.converters.ConverterUtils.DataSource;
import weka.filters.Filter;
import weka.filters.unsupervised.attribute.Remove;

public class OptionHandler {

    public static void main(String[] args) throws Exception {
        // 加载数据文件
```

```
        Instances data = new Instances(
                DataSource.read("C:/Weka-3-7/data/weather.nominal.arff"));
        System.out.println("数据集内容：");
        System.out.println(data);

        //手工组装String数组
        System.out.println("\n\n手工组装String数组");
        String[] options = new String[2];
        options[0] = "-R";
        options[1] = "1";
        Remove rm = new Remove();
        rm.setOptions(options);
        //数据集过滤
        rm.setInputFormat(data);
        Instances inst1 = Filter.useFilter(data, rm);
        System.out.println("\n数据集过滤后的内容：");
        System.out.println(inst1);

        //使用weka.core.Utils类的splitOptions(String)方法
        System.out.println("\n\n使用Utils类的splitOptions(String)方法");
        String[] options2 = Utils.splitOptions("-R 1");
        Remove rm2 = new Remove();
        rm2.setOptions(options2);
        rm2.setInputFormat(data);
        Instances inst2 = Filter.useFilter(data, rm2);
        System.out.println("\n数据集过滤后的内容：");
        System.out.println(inst2);

        // 使用属性的set方法
        System.out.println("\n\n使用属性的set方法");
        Remove rm3 = new Remove();
        rm3.setAttributeIndices("1");
        rm3.setInputFormat(data);
        Instances inst3 = Filter.useFilter(data, rm3);
        System.out.println("\n数据集过滤后的内容：");
        System.out.println(inst3);
    }
}
```

7.4 内存数据集处理

本节首先讲述如何在内存中创建数据集，然后讲述如何打乱数据顺序，使之适应学习方案的要求。

7.4.1 在内存中创建数据集

前面已经学习了从磁盘或数据库加载数据集，但这并不是 Weka 获取数据的唯一方式，还可以通过编程在内存中创建数据集。创建数据集需要在内存中生成数据集存储结构(即 weka.core.Instances 对象)，这是一个两阶段的过程：第一，通过设置属性定义数据格式；第二，一行一行地添加实际数据。

1. 定义数据格式

Weka 目前支持以下五种不同的属性类型。

- numeric(数值型)：连续变量。
- date(日期型)：日期变量。
- nominal(标称型)：预定义的标签。
- string(字符串型)：文本数据。
- relational(关系型)：包含其他关系。例如，多个实例数据组成的包(bags)。

对于不同的属性类型，Weka 全都使用同一个类 weka.core.Attribute，但使用不同的构造函数，下面分别说明如何创建这些不同的属性对象。

1) 数值型

这是最容易创建的属性类型，因为仅需要属性的名称，例如：

```
Attribute numeric = new Attribute("attribute_name");
```

2) 日期型

日期型属性在 Weka 内部与数值型属性一样处理，但为了解析和显示正确的日期值，需要指定日期格式。为了操作简单，Java 的日期和时间都使用同样的类型，其格式可参见 Java 文档的 java.text.SimpleDateFormat 类中的详细解释。下面的例子展示了如何创建一个日期型属性，使用的日期格式为由连字符分隔的 4 位数字的年、2 位数字的月份，以及 2 位数字的天：

```
Attribute date = new Attribute("attribute_name", "yyyy-MM-dd");
```

这里，表示月份的 MM 一定要大写，如果小写则表示分钟。

3) 标称型

标称型属性包含预定义的标签，用户需要提供这些以 java.util.ArrayList<String>对象存储的标签列表。下面的代码片段展示了如何创建一个有四个标签的标称型属性：

```
ArrayList<String> labels = new ArrayList<String>();
labels.add ("label_a");
labels.add ("label_b");
labels.add ("label_c");
labels.add ("label_d");
Attribute nominal = new Attribute("attribute_name", labels);
```

4) 字符串型

与标称型属性不同，字符串类型不需要存放预定义的标签列表，通常用于存储文本数据，即文本分类的文档内容。字符串型属性使用与标称型属性相同的构造函数，但需要提供一个 null 值，而非 java.util.ArrayList<String>的实例。例如：

```
Attribute string = new Attribute("attribute_name", (ArrayList<String>)null);
```

5) 关系型

关系型属性只需要在构造函数中用 weka.core.Instances 对象来定义关系结构。如下代码片段生成一个关系型属性，包含两个属性(一个数值型属性和一个标称型属性)的关系：

```
ArrayList<Attribute> atts = new ArrayList<Attribute>();
atts.add(new Attribute("rel.num"));
ArrayList<String> values = new ArrayList<String>();
values.add("val_A");
values.add("val_B");
values.add("val_C");
atts.add(new Attribute("rel.nom", values));
Instances rel_struct = new Instances("rel", atts, 0);
Attribute relational = new Attribute("attribute_name", rel_struct);
```

创建属性对象之后，使用 java.util.ArrayList<Attribute>对象将所有属性对象包括进来，然后再创建一个 weka.core.Instances 对象，以包括属性对象的列表。注意到 Instances 对象实质就是数据集，Weka 没有名称为 Dataset 的对象。如下示例创建一个数据集，带有两个数值型属性和一个标称型类别属性，其中，类别属性的两个标签为 yes 和 no：

```
Attribute num1 = new Attribute("num1");
Attribute num2 = new Attribute("num2");
ArrayList<String> labels = new ArrayList<String>();
labels.add("no");
labels.add("yes");
Attribute cls = new Attribute("class", labels);
ArrayList<Attribute> attributes = new ArrayList<Attribute>();
attributes.add(num1);
attributes.add(num2);
attributes.add(cls);
Instances dataset = new Instances("relation_name", attributes, 0);
```

在示例的最后一行，Instances 构造函数的第一个参数是关系名称，第二个参数是属性对象，最后一个参数告诉 Weka 需要为即将到来的 weka.core.Instance 对象预留多少内存空间，此处为 0 表示不需要预留内存。如果用户知道添加到数据集的行数，那么就应该指定该参数，以节省扩展内存开销。如果用户指定的内存空间值比要添加的行数大很多，也没关系，用户始终可以调用 compactify()方法削减多余的空间，避免内存浪费。

2. 添加数据

定义好数据集的结构之后，就可以一行一行地添加实际数据。这时需要使用 weka.core.Instance 接口以提供更大的灵活性，weka.core.AbstractInstance 类实现该接口，AbstractInstance 类直接派生 weka.core.DenseInstance 类和 weka.core.SparseInstance 类，这两个类提供了实例的基本功能。前者处理实例速度较快，是更为优雅的面向对象方法；后者只存储非零值，因而可以节省一些存储空间。在后文的示例中，大部分都使用 DenseInstance 类，很少使用 SparseInstance 类，但两者的处理非常相似。

用户可以使用 DenseInstance 类的两种构造函数来实例化一个数据行，两种构造函数的功能如下。

(1) DenseInstance(double weight, double[] attValues)：该构造函数生成一个指定权重及给定 double 数组的 DenseInstance 对象。在 Weka 内部，全部五种属性类型都使用 double

格式。double 格式表示数值型和日期型肯定没有问题，在 Java 内部，日期型也是用数值(long 型)来表示的。对于标称型、字符串型和关系型属性，仅仅需要存放存储值的索引。

(2) DenseInstance(int numAttributes)：该构造函数生成一个新的、权重为 1.0、全部值都缺失的 DenseInstance 对象。

第二种构造函数似乎更容易使用，但是，以后调用 DenseInstance 类方法来设置值开销较大，尤其是需要加入大量行的时候。因此，下面的代码示例使用第一种构造函数。为简单起见，Instances 对象 data 使用了前面介绍的不同属性的代码片段，包含了所有可能的属性类型。

对于每个实例，首先要新建一个 double 数组来保存属性值。注意到一定不能重复使用该数组，而一定要每次都创建一个新的数组。这是因为 Weka 在实例化 DenseInstance 对象时，只是对它进行引用，而没有创建其副本，因此重用就意味着更改原来的 DenseInstance 对象。一般使用如下语句来新建一个 double 数组：

```
double[] values = new double[data.numAttributes()];
```

然后，使用实际值来填充 double 数组，以下列举了各种类型值的填充方法。

(1) 数值型：只设置数值的值即可。例如：

```
values[0] = 1.23;
```

(2) 日期型：将日期字符串转换成一个 double 值。例如：

```
values[1] = data.attribute(1).parseDate("2013-05-11");
```

(3) 标称型：确定标签的索引。例如：

```
values[2] = data.attribute(2).indexOf("label_b");
```

(4) 字符串型：使用 addStringValue 方法，确定字符串的索引，在内部使用一个哈希表来保存所有的字符串值。例如：

```
values[3] = data.attribute(3).addStringValue("A string");
```

(5) 关系型：首先创建一个基于属性的关系定义的新 Instances 对象以确定其索引，然后调用 addRelation 方法。例如：

```
Instances dataRel = new Instances(data.attribute(4).relation(), 0);
valuesRel = new double[dataRel.numAttributes()];
valuesRel[0] = 2.34;
valuesRel[1] = dataRel.attribute(1).indexOf("val_C");
dataRel.add(new DenseInstance(1.0, valuesRel));
values[4] = data.attribute(4).addRelation(dataRel);
```

最后，以初始化 double 数组来生成 Instance 对象，并添加至数据集：

```
Instance inst = new DenseInstance(1.0, values);
data.add(inst);
```

7.4.2 打乱数据顺序

学习算法很容易受数据到达顺序的影响，数据的随机化(也称为“洗牌”，shuffling)是一种常见的缓解这个问题的方法，特别是重复的随机化，例如，在交叉验证过程中，有利于产生更真实的统计数据。

Weka 为随机化数据集提供了两种方式。

第一，使用包含数据本身的 weka.core.Instances 对象的 randomize(Random)方法。这种方法需要 java.util.Random 类的实例作为参数。下文说明如何正确实例化这样的对象。

第二，使用 weka.filters.unsupervised.instance 包的 Randomize 过滤器。关于如何使用过滤器的更多信息，请参见 7.5 节。

机器学习实验的一个非常重要的特性，就是实验必须是可重复的。相同实验设置的第一次运行与后续的多次运行必须能得到完全相同的结果。可能这看起来不可思议，但在这种场景下，仍然可能采用随机化。但是要知道，产生随机数的机制永远不会返回一个完全随机的数字序列，只会返回伪随机的数字序列。为了实现可重复的伪随机序列，可以使用随机种子产生器，这是因为使用相同的种子值总会产生相同的序列。

要得到可重复的伪随机序列，一定不要使用随机数生成器 java.util.Random 类的默认构造函数，因为这样创建的对象每次都有可能产生不同的序列。推荐使用构造函数 Random(long)，指定随机数种子值作为构造函数的参数。

为了得到更多依赖于数据集的数据随机化，可以使用 weka.core.Instances 类的 getRandomNumberGenerator(int)方法。该方法返回一个 java.util.Random 对象，该随机数产生器对象的初始随机种子依赖于给定的种子，以及根据给定的种子从 Instances 对象中随机选择的用字符串表示的 weka.core.Instance 对象的哈希码。

7.4.3 手把手教你用

1. 在内存中创建数据集

本示例演示如何在内存中创建数据集。操作方法分为如下四步：第一步，设置属性，按照数值型、标称型、字符串型、日期型和关系型的顺序，分别创建五种不同类型的属性对象；第二步，创建包含属性对象列表的 Instances 对象；第三步，添加数据；第四步，输出数据。

代码如程序清单 7.21 所示，代码中有详细的注释，需要仔细研究两点：第一，如何设置各种类型的属性；第二，如何添加数据。

程序清单 7.21 CreateInstances.java

```
package wekalearning.dataset.memory;

import weka.core.Attribute;
import weka.core.DenseInstance;
import weka.core.Instances;

import java.util.ArrayList;
```

```
/**
 * 使用不同属性类型生成weka.core.Instances对象
 */
public class CreateInstances {

    /**
     * 生成Instances对象并以ARFF格式输出到控制台
     */
    public static void main(String[] args) throws Exception {
        ArrayList<Attribute> atts;
        ArrayList<Attribute> attsRel;
        ArrayList<String> attVals;
        ArrayList<String> attValsRel;
        Instances data;
        Instances dataRel;
        double[] vals;
        double[] valsRel;
        int i;

        // 1. 设置属性
        atts = new ArrayList<Attribute>();
        // - 数值型
        atts.add(new Attribute("att1"));
        // - 标称型
        // 需创建标签
        attVals = new ArrayList<String>();
        for (i = 0; i < 5; i++)
            attVals.add("val" + (i + 1));
        atts.add(new Attribute("att2", attVals));
        // - 字符串型
        atts.add(new Attribute("att3", (ArrayList<String>) null));
        // - 日期型
        atts.add(new Attribute("att4", "yyyy-MM-dd"));
        // - 关系型
        attsRel = new ArrayList<Attribute>();
        // -- 数值型
        attsRel.add(new Attribute("att5.1"));
        // -- 标称型
        attValsRel = new ArrayList<String>();
        for (i = 0; i < 5; i++)
            attValsRel.add("val5." + (i + 1));
        attsRel.add(new Attribute("att5.2", attValsRel));
        dataRel = new Instances("att5", attsRel, 0);
        atts.add(new Attribute("att5", dataRel, 0));

        // 2. 创建Instances对象
        data = new Instances("MyRelation", atts, 0);

        // 3. 添加数据
        // 第一个实例
```

```
vals = new double[data.numAttributes()];
// - 数值型
vals[0] = Math.PI;
// - 标称型
vals[1] = attVals.indexOf("val3");
// - 字符串型
vals[2] = data.attribute(2).addStringValue("A string.");
// - 日期型
vals[3] = data.attribute(3).parseDate("2013-04-05");
// - 关系型
dataRel = new Instances(data.attribute(4).relation(), 0);
// -- 第一个实例
valsRel = new double[2];
valsRel[0] = Math.PI + 1;
valsRel[1] = attValsRel.indexOf("val5.3");
dataRel.add(new DenseInstance(1.0, valsRel));
// -- 第二个实例
valsRel = new double[2];
valsRel[0] = Math.PI + 2;
valsRel[1] = attValsRel.indexOf("val5.2");
dataRel.add(new DenseInstance(1.0, valsRel));
vals[4] = data.attribute(4).addRelation(dataRel);
// 添加
data.add(new DenseInstance(1.0, vals));

// 第二个实例
vals = new double[data.numAttributes()]; // 重要：必须用new新建double数组
// - 数值型
vals[0] = Math.E;
// - 标称型
vals[1] = attVals.indexOf("val1");
// - 字符串型
vals[2] = data.attribute(2).addStringValue("Yet another string.");
// - 日期型
vals[3] = data.attribute(3).parseDate("2013-04-10");
// - 关系型
dataRel = new Instances(data.attribute(4).relation(), 0);
// -- 第一个实例
valsRel = new double[2];
valsRel[0] = Math.E + 1;
valsRel[1] = attValsRel.indexOf("val5.4");
dataRel.add(new DenseInstance(1.0, valsRel));
// -- 第二个实例
valsRel = new double[2];
valsRel[0] = Math.E + 2;
valsRel[1] = attValsRel.indexOf("val5.1");
dataRel.add(new DenseInstance(1.0, valsRel));
vals[4] = data.attribute(4).addRelation(dataRel);
// 添加
data.add(new DenseInstance(1.0, vals));
```

```
        // 4. 输出数据
        System.out.println(data);
    }
}
```

运行程序后的输出如下：

```
@relation MyRelation

@attribute att1 numeric
@attribute att2 {val1,val2,val3,val4,val5}
@attribute att3 string
@attribute att4 date yyyy-MM-dd
@attribute att5 relational
@attribute att5.1 numeric
@attribute att5.2 {val5.1,val5.2,val5.3,val5.4,val5.5}
@end att5

@data
3.141593,val3,'A string.',2013-04-05,'4.141593,val5.3\n5.141593,val5.2'
2.718282,val1,'Yet another string.',2013-04-
10,'3.718282,val5.4\n4.718282,val5.1'
```

可见结果符合设计要求。输出的数据中，除字符串型数据使用单引号标示外，关系型数据也使用单引号。另外，关系型数据使用“\n”来分隔多条记录。

2. 打乱数据顺序

本示例展示两种随机化方式的不同，如果使用 Random 类的默认构造函数，则每次产生的伪随机数序列都不同，从而造成每次的实验结果都可能不相同而不稳定，实验不可重复。要生成可重复的伪随机数序列，必须使用提供随机数种子的构造函数。

程序清单 7.22　Shuffling.java

```
package wekalearning.dataset.memory;

import java.util.Random;

import weka.core.Instances;
import weka.core.converters.ConverterUtils.DataSource;

public class Shuffling {

    public static void main(String[] args) throws Exception {
        Instances data = DataSource
                .read("C:/Weka-3-7/data/weather.nominal.arff");
        System.out.println("\n 原数据集内容：");
        System.out.println(data);

        // 以下使用 Random 默认构造函数。如果要得到可重复的伪随机序列，这种方式不可取
        Instances data1 = new Instances(data);
        data1.randomize(new Random());
```

```
        System.out.println("\n使用默认构造函数后第一次的数据集内容: ");
        System.out.println(data1);

        Instances data2 = new Instances(data);
        data2.randomize(new Random());
        System.out.println("\n使用默认构造函数后第二次的数据集内容: ");
        System.out.println(data2);

        // 以下使用Random提供随机数种子的构造函数。推荐采用这种方式
        long seed = 1234l;
        Instances data3 = new Instances(data);
        data3.randomize(new Random(seed));
        System.out.println("\n使用提供随机数种子的构造函数后第一次的数据集内容: ");
        System.out.println(data3);

        Instances data4 = new Instances(data);
        data4.randomize(new Random(seed));
        System.out.println("\n使用提供随机数种子的构造函数后第二次的数据集内容: ");
        System.out.println(data4);

    }

}
```

运行程序，仔细观察运行的输出结果并回答如下问题：使用默认构造函数后是否打乱了数据顺序？两次的输出结果是否相同？使用提供随机数种子的构造函数呢？

7.5 过　　滤

在Weka中，过滤器用于进行数据预处理，在weka.filters包下可以找到这些过滤器。过滤器分为有监督过滤器和无监督过滤器两类，前者需要设置一个类别属性，后者不需要类别属性。过滤器还可分为基于属性(attribute-based)和基于实例(instance-based)两个子类：前者针对列的处理，例如，添加或删除列；后者针对行的处理，例如，添加或删除行。

这些类别的含义不言而喻。Weka中有两种Discretize过滤器，它们的区别是：有监督的离散化过滤器需要考虑类别属性及其在数据集中的分布，以确定最佳的箱数及箱的规模；而无监督的离散化过滤器仅依赖于用户指定的箱数。

除上述类别外，过滤器还可分为流式过滤器或基于批量处理的过滤器。流式过滤器可以立即处理数据，能马上提供处理好的数据；批量处理的过滤器则不同，需要批量数据以设置其内部数据结构。weka.filters.unsupervised.attribute包中的Add过滤器是一种流式过滤器，它不需要复杂的设置，就能添加一个只含缺失值的新属性。然而，ReplaceMissingValues过滤器却需要批量数据以确定每个属性的均值和众数。否则，过滤器将无法用有意义的值来代替缺失值。但要知道，只要用第一批数据来初始化批量过滤器之后，批量过滤器也可以像流式过滤器一样一行接一行地处理数据。

就处理数据的方式而言，基于实例的过滤器有点特殊。正如前面提到的，当首批数据

通过之后，所有过滤器都能一行接一行地处理数据。当然，如果需要过滤器从批量数据中添加或删除数行，就不可能再工作在单行处理模式下。设想这样一个使用 FilteredClassifier 元分类器的场景：当第一批数据通过之后，训练阶段完成，分类器得到的评估是针对测试集的，每次仅一个实例。假如现在过滤器删除唯一的一个实例，或者添加多个实例，就不可能正确地进行评估，因为评估只期望得到唯一的一个结果。这就是为何基于实例的过滤器只能让后续的批量数据通过而不能做任何处理的原因。例如，Resample 过滤器就是这样。

如下示例使用位于 weka.filters.unsupervised.attribute 包中的 Remove 过滤器，来删除数据集的第一个属性。调用 setOptions(String[])方法来设置选项。

程序清单 7.23 调用 setOptions(String[])方法

```
String[] options = new String[2];
options[0] = "-R";                                          // 范围
options[1] = "1";                                           // 第一个属性
Remove remove = new Remove();                               // 构建过滤器实例
remove.setOptions(options);                                 // 设置选项
remove.setInputFormat(data);                                // 设置输入格式
Instances newData = Filter.useFilter(data, remove);         // 应用过滤器
```

这里有一个经常犯错的陷阱，那就是在调用 setInputFormat(Instances)方法之后再设置选项。这样就无法得到正确结果，因为该方法通常情况下用于确定数据的输出格式，所有选项在调用前必须先设置好，否则，将忽略以后设置的所有选项。

7.5.1 批量过滤

如果两个或更多的数据集需要用同样的初始化后的过滤器进行处理，就应该使用批量过滤器。如果没有使用批量过滤器，例如，使用 weka.filters.unsupervised.attribute 包下的 StringToWordVector 过滤器生成训练集和测试集，那么该过滤器的两次运行是完全独立的，而且很有可能会创建两个不兼容的数据集。这是因为，在两个不同的数据集上运行 StringToWordVector 过滤器，将导致产生两个不同的词典，因而产生不同的属性。

如下示例显示了如何使用 weka.filters.unsupervised.attribute 包中的 Standardize 过滤器进行标准化，即把所有数值型属性转换为具有零均值和单位方差的训练集和测试集。

程序清单 7.24 使用 Standardize 过滤器

```
Instances train = ...      // 训练集
Instances test = ...       // 测试集
Standardize filter = new Standardize();
// 使用训练集初始化一次过滤器
filter.setInputFormat(train);
// 基于训练实例配置过滤器并返回
// 过滤实例
Instances newTrain = Filter.useFilter(train, filter);
// 创建新测试集
Instances newTest = Filter.useFilter(test, filter);
```

7.5.2 即时过滤

API 提供用户对数据的完全控制权，使得同时处理多个数据集更为容易，此外，Weka 还提供一种称为即时数据过滤(filtering on-the-fly)的方法，这种过滤方法使用起来更加简单。Weka 通过诸如 weka.classifiers.meta 包的 FilteredClassifier 分类器、weka.clusterers 包的 FilteredClusterer 聚类器、weka.associations 包的 FilteredAssociator 关联器，以及 weka.attributeSelection 包的 FilteredAttributeEval 或 FilteredSubsetEval 属性选择器等元方案提供这个方便的功能。不像前面所讲述的需要事先过滤数据那样，用户只需设置元方案，并让元方案一次完成过滤工作即可。

如下示例使用 FilteredClassifier 分类器和 Remove 过滤器删除数据集的第一个属性，并使用 weka.classifiers.trees 包的 J48 作为基分类器。首先，用训练集构建一个分类器；然后，用一个独立的测试集进行评估。在控制台上打印实际和预测的类别值。

程序清单 7.25 即时过滤代码片段

```
Instances train = ...          // 训练集
Instances test = ...           // 测试集
// 过滤器
Remove rm = new Remove();
rm.setAttributeIndices("1");  // 删除第 1 个属性
// 分类器
J48 j48 = new J48();
j48.setUnpruned(true);         //  使用不修剪的 J48
// 元分类器
FilteredClassifier fc = new FilteredClassifier();
fc.setFilter(rm);
fc.setClassifier(j48);
// 训练并输出模型
fc.buildClassifier(train);
System.out.println(fc);
for (int i = 0; i < test.numInstances(); i++) {
    double pred = fc.classifyInstance(test.instance(i));
    System.out.print("编号: " + (i + 1));
    System.out.print(", 实际类别: "
            + test.classAttribute().value(
             (int) test.instance(i).classValue()));
    System.out.println(", 预测类别: "
            + test.classAttribute().value((int) pred));
        }
}
```

7.5.3 手把手教你用

1. 简单过滤器

本示例展示如何添加一个数值型属性和一个标称型属性到数据集中，并用随机值填充后输出。完整代码如程序清单 7.26 所示，首先加载数据集，然后分别添加一个数值型属性和一个标称型属性，最后用随机值填充新增的两个属性并输出数据。这里所使用的过滤器的全称为 weka.filters.unsupervised.attribute.Add，这是一个无监督的添加属性的过滤器，使用 setAttributeIndex 方法设置新增属性的索引，使用 setAttributeName 方法设置新增属性的名称，使用 setNominalLabels 方法设置标称型属性的标签，使用 setInputFormat 方法设置输入实例的格式。

程序清单 7.26　AddFiltering.java

```
package wekalearning.filters;

import weka.core.Instances;
import weka.core.converters.ConverterUtils.DataSource;
import weka.filters.Filter;
import weka.filters.unsupervised.attribute.Add;

import java.util.Random;

/**
 * 添加一个数值型属性和一个标称型属性到数据集中，并用随机值填充后输出
 */
public class AddFiltering {

    public static void main(String[] args) throws Exception {
        // 加载数据集
        Instances data = DataSource
                .read("C:/Weka-3-7/data/weather.numeric.arff");
        Instances result = null;

        Add filter;
        result = new Instances(data);

        // 新增数值型属性
        filter = new Add();
        filter.setAttributeIndex("last");
        filter.setAttributeName("NumericAttribute");
        filter.setInputFormat(result);
        result = Filter.useFilter(result, filter);
        // 新增标称型属性
        filter = new Add();
        filter.setAttributeIndex("last");
        filter.setNominalLabels("A,B,C"); // 设置标签
        filter.setAttributeName("NominalAttribute");
        filter.setInputFormat(result);
        result = Filter.useFilter(result, filter);

        // 用随机值填充新增的两个属性
        Random rand = new Random(1234);
        for (int i = 0; i < result.numInstances(); i++) {
            // 填充数值型属性
```

```
            result.instance(i).setValue(result.numAttributes() - 2,
                    rand.nextDouble());
            // 填充标称型属性
            result.instance(i).setValue(result.numAttributes() - 1,
                    rand.nextInt(3)); // 标签索引： A:0、B:1、C:2
        }

        // 输出数据
        System.out.println("过滤后的数据集：");
        System.out.println(result);
    }
}
```

运行后，输出过滤后的数据集，其中新增了两个属性，属性值为随机生成的值。

2. 批量过滤

本示例展示如何批量过滤分开的训练集和测试集，其中，训练集用于初始化过滤器，测试集用于过滤数据。完整代码如程序清单 7.27 所示，首先加载数据集，然后使用训练集对过滤器进行一次初始化，用训练集来配置过滤器，并返回过滤后的训练集实例，接着过滤测试集并返回过滤后的新测试集，最后输出过滤后的新训练集和测试集。这里使用的过滤器的全称为 weka.filters.unsupervised.attribute.Standardize，其功能为标准化给定数据集中所有的数值型属性，使其具有零均值和单位方差，如果设置了类别属性，则忽略之。

程序清单 7.27 BatchFiltering.java

```
package wekalearning.filters;

import weka.core.Instances;
import weka.core.converters.ConverterUtils.DataSource;
import weka.filters.Filter;
import weka.filters.unsupervised.attribute.Standardize;

/**
 * 批量过滤。训练集用于初始化过滤器，并使用过滤器来过滤测试集
 */
public class BatchFiltering {

    public static void main(String[] args) throws Exception {
        // 加载数据
        Instances train = DataSource
                .read("C:/Weka-3-7/data/segment-challenge.arff");
        Instances test = DataSource.read("C:/Weka-3-7/data/segment-test.arff");

        // 过滤数据
        // 使用标准化过滤器
        Standardize filter = new Standardize();
        // 使用训练集一次初始化过滤器
        filter.setInputFormat(train);
        // 基于训练集配置过滤器，并返回过滤后的实例
        Instances newTrain = Filter.useFilter(train, filter);
```

```
            // 过滤并创建新测试集
            Instances newTest = Filter.useFilter(test, filter);

            // 输出数据集
            System.out.println("新训练集: ");
            System.out.println(newTrain);
            System.out.println("新测试集: ");
            System.out.println(newTest);
        }
    }
```

3. 即时过滤

本示例展示如何使用 FilteredClassifier 元过滤器进行即时过滤。完整代码如程序清单 7.28 所示，首先加载数据集，由于这里将训练集和测试集分开，因此需要检查这两个数据集是否兼容；然后使用 Remove 过滤器删除数据集的第一个属性，并使用不修剪的 J48 分类器作为元分类器 FilteredClassifier 的基分类器。先用训练集训练分类器，然后对独立的测试集进行评估，并在控制台上打印实际的和预测的类别值。

程序清单 7.28 FilteringOnTheFly.java

```
package wekalearning.filters;

import weka.classifiers.meta.FilteredClassifier;
import weka.classifiers.trees.J48;
import weka.core.Instances;
import weka.core.converters.ConverterUtils.DataSource;
import weka.filters.unsupervised.attribute.Remove;

/**
 * 即时过滤实例程序。演示如何使用 FilteredClassifier 元过滤器
 * 程序使用 Remove 过滤器和 J48 分类器
 */
public class FilteringOnTheFly {

    public static void main(String[] args) throws Exception {
        // 加载数据
        Instances train = DataSource
                .read("C:/Weka-3-7/data/segment-challenge.arff");
       Instances test = DataSource.read("C:/Weka-3-7/data/segment-test.arff");
        // 设置类别属性
        train.setClassIndex(train.numAttributes() - 1);
        test.setClassIndex(test.numAttributes() - 1);
        // 检查训练集和测试集是否兼容
        if (!train.equalHeaders(test))
            throw new Exception("训练集和测试集不兼容: \n"
            + train.equalHeadersMsg(test));

        // 过滤器
        Remove rm = new Remove();
        rm.setAttributeIndices("1"); // 删除第 1 个属性
```

```
        // 分类器
        J48 j48 = new J48();
        j48.setUnpruned(true); // 使用不修剪的 J48

        // 元分类器
        FilteredClassifier fc = new FilteredClassifier();
        fc.setFilter(rm);
        fc.setClassifier(j48);

        // 训练并预测
        fc.buildClassifier(train);
        for (int i = 0; i < test.numInstances(); i++) {
            double pred = fc.classifyInstance(test.instance(i));
            System.out.print("编号: " + (i + 1));
            System.out.print(", 实际类别: "
                    + test.classAttribute().value(
                            (int) test.instance(i).classValue()));
            System.out.println(", 预测类别: "
                    + test.classAttribute().value((int) pred));
        }
    }
}
```

由于本例需要预测测试集的类别，因此一定要设置类别属性，否则会产生运行时错误。另外，本例使用 classifyInstance 方法对给定的测试实例进行分类。该方法的唯一参数是要进行分类的测试实例对象，方法的返回值是给定实例最有可能的预测类别，如果没能做出预测，则返回 Utils.missingValue()。

7.6 分　类

在 Weka 中，分类和回归算法的实现都称为“分类器”，其 Java 类位于 weka.classifiers 包下。本节包括以下三个主题。

第一，分类器构建：批量和增量学习。

第二，分类器评估：各种评估技术，以及如何获取生成的统计信息。

第三，实例分类：预测未知数据类别。

7.6.1 分类器构建

所有的 Weka 分类器都设计为可批量训练的，即分类器对整个数据集一次就能训练好，这类分类器要求能够将训练数据一次全部装入内存。但是，也有一些算法可以随时随地更新自己的内部模型。这类分类器称为增量分类器。下面分别讲述批量分类器和增量分类器。

批量分类器的构建非常简单，分为两个阶段。第一阶段，设置选项。可以使用 setOptions (String[])方法或属性的 set 方法。第二阶段，进行训练。将训练集作为参数，调用

buildClassifier(Instances)方法。根据定义，该方法完全复位其内部模型，以确保该方法的后续调用能在相同数据的条件下产生相同的模型，即能进行“可重复实验”。程序清单 7.29 用于在数据集中构建不修剪的 J48 决策树。

程序清单 7.29　构建不修剪的 J48 决策树代码片段

```
Instances data = ...            // 训练集
String[] options = new String[1];
options[0] = "-U";              // 不修剪树
J48 tree = new J48();           // J48 分类器对象
tree.setOptions(options);       // 设置选项
tree.buildClassifier(data);     // 构建分类器
```

所有的 Weka 增量分类器都要实现位于 weka.classifiers 包中的 UpdateableClassifier 接口。Java 文档讲述了哪些分类器实现了该接口，这些分类器处理规模较大的数据时可以只占用较小的存储器空间，因为不需要一次将训练数据加载进内存。例如，可以增量读取 ARFF 文件。

增量分类器的训练也分为两个阶段。第一阶段，通过调用 buildClassifier(Instances)方法进行模型初始化。用户可以使用 weka.core.Instances 对象，不带实际数据或者带一个初始数据集。第二阶段，通过调用 updateClassifier(Instance)方法，一行一行地更新模型。

程序清单 7.30 演示了如何使用 ArffLoader 类来增量加载一个 ARFF 文件，并一次一行地训练 NaiveBayesUpdateable 分类器。

程序清单 7.30　增量分类器的训练代码片段

```
// 加载数据
ArffLoader loader = new ArffLoader();
loader.setFile(new File("/dir/data.arff"));
Instances structure = loader.getStructure();
structure.setClassIndex(structure.numAttributes() - 1);

// 训练 NaiveBayes
NaiveBayesUpdateable nb = new NaiveBayesUpdateable();
nb.buildClassifier(structure); // 不带实际数据
Instance instance;
while ((instance = loader.getNextInstance(structure)) != null)
   nb.updateClassifier(instance);
```

7.6.2　分类器评估

构建分类器只是分类过程的一个部分，另一个重要部分是如何评估其分类性能。Weka 支持两种类型的评估。第一类，交叉验证。如果只有一个数据集，并且希望进行一个贴近实际的评估，可以设置与数据集行数相等的折数，这就是留一法交叉验证(LOOCV)。第二类，专用测试集。该测试集不用于训练，完全用于对所构建的分类器进行评估。有一个采用与训练集相同(或类似)概念的测试集非常重要，否则会导致其性能表现不佳。

最后的评价步骤包含收集统计信息，由位于 weka.classifiers 包中的 Evaluation 类实施。

Evaluation 类的 crossValidateModel 方法用于对未经训练的分类器以及单一数据集进行

交叉验证。它提供未经训练的分类器，以确保没有信息泄露给实际的评估器。虽然使用buildClassifier方法重置分类器是实现的要求，但不能保证完全做到这一点。使用未经训练的分类器能够避免不必要的副作用，对于每一对训练集和测试集，最好使用初始提供的分类器的备份。

执行交叉验证之前，先使用提供的随机数发生器(java.util.Random)将数据随机化。建议该数字发生器使用指定的种子值作为随机种子。否则，由于数据的不同随机化，对同一数据集的交叉验证的后续运行就不会产生相同的结果。

程序清单7.31对数据集newData使用J48决策树算法进行十折交叉验证，随机数产生器的种子为“1234”，收集到的统计信息总结输出到标准输出stdout。

程序清单7.31 交叉验证代码片段

```
Instances newData = ...        // 数据集
Evaluation eval = new Evaluation(newData);
J48 tree = new J48();
eval.crossValidateModel(tree, newData, 10, new Random(1234));
System.out.println(eval.toSummaryString("\n 结果\n\n", false));
```

本例中的Evaluation对象使用评估过程中的数据集进行初始化。这样做是为了将正在评估的数据类型告知评估器，确保所有的内部数据结构得以正确设置。toSummaryString方法以摘要的形式输出性能统计数据，第一个参数为摘要标题，第二个参数为是否打印复杂的性能统计数据。

使用专用的测试集来评估分类器与交叉验证一样简单，但肯定需要提供一个训练过的分类器，而不是提供一个未经训练的分类器。这里再次使用weka.classifiers.Evaluation类来执行评估，这次使用evaluateModel方法。

程序清单7.32使用J48的默认选项对训练集进行训练，并用测试集对它进行评估，然后输出收集到的统计信息总结。

程序清单7.32 专用测试集评估代码片段

```
Instances train = ...      // 训练集
Instances test = ...       // 测试集
// 训练分类器
Classifier classifier = new J48();
cls.buildClassifier(train);
// 评估分类器并打印一些统计信息
Evaluation eval = new Evaluation(train);
eval.evaluateModel(classifier, test);
System.out.println(eval.toSummaryString("\n 结果\n\n", false));
```

前面的代码示例中，已经使用了Evaluation类的toSummaryString方法。除这个方法外，标称型类别属性还有其他的总结方法，列示如下。

(1) toMatrixString：输出混淆矩阵。

(2) toClassDetailsString：输出TP/FP率、查准率、查全率、F-度量、AUC(每个类别)。

(3) toCumulativeMarginDistributionString：输出累计边缘分布。

如果不希望使用这些总结方法，也可以直接访问单个的统计度量。下面列出一些常见的度量。

(1) 标称类别属性

- correct()方法：正确分类的实例数量。不正确分类的实例数量可调用 incorrect()方法得到。
- pctCorrect()方法：正确分类的实例的百分比(查准率)。pctIncorrect()方法返回错误分类的实例的百分比。
- areaUnderROC(int)方法：指定的类别标签索引(基于 0 的索引)的 AUC。

(2) 数值类别属性

correlationCoefficient()方法：相关系数。

(3) 通用

- meanAbsoluteError()方法：平均绝对误差。
- rootMeanSquaredError()方法：均方根误差。
- numInstances()方法：类别值的实例数量。
- unclassified()方法：未分类的实例数量。
- pctUnclassified()方法：未分类的实例的百分比。

如果想了解方法的更完整的说明，请参阅 Evaluation 类的 Java 文档。通过查阅上述总结方法的源代码，用户可以容易地确定在何种输出下使用哪些方法。

7.6.3 实例分类

在分类器设置已经评估，并证明其能够满足要求之后，就可以用所构建的分类器进行预测，并且给没有类别标签的数据打上标签。前面已经简单介绍了如何使用分类器的 classifyInstance 方法，本节将进行更详细的阐述。

程序清单 7.33 使用一个已经训练过的分类树，从磁盘加载数据集，将所有没有类别标签的实例打上标签。在所有实例都打上标签之后，将新数据集写入到磁盘的新文件中。

程序清单 7.33　打上类别标签的代码片段

```
// 加载没有标签的数据，并设置分类属性
Instances unlabeled = DataSource.read("/dir/unlabeled.arff");
unlabeled.setClassIndex(unlabeled.numAttributes() - 1);
// 创建备份
Instances labeled = new Instances(unlabeled);
// 为实例打上标签
for (int i = 0; i < unlabeled.numInstances(); i++) {
   double clsLabel = tree.classifyInstance(unlabeled.instance(i));
   labeled.instance(i).setClassValue(clsLabel);
}
// 保存打上新标签的数据
DataSink.write("/dir/labeled.arff", labeled);
```

在上面的示例中，分类和回归问题的工作方式是一致的，当然，要求分类器能够处理数值型类别。这是为什么呢？classifyInstance(Instance)方法对于数值型类别返回回归数值，对于标称型类别则返回可用的类别标签列表中基于 0 的索引。

如果对类别的分布感兴趣，用户可以使用 distributionForInstance(Instance)方法，该方法返回一个总和为 1 的数组。当然，使用该方法只对分类问题才有意义。程序清单 7.34 在控制台输出类别的分布，以及实际标签和预测标签。

程序清单 7.34　输出类别分布的代码片段

```
// 加载数据
Instances train = DataSource.read("train.arff");
Instances test = DataSource.read("test.arff");
train.setClassIndex(train.numAttributes() - 1);
test.setClassIndex(test.numAttributes() - 1);
// 训练分类器
J48 cls = new J48();
cls.buildClassifier(train);
// 输出预测
System.out.println("编号\t-\t实际\t-\t预测\t-\t错误\t-\t分布");
for (int i = 0; i < test.numInstances(); i++) {
   double pred = cls.classifyInstance(test.instance(i));
   double[] dist = cls.distributionForInstance(test.instance(i));
   System.out.print((i+1) + " - ");
   System.out.print(test.instance(i).toString(test.classIndex()) + " - ");
   System.out.print(test.classAttribute().value((int) pred) + " - ");
   System.out.println(Utils.arrayToString(dist));
}
```

7.6.4　手把手教你用

1. 批量分类器构建

本示例采用批量方式构建一个 J48 分类器，并输出训练好的决策树模型。完整代码如程序清单 7.35 所示，这里的批量分类器的构建按两个阶段进行，首先设置选项，然后进行训练。训练完成后，输出生成的模型。

程序清单 7.35　BatchClassifier.java

```
package wekalearning.classifiers;

import weka.classifiers.trees.J48;
import weka.core.Instances;
import weka.core.converters.ArffLoader;

import java.io.File;

/**
 * 批量方式构建 J48 分类器，并输出决策树模型
 */
public class BatchClassifier {

    public static void main(String[] args) throws Exception {
        // 加载数据
```

```
            ArffLoader loader = new ArffLoader();
            loader.setFile(new File("C:/Weka-3-7/data/weather.nominal.arff"));
            Instances data = loader.getDataSet();
            data.setClassIndex(data.numAttributes() - 1);

            // 训练 J48 分类器
            String[] options = new String[1];
            options[0] = "-U"; // 不修剪树选项
            J48 tree = new J48(); // J48 分类器对象
            tree.setOptions(options); // 设置选项
            tree.buildClassifier(data); // 构建分类器

            // 输出生成模型
            System.out.println(tree);
        }
    }
```

构建批量分类器的主要方法是 buildClassifier，该方法用于生成分类器，所带的参数为训练分类器使用的数据集。

运行程序后，输出如下的 J48 不修剪决策树：

```
J48 unpruned tree
------------------

outlook = sunny
|   humidity = high: no (3.0)
|   humidity = normal: yes (2.0)
outlook = overcast: yes (4.0)
outlook = rainy
|   windy = TRUE: no (2.0)
|   windy = FALSE: yes (3.0)

Number of Leaves  :    5

Size of the tree :    8
```

得到决策树后，就可以将模型用于预测新的数据实例的类别。

2. 增量分类器构建

与批量分类器不同，增量分类器必须实现 UpdateableClassifier 接口，该接口为增量分类模型接口，允许在某一时间使用一个实例进行学习，而不要求必须提供学习的全部实例。这里有一个小窍门，如果不知道某个分类器是否支持增量模式，只要看看分类器的类是否实现 UpdateableClassifier 接口就知道了。

完整示例代码如程序清单 7.36 所示，程序中训练增量分类器分为两步：首先调用 buildClassifier(Instances)方法进行模型初始化，这里的参数 Instances 对象不带实际数据，只是训练集的结构；然后循环调用 updateClassifier(Instance)方法，该方法的输入参数 Instance 对象为增量实例，这样就实现了对模型的增量更新。

程序清单 7.36 IncrementalClassifier.java

```
package wekalearning.classifiers;

import weka.classifiers.bayes.NaiveBayesUpdateable;
import weka.core.Instance;
import weka.core.Instances;
import weka.core.converters.ArffLoader;

import java.io.File;

/**
 * 增量方式构建NaiveBayes分类器，并输出生成模型
 */
public class IncrementalClassifier {

    public static void main(String[] args) throws Exception {
        // 加载数据
        ArffLoader loader = new ArffLoader();
        loader.setFile(new File("C:/Weka-3-7/data/weather.nominal.arff"));
        Instances structure = loader.getStructure();
        structure.setClassIndex(structure.numAttributes() - 1);

        // 训练NaiveBayes分类器
        NaiveBayesUpdateable nb = new NaiveBayesUpdateable();
        nb.buildClassifier(structure);
        Instance instance;
        while ((instance = loader.getNextInstance(structure)) != null)
            nb.updateClassifier(instance);

        // 输出生成模型
        System.out.println(nb);
    }
}
```

运行程序后的输出结果如下：

```
Naive Bayes Classifier

                Class
Attribute         yes     no
               (0.63) (0.38)
==============================
outlook
  sunny           3.0    4.0
  overcast         5.0    1.0
  rainy            4.0    3.0
  [total]          12.0   8.0

temperature
  hot              3.0    3.0
  mild             5.0    3.0
```

```
  cool            4.0    2.0
  [total]         12.0   8.0

humidity
  high            4.0    5.0
  normal          7.0    2.0
  [total]         11.0   7.0

windy
  TRUE            4.0    4.0
  FALSE           7.0    3.0
  [total]         11.0   7.0
```

3. 输出类别分布

使用批量模式或增量模式构建分类器之后，就可以对新的样本分类，即为新样本数据打上类别标签。本示例使用训练集采用批量模式构建 J48 分类器，然后预测专用测试集的类别，并输出测试集中实际的和预测的类别标签以及分布。完整代码如程序清单 7.37 所示。

程序首先加载训练集和测试集；然后使用训练集以批量方式构建分类器，使用一个单循环遍历整个测试集，调用 J48 对象的 classifyInstance 方法对实例进行分类，返回 double 型的类别标签，调用 distributionForInstance 方法返回实例的类别概率(double 型的数组)；最后输出实例的编号、实际类别、预测类别、是否错误和类别标签的分布。

程序清单 7.37　OutputClassDistribution.java

```java
package wekalearning.classifiers;

import weka.classifiers.trees.J48;
import weka.core.Instances;
import weka.core.Utils;
import weka.core.converters.ConverterUtils.DataSource;

/**
 * 本示例用训练集构建 J48 分类器，预测测试集的类别，并输出实际的和预测的类别标签以及分布
 */
public class OutputClassDistribution {

    public static void main(String[] args) throws Exception {
        // 加载数据
        Instances train = DataSource
                .read("C:/Weka-3-7/data/segment-challenge.arff");
        Instances test = DataSource.read("C:/Weka-3-7/data/segment-test.arff");
        // 设置类别索引
        train.setClassIndex(train.numAttributes() - 1);
        test.setClassIndex(test.numAttributes() - 1);
        // 检查训练集和测试集是否兼容
        if (!train.equalHeaders(test))
            throw new Exception("训练集和测试集不兼容："
```

```
                    + train.equalHeadersMsg(test));

        // 训练分类器
        J48 classifier = new J48();
        classifier.buildClassifier(train);

        // 输出预测
        System.out.println("编号\t-\t 实际\t-\t 预测\t-\t 错误\t-\t 分布");
        for (int i = 0; i < test.numInstances(); i++) {
            // 得到预测值
            double pred = classifier.classifyInstance(test.instance(i));
            // 得到分布
           double[] dist = classifier.distributionForInstance(test.instance(i));
            System.out.print((i + 1));
            System.out.print("\t-\t ");
            System.out.print(test.instance(i).toString(test.classIndex()));
            System.out.print("\t-\t ");
            System.out.print(test.classAttribute().value((int) pred));
            System.out.print("\t-\t ");
            // 判断是否预测错误
            if (pred != test.instance(i).classValue())
                System.out.print("是");
            else
                System.out.print("否");
            System.out.print("\t-\t ");
            System.out.print(Utils.arrayToString(dist));
            System.out.println();
        }
    }
}
```

运行程序后，在控制台输出如下信息：

```
编号 -     实际   -     预测   -  错误 -   分布
1    -   cement  -   cement  -  否   -   0.0,0.0,0.0,1.0,0.0,0.0,0.0
2    -    path   -    path   -  否   -   0.0,0.0,0.0,0.0,0.0,1.0,0.0
3    -   grass   -   grass   -  否   -   0.0,0.0,0.0,0.0,0.0,0.0,1.0
4    -   grass   -   grass   -  否   -   0.0,0.0,0.0,0.0,0.0,0.0,1.0
5    -   window  -   window  -  否   -   0.0,0.0,0.0,0.0,1.0,0.0,0.0
6    -  foliage  -  foliage  -  否   -
    0.0,0.0,0.8666666666666667,0.0,0.13333333333333333,0.0,0.0
7    - brickface - brickface -  否   -
    0.98989898989899,0.0,0.0,0.0,0.010101010101010102,0.0,0.0
...
```

这里类别标签的分布是一个数组，采用逗号分隔的七个 double 型数值表示，这些数值的总和为 1，分别代表属于类别标签 brickface、sky、foliage、cement、window、path、grass 的概率。例如，在编号为 1 的实例中，第 4 个数值为 1.0，表明分类器非常确信应该将第 1 个实例分类为标签 cement；而编号为 6 的实例中，分类器只有约 86.7%(0.8666666666666667)的把握确定第 6 个实例应该分类为标签 foliage。

4. 单次运行交叉验证

在没有专用测试集的条件下，使用交叉验证是常用的方法。本示例展示如何将一个数据集划分为训练集和测试集，并使用交叉验证获取分类器的性能。

完整代码如程序清单 7.38 所示。代码前面部分的加载数据、选项设置和随机化打乱数据顺序都已经学习过，因此不再重复说明。代码的核心是如何进行十折交叉验证，本示例使用一个循环，在循环体内部划分训练集和测试集，分别调用 Instances 对象的 trainCV 方法和 testCV 方法。前者在数据集中划分一折出去，剩下的作为训练集，方法的第一个参数为交叉验证的折数，必须大于 1，第二个参数为划分出来的第几折，这里 0 为第一折，1 为第二折，以此类推；后者在数据集中划分一折出来作为测试集，方法的第一个参数为交叉验证的折数，必须大于 1，第二个参数为划分出来的第几折，这里 0 为第一折，1 为第二折，以此类推。

由于每一折都需要运行一次验证，十折交叉验证就要运行 10 次。从前文已经知道，交叉验证最好使用未经训练的分类器，以避免不必要的副作用，每次循环都使用初始提供的分类器的复制。这里调用 AbstractClassifier 类的 makeCopy 方法，使用序列化进行分类器的深层备份，即深复制。然后调用 Classifier 对象的 buildClassifier 方法构建分类器，调用 Evaluation 对象的 evaluateModel 方法对分类器进行评估，最后输出评估结果。

程序清单 7.38 RunOnceCV.java

```
package wekalearning.classifiers;

import weka.classifiers.AbstractClassifier;
import weka.classifiers.Classifier;
import weka.classifiers.Evaluation;
import weka.core.Instances;
import weka.core.Utils;
import weka.core.converters.ConverterUtils.DataSource;

import java.util.Random;

/**
 * 执行单次运行的十折交叉验证
 */
public class RunOnceCV {

    public static void main(String[] args) throws Exception {
        // 加载数据
        Instances data = DataSource.read("C:/Weka-3-7/data/ionosphere.arff");
        // 设置类别索引
        data.setClassIndex(data.numAttributes() - 1);

        // 分类器
        String[] options = new String[2];
        String classname = "weka.classifiers.trees.J48";
        options[0] = "-C";    // 默认参数
        options[1] = "0.25";
```

```
        Classifier classifier = (Classifier) Utils.forName(Classifier.class,
                classname, options);

        // 其他选项
        int seed = 1234; // 随机种子
        int folds = 10;  // 折数

        // 随机化数据
        Random rand = new Random(seed);
        Instances newData = new Instances(data);
        newData.randomize(rand);
        // 如果类别为标称型，则根据其类别值进行分层
        if (newData.classAttribute().isNominal())
            newData.stratify(folds);

        // 执行交叉验证
        Evaluation eval = new Evaluation(newData);
        for (int i = 0; i < folds; i++) {
            // 训练集
            Instances train = newData.trainCV(folds, i);
            // 测试集
            Instances test = newData.testCV(folds, i);

            // 构建并评估分类器
            Classifier clsCopy = AbstractClassifier.makeCopy(classifier);
            clsCopy.buildClassifier(train);
            eval.evaluateModel(clsCopy, test);
        }

        // 输出评估
        System.out.println();
        System.out.println("=== 分类器设置 ===");
        System.out.println("分类器: " + Utils.toCommandLine(classifier));
        System.out.println("数据集: " + data.relationName());
        System.out.println("折数: " + folds);
        System.out.println("随机种子: " + seed);
        System.out.println();
        System.out.println(eval.toSummaryString("=== " + folds
                + "折交叉验证 ===", false));
    }
}
```

运行程序后，在控制台输出分类器设置和评估结果，具体如下：

```
=== 分类器设置 ===
分类器: weka.classifiers.trees.J48 -C 0.25 -M 2
数据集: ionosphere
折数: 10
随机种子: 1234

=== 十折交叉验证 ===
Correctly Classified Instances       319               90.8832 %
```

```
Incorrectly Classified Instances        32               9.1168 %
Kappa statistic                      0.7991
Mean absolute error                   0.1016
Root mean squared error                0.2959
Relative absolute error               22.0646 %
Root relative squared error            61.686  %
Coverage of cases (0.95 level)          92.3077 %
Mean rel. region size (0.95 level)      52.849  %
Total Number of Instances             351
```

5. 交叉验证并预测

如果交叉验证后，挖掘者满意分类器的性能，就可以用训练好的分类器对未知类别的新样本进行预测。

本示例在前一个示例的基础上添加预测的功能，完整代码如程序清单 7.39 所示。由于在前一个示例中已经叙述了如何构建分类器以及使用交叉验证对其进行评估这些技术细节，本示例主要叙述如何进行预测。程序使用 AddClassification 过滤器对象，该过滤器和分类器一起对数据集添加一个类别、类别分布和错误标志，分类器既可以用数据本身进行训练，也可以读取序列化模型文件。本例调用了 AddClassification 对象的多个方法来设置过滤器，其中，setClassifier 方法设置对实例分类的分类器；setOutputClassification 方法设置是否输出分类器预测的类别；setOutputDistribution 方法设置是否输出分类器的分布；setOutputErrorFlag 方法设置是否输出分类器的错误标志；setInputFormat 方法设置输入实例的格式，同时复位过滤器的状态。然后，程序调用 Filter 类的 useFilter 方法，用已经设置好的过滤器对整个实例集合进行过滤，并返回过滤后的新数据集，最后写入数据文件。

程序清单 7.39 CVPrediction.java

```
package wekalearning.classifiers;

import weka.classifiers.AbstractClassifier;
import weka.classifiers.Classifier;
import weka.classifiers.Evaluation;
import weka.core.Instances;
import weka.core.OptionHandler;
import weka.core.Utils;
import weka.core.converters.ConverterUtils.DataSink;
import weka.core.converters.ConverterUtils.DataSource;
import weka.filters.Filter;
import weka.filters.supervised.attribute.AddClassification;

import java.util.Random;

/**
 * 执行单次交叉验证，并将预测结果保存为文件
 */
public class CVPrediction {

    public static void main(String[] args) throws Exception {
```

```
// 加载数据
Instances data = DataSource.read("C:/Weka-3-7/data/ionosphere.arff");
// 设置类别索引
data.setClassIndex(data.numAttributes() - 1);

// 分类器
String[] tmpOptions = new String[2];
String classname = "weka.classifiers.trees.J48";
tmpOptions[0] = "-C";     // 默认参数
tmpOptions[1] = "0.25";
Classifier classifier = (Classifier) Utils.forName(Classifier.class,
        classname, tmpOptions);

// 其他选项
int seed = 1234; // 随机种子
int folds = 10;  // 折数

// 随机化数据
Random rand = new Random(seed);
Instances newData = new Instances(data);
newData.randomize(rand);
// 如果类别为标称型，则根据其类别值进行分层
if (newData.classAttribute().isNominal())
    newData.stratify(folds);

// 执行交叉验证，并添加预测
Instances predictedData = null;  // 预测数据
Evaluation eval = new Evaluation(newData);
for (int i = 0; i < folds; i++) {
    // 训练集
    Instances train = newData.trainCV(folds, i);
    // 测试集
    Instances test = newData.testCV(folds, i);

    // 构建并评估分类器
    Classifier clsCopy = AbstractClassifier.makeCopy(classifier);
    clsCopy.buildClassifier(train);
    eval.evaluateModel(clsCopy, test);

    // 添加预测
    AddClassification filter = new AddClassification();
    filter.setClassifier(classifier);
    filter.setOutputClassification(true);
    filter.setOutputDistribution(true);
    filter.setOutputErrorFlag(true);
    filter.setInputFormat(train);
    // 训练分类器
    Filter.useFilter(train, filter);
    // 在测试集上预测
    Instances pred = Filter.useFilter(test, filter);
```

```
            if (predictedData == null)
                predictedData = new Instances(pred, 0);    // 防止预测数据集为空
            for (int j = 0; j < pred.numInstances(); j++)
                predictedData.add(pred.instance(j));
        }

        // 评估结果输出
        System.out.println();
        System.out.println("=== 分类器设置 ===");
        // 分类器是否实现 OptionHandler 接口
        if (classifier instanceof OptionHandler)
          System.out.println("分类器: " + classifier.getClass().getName() + " "
            + Utils.joinOptions(((OptionHandler) classifier).getOptions()));
        else
            System.out.println("分类器: " + classifier.getClass().getName());
        System.out.println("数据集: " + data.relationName());
        System.out.println("折数: " + folds);
        System.out.println("随机种子: " + seed);
        System.out.println();
        System.out.println(eval.toSummaryString("=== " + folds
                + "折交叉验证 ===", false));

        // 写入数据文件
        DataSink.write("d:/predictions.arff", predictedData);
    }
}
```

运行程序后，控制台会输出评估结果，并且会保存预测的数据文件。使用 Weka 的 ArffViewer 工具打开数据文件，可以看到在原数据文件的基础上，顺序添加了名称为 classification、distribution_b、distribution_g 和 error 的四个属性，分别表示预测的类别、预测为 b 的分布、预测为 g 的分布以及错误标志，如图 7.6 所示。

ARFF-Viewer - D:\predictions.arff

File Edit View

predictions.arff

Relation: ionosphere-weka.filters.supervised.attribute.AddClassification-classification-distribution-error-Wweka.classifiers.t...

30: a30 Numeric	31: a31 Numeric	32: a32 Numeric	33: a33 Numeric	34: a34 Numeric	35: class Nominal	36: classification Nominal	37: distribution_b Numeric	38: distribution_g Numeric	39: error Nominal
0.01681	0.58187	0.08757	0.5533	0.08891	g	g	0.0	1.0	no
-0.18552	0.83777	-0.20101	0.83867	-0.20766	g	g	0.0	1.0	no
0.02037	0.87492	-0.27105	1.0	-0.57037	g	b	1.0	0.0	yes
-0.7582	1.0	-0.75761	1.0	-0.84437	g	g	0.0	1.0	no
0.09091	0.86364	-0.09091	0.86364	0.04545	g	g	0.0	1.0	no
0.08696	0.80757	0.02308	0.80088	0.02441	g	g	0.0	1.0	no
-0.26289	0.47423	0.04124	0.45361	-0.51546	g	g	0.035714	0.964286	no
-0.07816	-0.54866	-0.19923	-0.42912	-0.31954	g	g	0.0	1.0	no
0.36364	1.0	0.63636	0.72727	0.27273	g	g	0.0	1.0	no
-0.13051	0.83524	-0.12452	0.86786	-0.12235	g	g	0.0	1.0	no
0.25148	0.31953	-0.14497	0.34615	-0.00296	g	g	0.035714	0.964286	no
0.49079	0.37542	0.70011	-0.03983	0.79444	g	g	0.0	1.0	no

图 7.6 预测的数据文件

6. 多次运行交叉验证

单次的十折交叉验证不一定能得到可靠的误差估计，采用同样的学习算法，在同样数据集上运行多次的十折交叉验证，通常会得到更符合实际的结果。获得准确的误差估计的标准方式是重复 10 次的交叉验证，即 10 次十折交叉验证，这样就一共运行了 100 次实验，然后取平均值。可见，要获得好的测试结果需要密集型的计算。

本示例在前面的十折交叉验证的基础上加一个外循环，实现 10 次运行的十折交叉验证。完整代码如程序清单 7.40 所示。10 次十折交叉验证的关键是随机种子的选择，能进行可重复性实验这一条件要求每次运行十折交叉验证的随机种子要固定下来，并且每次的随机种子要和其他次的种子有所不同，这样才能得到较好的测试结果。因此，本示例采用一种简单的方式，把循环次数与一个常数(这里取 1234)的和作为每次运行交叉验证的随机种子。

程序清单 7.40 RunTenTimesCV.java

```
package wekalearning.classifiers;

import weka.classifiers.AbstractClassifier;
import weka.classifiers.Classifier;
import weka.classifiers.Evaluation;
import weka.core.Instances;
import weka.core.Utils;
import weka.core.converters.ConverterUtils.DataSource;

import java.util.Random;

/**
 * 执行10次运行的十折交叉验证
 */
public class RunTenTimesCV {

    public static void main(String[] args) throws Exception {
        // 加载数据
        Instances data = DataSource.read("C:/Weka-3-7/data/labor.arff");
        // 设置类别索引
        data.setClassIndex(data.numAttributes() - 1);

        // 分类器
        String[] tmpOptions = new String[2];
        String classname = "weka.classifiers.trees.J48";
        tmpOptions[0] = "-C";     // 默认参数
        tmpOptions[1] = "0.25";
        Classifier classifier = (Classifier) Utils.forName(Classifier.class,
                classname, tmpOptions);

        // 其他选项
        int runs = 10;          // 运行次数
        int folds = 10;         // 折数

        // 执行交叉验证
        for (int i = 0; i < runs; i++) {
            // 随机化数据
            int seed = i + 1234; // 随机种子
            Random rand = new Random(seed);
            Instances newData = new Instances(data);
            newData.randomize(rand);
```

```
            // 如果类别为标称型，则根据其类别值进行分层
            if (newData.classAttribute().isNominal())
                newData.stratify(folds);

            Evaluation eval = new Evaluation(newData);
            for (int j = 0; j < folds; j++) {
                // 训练集
                Instances train = newData.trainCV(folds, j);
                // 测试集
                Instances test = newData.testCV(folds, j);

                // 构建并评估分类器
                Classifier clsCopy = AbstractClassifier.makeCopy(classifier);
                clsCopy.buildClassifier(train);
                eval.evaluateModel(clsCopy, test);
            }

            // 评估结果输出
            System.out.println();
            System.out.println("=== 运行第 " + (i + 1) + "次的分类器设置 ===");
            System.out.println("分类器: " + Utils.toCommandLine(classifier));
            System.out.println("数据集: " + data.relationName());
            System.out.println("折数: " + folds);
            System.out.println("随机种子: " + seed);
            System.out.println();
            System.out.println(eval.toSummaryString("=== " + folds
                    + "折交叉验证 运行第" + (i + 1) + "次 ===", false));
        }
    }
}
```

运行程序后，在控制台打印每次运行的分类器设置以及评估结果。

7.7 聚　类

聚类是一种在数据中发现模式的无监督机器学习技术，也就是说，这些算法没有类别属性。与分类不同，分类算法需要一个类别属性，是有监督的机器学习技术。本节讲述以下三个主题。

第一，聚类器构建：批量和增量学习。

第二，聚类器评估：如何评估一个已构建的聚类器。

第三，实例聚类：确定未知的实例属于哪些簇。

7.7.1 聚类器构建

与分类器一样，聚类器也是为批量训练而设计的。也就是说，它们都可以使用完全调入到内存中的数据进行构建。此外，聚类算法中有一个很小的子集也能增量更新其内部表示，这就是增量聚类器。下面分别讲述批量聚类器和增量聚类器。

和构建批量分类器一样，构建批量聚类器也分为两个阶段。第一阶段，设置选项。可以调用 setOptions(String[])方法，或调用相应属性的 set 方法。第二阶段，使用训练数据构建模型。调用 buildClusterer(Instances)方法，根据定义，后续对该方法的调用必须能够导致同样的模型，即能进行“可重复实验”。换句话说，调用该方法必须使模型完全重置。

程序清单 7.41 是构建一个最多迭代 100 次的 EM 聚类器的示例，调用 setOptions(String[])方法设置选项。

程序清单 7.41　构建 EM 聚类器代码片段

```
Instances data = ...                  // 数据集
String[] options = new String[2];
options[0] = "-I";                    // 最大迭代次数
options[1] = "100";
EM clusterer = new EM();              // 聚类器的新实例
clusterer.setOptions(options);        // 设置选项
clusterer.buildClusterer(data);       // 构建聚类器
```

Weka 的增量聚类器实现 weka.clusterers 包的 UpdateableClusterer 接口。类似于增量分类器，增量聚类器的训练分三个阶段。第一阶段，通过调用 buildClusterer(Instances) 方法初始化模型。用户可以使用一个空 weka.core.Instances 对象，或者一个初始数据集。第二阶段，调用 updateClusterer(Instance)方法一行接一行地更新模型。第三阶段，调用 updateFinished()方法完成训练，也许聚类算法还要进行费时的后处理或清理操作。

程序清单 7.42 中，使用 ArffLoader 对象加载数据集并增量构建 Cobweb 聚类器。

程序清单 7.42　构建增量聚类器代码片段

```
// 加载数据
ArffLoader loader = new ArffLoader();
loader.setFile(new File("/dir/data.arff"));
Instances structure = loader.getStructure();
// 训练 Cobweb
Cobweb cw = new Cobweb();
cw.buildClusterer(structure);
Instance current;
while ((current = loader.getNextInstance(structure)) != null)
   cw.updateClusterer(current);
cw.updateFinished();
```

7.7.2　聚类器评估

聚类器评估不像分类器评估那样容易做得很全面。由于聚类是无监督的，因此很难确定一个模型的性能到底有多好。Weka 用于评估聚类算法的是 weka.clusterers 包的 ClusterEvaluation 类。

为了在探索者界面和命令行界面中都能产生相同的输出，可以调用 evaluateClusterer 方法，代码片断见程序清单 7.43。

程序清单 7.43　聚类器评估代码片段

```
String[] options = new String[2];
options[0] = "-t";
options[1] = "/dir/somefile.arff";
System.out.println(ClusterEvaluation.evaluateClusterer(new EM(), options));
```

或者，如果数据集已经在内存中，可以用程序清单 7.44 所示的方法。

程序清单 7.44　评估内存数据的聚类器代码片段

```
Instances data = ...       // 数据集
EM cl = new EM();
cl.buildClusterer(data);
ClusterEvaluation eval = new ClusterEvaluation();
eval.setClusterer(cl);
eval.evaluateClusterer(new Instances(data));
System.out.println(eval.clusterResultsToString());
```

基于密度的聚类器，即实现 weka.clusterers 包的 DensityBasedClusterer 接口的算法，能够进行交叉验证，并获取对数似然。任何非基于密度的聚类器都可以使用 MakeDensityBasedClusterer 元聚类器转化为基于密度的聚类器。如下示例展示了一个基于密度的聚类器的交叉验证，并获取对数似然。

程序清单 7.45　基于密度的聚类器代码片段

```
Instances data = ...                          // 数据集
DensityBasedClusterer clusterer = new ... // 要评估的聚类器
double logLikelyhood =ClusterEvaluation.crossValidateModel(          // 交叉验证
    clusterer, data, 10,                      // 十折
    new Random(1234));                        // 种子为1234 的随机数发生器
```

提供给有监督的算法(如分类器)的数据集，也可用于评估聚类器。由于在算法中将簇映射回类别，这种评估称为 classes-to-clusters(类别到簇)。

这种评估按照以下步骤进行：第一，创建包含类别属性的数据集的一个副本，并使用 weka.filters.unsupervised.attributeRemove 包的过滤器删除类别属性；第二，建立新的数据构建聚类器；第三，使用原始数据对聚类器进行评估。

可以将上述步骤翻译成代码，使用 EM 作为要评估的聚类器。步骤如下。

第一步，创建没有类别属性数据的副本：

```
Instances data = ...       // 数据集
Remove filter = new Remove();
filter.setAttributeIndices("" + (data.classIndex() + 1));
filter.setInputFormat(data);
Instances dataClusterer = Filter.useFilter(data, filter);
```

第二步，构建聚类器：

```
EM clusterer = new EM();
//如果有必要，进一步设置EM选项
clusterer.buildClusterer(dataClusterer);
```

第三步，评估聚类器：

```
ClusterEvaluation eval = new ClusterEvaluation();
eval.setClusterer(clusterer);
eval.evaluateClusterer(data);
// 打印结果
System.out.println(eval.clusterResultsToString());
```

7.7.3 实例聚类

实例聚类与使用分类器对未知实例进行分类非常相似，涉及以下两种方法。

(1) clusterInstance(Instance)：确定实例隶属于哪个簇。

(2) distributionForInstance(Instance)：预测实例隶属于簇的隶属度。该数组的总和为1。

程序清单7.46所示的示例展示如何用一个数据集训练EM聚类器，并循环输出对第二个数据集的单个实例所属簇以及簇隶属度进行预测的结果。

程序清单7.46 实例聚类代码片段

```
Instances dataset1 = ... // 第一个数据集
Instances dataset2 = ... // 第二个数据集
// 构建聚类器
EM clusterer = new EM();
clusterer.buildClusterer(dataset1);
// 输出预测
System.out.println("# - cluster - distribution");
for (int i = 0; i < dataset2.numInstances(); i++) {
   int cluster = clusterer.clusterInstance(dataset2.instance(i));
   double[] dist = clusterer.distributionForInstance(dataset2.instance(i));
   System.out.print((i+1));
   System.out.print(" - ");
   System.out.print(cluster);
   System.out.print(" - ");
   System.out.print(Utils.arrayToString(dist));
   System.out.println();
}
```

7.7.4 手把手教你用

1. 批量聚类器构建

构建批量聚类器和构建批量分类器的步骤一样，都分为两个步骤，先设置选项，然后使用训练数据构建聚类模型。完整的批量训练EM算法代码如程序清单7.47所示。程序不难理解，调用setOptions方法解析传入的参数数组；调用buildClusterer方法生成聚类器，如果聚类器的某些字段没有通过选项设置，在这一步就会初始化这些字段。

程序清单7.47 BatchClusterer.java

```
package wekalearning.clusterers;

import weka.core.Instances;
import weka.core.converters.ArffLoader;
```

```
import weka.clusterers.EM;

import java.io.File;

/**
 * 批量训练EM算法
 */
public class BatchClusterer {

    public static void main(String[] args) throws Exception {
        // 加载数据
        ArffLoader loader = new ArffLoader();
        loader.setFile(new File("C:/Weka-3-7/data/contact-lenses.arff"));
        Instances data = loader.getDataSet();

        // 构建聚类器
        String[] options = new String[2];
        options[0] = "-I"; // 最大迭代次数
        options[1] = "100";
        EM clusterer = new EM(); // 聚类器的新实例
        clusterer.setOptions(options); // 设置选项
        clusterer.buildClusterer(data);

        // 输出生成模型
        System.out.println(clusterer);
    }
}
```

2. 增量聚类器构建

前文已经讲述过，Weka 的增量聚类器必须实现 weka.clusterers 包的 UpdateableClusterer 接口。如果挖掘者不知道哪些聚类器算法可以用于增量模式，只要看看 UpdateableClusterer 接口 API 文档即可，但到目前为止，Weka 实现该接口的算法只有 Canopy 和 Cobweb。

训练增量聚类器的程序比训练批量聚类器的稍微复杂一点，完整代码如程序清单 7.48 所示。首先调用 buildClusterer(Instances) 方法初始化聚类器模型，这里使用一个空 weka.core.Instances 对象；然后循环调用 updateClusterer(Instance)方法，一行一行地更新模型；最后调用 updateFinished()方法完成训练。当然，为了查看生成的模型，还需要在控制台输出。

程序清单 7.48 IncrementalClusterer.java

```
package wekalearning.clusterers;

import weka.core.Instance;
import weka.core.Instances;
import weka.core.converters.ArffLoader;
import weka.clusterers.Cobweb;
```

```
import java.io.File;

/**
 * 增量训练 Cobweb 算法
 */
public class IncrementalClusterer {

    public static void main(String[] args) throws Exception {
        // 加载数据
        ArffLoader loader = new ArffLoader();
        loader.setFile(new File("C:/Weka-3-7/data/contact-lenses.arff"));
        Instances structure = loader.getStructure();

        // 训练 Cobweb
        Cobweb cw = new Cobweb();
        cw.buildClusterer(structure);
        Instance current;
        while ((current = loader.getNextInstance(structure)) != null)
            cw.updateClusterer(current);
        cw.updateFinished();

        // 输出生成模型
        System.out.println(cw);
    }
}
```

3. 聚类器评估

前面两个示例完成了聚类器的构建，但没有对聚类器进行评估。因为聚类是无监督的学习，因此难以确定聚类模型的性能。本示例给出了评估聚类器的三种方式，完整代码如程序清单 7.49 所示。

第一种方式是一种常规的方法，直接使用-t 选项指定训练文件，然后调用 ClusterEvaluation 类的静态方法 evaluateClusterer，该方法使用选项中给定的字符串数组评估聚类器。本例中方法带两个参数，第一个参数是要评估的聚类器，第二个参数是字符串数组的选项。常常使用-t 和-T 选项，前者指定训练文件，后者指定测试文件，本例省略了指定测试文件的选项，默认执行分层十折交叉验证。

第二种方式采用手工调用。与第一种方式不同的是，这里实例化 ClusterEvaluation 对象，调用该对象的 setClusterer 方法和 evaluateClusterer 方法。setClusterer 方法设置所使用的聚类器对象；evaluateClusterer 方法输入一组实例作为参数，评估聚类器的性能。最后调用 ClusterEvaluation 对象的 clusterResultsToString 方法，该方法返回详细说明对数据集聚类结果的字符串。

第三种方式采用交叉验证。直接调用 ClusterEvaluation 类的静态方法 crossValidateModel，该方法对基于密度的聚类器执行交叉验证。该方法带四个参数，第一个参数为要评估的聚类器，第二个参数为训练数据，第三个参数为要执行的交叉验证的折数，第四个参数为交叉验证随机数种子。方法返回一个 double 类型的数值，这是交叉验证的对数似然。

程序清单 7.49　ClusteringEvaluation.java

```
package wekalearning.clusterers;

import weka.clusterers.ClusterEvaluation;
import weka.clusterers.DensityBasedClusterer;
import weka.clusterers.EM;
import weka.core.Instances;
import weka.core.converters.ConverterUtils.DataSource;

/**
 * 三种评估聚类器的方式
 */
public class ClusteringEvaluation {

    public static void main(String[] args) throws Exception {
        String filename = "C:/Weka-3-7/data/contact-lenses.arff";
        ClusterEvaluation clusterEval;
        Instances data;
        String[] options;
        DensityBasedClusterer dbc; // 基于密度的聚类器
        double logLikelyhood;

        // 加载数据
        data = DataSource.read(filename);

        // 常规方法
        System.out.println("\n****** 常规方法");
        options = new String[2];
        options[0] = "-t"; // 指定训练文件
        options[1] = filename;
        String output = ClusterEvaluation.evaluateClusterer(new EM(), options);
        System.out.println(output);

        // 手工调用
        System.out.println("\n****** 手工调用");
        dbc = new EM();
        dbc.buildClusterer(data);
        clusterEval = new ClusterEvaluation();
        clusterEval.setClusterer(dbc);
        clusterEval.evaluateClusterer(new Instances(data));
        System.out.println(clusterEval.clusterResultsToString());

        // 基于密度的聚类器交叉验证
        System.out.println("\n****** 交叉验证");
        dbc = new EM();
        logLikelyhood = ClusterEvaluation.crossValidateModel(dbc, data, 10,
                data.getRandomNumberGenerator(1234));
        System.out.println("对数似然: " + logLikelyhood);
    }
}
```

4. classes-to-clusters

classes-to-clusters 评估专用于比较所选择的簇与预先设定的类别的匹配程度，在这种方式下，用户先选择一个属性(通常应该为标称型)代表“真实的”类别。聚类数据后，Weka 检查每个簇中占多数的类别是哪个，并且可以打印混淆矩阵以显示使用簇来替代真实类别后的误差有多大。

完整的 classes-to-clusters 评估代码如程序清单 7.50 所示。程序首先加载数据集并设置类别属性的索引，然后使用 Remove 过滤器移除类别属性，这样过滤后得到的新数据集就不再包含类别，避免给聚类算法多余的信息。这里需要注意一个容易犯错的问题，setClassIndex 方法的参数为 int 型数值，是从 0 开始计数的索引值；而 setAttributeIndices 方法所带的参数为字符串型，是使用逗号分割的属性索引列表，由于该字符串多数时候都来自用户，因此索引值都是从 1 开始计数的。

使用 ClusterEvaluation 对象对聚类器进行评估，这是专用于评估聚类模型的 Java 类。本例使用到该对象的两个方法 setClusterer 和 evaluateClusterer，前者设置所使用的聚类器；后者针对一组实例评估聚类器性能，计算聚类统计特性。最后在控制台打印评估结果。

程序清单 7.50 ClassesToClusters.java

```
package wekalearning.clusterers;

import weka.clusterers.ClusterEvaluation;
import weka.clusterers.EM;
import weka.core.Instances;
import weka.core.converters.ConverterUtils.DataSource;
import weka.filters.Filter;
import weka.filters.unsupervised.attribute.Remove;

/**
 * 本例展示如何执行 classes-to-clusters 评估
 */
public class ClassesToClusters {
    public static void main(String[] args) throws Exception {
        // 加载数据
        Instances data = DataSource
                .read("C:/Weka-3-7/data/contact-lenses.arff");
        data.setClassIndex(data.numAttributes() - 1);

        // 生成聚类器数据，过滤以去除类别属性
        Remove filter = new Remove();
        filter.setAttributeIndices("" + (data.classIndex() + 1));
        filter.setInputFormat(data);
        Instances dataClusterer = Filter.useFilter(data, filter);

        // 训练聚类器
        EM clusterer = new EM();
        // 如果有必要，可在这里设置更多选项
        // 构建聚类器
```

```
        clusterer.buildClusterer(dataClusterer);

        // 评估聚类器
        ClusterEvaluation eval = new ClusterEvaluation();
        eval.setClusterer(clusterer);
        eval.evaluateClusterer(data);

        // 输出结果
        System.out.println(eval.clusterResultsToString());
    }
}
```

5. 输出聚类分布

本示例使用专有测试集，在训练集上构建 EM 聚类器，然后在测试集上预测每个实例属于哪个簇，最后输出簇的隶属度。完整代码如程序清单 7.51 所示，程序首先加载训练集和测试集，然后使用训练集构建 EM 聚类器，后面一步是最为重要的。本例使用一个循环遍历整个测试集，对每一个实例预测其所在的簇并计算其分布，调用聚类器对象的 clusterInstance 方法预测作为输入参数的实例属于哪个簇，调用 distributionForInstance 方法预测给定实例属于某个簇的隶属度。

程序清单 7.51 OutputClusterDistribution.java

```
package wekalearning.clusterers;

import weka.clusterers.EM;
import weka.core.Instances;
import weka.core.Utils;
import weka.core.converters.ConverterUtils.DataSource;

/**
 * 本例展示在训练集上构建 EM 聚类器，然后在测试集上预测簇并输出簇的隶属度
 */
public class OutputClusterDistribution {

    public static void main(String[] args) throws Exception {
        // 加载数据
        Instances train = DataSource
                .read("C:/Weka-3-7/data/segment-challenge.arff");
       Instances test = DataSource.read("C:/Weka-3-7/data/segment-test.arff");
        if (!train.equalHeaders(test))
            throw new Exception("训练集和测试集不兼容: "
                    + train.equalHeadersMsg(test));

        // 构建聚类器
        EM clusterer = new EM();
        clusterer.buildClusterer(train);

        // 输出预测
        System.out.println("编号 - 簇 \t-\t 分布");
```

```
        for (int i = 0; i < test.numInstances(); i++) {
            int cluster = clusterer.clusterInstance(test.instance(i));
            double[] dist = clusterer.distributionForInstance(test.instance(i));
            System.out.print((i + 1));
            System.out.print(" - ");
            System.out.print(cluster);
            System.out.print(" - ");
            System.out.print(Utils.arrayToString(dist));
            System.out.println();
        }
    }
}
```

7.8 属性选择

为获得最佳效果，正确准备数据是非常重要的一步。有些算法的运行时间与属性数量的平方成正比，减少属性的数量可以加快算法的运行。为了建立一个良好的模型，当只有少数属性不可或缺时，减少属性数量也有利于避免算法“淹没”在大量的属性中。

为了评价属性的“重要性”，需要使用不同的评估器。Weka 当前有三种不同类型的评估器。

(1) 单属性的评估器：对单个属性进行评估。这些评估器需要实现 weka.attributeSelection.AttributeEvaluator 接口。通常将 Ranker 搜索算法与这些算法联合使用。

(2) 属性子集的评估器：对数据集全部属性的子集进行评估。这些评估器需要实现 weka.attributeSelection.SubsetEvaluator 接口。

(3) 属性集评估器：评估属性的集合。不要与 subset evaluators(子集评估器)相混淆，因为这些类都派生自 weka.attributeSelection.AttributeSetEvaluator 超类。

大部分的属性选择方案目前都实现为有监督的，也就是说，这些方案需要带类别属性的数据集。无监督的评估算法需要从以下超类之一派生。

(1) weka.attributeSelection.UnsupervisedAttributeEvaluator，例如，LatentSemanticAnalysis、PrincipalComponents。

(2) weka.attributeSelection.UnsupervisedSubsetEvaluator，目前还没有直接子类。

和分类器和聚类器一样，属性选择也提供以下两种即时过滤。

(1) weka.attributeSelection.FilteredAttributeEval：评估单个属性的过滤器。

(2) weka.attributeSelection.FilteredSubsetEval：评估属性子集的过滤器。

以上是不同的属性选择算法的差异，现在回到如何进行实际的属性选择，Weka 为此提供了以下三种不同的方法。

(1) 使用元分类器：执行即时属性选择，类似 FilteredClassifier 的即时过滤。

(2) 使用过滤器：用于数据预处理。

(3) 使用低级 API：不使用元方案(分类器或过滤器)，而是直接使用属性选择 API。

下面介绍每个主题，都附有代码示例。为了清楚和便于比较，在所有这些示例中都使用同样的评估器和搜索算法。

7.8.1 使用元分类器

元分类器 AttributeSelectedClassifier(该分类器位于包 weka.classifiers.meta 中)与分类器 FilteredClassifier 类似，但不采用将基分类器和过滤器作为参数来执行过滤的方法，而是使用一个由 weka.attributeSelection.ASEvaluation 类派生的搜索算法，以及一个由 weka.attributeSelection.ASSearch 类派生的评估器来执行属性选择，并由基分类器对精简后的数据进行训练。

程序清单 7.52 所示的示例使用 J48 作为基分类器，CfsSubsetEval 作为评估器，以及反向操作 GreedyStepwise 作为搜索方法。

程序清单 7.52 使用元分类器代码片段

```
Instances data = ...      // 数据集
// 设置元分类器
AttributeSelectedClassifier classifier = new AttributeSelectedClassifier();
CfsSubsetEval eval = new CfsSubsetEval();
GreedyStepwise search = new GreedyStepwise();
search.setSearchBackwards(true);
J48 base = new J48();
classifier.setClassifier(base);
classifier.setEvaluator(eval);
classifier.setSearch(search);
// 交叉验证分类器
Evaluation evaluation = new Evaluation(data);
evaluation.crossValidateModel(classifier, data, 10, new Random(1));
System.out.println(evaluation.toSummaryString());
```

7.8.2 使用过滤器

当数据只需要降低维数但不用于训练分类器时，过滤器方法是正确的选择。weka.filters.supervised.attribute 包的 AttributeSelection 过滤器需要一个评估器和搜索算法作为参数。

程序清单 7.53 所示的示例再次使用 CfsSubsetEval 作为评估器，并使用反向操作 GreedyStepwise 作为搜索算法，在过滤步骤之后，仅将减少后的数据输出到标准输出。

程序清单 7.53 使用过滤器代码片段

```
Instances data = ...      // 数据集
// 设置过滤器
AttributeSelection filter = new AttributeSelection();
CfsSubsetEval eval = new CfsSubsetEval();
GreedyStepwise search = new GreedyStepwise();
search.setSearchBackwards(true);
filter.setEvaluator(eval);
filter.setSearch(search);
filter.setInputFormat(data);
```

```
// 过滤数据
Instances newData = Filter.useFilter(data, filter);
System.out.println(newData);
```

7.8.3 使用底层 API

使用元分类器或过滤器的方法来选择属性相当容易，但也不一定能够满足每个人的需求。例如，如果用户需要使用 Ranker 以获得属性的顺序，或者需要检索已选定属性的索引，而非精简数据，就需要直接使用底层 API。

与其他示例类似，程序清单 7.54 所示的示例使用 CfsSubsetEval 评估器和 GreedyStepwise 的搜索算法(向后模式)。但是，不是输出精简后的数据，而是在控制台打印选定的索引。

程序清单 7.54　直接使用 API 代码片段

```
Instances data = ...      // 数据集
// 属性选择设置
AttributeSelection attsel = new AttributeSelection();
CfsSubsetEval eval = new CfsSubsetEval();
GreedyStepwise search = new GreedyStepwise();
search.setSearchBackwards(true);
attsel.setEvaluator(eval);
attsel.setSearch(search);
// 执行属性选择
attsel.SelectAttributes(data);
int[] indices = attsel.selectedAttributes();
System.out.println(
    "selected attribute indices (starting with 0):\n"
    + Utils.arrayToString(indices));
```

7.8.4 手把手教你用

1. 使用元分类器

本示例使用元分类器进行属性选择，完整代码如程序清单 7.55 所示。程序首先加载数据文件并设置类别属性，然后实例化 AttributeSelectedClassifier 对象，该对象的功能是，在传递给分类器之前，用属性选择来降低训练数据和测试数据的维度。随后，调用 AttributeSelectedClassifier 对象的 setClassifier 方法设置基学习器，这里是一个 J48 分类器对象；调用 setEvaluator 方法设置属性评估器，所带参数为 ASEvaluation 类的派生对象，这里使用 CfsSubsetEval 对象；调用 setSearch 方法设置搜索算法，所带参数为 ASSearch 类的派生对象，这里使用 GreedyStepwise 对象。最后，调用 Evaluation 对象的 crossValidateModel 方法用分类器对一组数据执行交叉验证，其中，第一个参数为分类器对象，第二个参数为要进行交叉验证的数据，第三个参数为交叉验证的折数，第四个参数为随机数产生器对象。

程序清单 7.55　UseMetaClassifier.java

```
package wekalearning.attributeSelection;

import java.util.Random;

import weka.attributeSelection.CfsSubsetEval;
import weka.attributeSelection.GreedyStepwise;
import weka.classifiers.Evaluation;
import weka.classifiers.meta.AttributeSelectedClassifier;
import weka.classifiers.trees.J48;
import weka.core.Instances;
import weka.core.converters.ConverterUtils.DataSource;

/**
 * 使用元分类器
 */
public class UseMetaClassifier {

    public static void main(String[] args) throws Exception {
        // 加载数据
        DataSource source = new DataSource("C:/Weka-3-7/
        data/weather.numeric.arff");
        Instances data = source.getDataSet();
        // 设置类别属性索引
        if (data.classIndex() == -1)
            data.setClassIndex(data.numAttributes() - 1);

        System.out.println("\n 使用元分类器");
        AttributeSelectedClassifier classifier = new
        AttributeSelectedClassifier();
        CfsSubsetEval eval = new CfsSubsetEval();
        GreedyStepwise search = new GreedyStepwise();
        search.setSearchBackwards(true);
        J48 base = new J48();
        classifier.setClassifier(base);
        classifier.setEvaluator(eval);
        classifier.setSearch(search);
        Evaluation evaluation = new Evaluation(data);
        evaluation.crossValidateModel(classifier, data, 10, new Random(1234));
        System.out.println(evaluation.toSummaryString());
    }

}
```

2. 使用过滤器

本示例使用过滤器进行属性选择，完整代码如程序清单 7.56 所示。程序首先加载数据文件并设置类别属性，然后实例化 weka.filters.supervised.attribute 包的 AttributeSelection 过滤器对象，该对象是用来选择属性的有监督属性过滤器，允许结合各种搜索方法和评价方法，使用非常灵活。随后调用该对象的 setEvaluator 方法设置属性(或子集)的评估器，调用 setSearch 方法设置搜索类(ASSearch 类的派生对象)，调用 setInputFormat 方法设置输入数据集的格式。最后调用 Filter 类的静态方法 useFilter 使用过滤器过滤整个实例集，并返回新的数据集。

程序清单 7.56 UseFilter.java

```
package wekalearning.attributeSelection;

import weka.attributeSelection.CfsSubsetEval;
import weka.attributeSelection.GreedyStepwise;
import weka.core.Instances;
import weka.core.converters.ConverterUtils.DataSource;
import weka.filters.Filter;
import weka.filters.supervised.attribute.AttributeSelection

/**
 * 使用过滤器
 */
public class UseFilter {

    public static void main(String[] args) throws Exception {
        // 加载数据
        DataSource source = new DataSource("C:/Weka-3-7/
        data/weather.numeric.arff");
        Instances data = source.getDataSet();
        // 设置类别属性索引
        if (data.classIndex() == -1)
            data.setClassIndex(data.numAttributes() - 1);

       System.out.println("\n 使用过滤器");
       AttributeSelection filter = new AttributeSelection();
       CfsSubsetEval eval = new CfsSubsetEval();
       GreedyStepwise search = new GreedyStepwise();
       search.setSearchBackwards(true);
       filter.setEvaluator(eval);
       filter.setSearch(search);
       filter.setInputFormat(data);
       Instances newData = Filter.useFilter(data, filter);
       System.out.println(newData);
    }

}
```

3. 使用底层 API

本示例使用底层 API 进行属性选择，完整代码如程序清单 7.57 所示。程序首先加载数据文件并设置类别属性，然后实例化 weka.attributeSelection.AttributeSelection 包的 AttributeSelection 对象，该对象是属性选择 Java 类，可以用命令行来获取搜索类以及评估类的名称。随后，调用 AttributeSelection 对象的 setEvaluator 方法设置属性(子集)的评估器，调用 setSearch 方法设置搜索方法，调用带一个参数(Instances 对象)的 SelectAttributes 方法对所提供的训练实例执行属性选择。最后，调用不带任何参数的 selectedAttributes 方法获取最终选定的属性集合，并打印到控制台。

程序清单 7.57　UseLowLevel.java

```
package wekalearning.attributeSelection;

import weka.attributeSelection.AttributeSelection;
import weka.attributeSelection.CfsSubsetEval;
import weka.attributeSelection.GreedyStepwise;
import weka.core.Instances;
import weka.core.Utils;
import weka.core.converters.ConverterUtils.DataSource;

/**
 * 使用底层 API
 */
public class UseLowLevel {

    public static void main(String[] args) throws Exception {
        // 加载数据
        DataSource source = new DataSource("C:/Weka-3-7/
        data/weather.numeric.arff");
        Instances data = source.getDataSet();
        // 设置类别属性索引
        if (data.classIndex() == -1)
            data.setClassIndex(data.numAttributes() - 1);

        System.out.println("\n 使用底层 API");
        AttributeSelection attsel = new AttributeSelection();
        CfsSubsetEval eval = new CfsSubsetEval();
        GreedyStepwise search = new GreedyStepwise();
        search.setSearchBackwards(true);
        attsel.setEvaluator(eval);
        attsel.setSearch(search);
        attsel.SelectAttributes(data);
        int[] indices = attsel.selectedAttributes();
        System.out.println("选择属性索引(从 0 开始):\n" +
        Utils.arrayToString(indices));
    }

}
```

7.9　可　视　化

由于可视化以非常直观的方式展现结果，便于发现隐藏领域的知识，以便快速排除许多无意义的模式，直接关注到重要的模式上，因而是发现模式的最佳方式。

7.9.1 ROC 曲线

Weka 能够根据对分类器的评估过程中收集到的预测，生成接收者操作特征(ROC)曲线。为了显示 ROC 曲线，需要执行以下操作步骤。

第一步，使用 weka.classifiers.evaluation 包的 ThresholdCurve 类，根据 Evaluation 收集到的预测，生成可绘制的数据。

第二步，将可绘制的数据放入一个绘图容器，容器为 weka.gui.visualize 包的 PlotData2D 类的实例。

第三步，将绘图容器添加至可视化面板以显示数据，可视化面板应该为 weka.gui.visualize 包的 ThresholdVisualizePanel 类的实例。

第四步，将可视化面板添加到 javax.swing 包的 JFrame 并显示。

下面将上述四个步骤转换为实际代码。

第一步，生成可绘制的数据。代码片段如下：

```
Evaluation eval = ...     // 来自某处
ThresholdCurve tc = new ThresholdCurve();
int classIndex = 0;       // 第一个类别标签的 ROC
Instances curve = tc.getCurve(eval.predictions(), classIndex);
```

第二步，将可绘制数据放入绘图容器。代码片段如下：

```
PlotData2D plotdata = new PlotData2D(curve);
plotdata.setPlotName(curve.relationName());
plotdata.addInstanceNumberAttribute();
```

第三步，将绘图容器添加至可视化面板。代码片段如下：

```
ThresholdVisualizePanel tvp = new ThresholdVisualizePanel();
tvp.setROCString("(Area under ROC = " +
    Utils.doubleToString(ThresholdCurve.getROCArea(curve),4)+")");
tvp.setName(curve.relationName());
tvp.addPlot(plotdata);
```

第四步，将可视化面板添加到 JFrame。代码片段如下：

```
final JFrame jf = new JFrame("WEKA ROC: " + tvp.getName());
jf.setSize(500,400);
jf.getContentPane().setLayout(new BorderLayout());
jf.getContentPane().add(tvp, BorderLayout.CENTER);
jf.setDefaultCloseOperation(JFrame.DISPOSE_ON_CLOSE);
jf.setVisible(true);
```

7.9.2 图

实现 weka.core.Drawable 接口的类可以生成其内部模式能够显示的图形。目前，有两种不同类型的图，即 Tree 和 BayesNet，前者为决策树，后者为贝叶斯网络图结构。

显示 weka.classifiers.trees 包的 J48 和 M5P 分类器的内部树结构很容易。程序清单 7.58 用数据集构建了一个 J48 分类器，并使用 weka.gui.treevisualizer 包的 TreeVisualizer 类直观显

示所生成的树。可视化类 TreeVisualizer 可以用 GraphViz 的 DOT 语言来查看树(或有向图)。

程序清单 7.58 可视化树结构代码片段

```
Instances data = ...        // 数据集
// 训练分类器
J48 cls = new J48();
cls.buildClassifier(data);
// 显示树
TreeVisualizer tv = new TreeVisualizer(
    null, cls.graph(), new PlaceNode2());
JFrame jf = new JFrame("Weka Classifier Tree Visualizer: J48");
jf.setDefaultCloseOperation(JFrame.DISPOSE_ON_CLOSE);
jf.setSize(800, 600);
jf.getContentPane().setLayout(new BorderLayout());
jf.getContentPane().add(tv, BorderLayout.CENTER);
jf.setVisible(true);
// 调整树
tv.fitToScreen();
```

weka.classifiers.bayes 包的 BayesNet(贝叶斯网络)分类器所生成的图可以使用 GraphVisualizer 类(位于包 weka.gui.graphvisualizer 中)进行显示。GraphVisualizer 可以显示用 GraphViz 的 DOT 语言或 XML BIF 格式表示的图形。需要使用 readDOT 方法显示 DOT 格式的图形，而使用 readBIF 方法显示 BIF 格式的图形。

下面的示例用一些数据来训练一个贝叶斯网络分类器，然后显示从这些数据中产生的图形帧。

程序清单 7.59 可视化贝叶斯网络代码片段

```
Instances data = ...        // 数据集
// 训练分类器
BayesNet cls = new BayesNet();
cls.buildClassifier(data);
// 显示图
GraphVisualizer gv = new GraphVisualizer();
gv.readBIF(cls.graph());
JFrame jf = new JFrame("BayesNet graph");
jf.setDefaultCloseOperation(JFrame.DISPOSE_ON_CLOSE);
jf.setSize(800, 600);
jf.getContentPane().setLayout(new BorderLayout());
jf.getContentPane().add(gv, BorderLayout.CENTER);
jf.setVisible(true);
// 布局图
gv.layoutGraph();
```

7.9.3 手把手教你用

1. 可视化 ROC 曲线

本示例展示如何由数据集产生并显示 ROC 曲线，完整代码见程序清单 7.60。程序首

先加载数据集文件，然后构建 Evaluation 对象，Evaluation 类专门为评估机器学习模型而设置。接着调用 Evaluation 对象的 crossValidateModel 方法，该方法用分类器对一组数据执行交叉验证，其中，第一个参数为分类器对象，第二个参数为要进行交叉验证的数据，第三个参数为交叉验证的折数，第四个参数为随机数产生器对象。最后，按照前文所述的显示 ROC 曲线的四个步骤，显示 ROC 曲线。

程序清单 7.60　VisualizeROC.java

```
package wekalearning.visualize;

import weka.classifiers.Classifier;
import weka.classifiers.Evaluation;
import weka.classifiers.bayes.NaiveBayes;
import weka.classifiers.evaluation.ThresholdCurve;
import weka.core.Instances;
import weka.core.Utils;
import weka.core.converters.ConverterUtils.DataSource;
import weka.gui.visualize.PlotData2D;
import weka.gui.visualize.ThresholdVisualizePanel;

import java.awt.BorderLayout;
import java.util.Random;

import javax.swing.JFrame;

/**
 * 由数据集产生并显示 ROC 曲线，使用 NaiveBayes 的默认设置来产生 ROC 数据
 */
public class VisualizeROC {

    public static void main(String[] args) throws Exception {
        // 加载数据
        Instances data = DataSource
                .read("C:/Weka-3-7/data/weather.nominal.arff");
        data.setClassIndex(data.numAttributes() - 1);

        // 评估分类器
        Classifier classifier = new NaiveBayes();
        Evaluation eval = new Evaluation(data);
        eval.crossValidateModel(classifier, data, 10, new Random(1234));

        // 第一步，生成可绘制的数据
        ThresholdCurve tc = new ThresholdCurve();
        int classIndex = 0;
        Instances curve = tc.getCurve(eval.predictions(), classIndex);

        // 第二步，将可绘制数据放入绘图容器
        PlotData2D plotdata = new PlotData2D(curve);
        plotdata.setPlotName(curve.relationName());
        plotdata.addInstanceNumberAttribute();
```

```
        // 第三步，将绘图容器添加至可视化面板
        ThresholdVisualizePanel tvp = new ThresholdVisualizePanel();
        tvp.setROCString("(Area under ROC = "
                + Utils.doubleToString(ThresholdCurve.getROCArea(curve), 4)
                + ")");
        tvp.setName(curve.relationName());
        // 指定连接哪些点
        boolean[] cp = new boolean[curve.numInstances()];
        for (int i = 1; i < cp.length; i++)
            cp[i] = true;
        plotdata.setConnectPoints(cp);
        // 添加绘图
        tvp.addPlot(plotdata);

        // 第四步，将可视化面板添加到 JFrame
        final JFrame jf = new JFrame("WEKA ROC: " + tvp.getName());
        // 设置窗体的大小为 500 像素*400 像素
        jf.setSize(500, 400);
        // 设置布局管理器
        jf.getContentPane().setLayout(new BorderLayout());
        jf.getContentPane().add(tvp, BorderLayout.CENTER);
        // 自动隐藏并释放该窗体
        jf.setDefaultCloseOperation(JFrame.DISPOSE_ON_CLOSE);
        // 设置窗体可见
        jf.setVisible(true);
    }
}
```

运行结果如图 7.7 所示。

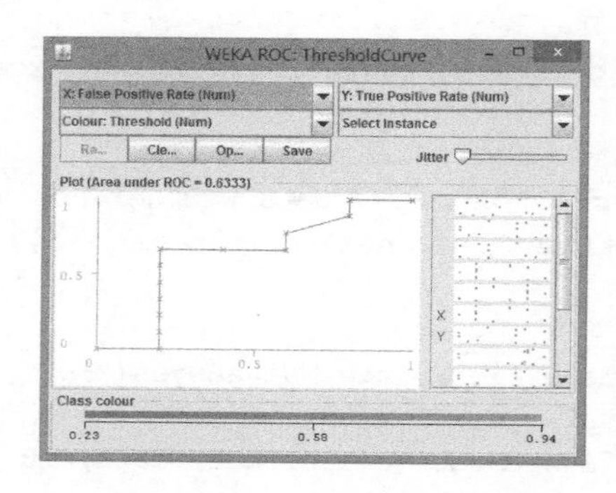

图 7.7　可视化 ROC 曲线运行结果

2. 可视化树结构

本示例展示如何可视化决策树，完整代码如程序清单 7.61 所示。首先加载数据集并构建一个 J48 分类器，然后使用 TreeVisualizer 类显示决策树。程序首先实例化 TreeVisualizer 对象，该对象用于在 Swing 中显示节点结构。其构造函数带三个参数：第一个参数为 TreeDisplayListener 对象，这是一个监听器对象，设置为 null 表示不使用监听器；第二个参数为字符串类型，其中包含要显示决策树的节点表示，这里直接调用决策树

的 graph 方法，返回决策树的图形描述字符串；第三个参数为实现 NodePlace 接口的对象，该对象是用于定位节点的算法，这里使用放置树节点的 PlaceNode2 对象。创建好 TreeVisualizer 对象之后，下一步就是将它分配给一个窗口或类似的其他对象，这里调用 JFrame 对象的 getContentPane 方法返回窗体的内容面板对象，然后调用该面板对象的 add 方法添加 TreeVisualizer 对象，从而将显示组件与窗体挂钩。最后一步是将决策树调整到当前所需的大小，这里直接调用 TreeVisualizer 对象的 fitToScreen 方法来实现。

程序清单 7.61 VisualizeTree.java

```java
package wekalearning.visualize;

import weka.classifiers.trees.J48;
import weka.core.Instances;
import weka.core.converters.ConverterUtils.DataSource;
import weka.gui.treevisualizer.PlaceNode2;
import weka.gui.treevisualizer.TreeVisualizer;

import java.awt.BorderLayout;

import javax.swing.JFrame;

/**
 * 训练 J48 并可视化决策树
 */
public class VisualizeTree {

    public static void main(String args[]) throws Exception {
        // 构建 J48 分类器
        J48 cls = new J48();
        Instances data = DataSource
                .read("C:/Weka-3-7/data/weather.nominal.arff");
        data.setClassIndex(data.numAttributes() - 1);
        cls.buildClassifier(data);

        // 显示树
        TreeVisualizer tv = new TreeVisualizer(null, cls.graph(),
                new PlaceNode2());
        JFrame jf = new JFrame("J48 分类器树可视化器");
        jf.setDefaultCloseOperation(JFrame.DISPOSE_ON_CLOSE);
        jf.setSize(600, 400);
        jf.getContentPane().setLayout(new BorderLayout());
        jf.getContentPane().add(tv, BorderLayout.CENTER);
        jf.setVisible(true);

        // 调整树
        tv.fitToScreen();
    }
}
```

运行程序后，直接显示如图 7.8 所示的决策树窗体。

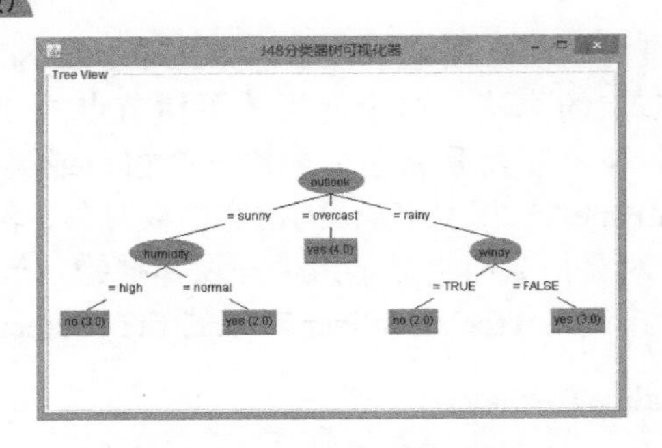

图 7.8　可视化树运行结果

3. 可视化贝叶斯网络

本示例展示如何可视化贝叶斯网络，完整代码如程序清单 7.62 所示。程序首先构建一个 BayesNet 分类器，然后使用 GraphVisualizer 类显示贝叶斯网络图形，该类显示想要可视化的图形。显示贝叶斯网络大致可分为如下四步：第一步，实例化 GraphVisualizer 对象；第二步，调用 GraphVisualizer 对象的 readBIF 方法读取图形的字符串描述，这里的格式为 XMLBIF03，如果是 DOT 格式，则需要调用 readDOT 方法；第三步，将 GraphVisualizer 对象分配给一个窗口或类似的其他对象，方法类似于前一个示例；第四步，布局图形，这里直接调用 GraphVisualizer 对象的 layoutGraph 方法实现布局。

程序清单 7.62　VisualizeBayesNet.java

```
package wekalearning.visualize;

import weka.classifiers.bayes.BayesNet;
import weka.core.Instances;
import weka.core.converters.ConverterUtils.DataSource;
import weka.gui.graphvisualizer.GraphVisualizer;

import java.awt.BorderLayout;

import javax.swing.JFrame;

/**
 * 显示训练好的贝叶斯网络图形
 */
public class VisualizeBayesNet {

    public static void main(String args[]) throws Exception {
        // 贝叶斯网络分类器
        BayesNet cls = new BayesNet();
        // 数据集
       Instances data = DataSource.read("C:/Weka-3-7/data/weather.nominal.arff");
        // 设置类别属性
        data.setClassIndex(data.numAttributes() - 1);
        // 构建分类器
        cls.buildClassifier(data);

        // 显示图形
        // 图可视化器
```

```
        GraphVisualizer gv = new GraphVisualizer();
        gv.readBIF(cls.graph());
        // 定义一个窗体对象jframe，窗体名称为“贝叶斯网络图形”
        JFrame jframe = new JFrame("贝叶斯网络图形");
        jframe.setDefaultCloseOperation(JFrame.DISPOSE_ON_CLOSE);
        // 设置窗体的大小为500像素*300像素
        jframe.setSize(500, 300);
        jframe.getContentPane().setLayout(new BorderLayout());
        jframe.getContentPane().add(gv, BorderLayout.CENTER);
        // 设置窗体可见
        jframe.setVisible(true);

        // 布局图形
        gv.layoutGraph();
    }
}
```

运行程序，显示如图7.9所示的贝叶斯网络窗体。

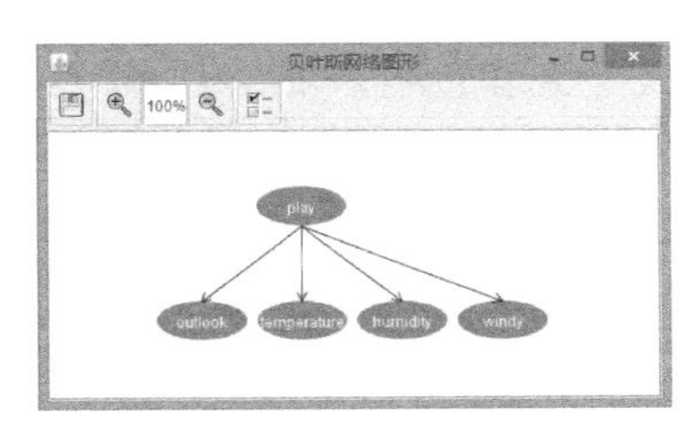

图7.9 可视化贝叶斯网络运行结果

7.10 序 列 化

序列化是将一个对象保存为一种持久形式(如在硬盘上的一个字节流)的过程。反序列化是相反的过程，是从持久化的数据结构中创建一个对象。在Java中，一个对象如果实现了java.io.Serializable接口，则可以序列化。如果序列化对象的某个成员用不着序列化，则需要用transient关键字进行声明。

以下是一些对J48分类器序列化和反序列化的Java代码片段。当然，序列化并不限于分类器，大多数Weka的学习方案，如聚类器和过滤器都是可序列化的。

7.10.1 序列化基本方法

借助于weka.core.SerializationHelper类，很容易将对象序列化。用户可以使用某个write方法来进行保存操作。代码片段见程序清单7.63。

程序清单7.63 序列化模型代码片段

```
// 加载数据
Instances inst = DataSource.read("/dir/data.arff");
inst.setClassIndex(inst.numAttributes() - 1);
// 训练J48
Classifier cls = new J48();
```

```
cls.buildClassifier(inst);
// 序列化模型
SerializationHelper.write("/dir/j48.model", cls);
```

可以通过使用某个 read 方法来实现反序列化对象。代码片段见程序清单 7.64。

程序清单 7.64　反序列化模型代码片段

```
// 反序列化模型
Classifier cls = (Classifier) SerializationHelper.read(
    "/dir/j48.model");
```

探索者界面不仅将所构建的分类器保存在模型文件中，还保存构建分类器所使用的数据集的头信息。通过存储的数据集信息，用户可以很容易地检查是否可以将序列化的分类器应用到当前数据集中。读取这类模型文件需要调用 readAll 方法，它返回一个数组，所有的对象都包含在模型文件中。其中，数组的第 0 个单元存放序列化的分类器对象，第 1 个单元存放数据集的头信息，一般强制转换为所需类型。代码片段见程序清单 7.65。

程序清单 7.65　检查数据是否兼容代码片段

```
// 用于分类器的当前数据
Instances current = ...        // 数据集
// 反序列化模型
Object o[] = SerializationHelper.readAll("/dir/j48.model");
Classifier cls = (Classifier) o[0];
Instances data = (Instances) o[1];
// 数据兼容
if (!data.equalHeaders(current))
    throw new Exception("数据不兼容! ");
```

如果除分类器外还要序列化数据集的头信息，就像探索者界面所做的那样，可以使用某个 writeAll 方法。代码片段见程序清单 7.66。

程序清单 7.66　序列化数据集及头信息代码片段

```
// 加载数据
Instances inst = DataSource.read("/dir/data.arff");
inst.setClassIndex(inst.numAttributes() - 1);
// 训练 J48
Classifier cls = new J48();
cls.buildClassifier(inst);
// 序列化分类器及头信息
Instances header = new Instances(inst, 0);
SerializationHelper.writeAll(
    "/dir/j48.model", new Object[]{cls, header});
```

7.10.2　手把手教你用

1. 模型序列化

本示例展示如何对模型进行序列化和反序列化。首先加载训练数据，然后使用训练数

据来训练 J48 分类器，并将训练好的分类器模型序列化到磁盘文件，接着将磁盘文件反序列化为分类器对象，最后打印得到的模型。完整代码见程序清单 7.67。代码用到的核心 Java 类为 SerializationHelper，该辅助类检查待序列化的 Java 类是否已经包含或者需要一个 serialVersionUID，还可用于序列化和反序列化对象到文件或者流。本例调用 write 方法进行序列化，调用 read 方法进行反序列化。

程序清单 7.67　ModelSerialization.java

```
package wekalearning.serialization;

import weka.classifiers.Classifier;
import weka.classifiers.trees.J48;
import weka.core.Instances;
import weka.core.SerializationHelper;
import weka.core.converters.ConverterUtils.DataSource;

/**
 * 模型序列化和反序列化示例
 */
public class ModelSerialization {

    public static void main(String[] args) throws Exception {
        // 加载数据
        Instances inst = DataSource
            .read("C:/Weka-3-7/data/weather.numeric.arff");
        inst.setClassIndex(inst.numAttributes() - 1);
        // 训练J48
        Classifier cls = new J48();
        cls.buildClassifier(inst);
        // 序列化模型
        SerializationHelper.write("C:/Weka-3-7/data/j48.model", cls);
        System.out.println("序列化模型成功！\n");

        // 反序列化模型
        Classifier cls2 = (Classifier) SerializationHelper
                .read("C:/Weka-3-7/data/j48.model");
        System.out.println("反序列化模型成功！");
        System.out.println("反序列化模型如下：");
        System.out.println(cls2);
    }

}
```

2. 头信息序列化

本示例展示如何对模型进行序列化和反序列化。与上一个示例不同的是，本例将训练好的模型和头信息一起序列化，这样就和探索者界面的保存功能一致。在反序列化时，也要相应地将分类器模型和头信息分开，这样能够检查模型与测试集格式是否兼容。完整代码见程序清单 7.68。代码还是使用 SerializationHelper 类，但不同于前例所使用的 write 方法和 read 方法，本例调用 writeAll 方法进行序列化，调用 readAll 方法进行反序列化，不同点在于后面的两个方法能够分别序列化或反序列化多个对象。

程序清单 7.68 HeaderSerialization.java

```
package wekalearning.serialization;

import weka.classifiers.Classifier;
import weka.classifiers.trees.J48;
import weka.core.Instances;
import weka.core.SerializationHelper;
import weka.core.converters.ConverterUtils.DataSource;

/**
 * 分类器及头信息序列化和反序列化示例
 */
public class HeaderSerialization {

    public static void main(String[] args) throws Exception {
        // 加载训练集
        Instances train = DataSource
            .read("C:/Weka-3-7/data/segment-challenge.arff");
        train.setClassIndex(train.numAttributes() - 1);
        // 训练 J48
        Classifier cls = new J48();
        cls.buildClassifier(train);
        // 序列化分类器及头信息
        Instances header = new Instances(train, 0);
        SerializationHelper.writeAll("C:/Weka-3-7/data/j48.model",
                new Object[] { cls, header });
        System.out.println("序列化分类器及头信息成功! \n");

        // 加载测试集
        Instances test = DataSource
                .read("C:/Weka-3-7/data/segment-test.arff");
        test.setClassIndex(test.numAttributes() - 1);
        // 反序列化模型
       Object o[] = SerializationHelper.readAll("C:/Weka-3-7/data/j48.model");
        Classifier cls2 = (Classifier) o[0];
        Instances data = (Instances) o[1];
        // 模型与测试集是否兼容
        if (!data.equalHeaders(test))
            throw new Exception("数据不兼容! ");
        System.out.println("反序列化分类器及头信息成功! ");
        System.out.println("反序列化模型如下: ");
        System.out.println(cls2);
    }

}
```

7.11 文本分类综合示例

本节以一个简单的文本分类应用示例作为本章学习的结束，程序使用决策树分类器J48。文本文件分为两个类别：hit(命中)和 miss(未命中)。用户提供一个选项指明文本语言是中文还是英文：对于中文，需要对文本内容进行分词处理；对于英文，由于本身就使用空格，因此不需要分词。然后再使用 StringToWordVector 过滤器将文本信息转化为单词的向量形式。每次处理一个文本文件需要调用一次程序，如果用户为文本文件提供类别标签，程序就使用该文件作为训练使用；否则，程序就对文本文件进行分类。

源程序根据 WekaWiki 提供的源代码进行改写，原始源代码说明请参见网址 http://weka.wikispaces.com/MessageClassifier。修改内容包括：使用 java.util.ArrayList 替换了原始源代码中已弃用的 FastVector 类，添加了对中文分词的支持，并将全部注释和信息提示改为中文。

注意： 这只是一个展示如何对文本分类问题进行处理的小示例，运行效率不高，并不建议在实战项目中使用。建议在真实应用中使用预处理进行分词处理，并构建 ARFF 格式的训练集和测试集，然后在 Weka 探索者界面和其他图形界面中进行训练和测试，这样才能得到全面的测试统计信息。

7.11.1 程序运行准备

本例使用 Eclipse IDE 进行开发。

程序使用的中文分词器是 IKAnalyzer 中文分词器 V2012_U6，因此需要在 Java Build Path 中包含 IKAnalyzer2012_u6.jar 文件；由于 IKAnalyzer 依赖于 Lucene，因此还需要包含 lucene-core-3.6.2.jar 文件；最后必须包含 weka.jar 文件，如图 7.10 所示。

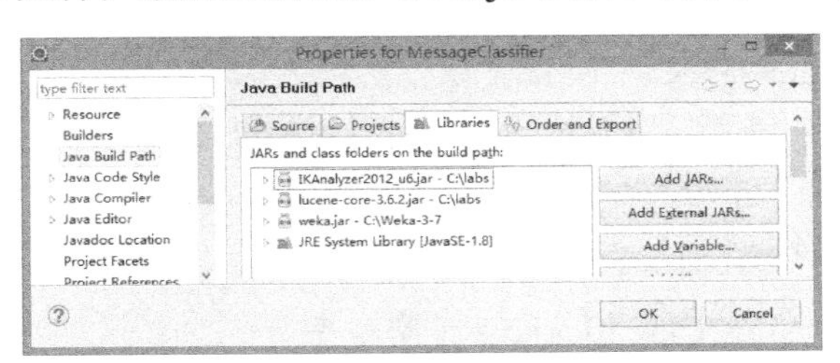

图 7.10 项目所需 Java 库

IKAnalyzer 中文分词器还要求配置文件，因此需要将 IKAnalyzer.cfg.xml 文件和 stopword.dic 文件复制到 Java 项目的 src 根目录下，前者为分词器扩展配置文件，后者为停用词词典(停止词典)，该词典可以使用同行提炼好的停用词，也可以自定义。Java 项目下还需要放置若干训练文本文件和待分类的测试文本文件，本书使用复旦大学李荣陆提供的文本分类语料库测试语料，下载网址为 http://www.nlpir.org/?action-viewnews-itemid-103。在语料库中选取有关教育和历史各五篇材料，并手工去掉材料中的无关信息，例如，去掉了文献来源等头信息，还有材料尾部的本文责任编辑以及个人签名等与分类无关的信息，如图 7.11 所示。

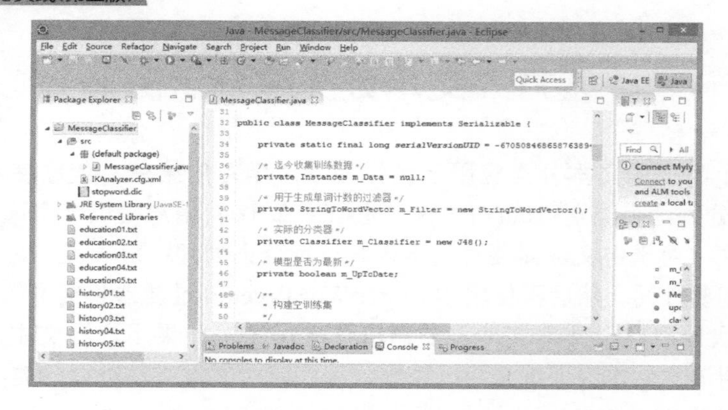

图 7.11　各种文件

当然，项目中还应该包含最为重要的文本分类 Java 源文件，其内容将在下一节讲述。

7.11.2　源程序分析

文本分类应用程序源代码如程序清单 7.69 所示，实现分类功能的 Java 类名为 MessageClassifier。主函数 main()能接受的命令行参数有四个，-E 选项指定文本是否为英文(默认省略，为中文)，-m 选项指定待处理的文本文件名称，-t 选项指定序列化 MessageClassifier 对象的模型文件，可选的-c 选项指定文本文件的类别标签。如果用户提供类别标签，文本将作为训练样本处理；否则，正在运行的 MessageClassifier 对象将对文本进行分类，分类为 hit 或 miss 两个类别。

main()方法将文本文件内容读入到 Java 的 StringBuffer 对象中，然后检查文本是否为英文，如果不是英文则需要进行分词处理，否则不分词。下一步检查用户是否提供了类别标签，然后从-t 选项指定的序列化文件中将对象反序列化到 MessageClassifier 对象中，如果不存在序列化文件，则创建一个 MessageClassifier 类的新对象。不管是上述情况的哪一种，结果对象都称为 messageCl。检查命令行选项之后，如果用户提供类别标签，程序会调用 updateData()方法更新存储在 messageCl 中的训练数据；否则，程序会调用 classifyMessage()方法对文本进行分类。最后，由于 messageCl 对象可能已经改变，因此将该对象保存回序列化文件。

程序清单 7.69　MessageClassifier.java 完整程序

```
/**
 * 将简短的文本信息分类为两个类别的 Java 程序
 */

import weka.core.Attribute;
import weka.core.DenseInstance;
import weka.core.Instance;
import weka.core.Instances;
import weka.core.Utils;
import weka.classifiers.Classifier;
import weka.classifiers.trees.J48;
import weka.filters.Filter;
```

```
import weka.filters.unsupervised.attribute.StringToWordVector;

import java.io.FileInputStream;
import java.io.FileNotFoundException;
import java.io.FileOutputStream;
import java.io.FileReader;
import java.io.ObjectInputStream;
import java.io.ObjectOutputStream;
import java.io.Reader;
import java.io.Serializable;
import java.io.StringReader;
import java.util.ArrayList;
import java.util.List;

import org.apache.lucene.analysis.Analyzer;
import org.apache.lucene.analysis.TokenStream;
import org.apache.lucene.analysis.tokenattributes.CharTermAttribute;
import org.wltea.analyzer.lucene.IKAnalyzer;

public class MessageClassifier implements Serializable {

    private static final long serialVersionUID = -6705084686587638940L;

    /* 迄今收集到的训练数据 */
    private Instances m_Data = null;

    /* 用于生成单词计数的过滤器 */
    private StringToWordVector m_Filter = new StringToWordVector();

    /* 实际的分类器 */
    private Classifier m_Classifier = new J48();

    /* 模型是否为最新 */
    private boolean m_UpToDate;

    /**
     * 构建空训练集
     */
    public MessageClassifier() throws Exception {

        String nameOfDataset = "MessageClassificationProblem";

        // 创建的属性列表
        List<Attribute> attributes = new ArrayList<Attribute>();

        // 添加属性以保存文本信息
        attributes.add(new Attribute("Message", (List<String>) null));

        // 添加类别属性
        List<String> classValues = new ArrayList<String>();
        classValues.add("miss");
```

```
        classValues.add("hit");
        attributes.add(new Attribute("Class", classValues));

        // 创建初始容量为100的数据集
        m_Data = new Instances(nameOfDataset, (ArrayList<Attribute>) attributes, 100);
        // 设置类别索引
        m_Data.setClassIndex(m_Data.numAttributes() - 1);
    }

    /**
     * 使用给定的训练文本信息更新模型
     */
    public void updateData(String message, String classValue) throws Exception {

        // 把文本信息转换为实例
        Instance instance = makeInstance(message, m_Data);

        // 为实例设置类别值
        instance.setClassValue(classValue);

        // 添加实例到训练数据
        m_Data.add(instance);
        m_UpToDate = false;

        // 输出提示信息
        System.err.println("更新模型成功! ");
    }

    /**
     * 分类给定的文本消息
     */
    public void classifyMessage(String message) throws Exception {

        // 检查是否已构建分类器
        if (m_Data.numInstances() == 0) {
            throw new Exception("没有分类器可用。");
        }

        // 检查分类器和过滤器是否为最新
        if (!m_UpToDate) {

            // 初始化过滤器，并告知输入格式
            m_Filter.setInputFormat(m_Data);

            // 从训练数据生成单词计数
            Instances filteredData = Filter.useFilter(m_Data, m_Filter);

            // 重建分类器
            m_Classifier.buildClassifier(filteredData);
            m_UpToDate = true;
        }
```

```
        // 形成单独的小测试集，所以该文本信息不会添加到m_Data 的字符串型属性中
        Instances testset = m_Data.stringFreeStructure();

        // 使文本信息成为测试实例
        Instance instance = makeInstance(message, testset);

        // 过滤实例
        m_Filter.input(instance);
        Instance filteredInstance = m_Filter.output();

        // 获取预测类别值的索引
        double predicted = m_Classifier.classifyInstance(filteredInstance);

        // 输出类别值
        System.err.println("文本信息分类为 : "
                + m_Data.classAttribute().value((int) predicted));
    }

    /**
     * 将文本信息转换为实例的方法
     */
    private Instance makeInstance(String text, Instances data) {

        // 创建一个属性数量为2，权重为1，全部值都为缺失的实例
        Instance instance = new DenseInstance(2);

        // 设置文本信息属性的值
        Attribute messageAtt = data.attribute("Message");
        instance.setValue(messageAtt, messageAtt.addStringValue(text));

        // 让实例能够访问数据集中的属性信息
        instance.setDataset(data);
        return instance;
    }

    /**
     * 主方法
     * 可以识别下列参数:
     * -E
     *  文本是否为英文。默认为中文，省略该参数
     * -m 文本信息文件
     *  指向一个文件，其中包含待分类的文本信息，或用于更新模型的文本信息
     * -c 类别标签
     *  如果要更新模型，使用本参数输入文本信息的类别标签。省略表示需要对文本信息进行分类
     * -t 模型文件
     *  包含模型的文件。如果不存在该文件，就会自动创建
     *
     *  @param args 命令行选项
     */
    public static void main(String[] options) {
```

```
try {

    // 读入文本信息文件，存储为字符串
    String messageName = Utils.getOption('m', options);
    if (messageName.length() == 0) {
        throw new Exception("必须提供文本信息文件的名称。");
    }
    FileReader m = new FileReader(messageName);
    StringBuffer message = new StringBuffer();
    int l;
    while ((l = m.read()) != -1) {
        message.append((char) l);
    }
    m.close();

    // 检查文本是否为英文
    boolean isEnglish = Utils.getFlag('E', options);
    if(! isEnglish) {
        // 只有汉字需要进行中文分词
      Analyzer ikAnalyzer = new IKAnalyzer();
      Reader reader = new StringReader(message.toString());
      TokenStream stream = (TokenStream)ikAnalyzer.tokenStream("", reader);
      CharTermAttribute termAtt = (CharTermAttribute)stream.addAttribute
      (CharTermAttribute.class);
      message = new StringBuffer();
      while(stream.incrementToken()){
         message.append(termAtt.toString() + " ");
      }
    }

    // 检查是否已给定类别值
    String classValue = Utils.getOption('c', options);

    // 如果模型文件存在，则读入，否则创建新的模型文件
    String modelName = Utils.getOption('t', options);
    if (modelName.length() == 0) {
        throw new Exception("必须提供模型文件的名称。");
    }
    MessageClassifier messageCl;
    try {
        ObjectInputStream modelInObjectFile = new ObjectInputStream(
                new FileInputStream(modelName));
      messageCl = (MessageClassifier) modelInObjectFile.readObject();
        modelInObjectFile.close();
    } catch (FileNotFoundException e) {
        messageCl = new MessageClassifier();
    }

    // 处理文本信息
    if (classValue.length() != 0) {
```

```
                messageCl.updateData(message.toString(), classValue);
            } else {
                messageCl.classifyMessage(message.toString());
            }

            // 保存文本信息分类器对象
            ObjectOutputStream modelOutObjectFile = new ObjectOutputStream(
                    new FileOutputStream(modelName));
            modelOutObjectFile.writeObject(messageCl);
            modelOutObjectFile.close();
        } catch (Exception e) {
            e.printStackTrace();
        }
    }
}
```

下面首先介绍构造函数 MessageClassifier()如何创建新的 MessageClassifier 对象，然后解释 updateData()方法和 classifyMessage()方法是如何工作的。

1. MessageClassifier()方法

每次当创建一个新的 MessageClassifier 对象时，会自动生成用于保持过滤器和分类器的对象。过程中的重要部分是创建数据集，这由构造函数 MessageClassifier()完成。首先，将数据集的名称存储为字符串，然后为每个属性创建 Attribute 对象。文本分类数据集有两个属性，因此需要创建两个 Attribute 对象：一个 Attribute 对象容纳对应文本信息的字符串，另一个 Attribute 对象容纳文本信息的类别。这些对象存储为 Java 的 List 类型。

下面通过调用 Attribute 类的构造函数来创建属性。该类有一个构造函数只需要一个参数——属性名称，功能是创建一个数值型属性。但是这里使用的构造函数带两个参数：属性名称和 List<String>类型的引用。如果该引用为空(即 null)，正如在我们程序中的构造函数那样，Weka 会创建一个字符串类型的属性；否则，会创建一个标称型属性。在构造函数带两个参数的情况下，Weka 假设 List<String>保持的属性值为字符串。然后，通过将属性名称(class)和值作为 Attribute 类的构造函数参数，即 new Attribute("Class", classValues)，创建一个有 hit 和 miss 两个值的类别属性。

注意： 本书弃用了已经宣布不再受支持的 FastVector 类。

为了根据上述属性信息来创建数据集，MessageClassifier()必须创建一个 Weka 核心包中 Instances 类的对象。程序中的 Instances 构造函数带三个参数：数据集名称、ArrayList<Attribute>类型的属性，以及一个表示数据集初始容量的整数。这里的初始容量设置为 100，如果添加更多的实例，容量会自动扩展。构建好数据集之后，MessageClassifier()设置类别属性的索引，指向最后一个属性。

2. updateData()方法

既然已经知道如何创建一个空数据集，现在考虑 MessageClassifier 对象到底该如何整合新的训练样本信息。程序中由 updateData()方法完成这个工作，它首先调用 makeInstance()方法将给定的文本信息转换为训练实例。makeInstance()方法首先创建一个带两个属性的 Instance 对象。注意，这里的 Instance 为接口，不能直接实例化，只能实例化该接口的实现类。由于应用只需要两个属性且不稀疏，因此，使用 DenseInstance 类，而不使用 SparseInstance 类。所使用的 DenseInstance 对象的构造函数只带一个参数 2，表明要创建一个属性数量为 2 且权重为 1 的实例，并将实例的全部值设置为缺失。makeInstance()的下一步是设置字符串型的属性值以容纳文本信息，这是通过调用 Instance 对象的 setValue()方法实现的。这里的 setValue()方法带两个参数：第一个参数为需要更改其值的 Attribute 对象；第二个参数为对应于字符串型属性定义中新值的索引，该索引由调用 addStringValue()方法返回。addStringValue()方法在字符串型属性中添加了文本信息作为新值，并返回字符串型属性定义中该新值的位置(即索引)。

在内部无论对应的属性类型是哪一种，Instance 对象都将所有的属性值存储为双精度浮点数。标称型及字符串型属性通过存储属性定义中对应的属性值的索引来存储属性值。例如，标称型属性的第一个值表示为 0.0，第二个值表示为 1.0，以此类推。字符串型属性使用相同的方法。addStringValue()方法返回的是添加到属性定义中的值所对应的索引。

一旦设定了字符串型属性的值，makeInstance()方法通过调用 Instance 对象的 setDataset()方法，为新创建的实例访问数据属性信息传递一个数据集的引用。在 Weka 中，Instance 对象不存储每个属性的类型，而是存储数据集的引用，从数据集可以检索到相应的属性信息。

返回来看 updateData()方法，新的实例从 makeInstance()返回后，在这里设置实例类别值，并且将实例添加到训练数据中。最后将 m_UpToDate 的状态设为 false，该标志表明训练数据已发生变化，预测模型需要更新。

3. classifyMessage()方法

现在来分析 MessageClassifier 是如何处理未知类别标签的文本信息的。classifyMessage()方法首先通过检查是否有可用的训练实例，来确定是否已经构建了分类器，然后检查分类器的状态是否为最新。如果因为训练数据已经改变而使分类器的状态不是最新，则必须重建分类器。然而，在这样做之前，必须使用 StringToWordVector 过滤器将数据转换成适合于学习的格式。首先调用 setInputFormat()，通过将输入数据集的引用传递给过滤器，告诉过滤器输入数据的格式。每次调用该方法时会初始化过滤器，即复位其内部的设置。下一步，调用 useFilter()方法转换数据，Filter 类的 useFilter()方法将过滤器应用到数据集。此时，因为 StringToWordVector 已经初始化，它通过训练数据集计算出字典，然后将它形成一个单词向量。从 useFilter()方法返回后，直到再次调用 inputFormat()方法进行初始化之前，过滤器的所有内部设置都是固定的。这使得它可以在不更新过滤器的内部设置的情况下过滤测试实例，这里的内部设置是指字典。

过滤数据之后，程序通过将过滤后的训练数据作为参数，传递给 buildClassifier()方法重建分类器(例子中为 J48 决策树)，然后将 m_UpToDate 设置为 true。buildClassifier()方法必须先完全初始化模型的内部设置，然后再生成新的分类器，这是 Weka 的一个重要的约定，详细内容可参见第 8 章。因此，在调用 buildClassifier()方法之前，并不需要构建新的 J48 分类器对象。

确保存储在 m_Classifier 中的模型是最新的之后，对文本信息进行分类。在调用 makeInstance()方法创建 Instance 对象之前，会创建一个新的 Instances 对象来存放新实例，然后再将该 Instances 对象作为测试集参数传递给 makeInstance()方法。这样做之后，

makeInstance()方法就不会将文本信息添加到 m_Data 中的字符串型属性定义中。否则，每次要对一个新的文本信息进行分类的时候，m_Data 对象的大小都会增长，这显然是不合理的，m_Data 对象应该只在添加训练实例时才增长。因此，程序创建了一个临时的 Instances 对象，一旦实例处理完毕便可丢弃该临时对象。使用 stringFreeStructure() 方法获得该对象，它返回一个 m_Data 副本，其中的字符串型属性为空。只有这样，所调用的 makeInstance()方法才创建好了新的实例。

在对测试实例进行分类之前，还必须先由 StringToWordVector 过滤器进行过滤处理。调用 input()方法将实例输入到过滤器对象，再调用 output()方法获取转换后的实例。然后通过将实例传递给分类器的 classifyInstance()方法产生预测。正如读者所见，Weka 将预测编码为一个 double 型的值，这使得评估模块以类似的方式来处理分类预测和数值预测模型。对于诸如本例的分类预测，double 型变量保存预测的类别值的索引。要输出该类别值对应的字符串，程序调用数据集的类别属性的 value()方法。当然，要输出数值预测值就更容易了，直接输出即可。

7.11.3 运行说明

如果完成编码且没有任何编译错误，这只是完成了一半的工作，另一半的工作就是对程序进行测试。

这里采用 Eclipse IDE，当然直接在 IDE 下运行最为方便。首先，在 Eclipse 的 Package Explorer 下，右击 MessageClassifier.java 文件，在弹出的快捷菜单中选择 Run As | Run Configurations 菜单项，打开 Run Configurations 对话框，确保你的 Project 和 Main class 的名称正确无误，然后切换至 Arguments 标签页，在 Program arguments 选项组的多行编辑器中输入如下命令参数：

```
MessageClassifier -m education01.txt -c miss -t messageclassifier.model
```

结果如图 7.12 所示。然后单击 Run 按钮启动运行，稍等片刻，在 Eclipse 右下部的 Console 面板中会显示红色的“更新模型成功！”信息，如图 7.13 所示。假如刷新一下项目，可以看到在训练集文件的同级目录下，生成了一个 messageclassifier.model 文件，这就是序列化的模型对象。

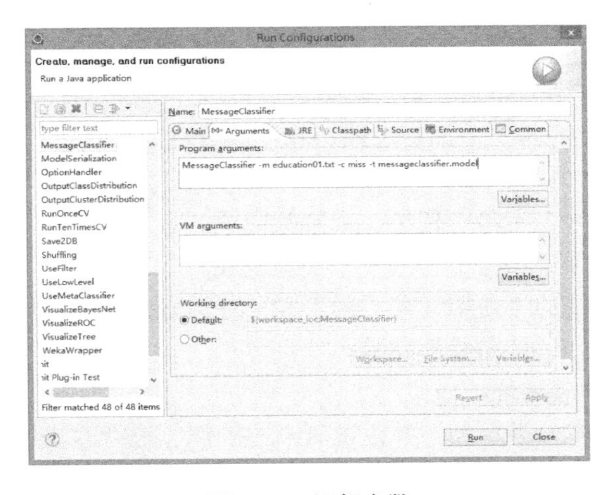

图 7.12　运行参数

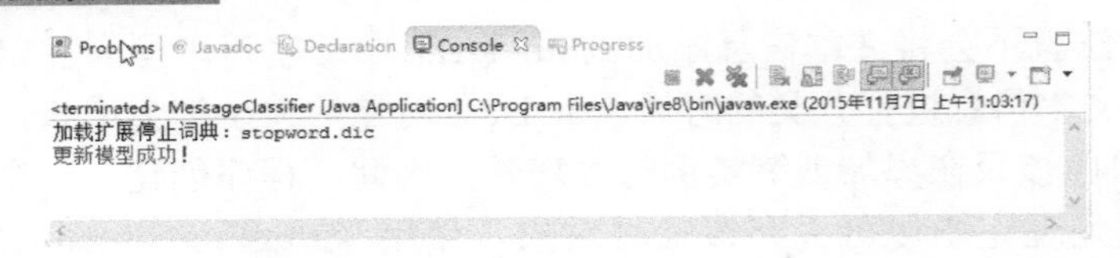

图 7.13　训练运行结果

重复上述过程，只不过分别将命令参数里的 education01.txt 更改为 education02.txt 和 education03.txt，也就是使用前三个教育类别的文本当作训练集。然后，将训练文件分别更改为 history01.txt、history02.txt 和 history03.txt，别忘了要将 miss 更改为 hit，也就是历史类的文本为命中，教育类的文本为未命中，再次启动训练。至此，已经使用六个文本完成分类模型的训练，下一步进行预测。

仍然按照前述的过程打开如图 7.12 所示的对话框，在 Program arguments 选项组的多行编辑器中将命令参数修改如下：

```
MessageClassifier -m education04.txt -t messageclassifier.model
```

其含义是，使用构建好的模型预测 education04.txt 文件的类别。单击 Run 按钮，运行结果如图 7.14 所示。

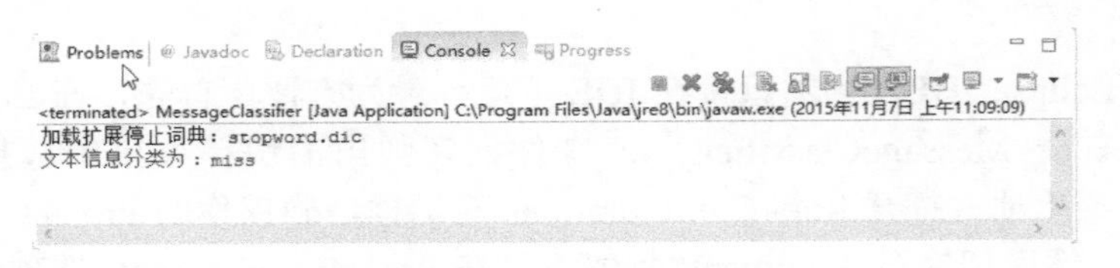

图 7.14　预测运行结果

可见，运行结果符合预期。读者可自行预测其他文本文件，甚至再多找一些语料库，检查分类算法的性能。

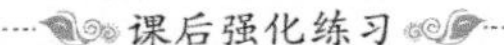

7.1　设置 Eclipse IDE 环境，完成 ARFF 文件的加载和保存。

7.2　设置数据库，从数据库中加载和保存数据集。

7.3　完成“在内存中创建数据集”实验。

7.4　完成“简单过滤器”“批量过滤”和“即时过滤”实验，并说明三种过滤方式的不同。

7.5　从 7.6.4 节的 6 个实验中任选 3 个实验完成。

7.6　从 7.7.4 节的 5 个实验中任选 3 个实验完成。

7.7　完成 7.8.4 节中的“使用元分类器”和“使用过滤器”实验。

7.8　完成“可视化 ROC 曲线”实验。

7.9　编程实现模型序列化。

7.10　实际运行文本分类示例，并说说对书中的例子进行改进的思路。

第8章

学习方案源代码分析

假如开发人员想要实现一个 Weka 所没有的、有特殊目的的学习算法；或者，假如想要从事机器学习研究，想要钻研某个新的学习方案；或者，假如想通过自己的实际编程，更多地了解归纳算法的内部运作：研究 Weka 学习方案源代码是达到上述目标的唯一途径。通过学习已有的算法，了解 Weka 学习算法的编写要求，才能最终实现自己的学习算法。本章使用一个简单的例子，展示在编写分类器时，如何充分利用 Weka 中的类层次结构。

下面以分析 NaiveBayes 分类器源代码为例，讲述分类器内部的工作原理，读者可类推到其他的分类器。其他的学习方案，包括聚类器算法和关联规则学习器，都是以类似的方式进行组织的。

8.1 NaiveBayes 源代码分析

NaiveBayes 分类器是贝叶斯分类器中重要的一种，其分类原理是通过实例的先验概率，利用贝叶斯公式计算出后验概率，即该实例属于某个类别的概率，选择具有最大后验概率的类别作为实例的类别。NaiveBayes 模型有着坚实的数学基础，以及稳定的分类准确率。同时，NaiveBayes 模型所需估计的参数较少，对缺失数据不太敏感，算法也比较简单。因此，这里选择对 NaiveBayes 源代码进行分析。

如程序清单 8.1 所示，weka.classifiers.bayes.NaiveBayes 类继承了 AbstractClassifier 类，并实现了 OptionHandler、WeightedInstancesHandler、TechnicalInformationHandler 和 Aggregateable<E>接口。AbstractClassifier 是一个抽象类，Weka 中所有的预测数值型或标称型的学习方案都要继承该超类。注意，分类器必须实现 distributionForInstance()方法或 classifyInstance()方法的两者之一，或全部实现两个方法。OptionHandler 接口能让实现类理解选项；WeightedInstancesHandler 接口使实现类能够利用实例权重所提供的信息；TechnicalInformationHandler 接口允许实现类在 Weka 图形用户界面中显示算法的参考资料，如论文、书目等；Aggregateable<E>接口可以将与自身相同类型(这里的类型是 NaiveBayes)的对象聚合在一起。

静态变量 serialVersionUID 是序列化版本 ID；二维数组 m_Distributions 是属性估计器，保存用于计算先验概率分布 $P(X|Y_i)$的参数；变量 m_ClassDistribution 是类别估计器，用于保存类别分布 $P(Y_i)$；布尔变量 m_UseKernelEstimator 表示数值型属性是否使用核密度估计器来替代正态分布；布尔变量 m_UseDiscretization 表示数值型属性是否使用离散化替代正态分布；整型变量 m_NumClasses 用于保存类别的数量，1 表示数值类别；变量 m_Instances 是数据集标题，用于打印半智能化的模型；静态常量 DEFAULT_NUM_PRECISION 是数值型属性的精度参数；变量 m_Disc 是离散化过滤器；布尔变量 m_displayModelInOldFormat 指定是否使用旧格式显示模型。

程序清单 8.1 NaiveBayes 变量

```
public class NaiveBayes extends AbstractClassifier implements OptionHandler,
      WeightedInstancesHandler, TechnicalInformationHandler
      Aggregateable<NaiveBayes> {

   /** 序列化版本 ID */
   static final long serialVersionUID = 5995231201785697655L;

   /** 属性估计器*/
   protected Estimator[][] m_Distributions;

   /** 类别估计器 */
   protected Estimator m_ClassDistribution;

   /**
    * 数值型属性是否使用核密度估计器来替代正态分布
    */
```

```
protected boolean m_UseKernelEstimator = false;

/**
 * 数值型属性是否使用离散化替代正态分布
 */
protected boolean m_UseDiscretization = false;

/**类别的数量，1 表示数值类别*/
protected int m_NumClasses;

/**
 * 数据集标题，用于打印半智能化的模型
 */
protected Instances m_Instances;

/*** 数值型属性的精度参数 */
protected static final double DEFAULT_NUM_PRECISION = 0.01;

/**
 * 离散化过滤器
 */
protected weka.filters.supervised.attribute.Discretize m_Disc = null;

/**
 * 是否使用旧格式显示模型
 */
protected boolean m_displayModelInOldFormat = false;
```

NaiveBayes 类的第一个方法是 globalInfo()，如程序清单 8.2 所示。该方法只是返回一个描述分类器基本信息的字符串，当用户在 Weka 图形用户界面中选中该分类器时，会显示该字符串。字符串的另一部分，由第二个方法——getTechnicalInformation()产生，该方法返回 NaiveBayes 算法的参考书目信息。

程序清单 8.2　globalInfo()方法

```
public String globalInfo() {
    return "Class for a Naive Bayes classifier using estimator classes. Numeric"
        + " estimator precision values are chosen based on analysis of the "
        + " training data. For this reason, the classifier is not an"
        + " UpdateableClassifier (which in typical usage are initialized with
          zero"
        + " training instances) -- if you need the UpdateableClassifier
          functionality,"
        + " use the NaiveBayesUpdateable classifier. The NaiveBayesUpdateable"
        + " classifier will  use a default precision of 0.1 for numeric
          attributes"
        + " when buildClassifier is called with zero training instances.\n\n"
        + "For more information on Naive Bayes classifiers, see\n\n"
        + getTechnicalInformation().toString();
}
```

程序清单 8.3 所示的 getTechnicalInformation()方法重写 TechnicalInformationHandler 接口的对应方法，它返回该分类器类技术方面的信息，信息封装为 TechnicalInformation 对象，包含分类器类的技术背景的详细信息。例如，作为该类实现理论基础的参考论文或书籍。

程序清单 8.3 getTechnicalInformation()方法

```
@Override
public TechnicalInformation getTechnicalInformation() {
    TechnicalInformation result;

    result = new TechnicalInformation(Type.INPROCEEDINGS);
    result.setValue(Field.AUTHOR, "George H. John and Pat Langley");
    result.setValue(Field.TITLE,
            "Estimating Continuous Distributions in Bayesian Classifiers");
    result.setValue(Field.BOOKTITLE,
            "Eleventh Conference on Uncertainty in Artificial Intelligence");
    result.setValue(Field.YEAR, "1995");
    result.setValue(Field.PAGES, "338-345");
    result.setValue(Field.PUBLISHER, "Morgan Kaufmann");
    result.setValue(Field.ADDRESS, "San Mateo");

    return result;
}
```

第三个方法为 GetCapabilities()，如程序清单 8.4 所示。它返回 NaiveBayes 算法能处理数据的能力信息，代码设置了 NaiveBayes 算法能处理标称型属性、数值型属性和缺失值，以及标称类别和缺失类别值，并设置最少的实例数量为 0，即该算法能处理没有实例的数据。关于 Capabilities 的功能描述详见下一节。

程序清单 8.4 getCapabilities()方法

```
@Override
public Capabilities getCapabilities() {
    Capabilities result = super.getCapabilities();
    result.disableAll();

    // 属性
    result.enable(Capability.NOMINAL_ATTRIBUTES);
    result.enable(Capability.NUMERIC_ATTRIBUTES);
    result.enable(Capability.MISSING_VALUES);

    // 类别
    result.enable(Capability.NOMINAL_CLASS);
    result.enable(Capability.MISSING_CLASS_VALUES);

    // 实例
    result.setMinimumNumberInstances(0);

    return result;
}
```

程序清单 8.5 所示的 buildClassifier()方法由训练数据集构建分类器模型。在本例中，该方法首先检查训练数据的特征与 NaiveBayes 分类器能力的匹配情况，即分类器是否能够处理该数据集。如果训练数据的特征不满足分类器的要求，会导致 Capabilities 对象抛出例外。为了避免更改原始数据，方法复制了一份训练集，并调用 weka.core.Instances 的方法来删除具有缺失类别值的全部实例，因为这些实例在训练过程中没有用处。

然后，如果用户设置了需要离散化，就对实例进行离散化。

程序做了很多工作来统计类别分布 *P*(*Y*)和类别条件概率分布 *P*(*X*|*Y*)。由于 NaiveBayes 分类器只能处理连续的数值型属性和离散的标称型属性，如果是前者，需要判断用户所设定的是否使用核估计器的选项，再选择是构建 KernelEstimator 对象还是 NormalEstimator 对象；如果是后者，直接构建 DiscreteEstimator 对象。KernelEstimator、NormalEstimator 和 DiscreteEstimator 这三个估计器都是 Estimator 类的子类。

程序清单 8.5 buildClassifier(Instances instances)方法

```
@Override
public void buildClassifier(Instances instances) throws Exception {

    // 分类器能否处理数据
    getCapabilities().testWithFail(instances);

    // 删除具有缺失类别值的实例
    instances = new Instances(instances);
    instances.deleteWithMissingClass();

    m_NumClasses = instances.numClasses();

    // 复制训练集
    m_Instances = new Instances(instances);

    // 如果指定，就对实例进行离散化
    if (m_UseDiscretization) {
        m_Disc = new weka.filters.supervised.attribute.Discretize();
        m_Disc.setInputFormat(m_Instances);
        m_Instances = weka.filters.Filter.useFilter(m_Instances, m_Disc);
    } else {
        m_Disc = null;
    }

    // 为概率分布预留空间
    // 类别条件概率分布 P(X|Y)
    m_Distributions = new Estimator[m_Instances.numAttributes() - 1][m_Instances
        .numClasses()];
    // 类别分布 P(Y)
    m_ClassDistribution = new DiscreteEstimator(m_Instances.numClasses(),
            true);
    int attIndex = 0;
    Enumeration enu = m_Instances.enumerateAttributes();
    // 循环处理每一个属性
```

```
        while (enu.hasMoreElements()) {
            Attribute attribute = (Attribute) enu.nextElement();

            // 如果属性为数值型，根据相邻值之间的差异，测定估计器数值精度
            double numPrecision = DEFAULT_NUM_PRECISION;
            if (attribute.type() == Attribute.NUMERIC) {
                // 根据当前属性的值对数据集排序
                m_Instances.sort(attribute);
                // 排序之后，当前属性为缺失值的实例就排到最前
                // 这样，判断第一个实例是否缺失，就知道是否有缺失值
                // 如果有，就没有必要执行 if 后的代码块
                if ((m_Instances.numInstances() > 0)
                        && !m_Instances.instance(0).isMissing(attribute)) {
                    // lastVal 为最后实例的当前属性值
                    double lastVal = m_Instances.instance(0).value(attribute);
                    // currentVal 为每个实例的当前属性值，deltaSum 为差值
                    double currentVal, deltaSum = 0;
                    // distinct 为当前属性取不同值的数量
                    int distinct = 0;
                    for (int i = 1; i < m_Instances.numInstances(); i++) {
                        Instance currentInst = m_Instances.instance(i);
                        if (currentInst.isMissing(attribute)) {
                            break;
                        }
                        currentVal = currentInst.value(attribute);
                        // 如果当前值与最后值不等，则相减并将差值累加至 deltaSum
                        if (currentVal != lastVal) {
                            deltaSum += currentVal - lastVal;
                            lastVal = currentVal;
                            distinct++;
                        }
                    }
                    // 最终的 numPrecision 就是 deltaSum 除以 distinct
                    if (distinct > 0) {
                        numPrecision = deltaSum / distinct;
                    }
                }
            }

            // 循环处理每一个类别标签
            for (int j = 0; j < m_Instances.numClasses(); j++) {
                // 判断当前属性的类型
                switch (attribute.type()) {
                // 如果为连续的数值型属性，根据是否使用核估计器的选项
                // 选择构建 KernelEstimator 对象还是 NormalEstimator 对象
                // 两者的构造函数都使用 numPrecision 作为参数
                case Attribute.NUMERIC:
                    if (m_UseKernelEstimator) {
                        m_Distributions[attIndex][j] = new KernelEstimator(
                                numPrecision);
                    } else {
```

```
                m_Distributions[attIndex][j] = new NormalEstimator(
                        numPrecision);
            }
            break;
        // 如果为离散的标称型属性，则构建 DiscreteEstimator 对象
        case Attribute.NOMINAL:
            m_Distributions[attIndex][j] = new DiscreteEstimator(
                    attribute.numValues(), true);
            break;
        // 不支持其他属性
        default:
            throw new Exception("Attribute type unknown to NaiveBayes");
        }
    }
    attIndex++;
}

// 统计每一个实例
Enumeration enumInsts = m_Instances.enumerateInstances();
while (enumInsts.hasMoreElements()) {
    Instance instance = (Instance) enumInsts.nextElement();
    // 调用 updateClassifier()方法，用实例更新分类器
    updateClassifier(instance);
}

// 节省空间
m_Instances = new Instances(m_Instances, 0);
}
```

程序清单 8.6 所示的 updateClassifier()方法使用给定的实例更新分类器。输入参数为要对模型进行更新的新的训练实例，如果实例无法纳入模型中，则抛出例外。

程序清单 8.6　updateClassifier(Instance instance)方法

```
public void updateClassifier(Instance instance) throws Exception {

    if (!instance.classIsMissing()) {
        Enumeration enumAtts = m_Instances.enumerateAttributes();
        int attIndex = 0;
        // 循环处理每一个属性
        while (enumAtts.hasMoreElements()) {
            Attribute attribute = (Attribute) enumAtts.nextElement();
            if (!instance.isMissing(attribute)) {
                // m_Distributions 第一个下标为当前属性下标，第二个下标为类别值
                // 统计样本实例对应类别属性值的分布
                // 调用 Estimator 的 AddValue 方法将新数据值加入到当前评估器中
                m_Distributions[attIndex][(int) instance.classValue()]
                        .addValue(instance.value(attribute),
                                instance.weight());
            }
            attIndex++;
```

```
            }
            // 统计类别分布
            m_ClassDistribution.addValue(instance.classValue(),
                    instance.weight());
        }
    }
```

程序清单 8.7 所示的 distributionForInstance()方法对于给定的测试计算隶属类别的概率。输入参数为待分类的实例，返回预测类别的概率分布。如果在生成预测中出了什么问题，就会抛出例外。

程序中的理论基础是如下的贝叶斯公式：

$$P(Y=y_j \mid X)=\frac{P(Y=y_i)\prod_{i=1}^{d}P(X_i \mid Y=y_j)}{P(X)}$$

由于 $P(X)$都相同，因此上述的类别预测公式可简化为

$$P(Y=y_j \mid X)=\underset{y_i}{\operatorname{argmax}}\,P(Y=y_i)\prod_{i=1}^{d}P(X_i \mid Y=y_j)$$

distributionForInstance()方法的主要工作就是计算 $P(Y=y_j \mid X)$。

程序清单 8.7　distributionForInstance(Instance instance)方法

```
@Override
public double[] distributionForInstance(Instance instance) throws Exception {

    // 如果指定 useSupervisedDiscretization 选项，就对实例进行离散化
    if (m_UseDiscretization) {
        m_Disc.input(instance);
        instance = m_Disc.output();
    }
    // 类别的概率 P(Y)
    double[] probs = new double[m_NumClasses];
    // 循环得到每个类别的概率
    for (int j = 0; j < m_NumClasses; j++) {
        probs[j] = m_ClassDistribution.getProbability(j);
    }
    Enumeration enumAtts = instance.enumerateAttributes();
    int attIndex = 0;
    // 循环处理每个属性
    while (enumAtts.hasMoreElements()) {
        Attribute attribute = (Attribute) enumAtts.nextElement();
        if (!instance.isMissing(attribute)) {
            // temp 为临时概率，max 为当前最大概率
            double temp, max = 0;
            for (int j = 0; j < m_NumClasses; j++) {
                // 计算每个类别的条件概率 P(X|Y)
                temp = Math.max(1e-75, Math.pow(
                        m_Distributions[attIndex][j]
                                .getProbability(instance.value(attribute)),
                        m_Instances.attribute(attIndex).weight()));
```

```
                probs[j] *= temp;
                // 更新最大概率值
                if (probs[j] > max) {
                    max = probs[j];
                }
                if (Double.isNaN(probs[j])) {
                    throw new Exception(
                            "NaN returned from estimator for attribute "
                                    + attribute.name()
                                    + ":\n"
                                    + m_Distributions[attIndex][j]
                                            .toString());
                }
            }
            if ((max > 0) && (max < 1e-75)) {
                // 防止概率下溢的危险
                for (int j = 0; j < m_NumClasses; j++) {
                    probs[j] *= 1e75;
                }
            }
        }
        attIndex++;
    }

    // 概率规范化
    Utils.normalize(probs);
    return probs;
}
```

如果学习方案需要解释特定的选项，如是否使用核密度估计器，就需要在分类器类中实现 weka.core 包的 OptionHandler 接口，实现该接口的分类器类需要包含 listOptions()、setOptions()和 getOptions()三个方法。这三个方法的功能分别是：列出分类器的所有特定方案的选项、对选项进行设置、获取选项的当前设置。如果分类器实现了 OptionHandler 接口，Evaluation 类的 evaluation()方法会自动调用这三个方法。当处理完独立于方案的通用选项之后，就会在调用 buildClassifier()方法来生成新分类器之前，先调用 setOptions()方法来处理剩下的选项。当 Evaluation 类输出分类器时，会调用 getOptions()方法以输出当前设置的选项列表。上述三个方法如程序清单 8.8～程序清单 8.10 所示。

程序清单 8.8 所示的 listOptions()方法返回一个描述可用选项的枚举。程序中使用的 Option 类的构造函数带四个参数：第一个参数为选项的描述字符串，第二个参数为选项的名称，第三个参数为该选项所带参数的个数，第四个参数为选项概要介绍。

程序清单 8.8　listOptions()方法

```
@Override
public Enumeration<Option> listOptions() {

    Vector<Option> newVector = new Vector<Option>(3);

    newVector
```

```
                .addElement(new Option(
                        "\tUse kernel density estimator rather than normal\n"
                                + "\tdistribution for numeric attributes", "K",
                                0, "-K"));
        newVector
                .addElement(new Option(
                        "\tUse supervised discretization to process numeric
                        attributes\n",
                        "D", 0, "-D"));

        newVector.addElement(new Option(
                "\tDisplay model in old format (good when there are "
                        + "many classes)\n", "O", 0, "-O"));

        return newVector.elements();
    }
```

程序清单 8.9 所示的 setOptions()方法设置给定的选项列表。由于不能同时使用核密度估计器和离散化，因此程序检查是否违反这条规则，如果违反就抛出例外。设置完 K、D、O 三个特定选项之后，调用 Utils 类的 checkForRemainingOptions()方法检查剩余选项。

程序清单 8.9 setOptions(String[] options)方法

```
@Override
public void setOptions(String[] options) throws Exception {

    boolean k = Utils.getFlag('K', options);
    boolean d = Utils.getFlag('D', options);
    // 检查是否违反不能同时使用核密度估计器和离散化的规则
    if (k && d) {
        throw new IllegalArgumentException("Can't use both kernel density "
                + "estimation and discretization!");
    }
    setUseSupervisedDiscretization(d);
    setUseKernelEstimator(k);
    setDisplayModelInOldFormat(Utils.getFlag('O', options));
    // 检查剩余选项
    Utils.checkForRemainingOptions(options);
}
```

程序清单 8.10 所示的 getOptions()方法获取分类器当前的设置，返回一个由 setOptions()方法传递进来的字符串数组。

程序清单 8.10 getOptions()方法

```
@Override
public String[] getOptions() {

    Vector<String> options = new Vector<String>();
    int current = 0;

    // -K 为使用核密度估计器
```

```
        if (m_UseKernelEstimator) {
            options[current++] = "-K";
        }

        // -D 为使用离散化
        if (m_UseDiscretization) {
            options[current++] = "-D";
        }

        // -O 为使用旧格式显示模型
        if (m_displayModelInOldFormat) {
            options[current++] = "-O";
        }

        // 忽略其他选项
        while (current < options.length) {
            options[current++] = "";
        }
        return options;
    }
```

大多数的机器学习模型都能或多或少地解释在数据中发现的结构。因此，Weka 的每个分类器，和许多其他的 Java 对象一样，都实现了 toString()方法，以字符串变量的形式产生自身文字表述。程序清单 8.11 所示的 toString()方法返回 NaiveBayes 分类器的描述字符串。

程序首先检查 m_displayModelInOldFormat 选项，如果设置为以旧格式显示，则直接调用 toStringOriginal()方法返回分类器模型。

由于程序要以表格形式打印训练数据集各个属性的统计信息，因此免不了有大量烦琐的格式(如字符数)计算工作，其中也没有什么重要的算法，请读者参见程序中的注释。

程序清单 8.11　toString()方法

```
    @Override
    public String toString() {
        // 是否以旧格式显示
        if (m_displayModelInOldFormat) {
            return toStringOriginal();
        }

        StringBuffer temp = new StringBuffer();
        temp.append("Naive Bayes Classifier");
        if (m_Instances == null) {
            temp.append(": No model built yet.");
        } else {

            // 最大宽度
            int maxWidth = 0;
            // 最大属性宽度
            int maxAttWidth = 0;
            // 是否使用核密度
```

```
boolean containsKernel = false;

// 循环处理类别值
// 计算最大宽度
for (int i = 0; i < m_Instances.numClasses(); i++) {
    if (m_Instances.classAttribute().value(i).length() > maxWidth) {
        maxWidth = m_Instances.classAttribute().value(i).length();
    }
}
// 循环处理属性
// 计算最大属性宽度
for (int i = 0; i < m_Instances.numAttributes(); i++) {
    if (i != m_Instances.classIndex()) {
        Attribute a = m_Instances.attribute(i);
        if (a.name().length() > maxAttWidth) {
            maxAttWidth = m_Instances.attribute(i).name().length();
        }
        if (a.isNominal()) {
            // 检查值
            for (int j = 0; j < a.numValues(); j++) {
                String val = a.value(j) + "  ";
                if (val.length() > maxAttWidth) {
                    maxAttWidth = val.length();
                }
            }
        }
    }
}

// 循环处理先验概率分布
for (int i = 0; i < m_Distributions.length; i++) {
    for (int j = 0; j < m_Instances.numClasses(); j++) {
        if (m_Distributions[i][0] instanceof NormalEstimator) {
            // 检查均值mean、精度precision，调整最大宽度maxWidth
            NormalEstimator n = (NormalEstimator) m_Distributions[i][j];
            double mean = Math.log(Math.abs(n.getMean()))
                    / Math.log(10.0);
            double precision = Math.log(Math.abs(n.getPrecision()))
                    / Math.log(10.0);
            double width = (mean > precision) ? mean : precision;
            if (width < 0) {
                width = 1;
            }
            // decimal + # decimal places + 1
            width += 6.0;
            if ((int) width > maxWidth) {
                maxWidth = (int) width;
            }
        } else if (m_Distributions[i][0] instanceof KernelEstimator) {
            containsKernel = true;
            KernelEstimator ke = (KernelEstimator) m_Distributions[i][j];
```

```
                int numK = ke.getNumKernels();
                String temps = "K" + numK + ": mean (weight)";
                if (maxAttWidth < temps.length()) {
                    maxAttWidth = temps.length();
                }
                //对最大宽度maxWidth，检查均值means和权重weights
                if (ke.getNumKernels() > 0) {
                    double[] means = ke.getMeans();
                    double[] weights = ke.getWeights();
                    for (int k = 0; k < ke.getNumKernels(); k++) {
                        String m = Utils.doubleToString(means[k],
                                maxWidth, 4).trim();
                        m += " ("
                                + Utils.doubleToString(weights[k],
                                        maxWidth, 1).trim() + ")";
                        if (maxWidth < m.length()) {
                            maxWidth = m.length();
                        }
                    }
                }
            } else if (m_Distributions[i][0] instanceof DiscreteEstimator) {
                DiscreteEstimator d = (DiscreteEstimator)
                m_Distributions[i][j];
                for (int k = 0; k < d.getNumSymbols(); k++) {
                    String size = "" + d.getCount(k);
                    if (size.length() > maxWidth) {
                        maxWidth = size.length();
                    }
                }
                int sum = ("" + d.getSumOfCounts()).length();
                if (sum > maxWidth) {
                    maxWidth = sum;
                }
            }
        }
    }

    //检查类别标签的宽度
    for (int i = 0; i < m_Instances.numClasses(); i++) {
        String cSize = m_Instances.classAttribute().value(i);
        if (cSize.length() > maxWidth) {
            maxWidth = cSize.length();
        }
    }

    // 检查类别先验概率的宽度
    for (int i = 0; i < m_Instances.numClasses(); i++) {
        String priorP = Utils
                .doubleToString(
                        ((DiscreteEstimator) m_ClassDistribution)
                            .getProbability(i),
```

```
                        maxWidth, 2).trim();
        priorP = "(" + priorP + ")";
        if (priorP.length() > maxWidth) {
            maxWidth = priorP.length();
        }
    }

    if (maxAttWidth < "Attribute".length()) {
        maxAttWidth = "Attribute".length();
    }

    if (maxAttWidth < "  weight sum".length()) {
        maxAttWidth = "  weight sum".length();
    }

    if (containsKernel) {
        if (maxAttWidth < "  [precision]".length()) {
            maxAttWidth = "  [precision]".length();
        }
    }

    maxAttWidth += 2;

    temp.append("\n\n");
    temp.append(pad("Class", " ", (maxAttWidth + maxWidth + 1)
            - "Class".length(), true));

    temp.append("\n");
    temp.append(pad("Attribute", " ",
            maxAttWidth - "Attribute".length(), false));
    // 循环处理类别标签
    for (int i = 0; i < m_Instances.numClasses(); i++) {
        String classL = m_Instances.classAttribute().value(i);
        temp.append(pad(classL, " ", maxWidth + 1 - classL.length(),
                true));
    }
    temp.append("\n");
    // 循环处理类别先验
    temp.append(pad("", " ", maxAttWidth, true));
    for (int i = 0; i < m_Instances.numClasses(); i++) {
        String priorP = Utils
                .doubleToString(
                        ((DiscreteEstimator) m_ClassDistribution)
                                .getProbability(i),
                        maxWidth, 2).trim();
        priorP = "(" + priorP + ")";
        temp.append(pad(priorP, " ", maxWidth + 1 - priorP.length(),
                true));
    }
    temp.append("\n");
    temp.append(pad("", "=",
```

```
        maxAttWidth + (maxWidth * m_Instances.numClasses())
                + m_Instances.numClasses() + 1, true));
temp.append("\n");

// 循环处理属性
int counter = 0;
for (int i = 0; i < m_Instances.numAttributes(); i++) {
    if (i == m_Instances.classIndex()) {
        continue;
    }
    String attName = m_Instances.attribute(i).name();
    temp.append(attName + "\n");

    if (m_Distributions[counter][0] instanceof NormalEstimator) {
        String meanL = "  mean";
        temp.append(pad(meanL, " ",
                maxAttWidth + 1 - meanL.length(), false));
        for (int j = 0; j < m_Instances.numClasses(); j++) {
            // 计算均值
            NormalEstimator n = (NormalEstimator)
            m_Distributions[counter][j];
            String mean = Utils.doubleToString(n.getMean(),
                    maxWidth, 4).trim();
            temp.append(pad(mean, " ",
                    maxWidth + 1 - mean.length(), true));
        }
        temp.append("\n");
        // 计算标准偏差
        String stdDevL = "  std. dev.";
        temp.append(pad(stdDevL, " ",
                maxAttWidth + 1 - stdDevL.length(), false));
        for (int j = 0; j < m_Instances.numClasses(); j++) {
            NormalEstimator n = (NormalEstimator)
            m_Distributions[counter][j];
            String stdDev = Utils.doubleToString(n.getStdDev(),
                    maxWidth, 4).trim();
            temp.append(pad(stdDev, " ",
                    maxWidth + 1 - stdDev.length(), true));
        }
        temp.append("\n");
        // 计算权重和
        String weightL = "  weight sum";
        temp.append(pad(weightL, " ",
                maxAttWidth + 1 - weightL.length(), false));
        for (int j = 0; j < m_Instances.numClasses(); j++) {
            NormalEstimator n = (NormalEstimator)
            m_Distributions[counter][j];
            String weight = Utils.doubleToString(
                    n.getSumOfWeights(), maxWidth, 4).trim();
            temp.append(pad(weight, " ",
                    maxWidth + 1 - weight.length(), true));
```

```
        }
        temp.append("\n");
        // 计算精度
        String precisionL = "  precision";
        temp.append(pad(precisionL, " ", maxAttWidth + 1
                - precisionL.length(), false));
        for (int j = 0; j < m_Instances.numClasses(); j++) {
            NormalEstimator n = (NormalEstimator)
            m_Distributions[counter][j];
            String precision = Utils.doubleToString(
                    n.getPrecision(), maxWidth, 4).trim();
            temp.append(pad(precision, " ", maxWidth + 1
                    - precision.length(), true));
        }
        temp.append("\n\n");

    } else if (m_Distributions[counter][0] instanceof
        DiscreteEstimator) {
        Attribute a = m_Instances.attribute(i);
        for (int j = 0; j < a.numValues(); j++) {
            String val = "  " + a.value(j);
            temp.append(pad(val, " ",
                    maxAttWidth + 1 - val.length(), false));
            for (int k = 0; k < m_Instances.numClasses(); k++) {
                DiscreteEstimator d = (DiscreteEstimator)
                m_Distributions[counter][k];
                String count = "" + d.getCount(j);
                temp.append(pad(count, " ",
                        maxWidth + 1 - count.length(), true));
            }
            temp.append("\n");
        }
        // 计算合计
        String total = "  [total]";
        temp.append(pad(total, " ",
                maxAttWidth + 1 - total.length(), false));
        for (int k = 0; k < m_Instances.numClasses(); k++) {
            DiscreteEstimator d = (DiscreteEstimator)
            m_Distributions[counter][k];
            String count = "" + d.getSumOfCounts();
            temp.append(pad(count, " ",
                    maxWidth + 1 - count.length(), true));
        }
        temp.append("\n\n");
    } else if (m_Distributions[counter][0] instanceof KernelEstimator) {
        String kL = "  [# kernels]";
        temp.append(pad(kL, " ", maxAttWidth + 1 - kL.length(),
                false));
        for (int k = 0; k < m_Instances.numClasses(); k++) {
            KernelEstimator ke = (KernelEstimator)
            m_Distributions[counter][k];
```

```
        String nk = "" + ke.getNumKernels();
        temp.append(pad(nk, " ", maxWidth + 1 - nk.length(),
                true));
    }
    temp.append("\n");
    // 计算数值的核、标准偏差和精度
    String stdDevL = "  [std. dev]";
    temp.append(pad(stdDevL, " ",
            maxAttWidth + 1 - stdDevL.length(), false));
    for (int k = 0; k < m_Instances.numClasses(); k++) {
        KernelEstimator ke = (KernelEstimator)
        m_Distributions[counter][k];
        String stdD = Utils.doubleToString(ke.getStdDev(),
                maxWidth, 4).trim();
        temp.append(pad(stdD, " ",
                maxWidth + 1 - stdD.length(), true));
    }
    temp.append("\n");
    String precL = "  [precision]";
    temp.append(pad(precL, " ",
            maxAttWidth + 1 - precL.length(), false));
    for (int k = 0; k < m_Instances.numClasses(); k++) {
        KernelEstimator ke = (KernelEstimator)
        m_Distributions[counter][k];
        String prec = Utils.doubleToString(ke.getPrecision(),
                maxWidth, 4).trim();
        temp.append(pad(prec, " ",
                maxWidth + 1 - prec.length(), true));
    }
    temp.append("\n");
    // 首先要确定跨类别的核的最大数量
    int maxK = 0;
    for (int k = 0; k < m_Instances.numClasses(); k++) {
        KernelEstimator ke = (KernelEstimator)
        m_Distributions[counter][k];
        if (ke.getNumKernels() > maxK) {
            maxK = ke.getNumKernels();
        }
    }
    for (int j = 0; j < maxK; j++) {
        // 先计算均值
        String meanL = "  K" + (j + 1) + ": mean (weight)";
        temp.append(pad(meanL, " ",
                maxAttWidth + 1 - meanL.length(), false));
        for (int k = 0; k < m_Instances.numClasses(); k++) {
            KernelEstimator ke = (KernelEstimator)
            m_Distributions[counter][k];
            double[] means = ke.getMeans();
            double[] weights = ke.getWeights();
            String m = "--";
            if (ke.getNumKernels() == 0) {
```

```
                        m = "" + 0;
                    } else if (j < ke.getNumKernels()) {
                        m = Utils.doubleToString(means[j], maxWidth, 4)
                                .trim();
                        m += " ("
                                + Utils.doubleToString(weights[j],
                                        maxWidth, 1).trim() + ")";
                    }
                    temp.append(pad(m, " ", maxWidth + 1 - m.length(),
                            true));
                }
                temp.append("\n");
            }
            temp.append("\n");
        }

        counter++;
    }
}

return temp.toString();
}
```

程序清单 8.12 所示的 toStringOriginal()方法以旧格式返回分类器的描述字符串。相对于前面的程序清单 8.11，旧格式简单多了。程序首先检查实例是否为空，如为空则直接添加“: No model built yet.”(模型尚未构建)信息。然后使用一个外循环添加类别的先验概率，再用一个内循环添加属性分布的参数，最终返回构建好的字符串。

程序清单 8.12　toStringOriginal()方法

```
protected String toStringOriginal() {

    StringBuffer text = new StringBuffer();

    text.append("Naive Bayes Classifier");
    if (m_Instances == null) {
        text.append(": No model built yet.");
    } else {
        try {
            for (int i = 0; i < m_Distributions[0].length; i++) {
                text.append("\n\nClass "
                        + m_Instances.classAttribute().value(i)
                        + ": Prior probability = "
                        + Utils.doubleToString(
                                m_ClassDistribution.getProbability(i), 4, 2)
                        + "\n\n");
                Enumeration enumAtts = m_Instances.enumerateAttributes();
                int attIndex = 0;
                while (enumAtts.hasMoreElements()) {
                    Attribute attribute = (Attribute) enumAtts
                            .nextElement();
```

```
                        if (attribute.weight() > 0) {
                            text.append(attribute.name() + ":  "
                                    + m_Distributions[attIndex][i]);
                        }
                        attIndex++;
                    }
                }
            } catch (Exception ex) {
                text.append(ex.getMessage());
            }
        }

        return text.toString();
    }
```

程序清单 8.13 所示的 pad()方法是一个字符串填充的实用方法，为私有方法。其中，source 为原字符串；padChar 为填充字符；length 为填充次数；leftPad 为布尔型参数，指示是否从左边填充。该私有方法返回填充好的字符串。

程序清单 8.13 pad()方法

```
    private String pad(String source, String padChar, int length,
            boolean leftPad) {
        StringBuffer temp = new StringBuffer();

        if (leftPad) {
            // 左边填充
            for (int i = 0; i < length; i++) {
                temp.append(padChar);
            }
            temp.append(source);
        } else {
            // 右边填充
            temp.append(source);
            for (int i = 0; i < length; i++) {
                temp.append(padChar);
            }
        }
        return temp.toString();
    }
```

前文已经讲述过，OptionHandler 接口可以帮助在命令行中设置选项。在图形用户界面中设置这些选项，Weka 使用 JavaBeans 的框架，类使用的每一个参数都需要调用对应的 setters()方法和 getters()方法。例如，NaiveBayes 分类器使用核估计器参数，需要有对应的 setUseKernelEstimator() 方法和 getUseKernelEstimator() 方法。还应该有一个 useKernelEstimatorTipText()方法，该方法返回一个图形用户界面参数的描述。前面提到的三个方法分别如程序清单 8.16、程序清单 8.15 和程序清单 8.14 所示，后面直到程序清单 8.22 的方法都基于同样的原理，不再赘述。

程序清单 8.14 所示的 useKernelEstimatorTipText()方法返回使用核评估器的提示文本，

在探索者界面和实验者界面中显示。

程序清单 8.14　useKernelEstimatorTipText()方法

```
public String useKernelEstimatorTipText() {
    return "Use a kernel estimator for numeric attributes rather than a "
          + "normal distribution.";
}
```

程序清单 8.15 所示的 getUseKernelEstimator()方法获取是否使用核评估器。

程序清单 8.15　getUseKernelEstimator()

```
public boolean getUseKernelEstimator() {

    return m_UseKernelEstimator;
}
```

程序清单 8.16 所示的 setUseKernelEstimator()方法设置是否使用核评估器。

程序清单 8.16　setUseKernelEstimator(boolean v)方法

```
public void setUseKernelEstimator(boolean v) {

    m_UseKernelEstimator = v;
    if (v) {
        setUseSupervisedDiscretization(false);
    }
}
```

程序清单 8.17 所示的 useSupervisedDiscretizationTipText()方法返回使用有监督离散化的提示文本，在探索者界面和实验者界面中显示。

程序清单 8.17　useSupervisedDiscretizationTipText()方法

```
public String useSupervisedDiscretizationTipText() {
    return "Use supervised discretization to convert numeric attributes to
nominal "
           + "ones.";
}
```

程序清单 8.18 所示的 getUseSupervisedDiscretization()方法获取是否使用有监督的离散化。

程序清单 8.18　getUseSupervisedDiscretization()方法

```
public boolean getUseSupervisedDiscretization() {

    return m_UseDiscretization;
}
```

程序清单 8.19 所示的 setUseSupervisedDiscretization()方法设置是否使用有监督的离散化。

程序清单 8.19　setUseSupervisedDiscretization(boolean newblah)方法

```
public void setUseSupervisedDiscretization(boolean newblah) {

    m_UseDiscretization = newblah;
    if (newblah) {
        setUseKernelEstimator(false);
    }
}
```

程序清单 8.20 所示的 displayModelInOldFormatTipText()方法返回使用旧的原始格式来显示模型输出的提示文本，在探索者界面和实验者界面中显示。

程序清单 8.20　displayModelInOldFormatTipText()方法

```
public String displayModelInOldFormatTipText() {
    return "Use old format for model output. The old format is "
            + "better when there are many class values. The new format "
            + "is better when there are fewer classes and many attributes.";
}
```

程序清单 8.21 所示的 setDisplayModelInOldFormat()方法设置是否使用旧的原始格式来显示模型输出。

程序清单 8.21　setDisplayModelInOldFormat(boolean d)方法

```
public void setDisplayModelInOldFormat(boolean d) {
    m_displayModelInOldFormat = d;
}
```

程序清单 8.22 所示的 getDisplayModelInOldFormat()方法获取是否使用旧的原始格式来显示模型输出。

程序清单 8.22　getDisplayModelInOldFormat()方法

```
public boolean getDisplayModelInOldFormat() {
    return m_displayModelInOldFormat;
}
```

程序清单 8.23 所示的 getHeader()方法返回训练本分类器所使用的数据集标题。

程序清单 8.23　getHeader()方法

```
public Instances getHeader() {
    return m_Instances;
}
```

程序清单 8.24 所示的 getConditionalEstimators()方法返回全部的条件估计器。

程序清单 8.24　getConditionalEstimators()方法

```
public Estimator[][] getConditionalEstimators() {
    return m_Distributions;
}
```

程序清单 8.25 所示的 getClassEstimator()方法返回类别估计器。

程序清单 8.25　getClassEstimator()方法

```
public Estimator getClassEstimator() {
    return m_ClassDistribution;
}
```

程序清单 8.26 所示的 getRevision()方法简单返回一个版本标识符。

程序清单 8.26　getRevision()方法

```
@Override
public String getRevision() {
    return RevisionUtils.extract("$Revision: 11741 $");
}
```

程序清单 8.27 所示的 aggregate()方法重写 Aggregateable<E>接口的对应方法，该方法将一个对象与本对象聚合在一起。

程序清单 8.27　aggregate()方法

```
@SuppressWarnings({ "rawtypes", "unchecked" })
@Override
public NaiveBayes aggregate(NaiveBayes toAggregate) throws Exception {

    // 两个分类器的离散化间隔相容是极不可能的事
    // 因此，如果使用有监督离散化，则抛出例外
    if (m_UseDiscretization ||
            toAggregate.getUseSupervisedDiscretization()) {
        throw new Exception("Unable to aggregate when supervised
            discretization " + "has been turned on");
    }

    // 检查要聚合的数据集标题是否相容
    if (!m_Instances.equalHeaders(toAggregate.m_Instances)) {
        throw new Exception("Can't aggregate - data headers don't match: "
          + m_Instances.equalHeadersMsg(toAggregate.m_Instances));
    }

    // 先聚合类别估计器
     ((Aggregateable) m_ClassDistribution)
        .aggregate(toAggregate.m_ClassDistribution);

    // 再聚合全部条件估计器
    for (int i = 0; i < m_Distributions.length; i++) {
        for (int j = 0; j < m_Distributions[i].length; j++) {
            ((Aggregateable) m_Distributions[i][j])
                .aggregate(toAggregate.m_Distributions[i][j]);
        }
    }
```

```
        return this;
    }
```

程序清单 8.28 所示的 finalizeAggregation()方法体没有代码，是个空方法。调用该方法以完成聚合过程。

程序清单 8.28 finalizeAggregation()方法

```
    @Override
    public void finalizeAggregation() throws Exception {
        // 什么也不做
    }
```

在命令行中执行时调用类的 main()方法，这是分类器的主入口方法，如程序清单 8.29 所示。正如读者所见，main()方法的实现很简单：调用父类 AbstractClassifier 的 runClassifier()方法，使用给定的两个选项运行分类器实例，这两个选项为新建的 NaiveBayes 对象和给定的命令行选项。runClassifier()方法告诉 Weka 的 Evaluation 类使用给定的命令行选项来评估提供的分类器，并打印结果字符串。

程序清单 8.29 main(String[] argv)方法

```
    public static void main(String[] argv) {
        runClassifier(new NaiveBayes(), argv);
    }
}
```

8.2 实现分类器的约定

在实现 Weka 分类器时，有一些必须遵守的约定。如果不遵守这些约定，就会发生比较怪异的事情。例如，Weka 中的评估模块可能会在评估时无法正确计算分类器的统计信息。为此，Weka 提供了一些辅助类。常见的辅助类是 CheckClassifier 类，用户可以使用该类来检查某个分类器的基本行为，这是一个检查分类器的能力(capabilities)以及发现问题的 Weka 类。如果利用 Weka 库实现新的分类器，强烈建议运行 CheckClassifier 类进行检查，以确保新分类器能够正确运行，并具有一定的健壮性。虽然通过所有测试并不意味着分类器中不存在错误，但是，它肯定有助于发现一些常见的错误。

运行 CheckClassifier 类的一般格式如下：

```
java weka.classifiers.CheckClassifier -W 分类器全名 分类器选项
```

下面讲述 Weka 分类器的约定。第一个约定是：每次调用分类器的 buildClassifier()方法时，分类器必须重置(复位)模型。CheckClassifier 类进行这方面的测试，以确保满足这个要求。当调用 buildClassifier()方法对数据集构建模型时，不管分类器先前已应用到相同数据集或不同数据集多少次，必须始终获得相同的结果。不过，buildClassifier()方法不能复位对应于方案特定选项的实例变量，因为这些设置在多次调用 buildClassifier()方法期间必须保持不变。此外，调用 buildClassifier()方法不能改变输入数据。

下面讲述另外两个约定。约定之一是，当某个分类器不能做出预测时，其classifyInstance()方法必须返回 Instance.missingValue()，且 distributionForInstance()方法必须返回所有类别的概率为零。上一节展示的 NaiveBayes 分类器实现就做到了这一点。另一个约定是，如果使用分类器对数值类别进行预测，classifyInstance()方法返回分类器预测的数值。然而，有些分类器能够预测标称型类别和类别的概率，以及数值型类别的值，如weka.classifiers.lazy.IBk。实现 distributionForInstance()方法的分类器，如果类别是数值型，则返回一个大小为 1 的数组，它唯一的元素包含了预测的数值。

最后一个约定并不是绝对必需的，但仍然有用。每一个分类器应该实现 toString()方法，以输出自身的文字描述。

下面看一下 Weka 的 Capabilities(能力)思路。如前所述，Weka 的能力使学习方案可以表示它能够处理哪些数据特征。当用户单击 Capabilities 按钮时，会在对象编辑器中显示能力信息。在探索者界面中，若当前数据与分类器声称的能力不匹配，Weka 能力能够帮助禁用不适合的学习方案，使用户不至于错选。

为了减轻 Weka 新手的编程负担，学习方案的主要类型的超类包括 AbstractClassifier、AbstractClusterer 和 AbstractAssociator，在默认情况下都禁用所有的能力约束。这使得程序员可以专注于学习方案功能实现的主要任务，而不必分心于处理 Weka 能力。然而，一旦学习方案能够正常工作且效果满意，程序员应该重写超类的 getCapabilities()方法，指定学习方案处理各种数据特征的能力约束，以反映该方案的能力。getCapabilities()方法返回一个 weka.core.Capabilities 对象，其中封装了该方案能处理的数据特征。

如程序清单 8.4 所示，分类器的 getCapabilities()方法首先通过调用 super.getCapabilities()方法获取 Capabilities 对象，返回的是没有任何约束的 Capabilities 对象。最佳的处理方法是先对 Capabilities 对象调用 disableAll()方法，然后再启用本学习方案能够处理的相关特征。

上一节的 NaiveBayes 分类器就是这样做的，它启用了处理标称型属性的能力、标称型类别属性的能力、缺失类别值的能力，还指定所需的最少为零的训练实例。在大多数情况下，单个的能力可通过调用 Capabilities 对象的 enable()方法或 disable()方法来开启或关闭。这些方法采用定义在表 8.1 中的枚举常量作为参数，这些枚举常量是 Capabilities 类的一部分。

表 8.1 Enum Capabilities.Capability(枚举常量概要)

枚举常量	功 能
BINARY_ATTRIBUTES	能处理二元属性
BINARY_CLASS	能处理二元类别
DATE_ATTRIBUTES	能处理日期型属性
DATE_CLASS	能处理日期型类别
EMPTY_NOMINAL_ATTRIBUTES	能处理空标称型属性

续表

枚举常量	功　能
EMPTY_NOMINAL_CLASS	能处理空标称型类别
MISSING_CLASS_VALUES	能处理类别属性的缺失值
MISSING_VALUES	能处理属性中的缺失值
NO_CLASS	能处理没有类别属性的数据，如聚类器
NOMINAL_ATTRIBUTES	能处理标称型属性
NOMINAL_CLASS	能处理标称型类别
NUMERIC_ATTRIBUTES	能处理数值型属性
NUMERIC_CLASS	能处理数值型类别
ONLY_MULTIINSTANCE	能处理多实例数据
RELATIONAL_ATTRIBUTES	能处理关系型属性
RELATIONAL_CLASS	能处理关系型类别
STRING_ATTRIBUTES	能处理字符串型属性
STRING_CLASS	能处理字符串型类别
UNARY_ATTRIBUTES	能处理一元属性
UNARY_CLASS	能处理一元类别

课后强化练习

8.1　为什么要分析 Weka 学习方案的源代码？

8.2　简述 NaiveBayes 分类器算法。

8.3　分类器必须实现哪两个方法之一或全部？

8.4　使用 CheckClassifier 类对新编写的分类器进行检查后，没发现错误就是没有错误。这种说法正确吗？为什么？

8.5　每次调用分类器的 buildClassifier()方法时，分类器必须完成什么工作？

8.6　当某个分类器不能做出预测时，其 classifyInstance()方法必须返回什么对象？

8.7　Weka 的 Capabilities 有什么用途？

第9章 机器学习实战

通过前面章节的学习，读者肯定对如何使用优秀开源工具 Weka 来进行数据挖掘和机器学习充满信心。为了多给读者一些理论联系实际的锻炼机会，本章收录了一些典型的实战项目，数据集都来自公开的世界级竞赛用数据集，这些竞赛项目是当年本领域的技术难题，竞赛组织者试图通过联合全世界的智力来解决这些科学问题。

尽管当前技术已经有了很大的进步，但是，通过研究这些以前的竞赛项目，Weka 爱好者不但能够更好地应用各种技术来解决实际问题，通过实践锻炼自己的技术能力，而且能够站在一定的高度考虑将来可能遇到的实际项目，为解决实际问题打下坚实的基础。

9.1 数据挖掘过程概述

前面章节的学习已经展示了Weka功能的方方面面，Weka的强大功能肯定会给读者留下很深的印象。有的读者可能已经迫不及待地想在实际挖掘项目中大干一场，且慢，让我们先来澄清一些重要的概念，更好地理解Weka在数据挖掘中的地位和作用。

一些数据挖掘初学者经过一段时间的学习和尝试后，觉得数据挖掘工具Weka几乎无所不能，不管是什么数据，只要把数据格式变换为Weka支持的ARFF格式或CSV格式，然后用Weka加载、训练和评估，满意的结果自然就出来了，大家都很高兴。不切实际的数据挖掘过程如图9.1所示。

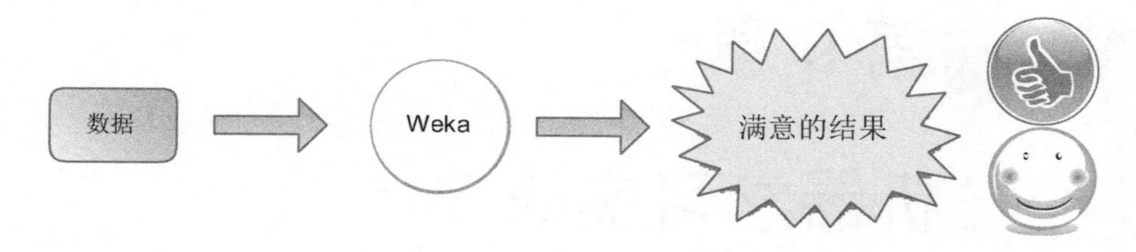

图9.1 不切实际的数据挖掘过程

事实上，能够直接这样处理的数据是非常稀少的，绝大多数数据挖掘都很耗时并且复杂程度很高，需要遵循一定的数据挖掘过程才能得到好的效果。

9.1.1 CRISP-DM过程

数据挖掘领域公认的标准过程是CRISP-DM过程。CRISP-DM(CRoss-Industry Standard Process for Data Mining)的含义是“跨行业数据挖掘过程标准”。该KDD(数据挖掘与知识发现)过程模型于1999年由欧盟机构联合起草，通过近几年的发展，CRISP-DM模型在各种KDD过程模型中占据领先位置，采用量达到近60%。

CRISP-DM模型为KDD工程提供一个完整的过程描述。该模型将KDD工程分为如下六个用于解决数据挖掘问题的阶段。

(1) 商业理解。从商业的角度去了解项目的要求和最终目的，并将这些目的与数据挖掘的定义以及结果结合起来。此阶段需要确定数据挖掘目标以及制订工程计划，是数据挖掘最重要的阶段。

(2) 数据理解。了解数据源以及这些数据的特征。此阶段包括收集初始数据、描述数据、探索数据和验证数据质量。

(3) 数据准备(数据预处理)。对可用的原始数据进行预处理，包括选择、清理、构建、集成以及格式化，使之适用于挖掘。

(4) 建立模型。应用数据挖掘工具建立模型。可以选择和应用不同的建模技术，将模型参数调整到最佳。

(5) 模型评估。查看数据挖掘结果，评估挖掘结果在多大程度上能够帮助实现业务目标，重点考虑得出的结果是否符合第一步的商业目的。

(6) 部署(方案实施)。结合日常的业务流程，将新数据应用于模型以解决业务问题。

CRISP-DM 过程模型如图 9.2 所示。图中的外圈象征数据挖掘迭代循环的本质，一个过程中得到的知识可以触发新的商业问题。

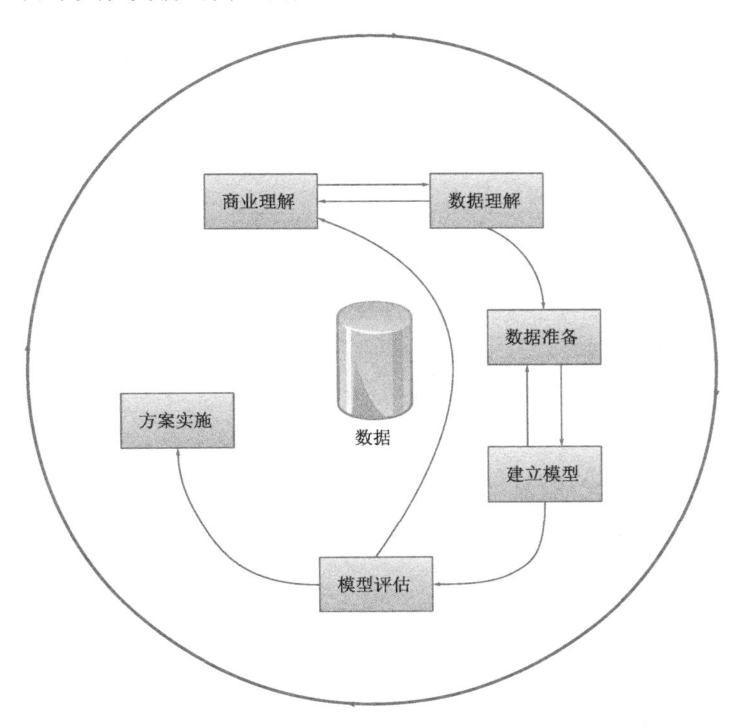

图 9.2 CRISP-DM 过程模型

本章后续部分主要讲述以 Weka 为中心的数据准备、建立模型和模型评估。

9.1.2 数据预处理

数据是数据挖掘的基础，要得到好的挖掘效果就需要好的数据。因此，数据预处理(数据准备)是构建挖掘模型的重要步骤。数据预处理发生在已经理解数据之间的关联及内容以后，包括数据清理、数据转换、整合等。据统计，预处理过程一般要占数据挖掘项目的40%～70%的时间，在一些复杂项目中甚至占总项目时间的 80%。因此，数据预处理是非常重要的挖掘环节，其处理好坏将直接影响整个项目的效果。

挖掘过程最耗时的就是数据预处理，本章 9.3 节案例的数据预处理时间将会大大超出很多读者的预期。该过程如此耗时的主要原因如下。

存储在数据仓库中的数据并不一定适合模型的构建及应用。虽然建立数据仓库时，数据转换过程将不同数据源里的数据整合起来并完成必要的清理和格式化，但是用于挖掘的数据可能分布在多个表中，仓库里的数据还可能存在缺失值、无效值和不完整值等，这些都不利于挖掘模型的构建。因此，在构建挖掘模型前，还需要对已有数据进行一系列的转换过程，如填补缺失值、替换无效值、整合表数据、计算时间序列，以及行列置换等。

虽然 Weka 提供了很多过滤器算法，能够处理一般的预处理问题。但是，有时需要使用一些非常规的办法，不一定能够直接找到合适的过滤器。这时，就要考验挖掘者有效使用各种处理工具(包括数据库、文本编辑器)的能力，挖掘者必须熟悉相关的数据转换算法、SQL 语言、数据库结构优化以及熟悉数据本身。但遗憾的是，通常挖掘者并不一定具备上述技能和经验。即便是有经验的数据挖掘者，很多时候也需要花费大量时间去编写 SQL 代码(甚至 Java 或其他语言代码)，以进行数据转换操作。

另外，要顺利完成数据挖掘前的数据预处理工作，数据挖掘者需要了解数据库结构以及原始数据，并与业务需求相关联。这就要求数据挖掘者与数据库管理员进行大量的沟通，共同理清需求，以获取所需的数据。

为了取得更好的挖掘效果，大部分时候都需要反复迭代进行数据预处理、建立挖掘模型和模型验证，这样会花费更多的时间。

因此，在数据挖掘项目中，虽然运用算法构建模型是数据挖掘过程中最复杂的一个环节，但这个环节 Weka 已经做得很好了，有很多成熟的学习算法可供直接使用。耗时且花费大部分精力的数据预处理过程却还是很原始，迫切需要一个行之有效的方法来解决数据挖掘中的预处理问题，以保障挖掘项目的顺利进行。

9.1.3 挖掘项目及工具概述

本章使用 Weka、MySQL 数据库以及文本编辑工具对 KDD Cup 1999 和 KDD Cup 2010 的公开数据集进行挖掘。

KDD 是知识发现与数据挖掘(Knowledge Discovery and Data Mining)的英文字首缩写，KDD Cup 是由 ACM(Association for Computing Machinery，美国计算机协会)的 SIGKDD(Special Interest Group on Knowledge Discovery and Data Mining，ACM 知识发现与数据挖掘专委会)组织的年度竞赛。竞赛网址为 http://www.kdd.org/kdd-cup/view/kdd-cup-2010-student-performance-evaluation。

数据库系统已经使用很广泛，具有以下优势：能够存储大量数据，且占用空间少；数据库管理操作方便、快捷，检索统计准确、迅速、高效；数据库对数据进行集中管理，可以通过网络技术使数据共享。本书数据库采用 MySQL 5.6.12，这是高效且免费的数据库系统，后文 KDD Cup 2010 预处理几乎都在 MySQL 数据库中执行。

文本编辑器非常重要，一些文本编辑器无法编辑很大的数据文件。要对数百兆字节甚至数吉字节的文本文件进行编辑，诸如记事本等常用文本编辑器肯定是不适合的。如果试图用这些文本编辑器去打开几十兆字节的文本文件，也要等上数分钟时间才能打开，别说编辑、存盘等更为耗时的操作。Windows 自带记事本加载数吉字节的文件会直接报错，商业的 Microsoft Office Excel 也没法加载很大的 CSV 文件。

工欲善其事，必先利其器。本书推荐使用 Emurasoft 公司的 EmEditor 编辑器产品，使用该工具，加载 KDD Cup 1999 所使用的大小为 73MB 的 kddcup.data_10_percent_corrected.csv 文件仅需要不到 5 秒钟，加载数吉字节的大文件也不在话下，可以大大提高处理效率。

9.2 实战 KDD Cup 1999

KDD Cup 1999 数据集用于第五届知识发现与数据挖掘会议的竞赛项目，其竞赛任务是构建一个网络入侵检测系统，该预测模型能够辨别出到底是入侵或攻击的“坏(bad)”连接还是正常的“好(good)”连接。该数据集包含一组标准的审计数据，其中包括在军事网络环境中模拟的各种入侵。

9.2.1 任务描述

1998 年，美国国防部高级规划署(DARPA)在 MIT 林肯实验室进行了一个入侵检测评估项目。林肯实验室内建立了模拟美国空军局域网的一个网络环境，收集了 9 周时间的 TCPdump 网络连接和系统审计数据，仿真各种用户类型、各种不同的网络流量和攻击手段，使它就像一个真实的网络环境。这些 TCPdump 采集的原始数据被分为两个部分：7 周时间的训练数据大概包含 5000000 多个网络连接记录，剩下的 2 周时间的测试数据大概包含 2000000 个网络连接记录。

一个网络连接定义为在某个时间内从开始到结束的 TCP 数据包序列，并且在这段时间内，数据在预定义的协议(如 TCP、UDP)下从源 IP 地址到目的 IP 地址进行传递。每个网络连接被标记为正常(normal)或异常(attack)，异常类型被细分为 4 大类共 39 种攻击类型，其中 22 种攻击类型出现在训练集中，另有 17 种未知攻击类型只出现在测试集中。有意将未知攻击类型放进测试集，是为了评估模型的泛化能力。

4 种异常类型具体如下。

(1) DoS(Denialof-Service attack，拒绝服务攻击)，如死亡之 Ping(ping-of-death)、泛洪攻击(syn flood)、Smurf 攻击(smurf)等。

(2) R2L(Remote-to-Local attack，来自远程主机的未授权访问)，如密码猜测(guessing password)。

(3) U2R(User-to-Root attack，未授权的本地超级用户特权访问)，如缓冲区溢出攻击(buffer overflow attack)。

(4) PROBE(Probing attack，通过端口监视或扫描收集信息)，如端口扫描(port-scan)、Ping 扫射(ping-sweep)等。

这 4 种异常类型由文件 training_attack_types.txt 定义，为了方便对照，表 9.1 以表格形式对训练集中的 22 种攻击类型进行归纳。

表 9.1 攻击类型一览

序　号	攻击类型	异常类型	异常类型简称
1	back	DoS	D
2	buffer_overflow	U2R	U
3	ftp_write	R2L	R
4	guess_passwd	R2L	R
5	imap	R2L	R
6	ipsweep	PROBE	P
7	land	DoS	D
8	loadmodule	U2R	U
9	multihop	R2L	R
10	neptune	DoS	D

续表

序　号	攻击类型	异常类型	异常类型简称
11	nmap	PROBE	P
12	perl	U2R	U
13	phf	R2L	R
14	pod	DoS	D
15	portsweep	PROBE	P
16	rootkit	U2R	U
17	satan	PROBE	P
18	smurf	DoS	D
19	spy	R2L	R
20	teardrop	DoS	D
21	warezclient	R2L	R
22	warezmaster	R2L	R

随后，来自哥伦比亚大学的 Sal Stolfo 教授和来自北卡罗来纳州立大学的 Wenke Lee 教授采用数据挖掘等技术对以上的数据集进行特征分析和数据预处理，形成了一个新的数据集，这就是 1999 年使用的 KDD Cup 竞赛数据集。

9.2.2 数据集描述

KDD Cup 1999 数据集的竞赛任务是区分“坏”的连接(入侵或攻击)和“好”的正常连接，网址 http://archive.ics.uci.edu/ml/databases/kddcup99/kddcup99.html 提供竞赛的任务描述和数据文件，具体的任务描述可参见网址 http://archive.ics.uci.edu/ml/databases/kddcup99/task.html，9 个数据文件如下。

(1) kddcup.names：该文件列出数据集属性名称。

(2) kddcup.data.gz：完整的数据集文件，压缩后 18MB，解压后 743MB。共有 4898431 个样本。

(3) kddcup.data_10_percent.gz：10%的数据子集，压缩后 2.1MB，解压后 45MB。共有 494021 个样本。

(4) kddcup.newtestdata_10_percent_unlabeled.gz：未打标签的新的 10%测试集文件，压缩后 1.4MB，解压后 45MB。

(5) kddcup.testdata.unlabeled.gz：未打标签的测试集文件，压缩后 11.2MB，解压后 430MB。

(6) kddcup.testdata.unlabeled_10_percent.gz：未打标签的 10%测试集文件，压缩后 1.4MB，解压后 45MB。

(7) corrected.gz：测试集文件，具有正确标签。

(8) training_attack_types：列示入侵类型的文件。

(9) typo-correction.txt：2007 年 6 月 26 日发布的改错简要说明文件，说明 kddcup.data 文件第 4817100 行和 kddcup.data_10_percent 文件第 485798 行的小错误。

KDD Cup 1999 数据集中每个连接使用 41 个属性进行描述，加上一个类别属性，一个 42 个属性。训练集和测试集的属性信息如下。

(1) duration：连接持续时间，单位为秒，数值类型。如果连接的持续时间不足 1 秒，则 duration 取值为 0。

(2) protocol_type：协议类型，离散类型。共有 3 种：tcp、udp 和 icmp。

(3) service：目标主机的网络服务类型，离散类型。共有 70 种：vmnet、smtp、ntp_u、shell、kshell、aol、imap4、urh_i、netbios_ssn、tftp_u、mtp、uucp、nnsp、echo、tim_i、ssh、iso_tsap、time、netbios_ns、systat、hostnames、login、efs、supdup、http_8001、courier、ctf、finger、nntp、ftp_data、red_i、ldap、http、ftp、pm_dump、exec、klogin、auth、netbios_dgm、other、link、X11、discard、private、remote_job、IRC、daytime、pop_3、pop_2、gopher、sunrpc、name、rje、domain、uucp_path、http_2784、Z39_50、domain_u、csnet_ns、whois、eco_i、bgp、sql_net、printer、telnet、ecr_i、urp_i、netstat、http_443 和 harvest。

(4) flag：连接正常或错误的状态，离散类型。共有 11 种：RSTR、S3、SF、RSTO、SH、OTH、S2、RSTOS0、S1、S0 和 REJ。

(5) src_bytes：从源主机到目标主机数据的字节数，数值类型。

(6) dst_bytes：从目标主机到源主机数据的字节数，数值类型。

(7) land：若连接来自或发送至同一个主机及端口则取值为 1，否则为 0，离散类型。

(8) wrong_fragment：错误分段的数量，数值类型。

(9) urgent：加急包的数量，数值类型。

(10) hot：访问系统敏感文件和目录的次数，数值类型。

(11) num_failed_logins：尝试登录的失败次数，数值类型。

(12) logged_in：成功登录则为 1，否则为 0，离散类型。

(13) num_compromised：目标主机 compromised(妥协)的次数，数值类型。

(14) root_shell：如果获得 root shell 权限则为 1，否则为 0，离散类型。

(15) su_attempted：如果尝试 su root 命令则为 1，否则为 0，离散类型。

(16) num_root：root 访问次数，数值类型。

(17) num_file_creations：文件创建操作的次数，数值类型。

(18) num_shells：使用 shell 命令的次数，数值类型。

(19) num_access_files：对访问控制文件进行操作的次数，数值类型。

(20) num_outbound_cmds：一个 FTP 会话中 outbound“出站连接”命令的次数，数值类型。

(21) is_host_login：如果登录属于 hot 列表则为 1，否则为 0，离散类型。

(22) is_guest_login：如果是 guest 登录则为 1，否则为 0，离散类型。

(23) count：在过去的两秒内，与当前连接具有相同目标主机的连接数量，数值类型。

(24) srv_count：在过去的两秒内，与当前连接具有相同服务的连接数量，数值类型。

(25) serror_rate：在过去的两秒内，与当前连接具有相同目标主机的连接中，出现 SYN 错误的百分比，数值类型。

(26) srv_serror_rate：在过去的两秒内，与当前连接具有相同服务的连接中，出现

SYN 错误的百分比，数值类型。

(27) rerror_rate：在过去的两秒内，与当前连接具有相同目标主机的连接中，出现 REJ 错误的百分比，数值类型。

(28) srv_rerror_rate：在过去的两秒内，与当前连接具有相同服务的连接中，出现 REJ 错误的百分比，数值类型。

(29) same_srv_rate：在过去的两秒内，与当前连接具有相同目标主机的连接中，相同服务连接的百分比，数值类型。

(30) diff_srv_rate：在过去的两秒内，与当前连接具有相同目标主机的连接中，不同服务连接的百分比，数值类型。

(31) srv_diff_host_rate：在过去的两秒内，与当前连接具有相同服务的连接中，不同目标主机连接的百分比，数值类型。

(32) dst_host_count：前 100 个连接中，与当前连接具有相同目标主机的连接数量，数值类型。

(33) dst_host_srv_count：前 100 个连接中，与当前连接具有相同目标主机、相同服务的连接数量，数值类型。

(34) dst_host_same_srv_rate：前 100 个连接中，与当前连接具有相同目标主机、相同服务的连接所占的百分比，数值类型。

(35) dst_host_diff_srv_rate：前 100 个连接中，与当前连接具有相同目标主机、不同服务的连接所占的百分比，数值类型。

(36) dst_host_same_src_port_rate：前 100 个连接中，与当前连接具有相同目标主机、相同源端口的连接所占的百分比，数值类型。

(37) dst_host_srv_diff_host_rate：前 100 个连接中，与当前连接具有相同目标主机、相同服务的连接中，与当前连接具有不同源主机的连接所占的百分比，数值类型。

(38) dst_host_serror_rate：前 100 个连接中，与当前连接具有相同目标主机的连接中，出现 SYN 错误的连接所占的百分比，数值类型。

(39) dst_host_srv_serror_rate：前 100 个连接中，与当前连接具有相同目标主机、相同服务的连接中，出现 SYN 错误的连接所占的百分比，数值类型。

(40) dst_host_rerror_rate：前 100 个连接中，与当前连接具有相同目标主机的连接中，出现 REJ 错误的连接所占的百分比，数值类型。

(41) dst_host_srv_rerror_rate：前 100 个连接中，与当前连接具有相同目标主机、相同服务的连接中，出现 REJ 错误的连接所占的百分比，数值类型。

(42) label：连接类别，离散类型。包括：back.、teardrop.、loadmodule.、neptune.、rootkit.、phf.、satan.、buffer_overflow.、ftp_write.、land.、spy.、ipsweep.、multihop.、smurf.、pod.、perl.、warezclient.、nmap.、imap.、warezmaster.、portsweep.、normal.和 guess_passwd.。

9.2.3 挖掘详细过程

本节介绍应用 Weka 对 KDD Cup 1999 数据集进行挖掘的详细过程。

1. 预处理

KDD Cup 1999 数据集已经完成了收集初始数据、描述数据的耗时过程，其数据集已经较为适合挖掘，所需的预处理仅仅是将原数据集文件变为 ARFF 格式，对目标属性进行数据变换操作、属性选择等。

先使用压缩工具将 kddcup.data_10_percent.gz 解压缩，将数据文件重命名为 kddcup.data_10_percent_corrected.arff。然后使用 EmEditor 工具打开该文件，在文件起始位置添加如程序清单 9.1 所示的文件头。

程序清单 9.1 添加的 ARFF 文件头

```
@relation kdd_cup_1999_10percent
@attribute duration numeric
@attribute protocol_type {tcp、udp,icmp}
@attribute service
{vmnet,smtp,ntp_u,shell,kshell,aol,imap4,urh_i,netbios_ssn,tftp_u,mtp,uucp,nnsp
,echo,tim_i,ssh,iso_tsap,time,netbios_ns,systat,hostnames,login,efs,supdup,http
_8001,courier,ctf,finger,nntp,ftp_data,red_i,ldap,http,ftp,pm_dump,exec,klogin,
auth,netbios_dgm,other,link,X11,discard,private,remote_job,IRC,daytime,pop_3,po
p_2,gopher,sunrpc,name,rje,domain,uucp_path,http_2784,Z39_50,domain_u,csnet_ns,
whois,eco_i,bgp,sql_net,printer,telnet,ecr_i,urp_i,netstat,http_443,harvest}
@attribute flag {RSTR,S3,SF,RSTO,SH,OTH,S2,RSTOS0,S1,S0,REJ}
@attribute src_bytes numeric
@attribute dst_bytes numeric
@attribute land {1,0}
@attribute wrong_fragment numeric
@attribute urgent numeric
@attribute hot numeric
@attribute num_failed_logins numeric
@attribute logged_in {1,0}
@attribute num_compromised numeric
@attribute root_shell {1,0}
@attribute su_attempted {1,0}
@attribute num_root numeric
@attribute num_file_creations numeric
@attribute num_shells numeric
@attribute num_access_files numeric
@attribute num_outbound_cmds numeric
@attribute is_host_login {1,0}
@attribute is_guest_login {1,0}
@attribute count numeric
@attribute srv_count numeric
@attribute serror_rate numeric
@attribute srv_serror_rate numeric
@attribute rerror_rate numeric
@attribute srv_rerror_rate numeric
@attribute same_srv_rate numeric
@attribute diff_srv_rate numeric
@attribute srv_diff_host_rate numeric
```

```
@attribute dst_host_count numeric
@attribute dst_host_srv_count numeric
@attribute dst_host_same_srv_rate numeric
@attribute dst_host_diff_srv_rate numeric
@attribute dst_host_same_src_port_rate numeric
@attribute dst_host_srv_diff_host_rate numeric
@attribute dst_host_serror_rate numeric
@attribute dst_host_srv_serror_rate numeric
@attribute dst_host_rerror_rate numeric
@attribute dst_host_srv_rerror_rate numeric
@attribute label
{back.,teardrop.,loadmodule.,neptune.,rootkit.,phf.,satan.,buffer_overflow.,ft
p_write.,land.,spy.,ipsweep.,multihop.,smurf.,pod.,perl.,warezclient.,nmap.,im
ap.,warezmaster.,portsweep.,normal.,guess_passwd.}
@data
```

为了验证添加的文件头是否正确，最好使用 Weka 加载处理好的数据集文件。如果 Weka 不报错误，说明文件格式转换正确，如图 9.3 所示。

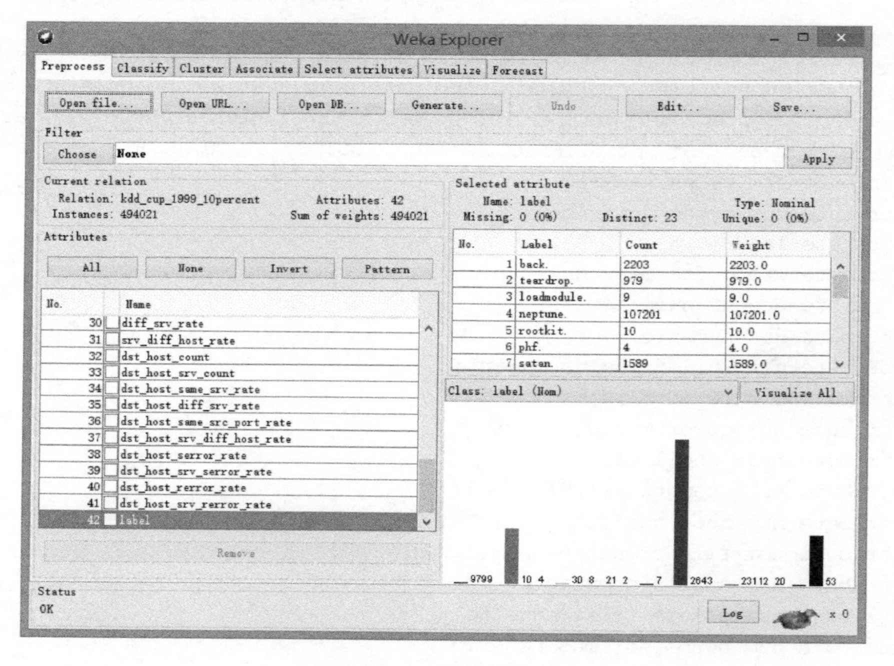

图 9.3　加载数据集文件

从程序清单 9.1 可以看到，要预测的目标属性共有 23 种取值，而我们主要关注的是，每个样本到底是异常类型还是正常类型。由于异常类型又细分为 4 种攻击类型，因此本预测任务的实质是 5 元(1 种正常类型加上 4 种攻击类型)分类问题。

下面使用 Weka 过滤器对数据集的目标属性进行处理，将 23 种取值合并缩减为 5 种取值。

在 Weka 探索者界面中，切换至 Preprocess 标签页，在左部的 Attributes 选项组中选择 label 属性，观察右部的 Selected attribute 选项组，一共有 23 个属性取值，如图 9.3 所示。

然后对照表 9.1，找到 DoS 异常类型所属的攻击类型(Label 列)对应的编号(No.列)，如果足够仔细，找到的编号一定是 1,2,4,10,14,15。

下面将这 6 种攻击类型合并为 DoS 类型，适合完成这个工作的是无监督的属性过滤器 MergeManyValues。单击 Choose 按钮，选择 MergeManyValues 过滤器，再单击 Choose 按钮右边的文本框，打开通用对象编辑器以设置过滤器属性，将 label 属性设置为 D，将 mergeValueRange 属性设置为“1,2,4,10,14,15”，如图 9.4 所示。

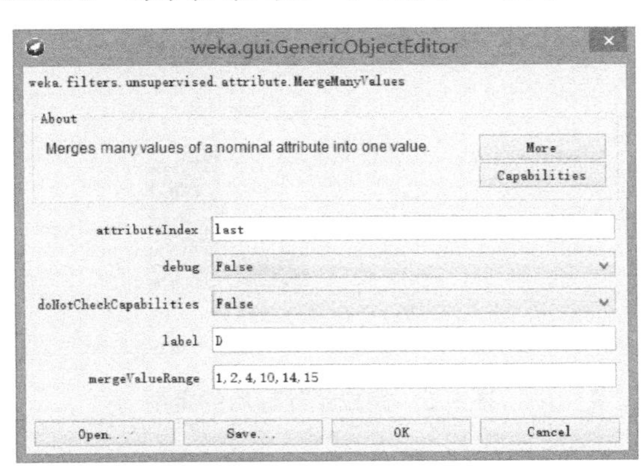

图 9.4 设置 MergeManyValues 过滤器

单击 OK 按钮关闭通用对象编辑器，注意到过滤器命令一定是：

```
MergeManyValues -C last -L D -R 1,2,4,10,14,15
```

将图 9.3 所示窗口右边的下拉列表框设置为 No class 选项，以避免出现无法处理类别属性的错误，然后单击 Apply 按钮应用该过滤器。

按照上述方式依次处理另外 3 种异常类型，为方便对照，提供表 9.2 供参考。

表 9.2 合并多值过滤器参数

标号(label)	合并值范围 (mergeValueRange)	命 令
U	1,2,5,10	MergeManyValues -C last -L U -R 1,2,5,10
R	1,3,4,6,7,9,10,13	MergeManyValues -C last -L R -R 1,3,4,6,7,9,10,13
P	1,2,3,4	MergeManyValues -C last -L P -R 1,2,3,4

最后，使用 RenameNominalValues 无监督属性过滤器，将正常类型 nomal.重命名为 N，命令为：

```
RenameNominalValues -R last -N normal. :N
```

完成预处理后的界面如图 9.5 所示。

为了方便将来使用，强烈建议将预处理后的数据集另存为 kddcup.data_10_percent_corrected_5classes.arff 文件。

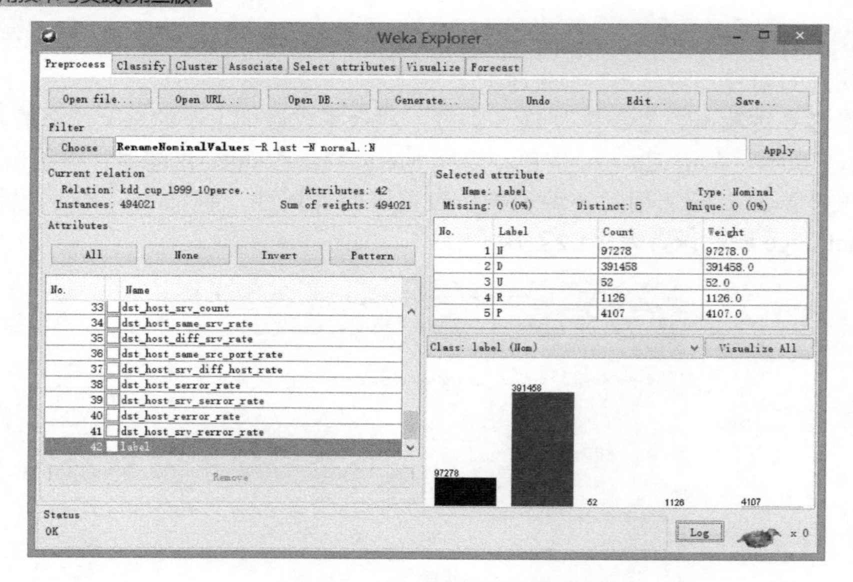

图 9.5　完成预处理后的界面

2. 使用 Weka 探索者界面进行挖掘

在 Weka 探索者界面中，加载 kddcup.data_10_percent_corrected_5classes.arff 文件，切换至 Classify 标签页，选择 J48 分类器，保持默认参数不变，并使用默认的十折交叉验证，单击 Start 按钮启动分类。耐心等待一段时间后，得到如图 9.6 所示的运行结果。

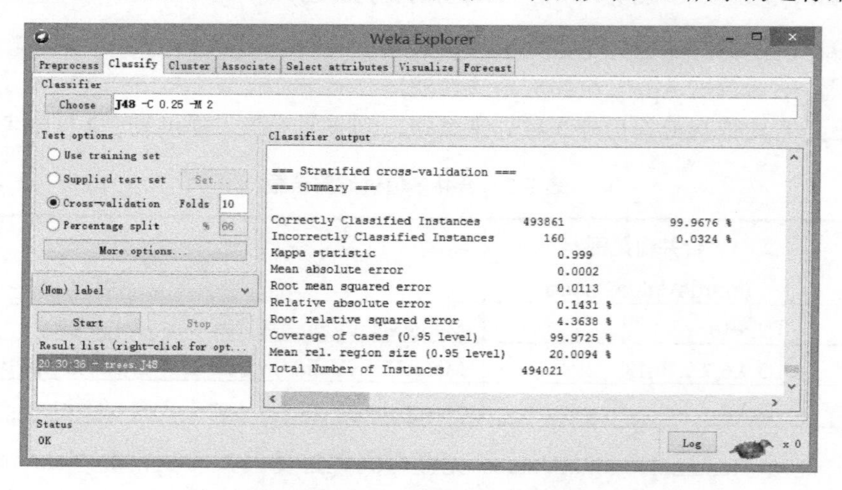

图 9.6　J48 分类器的运行结果

从结果上看，分类准确度为 99.9676%，效果非常不错。用当今的技术去完成 15 年前的竞赛，感觉很容易。

以上只是将数据集目标属性做了合并缩减处理，并没有对原始数据集进行更多的预处理操作。如果只是完成单一分类器算法的学习，这并不会产生什么问题。但是，如果要比较多种分类器算法的性能，尤其是集成学习算法，由于要进行若干次反复的训练和验证，因此会花费更多的时间，显然预先进行属性选择会大大节省实验时间。

在 Weka 探索者界面中，切换至 Select attributes 标签页，选择 CorrelationAttributeEval 作为属性评估器，这是通过计算皮尔森相关系数来估计属性重要程度的方法，然后选择 Ranker 作为搜索方法，保持默认参数不变，单击 Start 按钮开始属性选择，结果如图 9.7 所示。可以看到，20 lnum_outbound_cmds 和 21 is_host_login 这两个属性与类别属性根本不相关，其相关系数为 0。因此，去掉这两个属性，不会降低分类准确度，读者可自行验证。

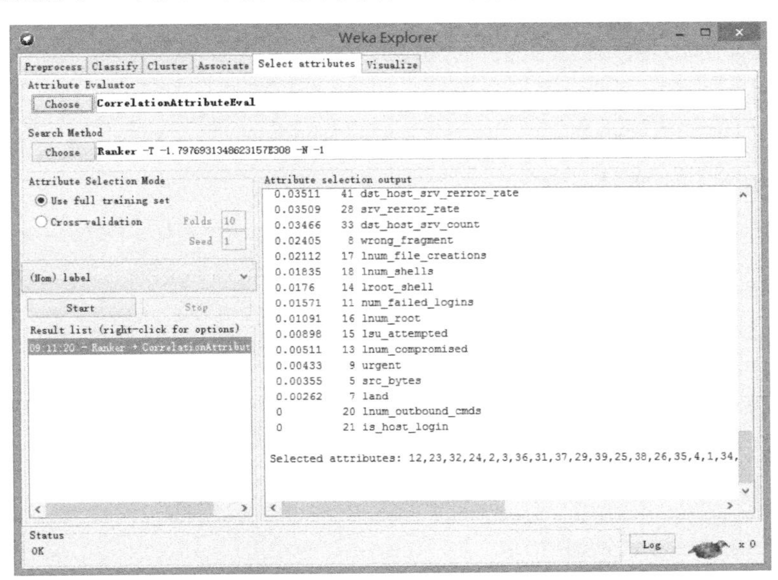

图 9.7 CorrelationAttributeEval 属性选择结果

下面使用 GainRatioAttributeEval 进行属性选择，还是使用 Ranker 作为搜索方法，保持默认参数不变，得到的结果如图 9.8 所示。

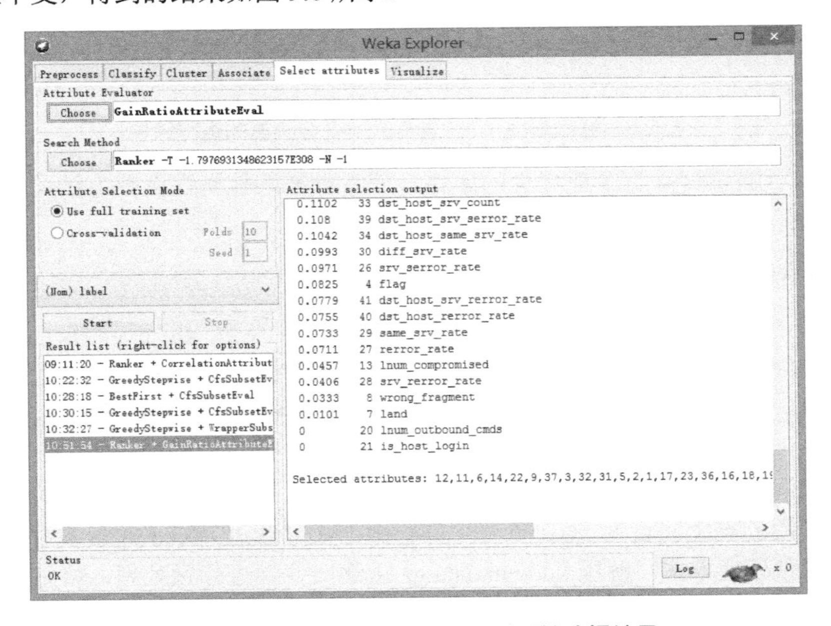

图 9.8 GainRatioAttributeEval 属性选择结果

为了方便对照，将属性排名结果列示如下：

```
Selected attributes: 12,11,6,14,22,9,37,3,32,31,5,2,1,17,23,36,16,18,19,10,15,
24,38,35,25,33,39,34,30,26,4,41,40,29,27,13,28,8,7,20,21 : 41
```

得到排名结果后，使用 Remove 过滤器移除排名靠后的属性。首先移除最后 10 个属性，过滤命令为：

```
Remove -R 41,40,29,27,13,28,8,7,20,21
```

再次运行 J48 分类器，运行结果如图 9.9 所示。可以看到，经过属性选择，分类准确度从原来的 99.9676%提升至 99.9717%。虽然这里绝对百分值差别不大，但考虑到基数已经很大，因此效果相当明显。

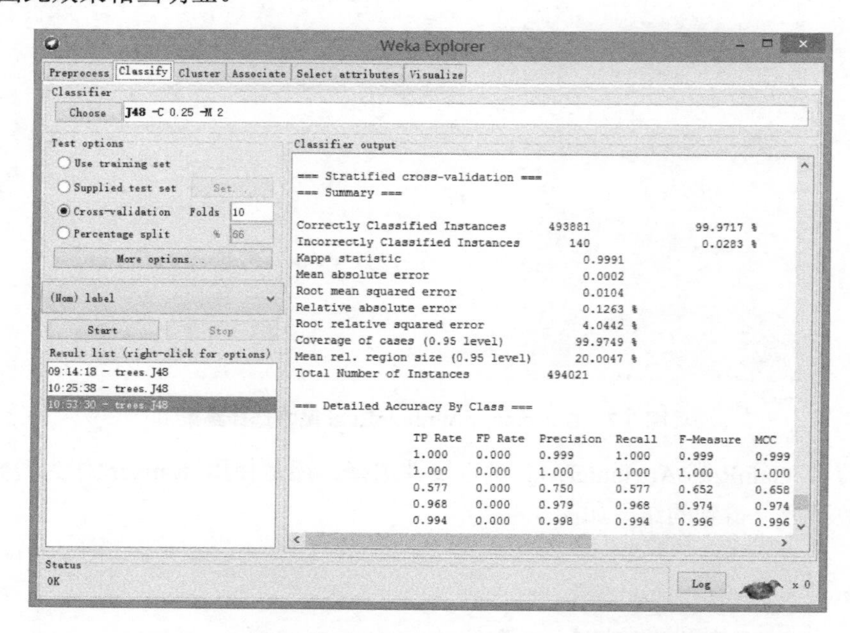

图 9.9 移除最后 10 个属性后 J48 分类器的运行结果

读者可自行尝试移除更多或更少的属性，或者尝试其他属性选择方法，选择出更优的属性组合。

3. 使用 Weka 实验者界面进行挖掘

前面使用的 10%数据集共有约 49.4 万个样本，一般的 PC 机处理起来已经有点难度，但还远不能称之为大数据。为了增加难度，下面使用 Weka 实验者界面挖掘超过 100 万个样本的数据集，将 J48 决策树算法作为基准，比较 AdaBoostM1 算法和 Bagging 算法哪个效果更好。

首先进行预处理，要将 100%的数据集加载到 Weka 中。这要求计算机的内存足够大，要将 Weka 使用的堆空间设为 5GB 以上才能将数据集加载进 Weka 探索者中。按照前面对 10%数据集的预处理方式，解压 kddcup.data.gz 压缩文件并进行预处理，将处理后的数据另存为 kddcup.data.corrected.5classes.arff。然后，使用无监督的 Resample 实例过滤器，将 sampleSizePercent 设为 20.42，将 noReplacement 设为 True，无放回抽样出 1000259(超过

100万)个样本。接着，使用Remove过滤器移除排名靠后的10个属性，命令如下：

```
Remove -R 41,40,29,27,13,28,8,7,20,21
```

然后，使用如下MergeManyValues过滤器命令将类别属性二元化：

```
MergeManyValues -C last -L A -R 2-5
```

上述命令将第2种至第5种攻击类型全部归并为一种，并命名为A，这样，类别属性只有两种取值：N表示正常，A表示攻击。

最后，将处理后的数据另存为kddcup.data.corrected.binary.arff。

由于单台计算机处理100万个样本十分困难，费时相当长，建议尽量使用内存配置较高的多台计算机联网并行处理。按照4.3节的内容设置远程实验环境，将预处理好的kddcup.data.corrected.binary.arff文件复制到datasets子目录中。

修改startRemoteEngine.bat文件，为每个远程引擎分配2GB内存。可参考以下命令：

```
@echo off
java -Xmx2048m -classpath ../db_drivers/mysql-connector-java-
5.1.6.jar;remoteEngine.jar;C:/Weka-3-7/weka.jar -
Djava.security.policy=remote.policy weka.experiment.RemoteEngine
```

按照相同方式，修改startRemoteEngine1.bat、startRemoteEngine2.bat等批处理文件。

大致计算一下每台计算机可以启动的远程引擎数量。一般双核四线程CPU可以启动的引擎数小于等于四个，如果内存不足，只能启动更少的引擎。例如，8GB内存最多只能启动三个引擎，因为每个引擎耗费2GB内存，一共耗费6GB，只剩2GB供操作系统使用，非常紧张。

根据自己能够使用的计算资源，双击bat文件启动不同数量的远程引擎。然后，双击startExperimenter.bat文件启动实验者界面。

为了方便设置，保持实验配置模式为Simple，单击New按钮新建实验，在Results Destination选项组中选择JDBC database选项，然后单击User按钮，填写数据库URL、数据库用户名和密码。将Iteration Control选项组中的Number of repetitions由默认的10次修改为5次，这样减少一半的运行时间。然后选中Datasets选项组中的Use relative复选框，并单击Add new按钮，选中datasets子目录中的kddcup.data.corrected.binary.arff文件。最后，在Algorithms选项组中单击Add new按钮，选择J48、AdaBoostM1和Bagging分类算法，将AdaBoostM1和Bagging的classifier都设为J48，最终的设置如图9.10所示。

在Experiment Configuration Mode下拉列表框中选择Advanced选项，切换至高级模式。选中Distribute experiment选项组中的复选框，激活Hosts按钮。单击Hosts按钮，设置进行分布式计算的主机，这里需要根据自己的计算资源进行设置。本次实验只有一个数据集，可以按照运行来划分，因此选中By run单选按钮。设置好的界面如图9.11所示。

现在已经完成实验设置，切换至Run标签页，单击Start按钮启动实验。在Log选项组中会显示分配子实验的进展，同时在两台主机的远程引擎中会显示实验进程的详细信息。根据自己投入的实验设备，实验至少运行数个小时，甚至十几个小时。

下面来分析实验结果。切换至Analyse标签页，单击Database按钮并输入数据库URL、用户名和密码，稍等片刻后，实验者界面中导入150条实验结果。在Comparison field 下拉列表框中选择 Number_correct 选项，保持其他参数不变，单击 Perform test 按钮，Test output 选项组中显示测试结果，如图 9.12 所示。

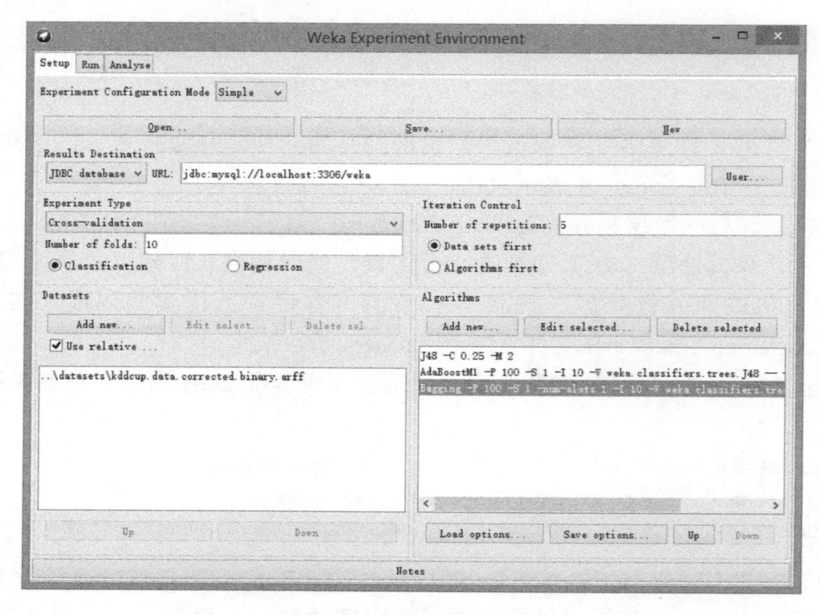

图 9.10　简单模式设置

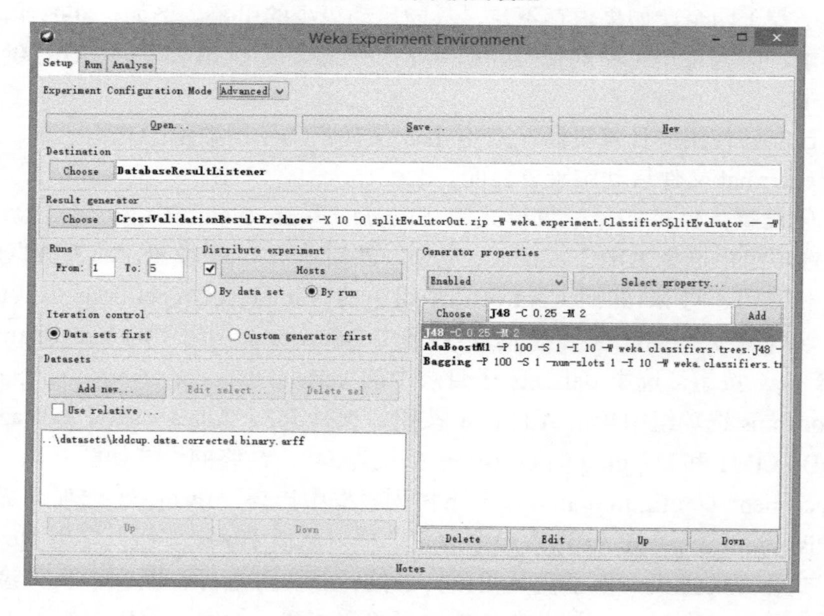

图 9.11　分布式实验设置

可以看到，AdaBoostM1 的效果最好，Bagging 次之，J48 最差。总体而言，三个分类器的效果都很好，差别非常小，如果使用分类正确率指标，则无法分辨 J48 和 Bagging 的区别。

读者可尝试处理更大的数据，比如不经过抽样的 100%数据，为自己将来挖掘实际的大数据做好技术储备。

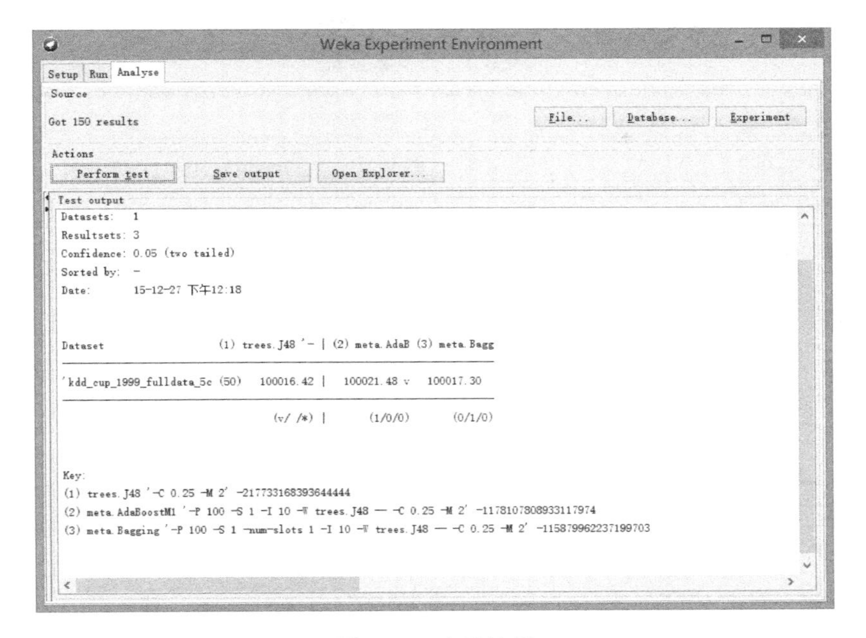

图 9.12　实验结果

9.3　实战 KDD Cup 2010

KDD Cup 2010 竞赛于 2010 年 4 月 19 日至 6 月 8 日举行，竞赛主题是教育数据挖掘。主要内容是根据学生使用智能导学系统(Intelligent Tutoring Systems，ITS)进行数学学习的交互日志，来预测学生是否能够正确完成某道数学题。

竞赛网址为 http://pslcdatashop.web.cmu.edu/KDDCup/。该网址提供竞赛描述、竞赛规则、竞赛结果和数据集下载。

9.3.1　任务描述

竞赛开始时，竞赛组织者将提供五个数据集：三个开发数据集(development data sets)和两个挑战数据集(challenge data sets)。每个数据集都分为训练部分(training portion)和测试部分(test portion)。在开发数据集中，学生是否答对的标签(performance labels)都是可见的，但在挑战数据集的测试部分中，已经将学生是否答对的标签隐藏起来。竞赛任务要求开发出一种基于挑战或开发数据集的学习模型，使用该算法通过从挑战数据集中的训练部分进行学习，然后准确预测学生在测试部分的表现。竞赛最终的优胜者取决于他们的模型在挑战测试集中不可见部分的表现。最终成绩以各队最后一次提交的挑战数据集为准。

9.3.2　数据集描述

KDD Cup 2010 提供如表 9.3 所示的三个开发数据集。提供开发数据集仅仅是为了让参赛者熟悉数据格式和开发学习模型，参赛者自行决定是否使用这些数据集，其预测结果不会计入比赛成绩，不影响决出比赛优胜者。

表 9.3　开发数据集

数 据 集	学 生 数	步 骤 数	文 件 名
Algebra I 2005—2006	575	813661	algebra_2005_2006.zip
Algebra I 2006—2007	1840	2289726	algebra_2006_2007.zip
Bridge to Algebra 2006—2007	1146	3656871	bridge_to_algebra_2006_2007.zip

挑战数据集如表 9.4 所示，预测结果将直接确定竞赛优胜者。要求参赛者对这两个数据集的一个步骤子集(测试集)提供预测，预测数据集的“第一次尝试正确”(Correct First Attempt)列。

表 9.4　挑战数据集

数 据 集	学 生 数	步 骤 数	文 件 名
Algebra I 2008—2009	3310	9426966	algebra_2008_2009.zip
Bridge to Algebra 2008—2009	6043	20768884	bridge_to_algebra_2008_2009.zip

上述数据集都是学生在计算机辅助导学系统(其名称分别为 Algebra I 和 Bridge to Algebra)中的学习记录。学生解答导学系统中的问题，每次人机交互都以日志方式记录下来。挑战数据集分为 Algebra I 2008—2009 和 Bridge to Algebra 2008—2009 两种，本书分别简称为 A89 和 B89，A89 的属性数目有 22 个，B89 有 20 个，但是 B89 的数据集更大、更具有挑战性，因此本书选择 B89 数据集作为实验对象。

bridge_to_algebra_2008_2009.zip 压缩文件的大小为 439MB，包含三个 txt 文件，其中 bridge_to_algebra_2008_2009_train.txt 文件为训练集，大小为 5.29GB，共有 20012498 条记录；bridge_to_algebra_2008_2009_test.txt 文件为测试集，大小为 131MB，共有 756386 条记录；bridge_to_algebra_2008_2009_submission.txt 文件为要提交的文件，大小为 7.82MB，共有 756386 条记录，只包括 Row 和 Correct First Attempt 两个属性。

在教育挖掘数据集中，以下几个关键术语非常重要，深入理解这些术语才能有效利用领域知识，更好地挖掘数据。

(1) Problem(问题)：问题就是某个学生需要完成的任务，通常一个问题包含多个步骤。在语言领域，通常将这些任务称为活动或练习，而非问题。例如，一种语言活动可能包括发现和纠正一个段落中所有的语法错误。

(2) Step(步骤)：步骤是解答某个问题的一部分。步骤是可观察的，学生利用用户接口来解答问题。一个问题包括若干步骤，整个步骤的集合共同构成解决方案。一般认为最后一个步骤是“最终答案”，而其他则是“中间”步骤。学生可能无法通过正确步骤正确解答某个问题，学生可能会要求导学系统提示，或者输入错误答案。术语 Transaction(事务)是指学生与导学系统的一次交互行为。每一次请求提示、错误尝试或正确尝试都是一个事务，且每一个事务都记录在日志中。Correct First Attempt 记录学生是否第一次解答正确，其值为 1 表示没有请求提示且错误尝试次数为 0，否则为 0。

(3) Knowledge Component(知识组件)：一个知识组件(或许还与其他知识组件一道)是一些可用于完成任务的信息。知识组件是日常术语中的概念、原理、事实或者技能，也是诸如模式、产生式规则、误解或事物方面的认知科学术语。问题的每一步都需要学生了解某个相关概念或技能，才能正确解答该步骤。例如，在给定的数据集中，每个步骤都可以标记为解答该步骤所需的一个或多个假定的知识组件。每个知识组件都与一个或多个步骤相关联，每个步骤都可以与一个或多个知识组件相关联。这种关联通常由问题作者作原始定义，但研究人员可以提供与步骤关联的替代性的知识组件，这些合称为知识组件模型(Knowledge Component Model)。

(4) Opportunity(机会)：一个 Opportunity 是特定学生证明他已经学会了某个给定知识组件的一次机会。学生每一次遇到一个需要某知识组件的步骤，该学生的 Opportunity 计数会为给定的知识组件增加 1。机会既是一个学生是否掌握某个知识组件的测试，也是一个学生的学习机会。虽然学生可能会对一个步骤进行多次尝试，或请求导学系统的提示(这些都是事务)，全部的尝试都会认定为是一个单个机会。当学生练习一遍问题的所有步骤，他将有多次机会应用或学习相关知识组件。

B89 训练集和测试集文件都有 20 个属性和 1 个目标属性，各属性之间使用制表符(Tab)进行分割，其含义说明如下。

(1) Row(行号)：对于挑战数据集，行号不是从原始数据集文件中直接得到的，而是在每个文件中对行重新编号。

(2) Anon Student Id(学生匿名标识符)：每个学生都有唯一的匿名标识符。

(3) Problem Hierarchy(问题层次)：问题包含的课程水平层次结构。由单元(Unit)名称和章节(Section)名称组成，两部分中间用逗号分隔。

(4) Problem Name(问题名称)：问题的唯一标识符。

(5) Problem View(遇到问题次数)：到目前为止，学生遇到该问题的总次数。

(6) Step Name(步骤名称)：每个问题由一个或多个步骤构成。在每一个问题内，步骤名称是唯一的，但不同问题之间可能会有步骤名称的冲突。因此，一个步骤唯一的标识符应该是问题名称和步骤名称的组合。

(7) Step Start Time(步骤开始时间)：该步骤的起始时间。可以为空(null)。

(8) First Transaction Time(第一次事务时间)：步骤第一次事务的时间。

(9) Correct Transaction Time(正确的事务时间)：步骤中尝试正确的时间，如果有的话。

(10) Step End Time(步骤结束时间)：步骤最后一个事务的时间。

(11) Step Duration(sec)(步骤持续时间，单位为秒)：一个步骤以秒为单位的持续时间，通过将一个步骤中的所有事务的时间相加计算而得。可以为空(如果步骤开始时间为空)。

(12) Correct Step Duration(sec)(正确步骤的持续时间，单位为秒)：如果第一次尝试正确，步骤的持续时间。

(13) Error Step Duration(sec)(错误步骤的持续时间，单位为秒)：如果第一次尝试错误(错误尝试或请求提示都记为错误)，步骤的持续时间。

(14) Correct First Attempt(第一次尝试正确)：导学系统对学生在一个步骤中第一次尝试的评价，如果正确则为 1，错误则为 0。

(15) Incorrects(错误总数)：学生在一个步骤中尝试错误的总数。

(16) Hints(提示总数)：学生在一个步骤中请求提示的总数。

(17) Corrects(正确总数)：学生在一个步骤中正确尝试的总数。只有在该步骤遇到不止一次时才会增加。

(18) KC(SubSkills)(KC 子技能)：用于问题的特定技能，如果有的话。一个步骤可以有多个 KC(Knowledge Component，知识组件)，多个 KC 之间使用“~~”(两个波浪字符)进行分割。由于 KC 使用机会(Opportunity)来描述实践，相应的机会也同样使用“~~”进行分割。

(19) Opportunity(SubSkills)(子技能机会)：当学生每次遇到列表中的一个 KC 时，该计数值加 1。拥有多个 KC 的步骤，对应的多个机会表示为用“~~”分割的数值。

(20) KC(KTracedSkills)(KC 知识追踪技能)：该知识组件用于智能导学系统(ITS)，格式与 KC(SubSkills)一致。

(21) Opportunity(KTracedSkills)(知识追踪技能机会)：格式与 Opportunity(SubSkills)一致，只是针对 KC(KTracedSkills)知识组件的计数。

挑战数据集的训练部分提供所有值，但测试部分没有提供如下属性的值：Step Start Time、First Transaction Time、Correct Transaction Time、Step End Time、Step Duration(sec)、Correct Step Duration(sec)、Error Step Duration(sec)、Correct First Attempt、Incorrects、Hints 和 Corrects。其原因是，Correct First Attempt 是要预测的答案，当然不能提供；如果提供除 Correct First Attempt 以外的其他上述值，几乎可以直接推断出答案。例如，如果 Hints 不为 0，说明学生已经请求提示，Correct First Attempt 肯定为 0。因此没有提供这些值。

9.3.3 挖掘详细过程

下面的挖掘方法借鉴伊朗学生 Yasser Tabandeh 和 Ashkan Sami 的论文 *Classification of Tutor System Logs with High Categorical Features*，这两个学生组成的团队 Y10 使用有限的计算设备，取得了竞赛学生组第 4 名和全体组第 15 名的好成绩。

以下详细叙述 Y10 团队的挖掘方法和过程。

1. 预处理

B89 的数据文件非常大，训练文件有 5.29GB，因此几乎不可能一次加载到普通配置的计算机的内存中，即便能够加载，也不可能直接使用分类器进行学习和预测。因此，合理的手段是首先进行预处理，抽取出适合挖掘的特征，包括特征选择、特征变换，并进行二次抽样，降低数据规模，使得普通计算机能够处理这些数据。

直接使用 Weka 过滤器对如此大的数据文件进行预处理也很困难，本书采用的方式是利用数据库系统数据结构化且统一管理，查询迅速、准确的优势，编写非过程化语言的 SQL 语句进行预处理。

首先，需要删除一些用处不大的属性，然后将数据文件导入到数据库中，具体过程如下。

可以注意到，Step Start Time、First Transaction Time、Correct Transaction Time、Step End Time、Step Duration(sec)、Correct Step Duration(sec)、Error Step Duration(sec)、Incorrects、Hints 和 Corrects 这 10 个属性并没有在测试集中出现，因此第一次特征选择直接将这些属性删除。另外，也一并删除 Problem Hierarchy 属性，因为该属性包含单元名称和章节名称信息，完全依赖于 Problem Name 属性。将 Problem Name 和 Step Name 两个属性合并为一个名为 ProblemStep 的属性，以增加建模的准确性和速度。

第一次特征选择后，剩下的属性有 Anon Student Id、ProblemStep、Problem View、KC(SubSkills)、Opportunity(SubSkills)、KC(KTracedSkills)、Opportunity(KTracedSkills)和

Correct First Attempt，一共 8 个属性。

第二次特征选择使用 Weka 探索者界面中的 Select attributes 标签页，使用贝叶斯算法为基分类器的包装器方法，对部分数据进行测试(过程略)，最终选择出来的有如下 4 个属性：Anon Student Id、ProblemStep、KC(KTracedSkills)和 Correct First Attempt。

注意： 以上的讨论并没有涉及 Row 属性，由于行号不能为分类提供信息，因此在训练分类器之前肯定需要删除，后文进行预处理时暂时保留该属性只是为了方便处理。

下面利用 Navicat for MySQL 工具将 bridge_to_algebra_2008_2009_train.txt 文件中所选择的部分属性导入到数据库中。运行 Navicat for MySQL 并登录数据库，选择目标数据库(本书为 weka)，单击工具栏中的“表”按钮，然后单击“导入向导”按钮，会弹出如图 9.13 所示的“导入向导”窗口。

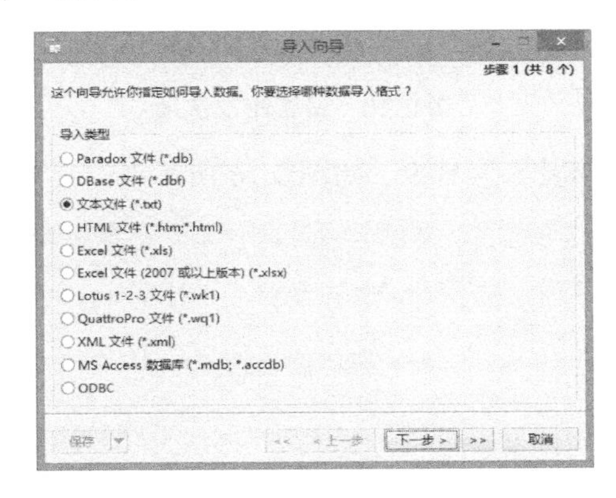

图 9.13 “导入向导”窗口

保持“导入类型”为“文本文件(*.txt)”选项，单击“下一步”按钮。在步骤 2 中，单击“导入从”文本框右边的“…”按钮，在弹出的对话框中选择 bridge_to_algebra_2008_2009_train.txt 文件并单击“下一步”按钮。

在步骤 3 中，选择“栏位分隔符”为“其他符号”，打开 Windows 记事本并输入一个 Tab 字符，然后将记事本中输入的 Tab 字符复制并粘贴到“其他符号”文本框中，如图 9.14 所示。

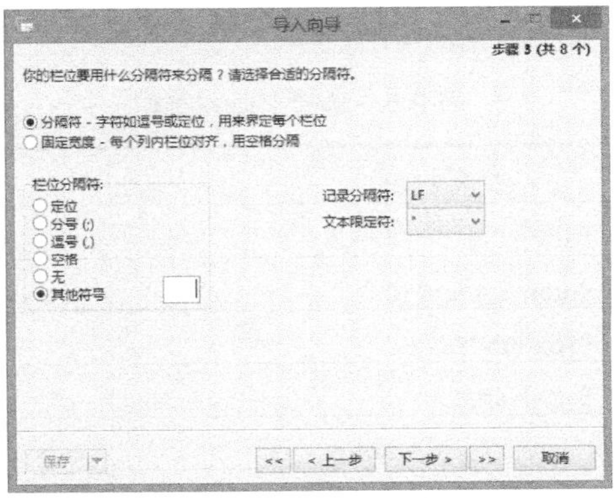

图 9.14 设置分隔符

在步骤 4 中，修改“第一个数据行”为 2，跳过数据文件的第一行(标题行)，如图 9.15 所示。

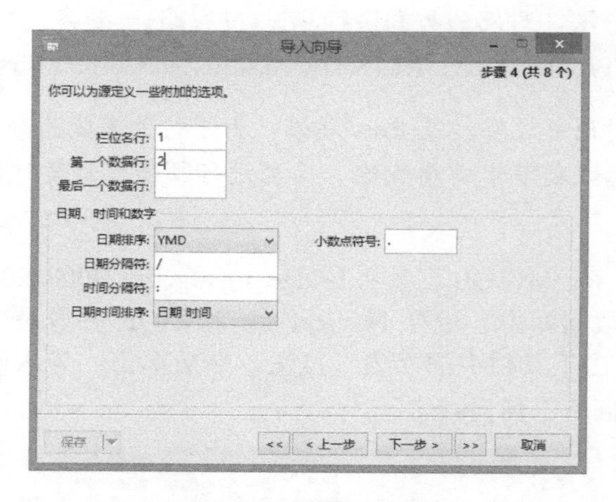

图 9.15　设置附加选项

在步骤 5 中，设置目标表名为 B89，如图 9.16 所示。

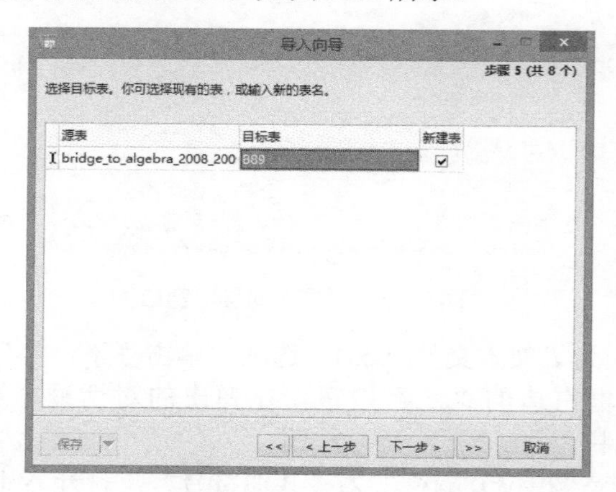

图 9.16　设置目标表名

步骤 6 的设置较多，只选中需要的字段，按照表 9.5 进行设置，如图 9.17 所示。这里选用 char 类型是出于速度上的考虑，如果介意存储空间，不妨替换为 varchar 类型。

表 9.5　选择字段和类型

序　号	目标栏位	类　型	长　度
1	Row	int	
2	Anon Student Id	char	15
3	Problem Name	char	255
4	Step Name	char	255
5	Correct First Attempt	tinyint	
6	KC(KTracedSkills)	char	255

注意： 这时还没有将 Problem Name 和 Step Name 合并，留到下一步才进行合并。

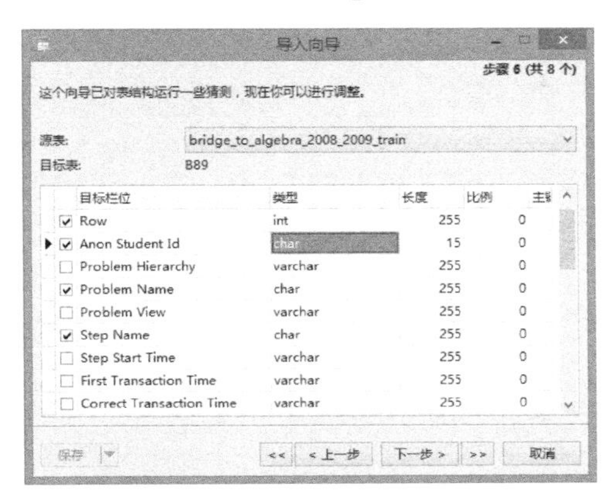

图 9.17 选择字段和类型

单击两次“下一步”按钮，来到步骤 8，单击“开始”按钮进行导入。经过漫长时间(约 1 到 2 小时)的等待后，导入成功。

下一步的工作是二次抽样，抽样出约 1/7 的数据。如果熟悉 Java 或其他语言的编程，可以编制程序从数据库表中直接抽样。本书利用 Weka 自带的抽样过滤器算法，从 Row 列的全部行号中，选取 1/7 的行号，然后再将选中行对应的数据全部复制到另一个表中。详细过程如下。

首先启动探索者界面，单击 Open DB 按钮，输入数据库用户名和密码并连接数据库，在 Query 选项组中输入如下命令：

```
SELECT Row FROM B89;
```

设置 max. rows(最大行数)为 20012498，单击 Execute 按钮执行查询。经过漫长的等待后，Result 选项组中有数据显示，说明 SQL-Viewer 已经查询到数据，如图 9.18 所示。

SQL-Viewer
Connection
URL jdbc:mysql://localhost:3306/weka
Query
SELECT Row FROM B89;
Execute
Clear
History...
max. rows 20,012,498
Result

Row	Row
1	1
2	2
3	3
4	4
5	5
6	6
7	7
8	8
9	9

Close
Close all
Re-use query
Optimal width
Query1
Info
connecting to: jdbc:mysql://localhost:3306/weka = true
Query: SELECT Row FROM B89;
20012498 rows selected (20012498 displayed).
Clear
Copy
Generate sparse data
Current query: SELECT Row FROM B89;
OK
Cancel

图 9.18 从数据库查询数据

单击 OK 按钮，再经过很长时间的等待后，Weka 探索者读取到数据，只有一个 Row 属性，如图 9.19 所示。

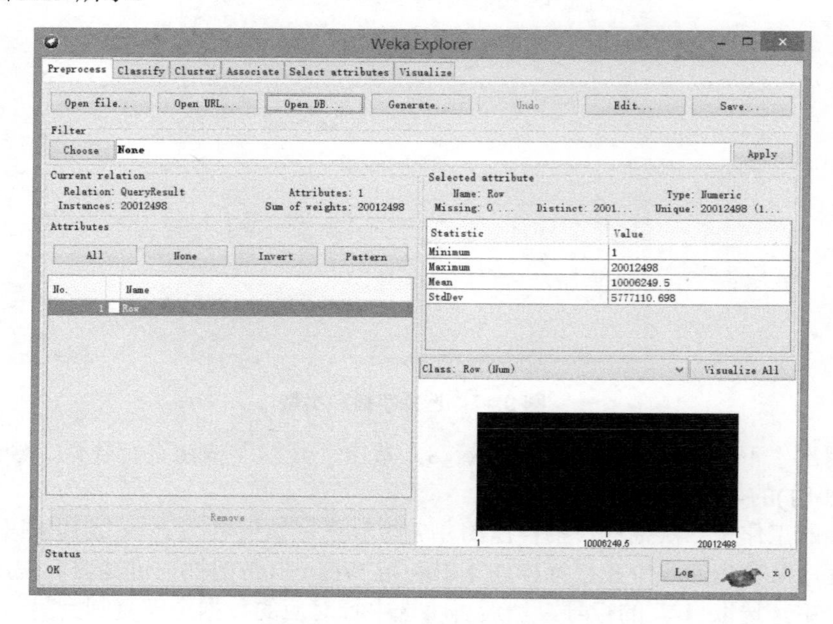

图 9.19 探索者读取数据

在探索者界面的 Preprocess 标签页中，选择无监督的实例 Resample 过滤器，设置 noReplacement 参数为 True，并设置 sampleSizePercent 参数为 14.2(14.2%约等于 1/7)。单击 Apply 按钮应用过滤器，然后将预处理后的数据另存为 b89row.csv 文件。按照前面导入数据的方式，将 b89row.csv 文件导入到数据库中，形成名称为 b89row 的数据库表。

在 Navicat for MySQL 中，执行如下 SQL 语句，将抽样出来的行存放到 Resample 表中：

```
CREATE TABLE Resample (SELECT b89.'Row', b89.'Anon Student Id' AS StudentId,
CONCAT(b89.'Problem Name',b89.'Step Name') AS ProblemStep,
b89.'KC(KTracedSkills)' AS KC, b89.'Correct First Attempt' AS CFA FROM b89,
b89row WHERE b89.'Row' = b89row.'Row');
```

注意： 这一步已经将 Problem Name 属性和 Step Name 属性合并为 ProblemStep 属性。

另外要特别注意的是，为了加快查询速度，有时需要在数据库表中设置索引，MySQL 支持设置多种索引类型，具体可参考有关数据库优化的书籍，本书不再就这个问题进行重复说明。

至此，我们的预处理工作已经完成了一半。

下一步的工作是特征(属性)变换。目前得到的三个重要属性(StudentId、ProblemStep 和 KC)都是标称型，且取值的数量非常大，对有如此多种取值的标称型数据进行建模对于大多数学习器(包括决策树)来说都面临很大的挑战。由于时间和硬件资源都很有限，要在这样的数据集上运行决策树算法几乎没有可能性。另外，逻辑回归算法更容易处理数值型属性，因此有必要通过特征变换算法将标称型属性转换为数值型属性。经过多方比较，最终采纳的特征变换算法如算法 9.1 所示。

算法 9.1　特征变换算法①

```
对于属性集里的每一个标称型属性 Fc
    增加一个新的数值型属性 Fn 到属性集
    对于 Fc 中的每一个取值 v
            N = 包括 v 的所有样本数量
            Np = 包括 v 且为正例的样本数量
            A = Np / N(v 中正例的百分比)
    把 A 填入 Fn
在属性集里移除 Fc
```

采用算法 9.1 进行特征变换，创建如下三个属性以取代原对应属性。

(1) StudentChance：由 StudentId 属性转换而来，表示一个学生解答问题的能力，即该学生可能正确解答问题的概率。

(2) PSChance：由 ProblemStep 属性转换而来，表示一个问题步骤的难易程度，即该步骤被正确解答的概率。

(3) KCChance：由 KC 属性转换而来，表示某个知识点的难易程度，即包含该知识点的步骤被正确解答的概率。

以下详细叙述特征变换的实现过程。

注意到 Resample 表中，KC 字段有部分实例为空，也就是说，没有明确标出这些样本的知识组件到底是什么。本书将这些未标出知识组件的样本视为具有同一个知识组件。在 Navicat for MySQL 中，执行如下 SQL 语句，将 KC 为空的样本设置为 ISNULL 字符串：

```
UPDATE Resample SET KC='ISNULL' WHERE KC IS NULL;
```

然后，执行如下 SQL 语句，创建临时表 StudentChance，其内容为学生 StudentId 总体的解答问题的能力 StudentChance：

```
CREATE TABLE StudentChance (SELECT StudentId, SUM(CFA) / COUNT(CFA) AS
'StudentChance' FROM Resample GROUP BY StudentId);
```

类似地，分别执行如下两条 SQL 语句，创建临时表 PSChance 和 KCChance：

```
CREATE TABLE PSChance (SELECT ProblemStep, SUM(CFA) / COUNT(CFA) AS 'PSChance'
FROM Resample GROUP BY ProblemStep);
CREATE TABLE KCChance (SELECT KC, SUM(CFA) / COUNT(CFA) AS 'KCChance' FROM
Resample GROUP BY KC);
```

以上 SQL 语句的执行时间都非常长，如果执行很长时间都没有结果，请多加耐心等候。

下面将计算好的三个 Chance 回填至 Resample 表中。先在 Resample 表中按照图 9.20 所示的设置新增 StudentChance、PSChance 和 KCChance 三个字段，数据类型为 decimal，长度为 6，小数点为 4，允许空值。然后将 CFA 字段下移到最后，以满足 Weka 对目标属

① 本算法在荣获冠军的中国台湾大学团队的论文 *Feature Engineering and Classifier Ensemble for KDD Cup 2010* 中也有提及，该论文将这种方法称为 CFAR(Correct First Attempt Rate)。

性的要求。单击“保存”按钮，保存对 Resample 表的修改。

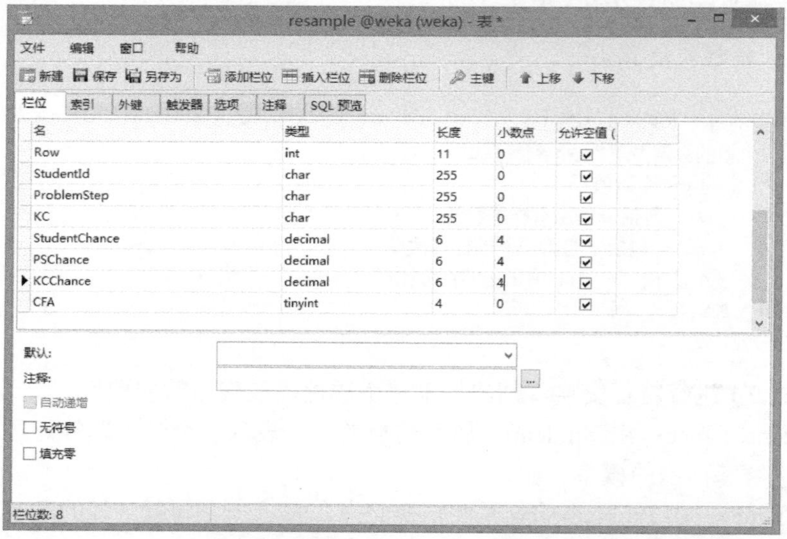

图 9.20 新增三个字段

执行如下 SQL 语句，使用已经计算出来的 StudentChance 表，回填 Resample 表中的 StudentChance 字段：

```
UPDATE Resample, StudentChance SET Resample.StudentChance =
StudentChance.StudentChance WHERE Resample.StudentId = StudentChance.StudentId;
```

按照同样的方式，回填 Resample 表中的 PSChance 字段和 KCChance 字段：

```
UPDATE Resample, PSChance SET Resample.PSChance = PSChance.PSChance WHERE
Resample.ProblemStep = PSChance.ProblemStep;
UPDATE Resample, KCChance SET Resample.KCChance = KCChance.KCChance WHERE
Resample.KC = KCChance.KC;
```

到目前为止，已经按照算法 9.1 计算出三个 Chance 并进行回填，完成了特征变换，Resample 表中的四个字段(StudentChance、PSChance、KCChance 和 CFA 字段)就是预处理要得到的最终结果。我们可以删除 Row、StudentId、ProblemStep 和 KC 字段，因为这些字段已经不再有用。但是，更有效率的方法是不管这些字段，仅导出包含有用字段的数据集文件，最后将文件转换为 ARFF 格式。

在 Navicat for MySQL 中，单击“导出向导”按钮，弹出“导出向导”窗口。在步骤 1 中，保存默认设置。在步骤 2 中，选择导出源为 resample，单击该源右边的“...”按钮，在“另存为”对话框中，输入文件名为 B89ytas.txt。在步骤 3 中，先取消选中“全部栏位”复选框，然后选择要导出的字段，如图 9.21 所示。在步骤 4 中，设置“栏位分隔符”为“逗号”。在步骤 5 中，单击“开始”按钮开始导出。

等待导出完成后，将导出的文件更名为 B89ytas.arff，用 EmEditor 或其他文本编辑器打开该文件，将文件最开始的第一行 CSV 标题替换为如程序清单 9.2 所示的 ARFF 标题头。

图 9.21　选择要导出的字段

程序清单 9.2　ARFF 标题头

```
@relation B89

@attribute StudentChance numeric
@attribute PSChance numeric
@attribute KCChance numeric
@attribute CFA {0, 1}

@data
```

如果你能坚持到现在，恭喜！你已经完成最困难最耗时的预处理工作，有足够的耐心和毅力来面对将来大数据的严酷挑战。

2. 挖掘过程和结果

启动 Weka 探索者界面，加载 B89ytas.arff 文件，切换至 Classify 标签页，选择 Logistic 分类器，保持分类器的默认参数，使用十折交叉验证，运行结果如图 9.22 所示。分类准确率为 88.8591%，均方根误差 RMSE 为 0.2856，效果非常好。

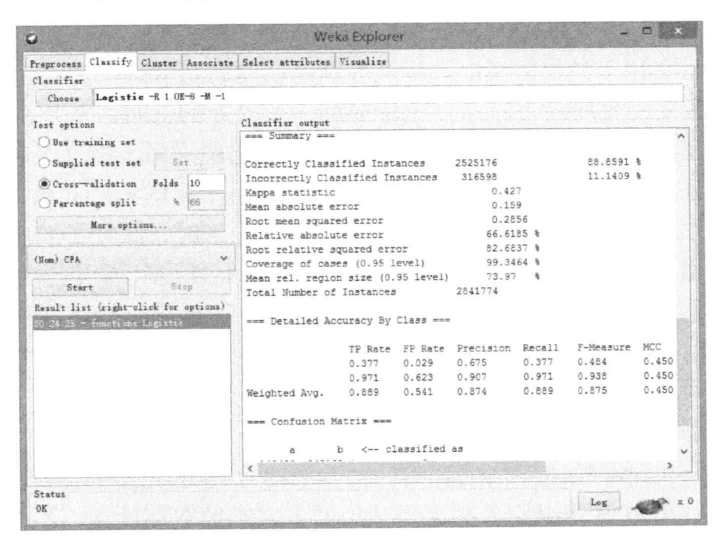

图 9.22　逻辑回归的运行结果

选择 J48 分类器，保持分类器的默认参数和十折交叉验证不变，运行结果如图 9.23 所示。分类准确率为 88.9495%，均方根误差 RMSE 为 0.2848。可见，J48 决策树的效果比 Logistic 分类器的效果稍好。

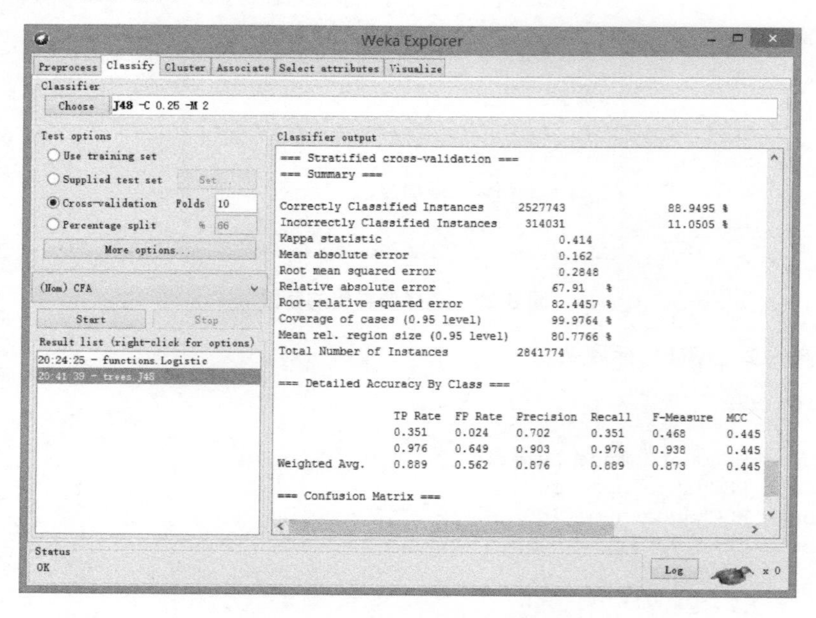

图 9.23　J48 决策树的运行结果

读者也许想知道这个结果在当年距离冠军大概还有多远。按照网址 http://pslcdatashop.web.cmu.edu/KDDCup/Leaderboard?teamId=NTU 给出的成绩，冠军 NTU 在 Bridge to Algebra 2008—2009 数据集上的最好成绩 RMSE 为 0.271157。鉴于本方法仅使用三个属性和有限的计算设备，RMSE 0.2848 的成绩已经非常优异。

3. 挖掘方法再讨论

前文实现了伊朗学生 Yasser Tabandeh 和 Ashkan Sami 提出的挖掘方法，仅仅使用 20 个属性中的三个属性和一个目标属性，分类准确率就能达到 88.9495%，如果再对分类器参数进行优化，或者采用集成学习算法，估计成绩还有提升的空间。

让我们以挑剔的眼光检视这种方法，注意到测试选项采用十折交叉验证方法，也就是把全部数据集划分为大致相等的十份，将其中的一份用作测试集，其余九份用作训练集。把目光集中在用作测试集的一份上，我们发现：在预处理时，采用的特征变换算法已经偷偷地“看到”了测试集中的预测答案，即算法中计算 A=Np/N，N 包含的是全部十份的样本总数，Np 也是全部十份中为正例的样本数量，Np 的计算已经将测试集中的样本分布“混入”到预处理后的属性中。这时，测试集已经变成“污染”的测试集，其预测结果肯定会好于真实结果。但在真正对挑战测试集中的测试部分进行预测时，由于答案已经隐藏，没法预先看到答案，其预测准确率肯定会差一些。

为了保证对分类预测性能评估的真实性，本书对上述方法进行了两点改进。第一，严格按照 KDD Cup 2010 竞赛组织者抽取测试集的方式来抽取测试集，不偷看测试集中的答案，保证对分类器评估的有效性和合理性；第二，不采用完全随机的数据抽样，而是考虑数据的时效性，只抽样离测试样本最近的问题步骤。

9.3.4 更接近实际的挖掘过程

本节首先研究 KDD Cup 2010 竞赛组织者抽取测试集的方式，按照该方式从数据集中抽取训练集和测试集；然后用分类器对训练集进行学习，用测试集来评估学习到的模型。这样的评估结果更接近实际。

1. 划分训练集和测试集的思路

KDD Cup 2010 的训练文件和测试文件是按照图 9.24 所示的方法来划分的。图中的每一根水平粗实线代表学生的步骤记录，数据集分解为学生、单元、章节和问题。

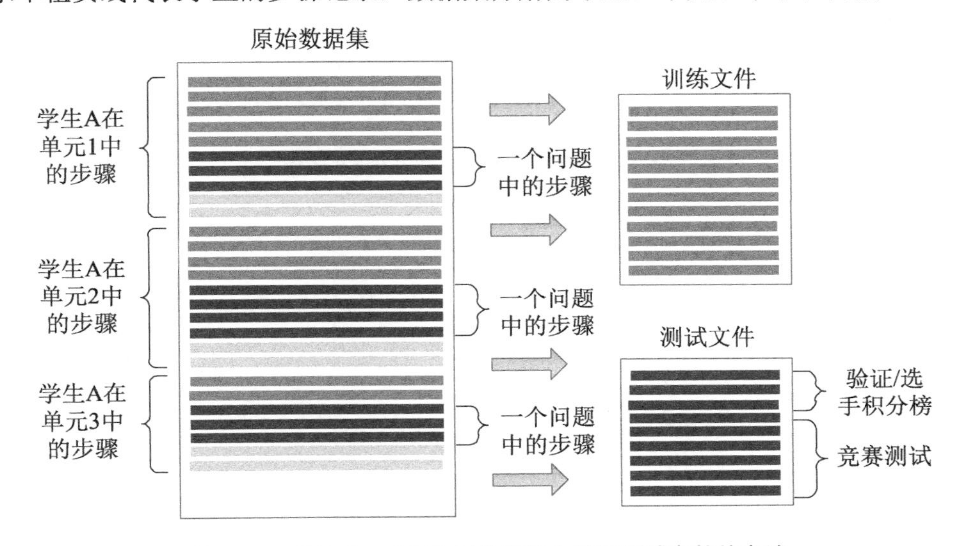

图 9.24 KDD Cup 2010 划分训练文件和测试文件的方法

测试样本由一个程序决定，该程序在每个学生的一个单元中随机选择一个问题，并将该学生的姓名以及问题中的所有步骤放到测试文件中。按照时间顺序，将本单元所有排在选中问题之前的问题步骤都放到训练文件中，并丢弃排在选中问题之后的问题步骤。测试时的目标是预测学生第一次尝试解答测试文件中问题的每一个步骤是否正确，预测准确率决定选手是否获胜。

测试文件是每个选手必须提交的，每个步骤均未标签。测试文件再细分为两个部分：第一部分将用于验证数据并提供选手在积分榜上的排名和分数，第二部分将用于决定比赛的优胜者。

由于 KDD Cup 2010 的测试文件没有提供 Correct First Attempt 值，无法直接通过该测试文件来评估分类模型的性能。合理的思路是从训练文件中划分出单独的训练集和测试集，训练集用于训练模型，测试集用于评估模型。这里不采用交叉验证的理由是它与竞赛的方式不同：竞赛的测试文件是由每个学生每个单元的最后一个问题组成，遵循时间的先后次序，但交叉验证却不考虑时间因素。

按照这种划分思路，将原训练文件中每个学生在每个单元练习的最后一个问题抽取出来，组成用于验证模型的测试集。此时，如果将剩下的所有问题都作为训练集，显然训练集过大，一般计算机无法处理。直接能想到的解决方案有两种：一是随机抽样，随机抽取剩下的部分问题作为训练集；二是考虑时间顺序，只抽取每个单元最后几个问题组成训练集，扔掉单元内离测试问题较远的问题。从常识上来判断，第二种方式更有优势，因为知识学习是一个循序渐进的过程，时间越近的多个问题的知识相关程度越高。

综上所述，最终采纳的方案是将每个学生每个单元的最后一个问题抽取出来组成测试集，将剩余数据中每个学生每个单元的最后三个问题抽取出来组成训练集。

2. 预处理

新的训练集和测试集划分方式要考虑单元信息，因此要全部重做。

删除 weka 数据库中所有的表，使用 Navicat for MySQL 工具，按照前文的方法将 bridge_to_algebra_2008_2009_train.txt 文件中如表 9.6 所示的部分属性导入到数据库的 B89 表中。与前面方法不同之处是新增了 Problem Hierarchy 字段，该字段含有单元名称信息。

表 9.6　新增 Problem Hierarchy 字段

序　号	目标栏位	类　型	长　度
1	Row	int	
2	Anon Student Id	char	15
3	Problem Hierarchy	char	255
4	Problem Name	char	255
5	Step Name	char	255
6	Correct First Attempt	tinyint	
7	KC(KTracedSkills)	char	255

导入数据后，下一步的工作是实现训练集和测试集的划分。其流程图如图 9.25 所示。原训练文件按照时间顺序排列，从后向前逆序容易实现数据拆分。从流程图可以看到，总体的目标是将第 0 个问题(逆序的第 0 个问题就是顺序的最后一个问题)的步骤划分至测试集，将第 1 至第 3 个问题的步骤划分至训练集，丢弃其他问题的步骤。当然，该流程图省略了很多细节，例如，必须记录学生姓名，才能判断新的记录是否是新学生的学习日志；必须对问题有一个计数器，才能判断到底将记录插入到测试集，或是训练集，或是丢弃。

总体来说，训练集和测试集的划分逻辑较为复杂，很难用 SQL 语句实现，更好的办法是用 Java 语言编程实现。最终实现的 Java 代码如程序清单 9.3 所示，其功能是从 B89 表中抽样，形成训练集 B89Train 表和测试集 B89Test 表。

注意： 程序中使用了一些小技巧，例如，由于 B89 表非常大，只能对 B89 表进行分批查询。如果不这样做，程序执行容易死机。

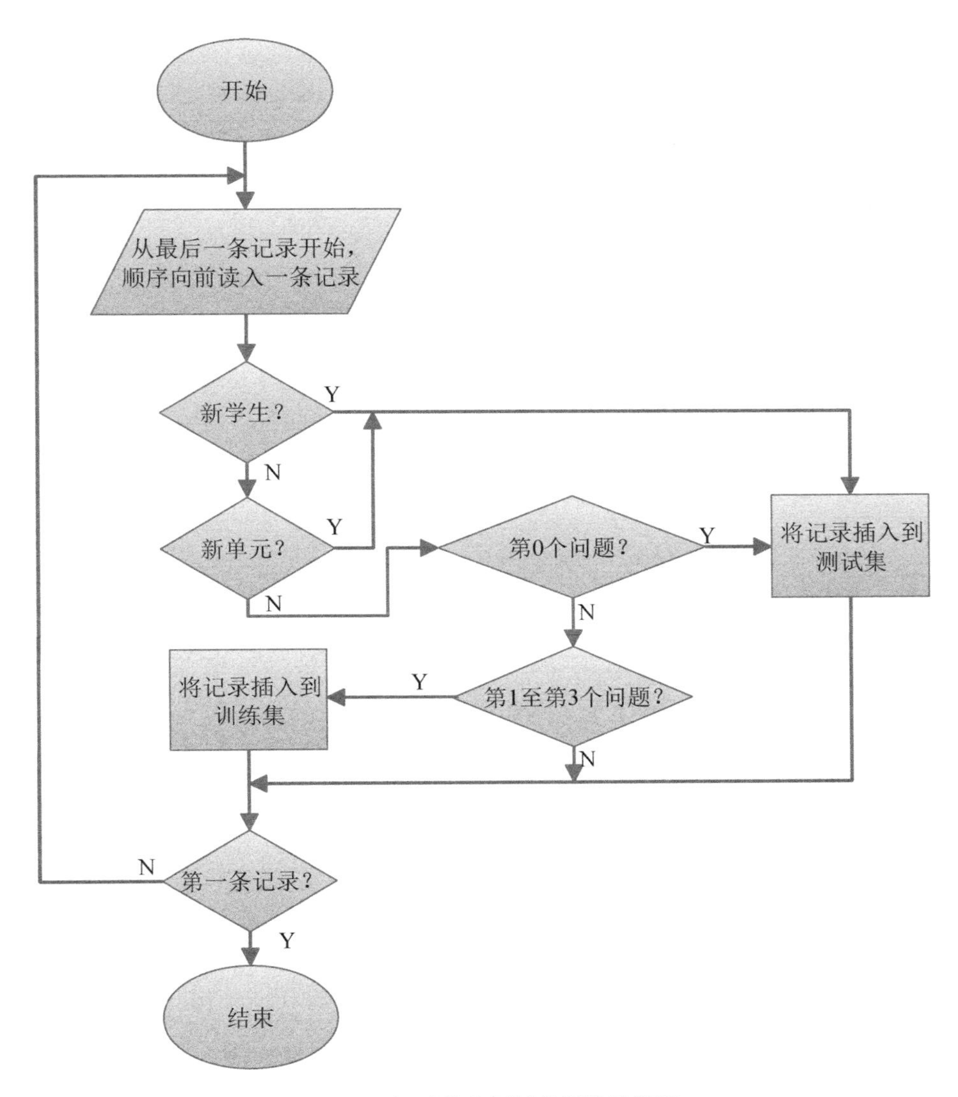

图 9.25 训练集和测试集划分流程图

程序清单 9.3 Preprocessing.java

```
package kdd2010.b89;

import java.sql.Connection;
import java.sql.DriverManager;
import java.sql.PreparedStatement;
import java.sql.ResultSet;
import java.sql.Statement;

/***
 *
 * @author mikeyuan
 *
 * 预处理KDD Cup 2010 数据
```

```
 * 抽样原数据集，将原训练数据拆分为训练集和测试集。
 * 训练集由每个学生每个单元的 TRAINSETPROBLEMNUMBER 个问题组成，测试集由每个学生每个单元的最
 * 后一个问题组成。
 *
 */
public class Preprocessing {
    static final int TRAINSETPROBLEMNUMBER = 3; // 抽取的训练集中每个学生一个单元的
                                                // 问题数
    static final long POPULATION = 20012498; // 样本容量
    static final long BATCH = 1000; // 批次处理的样本数

    public static void main(String[] args) {
        Connection con = null;
        Statement stmt = null;
        PreparedStatement pstmtInsertTrain = null;
        PreparedStatement pstmtInsertTest = null;
        PreparedStatement pstmtSelect = null;
        ResultSet rs = null;

        try {
            // 加载数据库驱动
            Class.forName("com.mysql.jdbc.Driver");
            // 创建数据库连接
            con = DriverManager.getConnection
                  ("jdbc:mysql://localhost:3306/weka", "weka", "weka");
            // 创建 Statement 对象
            stmt = con.createStatement();

            String sqlTrain = "CREATE TABLE B89Train(Row int NOT NULL,
                    StudentId char(255), ProblemStep char(255), KC char(255),
                    CFA tinyint, PRIMARY KEY (Row))";
            String sqlTest = "CREATE TABLE B89Test(Row int NOT NULL,
                    StudentId char(255), ProblemStep char(255), KC char(255),
                    CFA tinyint, PRIMARY KEY (Row))";

            // 创建训练集和测试集表
            stmt.executeUpdate(sqlTrain);
            stmt.executeUpdate(sqlTest);

            // 因为记录数超大，企图一条 SQL 语句加载全部数据无法运行，只能分批查询
            String sqlSelect = "SELECT * FROM B89 WHERE Row BETWEEN ? AND ?
                      ORDER BY Row DESC";
            pstmtSelect = con.prepareStatement(sqlSelect);
            long idx = POPULATION - BATCH; // 指针，idx 所指向的行是处理过数据的上界
            pstmtSelect.setLong(1, idx);
            pstmtSelect.setLong(2, POPULATION);
            rs = pstmtSelect.executeQuery();

            String sqlInsertTrain = "INSERT INTO B89Train VALUES
                      (?, ?, ?, ?, ?)";
            pstmtInsertTrain = con.prepareStatement(sqlInsertTrain);
```

```
String sqlInsertTest = "INSERT INTO B89Test VALUES
        (?, ?, ?, ?, ?)";
pstmtInsertTest = con.prepareStatement(sqlInsertTest);
long finishedSteps = 0;
int problemsPerUnit = 0;
String oldStudent = "";
String oldUnit = "";
String oldProblem = "";
String unit = "";

while (true) {
    if (!rs.next()) {
        rs.close(); // 先关闭数据集，才能重新使用
        idx--; // 避免重复使用一条记录
        if (idx < 1)
            idx = 1; // 检查边界
        pstmtSelect.setLong(2, idx);
        idx = idx - BATCH;
        if (idx < 1)
            idx = 1; // 检查边界
        pstmtSelect.setLong(1, idx);
        rs = pstmtSelect.executeQuery();
        rs.next(); // 保证跳到第一条记录
    }

    finishedSteps++;
    // 打印进度
    if (finishedSteps % 100 == 0)
        System.out.print(finishedSteps + " 条记录已处理\n");

    // 分隔出单元信息
    unit = rs.getString("Problem Hierarchy").trim();
    unit = unit.split(",")[0];

    if (oldStudent.equals(rs.getString("Anon Student Id").trim())
                && oldUnit.equals(unit)) {
        // 老学生且老单元
        if (oldProblem.equals(rs.getString("Problem
                    Name").trim())) {
            // 老问题
            // 只处理指定范围的问题
            if (problemsPerUnit <= TRAINSETPROBLEMNUMBER) {
                if (problemsPerUnit == 0) {
                    // 最开始的一个问题
                    // 插入到测试集
                    pstmtInsertTest.setInt(1, rs.getInt(1));
                    pstmtInsertTest.setString(2,
                            rs.getString(2).trim());
                    pstmtInsertTest.setString(3,
                            rs.getString(4).trim() +
                            rs.getString(5).trim());
```

```
                        pstmtInsertTest.setString(4,
                                rs.getString(7));
                        pstmtInsertTest.setInt(5, rs.getInt(6));

                        pstmtInsertTest.execute();
                    } else {
                        // 后面的 TRAINSETPROBLEMNUMBER 个问题
                        // 插入到训练集
                        pstmtInsertTrain.setInt(1, rs.getInt(1));
                        pstmtInsertTrain.setString(2,
                                rs.getString(2).trim());
                        pstmtInsertTrain.setString(3,
                                rs.getString(4).trim() +
                                rs.getString(5).trim());
                        pstmtInsertTrain.setString(4,
                                rs.getString(7));
                        pstmtInsertTrain.setInt(5, rs.getInt(6));

                        pstmtInsertTrain.execute();
                    }
                }

            } else {
                // 新问题
                oldProblem = rs.getString("Problem Name").trim();
                problemsPerUnit++;

                // 插入到训练集
                if (problemsPerUnit <= TRAINSETPROBLEMNUMBER) {
                    pstmtInsertTrain.setInt(1, rs.getInt(1));
                    pstmtInsertTrain.setString(2,
                            rs.getString(2).trim());
                    pstmtInsertTrain.setString(3,
                            rs.getString(4).trim() +
                            rs.getString(5).trim());
                    pstmtInsertTrain.setString(4, rs.getString(7));
                    pstmtInsertTrain.setInt(5, rs.getInt(6));

                    pstmtInsertTrain.execute();
                }
            }

        } else {
            // 新学生或者新单元
            // 保存学生、单元和问题，以便比对
            oldStudent = rs.getString("Anon Student Id").trim();
            oldUnit = unit;
            oldProblem = rs.getString("Problem Name").trim();

            problemsPerUnit = 0;
```

```
                    // 插入到测试集
                    pstmtInsertTest.setInt(1, rs.getInt(1));
                    pstmtInsertTest.setString(2, rs.getString(2).trim());
                    pstmtInsertTest.setString(3, rs.getString(4).trim() +
                           rs.getString(5).trim());
                    pstmtInsertTest.setString(4, rs.getString(7));
                    pstmtInsertTest.setInt(5, rs.getInt(6));

                    pstmtInsertTest.execute();
                }

                if (rs.getInt(1) == 1) {
                    break; // 到了第一条记录，该退出了
                }
            }

        } catch (Exception e) {
            e.printStackTrace();
        } finally {
            // 关闭数据库连接
            if (con != null) {
                try {
                    con.close();
                } catch (Exception e) {
                    // 不处理了
                }
            }
        }

    }

}
```

视计算机处理速度快慢，经过数个小时甚至数十个小时的处理，最终会在数据库中生成两个表 B89train 和 B89test，其记录数分别为 2264653 和 774378，大约占原数据的 15.19%。

至此，完成了训练集和测试集的划分。下一步的工作是进行特征变换。

在 Navicat for MySQL 中，执行如下 SQL 语句，将 B89train 表中 KC 为空的样本设置为 ISNULL 字符串：

```
UPDATE B89train SET KC='ISNULL' WHERE KC IS NULL;
```

同样，将 B89test 表中 KC 为空的样本设置为 ISNULL 字符串：

```
UPDATE B89test SET KC='ISNULL' WHERE KC IS NULL;
```

执行如下 SQL 语句，创建临时表 StudentChance，其内容为学生 StudentId 总体的解答问题的能力 StudentChance：

```
CREATE TABLE StudentChance (SELECT StudentId, SUM(CFA) / COUNT(CFA) AS
'StudentChance' FROM B89train GROUP BY StudentId);
```

类似地，执行如下两条 SQL 语句，分别创建临时表 PSChance 和 KCChance：

```
CREATE TABLE PSChance (SELECT ProblemStep, SUM(CFA) / COUNT(CFA) AS 'PSChance'
FROM B89train GROUP BY ProblemStep);
CREATE TABLE KCChance (SELECT KC, SUM(CFA) / COUNT(CFA) AS 'KCChance' FROM
B89train GROUP BY KC);
```

然后，将计算好的三个 Chance 回填至 B89train 表中。先在 B89train 表中按照图 9.26 所示的设置新增 StudentChance、PSChance 和 KCChance 三个字段，数据类型为 decimal，长度为 6，小数点为 4，允许空值。然后将 CFA 字段下移到最下面，以满足 Weka 对目标属性最好是最后一个属性的要求。单击“保存”按钮，保存对 B89train 表的修改。对 B89test 表也做同样的处理。

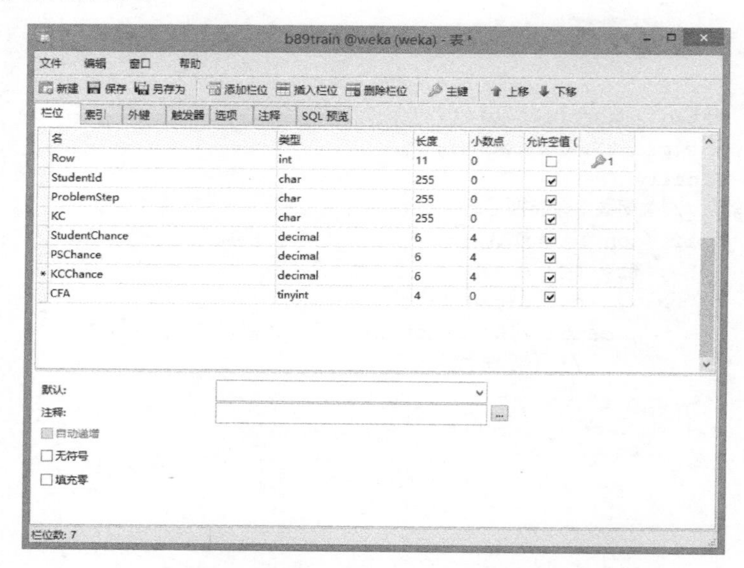

图 9.26　新增三个字段

执行如下 SQL 语句，使用已经计算出来的 StudentChance 表，回填 B89train 中的 StudentChance 字段：

```
UPDATE B89train, StudentChance SET B89train.StudentChance =
StudentChance.StudentChance WHERE B89train.StudentId = StudentChance.StudentId;
```

按照同样的方式，回填 B89train 表中的 PSChance 字段和 KCChance 字段：

```
UPDATE B89train, PSChance SET B89train.PSChance = PSChance.PSChance WHERE
B89train.ProblemStep = PSChance.ProblemStep;
UPDATE B89train, KCChance SET B89train.KCChance = KCChance.KCChance WHERE
B89train.KC = KCChance.KC;
```

同样，回填 B89test 表中的 StudentChance、PSChance 和 KCChance 字段：

```
UPDATE B89test, StudentChance SET B89test.StudentChance =
StudentChance.StudentChance WHERE B89test.StudentId = StudentChance.StudentId;
UPDATE B89test, PSChance SET B89test.PSChance = PSChance.PSChance WHERE
B89test.ProblemStep = PSChance.ProblemStep;
```

```
UPDATE B89test, KCChance SET B89test.KCChance = KCChance.KCChance WHERE
B89test.KC = KCChance.KC;
```

可以注意到一个重要的细节，就是三个 Chance 都只是根据 B89train 表计算而得，没有偷看 B89test 表中的答案。

下面检查测试集的缺失值。

执行如下 SQL 语句，获取 B89test 表中的样本数：

```
SELECT COUNT(*) FROM B89test;
```

结果为 774378，也就是说，测试集中一共有 774378 个样本。

执行如下 SQL 语句：

```
SELECT COUNT(*) FROM B89test WHERE StudentChance IS NULL;
```

结果为 3367，也就是说，测试样本中约 0.43%的学生没有在训练集中出现。

执行如下 SQL 语句：

```
SELECT COUNT(*) FROM B89test WHERE PSChance IS NULL;
```

结果为 32361，也就是说，测试样本中约 4.2%的问题步骤没有在训练集中出现。

执行如下 SQL 语句：

```
SELECT COUNT(*) FROM B89test WHERE KCChance IS NULL;
```

结果为 28，也就是说，测试样本中约 0.0036%的知识组件没有在训练集中出现。

这些测试集中的缺失值对分类器评估无疑会带来负面影响。如果 StudentChance 为空，说明这些学生根本就没有在训练集中出现过。试想一下，要对一个你一无所知的学生成绩进行预测，你会怎么办？谁也没办法，只能靠猜，依靠猜测的测试样本准确率肯定很低。再看 PSChance，该值为空带来的影响更大，因为缺失比例更高。换句话说，通过训练，我们能够了解某个步骤被正确解答的概率，在一定程度上这表示该步骤的难度。如果对某个步骤的难度一无所知，要预测也只能靠猜。KCChance 也类似。

那么，扩大抽样范围能否解决这个问题？分析后，答案有些令人沮丧。首先，哪怕将全部除测试集以外的剩余步骤都划分到训练集，还是有 3367 个步骤的 StudentChance 为空，因为那些学生就只完成了单元的最后一个也是唯一一个问题，这个问题的步骤已经全部划分到测试集，没法在训练集中重复使用。但是，扩大抽样范围对 PSChance 和 KCChance 肯定有益，例如，将原算法划分到训练集的最后三个问题扩大至最后十个问题，也许有一些问题步骤就会在训练集中出现，但到底有多少？扩大抽样范围带来性能提升好处的同时又会增加计算复杂度，是功是过只能通过实验才有定论。

直接将这些有缺失值的测试样本删除无疑是最简单的办法。但是，相对于简单删除不完全样本，用最可能的值插补缺失值丢失的信息比较少。缺失值插补方法有多种，最简单的是将缺失值替换为均值，称为均值插补。

在替换前，应使用 Navicat for MySQL 工具将 B89test 表备份为 B89test_copy，以备后面的分析。

执行如下 SQL 语句，将 B89test 表中为空的值替换为 B89train 表中相应 Chance 的均值：

```
UPDATE B89test SET B89test.StudentChance = (SELECT SUM(StudentChance) /
COUNT(StudentChance) FROM B89train) WHERE B89test.StudentChance IS NULL;
UPDATE B89test SET B89test.PSChance = (SELECT SUM(PSChance) / COUNT(PSChance)
FROM B89train) WHERE B89test.PSChance IS NULL;
UPDATE B89test SET B89test.KCChance = (SELECT SUM(KCChance) / COUNT(KCChance)
FROM B89train) WHERE B89test.KCChance IS NULL;
```

最后，按照 9.3.3 节介绍的方法，将 B89train 表和 B89test 表中的四个字段(StudentChance、PSChance、KCChance 和 CFA 字段)分别导出为 B89train.txt 和 B89test.txt 文件。等待导出完成后，将导出的两个文件分别更名为 B89train.arff 和 B89test.arff，用 EmEditor 或其他文本编辑器分别打开这两个文件，将文件最开始的第一行 CSV 标题替换为如前文程序清单 9.2 所示的 ARFF 标题头。

3. 挖掘过程和结果

启动 Weka 探索者界面，加载 B89train.arff 文件，切换至 Classify 标签页，选择 Logistic 分类器，保持分类器的默认参数，在 Test options 选项组中选中 Supplied test set 单选按钮，单击 Set 按钮，选择 B89test.arff 文件作为测试集。运行结果如图 9.27 所示。分类准确率为 87.8009%，均方根误差 RMSE 为 0.3095。效果比前面的稍差，但更符合实际。

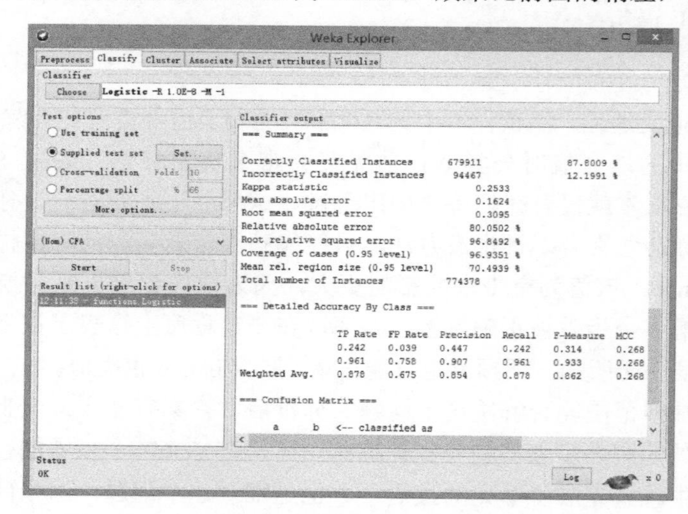

图 9.27 逻辑回归结果

单击 Choose 按钮，选择 J48 分类器，重新运行训练和测试，得到的结果如图 9.28 所示。分类准确率为 88.2308%，均方根误差 RMSE 为 0.3083，比逻辑回归稍好。

4. 模型的泛化能力

机器学习的目的是使学习到的模型不仅对已知数据有很好的预测能力，而且对未知数据也能产生正确的输出。通过训练集训练得到的模型在多大程度上能够对新实例预测正确输出称为泛化。

在前面的实验中，测试集都是训练集中没有的新实例，预测准确率实际评估的就是分类模型的泛化能力。现在，让我们再考虑一种极端的情形，只预测那些在训练集中没见过的学生，或是没见过的题，或是没见过的知识组件的实例，看看我们的模型到底怎样。前文描述过，这类情形纯粹依靠猜测，如果在这样的极端情况下还能达到一定的准确率，我们可以大致认为模型的泛化能力很好。

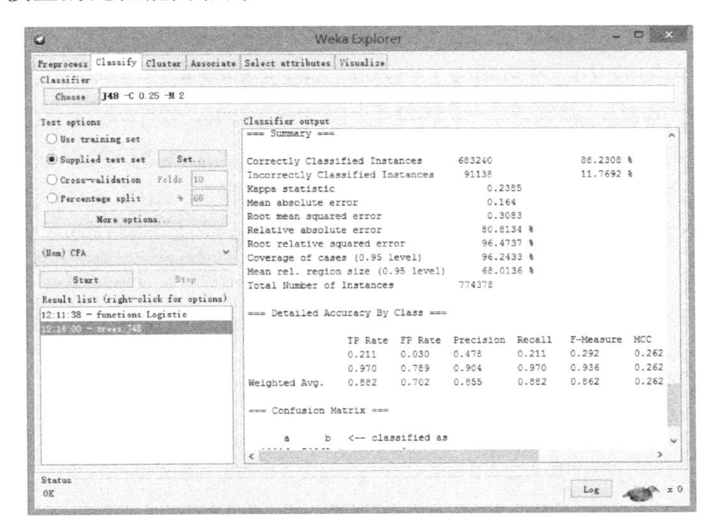

图 9.28　J48 分类结果

实验步骤如下。

步骤一，在测试集中，只挑选那些 StudentChance、PSChance 或 KCChance 为缺失值的实例，形成 B89Null 表：

```
CREATE TABLE B89Null (SELECT * FROM b89test_copy WHERE StudentChance IS NULL
OR PSChance IS NULL OR KCChance IS NULL);
```

步骤二，检查新测试集中，各个缺失值的数量：

```
SELECT COUNT(*) FROM B89Null;
```

结果为 35562。

```
SELECT COUNT(*) FROM B89Null WHERE StudentChance IS NULL;
```

结果为 3367。

```
SELECT COUNT(*) FROM B89Null WHERE PSChance IS NULL;
```

结果为 32361。

```
SELECT COUNT(*) FROM B89Null WHERE KCChance IS NULL;
```

结果为 28。

步骤三，将新测试集中的缺失值替换为训练集相应的均值：

```
UPDATE B89Null SET B89Null.StudentChance = (SELECT SUM(StudentChance) /
COUNT(StudentChance) FROM B89train) WHERE B89Null.StudentChance IS NULL;
UPDATE B89Null SET B89Null.PSChance = (SELECT SUM(PSChance) / COUNT(PSChance)
FROM B89train) WHERE B89Null.PSChance IS NULL;
UPDATE B89Null SET B89Null.KCChance = (SELECT SUM(KCChance) / COUNT(KCChance)
FROM B89train) WHERE B89Null.KCChance IS NULL;
```

步骤四，按照前文导出数据表的方法，将 B89Null 表中的四个字段(StudentChance、PSChance、KCChance 和 CFA 字段)导出为 B89Null.txt 文件。等待导出完成后，将文件更名为 B89null.arff，用 EmEditor 或其他文本编辑器打开 ARFF 文件，将文件最开始的第一行 CSV 标题替换为如前文程序清单 9.2 所示的 ARFF 标题头。

步骤五，使用 Weka 探索者，训练集为 B89train.arff，测试集为 B89null.arff。分别使用逻辑回归和 J48 决策树进行模型训练和评估，分类准确率分别为 82.7147% 和 82.7091%，两者的分类准确率差不多，这次逻辑回归稍好，如图 9.29 和图 9.30 所示。由于目标实例的一个或多个属性缺失，只能使用训练集的均值进行插补，得到的分类准确率低于前面的结果，符合预期。

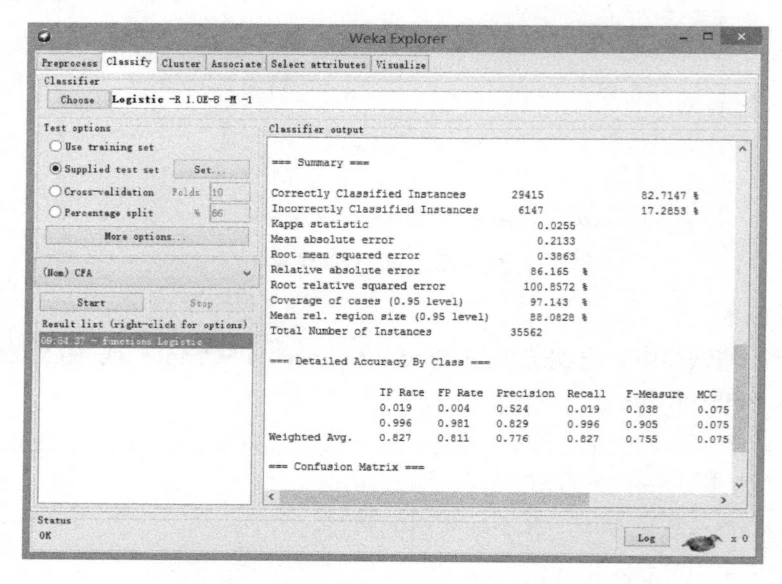

图 9.29　逻辑回归结果

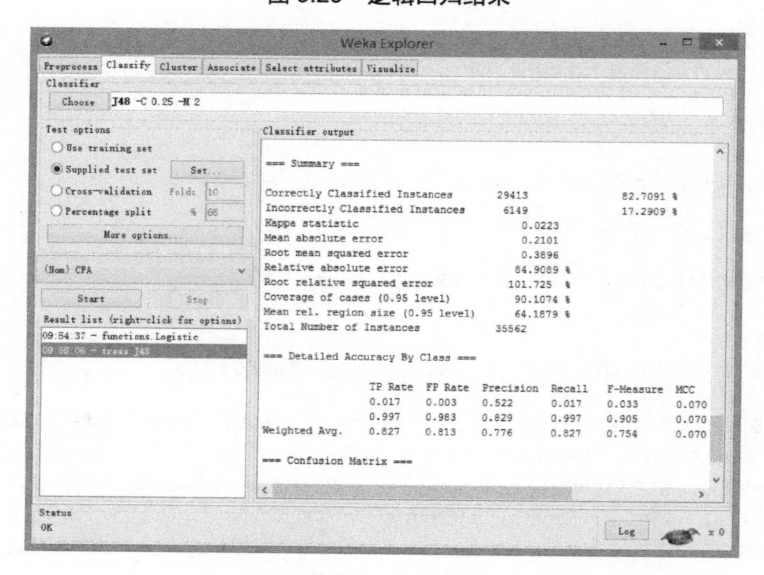

图 9.30　J48 分类结果

综上所述，本节所构建的模型有很好的泛化能力，即使对于训练集中没见过的学生、没见过的问题步骤，或者没见过的知识组件的极端测试样本，模型的预测准确率仍然能够超过 82%。

课后强化练习

9.1　在 KDD Cup 1999 数据集中，20 lnum_outbound_cmds 和 21 is_host_login 这两个属性与类别属性根本不相关，为什么？使用 Weka 探索者界面 Preprocess 标签页右下角的可视化工具说明你的理由。

9.2　为什么数据预处理过程非常重要？

9.3　与 KDD Cup 2010 比较，KDD Cup 1999 数据集的预处理非常简单，为什么？

9.4　远程实验中，可启动的远程引擎数量是根据什么因素决定的？

9.5　使用 EmEditor 编辑器，打开 KDD Cup 2010 的数据集和训练集文件，理解每个属性的含义。

9.6　通过实例，说明在数据预处理中为什么数据库系统的效率很高。

9.7　在 9.3.3 节的预处理中，为什么没有像在 9.3.4 节那样检查三个 Chance 字段是否为空？

9.8　结合实践，说明将训练集和测试集数据严格分开的必要性。

附录A　中英文术语对照

0R (0-rule，ZeroR)：0 规则
1R (1-rule，OneR)：1 规则
accuracy：准确率
ARFF(Attribute-Relation File Format)：属性-关系文件格式
aggregation 聚集
AIC(Akaike Information Criterion)：赤池信息准则
ANN(Artificial Neural Network)：人工神经网络
association analysis：关联分析
association rule：关联规则
attribute：属性
attribute selection：属性选择
AUC(Area Under the Curve)：ROC 曲线下面积
AUPRC(Area Under the Precision-Recall Curve)：查准率-查全率曲线下面积
bagging：装袋
Bayes：贝叶斯
base classifier：基分类器
binarization：二元化
BIC(Bayesian Information Criterion)：贝叶斯信息准则
BIF(Bayesian Network Interchange Format)：贝叶斯网络可交换格式
bins：箱数
boosting：提升
BP(Back Propagation)：反向传播
cardinality：重数
CART(Classification And Regression Tree)：分类与回归树
categorical：分类的
confusion matrix：混淆矩阵
coverage：覆盖率
CPD(Conditional Probability Distribution)：条件概率分布
CPT(Conditional Probability Table)：条件概率表
CSV(Comma-Separated Value)：逗号分隔值
CV(Cross Validation)：交叉验证
class：类(在面向对象的上下文中)
class：类别(在机器学习的上下文中)
classification：分类
cliques：团

cluster：簇
clustering：聚类
column：列
converters：转换器
coverage：覆盖率
DAG(Directed Acyclic Graph)：有向无环图
dataset：数据集
decision rules：决策规则
decision trees：决策树
dimension reduction：维度归约
discretization：离散化
eager learner：积极学习器
embedded：嵌入
ensemble learning：集成学习
epochs：迭代趟数
equal depth：等深
equal frequency：等频
equal width：等宽
Experimenter：实验者
Explorer：探索者
extreme values：极端值
evaluation：评估
field：字段
filter：过滤器
F-Measure：F 度量
frequent itemset：频繁项集
FN(False Negative)：假阴性
FP(False Positive)：假阳性
GC(Garbage Collector)：垃圾回收器
genetic search：遗传搜索
GUI：图形用户界面
HillClimbing：爬山法
IANA(Internet Assigned Numbers Authority)：互联网地址指派机构
instance：实例
instance-based learning：基于实例的学习
instances：实例集
interquartile：四分位数
interval：区间
item sets：项集

JT(Junction Tree)：联合树
kernel：核
K-Means：*K* 均值算法
kNN(k-Nearest Neighbours)：*k* 最近邻算法
KnowledgeFlow：知识流
lazy learner：消极学习器
learning rate：学习速率
linear：线性
LOO(Leave-One-Out)：留一法
LWR(Locally Weighted Regression)：局部加权回归
MDL(Minimum Description Length)：最小描述长度
measures：度量
momentum：动量
multilayer perceptron：多层感知器
NB(Naive Bayes)：朴素贝叶斯
Nearest Neighbor(NN)：最近邻
neural network：神经网络
normalization：规范化
nominal：标称
numeric：数值的
nonlinear：非线性
ordinal：序数
outliers：离群值
package manager：包管理器
PCA：主成分分析
perspectives：视角
precision：查准率
qualitative：定性的
quantitative：定量的
random forest：随机森林
ratio：比率
recall：查全率，召回率
regression：回归
RepeatedHillClimber：重复爬山法
ROC(Receiver Operating Characteristic)：接收者操作特征
row：行
sample：样本
sampling：抽样
scatterplot：散点图

SGD(Stochastic Gradient Descent)：随机梯度下降
significance：显著性
Simple CLI：简单命令行
simulated annealing：模拟退火
SMO(Sequential Minimal Optimization)：序列最小优化
split：拆分，划分，分割
standardization：标准化
stratified sampling：分层抽样
supervised：有监督的
SVM(Support Vector Machine)：支持向量机
tabu search：禁忌搜索
TAN(Tree-Augmented Naive Bayes)：树增强朴素贝叶斯
TF(Term Frequency)：词频
TF-IDF(Term Frequency-Inverse Document Frequency)：词逆向文档频率
threshold：阈值
tree：树
TN(True Negative)：真阴性
TP(True Positive)：真阳性
unsupervised：无监督的
variable transformation：变量变换
visualization：可视化
weight：权重
wrapper：包装

附录B　Weka算法介绍

过滤器算法介绍

以下按类型分别列出 Weka 主要过滤器的使用方法，过滤器按英文名称的字典顺序列出，供用户在使用时快速参考。

杂项过滤器

以下两个过滤器比较特殊，它们既不属于无监督过滤器，也不属于有监督过滤器。

1) AllFilter

AllFilter 过滤器是一个实例过滤器，它让所有实例通过过滤器但不进行任何修改。主要用于测试目的。

通用对象编辑器中的选项说明如下。

- debug(调试)：打开调试信息的输出。
- doNotCheckCapabilities(不检查能力)：如果设置为 True，在构建过滤器之前将不检查过滤器能力。谨慎使用该选项可减少运行时间。

注意，由于几乎所有的过滤器都有 debug 和 doNotCheckCapabilities 参数，因此后文不再对这两个参数进行重复说明。

2) MultiFilter

MultiFilter 过滤器可以连续实施多个过滤器。如果提供的所有过滤器都是 StreamableFilters 过滤器，该过滤器起到流式过滤的作用。

通用对象编辑器中的选项说明如下。

Filters(过滤器)：要使用的一个或多个基过滤器。

无监督属性过滤器

1) Add

Add 过滤器在数据集给定位置插入一个属性，对于所有实例其值都标记为缺失。使用通用对象编辑器来指定属性的名称，以及标称型属性的可能值，该属性名称会出现在属性列表中，日期型属性还可以指定日期的格式。

通用对象编辑器中的选项说明如下。

- attributeIndex(属性索引)：新属性的插入位置，从 1 开始计数，第一个属性还可以使用 first 指定，最后一个属性还可以使用 last 指定。
- attributeName(属性名称)：新属性的名称。
- attributeType(属性类型)：要生成的新属性的类型。
- dateFormat(日期格式)：日期值的格式，参见 ISO-8601 标准。
- nominalLabels(标称型标签)：值标签的列表，仅用于创建标称型属性。该列表必须用逗号分隔，例如：red,green,blue。如果列表为空，则创建数值型属性。

2) AddCluster

AddCluster 过滤器添加一个表示簇的新标称型属性，采用给定聚类算法将簇分配给每个实例。

AddCluster 过滤器先将一种聚类算法应用于数据，然后再进行过滤。可在第一次处理数据时构建聚类模型，也可由用户指定序列化的聚类器模型文件。用户通过对象编辑器选择聚类算法，其设置方式与过滤器一样。AddCluster 对象编辑器通过自己界面中的 Choose 按钮来选择聚类器，用户单击按钮右边的文本框，会开启另外一个对象编辑器对话框，在新对话框中设置聚类器的参数，必须填写完整后才能返回 AddCluster 对象编辑器。一旦用户选定一个聚类器，AddCluster 会为每个实例指定一个簇号，作为实例的新属性。

通用对象编辑器中的选项说明如下。

- clusterer(聚类器)：指定聚类算法的聚类器。支持的聚类器包括 Canopy、Cobweb、EM、FarthestFirst、FilteredClusterer、HierarchicalClusterer、MakeDensityBaseClusterer 和 SimpleMeans。
- serializedClustererFile(序列化聚类器文件)：一个文件，其中包含所构建聚类器的序列化模型。
- ignoredAttributeIndices(忽略的属性索引)：聚类器忽略的属性范围。例如：first-3,5,9-last。

3) AddExpression

AddExpression 过滤器通过将一个数学函数应用于已有数值型属性而生成一个新属性。表达式可包括属性索引和数值常量，支持四则运算符+、-、*、/和^，函数 log、abs、cos、exp、sqrt、floor、ceil、rint、tan、sin 以及左右括号。属性可通过索引加前缀 a 确定，例如：a7 指第七个属性。表达式范例如下：

```
a1^2*a5/log(a7*4.0)
```

通用对象编辑器中的选项说明如下。

- expression(表达式)：要应用的数学表达式。例如：a1^2*a5/log(a7*4.0)。
- name(名称)：新属性的名称。如果该参数值为 expression，则新属性将命名为所提供的表达式。注意，这里在线文档中说明是当 debug 参数为 True 时，新属性命名为表达式，与源代码不符，估计在线文档有误。

4) AddID

AddID 过滤器在属性列表中用户指定索引位置插入一个数字标识符属性，为数据集的每个实例分配一个唯一的 ID。数字标识符属性在追踪单个实例时非常有用，尤其是在使用不同方式对数据集进行处理以后，例如，由其他过滤器进行转换或经过随机排序后的情形。

通用对象编辑器中的选项说明如下。

- attributeName(属性名称)：新属性的名称。
- IDIndex(ID 索引)：新属性将插入的位置，从 1 开始计数。支持 first 和 last 作为有效索引。

5) AddNoise

AddNoise 过滤器用于以一定百分比的概率来更改给定属性的值。属性必须是标称型的，缺失值可以视为固有值。

通用对象编辑器中的选项说明如下。

- attributeIndex(属性索引)：要改变的属性索引。
- useMissing(使用缺失值)：如果要使用缺失值，则将本选项设置为 True。
- percent(百分比)：数据引入噪声的百分比。
- randomSeed(随机种子)：随机数种子。

6) AddUserFields

AddUserFields 过滤器用于增加用户指定类型和常数值的新属性。可以创建的属性类型有数值型、标称型、字符串型和日期型。可以使用环境变量来设置属性名称和属性值。日期型属性可以指定一个格式化字符串对所提供的日期值进行解析。另外，可以通过提供特殊字符串“now”作为日期型属性值，指定当前时间戳。

通用对象编辑器中的选项说明如下。

attributeSpecs (属性规格)：创建新属性的规格说明，包括 Attribute name(属性名称)、Attribute type(属性类型)、Date format(日期格式)和 Attribute value(属性值)。

7) AddValues

如果属性标签缺失，可用 AddValues 过滤器为该属性添加给定标签列表。标签能以升序的方式进行排序。如果没有提供标签，则只能对已有标签进行排序。

通用对象编辑器中的选项说明如下。

- attributeIndex(属性索引)：要处理的属性。此属性必须是标称型，first 和 last 都是有效值。
- labels(标签)：以逗号分隔的用于添加的标签列表。
- sort(排序)：是否将标签按字母顺序排序。

8) Center

Center 过滤器将给定的数据集的所有数值型属性的中心通过平移运算设置为零均值，不包括类别属性。

通用对象编辑器中的选项说明如下。

ignoreClass(忽略类别属性)：布尔型，默认为 False。如果设置为 True，则在过滤器应用之前，暂时取消类别索引的设置，即包括类别属性的所有数值型属性都参与中心值平移。

9) ChangeDateFormat

ChangeDateFormat 过滤器用于更改日期型属性使用的日期格式。该过滤器最适合用于将日期型属性转换为精度差一些的格式。例如，使用 D 格式化字符串将一个绝对日期转换为年内的第几天，等等。改变格式化字符串，也相应改变了能为新格式所解析的日期值。

通用对象编辑器中的选项说明如下。

- attributeIndex(属性索引)：要处理的属性。此属性必须是日期类型，first 和 last 均为有效值。
- dateFormat(日期格式)：要改变的日期格式。应该为 Java 的 SimpleDateFormat 类能够解析的格式。

10) ClassAssigner

ClassAssigner 过滤器能够设置或清除类别索引。

通用对象编辑器中的选项说明如下。

classIndex(类别索引)：类别属性的索引，从 1 开始计数。first 和 last 也是有效值。如果为“0”，则清除类别索引。

11) ClusterMembership

ClusterMembership 过滤器应用指定的基于密度的聚类器生成簇隶属度值，以形成新的属性。过滤后的实例由簇隶属度值加上类别属性(如果在输入数据中进行过设置)构成。如果设置了(标称值的)类别属性，聚类器将针对每个类别单独运行；否则，聚类操作将忽略设置的类别属性以及用户指定要忽略的属性。

通用对象编辑器中的选项说明如下。

- densityBasedClusterer(基于密度的聚类器)：用于生成实例的隶属度值的聚类器。支持的聚类器有 EM 和 MakeDensityBasedClusterer。
- ignoredAttributeIndices(忽略属性索引)：希望聚类器忽略的属性范围。例如：first-3,5,9-last。

12) Copy

Copy 过滤器复制一定范围内的现有属性，常用于在实验过程中使用过滤器对属性值进行改写时，保留一个副本。多个属性可以用一个表达式一起复制，例如，表达式“1-3”表示前三个属性，表达式“first-3,5,9-last”表示第 1,2,3,5,9,10,11,12,…个属性。可以使用反选，以选中那些除了指定属性以外的所有属性。

通用对象编辑器中的选项说明如下。

- attributeIndices(属性索引)：指定操作的属性范围。属性索引列表用逗号分隔，first 和 last 均为有效值，用“-”指定所包括的范围。例如：first-3,5,6-10,last。
- invertSelection(反选)：设置选择与反向选择的动作。如果设置为 False，只复制那些指定的属性；如果设置为 True，只复制那些未指定的属性。

13) Discretize

Discretize 过滤器用于离散化，即将数值型属性转换为标称型属性，可以指定属性、分箱数量、是否优化分箱数量、输出二元化属性、使用等宽(默认值)方式还是等频方式进行分箱处理、是否忽略类别属性。

通用对象编辑器中的选项说明如下。

- attributeIndices(属性索引)：指定操作的属性范围。属性索引列表用逗号分隔，first 和 last 都是有效值，用“-”指定所包括的范围。例如：first-3,5,6-10,last。
- bins(箱数)：分箱数量。
- desiredWeightOfInstancesPerInterval(每一间隔实例期望权重)：等频分箱时，设置每一个间隔内实例的期望权重。
- findNumBins(查找箱数)：使用留一法(leave-one-out)策略优化等宽分箱。不能用于等频分箱。
- ignoreClass(忽略类别)：在应用过滤器之前，暂时取消类别索引。
- invertSelection(反选)：设置选择属性模式。如果设置为 False，只离散化选定范围内的(数值型)属性；如果设置为 True，只离散化没有选定的属性。

- makeBinary(二元化)：使结果属性二元化。
- useBinNumbers(使用箱号码)：布尔型，指定是否使用箱号码(如 BXofY)，而不是离散化的属性范围。
- useEqualFrequency(使用等频)：布尔型，如果设置为 True，则使用等频分箱，而不使用等宽分箱。

14) FirstOrder

FirstOrder 过滤器对一定范围内的数值型属性应用一阶差分算子。算法为，将 N 个数值型属性替换为 N-1 个数值型属性，其值是原来实例中连续属性值之差，即新属性值等于后一个属性值减去前一个属性值。例如，原始属性值为 0.1, 0.2, 0.3, 0.1, 0.3，新的属性值为 0.1, 0.1, -0.2, 0.2。

按数字顺序使用属性范围。即如果指定的范围是“7-11,3-5”，也按照“3,4,5,7,8,9,10,11”排序的属性进行使用，而不按照“7,8,9,10,11,3,4,5”的顺序。

通用对象编辑器中的选项说明如下。

attributeIndices(属性索引)：指定操作的属性范围。属性索引列表用逗号分隔，first 和 last 都是有效值，用“-”指定所包括的范围。例如：first-3,5,6-10,last。

15) InterquartileRange

InterquartileRange 过滤器添加新属性，以指示实例的值是否为离群值或极端值。离群值和极端值定义为基于属性值的第 25 个与第 75 个百分位数的间距。如果用户指定的极端值系数和四分位距的乘积值高于第 75 个百分位数，或低于第 25 个百分位数，该值就标记为极端值。也有超出上述范围标记为离群值但不是极端值的情况。可以设置该过滤器，如果某个实例的任意属性值认为是离群值或极端值，或产生离群极端的指标，可以标记该实例为离群值或极端值。也可以将所有极端值标记为离群值，并输出与中位数偏离多少个四分位数的属性。该过滤器忽略类别属性。

假定使用如下符号：

Q1=25%四分位数

Q3=75%四分位数

IQR=四分位距，Q1 和 Q3 之差

OF=离群值因子

EVF=极端值因子

则离群值和极端值可以采用以下公式求出。

离群值：

$$\mathrm{Q3}+\mathrm{OF}\times\mathrm{IQR} < x <= \mathrm{Q3}+\mathrm{EVF}\times\mathrm{IQR}$$

或者

$$\mathrm{Q1}-\mathrm{EVF}\times\mathrm{IQR} <= x < \mathrm{Q1}-\mathrm{OF}\times\mathrm{IQR}$$

极端值：

$$x > \mathrm{Q3}+\mathrm{EVF}\times\mathrm{IQR}$$

或者

$$x < \mathrm{Q1}-\mathrm{EVF}\times\mathrm{IQR}$$

通用对象编辑器中的选项说明如下。

- attributeIndices(属性索引)：指定操作的属性范围。属性索引列表用逗号分隔，first 和 last 都是有效值，用“-”指定所包括的范围。例如：first-3,5,6-10,last。
- detectionPerAttribute(检测每个属性)：每个数值型属性都生成“离群值/极端值”属性对，而不是将全部数值型属性生成一个单一数值型属性对。
- extremeValuesAsOutliers(极端值作为离群值)：是否将极端值标记为离群值。
- extremeValuesFactor(极端值因子)：用于检测极端值阈值的因子。
- outlierFactor(离群值因子)：用于检测离群值阈值的因子。
- outputOffsetMultiplier(输出偏移乘数)：生成一个额外属性 Offset，其值为中位数与乘数的函数值，公式为 value = median + 'multiplier' × IQR，即：值 = 中位数 + “乘数” × IQR。

16) KernelFilter

KernelFilter 过滤器将给定预测变量集转换为核矩阵，类别值保持不变。新数据集包含的实例数量与转换前一样，其属性值保存一对原实例的核函数运算结果。

默认情况下，数据预处理采用 Center 过滤器，用户也可以选择任何过滤器。注意，用户必须小心，以免过滤器无意中改变类别属性。可使用 weka.filters.AllFilter 过滤器来禁用预处理。

通用对象编辑器中的选项说明如下。

- checksTurnedOff (关闭检查)：关闭耗时检查，请谨慎使用。
- initFile(初始化文件)：用于过滤器初始化的数据集。
- initFileClassIndex(类别索引初始化文件)：数据集的类别索引，用于过滤器的初始化。first 和 last 都是有效值。
- kernel(核)：使用的核。支持的核算法包括 NormalizedPolyKernel、PolyKernel、PrecomputedKernelMatrixKernel、Puk、RBFKernel 和 StringKernel。
- kernelFactorExpression(核因子表达式)：核因子，使用 A 表示属性索引，N 表示实例索引。
- preprocessing(预处理)：设置用于预处理的过滤器，如果没有预处理，则使用 AllFilter 过滤器。支持 Weka 实现的预处理算法。

17) MakeIndicator

MakeIndicator 过滤器将标称型属性更换为指示器(即二元属性)，并创建为一个新数据集。在新数据集中，值 1 分配给属性值在指定范围内的实例，值 0 分配给其他实例。默认将布尔型属性编码为数值型。

通用对象编辑器中的选项说明如下。

- attributeIndex(属性索引)：设置应该替换哪些属性的指示器。这些属性必须是标称型属性。
- numeric(是否数值)：确定输出的指示器属性是否为数值型。如果设置为 False，输出属性将是标称型，正例输出属性值为 pos_XXX，负例输出为 neg_XXX。
- valueIndices(值索引)：指定要操作的标称值范围。属性索引列表采用逗号分隔，编号从 1 开始计数。first 和 last 均为有效值，用“-”指定所包括的范围。例如：first-3,5,6-10,last。

18) MathExpression

MathExpression 过滤器根据给定的表达式修改数值型属性。该过滤器与 AddExpression 类似，但它只是在原地修改现有属性，而不是创建新属性。

通用对象编辑器中的选项说明如下。

- expression(表达式)：指定应用的表达式。字母“A”指要处理的属性值。MIN、MAX、MEAN、SD 分别指正在处理的属性的最小值、最大值、平均值和标准偏差。其他属性值(仅限数值型)可通过变量 A1,A2,A3,…进行访问。支持的操作符有+、-、*、/、pow、log、abs、cos、exp、sqrt、tan、sin、ceil、floor、rint、(、)、A、MEAN、MAX、MIN、SD、COUNT、SUM、SUMSQUARED、ifelse。例如：

```
pow(A,6)/(MEAN+MAX)*ifelse(A<0,0,sqrt(A))+ifelse(![A>9 && A<15])
```

- ignoreClass(忽略类别)：在应用过滤器之前，将暂时取消设置类别索引。
- ignoreRange(忽略范围)：指定操作的属性范围。属性索引列表采用逗号分隔，first 和 last 均为有效值，用“-”指定所包括的范围。例如：first-3,5,6-10,last。
- invertSelection(反选)：设置选择与反向选择的动作。如果设置为 True，只修改指定的属性；如果设置为 False，指定的属性将不会被修改。

19) MergeInfrequentNominalValues

MergeInfrequentNominalValues 过滤器将指定标称型属性中出现次数足够低的值进行合并。

通用对象编辑器中的选项说明如下。

- attributeIndex(属性索引)：设置处理的属性范围(或其反向选择)。属性索引列表采用逗号分隔，编号从 1 开始计数。first 和 last 均为有效值，用“-”指定所包括的范围。例如：first-3,5,6-10,last。
- invertSelection(反选)：设置是否对所选择的属性进行处理，或者对其他所有属性(即反向选择)进行处理。
- minimumFrequency(最小次数)：能保留值必须出现的最小次数。
- useShortIDs(使用短 ID)：如果为 True，合并属性值将使用短 ID。

20) MergeManyValues

MergeManyValues 过滤器将指定标称型属性的多个值合并为一个值。

通用对象编辑器中的选项说明如下。

- attributeIndex(属性索引)：设置处理的属性。此属性必须是标称型，first 和 last 都是有效值。
- ignoreClass(忽略类别)：在应用过滤器之前，将暂时取消设置类别索引。
- mergeValueRange(合并值范围)：要进行合并的值的范围。
- label(标签)：合并后值的新标签。

21) MergeTwoValues

MergeTwoValues 过滤器将标称型属性的两个值合并为一个值，需要指定要合并的两个值的索引。

通用对象编辑器中的选项说明如下。

- attributeIndex(属性索引)：设置要处理的属性。此属性必须是标称型，first 和 last 都是有效值。
- firstValueIndex(第一个值索引)：设置要合并的第一个值，first 和 last 都是有效值。
- secondValueIndex(第二个值索引)：设置要合并的第二个值，first 和 last 都是有效值。

22) NominalToBinary

NominalToBinary 过滤器将全部标称型属性转换为二元的数值型属性。如果类别属性是标称型，将使用每个值对应一个属性的方法，即具有 k 个值的属性将转换为 k 个二元属性；如果不给定参数-A，二元属性将仍然保持二元；如果类别属性是数值型，用户可能想使用此过滤器的有监督版本。

通用对象编辑器中的选项说明如下。

- attributeIndices(属性索引)：指定操作的属性范围。属性索引列表用逗号分隔，first 和 last 都是有效值，用“-”指定所包括的范围。例如：first-3,5,6-10,last。
- binaryAttributesNominal(二元属性为标称型)：布尔型，指示结果的二元属性是否为标称型。如果为 True，编码结果为 t 或 f；否则为 1 或 0。
- invertSelection(反选)：布尔型，设置属性选择模式。如果为 False，只有选定范围内的标称型属性进行二元化；如果为 True，只有没有选定的属性进行二元化。
- transformAllValues(转换全部值)：布尔型，设置是否将全部标称值都转换为新属性，包括超过两种标签的值。

23) NominalToString

NominalToString 过滤器将标称型属性转换成字符串型属性，即将指定数量的标称型属性值转换成未指定数量的字符串值。

通用对象编辑器中的选项说明如下。

attributeIndices(属性索引)：指定操作的属性范围。转换指定范围内的标称型属性，但非标称型属性则保持不变，first 和 last 都是有效值。

24) Normalize

Normalize 过滤器规范化给定数据集中的全部数值，如果已设置类别属性则除外。默认情况下，用于计算规范化间隔的数据其结果值将在[0,1]区间内。通过改变缩放和平移参数，可以改变计算结果。例如，设置 scale=2.0 并且 translation=−1.0，能将结果值改变为在[−1,+1]范围内。

通用对象编辑器中的选项说明如下。

- ignoreClass(忽略类别)：应用过滤器之前，暂时取消设置类别索引。
- scale(缩放比例)：输出范围的缩放比例因子，默认值为 1。
- translation(平移)：输出范围的平移参数，默认值为 0，即不做平移。

25) NumericCleaner

NumericCleaner 过滤器“净化”过小、过大或非常接近于一定值(如 0)的数值型数据，并将这些值设置为预先定义的默认值。

通用对象编辑器中的选项说明如下。

- attributeIndices(属性索引)：指定净化(cleansing)操作的属性范围。范围内的任何非数值型属性将保持不变，first 和 last 都是有效值。

- closeTo(接近)：该参数为数值，检查是否过于接近这些值，并替换为默认值。
- closeToDefault(接近默认值)：用于替换过于接近指定值的默认值。
- closeToTolerance(接近容差)：低于该值就认为是接近。
- decimals(位数)：四舍五入的小数位数，-1 表示没有舍入。
- includeClass(包含类别)：如果为 False，净化过程将忽略类别属性。
- invertSelection(反选)：如果为 True，反向选择列。
- maxDefault(最大默认值)：最大默认值，用于替换超出最大阈值的值。
- maxThreshold(最大阈值)：最大阈值，超出该值将替换为最大默认值。
- minDefault(最小默认值)：最小默认值，用于替换低于最小阈值的值。
- minThreshold(最小阈值)：最小阈值，低于该值将替换为最小默认值。

26) NumericToBinary

NumericToBinary 过滤器采用将非零值变为 1 的办法将所有数值型属性转换成二元属性，如果设置了类别属性则除外。如果数值型属性的值恰好为零，新属性的值也将是零；如果数值型属性的值丢失，新属性的值也将丢失。否则，新属性的值将是 1。新属性是标称型。

通用对象编辑器中的选项说明如下。

- attributeIndices(属性索引)：指定操作的属性范围。属性索引列表用逗号分隔，first 和 last 都是有效值，用“-”指定所包括的范围。例如：first-3,5,6-10,last。
- ignoreClass(忽略类别)：应用过滤器之前，将暂时取消设置类别索引。
- invertSelection(反选)：设置属性选择模式。如果为 False，只有选中的(数值型)属性才会被“二值化”；如果为 True，只有没被选中的属性才会被“二值化”。

27) NumericToNominal

NumericToNominal 过滤器通过简单地添加某个数值型属性的所有观测值到标称值列表，将数值型属性转换为标称型属性。不像离散化，该过滤器只是将全部数字值添加到该属性的标称值列表中。在使用 CSV 导入后，如需要强制将某些属性转换为标称型，该过滤器非常有用。例如，转换值在 1～5 范围内的类别属性。

通用对象编辑器中的选项说明如下。

- attributeIndices(属性索引)：指定操作的属性范围。属性索引列表用逗号分隔，first 和 last 都是有效值，用“-”指定所包括的范围。例如：first-3,5,6-10,last。
- invertSelection(反选)：设置属性选择模式。如果为 False，只有选定范围内的数值型属性才进行“标称化”；如果为 True，只有非选定的属性才进行“标称化”。

28) NumericTransform

NumericTransform 过滤器使用一个给定的转换方法(Java 函数)转换数值型属性。

通用对象编辑器中的选项说明如下。

- attributeIndices(属性索引)：指定操作的属性范围。属性索引列表用逗号分隔，first 和 last 都是有效值，用“-”指定所包括的范围。例如：first-3,5,6-10,last。
- className(Java 类名称)：Java 类名称，包含用于转换的方法。
- invertSelection(反选)：是否要反向选择给定的属性范围。
- methodName(方法名称)：转换的方法名称。

29) Obfuscate

Obfuscate 是一个简单的实例过滤器，用于对关系、全部属性名称，以及所有标称型属性值进行重命名，对数据集进行模糊处理，其目的主要是交换敏感数据集。目前尚不能处理字符串型属性和关系型属性。

该过滤器只需要设置 debug 和 doNotCheckCapabilities 参数。

30) PartitionedMultiFilter

PartitionedMultiFilter 是一个元过滤器，该过滤器对指定范围内的属性子集应用多个过滤器，并汇集输出到一个新数据集。不包括在所选范围内的属性，可以从输出中选择保留或者删除。

通用对象编辑器中的选项说明如下。

- filters(过滤器)：使用的基过滤器。
- ranges(范围)：使用的属性范围，inv(...)表示反选范围。
- removeUnused(删除未用)：如果为 True，则从输出中删除未使用的属性(没有在指定范围内的属性)。

31) PKIDiscretize

PKIDiscretize 过滤器使用等频分箱离散化数值型属性，其中，箱的数目等于非缺失值数量的平方根。

通用对象编辑器中的选项说明如下。

- attributeIndices(属性索引)：指定操作的属性范围。属性索引列表用逗号分隔，first 和 last 都是有效值，用“-”指定所包括的范围。例如：first-3,5,6-10,last。
- bins(箱)：忽略。
- desiredWeightOfInstancesPerInterval(每个间隔期望的实例权重)：设置等频分箱中每个间隔期望的实例权重。
- findNumBins(搜索箱数)：忽略。
- ignoreClass(忽略类别)：应用过滤器之前，暂时取消设置类别索引。
- invertSelection(反选)：设置属性选择模式。如果为 False，只有选定范围内的(数值型)属性被离散化；如果为 True，只有非选定的属性被离散化。
- makeBinary(二元化)：使结果属性二元化。
- useBinNumbers(使用箱号码)：使用箱号码(例如 BXofY)，而不是离散化的属性范围。
- useEqualFrequency(使用等频)：总是设置为 True。

32) PrincipalComponents

PrincipalComponents 过滤器进行数据的主成分分析和转换。

通过选择原始数据的方差占到一定百分比(默认值为 0.95(95%))的足够的特征向量，以完成降维。

通用对象编辑器中的选项说明如下。

- centerData(中心化数据)：布尔型，中心化(而不是标准化)数据。PCA(主成分分析)由协方差矩阵(而不是相关矩阵)计算。
- maximumAttributeNames(最大属性名称)：包含转换属性名称的属性的最大数量。

- maximumAttributes(最大属性)：要保留的主成分属性的最大数量，默认值为-1，对数量不加限制。
- varianceCovered(差分占比)：保留足够的主成分属性，考虑到差分所占的比例。默认值为 0.95。

33) RandomProjection

RandomProjection 过滤器通过使用以列为单位长度的随机矩阵，将数据投影到一个低维子空间，以此来降低数据维数。类似于 PCA，RandomProjection 过滤器在减少数据中属性数目的同时，尽可能保留其差异，但计算代价少得多。

在降维之前，该过滤器先应用 NominalToBinary 过滤器将全部属性都转换成数值型，保持类别属性不变。

通用对象编辑器中的选项说明如下。

- distribution(分布)：用于计算随机矩阵的分布。

  Sparse1 的计算公式为

```
sqrt(3) * { -1 with prob(1/6),
             0 with prob(2/3),
            +1 with prob(1/6) }
```

  Sparse2 的计算公式为

```
{ -1 with prob(1/2),
  +1 with prob(1/2) }
```

- numberOfAttributes(属性数量)：数据应该减少到的维数，即属性的数量。
- percent(百分比)：数据集中，包括类别属性在内的属性应该减少到的百分比(属性)。如果本选项存在并大于零，则忽略 numberOfAttributes 选项。
- seed(随机种子)：随机数发生器使用的随机种子，用于产生随机矩阵。
- replaceMissingValues(替换缺失值)：是否设置过滤器使用 weka.filters.unsupervised.attribute.ReplaceMissingValues 以替换缺失值。

34) RandomSubset

RandomSubset 过滤器选择属性的一个随机子集，可以用绝对数值或百分比指定抽取的范围。输出的新数据集总是包含类别属性并作为最后一个属性。

通用对象编辑器中的选项说明如下。

- numAttributes(属性数量)：选择的属性数量。如果为百分比，值必须小于 1；如果为属性的绝对数量，值必须大于等于 1。
- seed(种子)：随机数发生器的种子值。

35) Remove

Remove 过滤器删除数据集中指定范围的属性。如果 invertSelection 选项设置为 True，并且没有指定属性列索引按升序排序，则重新排序其余属性。例如，某数据集有 A1、A2、A3 和 A4 四个属性，使用 Remove -V -R 1,4,3 命令，则剩余属性为 A1、A4 和 A3。注意，剩余属性是按照-R 选项排序的。

通用对象编辑器中的选项说明如下。

- attributeIndices(属性索引)：指定操作的属性范围。属性索引列表用逗号分隔，

first 和 last 都是有效值，用“-”指定所包括的范围。例如：first-3,5,6-10,last。

- invertSelection(反选)：确定是选择还是排除操作。如果设置为 True，只保留指定的属性；如果设置为 False，将删除指定的属性。

36) RemoveByName

RemoveByName 过滤器删除其名字与正则表达式相匹配的属性。

通用对象编辑器中的选项说明如下。

- expression(表达式)：用于匹配属性名称的正则表达式。
- invertSelection(反选)：确定是选择还是排除操作。如果设置为 True，只保留指定的属性；如果设置为 False，将删除指定的属性。

37) RemoveType

RemoveType 过滤器删除给定类型(标称型、数字型、字符串型或日期型)的全部属性。该过滤器会跳过类别属性。

通用对象编辑器中的选项说明如下。

- attributeType(属性类型)：要删除的属性类型。
- invertSelection(反选)：确定是选择还是排除操作。如果设置为 True，只保留指定的属性；如果设置为 False，将删除指定的属性。

38) RemoveUseless

RemoveUseless 过滤器删除全部值都不变的常量属性，以及差别较大的标称型属性，即在全部实例中值都各不相同的标称型属性。用户可以通过确定不相同的值的数量占值总量的百分比来决定可以容忍的变化度，以决定是否删除一个属性。该过滤器会跳过类别属性，默认情况下，最后一个属性是类别属性。

通用对象编辑器中的选项说明如下。

maximumVariancePercentageAllowed(允许的最大偏差百分比)：设置删除标称型属性最大偏差的阈值，默认值为 99.0。具体而言，如果对于某个属性，(number_of_distinct_values/total_number_of_values*100)大于该阈值，则删除该属性。

39) RenameAttribute

RenameAttribute 过滤器用于重命名属性名称。

可以用正则表达式进行匹配和替换操作，更多有关正则表达式的信息请参阅 java.util.regex.Pattern 类的 Javadoc 文档。

通用对象编辑器中的选项说明如下。

- attributeIndices(属性索引)：指定操作的属性范围。属性索引列表用逗号分隔，first 和 last 都是有效值，用“-”指定所包括的范围。例如：first-3,5,6-10,last。
- find(查找)：属性名称必须匹配的正则表达式。
- replace(替换)：用于替换匹配的属性名称的正则表达式。
- replaceAll(替换全部)：如果设置为 True，则替换匹配的全部属性名称，否则只替换第一个。
- invertSelection(反选)：如果设置为 True，则使用反向选择。例如，属性索引“2-4”指的是除“2-4”以外的全部属性。

40) RenameNominalValues

RenameNominalValues 过滤器重命名标称型属性的值。

通用对象编辑器中的选项说明如下。

- ignoreCase(忽略大小写)：是否在匹配标称值时忽略大小写。
- invertSelection(反选)：如果设置为 True，则使用反向选择，即重命名除选中属性以外的所有属性。
- selectedAttributes(选中属性)：要操作的属性，可以使用索引字符串或明确指定的以逗号分隔的属性名称。
- valueReplacements(替换值)：逗号分隔的替换名称列表，冒号前为要替换的名称，冒号后为新的名称，例如：red:green, blue:purple, fred:bob。

41) Reorder

Reorder 过滤器更改属性的顺序。如果用户要将某属性移动到尾部，使它成为类别属性，可以使用本过滤器。例如，使用“-R 2-last,1”将第一个属性移动到尾部。

使用它不仅可以改变全部属性的顺序，还可以排除属性。例如，如果有 10 个属性，可以使用“1,3,5,7,9,10”或“10,1-5”，生成不同的输出顺序。

可以为下一步处理而复制属性。例如，使用“1,1,1,4,4,4,2,2,2”时，其中第二列和第三列中每个属性的处理方式不同，而第一列仍保持原来的位置。注意，Weka 正式文档这样记载，但使用时会报错，错误信息为“Attribute names are not unique!”(属性名称不唯一！)。

可以通过“last-first”简单地将属性按逆序排列。

应用过滤器后，类别属性将是最后一个属性。

通用对象编辑器中的选项说明如下。

attributeIndices(属性索引)：指定操作的属性范围。属性索引列表用逗号分隔，first 和 last 都是有效值，用“-”指定所包括的范围。例如：first-3,5,6-10,last。

42) ReplaceMissingValues

ReplaceMissingValues 过滤器将数据集中全部缺失的标称型属性值和数值型属性值分别替换为训练数据的众数(modes)和均值。

通用对象编辑器中的选项说明如下。

ignoreClass(忽略类别)：应用过滤器之前，暂时取消设置类别索引。

43) ReplaceMissingWithUserConstant

ReplaceMissingWithUserConstant 过滤器将数据集中标称型、字符串型、数值型和日期型属性的全部缺失值替换为用户指定的常量值。

通用对象编辑器中的选项说明如下。

- attributes(属性)：指定操作的属性范围。这是一个逗号分隔的属性索引，first 和 last 均为有效值，用“-”指定所包括的范围。例如：first-3,5,6-10,last。也可以指定一个用逗号分隔的属性名称列表。注意，不能在同一个列表中混用索引和属性名称。
- dateFormat(日期格式)：用于解析日期替换值的格式化字符串。
- dateReplacementValue(日期替换值)：用于替换日期型属性缺失值的常量。

- ignoreClass(忽略类别)：应用过滤器之前，暂时取消设置类别索引。
- nominalStringReplacementValue(标称字符串替换值)：用于替换标称型属性和字符串型属性缺失值的常量。
- numericReplacementValue(数值替换值)：用于替换数值型属性缺失值的常量。

44) ReplaceWithMissingValue

ReplaceWithMissingValue 过滤器用于在数据集中引入缺失值。指定的掷硬币概率用于决定是否将实例的特定属性值替换为缺失值，也就是说，概率为 0.9 意味着有 90%的值将替换为缺失值。该过滤器仅修改第一批处理的数据。

通用对象编辑器中的选项说明如下。

- attributeIndices(属性索引)：指定操作的属性范围。属性索引列表用逗号分隔，first 和 last 都是有效值，用“-”指定所包括的范围。例如：first-3,5,6-10,last。
- ignoreClass(忽略类别)：应用过滤器之前，暂时取消设置类别索引。
- invertSelection(反选)：设置选择属性模式。如果设置为 False，只修改选定范围内的(数值型)属性；如果设置为 True，只修改没有选定的属性。
- probability(概率)：替换的概率。
- seed(种子)：随机数发生器的种子值。

45) SortLabels

SortLabels 是一个对标称型属性标签进行排序的简单过滤器。

通用对象编辑器中的选项说明如下。

- attributeIndices(属性索引)：指定操作的属性范围。属性索引列表用逗号分隔，first 和 last 都是有效值，用“-”指定所包括的范围。例如：first-3,5,6-10,last。
- invertSelection(反选)：设置属性选择模式。如果为 False，只处理选定范围内的属性；如果为 True，只处理非选定的属性。
- sortType(排序类型)：排序使用的类型。

46) Standardize

Standardize 过滤器将给定数据集的全部数值型属性标准化为具有零均值和单位方差，忽略类别属性。

通用对象编辑器中的选项说明如下。

ignoreClass(忽略类别)：应用过滤器之前，暂时取消设置类别索引。

47) StringToNominal

StringToNominal 过滤器将指定范围内的字符串型属性(未指定值的数目)转换为标称值(指定值的数目)。用户要确保所有出现的字符串值都会在第一批数据中出现。

通用对象编辑器中的选项说明如下。

attributeRange(属性范围)：设置处理哪些属性。这些属性必须是字符串型属性，first 和 last 以及范围和列表都是有效值。

48) StringToWordVector

StringToWordVector 过滤器将字符串型属性转换为向量类型，表示单词出现的频率。具体方法是，根据字符串中包含的文本，将字符串型属性转换为一个表示词出现次数(基于 Tokenizer)信息的属性集合。词(属性)集合由第一次过滤(通常为训练数据)确定。

通用对象编辑器中的选项说明如下。

- IDFTransform(IDF 转换)：设置是否将一个文档中的词频转换为 f_{ij}×log(文档数量/含有词 i 的文档数量)，其中，f_{ij} 为词 i 在文档(实例) j 中出现的频率。
- TFTransform(TF 转换)：设置是否将原词频 f_{ij} 转换为 log(1+f_{ij})，其中，f_{ij} 为词 i 在文档(实例) j 中出现的频率。

  注意，IDFTransform 和 TFTransform 不能同时为 True，且这两者如果有一个为 True，必须将 outputWordCounts 设置为 True。
- attributeIndices(属性索引)：指定操作的属性范围。属性索引列表用逗号分隔，first 和 last 都是有效值，用“-”指定所包括的范围。例如：first-3,5,6-10,last。
- attributeNamePrefix(属性名称前缀)：所创建的属性名称前缀，默认为空字符串(“”)。
- doNotOperateOnPerClassBasis(不基于每个类别操作)：如果设置为 True，单词的最大数目和最低限度的频率不是基于每个类别，而是基于文档中的全部类别(即使设置了类别属性)。
- invertSelection(反选)：设置属性选择模式。如果为 False，只处理选定范围内的属性；如果为 True，只处理非选定的属性。
- lowerCaseTokens(小写符号)：如果设置为 True，则先将全部单词符号转换成小写，然后再添加到词典中。
- minTermFreq(最小词频)：设置词频的最小值，这是对每个类别的单词出现次数的要求。默认值为 1。
- normalizeDocLength(规范化文档长度)：设置是否对文档(实例)的词频进行规范化。选项有 No normalization(不做规范化，默认)、Normalize all data(规范化全部数据)和 Normalize test data only(仅规范化测试数据)。
- outputWordCounts(输出单词计数)：输出单词计数，而不是表示为单词不存在或存在的布尔值 0 或 1。
- periodicPruning(定期修剪)：指定速率(输入数据集的 x%)，以此定期修剪词典。创建一个完整的词典后，修剪 wordsToKeep。这种方法可能导致没有足够内存。
- stemmer(词干分析器)：用于单词的词干提取算法。
- stopwordsHandler(停用词处理器)：所使用的停用词处理器，Null 表示不使用停用词。其余选项为 MultiStopwords(应用多个停用词算法)、Rainbow (基于 Rainbow 的停用词，参见 http://www.cs.cmu.edu/~mccallum/bow/rainbow/)、RegExpFromFile (使用文件中的正则表达式确定是否为停用词)和 WordsFromFile(使用文件中列出的停用词)。
- tokenizer(分词器)：用于字符串的分词算法。
- wordsToKeep(保持的单词)：尝试保持的单词数量(如果分配了类别属性，则以每个类别为基础)。

49) SwapValues

SwapValues 过滤器交换同一个标称型属性的两个值。

通用对象编辑器中的选项说明如下。

- attributeIndex(属性索引)：设置处理的属性。此属性必须是标称型，first 和 last 都是有效值。

- firstValueIndex(第一个值的索引)：第一个值的索引，first 和 last 都是有效值。
- secondValueIndex(第二个值的索引)：第二个值的索引，first 和 last 都是有效值。

50) TimeSeriesDelta

TimeSeriesDelta 是一个实例过滤器。它假定实例形成时间序列数据，并将当前实例属性值替换为以前(或未来)的实例的等效属性值与当前值之间的差值。对于转换后的值未知的实例，要么删除实例，要么使用缺失值。如果设置了类别属性，则忽略该属性。

通用对象编辑器中的选项说明如下。

- attributeIndices(属性索引)：指定操作的属性范围。属性索引列表用逗号分隔，first 和 last 都是有效值，用“-”指定所包括的范围。例如：first-3,5,6-10,last。
- fillWithMissing(用缺失值填充)：布尔型。在数据集开头或结尾的实例中，如果经转换后的值不可知，就使用缺失值(默认是删除这些实例)。
- instanceRange(实例范围)：将前向或后向的区间值进行合并的实例数量。负数表示从前面的实例中取值。
- invertSelection(反选)：是否反向选择，如果为 True，则计算全部没有指定的列。

51) TimeSeriesTranslate

TimeSeriesTranslate 过滤器假定实例构成时间序列数据，并采用以前(或未来)的实例的等效属性值取代当前实例中的属性值。对于所需值未知的情况，要么丢弃实例，要么使用缺失值。如果设置了类别属性，则忽略该属性。

通用对象编辑器中的选项说明如下。

- attributeIndices(属性索引)：指定操作的属性范围。属性索引列表用逗号分隔，first 和 last 都是有效值，用“-”指定所包括的范围。例如：first-3,5,6-10,last。
- fillWithMissing(用缺失值填充)：布尔型。在数据集开头或结尾的实例中，如果经转换后的值不可知，就使用缺失值(默认是删除这些实例)。
- instanceRange(实例范围)：将前向或后向的区间值进行合并的实例数量，负数表示从前面的实例中取值。
- invertSelection(反选)：是否反向选择，如果为 True，则计算全部没有指定的列。

52) Transpose

Transpose 过滤器将数据进行转置运算：实例变为属性，属性变为实例。如果原始数据的第一个属性是标称型或字符串型标识符属性，该标识符属性将用于在转置数据中创建属性名称。所有除标识符属性之外的属性必须是数值型。原始数据的属性名称将用来在转置数据中创建一个类型为 string 的标识符属性。

该过滤器只能处理一批数据，例如，它不能用于 FilteredClassifier 中。

该过滤器只能用于没有设置类别属性的数据集中。

日期值将转化为简单数值。

该过滤器只需要设置 debug 和 doNotCheckCapabilities 参数。

无监督实例过滤器

1) NonSparseToSparse

NonSparseToSparse 是一个实例过滤器，将全部输入实例转换为稀疏格式。

通用对象编辑器中的选项说明如下。

- insertDummyNominalFirstValue(标称第一个值前插入虚拟值)：对于所有标称型属性，在第一个值声明之前先插入一个虚拟值。将已编码为 Apriori 的市场购物篮数据转换为稀疏格式时非常有用。通常与将缺失值处理为零的方式一并使用。
- treatMissingValuesAsZero(缺失值处理为零)：将缺失值作为零进行处理。

2) Randomize

Randomize 过滤器随机打乱通过该过滤器的实例顺序。每当一组新实例进入该过滤器时，随机数发生器使用其种子值进行复位。

通用对象编辑器中的选项说明如下。

randomSeed(随机种子)：随机数发生器的种子。

3)RemoveDuplicates

RemoveDuplicates 过滤器删除接收到的第一批数据中所有重复的实例。

该过滤器只需要设置 debug 和 doNotCheckCapabilities 参数。

4) RemoveFolds

RemoveFolds 过滤器将数据集作为输入，并为交叉验证输出指定第几折。如果想使用分层折数的交叉验证，请使用有监督的版本。

通用对象编辑器中的选项说明如下。

- fold(折)：选择的折。
- invertSelection(反选)：是否反向选择。
- numFolds(折数)：数据集分割成的折数。
- seed(种子)：对数据集重新排序的随机数种子。如果种子为负数，将不重新排序。

5) RemoveFrequentValues

RemoveFrequentValues 过滤器决定保留某个标称型属性中的那些出现频率高(或低)的值，并相应地过滤其实例。在一些值具有相同频率的情况下，将按照原来的实例对象出现的顺序进行筛选。例如，如果有值“1,2,3,4”，其频率为“10,5,5,3”，选择保留两个最常见的值，结果将是值“1,2”，这是因为即便“2”和“3”具有相同的频率，但值“2”出现在值“3”之前。

通用对象编辑器中的选项说明如下。

- attributeIndex(属性索引)：用于选择的属性索引，默认为最后一个。
- invertSelection(反选)：是否反向选择。
- modifyHeader(修改头)：选择标称型属性时，删除引用到排除值的头。
- numValues(值的数目)：保留的值的数目。
- useLeastValues(使用最少值)：如果为 True，则保留实例最少的值，而不是最多的。默认为 False。

6) RemoveMisclassified

RemoveMisclassified 过滤器用于删除错误分类的实例，主要用于去除离群值。

通用对象编辑器中的选项说明如下。

- classIndex(类别索引)：判断错误分类所基于的类别索引。如果其值小于 0，则使用当前的类别设置，默认为最后一个属性。
- classifier(分类器)：产生错误分类的分类器。

- invert(反向)：是否反向选择。如果为True，则丢弃当前正确分类的实例。
- maxIterations(最大迭代)：迭代执行的最大数目。小于1时，意味着过滤器一直运行，直到完全净化。
- numFolds(折数)：使用的交叉验证的折数。如果小于2，则不进行交叉验证。
- threshold(阈值)：预测数值类别(即回归)时的最大允许误差阈值，其值应该大于等于0。

7) RemovePercentage

RemovePercentage 过滤器删除数据集中给定百分比的实例。

通用对象编辑器中的选项说明如下。

- invertSelection(反选)：是否反向选择。
- percentage(百分比)：选择数据的百分比。

8) RemoveRange

RemoveRange 过滤器删除数据集里给定范围的实例。

通用对象编辑器中的选项说明如下。

- instancesIndices(实例索引)：选择的实例范围，first 和 last 都是有效的索引。
- invertSelection(反选)：是否反向选择。

9) RemoveWithValues

RemoveWithValues 过滤器根据属性值过滤实例，筛选出具有特定属性值的实例。

通用对象编辑器中的选项说明如下。

- attributeIndex(属性索引)：挑选用于选择的属性，默认为最后一个。
- dontFilterAfterFirstBatch(第一批后不过滤)：是否对输入的第一批(训练数据)之后的实例应用过滤处理。默认为 False，以便后续批次的实例有可能让过滤器“消费”。
- invertSelection(反选)：是否反向选择。
- matchMissingValues(匹配缺失值)：将缺失值作为匹配项，此设置独立于invertSelection 选项。
- modifyHeader(修改头)：选择标称型属性时，删除引用到排除值的头。
- nominalIndices(标称索引)：用于选择标称型属性的标签索引范围，first 和 last 都是有效的索引。
- splitPoint(分割点)：用于选择数值型属性的数值，将选中其值小于给定值的实例。

10) Resample

Resample 过滤器通过有放回或无放回的抽样产生数据集的随机子样本。原始数据集必须完全装载在内存中，可以指定所生成数据集实例的数量。在批处理模式下使用时，后续批次不再重复采样。

通用对象编辑器中的选项说明如下。

- invertSelection(反选)：是否反向选择，仅用于无放回的实例抽样。
- noReplacement(无放回)：禁用实例放回抽样。
- randomSeed(随机种子)：用于随机抽样的种子。
- sampleSizePercent(样本大小百分比)：子样本的大小占原始数据集的百分比。

11) ReservoirSample

ReservoirSample 过滤器使用 Vitter 的水库抽样算法“R”，产生数据集的一个随机子样本。子样本(reservoir)必须装载到主存储器，但原始数据集则不必。

通用对象编辑器中的选项说明如下。

- randomSeed(随机种子)：用于随机抽样的种子。
- sampleSize(样本大小)：子样本(水库)的大小，即实例的数量。

12) SparseToNonSparse

SparseToNonSparse 实例过滤器将输入的所有稀疏实例转换为非稀疏格式。

该过滤器只需要设置 debug 和 doNotCheckCapabilities 参数。

13) SubsetByExpression

SubsetByExpression 过滤器根据应用于属性值的、由数学和逻辑运算符组成的逻辑表达式的评价结果，决定是否保留实例。

语法如下：

```
boolexpr_list ::= boolexpr_list boolexpr_part | boolexpr_part;
boolexpr_part ::= boolexpr:e {: parser.setResult(e); :} ;
boolexpr ::=   BOOLEAN
             | true
             | false
             | expr < expr
             | expr <= expr
             | expr > expr
             | expr >= expr
             | expr = expr
             | ( boolexpr )
             | not boolexpr
             | boolexpr and boolexpr
             | boolexpr or boolexpr
             | ATTRIBUTE is STRING
             ;
expr     ::=  NUMBER
             | ATTRIBUTE
             | ( expr )
             | opexpr
             | funcexpr
             ;
opexpr    ::=  expr + expr
             | expr - expr
             | expr * expr
             | expr / expr
             ;
funcexpr ::=   abs ( expr )
             | sqrt ( expr )
             | log ( expr )
             | exp ( expr )
             | sin ( expr )
```

```
        | cos ( expr )
        | tan ( expr )
        | rint ( expr )
        | floor ( expr )
        | pow ( expr for base , expr for exponent )
        | ceil ( expr )
        ;
```

注意：

- NUMBER：任何整数或浮点数(但不用科学记数法)。
- STRING：任何用单引号包括的字符串。但字符串也有可能不用单引号。
- ATTRIBUTE：以下占位符均会确认为是属性值。
  - ◆ CLASS：设置类别属性后的类别值。
  - ◆ ATTxyz：xyz 表示属性的索引值，范围从 1 到数据集的属性总数。

示例：

- 从 UCI 数据集 zoo 中，只提取哺乳动物(mammal)和鸟类(bird)：

```
(CLASS is 'mammal') or (CLASS is 'bird')
```

- 从 UCI 数据集 zoo 中，只提取至少有 2 条腿的动物：

```
(ATT14 >= 2)
```

- 从 UCI 数据集 labor 中，只提取属性 wage-increase-second-year 没有缺失的实例：

```
not ismissing(ATT3)
```

通用对象编辑器中的选项说明如下。

- expression(表达式)：用于过滤数据集的表达式。
- filterAfterFirstBatch(第一批后过滤)：是否对输入的第一批训练数据之后的实例应用过滤处理。默认为 False，这样，当在 FilteredClassifier 中使用时，测试实例不能只让过滤器“消费”，而是总要做出预测。

有监督属性过滤器

1) AddClassification

AddClassification 过滤器使用分类器为数据集添加类别、类别分布和错误标志。分类器可以通过对数据本身进行训练而得到，也可以通过序列化模型得到。

通用对象编辑器中的选项说明如下。

- classifier(分类器)：用于分类的分类器。
- outputClassification(输出类别)：是否添加一个实际类别的属性。
- outputDistribution(输出分布)：是否要为全部类别(对于数值类别，这和采用 outputClassification 选项的属性输出相同)的分布添加属性。
- outputErrorFlag(输出错误标志)：是否添加一个属性，指示分类器是否输出错误的类别。对于数值类别，这里为数值的差值。
- removeOldClass(删除旧的类别)：是否删除旧的类别属性。
- serializedClassifierFile(序列化分类器文件)：一个序列化模型文件，包含已经训练

好的分类器。

2) AttributeSelection

AttributeSelection 是一个有监督的属性过滤器，可用于选择属性。该过滤器非常灵活，允许将各种搜索和评估方法联合使用。

通用对象编辑器中的选项说明如下。

- evaluator(评估器)：确定如何对属性(或属性子集)进行评估。
- search(搜索)：确定搜索方法。

3) ClassConditionalProbabilities

ClassConditionalProbabilities 过滤器将标称型属性值或数值型属性值转换为类别条件概率。如果有 k 个类别，则将创建 k 个新属性，其值由 pr(att val | class k)给出。

该过滤器可用于将含不同值的标称型属性转换为更易于管理的属性，方便不能处理标称型属性的学习方案进行处理，而不用创建二元指示属性。对于标称型属性，用户可以指定一个阈值，大于该阈值时属性才使用本方法进行转换。

通用对象编辑器中的选项说明如下。

- Exclude nominal attributes(排除标称型属性)：对标称型属性不使用转换。
- Exclude numeric attributes(排除数值型属性)：对数值型属性不使用转换。
- Nominal conversion threshold(标称转换阈值)：至少有这么多取值才转换标称型属性。-1 意味着总是转换。

4) ClassOrder

ClassOrder 过滤器更改类别顺序，使类别值不再按标头中指定的顺序排列。类别值将按用户指定的顺序，可以按类别频率升序/降序排列，也可以按随机顺序排列。注意，这个过滤器目前不改变标头，只改变实例的类别值，因此联合使用它与 FilteredClassifier 并没有多大意义。值也可以调用 originalValue(double value)函数进行转换。

通用对象编辑器中的选项说明如下。

- classOrder(类别顺序)：指定过滤后的类别顺序。
- seed(种子)：指定类别顺序的随机种子。

5) Discretize

Discretize 过滤器将数据集中一定范围内的数值型属性离散化为标称型属性。默认的离散化方法是 Fayyad & Irani 的 MDL 判据。

通用对象编辑器中的选项说明如下。

- attributeIndices(属性索引)：指定操作的属性范围。属性索引列表用逗号分隔，first 和 last 都是有效值，用“-”指定所包括的范围。例如：first-3,5,6-10,last。
- binRangePrecision(箱范围精度)：当生成箱标签时，分割点所使用小数点后的位数。
- invertSelection(反选)：设置属性选择模式。如果为 False，只有选定范围内的数值型属性被离散化；如果为 True，只有非选定的属性被离散化。
- makeBinary(二元化)：将结果属性二元化。
- useBetterEncoding(使用更好编码)：使用更有效的分割点编码。
- useBinNumbers(使用箱号码)：使用箱号码(例如 BXofY)，而不是离散化属性范围。
- useKononenko(使用 Kononenko)：使用 Kononenko 的 MDL 判据。如果设置为

False，则使用 Fayyad & Irani 判据。

6) MergeNominalValues

MergeNominalValues 过滤器使用 CHAID 方法，合并指定范围的标称型属性(但不含类别属性)中的所有属性值，它不使用 re-split 子集合并。该过滤器实现了 Gordon V. Kass (1980)论文所描述的步骤 1 和 2。

一旦完成属性值的合并，将使用 Bonferroni 调整的卡方检验方法来检查生成的属性是否为有效的预测器，数学基础为在文献 Kass (1980)[①]的公式 3.2 中的 Bonferroni 乘数。如果属性没有通过该检验，将合并所有剩余的值(如果有的话)。然而，无用的预测器可能无法做到合并本应合并的属性(例如标识符属性)值。

当计算卡方统计量时，代码使用 Yates 校正。

通用对象编辑器中的选项说明如下。

- attributeIndices(属性索引)：指定操作的属性范围。属性索引列表用逗号分隔，first 和 last 都是有效值，用“-”指定所包括的范围。例如：first-3,5,6-10,last。
- invertSelection(反选)：设置是对所选择的属性进行处理，还是对其他未选择的属性(即反向选择)进行处理。
- significanceLevel(显著性水平)：卡方检验的显著性水平，用于决定何时停止合并。
- useShortIdentifiers(使用短标识符)：是否为合并后的值使用短标识符。

7) NominalToBinary

NominalToBinary 过滤器将全部标称型属性转换成二元的数值型属性。如果类别属性是标称型，使用每个值一个属性(one-attribute-per-value)的方法，将 k 个值的属性转换成 k 个二元属性。如果没有给定-A 参数，二元属性将保持不变。如果类别属性是数值型，将按照 Breiman 等人在 *Classification and Regression Trees*(分类与回归树)论文中描述的方式，创建 k-1 个新的二元属性，即考虑类别平均值与每个属性值的关联。

通用对象编辑器中的选项说明如下。

- binaryAttributesNominal(标称型二元属性)：结果二元属性是否为标称型。
- transformAllValues(转换全部值)：是否所有的标称值都转换为新属性，不只是超过 2 的标称值。

8) PartitionMembership

PartitionMembership 过滤器使用 PartitionGenerator 生成分隔隶属度值，过滤后的实例由这些隶属度值加上类别属性(如果在输入数据中设置)构成，并呈现为稀疏的实例集。

通用对象编辑器中的选项说明如下。

partitionGenerator(分隔生成器)：分隔生成器，为实例集生成隶属度值。支持的生成器有 J48、RandomForest、RandomTree 和 REPTree。

有监督实例过滤器

1) ClassBalancer

ClassBalancer 过滤器调整数据集中的实例，使得每个类别都有相同的总权重。所有实

① Kass G V. An Exploratory Technique for Investigating Large Quantities of Categorical Data. Applied Statistics, 1980, 29(2):119-127.

例的权重总和将维持不变。它只改变通过该过滤器的第一批数据的权重，因此可以用于FilteredClassifier。

该过滤器只需要设置debug和doNotCheckCapabilities参数。

2) Resample

Resample过滤器通过有放回或无放回的抽样产生数据集的一个随机子样本。

必须将原始数据集完全加载到内存中。可以指定生成数据集的实例数量。该数据集必须有标称型的类别属性。如果没有，请使用无监督版本。该过滤器可在子样本中保持类别分布，或使类别分布偏向均匀分布。在用于批模式(即FilteredClassifier)时，后续批次不重采样。

通用对象编辑器中的选项说明如下。

- biasToUniformClass(偏向均匀类别分布)：是否使用偏向均匀类别分布。其值为0，保持原类别分布；其值为1，确保输出数据的类别分布是均匀的。
- invertSelection(反选)：是否反向选择，仅用于无放回抽样实例。
- noReplacement(无放回)：禁用有放回抽样。
- randomSeed(随机种子)：子抽样的随机数种子。
- sampleSizePercent(样本大小百分比)：子样本大小占原始集的百分比。默认值为100.0。

3) SpreadSubsample

SpreadSubsample过滤器产生数据集的随机子样本。必须将原始数据集完全加载到内存中。此过滤器允许指定最稀有与最常见类别之间的最大spread(差幅)。例如，可以指定类别频率的最大差异为2∶1。在用于批模式时，后续批次不能重抽样。

通用对象编辑器中的选项说明如下。

- adjustWeights(调整权重)：是否调整实例权重，以保持每个类别的总权重。
- distributionSpread(分布差幅)：最大类别分布差幅(0=不设最大差幅，1=均匀分布，10=允许类别之间(差幅的)最大比例为10∶1)。
- maxCount(最大计数)：任意类别值的最大计数(0=无限制)。
- randomSeed(随机种子)：子抽样的随机数种子。

4) StratifiedRemoveFolds

StratifiedRemoveFolds过滤器将数据集作为输入，输出为交叉验证使用的指定折数。如果不希望折分层，请使用无监督的版本。

通用对象编辑器中的选项说明如下。

- fold(折)：选择的折。
- invertSelection(反选)：是否反向选择。
- numFolds(折数)：将数据集分割为折的数目。
- seed(种子)：打乱数据集顺序的随机数种子。如果为负数，将不打乱顺序。

分类算法介绍

Weka的分类算法按照其功能分为如下七种：bayes(贝叶斯)、functions(功能)、lazy(消极)、meta(元)、misc(杂项)、rules(规则)和trees(树)。

bayes

1) BayesNet

使用不同的搜索算法和质量度量的 BayesNet(贝叶斯网络)学习算法。

这是贝叶斯网络分类器的基类。提供网络结构、条件概率分布等数据结构和贝叶斯网络学习算法的常用服务，如 K2 和 B 算法。

通用对象编辑器中的选项说明如下。

- BIFFile(BIF 文件)：设置 BIF XML 格式的文件名称。原来学习而得的贝叶斯网络可以采用 BIF 文件存放，从数据学习而得的新贝叶斯网络可以与 BIF 文件表示的网络进行比较。
- batchSize(批大小)：如果执行批量预测，期望处理的实例数量。实际可能提供多一些或少一些的实例，该参数提供一个指定期望批大小的机会。默认值为 100。
- estimator(估算器)：选择估算器算法，以寻找贝叶斯网络的条件概率表。目前支持的估算器有 BayesNetEstimator、BMAEstimator、MultiNomialBMAEstimator、SimpleEstimator。
- numDecimalPlaces(小数点后的位数)：模型中输出数值的小数点后的位数。默认值为 2。
- searchAlgorithm(搜索算法)：选择用于搜索网络结构的方法。目前支持的搜索算法有 GeneticSearch、HillClimber、K2、LAGDHillClimber、RepeatedHillClimber、SimulatedAnnealing、TabuSearch、TAN。
- useADTree(使用 ADTree)：使用 ADTree，通常会减少学习时间。ADTree 是增加计数速度的数据结构，注意不要与同名分类器混淆。然而，由于 ADTree 占用大量内存，可能会出现内存紧张的状况。此选项为 False 时，使用较少内存，但结构学习算法速度较慢。默认为 False。

2) NaiveBayes

NaiveBayes(朴素贝叶斯分类器)使用估算器类。基于对训练数据的分析，选择数字估算器的精度值。出于这个原因，分类器不是 UpdateableClassifier(可更新的分类器，这类分类器的特点是可用零个训练实例来初始化)。如果需要使用可更新分类器的功能，可使用 NaiveBayesUpdateable 分类器。当采用零个训练实例调用 buildClassifier 时，NaiveBayesUpdateable 分类器对数值型属性的默认精度为 0.1。

通用对象编辑器中的选项说明如下。

- batchSize(批大小)：如果执行批量预测，期望处理的实例数量。实际可能提供多一些或少一些的实例，该参数提供一个指定期望批大小的机会。默认值为 100。
- displayModelInOldFormat(旧格式的显示模型)：使用旧格式的模型输出。当类别取值较多时，使用旧格式更好；当类别取值较少并且属性很多时，使用新格式更好。
- numDecimalPlaces(小数点后的位数)：模型中输出数值的小数点后的位数。默认值为 2。
- useKernelEstimator(使用核估算器)：对数值型属性不使用正态分布，而使用核估算器。默认为 False。

- useSupervisedDiscretization(使用有监督离散化)：使用有监督离散化将数值型属性转换为标称型属性。默认为 False。

3) NaiveBayesMultinomial

构建并使用多项式朴素贝叶斯分类器类。

此分类器的核心公式如下：

P[Ci|D] = (P[D|Ci] × P[Ci]) / P[D]　　(贝叶斯规则)

其中，Ci 为类别 i；D 为文档。

通用对象编辑器中的选项说明如下。

- batchSize(批大小)：如果执行批量预测，期望处理的实例数量。实际可能提供多一些或少一些的实例，该参数提供一个指定期望批大小的机会。默认值为 100。
- numDecimalPlaces(小数点后的位数)：模型中输出数值的小数点后的位数。默认值为 2。

4) NaiveBayesMultinomialText

处理文本数据的多项式朴素贝叶斯分类器。只能直接操作字符串属性，也接受其他类型的输入属性，但在训练和分类中被忽略。

通用对象编辑器中的选项说明如下。

- LNorm(LNorm)：用于文档长度规范化的 LNorm。默认值为 2.0。
- batchSize(批大小)：如果执行批量预测，期望处理的实例数量。实际可能提供多一些或少一些的实例，该参数提供一个指定期望批大小的机会。默认值为 100。
- lowercaseTokens(标记小写)：是否将所有标记转换为小写。
- minWordFrequency(最低单词频率)：忽略训练数据中出现次数低于该值的全部单词。如果将 periodicPruning 选项设置为正整数，则根据该值对词典进行修剪。
- norm(范数)：规范化以后实例的范数。默认值为 1.0。
- normalizeDocLength(规范化文档长度)：如果为 True，则根据范数和 LNorm 的设置，规范化文档长度。
- numDecimalPlaces(小数点后的位数)：模型中输出数值的小数点后的位数。默认值为 2。
- periodicPruning(定期修剪)：修剪词典里低频词条的频率(实例的数量)。0 表示不进行修剪，正整数 *n* 表示每经过 *n* 个实例后进行修剪。
- stemmer(词干分析器)：用于单词的词干提取算法。
- stopwordsHandler(停用词处理器)：使用的停用词处理器，Null 表示不使用停用词。
- tokenizer(分词器)：用于字符串的分词算法。
- useWordFrequencies(使用词频)：使用词频，而不是表示词的二元包。默认为 False。

5) NaiveBayesMultinomialUpdateable

构建并使用多项式朴素贝叶斯分类器类。

此分类器的核心公式如下：

P[Ci|D] = (P[D|Ci] × P[Ci]) / P[D]　　(贝叶斯规则)

其中，Ci 为分类 i；D 为文档。

它是多项式朴素贝叶斯分类器算法的增强版本。

通用对象编辑器中的选项说明如下。

- batchSize(批大小)：如果执行批量预测，期望处理的实例数量。实际可能提供多一些或少一些的实例，该参数提供一个指定期望批大小的机会。默认值为100。
- numDecimalPlaces(小数点后的位数)：模型中输出数值的小数点后的位数。默认值为2。

6) NaiveBayesUpdateable

使用估算器类的朴素贝叶斯分类器类，是NaiveBayes的可更新版本。

当采用零个训练实例调用buildClassifier时，该分类器对数值型属性的默认精度为0.1。

通用对象编辑器中的选项说明如下。

- batchSize(批大小)：如果执行批量预测，期望处理的实例数量。实际可能提供多一些或少一些的实例，该参数提供一个指定期望批大小的机会。默认值为100。
- displayModelInOldFormat(旧格式的显示模型)：使用旧格式的模型输出。当类别取值较多时，使用旧格式更好；当类别取值较少并且属性很多时，使用新格式更好。
- numDecimalPlaces(小数点后的位数)：模型中输出数值的小数点后的位数。默认值为2。
- useKernelEstimator(使用核估算器)：对数值型属性不使用正态分布，而使用核估算器。默认为False。
- useSupervisedDiscretization(使用有监督离散化)：使用有监督离散化将数值型属性转换为标称型属性。默认为False。

functions

functions类别较为特殊，它包括各类分类器，其数学公式可以用自然而合理的方式写出。其他方法，如决策树和决策规则，则不能自然而合理地写出数学公式，但也有例外，如NaiveBayes分类器也有一个简单的数学公式。

1) GaussianProcesses

实现不用超参数整定的高斯回归过程。为了更容易选择一个适当的噪声级别，如果在filterType选项中选择规范化或标准化训练数据，本实现会对目标属性以及其他属性应用规范化或标准化。缺失值替代为全局均值/众数(mean/mode)。标称型属性都转换成二元属性。注意，如果使用CachedKernel实现核，则关闭核缓存。

通用对象编辑器中的选项说明如下。

- batchSize(批大小)：如果执行批量预测，期望处理的实例数量。实际可能提供多一些或少一些的实例，该参数提供一个指定期望批大小的机会。默认值为100。
- filterType(过滤器类型)：确定数据是否转换以及如何转换。有三个选项：Normalize training data(规范化训练数据)、Standardize training data(标准化训练数据)和No normalization/standardization(不规范化/标准化，即不改变)。
- kernel(核)：使用的核。
- noise(噪声)：高斯噪声级别。在目标完成规范化、标准化或不改变之后，添加噪声到协方差矩阵的对角。默认值为 1.0。

- numDecimalPlaces(小数点后的位数)：模型中输出数值的小数点后的位数。默认值为 2。

2) LinearRegression

使用线性回归预测的类。模型选择使用 Akaike 准则，能够处理加权实例。

通用对象编辑器中的选项说明如下。

- attributeSelectionMethod(属性选择方法)：设置选择属性所使用的方法，用于线性回归。可用的方法有如下三种：不选择属性(No Attribute selection)、使用 M5 方法选择属性(M5 method，该方法依次删除标准化系数最小的属性，直到所观测的由 Akaike 信息量准则所给出的误差估计不会得到改善为止)，以及使用 Akaike 信息量度量的贪婪选择法(Greedy method)。
- batchSize(批大小)：如果执行批量预测，期望处理的实例数量。实际可能提供多一些或少一些的实例，该参数提供一个指定期望批大小的机会。默认值为 100。
- eliminateColinearAttributes(消除共线性属性)：消除共线性属性。默认为 True。
- minimal(最低限)：如果为 True，则丢弃数据集头、均值和标准差，以节省内存，该模型也不能打印出来。默认为 False。
- numDecimalPlaces(小数点后的位数)：模型中输出数值的小数点后的位数。默认值为 4。
- outputAdditionalStats(输出附加统计数据)：输出额外的统计数据(如系数标准偏差和 t 统计量)。
- ridge(岭)：岭参数的值。默认值为 1.0E−8。

3) Logistic

构建和使用带岭估算器的多项式 logistic 回归模型类。

然而，与 leCessie 和 van Houwelingen(1992)的论文相比，做了一些修改。

如果有 m 个属性、n 个实例及 k 个类别，要计算的参数矩阵 B 将是一个 $m\times(k-1)$矩阵。

除最后一个类别之外，第 j 个类别的概率为

$$P_j(X_i) = \exp(X_iB_j)/((\text{sum}[j=1..(k-1)]\exp(X_iB_j))+1)$$

最后一个类别的概率为

$$\begin{aligned}&1-(\text{sum}[j=1..(k-1)]P_j(X_i))\\&\quad = 1/((\text{sum}[j=1..(k-1)]\exp(X_iB_j))+1)\end{aligned}$$

因此，(负)多项式对数似然为

$$\begin{aligned}L = -\text{sum}[i=1..n]\{&\\&\text{sum}[j=1..(k-1)](Y_{ij}\times\ln(P_j(X_i)))\\&+(1-(\text{sum}[j=1..(k-1)]Y_{ij}))\\&*\ln(1-\text{sum}[j=1..(k-1)]P_j(X_i))\\&\}+\text{ridge}\times(B\text{^}2)\end{aligned}$$

为了找到最小化 L 的矩阵 B，使用拟牛顿法(Quasi-Newton Method)搜索 $m\times(k-1)$变量的优化值。注意，在使用优化过程以前，应先将矩阵 B“挤”为 $m\times(k-1)$向量。对于优化过程的细节，请查看 weka.core.Optimization 类。

虽然原 logistic 回归不处理实例权重，这里对原算法做了一点点修改，使算法能处理实例权重。

更多信息请参见：le Cessie S, van Houwelingen J C. Ridge Estimators in Logistic Regression. Applied Statistics, 1992, 41(1):191-201.

注意，这里使用 ReplaceMissingValuesFilter 过滤器替换缺失值，使用 NominalToBinaryFilter 过滤器将标称型属性转换为数值型属性。

通用对象编辑器中的选项说明如下。

- batchSize(批大小)：如果执行批量预测，期望处理的实例数量。实际可能提供多一些或少一些的实例，该参数提供一个指定期望批大小的机会。默认值为 100。
- maxIts(最大迭代次数)：要执行的最大迭代次数。默认值为-1，表示不限制。
- numDecimalPlaces(小数点后的位数)：模型中输出数值的小数点后的位数。默认值为 2。
- ridge(岭)：设置对数似然的岭值。默认值为 1.0E-8。
- useConjugateGradientDescent(使用共轭梯度下降)：使用共轭梯度下降，而非 BFGS 更新。对于有很多参数的问题速度更快。默认为 False。

4) MultilayerPerceptron

一种使用反向传播算法对实例进行分类的分类器。

该网络可以用手工构建、用算法构建或两者都用。训练过程中，也可以对网络进行监视和更改。除了当类别属性是数值型时输出节点为 unthresholded 线性单位之外，该网络中的节点全都是 S 形(sigmoid)的。

通用对象编辑器中的选项说明如下。

- GUI(图形用户界面)：带出一个 GUI 界面。可以在训练过程中，允许暂停和改变神经网络。默认为 False。
  - ◆ 单击可添加一个节点(将自动选择该节点，确保没有选择其他节点)。
  - ◆ 要选择一个节点，当没有选中其他节点时，单击该节点；否则在单击的同时按住 Ctrl 键(切换节点选中或未选中)。
  - ◆ 要连接节点，首先选择起始节点，然后单击结束节点或在空白区域创建一个与选定节点连接的新节点。连接后，节点的选择状态将保持不变。注意，这是直接连接，两个节点之间的连接只能建立一次，某些无效连接将无法进行。
  - ◆ 要删除一个连接，首先选择一个连接的节点，然后右击其他节点(删除连接时，不关心选中的节点究竟是开始节点还是结束节点，结果都一样)。
  - ◆ 要删除一个节点，当没有选中其他节点(包括它自己)时，右击该节点即可(这也会删除它的所有连接)。
  - ◆ 要取消选择一个节点，可以在按住 Ctrl 键的同时单击它，或者右击空白处。
  - ◆ 左边的标签提供原始输入。
  - ◆ 红色节点是隐藏层。
  - ◆ 橙色节点是输出节点。
  - ◆ 右边标签显示输出节点代表的类别。注意，数值类别的输出节点将自动成为 unthresholded 线性单位。

◆ 只能在网络没有运行的时候修改神经网络，这条规矩也适用于在控制面板上修改学习速率等字段。
◆ 用户可以在任意时刻接受网络已训练完成。
◆ 网络在开始时自动暂停。
◆ 运行中会指示网络处于哪趟，以及该趟的大致错误率是多少。该错误率的值是根据网络变更后计算而得的。
◆ 一旦网络完成训练会再次暂停，等待用户接受或再次启动训练。

需要注意的是，如果设置 GUI 为 False，网络就不要求交互。

- autoBuild(自动构建)：在网络中添加并连接隐藏层。默认为 True。
- batchSize(批大小)：如果执行批量预测，期望处理的实例数量。实际可能提供多一些或少一些的实例，该参数提供一个指定期望批大小的机会。默认值为 100。
- decay(衰减)：设置为 True 将导致学习速率降低。用开始学习速率除以趟数，以确定当前的学习速率应该为多少，有可能有助于阻止网络偏离目标输出，以及改善整体性能。注意，学习速率的衰减并不会显示在 GUI 中，显示的只有原来的学习速率。如果在 GUI 中改变学习速率，则视为开始的学习速率。默认为 False。
- hiddenLayers(隐藏层)：定义神经网络的隐藏层，为一个用逗号分隔的正整数列表。1 代表一个隐藏层，0 代表没有隐藏层。如果设置 autoBuild 选项，本选项才可用。支持通配符值：'a' = (attribs + classes) / 2，'i' = attribs，'o' = classes，'t' = attribs + classes。
- learningRate(学习速率)：更新权重的量。默认值为 0.3。
- momentum(动量)：在更新过程中施加于权重的动量。默认值为 0.2。
- nominalToBinaryFilter(标称到二元过滤器)：用该过滤器对实例进行预处理。如果数据中有标称型属性，将有助于提高性能。默认为 True。
- normalizeAttributes(规范化属性)：将属性规范化，这将有助于提高网络的性能。不要求类别属性一定为数值型，也能将标称型属性规范化(预先使用标称到二元过滤器处理)，使标称值在-1～1 范围内。默认为 True。
- normalizeNumericClass(规范化数值类别)：如果类别属性为数值型，则将其规范化。这将有助于改善网络的性能，规范化类别值在-1～1 范围内。注意，这仅仅是在内部进行，输出将按比例缩放回原来的范围。默认为 True。
- numDecimalPlaces(小数点后的位数)：模型中输出数值的小数点后的位数。默认值为 2。
- reset(重置)：允许网络重置为较低的学习速率。如果网络偏离正确答案(发散)，将会自动重置网络为较低的学习速率，并再次开始训练。此选项仅适用于没有设置 GUI 选项时。注意，如果网络发散但不允许重置，训练过程将失败并返回一个错误消息。默认为 True。
- seed(种子)：用于初始化随机数发生器的种子。随机数用于设置节点之间连线的初始权重，并用于置乱训练数据的顺序。默认值为 0。
- trainingTime(训练时间)：训练须完成的趟数。如果验证集非零，则可以提早终止网络。默认值为 500。

- validationSetSize(验证集大小)：验证集的百分比大小。本次训练将持续进行，直到验证集上观察到的错误越来越糟，或者训练时间到为止。如果设置为零，则不使用验证集，网络将完成指定趟数的训练。默认值为 0。
- validationThreshold(验证阈值)：用于终止验证测试。本参数值决定在终止训练之前，可以容忍一连多少次的变得更糟的验证集错误。默认值为 20。

5) SGD

实现学习各种线性模型(二元分类 SVM、二元分类 logistic 回归、平方损失、Huber 损失和 epsilon-insensitive 损失的线性回归)的随机梯度下降(Stochastic Gradient Descent，SGD)。在全局范围内替换全部缺失值，并将标称型属性转换成二元属性。SGD 标准化全部属性，所以输出中的系数基于规范化的数据。

对于数值型属性，必须使用平方损失、Huber 损失或 epsilon-insensitive 损失函数。epsilon-insensitive 和 Huber 损失可能要求更高的学习速率。

通用对象编辑器中的选项说明如下。

- batchSize(批大小)：如果执行批量预测，期望处理的实例数量。实际可能提供多一些或少一些的实例，该参数提供一个指定期望批大小的机会。默认值为 100。
- dontNormalize(不规范化)：关闭规范化。默认为 False。
- dontReplaceMissing(不替换缺失值)：关闭全局替换缺失值选项。默认为 False。
- epochs(epochs)：批学习中执行的趟数。总迭代次数为 epochs×实例数量。默认值为 500。
- lambda(λ)：正规化常数，默认值为 0.0001。
- learningRate(学习速率)：学习速率。如果关闭规范化(对于流式数据将自动关闭)，那么默认学习速率需要减少(尝试 0.0001)。默认值为 0.01。
- lossFunction(损失函数)：使用的损失函数。Hinge 损失(SVM)、log 损失(logistic 回归)或平方损失(回归)。
- numDecimalPlaces(小数点后的位数)：模型中输出数值的小数点后的位数。默认值为 2。
- seed(种子)：使用的随机数种子。默认值为 1。

6) SGDText

实现对文本数据的线性二元分类 SVM 或二元分类 logistic 回归学习的随机梯度下降。仅直接操作字符串型属性，接受其他类型的输入属性，在训练和分类中却忽略之。

通用对象编辑器中的选项说明如下。

- LNorm(LNorm)：用于文件长度规范化的 LNorm 参数。默认值为 2.0。
- batchSize(批大小)：如果执行批量预测，期望处理的实例数量。实际可能提供多一些或少一些的实例，该参数提供一个指定期望批大小的机会。默认值为 100。
- epochs(epochs)：批学习中执行的趟数。总迭代次数为 epochs×实例数量。默认值为 500。
- lambda(λ)：正规化常数，默认值为 0.0001。
- learningRate(学习速率)：学习速率。
- lossFunction(损失函数)：使用的损失函数。Hinge 损失(SVM)、log 损失(logistic 回

归)或平方损失(回归)。

- lowercaseTokens(标记小写)：是否将所有标记转换为小写。默认为 False。
- minAbsoluteCoefficientValue(最小绝对系数值)：模型系数的最小绝对值。忽略权重小于该值的词条。如果 periodicPruning 选项不为 0，该系数还用于确定是否将一个词从字典中删除。
- minWordFrequency(最低单词频率)：忽略训练数据中出现次数低于该值的全部单词。如果 periodicPruning 选项不为 0，则根据该值对字典进行修剪。
- norm(范数)：规范化以后实例的范数。默认值为 1.0。
- normalizeDocLength(规范化文档长度)：如果为 True，则根据 norm 和 LNorm 的设置，规范化文档长度。默认为 False。
- numDecimalPlaces(小数点后的位数)：模型中输出数值的小数点后的位数。默认值为 2。
- outputProbsForSVM(SVM 输出概率)：拟合 logistic 回归至 SVM 输出，以生成概率估计。默认为 False。
- periodicPruning(定期修剪)：修剪词典里低频词条的频率(实例的数量)，0 表示不进行修剪；正整数 n 表示每经过 n 个实例后进行修剪。默认值为 0。
- seed(种子)：使用的随机数种子。默认值为 1。
- stemmer(词干分析器)：用于单词的词干提取算法。
- stopwordsHandler(停用词处理器)：所使用的停用词处理器，Null 表示不使用停用词。
- tokenizer(分词器)：用于字符串的分词算法。
- useWordFrequencies(使用词频)：使用词频，而不是表示词的二元包。默认为 False。

7) SimpleLinearRegression

一个简单的线性回归学习模型。选择导致平方误差最低的属性，只能处理数值型属性。

通用对象编辑器中的选项说明如下。

- batchSize(批大小)：如果执行批量预测，期望处理的实例数量。实际可能提供多一些或少一些的实例，该参数提供一个指定期望批大小的机会。默认值为 100。
- numDecimalPlaces(小数点后的位数)：模型中输出数值的小数点后的位数。默认值为 2。
- outputAdditionalStats(输出附加统计数据)：输出额外的统计数据(如系数标准偏差和 t 统计量)。

8) SimpleLogistic

构建线性 logistic 回归模型的分类器。带简单回归函数的 LogitBoost 作为基本学习器，用于拟合 logistic 模型。LogitBoost 迭代执行的最佳次数是交叉验证，这导致自动的属性选择。

通用对象编辑器中的选项说明如下。

- batchSize(批大小)：如果执行批量预测，期望处理的实例数量。实际可能提供多一些或少一些的实例，该参数提供一个指定期望批大小的机会。默认值为 100。
- errorOnProbabilities(概率误差)：使用概率误差作为误差度量，以确定最佳的

LogitBoost 迭代次数。如果置位， LogitBoost 迭代次数的选择根据是最小化均方根误差 (无论是训练集，还是交叉验证，取决于 useCrossValidation 选项)。默认为 False。

- heuristicStop(启发式停止)：如果 heuristicStop>0，则启用交叉验证 LogitBoost 迭代次数的启发式贪婪停止算法。这意味着，在最后的 heuristicStop 迭代中，如果没有达到新的误差最小值，则停止 LogitBoost。建议使用此启发式选项，它提供极快的速度，尤其是针对小数据集。默认值为 50。
- maxBoostingIterations(LogitBoost 最大迭代次数)：设置 LogitBoost 的最大迭代次数。默认值为 500。对于非常小/大的数据集，将该值设为较低/较高可能更好。
- numBoostingIterations(LogitBoost 迭代次数)：设置 LogitBoost 的固定迭代次数。如果大于或等于 0，执行设置的 LogitBoost 迭代次数。如果小于 0，该数字用于交叉验证，或作为训练集的停止判据(根据 useCrossValidation 选项的值而定)。默认值为 0。
- numDecimalPlaces(小数点后的位数)：模型中输出数值的小数点后的位数。默认值为 2。
- useAIC(使用 AIC)：使用 AIC 信息准则以确定何时停止 LogitBoost 迭代(而不是交叉验证或训练误差)。默认为 False。
- useCrossValidation(使用交叉验证)：是否根据交叉验证来设置 LogitBoost 迭代次数，或对训练集使用停止判据。如果没有设置(且没有给定固定迭代次数)，LogitBoost 迭代次数用于最大限度地减少在训练集上的错误(误分错误或概率误差取决于 errorOnProbabilities 选项)。默认为 True。
- weightTrimBeta(权重裁剪β值)：设置在 LogitBoost 中权重裁剪所使用的β值。只有在前一次迭代中带有(1−β)%权重的实例能在下一次迭代中使用。设置为 0，不进行权重裁剪。默认值为 0.0。

9) SMO

实现 John Platt 提出的序列最小优化算法的支持向量分类器。

实现对全部缺失值进行全局替代，并将标称型属性转换成二元属性。默认情况下，规范化全部属性。在这种情况下，输出的系数是根据规范化后的数据(而不是原始数据)得出的，这对于分类器的解释很重要。

使用成对的分类(pairwise classification，1 对 1，且 logistic 模型按照 Hastie 和 Tibshirani 在 1998 年提出的模型构建成为耦合对)方法，以解决多类别(multi-class)问题。

为了获得正确的概率估计，使用将 logistic 回归模型拟合至支持向量机输出的选项。在多类别情况下，预测概率结合使用 Hastie 和 Tibshirani 的成对耦合方法。

注意，为了提高速度，应在处理 SparseInstances(稀疏实例)时关闭规范化。

通用对象编辑器中的选项说明如下。

- batchSize(批大小)：如果执行批量预测，期望处理的实例数量。实际可能提供多一些或少一些的实例，该参数提供一个指定期望批大小的机会。默认值为 100。
- buildLogisticModels(构建 logistic 模型)：是否将 logistic 模型拟合至输出(恰当的概率估计)。默认为 False。

- c(参数 C)：复杂参数 C。默认值为 1.0。
- checksTurnedOff(关闭检查)：关闭耗时检查，请谨慎使用。默认为 False。
- epsilon(epsilon)：舍入误差的 epsilon(不应该改变)。默认值为 1.0E-12。
- filterType(过滤器类型)：确定数据是否转换以及如何转换。有三个可选项：Normalize training data(规范化训练数据)、Standardize training data(标准化训练数据)和 No normalization/standardization(不规范化/标准化，即不改变)。
- kernel(核)：使用的核。
- numDecimalPlaces(小数点后的位数)：模型中输出数值的小数点后的位数。默认值为 2。
- numFolds(折数)：用于 logistic 模型生成训练数据的交叉验证的折数(-1 表示使用训练数据)。默认值为-1。
- randomSeed(随机种子)：交叉验证的随机数种子。
- toleranceParameter(容差参数)：容差参数(不应该改变)。默认值为 0.001。

10) SMOreg

SMOreg 实现了支持向量机回归，使用各种算法可以学习到参数，通过设置 regOptimizer 来选择算法。最流行的算法(RegSMOImproved)由 Shevade、Keerthi 等人给出，这是默认的优化算法。

通用对象编辑器中的选项说明如下。

- batchSize(批大小)：如果执行批量预测，期望处理的实例数量。实际可能提供多一些或少一些的实例，该参数提供一个指定期望批大小的机会。默认值为 100。
- c(参数 C)：复杂参数 C。默认值为 1.0。
- filterType(过滤器类型)：确定数据是否转换以及如何转换。有三个可选项：Normalize training data(规范化训练数据)、Standardize training data(标准化训练数据)和 No normalization/standardization(不规范化/标准化，即不改变)。
- kernel(核)：使用的核。
- numDecimalPlaces(小数点后的位数)：模型中输出数值的小数点后的位数。默认值为 2。
- regOptimizer(回归优化器)：学习算法。可选算法有 RegSMO 和 RegSMOImproved (默认)。

11) VotedPerceptron

实现由 Freund 和 Schapire 提出的表决感知算法。全局替代全部缺失值，并将标称型属性转换成二元属性。

通用对象编辑器中的选项说明如下。

- batchSize(批大小)：如果执行批量预测，期望处理的实例数量。实际可能提供多一些或少一些的实例，该参数提供一个指定期望批大小的机会。默认值为 100。
- exponent(指数)：多项式核的指数。默认值为 1.0。
- maxK(最大 K)：感知器的最大数量改变。默认值为 10000。
- numDecimalPlaces(小数点后的位数)：模型中输出数值的小数点后的位数。默认值为 2。

- numIterations(迭代次数)：要执行的迭代次数。默认值为 1。
- seed(种子)：随机数发生器的种子。默认值为 1。

lazy

1) IBk

k-最近邻分类器。可以在交叉验证的基础上选择合适的 *k* 值，也可以加距离加权。

通用对象编辑器中的选项说明如下。

- KNN(k-NN)：使用的邻居数量。默认值为 1。
- batchSize(批大小)：如果执行批量预测，期望处理的实例数量。实际可能提供多一些或少一些的实例，该参数提供一个指定期望批大小的机会。默认值为 100。
- crossValidate(交叉验证)：是否使用 hold-one-out 交叉验证来选择从 1 至 KNN 参数指定值范围内的最佳 *k* 值。默认为 False。
- distanceWeighting(距离加权)：使用距离加权方法。可选项有 No distance weighting(不使用距离加权)、Weight by 1/distance(权重为 1/distance)和 Weight by 1-distance(权重为 1-distance)。
- meanSquared(均方误差)：当交叉验证回归问题时，是否使用均方误差，而不是使用平均绝对误差。默认为 False。
- nearestNeighbourSearchAlgorithm(最近邻搜索算法)：使用的最近邻搜索算法，默认为 weka.core.neighboursearch.LinearNNSearch。
- numDecimalPlaces(小数点后的位数)：模型中输出数值的小数点后的位数。默认值为 2。
- windowSize(窗口大小)：训练池允许的实例的最大数量。如果增加新实例后实例数量大于此值，将导致旧实例被删除。值为 0 表示不限制训练实例的数量。默认值为 0。

2) KStar

KStar 是基于实例的分类器，由某种相似度函数作为判断依据，将测试实例的类别判决为类似于它的训练实例的类别。该分类器与其他基于实例的学习器的不同之处在于它使用基于熵的距离函数。

通用对象编辑器中的选项说明如下。

- batchSize(批大小)：如果执行批量预测，期望处理的实例数量。实际可能提供多一些或少一些的实例，该参数提供一个指定期望批大小的机会。默认值为 100。
- entropicAutoBlend(熵自动融合)：是否使用基于熵的融合。默认为 False。
- globalBlend(全局融合)：全局融合的参数，取值限制为[0,100]。默认值为 20。
- missingMode(缺失模式)：确定如何处理缺失属性值。可选项有 Ignore the instances with missing values(忽略含缺失值的实例)、Treat missing values as maximally different(将缺失值处理为最大不同值)、Normalize over the Attributes(规范化属性)和 Average column entropy curves(平均列熵曲线，这是默认值)。
- numDecimalPlaces(小数点后的位数)：模型中输出数值的小数点后的位数。默认值为 2。

3) LWL

LWL 即局部加权学习(Locally Weighted Learning)。使用基于实例的算法分配实例权重，然后将权重用于指定的 WeightedInstancesHandler(加权实例处理程序)。

可以用于分类(如使用朴素贝叶斯)或回归(如使用线性回归)。

通用对象编辑器中的选项说明如下。

- KNN(k-NN)：使用的邻居数量，用于确定加权函数的宽度，小于等于 0 指全部邻居。默认值为-1。
- batchSize(批大小)：如果执行批量预测，期望处理的实例数量。实际可能提供多一些或少一些的实例，该参数提供一个指定期望批大小的机会。默认值为 100。
- classifier(分类器)：使用的基分类器。
- nearestNeighbourSearchAlgorithm(最近邻搜索算法)：使用的最近邻搜索算法，默认为 LinearNN。
- numDecimalPlaces(小数点后的位数)：模型中输出数值的小数点后的位数。默认值为 2。
- weightingKernel(加权核)：确定加权函数。0=线性，1=Epnechnikov，2=Tricube，3=Inverse，4=高斯，5=常数。默认值为 0。

meta

1) AdaBoostM1

使用 Adaboost 的 M1 方法，提升标称型类别的分类器类。只能处理标称型类别的问题，通常会显著提高性能，但有时会过拟合。

通用对象编辑器中的选项说明如下。

- batchSize(批大小)：如果执行批量预测，期望处理的实例数量。实际可能提供多一些或少一些的实例，该参数提供一个指定期望批大小的机会。默认值为 100。
- classifier(分类器)：使用的基分类器。
- numDecimalPlaces(小数点后的位数)：模型中输出数值的小数点后的位数。默认值为 2。
- numIterations(迭代次数)：要执行的迭代次数。默认值为 10。
- seed(种子)：使用的随机数种子。默认值为 1。
- useResampling(使用重采样)：是否使用重采样来替代重新加权。默认为 False。
- weightThreshold(权重阈值)：权重修剪的权重阈值。默认值为 100。

2) AdditiveRegression

一种元分类器，增强了回归基分类器的性能。每一次迭代拟合分类器上一次迭代遗留的残差模型。通过增加每个分类器的预测来完成预测。减少收缩率(学习率)参数可以防止过度拟合，并得到平滑的效果，但会增加学习时间。

通用对象编辑器中的选项说明如下。

- batchSize(批大小)：如果执行批量预测，期望处理的实例数量。实际可能提供多一些或少一些的实例，该参数提供一个指定期望批大小的机会。默认值为 100。
- classifier(分类器)：使用的基分类器。

- numDecimalPlaces(小数点后的位数)：模型中输出数值的小数点后的位数。默认值为 2。
- numIterations(迭代次数)：要执行的迭代次数。默认值为 10。
- shrinkage(收缩率)：收缩速率。较小的值有助于防止过度拟合，并得到平滑的效果(但增加学习时间)。默认值为 1.0，即不收缩。

3) AttributeSelectedClassifier

先通过属性选择，减少训练和测试数据的维度，然后再传递给分类器。

通用对象编辑器中的选项说明如下。

- batchSize(批大小)：如果执行批量预测，期望处理的实例数量。实际可能提供多一些或少一些的实例，该参数提供一个指定期望批大小的机会。默认值为 100。
- classifier(分类器)：使用的基分类器。
- evaluator(评估器)：使用的属性评估器。该评估器在调用分类器之前的属性选择阶段使用。
- numDecimalPlaces(小数点后的位数)：模型中输出数值的小数点后的位数。默认值为 2。
- search(搜索)：搜索方法。该搜索方法在调用分类器之前的属性选择阶段使用。可选搜索方法有 BestFirst(默认)、GreedyStepwise 和 Ranker。

4) Bagging

减少方差(variance)的装袋(bagging)分类器类。依赖基学习器，能完成分类和回归学习。

通用对象编辑器中的选项说明如下。

- bagSizePercent(袋大小百分比)：每个袋的大小，为训练集大小的百分比。
- batchSize(批大小)：如果执行批量预测，期望处理的实例数量。实际可能提供多一些或少一些的实例，该参数提供一个指定期望批大小的机会。默认值为 100。
- calcOutOfBag(计算袋外误差)：是否计算袋外误差(Out-Of-Bag Error，OOB Err)。默认为 False。
- classifier(分类器)：使用的基分类器。
- numDecimalPlaces(小数点后的位数)：模型中输出数值的小数点后的位数。默认值为 2。
- numExecutionSlots(执行槽的数量)：用于构建系综(ensemble)的执行槽的数量(线程)。默认值为 1。
- numIterations(迭代次数)：要执行的迭代次数。默认值为 10。
- representCopiesUsingWeights(使用权重表示副本)：是否使用权重而不是显式地表示实例的副本。默认为 False。
- seed(种子)：使用的随机数种子。默认值为 1。

5) ClassificationViaRegression

使用回归方法完成分类的类。二元化类别属性，并为每一个类别值建立一个回归模型。

通用对象编辑器中的选项说明如下。

- batchSize(批大小)：如果执行批量预测，期望处理的实例数量。实际可能提供多一些或少一些的实例，该参数提供一个指定期望批大小的机会。默认值为 100。
- classifier(分类器)：使用的基分类器。
- numDecimalPlaces(小数点后的位数)：模型中输出数值的小数点后的位数。默认值为 2。

6) CostSensitiveClassifier

一种元分类器，其基分类器对代价敏感。有两种方法可用于引入代价灵敏度：根据分配给每个类别的总代价，重新加权训练实例；根据最低的预期误判代价(而不是最有可能的类别)预测类别。通过使用装袋分类器(bagged classifier)，以改善基分类器的概率估计，通常能够提高性能。

通用对象编辑器中的选项说明如下。

- batchSize(批大小)：如果执行批量预测，期望处理的实例数量。实际可能提供多一些或少一些的实例，该参数提供一个指定期望批大小的机会。默认值为 100。
- classifier(分类器)：使用的基分类器。
- costMatrix(代价矩阵)：明确设置代价矩阵。如果将 costMatrixSource 选项设置为 Use explicit cost matrix(使用明确提供的代价矩阵)，就要使用该矩阵。注意，costMatrix 和 costMatrixSource 选项有联动关系，当设置 costMatrix 选项后，costMatrixSource 选项会自动设置为 Use explicit cost matrix。
- costMatrixSource(代价矩阵源)：设置获取代价矩阵的来源。有两个选项可用：一是 Use explicit cost matrix，使用明确提供的代价矩阵(设置 costMatrix 属性)；二是 Load cost matrix on demand(默认)，在需要时加载一个代价矩阵文件(该文件会从由 onDemandDirectory 选项设置的目录进行加载，并命名为 relation_name.cost)。
- minimizeExpectedCost(最低预期代价)：设置是否使用最低预期代价标准。如果设置为 False，根据分配给每个分类的代价，重新对训练数据进行加权。如果为 True，则使用最低的预期代价标准。
- numDecimalPlaces(小数点后的位数)：模型中输出数值的小数点后的位数。默认值为 2。
- onDemandDirectory(按需目录)：设置要加载的代价文件所在目录。此选项在将 costMatrixSource 选项设置为 Load cost matrix on demand 的时候使用。注意，onDemandDirectory 和 costMatrixSource 选项有联动关系，当设置 onDemandDirectory 选项后，costMatrixSource 选项会自动设置为 Load cost matrix on demand。
- seed(种子)：使用的随机数种子。默认值为 1。

7) CVParameterSelection

通过任意分类器的交叉验证，完成参数选择的类。

通用对象编辑器中的选项说明如下。

- CVParameters(CV 参数)：设置学习方案的配置参数，这些参数都可以由交叉验证进行调整。

  每个字符串的格式应该是：

参数字符 下界 上界 步数(param_char lower_bound upper_bound number_of_steps)

例如，从 1 到 10 增量为 1，搜寻参数为-P：

"P 1 10 10"

- batchSize(批大小)：如果执行批量预测，期望处理的实例数量。实际可能提供多一些或少一些的实例，该参数提供一个指定期望批大小的机会。默认值为 100。
- classifier(分类器)：使用的基分类器。
- numDecimalPlaces(小数点后的位数)：模型中输出数值的小数点后的位数。默认值为 2。
- numFolds(折数)：获取用于交叉验证的折数。默认值为 10。
- seed(种子)：使用的随机数种子。默认值为 1。

8) FilteredClassifier

对通过任意过滤器所传递数据进行操作的任意分类器类。与分类器一样，过滤器结构完全基于训练数据，过滤器处理测试实例但不改变其结构。

通用对象编辑器中的选项说明如下。

- batchSize(批大小)：基学习器为 BatchPredictor 时指定的批大小。默认值为 100。
- classifier(分类器)：使用的基分类器。
- filter(过滤器)：要使用的过滤器。
- numDecimalPlaces(小数点后的位数)：模型中输出数值的小数点后的位数。默认值为 2。

9) IterativeClassifierOptimizer

使用交叉验证来优化迭代次数的迭代分类器。

通用对象编辑器中的选项说明如下。

- batchSize(批大小)：如果执行批量预测，期望处理的实例数量。实际可能提供多一些或少一些的实例，该参数提供一个指定期望批大小的机会。默认值为 100。
- classValueIndex(类别值索引)：使用信息检索类型指标的类别值索引。小于 0 的值表示使用指标的类别加权平均版本。默认值为-1。
- evaluationMetric(评价指标)：使用的评价指标。可选指标有 RMSE、RAE、RRSE、Coverage、Region size、TP rate、FP rate 和 Precision。
- iterativeClassifier(迭代分类器)：要优化的迭代分类器。
- lookAheadIterations(预看迭代次数)：预看的迭代次数，用以找到一个更好的最优参数。默认值为 50。
- numDecimalPlaces(小数点后的位数)：模型中输出数值的小数点后的位数。默认值为 2。
- numFolds(折数)：交叉验证的折数。默认值为 10。
- numRuns(运行次数)：交叉验证的运行次数。默认值为 1。
- numThreads(线程数)：使用线程的数量，应该大于等于线程池的大小。默认值为 1。
- poolSize(线程池大小)：线程池的大小，如 CPU 的核的数量。默认值为 1。
- seed(种子)：使用的随机数种子。默认值为 1。
- stepSize(步长)：评估的步长，如果评估费时可增大步长。默认值为 1。

- useAverage(使用平均)：如果该选项为 True，使用平均估计代替一个估计。

10) LogitBoost

执行递增 logistic 回归的类。

该类使用回归方法为基学习器进行分类，并能处理多类别问题。

能进行有效的内部交叉验证，以确定合适的迭代次数。

通用对象编辑器中的选项说明如下。

- ZMax (Z 最大阈值)：响应的 Z 最大阈值。默认值为 3.0。
- batchSize(批大小)：该选项没有在 LogitBoost 中使用。
- classifier(分类器)：使用的基分类器。
- likelihoodThreshold(似然阈值)：提高似然的阈值。默认值为-1.7976931348623157E308。
- numDecimalPlaces(小数点后的位数)：模型中输出数值的小数点后的位数。默认值为 2。
- numIterations(迭代次数)：要执行的迭代次数。默认值为 10。
- numThreads(线程数)：批预测中使用的线程数量，应该大于等于线程池的大小。默认值为 1。
- poolSize(线程池大小)：线程池的大小，如 CPU 的核的数量。默认值为 1。
- seed(种子)：使用的随机数种子。默认值为 1。
- shrinkage(收缩率)：收缩率参数。使用较小的值(如 0.1)可减少过度拟合。默认值为 1.0。
- useResampling(使用重采样)：是否使用重采样来替代重新加权。默认为 False。
- weightThreshold(权重阈值)：权重修剪的权重阈值。默认值为 100，为加快学习过程可减少到 90。

11) MultiClassClassifier

一种元分类器，使用二元分类器处理多类别数据集。该分类器也能够对输出编码进行纠错，以提高精度。

通用对象编辑器中的选项说明如下。

- batchSize(批大小)：如果执行批量预测，期望处理的实例数量。实际可能提供多一些或少一些的实例，该参数提供一个指定期望批大小的机会。默认值为 100。
- classifier(分类器)：使用的基分类器。
- logLossDecoding(对数损失译码)：对随机码或力竭码(exhaustive codes)使用对数损失译码(log loss decoding)。默认为 False。
- method(方法)：设置将多元分类问题转化成多个二元分类问题所使用的方法。可选方法有 1-against-all(默认)、Random correction code、Exhaustive correction code 和 1-against-1。
- numDecimalPlaces(小数点后的位数)：模型中输出数值的小数点后的位数。默认值为 2。
- randomWidthFactor(随机宽度系数)：设置使用随机编码时的宽度乘子。所生成的编码数量因此需与类别数量进行数乘。默认值为 2.0。
- seed(种子)：使用的随机数种子。默认值为 1。

- usePairwiseCoupling(使用成对耦合)：使用成对耦合(仅对 1-against-1 有效)。默认为 False。

12) MultiClassClassifierUpdateable

一种元分类器，使用二元分类器处理多类别数据集。该分类器也能够对输出编码进行纠错，以提高精度。要求基分类器必须是可更新的分类器。

通用对象编辑器中的选项说明如下。

- batchSize(批大小)：如果执行批量预测，期望处理的实例数量。实际可能提供多一些或少一些的实例，该参数提供一个指定期望批大小的机会。默认值为 100。
- classifier(分类器)：使用的基分类器。
- logLossDecoding(对数损失译码)：对随机码或力竭码使用对数损失译码。默认为 False。
- method(方法)：设置将多元分类问题转化成多个二元分类问题所使用的方法。可选方法有 1-against-all(默认)、Random correction code、Exhaustive correction code 和 1-against-1。
- numDecimalPlaces(小数点后的位数)：模型中输出数值的小数点后的位数。默认值为 2。
- randomWidthFactor(随机宽度系数)：设置使用随机编码时的宽度乘子。所生成的编码数量因此需与类别数量进行数乘。默认值为 2.0。
- seed(种子)：使用的随机数种子。默认值为 1。
- usePairwiseCoupling(使用成对耦合)：使用成对耦合(仅对 1-against-1 有效)。默认为 False。

13) MultiScheme

根据几个分类器对训练数据进行交叉验证或在训练数据上的表现，从中选择一个分类器的类。根据百分比正确率(分类)或均方误差(回归)衡量其表现。

通用对象编辑器中的选项说明如下。

- batchSize(批大小)：如果执行批量预测，期望处理的实例数量。实际可能提供多一些或少一些的实例，该参数提供一个指定期望批大小的机会。默认值为 100。
- classifiers(分类器)：从中选取的基分类器。
- numDecimalPlaces(小数点后的位数)：模型中输出数值的小数点后的位数。默认值为 2。
- numFolds(折数)：用于交叉验证的折数。如果为 0，表示使用在训练数据上的表现。默认值为 0。
- seed(种子)：用于交叉验证的随机化数据的种子。默认值为 1。

14) RandomCommittee

用于构建可随机化基分类器的系综(ensemble)类。每个基分类器采用不同的随机数种子(但基于相同的数据)构建。最终的预测是单个基分类器所产生的预测的直接平均。

通用对象编辑器中的选项说明如下。

- batchSize(批大小)：如果执行批量预测，期望处理的实例数量。实际可能提供多一些或少一些的实例，该参数提供一个指定期望批大小的机会。默认值为 100。

- classifier(分类器)：使用的基分类器。
- numDecimalPlaces(小数点后的位数)：模型中输出数值的小数点后的位数。默认值为 2。
- numExecutionSlots(执行槽的数量)：用于构建系综的执行槽(线程)的数量。默认值为 1。
- numIterations(迭代次数)：要执行的迭代次数。默认值为 10。
- seed(种子)：使用的随机数种子。默认值为 1。

15)RandomizableFilteredClassifier

FilteredClassifier 的一个简单的变体，实现 Randomizable 接口，使用 RandomCommittee 元学习器构建系综分类器。它要求过滤器或基学习器实现 Randomizable 接口。

通用对象编辑器中的选项说明如下。

- batchSize(批大小)：基学习器为 BatchPredictor 时使用的批大小。默认值为 100。
- classifier(分类器)：使用的基分类器。
- filter(过滤器)：要使用的过滤器。
- numDecimalPlaces(小数点后的位数)：模型中输出数值的小数点后的位数。默认值为 2。
- seed(种子)：使用的随机数种子。默认值为 1。

16) RandomSubSpace

本方法构建一个基于决策树的分类器，能对训练数据保持最高的准确度，并在复杂度增大时相应提高泛化精度。通过伪随机选择特征向量的成分子集构成树，即树由随机选择的子空间构成，RandomSubSpace 分类器由多棵这样的树按规则构建而成。

通用对象编辑器中的选项说明如下。

- batchSize(批大小)：如果执行批量预测，期望处理的实例数量。实际可能提供多一些或少一些的实例，该参数提供一个指定期望批大小的机会。默认值为 100。
- classifier(分类器)：使用的基分类器。
- numDecimalPlaces(小数点后的位数)：模型中输出数值的小数点后的位数。默认值为 2。
- numExecutionSlots(执行槽的数量)：用于构建系综的执行槽(线程)的数量。默认值为 1。
- numIterations(迭代次数)：要执行的迭代次数。默认值为 10。
- seed(种子)：使用的随机数种子。默认值为 1。
- subSpaceSize(子空间大小)：每个子空间的大小。如果小于 1，使用属性数量的百分比，否则使用属性的绝对数量。默认值为 0.5。

17) RegressionByDiscretization

采用任意分类器，对类别属性已离散化的数据副本进行分类的回归方案。其预测值是每个离散间隔(每个间隔以预测概率为基础)平均类别值的期望值。该 Java 类现在也支持条件密度估计器，该估计器是由训练数据的目标值通过类别概率进行加权构建成的单变量密度估计器。

通用对象编辑器中的选项说明如下。

- batchSize(批大小)：如果执行批量预测，期望处理的实例数量。实际可能提供多一些或少一些的实例，该参数提供一个指定期望批大小的机会。默认值为100。
- classifier(分类器)：使用的基分类器。
- deleteEmptyBins(删除空箱)：是否在离散化后删除空箱。默认为False。
- estimator(估计器)：使用的密度估计器。
- minimizeAbsoluteError(最小化绝对误差)：是否最小化绝对误差。默认为False。
- numBins(箱数)：离散化的箱数。默认值为10。
- numDecimalPlaces(小数点后的位数)：模型中输出数值的小数点后的位数。默认值为2。
- useEqualFrequency(使用等频)：如果设置为True，则使用等频分箱，而不是等宽分箱。默认为False。

18) Stacking

使用堆叠(stacking)方法，组合多个分类器，能够完成分类或回归操作。

通用对象编辑器中的选项说明如下。

- batchSize(批大小)：如果执行批量预测，期望处理的实例数量。实际可能提供多一些或少一些的实例，该参数提供一个指定期望批大小的机会。默认值为100。
- classifier(分类器)：使用的基分类器。
- metaClassifiers (元分类器)：使用的元分类器。
- numDecimalPlaces(小数点后的位数)：模型中输出数值的小数点后的位数。默认值为2。
- numExecutionSlots(执行槽的数量)：用于构建系综的执行槽(线程)的数量。默认值为1。
- numFolds(折数)：用于交叉验证的折数。默认值为10。
- seed(种子)：使用的随机数种子。默认值为1。

19) Vote

组合多个分类器的类。分类有不同的概率估计组合可用。

通用对象编辑器中的选项说明如下。

- batchSize(批大小)：如果执行批量预测，期望处理的实例数量。实际可能提供多一些或少一些的实例，该参数提供一个指定期望批大小的机会。默认值为100。
- classifiers(分类器)：使用的基分类器。
- combinationRule(组合规则)：所使用的组合规则。可选规则有Average of Probabilities、Product of Probabilities、Majority Voting、Minimum Probability、Maximum Probability和Median。
- doNotPrintModels(不打印模型)：不在输出中打印单棵树。默认为False。
- numDecimalPlaces(小数点后的位数)：模型中输出数值的小数点后的位数。默认值为2。
- preBuiltClassifiers(预建分类器)：要包括的预建序列化分类器。可以包括本分类器运行后构建的多个序列化分类器。注意，在交叉验证中包括预建分类器没有意义，因为这些分类器是静态的，并且其模型在不同折之间不会改变。

- seed(种子)：使用的随机数种子。默认值为 1。

misc

1) InputMappedClassifier

一种包装(wrapper)分类器，通过建立训练数据(其分类器已建成)与输入测试实例的结构之间的映射，解决训练和测试数据的不相容问题。在输入实例中没有找到的模型属性接收为缺失值，以前没有见过的输入标称型属性值也照此处理。可以训练一个新的分类器，或者从文件中加载一个现有的分类器。

通用对象编辑器中的选项说明如下[①]。

- classifier(分类器)：使用的基分类器。
- ignoreCaseForNames(忽略名称大小写)：匹配属性名称和标称值时忽略大小写。默认为 True。
- modelPath(模型路径)：设置加载模型的路径。当接收到第一个测试实例时，启动加载。环境变量可以用于提供路径。
- suppressMappingReport(抑制映射报告)：不输出模型-输入映射(model-to-input mappings)的报告。默认为 False。
- trim(去除空白)：在匹配前，从每一属性名称和标称值的末尾开始去除空白。默认为 True。

2) SerializedClassifier

一个序列化分类器模型的包装器。本分类器加载一个序列化模型，并用它来进行预测。警告：由于序列化模型不会改变，本分类器不能使用交叉验证。

通用对象编辑器中的选项说明如下。

- batchSize(批大小)：如果执行批量预测，期望处理的实例数量。实际可能提供多一些或少一些的实例，该参数提供一个指定期望批大小的机会。默认值为 100。
- modelFile(模型文件)：用于预测的序列化分类器模型。
- numDecimalPlaces(小数点后的位数)：模型中输出数值的小数点后的位数。默认值为 2。

rules

1) DecisionTable

用于构建简单决策表的 Java 类。

通用对象编辑器中的选项说明如下。

- batchSize(批大小)：如果执行批量预测，期望处理的实例数量。实际可能提供多一些或少一些的实例，该参数提供一个指定期望批大小的机会。默认值为 100。
- crossVal(交叉值)：设置交叉验证的折数(1=留一法)。默认值为 1。
- displayRules(显示规则)：设置是否要将规则打印出来。默认为 False。

---

① 在线帮助中有 numDecimalPlaces、batchSize、debug 和 doNotCheckCapabilities，但在通用对象编辑器对话框中没有，估计有 BUG。

- evaluationMeasure(评估度量)：在决策表中用于对属性组合的性能进行评估的度量。
- numDecimalPlaces(小数点后的位数)：模型中输出数值的小数点后的位数。默认值为 2。
- search(搜索)：在决策表中用于查找好的属性组合的搜索方法。
- useIBk (使用 IBk)：设置是否使用 IBk 来代替多数类别。默认为 False。

2) JRip

该类实现了命题规则学习器——重复增量修剪以减少产生错误(Repeated Incremental Pruning to Produce Error Reduction，RIPPER)，RIPPER 是由 William W. Cohen 提出的一个优化版本的 IREP。

该算法的简要描述如下。

初始化 RS= {}，FOR 从使用较少到使用更频繁的每个类别，DO：

(1) 构建阶段：重复(A)和(B)，直到规则集和样本的描述长度(DL)比至今遇到过的最小 DL 长 64 位，或者没有正例样本，或者错误率大于等于 50%。

(A) 成长阶段：通过向规则贪婪地添加前置因素(或条件)，直到规则完美(即 100%准确)。程序尝试每个属性的每一个可能取值，并选择具有最高信息增益的条件：$p(\log(p/t)-\log(P/T))$。其中，p 和 t 分别为新规则覆盖的正例数量和实例总数；P 和 T 分别为添加新测试之前满足规则的正例数量和实例总数。

(B) 修剪阶段：增量修剪每一个规则，允许修剪前置因素的任意最终序列，修剪度量为 $(p-n)/(p+n)$，但实际是 $2p/(p+n)-1$，所以在本实现中简单使用 $p/(p+n)$(实际是 $(p+1)/(p+n+2)$，因此，如果 $p+n$ 为 0，其值为 0.5)。其中，$n=t-p$，为规则覆盖的负例数量。

(2) 优化阶段：生成初始规则集{Ri}后，使用步骤(A)和(B)，由随机化数据生成并修剪每个规则 Ri 的两个变体。但是，一个变体是由一个空规则生成的，而另一个变体是由贪婪地向初始规则添加前置因素生成的。此外，这里使用的修剪度量是(TP+TN)/(P+N)，然后，计算每个变体的最小可能 DL 和初始规则。其中，TP 和 TN 分别为真阳性和真阴性的实例数量；$N=T-P$，为添加新测试之前满足规则的负例数量。选择最小的 DL 所在的变体作为最终在规则集 Ri 的代表。当检查完{Ri}中的全部规则后，如果残差仍然为正，则再次使用构建阶段，根据正残差产生更多规则。

(3) 删除规则集中会增加规则所在的整个规则集的 DL 的规则，并添加结果规则集到 RS。

ENDDO

需要注意的是，在原来的 ripper 程序中似乎有两个错误，会稍微影响到规则集的大小和精度。本实现避免了这些错误，因此和 Cohen 的原始实现有少许不同。即使修复这些错误，由于在 ripper 中没有定义相同频率的类别，似乎在本实现与原来的 ripper 之间还是存在一些细微的差异，尤其是对于 UCI 仓库中的听力学数据，其中有几个实例有很多类别。

又及，使用人工数据“ab+bcd+defg”和 UCI 数据集，Weka 实现者比较了本实现与原 ripper 实现的准确度、规则集大小以及运行时间。在所有这些方面，本实现似乎都与原 ripper 实现可比。然而，Weka 实现者没有考虑在本实现中对内存消耗进行优化。

通用对象编辑器中的选项说明如下。

- batchSize(批大小)：如果执行批量预测，期望处理的实例数量。实际可能提供多一些或少一些的实例，该参数提供一个指定期望批大小的机会。默认值为 100。

- checkErrorRate(检查错误率)：是否在停止判据中包括检查错误率大于等于 1/2。默认为 True。
- folds(折)：确定用于修剪的数据量。一折用于修剪，其余用于生成规则。默认值为 3。
- minNo(最小权重)：在一条规则中的实例的最小总权重。默认值为 2.0。
- numDecimalPlaces(小数点后的位数)：模型中输出数值的小数点后的位数。默认值为 2。
- optimizations(优化次数)：运行优化的次数。默认值为 2。
- seed(种子)：用于随机化数据的种子。默认值为 1。
- usePruning(使用修剪)：是否进行修剪。默认值为 True。

3) M5Rules

对于回归问题使用分治策略生成决策表。在每一次迭代中，使用 M5 构建模型树，并将“最好”叶子构成规则。

通用对象编辑器中的选项说明如下。

- batchSize(批大小)：如果执行批量预测，期望处理的实例数量。实际可能提供多一些或少一些的实例，该参数提供一个指定期望批大小的机会。默认值为 100。
- buildRegressionTree(生成回归树)：是否生成回归树/规则，而不是模型树/规则。默认为 False。
- minNumInstances(最小实例数目)：在一个叶节点下允许实例的最小数目。默认值为 4.0。
- numDecimalPlaces(小数点后的位数)：模型中输出数值的小数点后的位数。默认值为 2。
- generateRules[①](产生规则)：是否产生规则(决策表)，而不是树。
- unpruned(不修剪)：是否产生不修剪的树/规则。默认为 False。
- useUnsmoothed(使用非平滑)：是否使用非平滑预测。默认为 False。

4) OneR

用于构建和使用 1R 分类器的类。换句话说，使用最小误差的属性进行预测，将数值型属性离散化。

通用对象编辑器中的选项说明如下。

- batchSize(批大小)：如果执行批量预测，期望处理的实例数量。实际可能提供多一些或少一些的实例，该参数提供一个指定期望批大小的机会。默认值为 100。
- minBucketSize(最小桶大小)：用于数值属性离散化的最小桶的大小。默认值为 6。
- numDecimalPlaces(小数点后的位数)：模型中输出数值的小数点后的位数。默认值为 2。

① 在 Weka API 中有该条，但在通用对象编辑器对话框中没有，估计有 BUG。

5) PART

使用分治方法产生 PART 决策表的类。在每次迭代中构建局部 C4.5 决策树，并将“最好”叶子构成规则。

通用对象编辑器中的选项说明如下。

- batchSize(批大小)：如果执行批量预测，期望处理的实例数量。实际可能提供多一些或少一些的实例，该参数提供一个指定期望批大小的机会。默认值为 100。
- binarySplits(二元分裂)：构建局部树时是否使用二元分裂标称型属性。默认为 False。
- confidenceFactor(置信系数)：用于修剪的置信系数(较小的数值会导致较多的修剪)。默认值为 0.25。
- doNotMakeSplitPointActualValue(不让分割点成实际值)：如果设置为 True，分割点不重定位到一个实际数据值。对于含数值型属性的大型数据集来说，可以大幅提速。默认为 False。
- minNumObj(最少对象数目)：每条规则最小的实例数目。默认值为 2。
- numDecimalPlaces(小数点后的位数)：模型中输出数值的小数点后的位数。默认值为 2。
- numFolds(折数)：确定用于减少误差修剪的数据量。一折用于修剪，其余用于生成规则。默认值为 3。
- reducedErrorPruning(减少误差修剪)：是否使用减少误差修剪代替 C4.5 修剪。默认为 False。
- seed(种子)：使用减少误差修剪时，用于随机化数据的种子。默认值为 1。
- unpruned(不修剪)：是否进行修剪。默认为 False。
- useMDLcorrection(使用 MDL 校正)：是否在查找数值型属性分裂时使用 MDL 校正。默认为 True。

6) ZeroR

用于构建和使用一个 0-R 分类器的类。预测均值(对于数值型类别)或众数(对于标称型类别)。

通用对象编辑器中的选项说明如下。

- batchSize(批大小)：如果执行批量预测，期望处理的实例数量。实际可能提供多一些或少一些的实例，该参数提供一个指定期望批大小的机会。默认值为 100。
- numDecimalPlaces(小数点后的位数)：模型中输出数值的小数点后的位数。默认值为 2。

trees

1) DecisionStump

构建和使用决策树桩类。通常与提升(boosting)算法配合使用，完成(基于均方误差的)回归或(基于熵的)分类。将缺失值视为一个单独的值。

通用对象编辑器中的选项说明如下。

- batchSize(批大小)：如果执行批量预测，期望处理的实例数量。实际可能提供多一些或少一些的实例，该参数提供一个指定期望批大小的机会。默认值为 100。

- numDecimalPlaces(小数点后的位数)：模型中输出数值的小数点后的位数。默认值为 2。

2) HoeffdingTree

霍夫丁树(VFDT)是一种增量的决策树归纳学习算法，能够从大量的数据流中学习，它假设分布生成的样本不随时间变化。霍夫丁树利用小样本通常足以选择一个最优分裂属性，这一观点在数学上得到霍夫丁边界(Hoeffding bound)的支持，该边界定量了观测(在这里为样本)的数量，在此范围内以特定精度(在这里为某个属性的适合度)需要估计一些统计数据。

霍夫丁树在理论上吸引人的特性在于，它具有其他增量决策树学习器不具备的良好性能。使用霍夫丁边界，在使用无限多样本的条件下，其输出几乎逐渐逼近非增量学习器。

通用对象编辑器中的选项说明如下。

- batchSize(批大小)：如果执行批量预测，期望处理的实例数量。实际可能提供多一些或少一些的实例，该参数提供一个指定期望批大小的机会。默认值为 100。
- gracePeriod(宽限)：在分裂尝试之间，一片叶子应该观测到的实例数量(或实例的总权重)。默认值为 200.0。
- hoeffdingTieThreshold(霍夫丁平局阈值)：强迫低于阈值的分裂将打破平局。默认值为 0.05。
- leafPredictionStrategy(叶子预测策略)：使用的叶子预测策略。可选项有 Naive Bayes adaptive(默认)、Naive Bayes 和 Majority class。
- minimumFractionOfWeightInfoGain(信息增益最小权重)：信息增益分裂中，至少两个分支以下所需权重的最小值。默认值为 0.01。
- naiveBayesPredictionThreshold(朴素贝叶斯预测阈值)：该阈值指定叶子节点应该观察到的实例数量(权重)，达到该值才允许使用朴素贝叶斯进行预测。默认值为 0.0。
- numDecimalPlaces(小数点后的位数)：模型中输出数值的小数点后的位数。默认值为 2。
- printLeafModels(打印叶子模型)：打印叶子模型(仅用于 Naive Bayes 的叶子)。默认为 False。
- splitConfidence(分裂置信度)：分裂决策中的允许误差。值越接近零，将需要越长的时间来做决策。默认值为 1.0E-7。
- splitCriterion(分裂准则)：使用的分裂准则。可选项有 Info gain split(默认)和 Gini split。

3) J48

产生修剪或不修剪 C4.5 决策树的类。

通用对象编辑器中的选项说明如下。

- batchSize(批大小)：如果执行批量预测，期望处理的实例数量。实际可能提供多一些或少一些的实例，该参数提供一个指定期望批大小的机会。默认值为 100。
- binarySplits(二元分裂)：构建树时是否使用二元分裂标称型属性。默认为 False。

- collapseTree(折叠树)：无论删除哪些部分，不应降低训练误差。默认为 True。
- confidenceFactor(置信系数)：用于修剪的置信系数(较小的数值会导致较多的修剪)。默认值为 0.25。
- doNotMakeSplitPointActualValue(不让分割点成实际值)：如果设置为 True，分割点不重定位到一个实际数据值。对于含数值型属性的大型数据集来说，可以大幅提速。默认为 False。
- minNumObj(最少对象数目)：每片叶子实例的最小数目。默认值为 2。
- numDecimalPlaces(小数点后的位数)：模型中输出数值的小数点后的位数。默认值为 2。
- numFolds(折数)：确定用于减少误差修剪的数据量。一折用于修剪，其余用于生成树。默认值为 3。
- reducedErrorPruning(减少误差修剪)：是否使用减少误差修剪代替 C4.5 修剪。默认为 False。
- saveInstanceData(保存实例数据)：是否要为可视化保存训练数据。默认为 False。
- seed(种子)：使用减少误差修剪时，用于随机化数据的种子。默认值为 1。
- subtreeRaising(子树提升)：是否在修剪时考虑子树提升操作。默认为 True。
- unpruned(不修剪)：是否进行修剪。默认为 False。
- useLaplace(使用 Laplace)：是否基于 Laplace 对平滑的叶子进行计数。默认为 False。
- useMDLcorrection(使用 MDL 校正)：是否在查找数值型属性分裂时使用 MDL 校正。默认为 True。

4) LMT

构建 logistic 模型树(Logistic Model Trees，LMT)的分类器，它是对树叶使用 logistic 回归函数的分类树。该算法可以处理二元类别和多元类别目标变量、数值和标称值以及缺失值。

通用对象编辑器中的选项说明如下。

- batchSize(批大小)：如果执行批量预测，期望处理的实例数量。实际可能提供多一些或少一些的实例，该参数提供一个指定期望批大小的机会。默认值为 100。
- convertNominal(转换标称型属性)：先将全部标称型属性转换为二元属性，然后再构建树。这意味着最终树的所有分裂都是二元的。默认为 False。
- doNotMakeSplitPointActualValue(不让分割点成实际值)：如果设置为 True，分割点不重定位到一个实际数据值。对于含数值型属性的大型数据集来说，可以大幅提速。默认为 False。
- errorOnProbabilities(概率误差)：当交叉验证 LogitBoost 迭代次数时，减少误差的发生概率，而不是误分的错误。如果置位，选择 LogitBoost 迭代次数的根据是，均方根误差最小化，而非误分错误最小化。默认为 False。
- fastRegression(快速回归)：是否使用启发式算法以避免在每一个节点交叉验证获取迭代运行 Logit-Boost 的次数。当在一个节点拟合 logistic 回归函数时，LMT 必须确定运行的 LogitBoost 迭代次数。初始时，树中的每个节点交叉验证指定次数。为了节省时间，启发式的交叉验证只运行一次，获取迭代最佳次数，然后在树中的每个节点都使用该次数进行迭代。通常这不会降低精度，反而能大大提高运行效率。默认为True。

- minNumInstances(实例的最小数目)：设置想要进行分裂的节点中实例的最小数目。默认值为15。
- numBoostingIterations(LogitBoost 迭代次数)：设置 LogitBoost 的固定迭代次数。如果大于或等于 0，树中的每个地方都使用设置的 LogitBoost 固定迭代次数。如果小于 0，该数字用于交叉验证。默认值为-1。
- numDecimalPlaces(小数点后的位数)：模型中输出数值的小数点后的位数。默认值为2。
- splitOnResiduals(基于残差分裂)：基于 LogitBoost 的残差设置分裂准则。LMT 有两种可能的分裂准则：默认使用 C4.5 的分裂准则，它在类别变量上使用信息增益；另一个分裂准则是在拟合 logistic 回归函数时，试图提高在残差中的纯度。分裂准则的选择通常不太影响分类的准确度，但能生成不同的树。默认为False。
- useAIC(使用 AIC)：使用 AIC 以确定何时停止 LogitBoost 迭代。默认为False，即不使用 AIC。
- weightTrimBeta(权重裁剪β值)：设置在 LogitBoost 权重裁剪中使用的β值。只有带有前一轮迭代中权重的(1-β)%的实例，可以在下一轮迭代中使用。设置为 0，则不使用权重裁剪。默认值为0.0。

5) M5P

Java 类名为 M5Base，实现产生 M5 模型树和规则的基本例程。

最初的 M5 算法由 R. Quinlan 发明，Yong Wang 做了改进。

通用对象编辑器中的选项说明如下。

- batchSize(批大小)：如果执行批量预测，期望处理的实例数量。实际可能提供多一些或少一些的实例，该参数提供一个指定期望批大小的机会。默认值为100。
- buildRegressionTree(生成回归树)：是否生成回归树/规则，而不是模型树/规则。默认为False。
- minNumInstances(实例的最小数目)：设置一个叶节点中允许实例的最小数目。默认值为4.0。
- numDecimalPlaces(小数点后的位数)：模型中输出数值的小数点后的位数。默认值为2。
- saveInstances(保存实例)：是否为可视化目的而保存树的每个节点的实例数据。默认为False。
- unpruned(不修剪)：是否产生不修剪的树/规则。默认为False。
- generateRules(产生规则)[①]：是否产生规则(决策列表)，而不是一棵树。
- useUnsmoothed(使用未平滑)：是否使用未平滑预测。默认为False。

---

① 在 Weka API 中有该条，但在通用对象编辑器对话框中没有，估计有 BUG。

6) RandomForest

构建由随机树组成的森林类。

通用对象编辑器中的选项说明如下。

- batchSize(批大小)：如果执行批量预测，期望处理的实例数量。实际可能提供多一些或少一些的实例，该参数提供一个指定期望批大小的机会。默认值为 100。
- breakTiesRandomly(随机打破平局)：当几个属性都看起来一样好时，随机打破平局。默认为 False。
- dontCalculateOutOfBagError(不计算袋外误差)：如果为 True，不计算袋外误差。默认为 False。
- maxDepth(最大深度)：树的最大深度，0 为无限制。默认值为 0。
- numDecimalPlaces(小数点后的位数)：模型中输出数值的小数点后的位数。默认值为 2。
- numExecutionSlots(执行槽的数量)：用于构建系综的执行槽(线程)的数量。默认值为 1。
- numFeatures(特性数量)：用于随机选择的属性数量(参见 RandomTree 的 KValue 选项)。默认值为 0。
- numTrees(树的数量)：要生成的树的数量。默认值为 100。
- printTrees(打印树)：在输出中打印单棵树。默认为 False。
- seed(种子)：使用的随机数种子。默认值为 1。

7) RandomTree

构建一棵树的类，树的每个节点通盘考虑 *K* 个随机选择的属性，不进行修剪。numFolds 选项用于决定是否允许取出(hold-out)部分数据进行 backfitting(后退拟合)，以估计分类问题的类别概率，或回归问题的目标均值。

通用对象编辑器中的选项说明如下。

- KValue(*K* 值)：设置随机选择的属性数量。如果为 0，使用 int(log_2(#predictors)+1)。默认值为 0。
- allowUnclassifiedInstances(允许未分类实例)：是否允许未分类实例。默认为 False。
- batchSize(批大小)：如果执行批量预测，期望处理的实例数量。实际可能提供多一些或少一些的实例，该参数提供一个指定期望批大小的机会。默认值为 100。
- breakTiesRandomly(随机打破平局)：当几个属性都看起来一样好时，随机打破平局。默认为 False。
- maxDepth(最大深度)：树的最大深度，0 为无限制。默认值为 0。
- minNum(最小值)：在一片叶子上的实例总权重的最小值。默认值为 1.0。
- minVarianceProp(最小方差比例)：需要出现在一个节点中，进行回归树分裂的全部数据方差的最小比例。默认值为 0.001。
- numDecimalPlaces(小数点后的位数)：模型中输出数值的小数点后的位数。默认值为 2。
- numFolds(折数)：确定用于 backfitting(后退拟合)的数据量。一折用于

backfitting，其余用于生成树。默认值为 0，即不使用 backfitting。

- seed(种子)：用于选择属性的随机数种子。默认值为 1。

8) REPTree

快速决策树学习器。使用信息增益/方差和带 backfitting 的减少误差修剪，构建一个决策/回归树。该学习器只对数值型属性值排序一次。缺失值通过将相应的实例分裂成片来处理，这与 C4.5 的处理方式一样。

通用对象编辑器中的选项说明如下。

- batchSize(批大小)：如果执行批量预测，期望处理的实例数量。实际可能提供多一些或少一些的实例，该参数提供一个指定期望批大小的机会。默认值为 100。
- initialCount(初始化计数)：初始化分类值的计数。默认值为 0.0。
- maxDepth(最大深度)：树深度的最大值(-1 为不限制)。默认值为-1。
- minNum(最小数量)：叶子实例总权重的最小值。默认值为 2.0。
- minVarianceProp(最小方差比例)：需要出现在一个节点中，进行回归树分裂的全部数据方差的最小比例。默认值为 0.001。
- noPruning(不修剪)：是否进行修剪。默认为 False。
- numDecimalPlaces(小数点后的位数)：模型中输出数值的小数点后的位数。默认值为 2。
- numFolds(折数)：确定用于修剪的数据量。一折用于修剪，其余用于生成规则。默认值为 3。
- seed(种子)：用于随机化数据的种子。默认值为 1。
- spreadInitialCount(传播初始计数)：初始计数传播至全部值，而不使用每个值的计数。默认为 False。

聚类算法介绍

以下按英文词典顺序列出 Weka 常用的聚类算法。

1) Canopy

使用 canopy 聚类算法处理数据，仅需要过一遍数据。可以运行在批量或增量模式下。当事先不知道每个数值型属性的最小值/最大值时，增量模式结果通常会不佳。批量模式可使用启发式(基于属性的标准偏差)来设置 T2 距离。T2 距离决定了可以形成 canopies(簇)的数量。当用户指定了生成簇的特定数目(*N*)，当 *N* 小于 canopies 的数量(这适用于批量和增量学习)时，算法将返回前 *N*(由 T2 密度决定)个 canopies；当 *N* 大于 canopies 的数量时，由随机选择训练实例(这只能是批量训练)造成结果的不同。

通用对象编辑器中的选项说明如下。

- dontReplaceMissingValues(不替换缺失值)：全局替换缺失值为均值/众数。默认为 False。
- maxNumCandidateCanopiesToHoldInMemory(内存中候选 canopies 的最大数量)：任意时刻在内存中保留的候选 canopies 的最大数量。T2 距离以及数据特性决定可以有多少候选 canopies，超员才定期修剪和最终修剪，这可能会导致过度消耗内存。本设置可以避免大量候选 canopies 消耗内存。默认值为 100。

- minimumCanopyDensity(最小 canopy 密度)：基于 T2 密度的最小值，低于该值 canopy 将在定期修剪时被修剪。默认值为 2.0。
- numClusters(簇数)：设置簇的数量。-1 表示簇数由 T2 距离决定。默认值为-1。
- periodicPruningRate(定期修剪频率)：训练时修剪低密度 canopies 的频率。默认值为 10000。
- seed(种子)：随机数种子。默认值为 1。
- t1(T1)：使用的 T1 距离。值小于 0 时，作为 T2 距离的正乘数。默认值为-1.25。
- t2(T2)：使用的 T2 距离。值小于 0，表明应该设置使用基于属性标准偏差(注意，这只能工作在批量模式)的启发式方法。默认值为-1.0。

2) Cobweb

Cobweb 和 Classit 的聚类算法的实现类。

注意，本实现在应用节点运算符(合并、拆分等)的顺序和优先级方面，与 Cobweb 和 Classit 的论文有稍许不同。本算法总是比较最好的宿主(host)，增加了新的叶子，合并两个最好的宿主，考虑在何处放置新实例时分裂最好的宿主。

通用对象编辑器中的选项说明如下。

- acuity(敏度)：为数值型属性设定最低的标准差。默认值为 1.0。
- cutoff(截止值)：设置修剪节点的类别效用阈值。默认值为 0.0028209479177387815。
- saveInstanceData(保存实例数据)：为可视化目的而保存实例信息。默认为 False。
- seed(种子)：使用的随机数种子，不随机化则将该值设为-1。默认值为 42。

3) EM

简单的 EM(Expectation Maximisation，期望最大化)类。

EM 为每个实例分配一个概率分布，表明它属于每一个簇的概率。EM 能用交叉验证决定创建多少个簇，或者指定产生多少个簇的先验。

进行交叉验证以确定簇的数量，操作步骤如下。

(1) 设置簇数为 1。

(2) 训练集随机分为 10 折。

(3) EM 运行 10 次，使用 10 折，这是通常的交叉验证方式。

(4) 对数似然是所有 10 个结果的平均值。

(5) 如果对数似然有所增加，簇数增 1，并跳至步骤(2)继续执行。

只要在训练集中的实例数目不小于 10，折数固定为 10。否则，设置折数与实例数量相等。

通用对象编辑器中的选项说明如下。

- displayModelInOldFormat(旧格式的显示模型)：使用旧格式的模型输出。当簇数很多时，旧格式更好；当簇数很少且属性很多时，新格式更好。默认为 False。
- maxIterations(最大迭代)：最大迭代次数。默认值为 100。
- maximumNumberOfClusters(簇数最大值)：在交叉验证以选择最佳簇数时，簇数的最大值。默认值为-1。

- minLogLikelihoodImprovementCV(交叉验证对数似然改善最小值)：要求交叉验证对数似然改善的最小值，只有满足最小值要求，才会考虑增加簇数以便发现最佳簇数。默认值为 1.0E-6。
- minLogLikelihoodImprovementIterating(对数似然迭代改善最小值)：执行另一个 E 步和 M 步迭代步骤，要求对数似然改善的最小值。默认值为 1.0E-6。
- minStdDev(最小标准偏差)：设置允许的最小标准偏差。默认值为 1.0E-6。
- numClusters(簇数)：设置簇数。值为-1 表示通过交叉验证来自动选择簇数。默认值为-1。
- numExecutionSlots(执行槽的数量)：使用的执行槽(线程)的数量，将该值设置为可用的 cpu/内核数量。默认值为 1。
- numFolds(折数)：交叉验证的折数，通过交叉验证来找到最佳簇数。默认值为 10。
- numKMeansRuns(KMeans 执行次数)：KMeans 的执行次数。默认值为 10。
- seed(种子)：使用的随机数种子。默认值为 100。

4) FarthestFirst

使用 FarthestFirst(最远优先)算法聚类数据。

注意：

- FarthestFirst 是一种快速、简单、近似的聚类器。
- 仿照 SimpleKMeans 建模，是一个有用的初始化工具。

通用对象编辑器中的选项说明如下。

- numClusters(簇数)：设置簇数。默认值为 2。
- seed(种子)：使用的随机数种子。默认值为 1。

5) FilteredClusterer

用于运行的任意聚类器的类，其数据已通过任意一个过滤器。和聚类器一样，过滤器结构只以训练数据为基础，在处理测试实例时过滤器不改变其结构。

通用对象编辑器中的选项说明如下。

- clusterer(聚类器)：要使用的基聚类器。
- filter(过滤器)：要使用的过滤器。

6) HierarchicalClusterer

分层聚类的类。

实现一些基于经典 agglomerative(即自底向上)的层次聚类方法。

通用对象编辑器中的选项说明如下。

- distanceFunction(距离函数)：设置的距离函数，该函数测量两个个体实例间的距离，也可以是一个实例与依据 linkType 的簇质心之间的距离。默认为欧氏距离。
- distanceIsBranchLength(距离为枝长)：如果设置为 False，簇之间的距离解释为连接簇的节点高度。对于某些聚类(如 SINGLE 链路聚类)这很适当。但是，如果 linkType 为 NEIGHBOR_JOINING，距离解释为枝长更好。如果设置为 True，则解释为后者。默认为 False。
- linkType(链接类型)：设置用于测量两个簇之间距离的方法。选项如下。
    - ◆ SINGLE(单个)：找到单链路距离，又名最小链路，这是 cluster1 中的任意项与 cluster2 中的任意项之间的最短距离。

- ◆ COMPLETE(完整)：找到完整的链路距离，又名最大链路，这是 cluster1 中的任意项与 cluster2 中的任意项之间的最长距离。
- ◆ ADJCOMLPETE(完整调整)：与 COMPLETE 相似，但加上调整，这是最长的簇内距离。
- ◆ AVERAGE(平均)：找到两个簇的元素之间的平均距离。
- ◆ MEAN(平均)：计算合并后的簇(又名 agglomerative 聚类成组平均)的平均距离。
- ◆ CENTROID(质心)：找到簇间的质心距离。
- ◆ WARD(WARD)：找到因合并簇引起变化的距离。簇信息由簇质心及其成员的平方误差之和计算得到。
- ◆ NEIGHBOR_JOINING(加入邻居)：使用加入邻居算法。

- numClusters(簇数)：设置簇数。如果需要单一层次，设置为 1。默认值为 2。
- printNewick(打印 Newick)：指示簇是否应以 Newick 格式打印的标志，用于在其他程序中显示。然而，对于大型数据集来说，打印 Newick 可能会产生大量文本，如果不要求 Newick 格式，设置为 False 也不会有什么害处。默认值为 True。

7) MakeDensityBasedClusterer

返回分布和密度的聚类器的包装类。在包装聚类器生成的每个簇内拟合正态分布和离散分布。与包装聚类器一样，支持 NumberOfClustersRequestable 界面。

通用对象编辑器中的选项说明如下。

- clusterer(聚类器)：要包装的聚类器。
- minStdDev(最小标准偏差)：设置允许的最小标准偏差。默认值为 1.0E-6。

8) SimpleKMeans

使用 *k*-均值算法聚类数据。可以使用默认的欧氏距离或曼哈顿距离。如果使用曼哈顿距离，则把质心计算为分量形式的中位数，而不是均值。

通用对象编辑器中的选项说明如下。

- canopyMaxNumCanopiesToHoldInMemory(内存中候选 canopy 的最大数量)：如果使用 canopy 聚类初始化或加速，这是在训练 canopy 聚类时在内存中保留的候选 canopies 的最大数量。T2 距离以及数据特性决定可以有多少候选 canopies，超员才定期修剪和最终修剪。如果 T2 设置过小，可能导致没有足够的可用内存。默认值为 100。
- canopyMinimumCanopyDensity(最小 canopy 密度)：如果使用 canopy 聚类初始化或加速，这是基于 T2 密度的最小值，低于该值 canopy 将在定期修剪时被修剪。默认值为 2.0。
- canopyPeriodicPruningRate(定期修剪频率)：如果使用 canopy 聚类初始化或加速，这是训练时修剪低密度 canopies 的频率。默认值为 10000。
- canopyT1(canopyT1)：使用 canopy 聚类的 T1 距离。值小于 0 时，作为 T2 距离的正乘数。默认值为-1.25。
- canopyT2(canopyT2)：使用 canopy 聚类的 T2 距离。值小于 0，表明应该设置使

用基于属性标准偏差(注意，这只能工作在批量模式)的启发式方法。默认值为-1.0。

- displayStdDevs(显示标准偏差)：显示数值型属性的标准偏差，并对标称型属性进行计数。默认为 False。
- distanceFunction(距离函数)：用于比较实例的距离函数，默认为欧氏距离，即 weka.core.EuclideanDistance。
- dontReplaceMissingValues(不替换缺失值)：全局替换缺失值为均值/众数(mean/mode)。默认为 False。
- fastDistanceCalc(加速距离计算)：使用临界值加速距离计算，但也会抑制簇内的误差平方之和/距离之和的计算和输出。默认为 False。
- initializationMethod(初始化方法)：要使用的初始化方法。可选项有 Random(默认)、k-means++、Canopy 和 Farthest first。
- maxIterations(最大迭代)：设置最大迭代次数。默认值为 500。
- numClusters(簇数)：设置簇数。默认值为 2。
- numExecutionSlots(执行槽的数量)：使用的执行槽(线程)的数量。设置为可用的 cpu/内核数量。默认值为 1。
- preserveInstancesOrder(保持实例顺序)：保持实例顺序。默认为 False。
- reduceNumberOfDistanceCalcsViaCanopies(通过 canopies 减少距离计算的数量)：使用 canopy 聚类来减少 k-means 距离计算的数量。默认为 False。
- seed(种子)：使用的随机数种子。默认值为 10。

关联算法介绍

以下按英文词典顺序列出 Weka 常用的关联算法。

1) Apriori

Apriori 型算法的实现类。迭代减少最小支持，直到找到满足给定最小置信度的，所需数量的规则。

该算法有一个 car 选项，设置为 True 可挖掘类别关联规则，参见如下参考文献中的解释：Bing Liu, Wynne Hsu, Yiming Ma. Integrating Classification and Association Rule Mining. In: Fourth International Conference on Knowledge Discovery and Data Mining, 1998: 80-86.

通用对象编辑器中的选项说明如下。

- car(类别关联规则)：如果设置为 True，则采用类别关联规则挖掘，而不是普通的关联规则挖掘。默认为 False。
- classIndex(类别索引)：类别属性的索引。如果设置为-1，最后一个属性作为类别属性。默认值为-1。
- delta(delta)：该因子迭代降低支持度。减少支持度，直到达到最小支持度下界，或者已经产生了规定数量的规则。默认值为 0.05。
- lowerBoundMinSupport(最小支持度下界)：最小支持度的下界。默认值为 0.1。
- metricType(度量类型)：设置对规则排序的度量类型。可选项有 Confidence(默认)、Lift、Leverage 和 Conviction。置信度(Confidence)是能为结果(consequence)覆盖的同时也能为前提(premise)覆盖的样本比例。类别关联规则只能使用置信度，不能使用其他度量类型。也就是说，如果设置 car 为 True，必须设置 metricType 为 Confidence，否则会报运行时错误(For CAR-Mining metric type has to be confidence!)。提升度(Lift)是置信度除以全部样本中为结果覆盖的比例，这是关联的一个重要性度量，独立于支持度。如果前提和结果相互独立，杠杆率(Leverage)是额外样本由前提和结果覆盖的，高于预期的比例。样本总数显示在杠杆率后面的括号中。确信度(Conviction)是不满足独立条件的另一种度量，其计算由公式 P(premise)P(!consequence)/P(premise, !consequence)给定。

- minMetric(最小度量)：度量最小得分，只考虑得分高于此值的规则。默认值为 0.9。
- numRules(规则数)：要找到的规则数。默认值为 10。
- outputItemSets(输出项目集)：如果设置为 True，输出项目集。默认为 False。
- removeAllMissingCols(删除所有缺失列)：删除所有缺失值的列。默认为 False。
- significanceLevel(显著性水平)：显著性水平，显著性检验(仅用于 confidence 度量)。默认值为-1.0。
- treatZeroAsMissing(缺失值处理为零)：如果设置为 True，零(即标称型的第一个值)按照缺失值的相同方式处理。默认为 False。
- upperBoundMinSupport(最小支持度上界)：最小支持度上界。从该值开始迭代降低最小支持度。默认值为 1.0。
- verbose(详细)：如果设置为 True，算法将在详细模式下运行。默认为 False。

2) FilteredAssociator

用于运行任意关联器的类，其数据已经先通过一个任意过滤器。与关联器一样，过滤器结构完全基于训练数据，并且由过滤器处理的测试实例将不会改变其结构。

通用对象编辑器中的选项说明如下。

- associator(关联器)：要使用的基关联器。
- classIndex(类别索引)：类别属性的索引。如果设置为-1，最后一个属性作为类别属性。默认值为-1。
- filter(过滤器)：要使用的过滤器。

3) FPGrowth

FP-Growth 算法的实现类，寻找大的项集而不产生候选集。迭代降低最小的支持度，直到找到所需数量的满足给定最小度量的规则。

通用对象编辑器中的选项说明如下。

- delta(delta)：该系数迭代降低支持度。逐步减少支持度直到达到最小支持度下界，或者已经产生规定数量的规则。默认值为 0.05。
- findAllRulesForSupportLevel(查找满足支持度的全部规则)：查找满足最小支持度和最小度量约束下界的全部规则。设置为 True，将禁用迭代减少支持度的过程，该过程用于查找指定数量的规则。默认为 False。
- lowerBoundMinSupport(最小支持度下界)：最小支持度的下界，为实例数量或一个分数。默认值为 0.1。

- maxNumberOfItems(项的最大数量)：包括在频繁项集中项的最大数量。-1 表示没有限制。默认值为-1。
- metricType(度量类型)：设置对规则排序的度量类型。可选项有 Confidence(默认)、Lift、Leverage 和 Conviction。置信度(Confidence)是能为结果(consequence)覆盖的同时也能为前提(premise)覆盖的样本比例。类别关联规则只能使用置信度，不能使用其他度量类型。也就是说，如果设置 car 为 True，必须设置 metricType 为 Confidence，否则会报运行时错误(For CAR-Mining metric type has to be confidence!)。提升度(Lift)是置信度除以全部样本中为结果覆盖的比例，这是关联的一个重要性度量，独立于支持度。如果前提和结果相互独立，杠杆率(Leverage)是额外样本由前提和结果覆盖的，高于预期的比例。样本总数显示在杠杆率后面的括号中。确信度(Conviction)是不满足独立条件的另一种度量，其计算由公式 P(premise)P(!consequence)/P(premise, !consequence)给定。
- minMetric(最小度量)：度量最小得分，只考虑得分高于此值的规则。默认值为 0.9。
- numRulesToFind(查找的规则数)：要找到的规则数。默认值为 10。
- positiveIndex(正索引)：设置二元值属性的索引，作为正值的索引。不影响稀疏数据(在这种情况下，第一个索引(即非零值)始终作为正值处理)。对一元值属性也没有效果，即使用 Weka 的 Apriori-style 格式表示市场购物篮数据，缺失值使用“？”来表示缺失该项。默认值为 2。
- rulesMustContain(规则必须包含)：仅打印包含这些项的规则，须提供一个逗号分隔的属性名称列表。
- transactionsMustContain(必须包含事务)：只允许包含这些项的事务(实例)输入至 FP-Growth，须提供一个逗号分隔的属性名称列表。
- upperBoundMinSupport(最小支持度上界)：最小支持度上界，为实例数量或一个分数。从该值开始迭代降低最小支持度。默认值为 1.0。
- useORForMustContainList(必须包含列表中使用 OR)：在事务/规则必须包含的列表中使用 OR 替换 AND。默认为 False。

选择属性算法介绍

Weka 的选择属性算法分为属性评估器和搜索方法两类。

属性评估器

1) CfsSubsetEval

通过考虑单个属性的每个特征的预测能力，以及它们之间的冗余度，评估属性子集的价值。

首选的特征子集是：与类别属性高度相关，同时相互之间相关度低。

通用对象编辑器中的选项说明如下。

- locallyPredictive(本地预测性)：确定本地预测性属性。只要属性子集中不具有更高相关性的属性，便迭代地添加具有与类别属性相关性最高的属性。默认为 True。
- missingSeparate(缺失值为单独值)：如果为 True，将缺失值作为一个单独的值。否则，将缺失值记为与出现频率成正比的其他值。默认为 False。
- numThreads(线程数量)：使用的线程数量，应该大于等于线程池的大小。默认值为 1。
- poolSize(池大小)：线程池的大小，如 CPU 的核数量。默认值为 1。
- preComputeCorrelationMatrix(预计算相关矩阵)：一开始就预计算完整的相关矩阵，而不是在搜索时消极(根据需要)计算相关性。使用这个办法与并行处理共同加速后向搜索。默认为 False。

2) CorrelationAttributeEval

通过测量它与类别之间的 Pearson(皮尔森)相关性，评估一个属性的价值。

将每个值作为一个指示器处理，从而将标称型属性视为数值。通过加权平均，得到标称型属性的整体相关性。

通用对象编辑器中的选项说明如下。

outputDetailedInfo(输出详细信息)：输出标称型属性每个值的相关性。默认为 False。

3) GainRatioAttributeEval

通过衡量相对于类别的增益比，评估一个属性的价值。公式如下：

$$\text{GainR(Class, Attribute)} = (\text{H(Class)}-\text{H(Class} \mid \text{Attribute)})/\text{H(Attribute)}$$

通用对象编辑器中的选项说明如下。

missingMerge(合并缺失值)：如果为 True，按照其他值的分布来确定缺失值，也就是将缺失值记为与出现频率成正比的其他值。否则，将缺失值作为一个单独的值。默认为 True。

4) InfoGainAttributeEval

通过衡量相对于类别的信息增益，评估一个属性的价值。公式如下。

$$\text{InfoGain(Class,Attribute)}=\text{H(Class)}-\text{H(Class} \mid \text{Attribute)}$$

通用对象编辑器中的选项说明如下。

- binarizeNumericAttributes(二元化数值型属性)：将数值型属性二元化，而不是离散化。默认为 False。
- missingMerge(合并缺失值)：如果为 True，按照其他值的分布来确定缺失值，也就是将缺失值记为与出现频率成正比的其他值。否则，将缺失值作为一个单独的值。默认值为 True。

5) OneRAttributeEval

使用 OneR 分类器，评估一个属性的价值。

通用对象编辑器中的选项说明如下。

- evalUsingTrainingData(使用训练数据评估)：使用训练数据而不是交叉验证来评估属性。默认为 False。
- folds(折数)：设置交叉验证的折数。默认值为 10。
- minimumBucketSize(桶最小值)：一个桶(传递给 OneR)中对象的最小数量。默认值为 6。

- seed(种子)：设置用于交叉验证的种子。默认值为 1。

6) PrincipalComponents

进行数据的主成分分析和转换。结合 Ranker 搜索使用。通过选择足够的占原始数据的方差中一定百分比的特征向量，默认为 0.95(95%)，来降低维数。通过转换到主成分空间，可以过滤属性噪声，消除一些最差的特征向量，然后变换回原来的空间。

通用对象编辑器中的选项说明如下。

- centerData(集中数据)：集中(而不是标准化)数据。由协方差(而不是相关)矩阵计算 PCA。默认为 False。
- maximumAttributeNames(属性名称最大值)：包括在转化的属性名称中属性的最大数量。默认值为 5。
- transformBackToOriginal(转换回原来)：通过主成分空间进行转换，并转换回原来的空间。如果仅保留最优的 N 个主成分(通过设置 varianceCovered<1)，则此选项给出原来空间的数据集，但属性噪声更少。默认为 False。
- varianceCovered(方差覆盖)：保留足够的主成分属性，维持方差比例。默认值为 0.95。

7) ReliefFAttributeEval

通过对一个实例重复抽样，并考虑最接近的具有相同和不同类别的实例中给定属性的值，来评估一个属性的价值。能处理离散和连续的类别数据。

通用对象编辑器中的选项说明如下。

- numNeighbours(邻居数)：用于属性估计的最近邻居数。默认值为 10。
- sampleSize(样本大小)：要抽样的实例数。-1 表示将全部实例用于属性估计。默认值为-1。
- seed(种子)：抽样实例的随机种子。默认值为 1。
- sigma(西格玛)：设置最近邻居的影响。用 exp 函数控制随着实例距离的增加，权重降低的速度有多快。配合 weightByDistance 选项使用。敏感值为最近邻数目的 1/10～1/5。默认值为 2。
- weightByDistance(距离加权)：根据距离，对最近的邻居加权。默认值为 False。

8) SymmetricalUncertAttributeEval

通过测量类别的对称不确定性，评估一个属性的价值。公式如下。

SymmU(Class, Attribute) = 2×(H(Class)−H(Class | Attribute))/H(Class)+H(Attribute)

通用对象编辑器中的选项说明如下。

missingMerge(合并缺失值)：如果为 True，按照其他值的分布来确定缺失值，也就是将缺失值记为与出现频率成正比的其他值。否则，将缺失值作为一个单独的值。默认为 True。

9) WrapperSubsetEval

通过使用学习方案，评估属性集。交叉验证用于估计学习方案对一组属性的准确度。

通用对象编辑器中的选项说明如下。

- IRClassValue(IR 类别值)：类别标签，或类别标签的 1-based 索引，用于使用 IR

度量(如 F-Measure 或 AUC)评估子集。设置该系数为空会导致使用类别频率加权平均度量。

- classifier(分类器)：用来估计子集精确度的分类器。
- evaluationMeasure(评估度量)：用于对属性组合的性能进行评估的度量。默认值为：准确度 accuracy(离散类别)RMSE(数值类别)。
- folds(折数)：估计子集的准确性时使用的 xval 折数。默认值为 5。
- seed(种子)：用于随机产生 xval 分裂的种子。默认值为 1。
- threshold(阈值)：如果标准偏差的平均值超过此值，重复 xval。默认值为 0.01。

搜索方法

1) BestFirst

采用带回溯增强的贪婪爬山法，搜索属性子集空间。设置连续的非改善节点的数目，允许控制回溯完成的级别。BestFirst 可以以属性空集开始，并向前搜索；或者以完整属性集开始，并向后搜索；或者以任何一点开始，并向两个方向搜索(考虑到所有可能的单一属性的添加以及给定点的删除)。

通用对象编辑器中的选项说明如下。

- direction(方向)：设置搜索的方向。可选项有 Forward(默认)、Backward 和 Bi-directional。
- lookupCacheSize(查找缓存大小)：设置评估子集的查找缓存的最大大小。表示为在数据集中的属性数量的一个乘数。默认值为 1。
- searchTermination(搜索终止)：设置在结束搜索之前，允许连续无改善节点的数量。默认值为 5。
- startSet(搜索起点)：设置搜索的起点。指定为以逗号分隔的属性索引列表，索引从 1 开始，可以包括范围。例如：1,2,5-9,17。

2) GreedyStepwise

执行贪婪向前或向后的属性子集空间搜索。可能以没有属性或全部属性为开始，或者从任意空间点开始。当增加或删除任意剩余属性会导致评估性能降低时，停止空间搜索。通过从空间一侧到另一侧的遍历，并记录选择属性的顺序，也可以产生一个属性排名列表。

通用对象编辑器中的选项说明如下。

- conservativeForwardSelection(保守前向选择)：如果设置为 True(并且 SearchBackwards 为 False)，则只要性能不降低，将继续添加属性到最佳子集中。默认为 False。
- debuggingOutput(调试输出)：调试信息输出到控制台。默认为 False。
- generateRanking(生成排名)：如果需要排名列表，则设置为 True。默认为 False。
- numExecutionSlots(执行槽的数量)：使用的执行槽(线程)的数量，如 CPU 的核数量。默认值为 1。
- numToSelect(选择数量)：指定要保留的属性数量，-1 指定保留所有属性。使用此选项或者 threshold 选项可以减少属性集。默认值为-1。

- searchBackwards(向后搜索)：向后搜索而不是向前搜索。默认为 False。
- startSet(搜索起点)：设置搜索的起点。指定为以逗号分隔的属性索引列表，索引从 1 开始，可以包括范围。例如：1,2,5-9,17。
- threshold(阈值)：设定可以丢弃属性的阈值。默认为不丢弃任何属性，与 generateRanking 共同使用。默认值为-1.7976931348623157E308。

3) Ranker

使用单个属性的评估进行排名。与属性评估器(ReliefF、GainRatio、Entropy 等)一起使用。

通用对象编辑器中的选项说明如下。

- generateRanking(生成排序)：一个常数选项，只能为 True。Ranker 只能生成属性排名。
- numToSelect(选择数量)：指定保留的属性。-1 指定保留所有属性。使用此选项或 threshold 选项可以减少属性集。默认值为-1。
- startSet(忽略属性集)：设置忽略的属性集。当生成排名时，Ranker 将不计算在此列表中的属性。指定为以逗号分隔的属性索引列表，索引从 1 开始，可以包括范围。例如：1,2,5-9,17。
- threshold(阈值)：设定可以丢弃属性的阈值，默认为不丢弃任何属性。使用此选项或 numToSelect 选项可以减少属性集。默认值为-1.7976931348623157E308。

参 考 文 献

[1] Witten I H, Frank E, Hall M A. Data Mining: Practical Machine Learning Tools and Techniques[M]. 3rd ed. Burlington: Elsevier, 2011.

[2] Bouckaert R R, Frank E, Hall M, et al. WEKA Manual for Version 3-7-13. Distributed in Weka 3.7.13 software package, 2015.

[3] Tan Pang-Ning，等. 数据挖掘导论[M]. 北京：机械工业出版社，2005.

[4] Witten I H, Frank E. 数据挖掘：实用机器学习技术[M]. 董琳，等，译. 北京：机械工业出版社，2005.

[5] Han Jiawei, Kamber M, Pei Jian. Data Mining: Concepts and Techniques[M]. 3rd ed. Waltham: Morgan Kaufmann, 2012.